Caquot/Kérisel · Grundlagen der Bodenmechanik

Grundlagen der Bodenmechanik

Von

Albert Caquot und Jean Kérisel

Membre de l'Académie des Sciences

Professeur de Mécanique des Sols à l'École Nationale des Ponts et Chaussées

Deutsche Übersetzung und Überarbeitung der dritten Auflage von

Dr. Gerhard Scheuch

Hilden/Rhld.

Mit 332 Abbildungen

Springer-Verlag

Berlin / Heidelberg / New York

1967

Übersetzung und Überarbeitung von

Caquot / Kérisel

Traité de Mécanique des Sols,

3ième Édition de l'ouvrage (Équilibre des massifs à frottement interne. Stabilité des terres pulvérulentes et cohérentes) 1956

Éditions Gauthier-Villars, Paris

ISBN-13: 978-3-642-92938-0 e-ISBN-13: 978-3-642-92937-3

DOI: 10.1007/978-3-642-92937-3

Softcover reprint of the hardcover 1st edition 1967

Library of Congress Catalog Card Number 65—27795

Titelnummer 1298

Vorwort zur französischen Ausgabe

In der vorliegenden Auflage sind die physikalischen Eigenschaften der Böden eingehend behandelt; unter ihnen wurde der Kapillarität ein besonderer Platz eingeräumt. Dank des Begriffes der dreiaxialen Zugfestigkeit H des Bodens und dank der englischen Versuche fällt nun etwas Licht auf ein Gebiet, dessen Erforschung schwierig, das indes von grundlegender Bedeutung für die Bodenmechanik ist.

Diese dreiaxiale Zugfestigkeit H, die gleich dem Quotienten aus der Kohäsion zum Reibungsbeiwert ist, hatte es bereits ermöglicht, mit dem Theorem der korrespondierenden Zustände eine Brücke von den bindigen Böden zu den rolligen zu schlagen. Ihre vorherrschende Rolle in den bodenmechanischen Problemen wird sich immer wieder bestätigen, und es konnte kürzlich festgestellt werden, daß manche russische Autoren diesen Begriff H übernommen haben.

Die vorliegende Auflage beschreibt mehrere Wechselbeziehungen zwischen den echten Winkeln der inneren Reibung und der Porenziffer und zwischen der echten Kohäsion und dem Wassergehalt, Wechselbeziehungen, die den Forschern – so glauben wir – einige nützliche Anhaltspunkte vermitteln.

Es wird gezeigt, daß es keine allgemeine Gleichgewichtsbedingung für die Gesamtheit der festen und flüssigen Bestandteile eines Bodens geben kann, da die beiden Medien ihre eigenen Gleichgewichtsbedingungen haben; es wird anderseits eine Methode angegeben, die es erlaubt, die Anisotropie eines festen Mediums zu erklären.

Erdwiderstandversuche, die man in den USA ausführte und über die berichtet wird, bestätigen die Erdwiderstandtabellen, die die Verfasser veröffentlichten.

Andere in Abidjan von einem der Verfasser vorgenommene Versuche führten die Verfasser zu einer Ergänzung ihrer Formeln für Tiefgründungen, die für das in den Formeln enthaltene Glied des Spitzenwiderstands zwei verschiedene Gleichgewichtsbetrachtungen zulassen. Die erste, die früher definiert wurde, gilt bei mäßiger Gründungstiefe, die zweite ist namentlich bei großer Tiefe günstiger.

Ausgehend von den Ergebnissen von Boussinesq und Mindlin werden die Setzungsbeiwerte mitgeteilt, die bei der Setzungsberechnung von Tiefgründungen anzubringen sind.

Außerdem berichtet das Buch vom Mechanismus der Beanspruchungen, die beim Entleeren in Silos entstehen, Beanspruchungen, die von einem Grenzgleichgewicht des passiven Drucks herrühren.

Schließlich erachteten es die Verfasser für nötig, auf die Bedeutung der Rheologie bei Böschungsrutschungen hinzuweisen.

Dies sind die hauptsächlichsten neuen Aspekte der vorliegenden Auflage.

A. Caquot J. Kérisel

Vorwort zur deutschen Ausgabe

Mit der vorliegenden deutschen Ausgabe des „Traité de Mécanique des Sols" wird den Fachkollegen im deutschen Sprachraum das französische Standardwerk der Bodenmechanik vorgestellt. Es ist das Ergebnis langjähriger theoretischer und praktischer Untersuchungen der beiden französischen Verfasser.

Der Übersetzer war bei seiner Arbeit bemüht, die Originalität des Werkes möglichst zu wahren. In diesem Bestreben wurden z. B. nur die Formelzeichen geändert, die im deutschsprachigen bodenmechanischen Schrifttum ihren festen Platz haben, die übrigen aber — besonders wenn sie die Theorien der französischen Verfasser betreffen — nach Möglichkeit unverändert übernommen. Im Einvernehmen mit den französischen Verfassern wurden Ergänzungen und Textänderungen in die deutsche Ausgabe aufgenommen, um diese dem neuesten Stand der bodenmechanischen Entwicklung anzupassen oder um eine noch größere Verständlichkeit zu erzielen. Die deutsche Ausgabe enthält darüber hinaus ein eingehendes Sachverzeichnis, das dem Leser die Benutzung des Werkes wesentlich erleichtern wird.

Bei der oft recht schwierigen Übersetzungsarbeit war dem Übersetzer die tatkräftige Unterstützung von Monsieur J. Kérisel besonders wertvoll. Für seine Hilfe bei der Beschaffung von Bildern und seine mannigfaltigen Ratschläge sei ihm an dieser Stelle recht herzlich gedankt. Dank gilt auch Monsieur P. M. Sirieys, der mir reichlich Unterstützung bei der Interpretation französischer Textstellen zukommen ließ.

Für die Klärung von Fragen, die im Zusammenhang mit der Darstellung des behandelten Stoffs in der Übersetzung auftraten, und für zahlreiche Anregungen bin ich Herrn Prof. Dr.-techn. Á. Kézdi zu Dank verpflichtet, der die Abschnitte über Erddruck- und Erdwiderstandtheorien einer eingehenden Prüfung unterzog, sowie den Herren Dr.-Ing. H. L. JESSBERGER und Dr.-Ing. W. KRABBE, die andere Abschnitte der Übersetzung kritisch durchsahen.

Die langwierige und mühevolle Arbeit des Fahnen- und Umbruchlesens wurde von meiner Frau besorgt, der ich hierfür sehr dankbar bin.

Schließlich möchte ich es nicht versäumen, dem Springer-Verlag für die bewiesene Geduld sowie für die zum Zustandekommen dieses Werkes aufgewendete große Mühe und Sorgfalt recht herzlich zu danken.

Hilden, im April 1967.

G. Scheuch

Inhaltsverzeichnis

Mechanische Eigenschaften des Dreiphasensystems

Seite

Anwendung der Bodenmechanik auf das Bauwesen

Seite

Formelzeichen

A Arbeit

B_f Formzahl für Fließen in Kapillarröhrchen

C Federkonstante

C_b Bettungszahl

C_E EULERsche Konstante

C_f Formzahl bei Setzungsberechnung

D Durchmesser, Plattensteifigkeit

E Elastizitätsmodul

E_a Erddruck

E_{ah} Horizontalkomponente des Erddrucks E_a

E_{av} Vertikalkomponente des Erddrucks E_a

E_p Erdwiderstand

E_s Steifezahl

F Fläche

G Schubmodul (Gleitmodul)

H dreiaxiale Zugfestigkeit (kapillare Saugspannung) des Bodens, waagrechte Kraft, Schichtdicke, Höhe

H_s dreiaxiale Zugfestigkeit eines festen Körpers

H_w dreiaxiale Zugfestigkeit des Wassers

I Stromstärke

K Dämpfungskoeffizient

L Länge

M Moment, Torsionsmoment, Rammbärgewicht, Masse, Molekulargewicht

N_c Tragfähigkeitbeiwert infolge von Kohäsion

N_γ Tragfähigkeitbeiwert infolge von Eigengewicht

N_q Tragfähigkeitbeiwert infolge von Gründungstiefe

P Kraft, Last

$P_{\max}$ Traglast

P_w resultierender Porenwasserdruck

Q Querkraft, Scherkraft, Pfahlgewicht, Wassermenge, Wärmemenge

R Halbmesser, Steifigkeitshalbmesser, universelle Konstante

S Sensibilität (Empfindlichkeit)

S_s spezifische Oberfläche

T Zeitfaktor, Scherkraft, Ankerzugkraft, Kraft je Längeneinheit, Oberflächenspannung

U Ungleichförmigkeitsgrad (HAZENsche Zahl), Kreisumfang

V Vertikalkraft, Gewicht, elektrisches Potential, Volumen

V spezifisches Volumen

W Gewicht

X Kraft

Y Kraft

Z dimensionslose Hilfsgröße (Methode BURMISTER), Kraft

a Beiwert, Koeffizient

b	Erdwiderstandspannung, Erdwiderstandbeiwert (Beiwert des Erdwiderstands), Breite
c	Kohäsion
c_d	Kohäsion des dränierten Bodens (dränierte Kohäsion, echte Kohäsion)
c_g	Kohäsion des gestörten Bodens
c_u	Kohäsion des nichtdränierten Bodens (nichtdränierte Kohäsion, scheinbare Kohäsion)
c_v	Konsolidierungskoeffizient
c_w	spezifische Wärme
d	Korndurchmesser, Einspanntiefe einer Spundbohle, Länge, Höhe, Höhenunterschied
e	Eindringtiefe eines Pfahls
f	Frequenz, Fläche
g	Erdbeschleunigung
h	Höhe, Höhenunterschied, Schichtdicke
h_c	kapillare Steighöhe
h_r	relative Feuchtigkeit
h_w	hydrostatische Druckhöhe
i	Druckhöhengefälle, Winkel
k	Durchlässigkeitskoeffizient
k_e	elektroosmotischer Durchlässigkeitskoeffizient
k_f	Fließzahl
k_h	waagrechter Durchlässigkeitskoeffizient
k_v	lotrechter Durchlässigkeitskoeffizient
k_w	Zustandszahl
l	Länge, Breite, Höhe
m	Seitenverhältnis, Masse
n	Porenanteil (Hohlraumgehalt, Porosität)
p	Erddruckspannung, Erddruckbeiwert (Beiwert des Erddrucks), Dampfdruck, Sättigungsdruck, Wasserdruck, Druckspannung, Spannung
p_c	Konsolidierungsdruck
p_w	Porenwasserdruck
q	Druckspannung, Spannung
r	Spannung, Halbmesser, Koordinate
r_o	Lasthalbmesser
r_h	hydraulischer Halbmesser, mittlerer Halbmesser
s_1	Tragfähigkeitbeiwert infolge von Eigengewicht
s_{11}	Tragfähigkeitbeiwert s_1 im Falle von senkrecht zur Sohlfläche des Streifenfundamentes wirkenden Grenzbodenpressungen
s_{12}	Tragfähigkeitbeiwert s_1 im Falle von Grenzbodenpressungen, die unter $\alpha = -\varrho$ auf der Sohlfläche des Streifenfundamentes wirken
s_{13}	Tragfähigkeitbeiwert s_1 im Falle der Ausbildung eines keilförmigen Erdkörpers unter der Sohlfläche des Streifenfundamentes
s_2	Tragfähigkeitbeiwert infolge von Kohäsion
$s_2 s'_2$	Tragfähigkeitbeiwert infolge von Gründungstiefe
s_3	Tragfähigkeitbeiwert infolge von seitlicher Reibung (Mantelreibung)
s_{31}	Tragfähigkeitbeiwert s_3 im Falle von Erdwiderstandspannungen, die unter dem Winkel $\alpha = -\varrho$ wirken
s_{32}	Tragfähigkeitbeiwert s_3 im Falle von Erdwiderstandspannungen, die unter dem Winkel $\alpha = -2\varrho/3$ wirken
s_4	Tragfähigkeitbeiwert infolge von zusätzlicher seitlicher Reibung (Mantelreibung)

s_w Sättigungsgrad
t Zeit
u Verschiebung
v Fließgeschwindigkeit, Filtergeschwindigkeit, Sinkgeschwindigkeit, Verschiebung
v_s Sickergeschwindigkeit
w Wassergehalt, Setzung, Verschiebung
w_a Ausrollgrenze
w_f Fließgrenze
w_{fa} Bildsamkeit
w_s Schrumpfgrenze
x, y, z Koordinaten

a Exponent der theoretischen Kornverteilungskurve
b Exponent in der Theorie der Kapillarität
c Koeffizient zur Berechnung des Silodruckes
d Zahl in der Theorie der Kapillarität
e Zahl in der Theorie des Zentrifugalkapillarimeters
f Durchmesserverhältnis bei der Konsolidierung des Bodens durch Sanddräns
g Zahl beim Kegelversuch
h Koeffizient zur Berechnung der Grenzdicke einer geneigten bindigen Erdmasse
i, j Koeffizienten zur Berechnung der Bildsamkeit
l Koeffizient zur Berechnung des spezifischen elektrischen Widerstands
m Funktion der Boussinesq-Caquotschen Erddruck- und Erdwiderstandtheorie
p, q Koeffizienten zur Berechnung der Radialspannung im Scheitel eines Tunnels (Scheiteldruck)
r Setzungsbeiwert zur Berechnung der Setzung einer Ecke eines gleichmäßig belasteten, flachgegründeten, schlaffen, rechteckförmigen Fundamentes (Membran)
s Setzungsbeiwert zur Berechnung der Setzung der Mitte eines gleichmäßig belasteten, tiefgegründeten, schlaffen, kreisförmigen Fundamentes (Membran)
t Setzungsbeiwert zur Berechnung der Setzung eines gleichmäßig belasteten, tiefgegründeten, starren, kreisförmigen Fundamentes (Pfahl usw.)
u, v Momentenbeiwerte zur Berechnung des Kippmomentes exzentrisch belasteter Fundamente
α Winkel, den der Erddruck bzw. Erdwiderstand oder die Erddruckspannung bzw. Erdwiderstandspannung mit der Normalen auf die Grenzfläche oder Wand bildet; Wandreibungswinkel
β Winkel, den die Grenzfläche oder Wand mit der Lotrechten bildet; Böschungswinkel; Reduktionsbeiwert zur Abminderung der durch Kohäsion hervorgerufenen seitlichen Reibungskraft (Mantelreibungskraft)
γ Rohwichte des natürlichen gewachsenen Bodens, Wichte allgemein, Verdrehung (Winkel)
γ_a Rohwichte des Bodens unter Auftrieb
γ_g Rohwichte des wassergesättigten Bodens
γ_s Reinwichte
γ_t Rohwichte des trockenen Bodens (Trockenrohwichte)
γ_w Wichte des Wassers
δ Hilfsgröße der Boussinesq-Caquotschen Erddruck- und Erdwiderstandtheorie

ε Porenziffer
ζ Kompressionsbeiwert
η dynamische Viskosität newtonscher Flüssigkeiten
η_s dynamische Viskosität binghamscher Flüssigkeiten
Θ absolute Temperatur
θ Raumdehnung (kubische Dilatation)
ϑ Temperatur, Winkel
$\varkappa$ scheinbare Kompressibilität des Korngerüstes, Kompressibilität allgemein
$\varkappa_F$ echte Kompressibilität des Korngerüstes (Kompressibilität der Festsubstanz)
$\varkappa_w$ Kompressibilität des Wassers
$\varkappa_H$ HVORSLEVscher Beiwert zur Ermittlung der echten Kohäsion
$\varkappa_K$ Krümmung einer Fläche
λ Verhältnis orthogonaler Spannungen
λ_0 Ruhedruckbeiwert (Beiwert des Ruhedrucks)
λ_a Erddruckbeiwert (Beiwert des Erddrucks)
$\lambda_{a,\alpha}$ Verhältnis konjugierter Spannungen für den Winkel α bei Erddruckgleichgewicht
λ_p Erdwiderstandbeiwert (Beiwert des Erdwiderstands)
$\lambda_{p,\alpha}$ Verhältnis konjugierter Spannungen für den Winkel α bei Erdwiderstandgleichgewicht
λ_w Wärmeleitfähigkeit
μ Querdehnzahl
ν Sicherheitsfaktor
ν_K Konzentrationsfaktor
ϱ Reibungswinkel (Winkel der inneren Reibung), Radius
ϱ_d Reibungswinkel des dränierten Bodens (dränierter Reibungswinkel, echter Reibungswinkel)
ϱ_D Dichte
ϱ_e spezifischer elektrischer Widerstand
ϱ_u Reibungswinkel des nichtdränierten Bodens (nichtdränierter Reibungswinkel, scheinbarer Reibungswinkel)
σ Bodenpressung, Komponente der Erddruck- bzw. Erdwiderstandspannung (p bzw. b), Komponente des Erddruck- bzw. Erdwiderstandbeiwertes (p bzw. b), Spannung
σ_r Radialspannung
σ_Θ Tangentialspannung
τ Scherspannung, Tangentialspannung
φ Konsolidierungsgrad
χ Anisotropiezahl
ψ Winkel der äußeren Reibung
ω Winkel, den die freie Oberfläche einer Erdmasse mit der Waagrechten bildet; Drehung (Rotation)
ε, η Hilfsgrößen der BOUSSINESQ-CAQUOTschen Erddruck- und Erdwiderstandtheorie
$\varkappa$ Verhältnis der nach BOUSSINESQ-CAQUOT und COULOMB-PONCELET ermittelten Erddruckspannungen
λ, μ Hilfsvariable der BOUSSINESQ-CAQUOTschen Erddruck- und Erdwiderstandtheorie

Einführung

Die Aufgabe der Bodenmechanik besteht in der Anwendung der Gesetze der Mechanik und der Hydraulik auf Probleme, die bei der Untersuchung des Baugrunds auftreten. Die Bodenmechanik ist also ein Teil der Festigkeitslehre und beschäftigt sich besonders mit den Stoffen in dem Teil der Erdrinde, in dem Ingenieur und Architekt herangezogen werden, um Bauwerke aller Art zu errichten.

Die beiden Ziele der Bodenmechanik sind einerseits das Ermitteln der Spannungen, die von einem oder auf einen Erdkörper ausgeübt werden, und anderseits das Vorausbestimmen der zu erwartenden Verformungen; dabei kann es sich um felsiges Gelände oder um Sedimentprodukte handeln, die aus der Verwitterung des Felsen mit oder ohne Hinzutreten von organischen Stoffen hervorgegangen sind.

Die Bodenmechanik ist das Ergebnis empirischer Erkenntnisse, die im Verlaufe der Jahrhunderte gesammelt wurden. Noch im 18. Jahrhundert war sie kaum Gegenstand mathematischer Forschungen; den wichtigsten Beitrag lieferten französische Ingenieure und insbesondere die Festungsbaumeister des Königs. Mehr als die Hälfte der Abhandlungen, die vor 1850 über die Bodenmechanik in der Welt veröffentlicht wurden, stammen von Franzosen. Die Arbeit Coulombs aus dem Jahre 1773, die an der Académie Royale des Sciences in Paris eingereicht wurde und den Titel trägt: „Essai sur une application des règles de maximis et minimis à quelques problèmes de statique relatifs à l'architecture" (über eine Anwendung der Maxima- und Minimarechnung auf einige statische, die Baukunst betreffende Probleme), ist die grundlegende Abhandlung, die zusammen mit zahlreichen nachfolgenden Studien zum ersten Male das exakte Grundgesetz ausspricht, das alle wissenschaftlichen Forschungsmethoden bestimmte.

In den letzten Jahren entwickelte sich diese Wissenschaft besonders auf dem Gebiet der Mathematik und vor allem des Versuchswesens, dank der Forschung in Ländern, in denen die Mittelmäßigkeit des Baugrunds Probleme stellte, die zur Entfaltung der Aktivität der Ingenieure und Architekten entscheidend sind. Dies erklärt den wichtigen Beitrag, der von der Holländischen und Wiener Schule geleistet wurde. Ob es sich nun um die Anschwemmböden der Niederlande oder des Donautales handelt, so waren die schwierigen Gründungsprobleme in beiden Ländern der Anlaß zu wissenschaftlichen Studien für die zu errichtenden Bauwerke. Ganz allgemein erlangte die Bodenmechanik infolge der industriellen Entwicklung in allen Ländern große Bedeutung, wie die große Anzahl und Mannigfaltigkeit der Veröffentlichungen der zahlreichen Kongreßteilnehmer zeigt, die aus allen Ländern in regelmäßigen Zeitabständen zusammentreffen, um ihre Gedanken über die Bodenmechanik auszutauschen[1].

In Frankreich ist der Baugrund im ganzen gesehen ziemlich gut: Die zu fürchtenden Setzungen sind nicht von der gleichen Größenordnung wie jene, die in einigen alluvialen Böden, z. B. in Mexiko, beobachtet werden. Obwohl also die anfallenden Probleme weit davon entfernt sind, auch in Frankreich einen Charakter von so ausgesprochener Schwierigkeit anzunehmen, so sind sie dennoch wegen der für das Bauwerk schädlichen Setzungsdifferenzen, deren finanzielle Rückwirkungen für alle Interessierten Folgen haben können, nicht weniger bedeutsam.

Die Bodenmechanik beeinflußt also die Sicherheit und Wirtschaftlichkeit einer Konstruktion. Der Baufachmann, sei er Ingenieur, Architekt oder Städtebauer, muß die wesentlichen Elemente dieser Technik beherrschen, deren Hauptschwierigkeit die folgende ist:

Wenn man z. B. eine Brücke baut, verwendet man homogene Baustoffe, deren mechanische Eigenschaften bekannt und sehr zuverlässig sind. Nichtsdestoweniger läßt man in der Berechnung Sicherheitsfaktoren zu, die nicht kleiner als zwei sind. In der Bodenmechanik verhält es sich nicht so: Die geologischen Formationen und die Eigenschaften des Baugrunds ändern sich von einem Punkt zum anderen oder von einem Jahr zum anderen, und ihre Kennwerte sind weniger gut bekannt. Aufgrund dieser Umstände streuen die wirklichen Sicherheitsfaktoren erheblich.

Neuerdings bemüht man sich, diese Ungewißheit einzuschränken; man sucht einen Sicherheitsfaktor, der nicht kleiner als der des Überbaus ist.

Vielfach wurde versucht, in der Bodenmechanik zwei Schulen, eine theoretische und eine experimentelle zu erkennen. Man fühlt diese Gegenüberstellung, wenn man das Vorwort des Buches „Soil Mechanics In Engineering Practice“ von Karl Terzaghi und Ralph Peck liest.

Diese beiden Verfasser, von denen der erstere eine sehr bedeutende Rolle bei der Erneuerung der Bodenmechanik spielte, erklären, daß die theoretischen Untersuchungen in der Bodenmechanik manchen For-

---

[1] Erster Internationaler Kongreß in Cambridge (USA) im Jahre 1936; zweiter Kongreß in Rotterdam im Jahre 1949 (596 Teilnehmer); dritter Kongreß in Zürich im Jahre 1953 (723 Teilnehmer); vierter Kongreß in London im Jahre 1957 (1000 Teilnehmer); fünfter Kongreß in Paris im Jahre 1961 (1000 Teilnehmer); sechster Kongreß in Montreal im Jahre 1965 (1318 Teilnehmer).

scher irregeführt hätten, weil sie ihn den sehr beschränkten Anteil der Mathematik an der Bodenmechanik vergessen ließen. „In den meisten Fällen wird nur ein angenäherter Voranschlag verlangt, und wenn dieser sich nicht mit einfachen Mitteln erstellen läßt, sollte er ganz und gar unterbleiben. In diesem Falle muß man das Verhalten des Bodens während der Konstruktion beobachten; das Projekt muß diesen Beobachtungen angepaßt werden. Diese Tatsachen dürfen nicht vergessen werden, wenn man nicht den wahren Sinn der Bodenmechanik verkennen will."

Zweifellos ist es schwierig, den komplexen Charakter aller Naturerscheinungen mathematisch zu formulieren: Das Experiment muß der Theorie korrekte Unterlagen liefern, die daraus abgeleiteten mathematischen Folgerungen werden danach durch das Experiment überprüft. Die Namen der Franzosen COULOMB, PONCELET, POISSON, DARCY, BOUSSINESQ und RÉSAL beherrschen die theoretischen Forschungen der Bodenmechanik. Seitdem hatten die Untersuchungen der physikalischen Erscheinungen in den Laboratorien effektiv nicht in gleichem Maße Schritt gehalten. Die in Frankreich vorhandenen Laboratorien füllen heute diese Lücke aus. Außer dem Laboratoire Central des Ponts et Chaussées haben sich das Institut Technique du Bâtiment und einige private oder öffentliche Laboratorien auf die Bodenmechanik spezialisiert. In ihnen gibt man der Bodenmechanik die solide experimentelle Basis, die ihr ehedem fehlte.

Das in Frankreich ins Leben gerufene Comité de Mécanique des Sols gibt aufgrund aller bekannt gewordenen Versuchserfahrungen die Richtlinien heraus, die in den französischen Versuchen zu befolgen sind.

Die physikalischen Eigenschaften der Böden

In zahlreichen Projekten werden die Bodenarten noch durch ungenaue Ausdrücke wie „sandige Tone“ oder „tonige Sande“ ohne weitere zusätzliche Angaben gekennzeichnet, obwohl „sandige Tone“ oder „tonige Sande“, die man an verschiedenen Stellen entnimmt, äußerst unterschiedliche Eigenschaften aufweisen können. Um diese Aussage genauer zu formulieren, beschäftigten sich die Physiker mit der Untersuchung der physikalischen Eigenschaften dor Böden.

Der Baugrund enthält im allgemeinen drei Bestandteile, den festen, den flüssigen und den gasförmigen.

1 Die Festsubstanz

Die Geologie, Mineralogie, Korngrößenanalyse, Optik und Chemie vermitteln interessante Erkenntnisse über die Eigenschaften der festen Phase der Böden. Im folgenden sollen die Beiträge dieser Wissenschaften aufgezeigt werden.

1.1 Beiträge der Geologie

Die geologischen Wissenschaften (allgemeine Geologie, Geomorphologie, Tektonik) untersuchen den Einfluß der Kräfte auf die Gestalt der Erdkruste und die Zusammensetzung der Erdrinde. Diese Wissenschaften sind Helfer der Bodenmechanik, da sie die Veränderung der Oberflächengestalt erklären und die mechanischen Vorgänge beschreiben. Hierzu seien einige zusammenfassende Betrachtungen angestellt.

Wenn man die Bodenmechanik verstehen will, muß man sich Tausende von Jahrhunderten, in die Zeit der periodisch wiederkehrenden Vereisungen, zurückversetzen. Unser Klima kühlte sich ab; die angehäuften Schneemassen bildeten Gletscher, die sehr weit vorstießen und den Boden ersten Spannungen unterwarfen. Der Wind verbreitete die schluffigen Bodenarten, deren Zusammendrückbarkeit mit ihrer äolischen und mineralogischen Herkunft verknüpft bleiben wird.

In dem auf die Eiszeiten folgenden Zeitalter hob sich der Meeresspiegel – durch das Schmelzen der Gletscher bedingt – allgemein an: Tonige Sedimente setzten sich in den so überfluteten Gebieten ab; später tauchten die Tone anläßlich partieller Hebungen der Erdrinde wieder auf. Diese Vorgänge erklären die Bildung der nacheiszeitlichen Tone, deren mechanisches Verhalten sich z. B. von den durch Windverbreitung entstandenen Tonen unterscheidet: Ihre Porenziffer steht in engem Zusammenhang mit den Auflasten, die sie erlitten haben.

In manchen Ländern stellte man fest, daß die Moränen, die sich im Verlaufe der periodischen Vereisungen des Quartärzeitalters ablagerten, physikalische Eigenschaften hatten (Wassergehalt, Kornverteilung, ATTERBERGsche Konsistenzgrenzen, Aktivität), die auf das Zeitalter und sogar die Jahreszeiten der Ablagerung schließen lassen.

Mexico-City, eine in einem gebirgigen Talkessel in 2250 m Höhe gelegene Stadt, ist auf einem ehemaligen, 750 m tiefen See gegründet, der den Boden eines felsigen Beckens ausfüllte. Die Gründungsprobleme, die hier auftreten, gehören zu den schwierigsten der Welt. Sie wären unmöglich zu verstehen, wenn man nicht wüßte, daß die weichen Tone, die sich im See absetzten, aus feinsten Teilchen vulkanischer, mitunter verwitterter Asche bestehen, die gemeinsam von den einmündenden Flüssen und den vorherrschenden Winden herangetragen wurden. Eine sehr lockere Struktur ist das Ergebnis.

Ein neues und noch wenig erforschtes Kapitel der Bodenmechanik beschäftigt sich schließlich mit den elastischen und plastischen Eigenschaften des Felsgesteins. Diese Eigenschaften sind grundlegend für die Anlage von unterirdischen Bauwerken. Sie sind außerdem Gegenstand der dynamischen Geologie, die diese Eigenschaften mit dem Ziel behandelt, die Faltungen der Schichten und die verschiedenen tektonischen Bewegungen zu verstehen.

1.2 Beiträge der Bodenkunde

Ein ziemlich junger Zweig der Geologie ist die Bodenkunde, die besonders die obere Schicht der Erdrinde untersucht, die von den Wurzeln der Pflanzen in Anspruch genommen wird.

Nach der Definition von DEMOLON [*1.1*] besteht der Boden, der den Bodenkundler interessiert, aus der „natürlichen Oberflächenformation lockerer Struktur und veränderlicher Dicke, die unter dem Einfluß verschiedener physikalischer, chemischer und biologischer Vorgänge aus der Umwandlung des darunter anstehenden Muttergesteins entstanden ist.“ Das Wort *Muttergestein* wird in einem sehr allgemeinen Sinne angewandt: Das Gestein kann dabei eine lockere Formation sein. Es handelt sich also hier um einen *eluvialen* Boden zum Unterschied von den *alluvialen* Böden, die durch Herantragen der Feinteile durch Wasser, Wind, Gletscher usw. entstanden.

Beim Bau von Straßen, Rollbahnen und Gebäuden hat man sehr oft mit diesen Böden zu tun, die aus der Umwandlung des Muttergesteins entstanden sind. Brücken, Bauwerke mit konzentrierten Lasten und Tunnels sucht man gern auf dem Muttergestein zu gründen.

Die Bodenkunde ist also dem Ingenieur unmittelbar von Nutzen, der Flachgründungen ausführt. Das *Bodenprofil* ist der lotrechte Geländeschnitt von der Oberfläche bis zum Muttergestein in seinem unveränderten Zustand. In diesen Profilen werden im allgemeinen die Farbe, die makroskopische Struktur (fest, schieferig, körnig usw.), mögliche Verkittungen durch Kalk, vorhandene oder nicht vorhandene Karbonate und die kalorimetrische Wirkung eingetragen, die ein angenähertes Bestimmen des p_H-Wertes erlaubt.

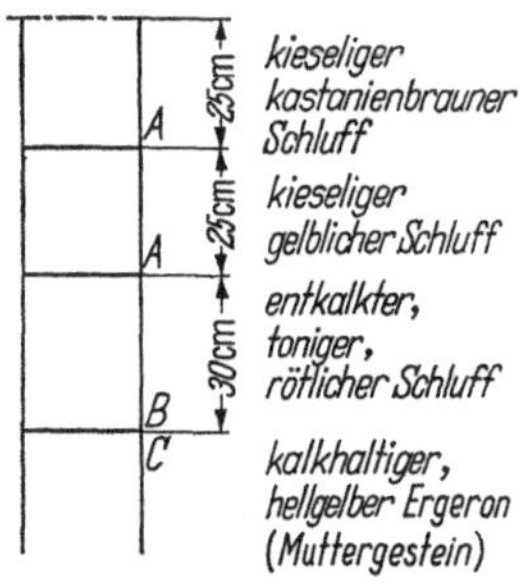

Abb. 1.1. Bodenprofil für einen Aisne-Schluff. (Nach DEMOLON [1.1])

Abb. 1.1 zeigt das Bodenprofil eines Schluffbodens aus dem Departement Aisne. Das Bodenprofil gibt Auskunft über alle Vorgänge, die mit dem Quellen und Schrumpfen im Zusammenhang stehen. In Australien [1.2] gründet man aus wirtschaftlichen Gründen die Häuser nicht tief, trotz der sehr bedeutenden jahreszeitlichen Schwankungen zwischen Regen- und Trockenzeiten. Die Intensität der Aufwärts- oder Abwärtsbewegungen des Bodens hängt von der Beschaffenheit der obersten Schichten ab, und die Gestalt des Bodenprofils wurde als ausreichend angesehen, um dem Ingenieur die Möglichkeit zu geben, ohne Laborversuche die Maßnahmen zu ergreifen, die zur Erhaltung des Bauwerks für die Gegenwart und die Zukunft nötig sind.

1.3 Beiträge der Mineralogie

Fast überall auf der Erdoberfläche und gewiß in den gemäßigten Zonen unterscheidet sich das Klima von dem der Vergangenheit. Dieser Wechsel hat zu Veränderungen der physikalischen und mechanischen Eigenschaften der Böden an der Erdoberfläche geführt. Die eingelagerten Minerale sind jedoch trotzdem dieselben geblieben, und dies ist wichtig für das Studium der Bodeneinteilung.

Insbesondere schwankt die Wichte der Minerale in engen Grenzen um einen Mittelwert von 2,7 Mp/m^3, sinkt auf 2,5 Mp/m^3 für einige Feldspate und nimmt ausnahmsweise einen Wert von 3,5 Mp/m^3 für Olivin und 5,2 Mp/m^3 für bestimmte Eisenminerale an.

Diese Unveränderlichkeit erklärt sich aus der quantitativen Verteilung der Elemente der Erdrinde; die angenäherte Zusammensetzung enthält Tab. 1.1.

Man sieht, daß SiO_2 und Al_2O_3 für sich allein 74,2% der Oxydverbindungen, O und Si allein 75% der Elemente ausmachen.

Die annähernde Unveränderlichkeit der Reinwichte der Böden er-

Tabelle 1.1. *Verteilung der Elemente in der Erdrinde*

in oxydiertem Zustand (nach CLARKE)		in nicht oxydiertem Zustand (nach POLYNOV)	
SiO_2	58,2%		
Al_2O_3	16,0%		
CaO	5,2%	O	49,3 %
Na_2O	3,9%	Si	25,7 %
FeO	3,8%	Al	7,5 %
MgO	3,8%	Fe	4,7 %
Fe_2O_3	3,3%	Ca	3,39%
K_2O	3,2%	Na	2,63%
TiO_2	1,0%	K	2,40%
H_2O	1,5%	Mg	1,93%
	99,9%		97,55%
		Verschiedenes	2,45%

klärt sich sowohl aus dieser Zusammensetzung als auch aus der Tatsache, daß die vorherrschenden metallischen Elemente Si und Al im Periodischen System nach MENDELEJEFF zwei benachbarte Plätze (Nr. 14 und 13) mit benachbarten Atomgewichten (28,06 und 26,97) einnehmen.

Die Böden, die man antrifft, setzen sich aus zwei Hauptarten zusammen: den Sanden und den Tonen.

Die Sande bestehen aus fast reinen Silikatteilchen oder vor allem, wenn es sich um Grobsand und Kiese handelt, aus Kalksteinen. Die mineralogische Zusammensetzung einiger toniger Sedimente enthält Tab. 1.2.

Tabelle 1.2
Mineralogische Zusammensetzung einiger Tone. Genauigkeit ± 3%
(Nach DEMOLON [*1.1*])

	plastischer tertiärer Ton (Montereau)	roter Tiefseeton	rote Erde	Ziegelerde (Aisne)	Rheinlöß	Nilschlamm
SiO_2	60,26	56,12	57,26	76,95	77,40	51,00
Al_2O_3	26,53	14,29	15,05	9,47	9,40	18,45
Fe_2O_3	0,79	10,94	11,60	4,31	3,70	9,11
TiO_2	1,50	2,01	—	0,85	—	2,30
MnO_2	—	1,62	—	0,08	—	0,24
MgO	0,14	1,43	3,08	0,95	1,00	3,57
CaO	0,51	1,65	2,50	1,20	1,50	4,50
K_2O	0,73	1,95	1,92	2,13	2,60	1,21
Na_2O	—	—	0,93	—	1,24	0,43
H_2O	9,29	6,92	10,29	3,60	1,40	8,50

Man erkennt den bedeutenden Anteil der Gruppe $SiO_2 + Al_2O_3$. Das ständige Vorhandensein der Hauptbestandteile will nicht besagen, daß es keine chemische Veränderung des Muttergesteins gäbe.

Die sich vollziehenden Reaktionen sind im wesentlichen Gleichgewichtsreaktionen, die dem Massenwirkungsgesetz unterworfen sind. So schwach auch diese Massenwirkung sein mag, so ist dennoch das Gleichgewicht gestört und die Reaktion kann sich fortsetzen, sobald eines der gebildeten Produkte aus dem Reaktionsbereich hinaus gelangt. So gehen Silikatspuren in Wasser stets in Lösung; sie dissoziieren dort zu einem metallischen Kation und einem Silikatanion. Da die schwachen Säuren sehr wenig dissoziiert sind, kann dieser Zustand in Anwesenheit der H^+-Ionen des Wassers nicht länger andauern. Die Silikatanionen bilden augenblicklich Kieselsäure, während die metallischen Kationen sich mit den OH^--Ionen vereinen, und basische Hydroxyde bilden. Es genügt, daß diese vom Wasser ausgewaschen werden, um die Reaktion fortzusetzen.

Und da das Kaolin ein Ton mit kleinem Verhältnis SiO_2/Al_2O_3 ist, sagt man, daß eine *Kaolinisierung* des Tons mit der Zeit eintritt. Bei der chemischen Verwitterung des Gesteins wird beobachtet, daß stets ein geringerer Verlust an Al_2O_3 als an SiO_2 eintritt. Die Verbindungen FeO oder Fe_2O_3 sind ziemlich stabil, während die Verluste an Basen, wie z. B. KOH, $NaOH$, $Ca(OH)_2$, $Mg(OH)_2$, sehr fühlbar sind.

Ganz allgemein bezeichnet man durch das Symbol R_2O_3 kollektiv die Aluminium- und Eisenoxyde. Die *Lateritisierung* ist eine Entwicklung in demselben Sinne wie die vorhergehende, mit Abnahme des Verhältnisses SiO_2/R_2O_3; sie ergibt sich aufgrund des Verlustes an SiO_2 und der Stabilität der Eisenoxyde.

Die Gegebenheiten des Klimas, die Dränungsbedingungen und ganz allgemein die Intensität der Strömung per ascensum und per descensum können dieses Verhältnis SiO_2/R_2O_3[1] bei gleichem Gestein beachtlich verändern. Diese Variationen sind besonders bei tropischem Klima ausgeprägt. Auf Java bilden sich aus Andesiten – das sind vulkanische Gesteine mit einem Verhältnis SiO_2/R_2O_3 von mehr als 2 – häufig Laterite mit einem Verhältnis kleiner als 0,35.

Wenn der Boden hingegen einer Vergrößerung des Verhältnisses SiO_2/R_2O_3 zustrebt, so spricht man von einer *Podsolisierung.* Diese Umwandlung zeigt sich vor allem an der Oberfläche feuchter Böden, die viel Humus enthalten. Die atmosphärischen Niederschläge nehmen im Boden die Humussäure mit, die sich mit den Aluminium- und Eisenoxyden verbindet. Diese Oxyde lagern sich in den Zwischenschichten über dem Gestein ab, wo sie die Rolle eines Verkittungsmittels spielen können.

Die Erforschung der Minerale gelingt mit den klassischen Methoden

---

[1] Für das Verhältnis SiO_2/R_2O_3 ist in Deutschland der Ausdruck *Silikatmodul* gebräuchlich (Anm. des Übersetzers).

der Mineralogie, nach der Wichte, der Härte usw.; dieser Gegenstand soll hier nicht erörtert werden. Man wird feststellen (1.6.2), daß vom Standpunkt der Mineralogie und der Kristallographie drei große Tonmineral-Familien zu unterscheiden sind.

1.4 Beiträge der Korngrößenanalyse

1.4.1 Darstellung der Korngrößen. Beim Studium der Kornverteilung beschäftigt man sich mit der Verteilung der Abmessungen der trennbaren Bodenteilchen.

Die *Kornverteilungskurve*, Abb. 1.2, wird erhalten, wenn man in einem Schaubild für eine gegebene Korngröße d, die auf der Abszisse in

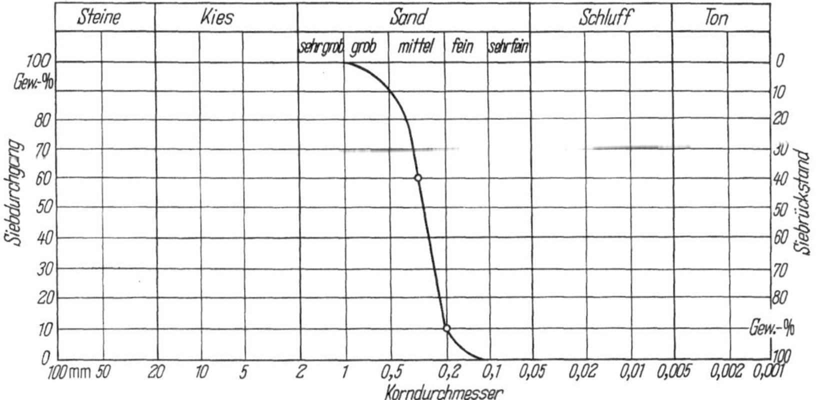

Abb. 1.2. Kornverteilungskurve eines Fontainebleau-Sandes

logarithmischem Maßstab aufgetragen ist, das Gewicht- oder Volumenprozent y der im Medium enthaltenen Bodenkörner mit kleinerer Abmessung als d (Ordinate auf der linken Seite der Abb. 1.2) oder durch Differenzbildung den Prozentsatz der Bodenkörner mit größerer Abmessung als d (Ordinate auf der rechten Seite der Abb. 1.2) aufträgt[1].

Allgemein wird im folgenden d_y die Sieböffnung genannt, durch die ein Gewichtprozent y der Körner hindurchgeht.

Eine Kornverteilung läßt sich durch die *Hazensche Zahl*[2] kennzeichnen: Sie ist das Verhältnis d_{60}/d_{10}.

Ist $d_{60}/d_{10} < 2$, so hat der Boden eine gleichförmige Kornverteilung. Dies gilt für den Sand aus Fontainebleau, der in dem Diagramm, Abb. 1.2, dargestellt ist und für den sich $d_{60}/d_{10} = 0{,}3/0{,}2 = 1{,}5$ ergibt.

---

[1] In Deutschland ist es üblich, in der Kornverteilungskurve die Korngröße d von links nach rechts zunehmen zu lassen, hier umgekehrt (Anm. des Übersetzers).

[2] $U = d_{60}/d_{10}$ wird in Deutschland *Ungleichförmigkeitsgrad* genannt (Anm. des Übersetzers).

Wird $d_{60}/d_{10} > 2$, so ist die Kornverteilung ungleichförmig. Dies trifft für den schluffigen Sand zu, Abb. 1.3, der 5% Teilchen größer als 2 mm, 68% Teilchen zwischen 0,05 mm und 2 mm und 27% Teilchen zwischen 10 und 50 μm enthält. Das Verhältnis d_{60}/d_{10} beträgt 0,2/0,02 = 10.

Hohlraumarme Korngemische sind die Betone.

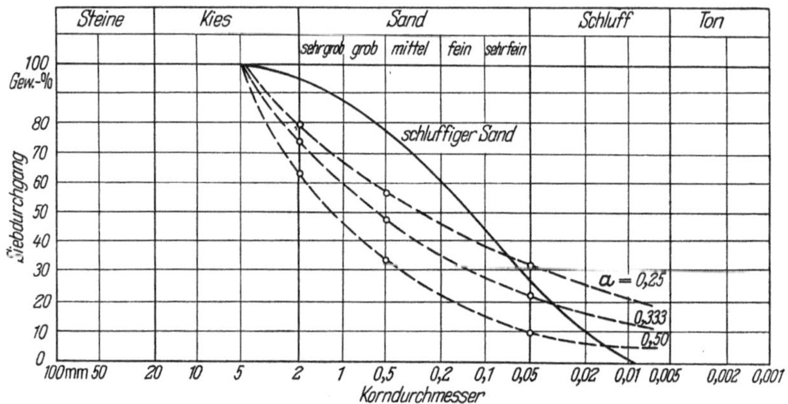

Abb. 1.3. Kornverteilungskurven eines schluffigen Sandes

Häufig wird die Kornverteilung der Böden mit der Kornverteilung verglichen, die sich aus der Formel

$$\frac{y}{100} = \left(\frac{d_y}{d_{100}}\right)^{a}$$

ergibt. Hierbei ist a ein veränderlicher Exponent zwischen 0,25 und 0,50.

In Abb. 1.3 wurden die Kornverteilungskurven mit demselben d_{100} wie für einen schluffigen Sand für die Werte $a = 0{,}25$, $a = 0{,}333$ und $a = 0{,}50$ durch gestrichelte Linien eingetragen.

Man glaubte früher, daß diese Verteilungen zu einem Optimum der Lagerungsdichte führen. Tatsächlich weiß man aber heute, daß dieses Optimum Exponenten a zwischen 0,20 und 0,25 entspricht. Die größten Teilchen entziehen sich indes aufgrund des Wandeffektes dem obigen Gesetz und müssen nach der Theorie von Caquot [*1.3*] und nach den experimentellen Untersuchungen von Joisel [*1.4*] erheblich höher angenommen werden.

Kurze Vergleiche mit den Kurven $a = 0{,}25$ und $a = 0{,}20$ können bei Verdichtungsproblemen als erste Näherung nützlich sein, um die für einen gegebenen Boden erforderlichen Verbesserungen abschätzen und eine gute Lagerungsdichte der mittelgroßen und feinen Teilchen erzielen zu können. Jedoch spielen auch andere Teilchen, wie noch gezeigt wird, bei den zu erwartenden Ergebnissen eine Rolle, besonders die Anwesenheit von Ton in genügender, aber nicht übermäßiger Menge; der Ton dient als Schmiermittel beim Ineinandergreifen der Bodenkörner.

Der Verlauf der Kornverteilungskurve gibt vielfach Auskunft über den Ursprung und die Entwicklung des Bodens.

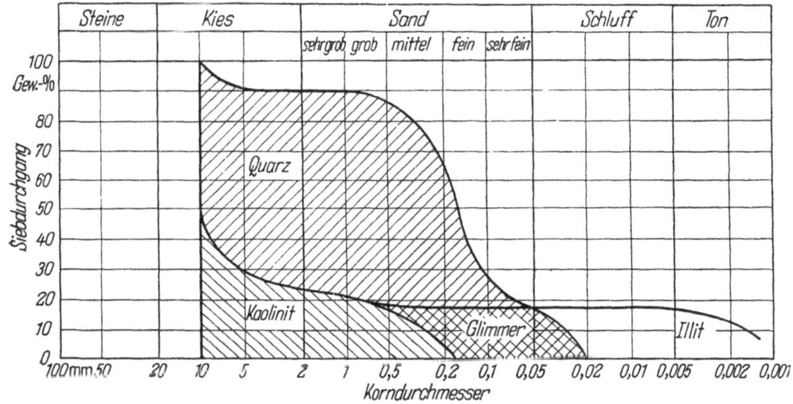

Abb. 1.4. Kornverteilungskurve eines sandigen Tons vom Plateau de Lessay (Manche)

Dies gilt für den oben dargestellten Boden, Abb. 1.4, einen sandigen Ton vom Plateau de Lessay (Manche), der durch Verwitterung eines sandsteinhaltigen Muttergesteins entstand. Der mittlere Teil der Kurve entspricht einem Sand aus Fontainebleau, während der letzte Teil die tonigen Elemente darstellt, die aus der Kaolinisierung dieser Sande hervorgegangen sind.

Die Kornverteilungskurven können als eine ausdrucksvolle Darstellung der mineralogischen Zusammenhänge dienen, wie dies Abb. 1.4 zeigt, die den zu jeder Ordinate y gehörenden Mineralanteil angibt.

1.4.2 Einteilung der Böden nach der Kornverteilung. Um ein Korngemisch zu kennzeichnen, ist es empfehlenswert, auf genormte Ausdrücke zurückzugreifen. Eine grundlegende Einteilung nach einer geometrischen Reihe mit dem Quotienten 1/10 enthält Tab. 1.3.

In den Kornverteilungskurven, Abb. 1.2 bis 1.4, nimmt der Schluff statt eines Bereiches von 20 bis 2 μm einen breiten Bereich ein, der von 50 bis 5 μm reicht. Diese von der logischen und bequemen Einteilung, Tab. 1.3, abweichende Darstellungsweise wird häufig angewandt. Die Trennung der Körner für $d > 75\,\mu$m nimmt man nach der *Siebanalyse* vor. In den USA verwendet man im allgemeinen den Satz der A. S. T. M.-Siebe. Jedes der Siebe ist durch eine Zahl bezeichnet, die die Anzahl der Löcher je Zoll angibt. So enthält das Sieb 200 auf einer Länge von einem Zoll 200 Öffnungen von 0,0029 Zoll (0,074 mm) lichter Weite, die durch

Tabelle 1.3. *Korneinteilung nach einer geometrischen Reihe Quotient* $^1/_{10}$*

Felsblöcke	$d > 200$	mm
Steine	200 mm $> d >$ 20	mm
Kies	20 mm $> d >$ 2	mm
Grobsand	2 mm $> d >$ 0,2	mm
Feinsand	0,2 mm $> d >$ 0,02	mm
Schluff	0,02 mm $> d >$ 0,002	mm
Ton	2 μm $> d >$ 0,2	μm
äußerst feiner Ton (Ultraton)	0,2 μm $> d >$ 0,02	μm**

* In Deutschland gilt in Anlehnung an DIN 4022 folgende Einteilung:

Steine	$d >$ 60	mm
Grobkies	60 mm $> d >$ 20	mm
Mittelkies	20 mm $> d >$ 6	mm
Feinkies	6 mm $> d >$ 2	mm
Grobsand	2 mm $> d >$ 0,6	mm
Mittelsand	0,6 mm $> d >$ 0,2	mm
Feinsand	0,2 mm $> d >$ 0,06	mm
Grobschluff	0,06 mm $> d >$ 0,02	mm
Mittelschluff	0,02 mm $> d >$ 0,006	mm
Feinschluff	0,006 mm $> d >$ 0,002	mm
Ton	2 μm $> d$	

(Anm. des Übersetzers)

** Es sei daran erinnert, daß der Durchmesser des Wasserstoffatoms 0,0001 μm beträgt und daß die Kantenlänge des Würfels, den ein jedes Gasmolekül bei 0 °C und 76 cm Quecksilbersäule einnimmt, 0,0033 μm beträgt. Selbst die Abmessungen eines äußerst feinen Tons sind also noch weit von denen des Atoms entfernt.

Drähte von 0,0021 Zoll Durchmesser getrennt sind. Die Dicke der Drähte wurde so festgelegt, daß bei jedem folgenden Sieb die Öffnung des Loches um $\sqrt{2}$ größer als beim vorhergehenden ist. So beträgt die Weite des Siebes 140, das sich über dem Sieb 200 befindet, $0{,}074 \cdot \sqrt{2}\,\text{mm} = 0{,}105\,\text{mm}$, die Weite des Siebes 100, das seinerseits über dem Sieb 140 liegt, $0{,}074 \cdot 2\,\text{mm} = 0{,}148\,\text{mm}$ usw[1]. In Frankreich sind in der Bodenmechanik die durch die Norm X-11-501 definierten Siebe üblich. Auch diese werden aus Drähten mit quadratischem Raster hergestellt. Die lichten Abstände von Rand zu Rand sind von 40 μm bis 5 mm nach einer RENARD-Reihe abgestuft, und zwar so, daß sie so gut wie möglich den Gliedern einer geometrischen Reihe mit dem Quotienten $\sqrt[10]{10} = 1{,}259$ entsprechen.

Man verwendet gleichzeitig Siebe mit runden Öffnungen, deren

[1] Man verwendet in den USA gleichzeitig die Tyler-Siebe, die von 1 bis 10 numeriert sind; bei ihnen nehmen die lichten Maschenweiten nach einer geometrischen Reihe mit dem Quotienten 2 zu.

Durchmesser sich ebenfalls nach der geometrischen Reihe $\sqrt[10]{10}$ ändern. Eine Zusammenstellung der französischen, englischen und amerikanischen Siebe zeigt Tab. 1.4.

Tabelle 1.4

Zusammenhang zwischen französischen, englischen und amerikanischen Siebgrößen[1]

innere Maschenabmessung der Siebe in mm	Afnor-Modul (X-11-501)	A.S.T.M.-Nr. (E 1126)	Tyler-Standard-Nr.	B.S.-Nr. (B.S. 410)	innere Maschenabmessung der Siebe in mm	Afnor-Modul (X-11-501)	A.S.T.M.-Nr. (E 1126)	Tyler-Standard-Nr.	B.S.-Nr. (B.S. 410)
0,038	—	400	—	—	1,68	—	12	—	10
0,040	17	—	—	—	2,00	34	—	—	—
0,050	18	—	—	—	2,06	—	—	—	8
0,053	—	270	—	300	2,36	—	—	T(5)	—
0,063	19	—	—	—	2,38	—	8	—	—
0,066	—	—	—	240	2,42	—	—	—	7
0,074	—	200	—	—	2,50	35	—	—	—
0,080	20	—	—	—	2,88	—	—	—	6
0,100	21	—	—	—	3,12	—	—	—	1/8″
0,105	—	140	—	150	3,15	36	—	—	—
0,125	22	—	—	120	3,36	—	6	—	—
0,147	—	—	T(1)	—	4,00	37	—	—	—
0,148	—	100	—	—	4,70	—	—	T(6)	—
0,152	—	—	—	100	4,76	—	4 od. 3/16″	—	—
0,160	23	—	—	—	5,00	38	—	—	—
0,178	—	—	—	85	6,25	—	—	—	1/4″
0,200	24	—	—	—	6,35	—	1/4″	—	—
0,210	—	70	—	—	7,94	—	5/16″	—	—
0,211	—	—	—	72	9,37	—	—	—	3/8″
0,250	25	—	—	—	9,42	—	—	T(7)	—
0,251	—	—	—	60	9,525	—	3/8″	—	—
0,295	—	50	T(2)	52	12,5	—	—	—	1/2″
0,315	26	—	—	—	12,70	—	1/2″	—	—
0,354	—	—	—	44	15,835	—	5/8″	—	—
0,400	27	—	—	—	18,75	—	—	—	3/4″
0,420	—	40	—	—	18,85	—	—	T(8)	—
0,422	—	—	—	36	19,05	—	3/4″	—	—
0,500	28	—	—	30	22,225	—	7/8″	—	—
0,590	—	30	T(3)	—	25,00	—	—	—	1″
0,599	—	—	—	25	25,40	—	1″	—	—
0,630	29	—	—	—	28,57	—	1 1/8″	—	—
0,700	—	—	—	22	31,75	—	1 1/4″	—	—
0,800	30	—	—	—	37,70	—	—	T(9)	—
0,840	—	20	—	—	38,10	—	1 1/2″	—	—
0,855	—	—	—	18	44,45	—	1 3/4″	—	—
1,000	31	—	—	—	50,80	—	2″	—	—
1,01	—	—	—	16	57,15	—	2 1/4″	—	—
1,17	—	—	T(4)	—	63,50	—	2 1/2″	—	—
1,19	—	16	—	—	76,20	—	3″	T(10)	—
1,20	—	—	—	14	88,90	—	3 1/2″	—	—
1,25	32	—	—	—	101,60	—	4″	—	—
1,60	33	—	—	—					

[1] In Deutschland sind die Siebgrößen nach DIN 1170 (Prüfsiebe, Rundlochbleche für Prüfsiebe, Abmessungen) und DIN 1171 (Drahtgewebe für Prüfsiebe) festgelegt (Anm. des Übersetzers).

Unterhalb von $d = 75\ \mu m$ läßt sich die Korntrennung durch Siebe nur schwierig durchführen, selbst wenn man mit Schockwirkung oder Schwingungen nachhilft: Die Körner ballen sich zusammen. Die Kornverteilung wird dann in einem dispergierenden Medium nach der *Schlämmanalyse* ermittelt, die auf der Anwendung des Gesetzes von STOKES über die Sinkgeschwindigkeit von runden Teilchen im Wasser beruht. Dieses Gesetzt lautet:

$$v = \frac{(\gamma_s - \gamma_w)\, d^2}{18\,\eta}.$$

In der Gleichung bedeuten:

v Sinkgeschwindigkeit,
γ_s Reinwichte des Bodens,
γ_w Wichte des Wassers,
d Durchmesser der Kugel,
η dynamische Viskosität des Wassers.

Man führt — wie man sagt — eine Schlämmanalyse durch, in der man während der Sedimentation des Bodens die Veränderung der Dichte der Suspension in Abhängigkeit von der Zeit in verschiedenen Höhen mit Hilfe eines Aräometers mißt.

Bei einer Schlämmanalyse besteht die Schwierigkeit in der Zerteilung der feinsten Tonteilchen. Durch mechanisches Umrühren läßt sich die Dispersion nach Ablauf von einer Stunde erzielen, sofern die Kräfte, die die Aggregate zusammenhalten, klein sind; in anderen Fällen jedoch kommt man erst nach Ablauf von 20 Stunden zum gleichen Ergebnis.

Im Gegensatz dazu liefert ein Behandeln mit Ultraschall viel schnellere und vollständigere Ergebnisse [*1.5*].

Eine vollkommene Dispersionsmethode gibt es jedoch nicht: Die Teilchen sind mehr oder weniger gut getrennt. Es folgt daraus, daß die Form der Kornverteilungskurven im Bereich der Feinstteilchen von der Arbeitsmethode abhängt: Man muß diese also genau angeben und sich im klaren sein, daß der höchste Dispersionsgrad den kräftigsten Dispersionsmethoden entspricht. Wirksame Verfahren sind besonders dann anzuwenden, wenn man Proben für eine Röntgenuntersuchung vorbereiten will.

Bei den im Laboratorium üblichen Bestimmungen der Korngrößenverteilung beschränkt man sich auf eine mechanische Zerteilung. Diese wird mit Hilfe eines Zentrifugalrührwerks (10 Minuten im allgemeinen) oder eines Luftstrahles [*1.6*] erzeugt, nachdem man dem Boden ein Antikoagulationsmittel, wie z. B. Natriumsilikat oder Tetranatriumpyrophosphat, beigefügt hat [*1.7*].

Für einen bestimmten Ton (Cecil Clay) wurden nach WINTERMEYER [*1.6*] die verschiedenen prozentualen Anteile des Gesamtgewichtes zusammengestellt, die sich einerseits mit der klassischen Rührvorrichtung, anderseits durch ein Luftgebläse erzielen ließen, Tab. 1.5.

Man erkennt daraus, daß die Unterschiede besonders merklich nur für die Körnung kleiner als 1 μm werden.

Tabelle 1.5. *Wirksamkeit der durch Luftgebläse oder Rührwerk erzielten Dispersion*

Korngröße d μm	Luftgebläse %	Rührwerk %	Unterschied %
von 2000 bis 420	8	9	— 1
420 bis 250	4	6	— 2
250 bis 74	17	20	— 3
74 bis 50	4	5	— 1
50 bis 5	23	24	— 1
5 bis 1	11	14	— 3
< 1	33	22	+ 11
	100	100	

Zu diesem ein wenig willkürlichen Charakter der Versuchsmethode treten Fehlerquellen hinzu, die auf der Tatsache beruhen, daß die Annahmen, auf denen das Gesetz von STOKES begründet ist, nicht alle erfüllt sind.

Von diesen seien die folgenden erwähnt:

— Es gibt keine Kräftewirkung zwischen den Teilchen selbst und zwischen den Teilchen und den Wänden des Schlämmzylinders,

— die Körner sind Kugeln oder haben Formen von gleichem hydrodynamischen Widerstand,

— die Wichte der Körner ist bekannt.

Man kommt der ersten Bedingung nahe, wenn die Konzentration der suspendierten Teilchen auf 50 g Boden je 1000 cm³ Wasser begrenzt wird. Wenn man die Form der meisten Teilchen über 5 μm, ohne einen allzu großen Fehler zu begehen, der einer Kugel annähern kann, so gelingt dies nicht für die kleineren Teilchen, die eher Scheibenform haben. Und da eine kreisförmige Scheibe dem Wasser beim Absinken einen kleineren Widerstand als eine Kugel von gleichem Durchmesser bietet, liefern die erzielten Ergebnisse einen zu starken Anteil des Feinstkorns.

Wie später gezeigt werden soll, sind die festen Teilchen von Wasserfilmen umgeben. Diese verschwinden in der Suspension nicht vollständig. Dadurch ergibt sich eine mittlere Wichte, die kleiner als 2,7 Mp/m³ ist, und infolgedessen ein Fehler im gleichen Sinne wie vorher. Umgekehrt erhöht sich durch den Wasserfilm die Dicke der Körner und damit die Sinkgeschwindigkeit, was einen zu starken Anteil der großen Körner liefert.

Im ganzen zeigen Überlegung und Experiment, daß sich die Fehler im entgegengesetzten Sinn durch eine Anzeige von zu kleinen Durchmessern äußern.

All dies beweist, daß im Bereich des Feinstkorns die Kornverteilungsbestimmungen, die man oft routinemäßig ausführt, mit Verständnis behandelt werden sollten.

Es zeigt sich hier wieder der etwas willkürliche Charakter der bodenmechanischen wie übrigens auch der straßenbaulichen Versuche: Um zu vergleichbaren Ergebnissen zu gelangen, ist man gezwungen, von Standardversuchen auszugehen, die unter sehr genau bestimmten Bedingungen vorgenommen werden. In Frankreich gibt es keine offiziellen Normen; die praktische Durchführung aller Versuche wurde bis ins einzelne in einem sehr ausführlichen Werk von R. PELTIER beschrieben [*1.8*].

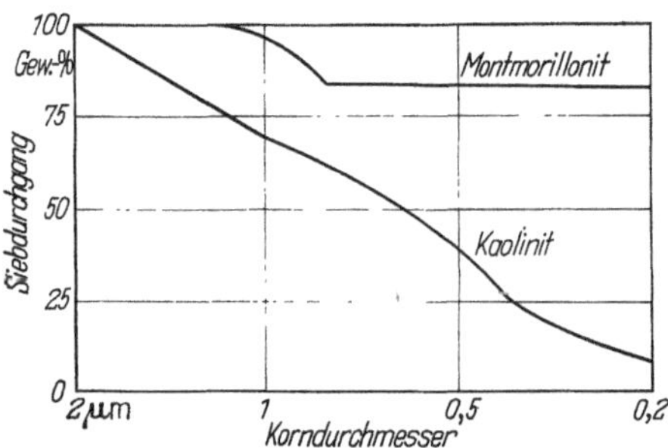

Abb. 1.5. Kornverteilungskurve eines Kaolinites und eines Montmorillonites

Trotz ihrer Unzulänglichkeiten müssen Sieb- und Schlämmanalysen für die Sande und Schluffe und selbst für die Tone (zusammen mit der Konsistenzgrenzenbestimmung, s. 2.7) durchgeführt werden, da physikalische Eigenschaften, wie die Durchlässigkeit und die Kapillarität, besonders für Sande und Schluffe, eng mit der Korngröße verknüpft sind und da anderseits die Eigenschaften der Tone vom Prozentsatz der Minerale mit kleineren Abmessungen als 2 μm abhängen.

In Abb. 1.5 sind Kornverteilungskurven für zwei sehr feinkörnige Minerale dargestellt.

Der Durchmesser der Teilchen nimmt beim Kaolinit regelmäßig von 2 μm bis 0,2 μm ab, während hingegen 80% der Teilchen des Montmorillonites kleiner als 0,2 μm sind.

1.4.3 Spezifische Oberfläche. Die Tatsache, daß das Feinstkorn die Eigenschaften der Tone bestimmt, läßt eine bestimmte Analogie zwischen den Böden und den Betonen erkennen, deren Eigenschaften viel mehr von der Dosierung und Feinheit des Zementes als von den Zuschlagstoffen abhängen. Für die Tone wie für die Zemente ist die *spezifische Oberfläche*[1], d. h. die Oberfläche der Körner je Volumeneinheit, sehr wichtig. Ein Anteil von nur 1% Ton in einem Sand kann wegen der spezifischen Oberfläche des Tons eine wesentliche Rolle spielen.

---

[1] Das Volumen eines Würfels von 1 cm Kantenlänge beträgt 1 cm^3, die Oberfläche 6 cm^2. Wenn dieser Würfel in Würfel von 1 μm Kantenlänge aufgeteilt wird, so erhält man 10^{12} neue Würfel, deren Oberfläche 60000 cm^2 beträgt. Bei der kubischen Form verändert sich die spezifische Oberfläche also mit der Würfelabmessung: Ein kolloidaler Ton von 0,2 μm großen Körnern in Würfelform hätte eine 10 mal größere spezifische Oberfläche als ein Ton von 2 μm Korngröße und eine 1000 mal größere Oberfläche als ein Sand von 0,2 mm Korngröße.

Die Berührungsflächen ändern sich beachtlich mit der Form der Teilchen. Es ist allgemein bekannt, daß die Kugel die kleinste spezifische Oberfläche hat. Wenn sie zu einem Stäbchen oder einer Scheibe wird, vergrößert sich die spezifische Oberfläche[1].

Ganz allgemein ist die Messung der spezifischen Oberfläche der festen Körper für das Verständnis zahlreicher Erscheinungen wichtig: Aktivität der Katalysatoren, Lösungsgeschwindigkeit bestimmter pulverförmiger Stoffe, Vervollkommnung der Firnisse und Lacke, Glanz eines Metalls, Schmierung von Maschinenteilen, Abbinden des Zementes usw.

Die im allgemeinen angewandte Methode zum Messen der spezifischen Oberfläche der Tone besteht in der Messung der Adsorption eines Gases bei konstanter Temperatur (im allgemeinen Stickstoff bei $-195\,°C$). Das Prinzip ist, das Volumen des adsorbierten Gases zu messen. Die Kenntnis der durch jedes adsorbierte Molekül eingenommenen Fläche und der Anzahl der Moleküle ermöglicht es, die eingenommene Fläche zu ermitteln [*1.9*]. Auf diese Weise fand man für getrocknete Montmorillonite spezifische Oberflächen in der Größenordnung von 150 m^2/g (s. 1.6.2), d. h. 405 m^2/cm^3.

1.5 Beiträge der Optik

Der Gebrauch des *Elektronenmikroskopes* ermöglicht es, die Körner etwas genauer zu untersuchen, aus denen die feinsten Tone bestehen. Hierbei werden die Körner durch eine Lösung in einem Dispersionsmittel mechanisch oder durch Ultraschall getrennt. Einen Tropfen dieser Lösung gibt man dann in einem Film auf den Tisch des Elektronenmikroskopes. Die Untersuchungen werden vorgenommen, nachdem das Dispersionsmittel durch Auswaschen oder Verdampfen entfernt ist.

Da die Wellenlängen, die den mit Potentialdifferenzen von 30000 bis 70000 Volt beschleunigten Elektronen entsprechen, in der Größenordnung von 0,05 Å gegenüber 5000 Å beim natürlichen Licht liegen, ist das Auflösungsvermögen des Elektronenmikroskopes seinem optischen Gegenstück gegenüber weit überlegen. Es liegt theoretisch zwischen 10 bis 20 Å, kommt allerdings praktisch nur bis zu 100 Å. Es ist in allen Fällen völlig ausreichend, um die kleinsten Mikroaggregate zu beobachten, die man durch Dispersion erhalten kann und deren Größenordnung 1000 bis 10000 Å, d. h. 0,1 bis 1 μm beträgt.

Die Elektronen werden mehr oder weniger vollständig von den Mikroaggregaten absorbiert, so daß die photographische Untersuchung eine Vorstellung von den relativen Dicken vermittelt und gleichzeitig die Umrisse enthüllt.

---

[1] Für ein Volumen von 1 cm^3 beträgt die Oberfläche der Kugel 4,83 cm^2, die eines Würfels 6,0 cm^2, die einer Scheibe von 1 mm Dicke 21,1 cm^2 und die einer Scheibe von 1 μm Dicke $2 \cdot 10^4$ cm^2.

Aber diese *Mikroaggregate* sind nur Zusammenfügungen von Paketen jener *Lamellen*, die die Röntgenstrahlen als die Grundbausteine der Tone erkennen lassen.

Wenn die Untersuchungen mit dem Elektronenmikroskop leider nicht alle Erwartungen erfüllten, die man in sie gesetzt hatte, so war die Anwendung der Methoden der Kristallanalyse durch Röntgenstrahlen auf die Tone äußerst fruchtbar, wie in (1.6: Beiträge der Kristallographie) gezeigt wird. Das Elektronenmikroskop hat es zumindest ermöglicht, die häufig vorkommende Scheibenform, die die Mikroaggregate annehmen, genauer zu erkennen.

Abb. 1.6a u. b. Mikroaggregat (Lamellenpaket) eines Tons. a Draufsicht, b Seitenansicht

Abb. 1.6 zeigt ein Mikroaggregat eines Tons in der Draufsicht und von der Seite nach einer Photographie im Elektronenmikroskop. Das Verhältnis der Breite zur Dicke beträgt 11. Man nimmt an, daß dieses Verhältnis für einige Wyoming-Bentonit-Kristalle 250 beträgt.

Zum Schluß sei noch bemerkt, daß bestimmte Spezialvorrichtungen der Elektronenmikroskope eine Untersuchung aufgrund der Beugung durch Kombinieren mit dem in der Kristallographie üblichen Verfahren ermöglichen (1.6). Sie lassen erkennen, wie vollständig die Dispersion war, und sind damit umfassende Forschungsgeräte.

1.6 Beiträge der Kristallographie

Wenn im Bereich des sichtbaren Lichtes ein monochromatisches Lichtbündel auf kleine Teilchen fällt, deren Größe etwa die 10 bis 100-fache Wellenlänge beträgt, stellt man um das direkte Bündel herum die Bildung eines Hofes aus diffusem Licht fest. Die gleiche Erscheinung zeigt sich bei Röntgenstrahlen, deren Wellenlänge in der Größenordnung einer Ångström-Einheit liegt, wenn sie Teilchen von der Größe einiger -zig Ångström-Einheiten durchdringen. Von diesem Beugungsphänomen der Strahlen um das direkte Strahlenbündel herum ausgehend untersucht man die Veränderung der Intensitätskurve des abgebeugten Bündels in Abhängigkeit vom Beugungswinkel.

Es sei diesbezüglich auf die klassische Abhandlung von Bragg [*1.10*] und die etwas speziellere Arbeit von Brindley [*1.11*] über die Anwendung dieser Technik auf die Tone verwiesen. Zur Anwendung kommen Spezial-Röntgenkammern, die für Tonminerale geeignet sind. Der Boden wird entweder pulverisiert und auf Glasstäbchen gebracht oder in Form einer Kruste vorbereitet, die man aus einer Sedimentation erhält.

Diese gesamte Technik hat es seit 1935 ermöglicht, zu den ersten, im folgenden beschriebenen Schlußfolgerungen über die Struktur der Tone zu gelangen.

1.6.1 Struktur der Tone. Die Tonkörner setzen sich aus parallelen *Schichten* zusammen, die die Atome Si, Al, O und (OH) mit oder ohne Mg und Fe enthalten. Im Innern dieser Schichten sind die Atome in Tetraeder- oder Oktaeder-Symmetrie angeordnet. Die Schichten sind fest miteinander verbunden und bilden so *Lamellen* von einer verhältnismäßig einfachen und stabilen Struktur. Hingegen sind die Verbindungskräfte zwischen den Lamellen schwächer, was zu einer großen Vielfalt an Strukturen führt.

Die Anordnungen der Atome in den Lamellen mit ihren Strukturen trifft man bei den Tonen am häufigsten an. Die Schichten sind elektrisch neutral oder nicht neutral, je nachdem, ob isomorphe Substitutionen in den Lamellen vorliegen. Es kommt z. B. häufig vor, daß das dreiwertige Al das vierwertige Si in einer Lamelle ersetzt. Dadurch bleibt in der Schicht eine negative Ladung, die z. B. durch ein K^+-Ion ausgeglichen wird: Dieses fügt sich in die Schichten ein, oder es bleibt außerhalb davon. Diese elektrisch oder nicht elektrisch kompensierten Substitutionen legen es nahe, einen Vergleich zwischen den Lamellen der Tonminerale und den Halbleitern anzustellen: Für bestimmte Halbleiterkristalle war es möglich, Löcher im Atomgitter der Substanz zu erzeugen: Man ersetzte eine bestimmte Anzahl von Atomen des Kristalls durch Kationen oder Anionen von verschiedenen Wertigkeiten. So entsteht beim Germanium und Silicium mit der Wertigkeit 4 durch Einleiten von Arsenatomen mit der Wertigkeit 5 ein Elektronenüberschuß, also ein Überschuß an negativen Ladungen. Umgekehrt ruft das Einleiten von Bor mit der Wertigkeit 3 positive Löcher hervor. Diese Unvollkommenheiten im Atombau der Halbleiter bilden die Grundlage für die Entwicklung von elektronischen Transistoren, die kleine Verstärker ähnlich den Elektronenröhren sind.

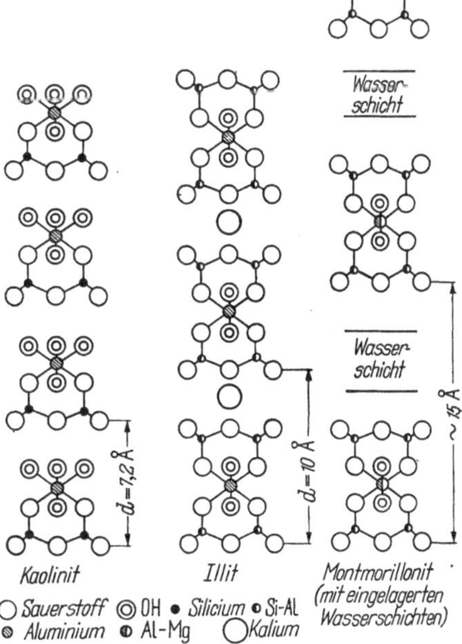

Abb. 1.7. Schematische Darstellung der Lamellenfolge einiger Tone. (Nach BRINDLEY [1.11])

Die in parallelen Schichten angeordneten Lamellen sind zumindest bei den Montmorilloniten durch Wasserschichten getrennt (s. a. 2).

Die wichtigste Tatsache, die die Röntgenanalyse erbrachte, ist das Vorhandensein von *charakteristischen Lamellendicken* (einschl. der Wasserschicht). Diese Dicken genügen oftmals für eine erste Einteilung des Tons. So beträgt die Lamellendicke von Kaolinit ungefähr 7 Å, die des Illites 10 Å und die des Montmorillonites ungefähr 15 Å, Abb. 1.7. Diese Erkenntnis der gleichen Abstände der zu den Lamellen parallelen Ebenen für Tonminerale derselben Familie ist eine der klarsten Schlußfolgerungen der jüngsten Forschung. Man erhält sie nicht mit dem Elektronenmikroskop: Dort sieht man – dies sei wiederholt – entweder *Lamellenpakete* von einigen Hundert ÅNGSTRÖM-Einheiten Kantenlänge (ausnahmsweise einige -zig ANGSTRÖM-Einheiten) oder in den meisten Fällen *Mikroaggregate*, die aus Zusammenfügungen dieser Pakete gebildet sind (mit 1000 Å, 10000 Å und sogar mehr).

1.6.2 Drei große Tonmineral-Familien, die für die Kristallographie, Mineralogie und spezifische Oberfläche charakteristisch sind: Kaolinite, Illite und Montmorillonite. Die meisten feuerfesten Tongesteine, die in der Keramik verwendet werden, enthalten *Kaolinit*. Dieses Mineral ist im Gegensatz zu den beiden folgenden aus Lamellen zusammengesetzt, die neutral oder auf jeden Fall in großem Maße neutral sind. Es gibt praktisch keine mögliche isomorphe Substitution. Die spezifische Oberfläche ist nach Messungen von J. ESCARD auf 20 oder 30 m^2/g begrenzt. Die Dicke der Lamellen beträgt ungefähr 7 Å.

Am anderen Ende dieser Reihe stehen zahlreiche Walkerden oder Bleicherden aus *Montmorilloniten*; die typischsten Gesteine dieser Kategorie sind die Bentonite. In den Lamellen sind beachtliche Möglichkeiten isomorpher Substitution gegeben, und zwar sowohl in der kristallisierten Tetraeder- als auch in der Oktaederform. Wegen der schwachen Bindungen, die zwischen den Lamellen bestehen, dringen das Wasser und die Austauschionen leicht in die Lamellen ein und rufen – wie noch gezeigt wird – charakteristische Quellungen hervor. Die spezifische Oberfläche ist wesentlich größer; bei einigen Kationen (Ca^{++}) kann sie größer als 150 m^2/g werden. Die Dicke der Lamellen beträgt ungefähr 15 Å.

Zwischen diesen beiden Familien befinden sich die Glimmer. J. DE LAPPARENT [*1.12*] konnte zur gleichen Zeit wie die amerikanischen und deutschen Schulen um das Jahr 1935 zeigen, daß diese am häufigsten aus einem sehr verbreiteten, charakteristischen Bestandteil zusammengesetzt sind, dem *Illit*, der in vielen Punkten intermediäre Eigenschaften hat. Die Dicke der Lamellen beträgt 10 Å.

1.7 Beiträge der Chemie

Schließlich gibt die chemische Analyse interessante Informationen, ohne daß es jedoch möglich wäre, an der chemischen Formel eine Mineralart zu erkennen. Die chemische Analyse war früher jedoch das einzige

Mittel, über das man verfügte, um die Eigenart der tonigen Materialien zu erfassen. Dank der Technik der Röntgenstrahlen und der Kristallographie hat sie weitere Fortschritte erzielt.

Man verwendet heute von den dualistischen Formeln: SiO_2, Al_2O_3, Fe_2O_3 usw. bevorzugt die Formeln vom Typ

$$O_{10}\,(OH)_p\,Al_q\,Si_r\,Fe_s \text{ usw.},$$

in denen man die Bauelemente der Lamellen wiedererkennt.

Die allgemeine Formel der Montmorillonite lautet:

$$O_{10}\,(OH)_2\,Al_2\,Si_{4-x}\,Al_x\,K_x \qquad (1);$$

dabei gilt Folgendes:

Al_2 kann durch Fe_2''', Fe_3'', Mg_3, Ca_3, K_6, Na_6 ersetzt werden,

x ist kleiner als 1,

K kann durch Na, $Ca_{0,50}$ oder $Mg_{0,50}$ ersetzt werden.

Die Formel, Gl. (1), enthält 10 Sauerstoffe und 2 Hydroxyde, d. h. 22 negative Wertigkeiten. Zu ihrer Sättigung sind 22 positive Wertigkeiten erforderlich.

Man findet leicht, daß die Beziehung gilt: $22 = 6 + 4\,(4 - x) + 3\,x + x$. Für Tone, die auf diese Weise kristallisieren, genügt es, x zu ermitteln. Für einen Ton dieses Typs, den Schieferton von Housseras, lautet das Ergebnis:

$$O_{10}\,(OH)_2\,(Al_{1,26}\,Fe'''_{0,26}\,Fe''_{0,08}\,Mg_{0,31}\,Ca_{0,06}\,K_{0,23}\,Na_{0,31})\,Si_{3,64}\,Al_{0,36}\,K_{0,36}\,.$$

In der Formel ist $x = 0{,}36$; man kann sich leicht überzeugen, daß 22 Valenzen von jedem Vorzeichen vorhanden sind [*1.5*].

Diese Formeln haben also einen komplizierten Aufbau; dennoch liefern sie außer einigen kristallographischen Regeln nicht viele Erkenntnisse bezüglich des individuellen Charakters einer jeden Bodenprobe.

Man sollte jedoch festhalten, daß bei den Montmorilloniten das Verhältnis SiO_2/Al_2O_3 gleich $2\,\frac{4-x}{2+x}$ ist. Dieses Verhältnis ist groß, weil x im allgemeinen klein ist; es beträgt 3,08 in dem erwähnten Beispiel.

Auf der anderen Seite genügen die kaolinithaltigen Tone einer Formel vom Typ $O_{10}(OH)_8Al_4Si_4$, ohne Möglichkeit einer isomorphen Substitution. Sie haben also ein kleineres Verhältnis SiO_2/Al_2O_3 (2 im vorliegenden Fall).

1.8 Allgemeine Einteilung der Tone

Das Studium der Tone ist besonders seit einigen Jahren Gegenstand von eingehenden Versuchen in vielen Ländern der Erde. Es besteht eine französische Gruppe für Tonforschung. Die Forscher verschiedener Länder versuchten kürzlich, sich auf eine Einteilung zu einigen. Die allgemeinste Einteilung ist die folgende: Man unterscheidet die großen chemischen Kategorien, wie Karbonate, Silikate usw., innerhalb dieser wiederum die Gruppen und Untergruppen nach den wichtigsten Struktureigenschaften: Lamellenstruktur (am häufigsten), Kettenstruktur usw. Unter den Arten macht man eine neue Differenzierung nach der Lamellendicke, dann nach der chemischen Formel.

Beispiel: Bei den lamellenartigen Mineralen unterscheidet man den Kaolinit-Typ mit ungefähr 7 Å Lamellendicke und hier die Kaoline, die Serpentine usw.

Schließlich nutzt man bei jeder der Untergruppen die sekundären Strukturunterschiede, die sich aus den Lamellen ergeben.

Beispiel: Bei den Kaolinen unterscheidet man Kaolinit, Dickit und Halloysit.

Dieses von Brindley vorgeschlagene Einteilungssystem ist in Tab. 1.6 zusammengefaßt.

Zur Vertiefung des Studiums der Tone wird man mit Erfolg auf das Buch von G. Brindley [*1.11*] zurückgreifen.

Von Ausnahmen abgesehen gehören die tonigen Bestandteile der Böden keiner genau definierten Mineralart an. Kaolinit, Illit oder Montmorillonit sind in reinem Zustand selten. Bei einer Bodenprobe wird der Mineraloge versuchen, die nur in kleinen Mengen anwesenden Bestandteile so zu eliminieren, daß er sie zu einer bestimmten Familie rechnen kann; dabei wird er sich der oft partiellen Information bedienen, die ihm jede der oben beschriebenen Untersuchungsmethoden gibt.

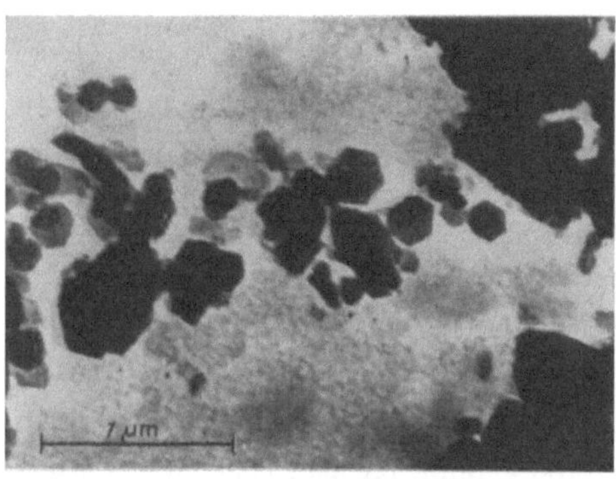

Abb. 1.8. Elektronenmikroskop-Photographie eines Tons aus Château-Bougon mit vorherrschendem Kaolinitbestandteil. (Photo: Laboratoire Central des Services Chimiques de l'Etat)

Die Photographie, Abb. 1.8, wurde von einem Ton aus Château-Bougon (Loire-Inférieure) angefertigt. Dieser Ton enthält große Quarzkörner (große dunkle Stellen auf dem Photo), die mit einem Ton vermischt sind, der größtenteils Kaolinit-Elemente und in kleinen Mengen Illit enthält. Er entstand durch Verwitterung eines Granit-Gneiß-Gesteins. Die weniger dunklen, flachen Teilchen mit ziemlich gut erkennbaren Umrissen von $^1/_3$ bis $^1/_5$ μm gehen wahrscheinlich auf den Kaolinit-Bestandteil zurück. Die feineren Teilchen ohne klare Umrisse sind einem Glimmer-Bestandteil zuzuschreiben.

Die mit Röntgenstrahlen im Debye-Scherrer-Diagramm für die vom Quarz getrennte Fraktion erhaltenen Linien sind charakteristisch für

Tabelle 1.6

Einteilung der Minerale. Anwendung auf die Lamellensilikate. (Nach BRINDLEY [*1.11*])

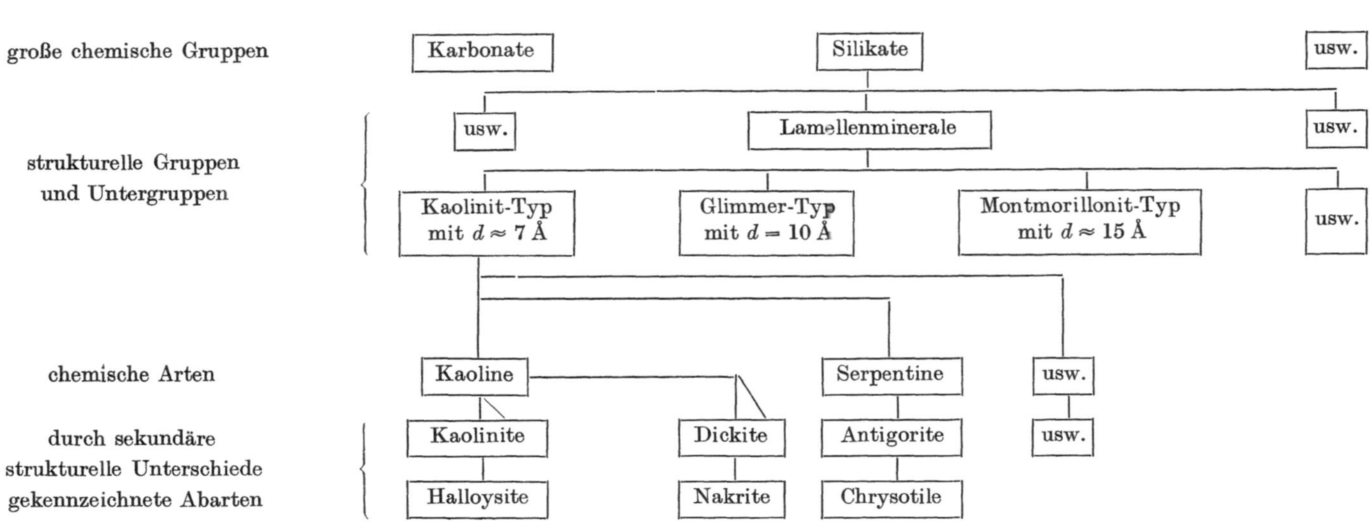

Kaolinit, d. h. 7,2 Å Lamellendicke. Das gewonnene Diagramm zeigt gleichfalls nach der Mitte zu einen verschwommenen Ring, der einer Dicke von 10 bis 12 Å entspricht und Hydroglimmer darstellt, denn nach Erhitzen löst er sich in eine feine 10-Å-Linie auf.

Man sieht, daß alle obigen Methoden zusammen eine ziemlich genaue Beschreibung eines Tons gestatten.

2 Die flüssigen Bestandteile

2.1 Differentialthermoanalyse: Das Konstitutionswasser

Man bringe eine kleine Menge natürlichen Tons und eine neutrale Substanz, etwa ein Stück eines feuerfesten Ziegelsteins, in einen Trokkenofen. Nun werde der Ofen entweder durch gleichmäßige Wärmezufuhr in der gleichen Zeit oder durch eine bestimmte Anstiegsgeschwindigkeit der Temperatur erhitzt. Ein Thermoelement mit einem Anschluß für jeden der beiden Körper messe die Temperaturunterschiede zwischen diesen.

Werden auf der Ordinate die im Ton registrierten Temperaturunterschiede und auf der Abszisse die Temperaturen des Vergleichselementes aufgetragen, so ergibt sich ein Diagramm, das anfangs eine Ausbuchtung nach unten aufweist, Abb. 2.1. Zu einem bestimmten Zeitpunkt fällt die Temperatur des natürlichen Tons gegenüber der des Vergleichskörpers; es spielt sich also ein endothermer Vorgang ab.

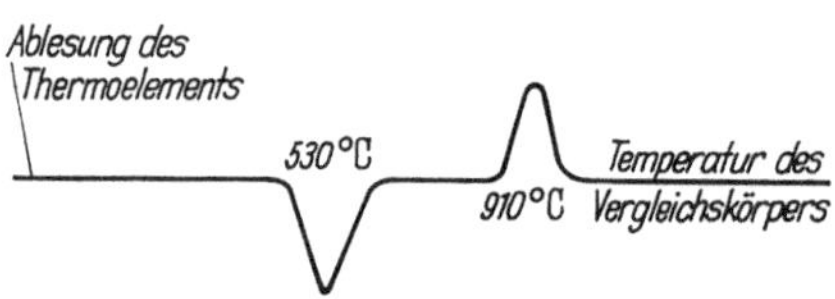

Abb. 2.1. Differentialthermoanalyse eines Tons aus Château-Bougon mit vorherrschendem Kaolinitbestandteil

Es tritt ein Verlust der Hydroxyle OH^- in der Kristallstruktur der Lamellen ein, d. h. ein Verlust an *Konstitutionswasser*.

Die Lage dieser Ausbuchtung ist unter normalen Versuchsbedingungen für den untersuchten Stoff charakteristisch.

Bei einer höheren Temperatur tritt anderseits oft eine Ausbuchtung in der entgegengesetzten Richtung auf, d. h. es spielt sich ein exothermer Vorgang ab, der einem Wiederkristallisieren entspricht.

Die endotherme Ausbuchtung bei 530 °C und die exotherme Ausbuchtung bei 910 °C kennzeichnen z. B. den Kaolinit. Abb. 2.1 bezieht sich auf den in (1.8) beschriebenen Ton von Château-Bougon mit Kaolinit als Hauptbestandteil.

Dieses Experiment enthüllt also eine erste Wasserart in einem Ton: das (chemisch gebundene) Konstitutionswasser.

Im Gegensatz dazu tritt außerdem Wasser auf, das in den Poren der Mikroaggregate fließen kann und das man *Porenwasser* nennt.

Außer diesen beiden Wasserarten gibt es eine dritte, das *adsorbierte Wasser*, das man — negativ — als das Wasser definiert, das weder Poren- noch Konstitutionswasser ist (2.3).

2.2 Thermoponderalanalyse

Das Freiwerden von Wasser beim Erhitzen eines Tons läßt sich direkt durch Gewichtmessungen verfolgen, die in regelmäßigen Temperaturabständen durchgeführt werden. Dies ist das Prinzip der thermischen Gewichtsanalyse oder Thermoponderalanalyse.

Im folgenden sei diese Analyse für den in (1.8) und (2.1) betrachteten Ton aus Château-Bougon vorgenommen. Die gasförmigen Bestandteile des Tons werden im Vakuum und über Phosphorsäureanhydrid bei immer höheren Fixtemperaturen entzogen; dabei wartet man bei jeder Temperatur ab, bis das Gewicht konstant bleibt. Die beobachteten Wasserverluste, bezogen auf das Gewicht der bei 500 °C getrockneten Bodenprobe, sind in Tab. 2.1 zusammengestellt:

Tab. 2.1. *Thermoponderalanalyse eines Tons aus Château-Bougon mit vorherrschendem Kaolinitbestandteil*

Entgasungs-Temperatur °C	Dauer der Entgasung h	gesamter Wasser-verlust %
	63	4,35
100	81	4,47
	100	4,47
	21	4,79
	120	4,91
200	161	4,93
	184	4,93
	71	10,5
500	93	10,5

Die spezifische Oberfläche erreicht im Verlauf der Temperaturerhöhung einen Maximalwert, sobald die Kontaktflächen zwischen den Lamellen durch das Verschwinden des adsorbierten Wassers frei werden. Die Verminderung der spezifischen Oberfläche bei höheren Temperaturen ist auf eine Sinterung zurückzuführen [*2.1*].

2.3 Das adsorbierte Wasser

Das adsorbierte Wasser ist im Gegensatz zum Porenwasser an die Oberfläche der Körner gebunden und bildet dort einen Film. Dieser Film übt — wie beim Studium der Kapillarität gezeigt wird — eine Anziehungskraft sowohl auf die Oberflächenschichten des Korns als auch auf die unmittelbar benachbarten Wasserschichten aus, die ihn außen umgeben.

Diese Anziehungskraft steht mit den Löchern im Zusammenhang, die von den isomorphen Substitutionen in den Lamellen herrühren, die diesen die Möglichkeit geben, das H^+-Kation und das OH^--Anion des Wassers, das die Mikroaggregate umgibt, zu fixieren, indem sie dem Wasser eine molekulare Orientierung auf eine bestimmte Dicke verleihen, die der der adsorbierten Wasserschicht entspricht.

Im Innern dieser adsorbierten Schicht, in der Nähe des festen Teilchens, hat das Wasser Eigenschaften, die denen eines festen Körpers nahekommen. Weiter nach außen zu hat das Wasser die Eigenschaften einer viskosen Flüssigkeit, und geht dann schließlich in die Eigenschaften des normalen Wassers über. Bei den sehr feinen Tonen scheint die Dicke der festen und quasi-festen Schicht adsorbierten Wassers ungefähr 50 Å zu betragen. Die Eigenschaften des Wassers werden erst in einem Abstand von ungefähr 0,1 μm, d. h. 1000 Å, normal. Es ist interessant, diese Zahlenwerte mit den Dicken 7, 10 und 15 Å der Lamellen zu vergleichen. Das gesamte Mikroaggregat ist also mit einer viskosen Schale adsorbierten Wassers umgeben.

2.4 Wassergehalt

Der Wassergehalt w ist eine für den Boden wesentliche Eigenschaft: Er wird als das Verhältnis aus dem Gewicht des Wassers zum Gewicht der getrockneten Festsubstanz definiert.

2.4.1 Experimentelle Bestimmung des Wassergehaltes im Laboratorium. Man ist bemüht, mit einer für den Boden repräsentativen Probe zu arbeiten. Für Sedimenttone z. B. bestehen in situ beachtliche Unterschiede im Wassergehalt von einer Schicht zur anderen. So zeigt Abb. 2.2 für den blauen Bostoner Ton eine Veränderung des Wassergehaltes von 25 bis 57% bei einer Veränderung der Tiefe von 5 cm [2.2].

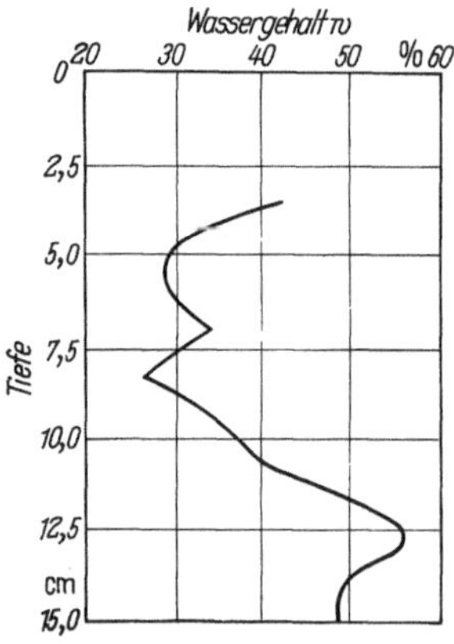

Abb. 2.2. Wassergehalt in Abhängigkeit von der Tiefe beim blauen Boston-Ton. (Nach ALBIN jr. [2.2])

Der Wassergehalt wird durch Wägen vor und nach dem Einbringen in den Trockenofen bestimmt, in dem die Probe bei einer Temperatur von 105 °C bis zum Erreichen eines konstanten Gewichtes bleibt. Dieser Wert der Temperatur entspricht keiner singulären Stelle auf der Thermoponderalkurve: Die Arbeitsweise ist also rein konventioneller Natur. Sie entspricht einer restlosen Verdampfung des Porenwassers, einer teilweisen Verdampfung des adsorbierten Wassers und einer sehr geringfügigen Verdampfung des Konstitutionswassers. In diesem Zusammenhang sei auf das Werk von

LAMBE [*2.3*] verwiesen, dessen Titel bezeichnend ist: Just how dry is a dry soil?

Außer den Verlusten durch Verdampfen, die während des Transportes der Bodenprobe eintreten können und die sich vermeiden lassen, wenn man diese in einem hermetisch abgeschlossenen Behälter von geeigneten Abmessungen bringt, entstehen die hauptsächlichsten Meßfehler nicht durch Wägen, sondern durch das Trocknen im Trockenofen.

Einerseits ist in einem Trockenofen, dessen Kontrollthermometer 105 °C anzeigt, die Temperatur nicht konstant: In manchen schlecht gebauten Trockenöfen fand man von Punkt zu Punkt Schwankungen von 99,6 °C bis 146,7 °C bei einer Anzeige von 105 °C des Kontrollthermometers [*2.4*].

Auf der anderen Seite ändert sich die notwendige Trocknungszeit im Ofen mit der Bodenart. Einige Gramm Sand trocknen in einer Stunde oder weniger, während ein Ton mit sehr feiner Textur Stunden braucht, um ein konstantes Gewicht zu erlangen.

Das allgemein übliche Trocknen der Bodenprobe im Trockenofen bei 105 °C bis zum Erreichen eines konstanten Gewichtes entspricht also nicht einem totalen Verlust des Wassers.

2.4.2 Bestimmung des Wassergehaltes in situ. Man bemühte sich während der vergangenen Jahre und besonders seit 1948, stetige Methoden zum Messen des Wassergehaltes in situ zu entwickeln.

Eine Reihe von Geräten [*2.5*; *2.6*] war nach dem Prinzip der Widerstandsänderungen von Vergleichselementen aus Gips, Glaswolle oder Nylon aufgebaut, die sich im Boden befinden. Dieser Widerstand hängt jedoch vom Dampfdruck ab, der seinerseits nicht nur eine Funktion des Wassergehaltes ist. Man muß daher im allgemeinen eine Eichung für die besonderen Gegebenheiten des Bodens vornehmen.

Zählrohre nach folgendem Prinzip erdachten im Jahre 1952 BELCHER, CUYKENDALL und SACK [*2.7*]: Eine Neutronenquelle befindet sich auf dem Schaft eines Gerätes, das die Form eines kleinen Pfahls hat, Abb. 2.3. Die schnellen Neutronen werden zu langsamen Neutronen, wenn sie auf die H^+-Kerne des Wassers auftreffen, so daß die Anzahl der umgeformten Neutronen, die zum Neutronenempfänger zurückkehren, vom Wassergehalt abhängt. Dieser Neutronenempfänger besteht aus Indium, das die langsamen Neutronen in radioaktives Indium umwandeln.

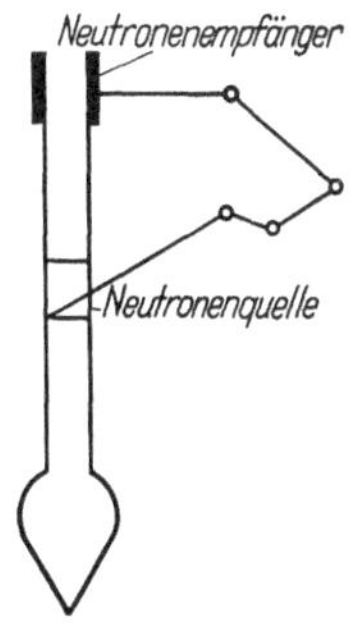

Abb. 2.3. Schema eines Neutronenzählers zur Messung des Wassergehaltes

Es versteht sich von selbst, daß die OH^--Ionen des im Boden enthaltenen Konstitutionswassers auf die schnellen Neutronen einwirken können. Die Vergleichskurve muß diesem Umstand Rechnung tragen;

anderenfalls liegen die Ergebnisse systematisch höher als die Laborergebnisse. Bei diesen spielt nämlich nur das bis zu 105 °C verdampfende Wasser eine Rolle. Zweifellos liegt hier der Grund dafür, warum man nach dem vorliegenden Verfahren für die Kaolinite, die von allen Tonen die meisten Hydroxyle [*2.8*] enthalten, einen höheren Wassergehalt als mit dem Trockenofen erhält. Unter diesen Vorbehalten scheint dem Gerät ein gewisser Erfolg beschieden zu sein.

Obgleich diese experimentellen Einschränkungen sowohl für den Laboratoriumsversuch als auch für die Messungen in situ bekannt sind, bleibt die Bestimmung des Wassergehaltes ein wichtiger Versuch, da der Wassergehalt in engem Zusammenhang mit der Porenziffer, dem Sättigungsgrad, der Kohäsion usw. steht.

2.5 Porenziffer und Porenanteil

2.5.1 Porenziffer. Die Porenziffer ε ist das Verhältnis aus dem Volumen der Hohlräume (d. h. das gesamte Volumen, das nicht mit festen Teilchen angefüllt ist) zum Volumen der Festsubstanz.

Das Bestimmen dieser Porenziffer ist ein Messen der Lagerung der Körner, die eine wesentliche Eigenschaft des Bodens ist. Bei gleicher Lagerung ist sie für Körner gleicher Größe ein Maximum, ein Minimum hingegen für Körner, deren Dicke nach einer geometrischen Reihe passend zusammengestellt ist (s. 1.4.1 u. 2.5.5).

Einer Volumeneinheit der Festsubstanz entspricht also ein Gesamtvolumen ε der Hohlräume: dieses Volumen ist entweder mit Wasser oder mit Luft oder mit beiden angefüllt. Wenn das Volumen vollkommen mit Wasser angefüllt ist, sagt man, es liegt Sättigung vor. Das Verhältnis des Wassergehaltes eines Tons in einem gegebenen Zustand zum Wassergehalt der Sättigung wird *Sättigungsgrad* s_w genannt.

Es ist wichtig, diesen Sättigungsgrad zu kennen, weil er – wie noch gezeigt wird – die Durchlässigkeit, Kohäsion und Zusammendrückbarkeit (Kompressibilität) beeinflußt.

Wenn $s_w = 1$ ist, hat man offenbar $\varepsilon = \gamma_s\, w$, mit γ_s als dem *Stoffgewicht der festen Teile* (*Reinwichte*).

Bei $s_w = 1$ sind weder w noch infolgedessen ε konstant. Ihre Werte hängen von den äußeren oder inneren Kräften ab, die auf die Körner wirken.

2.5.2 Porenanteil. Der Porenanteil n ist das Verhältnis aus dem Volumen der Hohlräume zum Gesamtvolumen. Diese Größe wird oftmals *Hohlraumgehalt* oder *Porosität* genannt.

Für die Volumeneinheit der Festsubstanz beträgt das Gesamtvolumen $1 + \varepsilon$ und infolgedessen ist

$$n = \frac{\varepsilon}{1 + \varepsilon}.$$

Das Gesamtvolumen eines Bodens ändert sich, je nachdem ob der Boden schrumpft oder quillt, während das Volumen der Festsubstanz dasselbe bleibt. Zähler und Nenner des Verhältnisses $n = \varepsilon/(1+\varepsilon)$ ändern sich ebenfalls, während ε als das Verhältnis Hohlraumvolumen/Volumen der Festsubstanz einen konstanten Nenner und einen veränderlichen Zähler hat. Deshalb verwendet man ε meist bei allen Erscheinungen, die zu Volumenänderungen führen, während n meist bei Durchlässigkeitsproblemen erscheint.

2.5.3 Experimentelles Bestimmen der Porenziffer. Wenn ein Volumen V einer Bodenprobe nach dem Trocknen im Trockenofen das Gewicht W_d hat und wenn γ_s die Reinwichte der Festsubstanz bedeutet, so findet man:

$$\varepsilon = \frac{V - \dfrac{W_d}{\gamma_s}}{\dfrac{W_d}{\gamma_s}} = \frac{V}{\dfrac{W_d}{\gamma_s}} - 1 .$$

Für das Messen von W_d gelten die gleichen Bemerkungen wie oben (2.4.1): W_d ist das Gewicht der festen Bestandteile *und* einer bestimmten Wassermenge, die an den Körnern haften bleibt.

Das Volumen V wird im allgemeinen ermittelt, indem man die Probe in einen Behälter von gegebener Größe einpaßt (s. u.: Konsolidierungs-, Verdichtungs- und Durchlässigkeitsversuche); andernfalls arbeitet man mit Verdrängen von Quecksilber oder – nach Umgeben mit Paraffin – mit Tauchwägung.

2.5.4 Messen der Reinwichte γ_s. Wie bereits erwähnt (1.3) schwankt γ_s nicht in großen Grenzen; seine genaue Bestimmung ist jedoch schwierig.

Wenn auch die Kenntnis von γ_s keine große Hilfe für das Erkennen eines Bodens bedeutet, so ist sie dennoch für das Berechnen der besprochenen Kenngrößen notwendig.

Das Messen von γ_s wird mit Hilfe eines Pyknometers durchgeführt, das eine Art kalibrierter Flasche mit einer Ablesevorrichtung für die Temperatur ist. Man mißt das Gewicht W_1 des Pyknometers einschl. des ofentrockenen Bodens und des nach dessen Einführung bis zu einem bestimmten Niveau aufgefüllten Wassers. Das Wägen wird nach dem Kochen (um die Luftblasen zu vertreiben, die an den Bodenteilchen anhaften können) und Abkühlen vorgenommen. Eine Kalibrierkurve ermöglicht es, für das bestimmte Niveau das Gewicht W_2 des nur wassergefüllten Pyknometers zu ermitteln. Man bringt die nötigen Korrekturen an, um alle Wägungen auf 4 °C [*2.3*] zurückzuführen und hat dann

$$\gamma_s = \frac{W_d}{W_d - W_1 + W_2} ,$$

da ja $W_1 - W_2$ gleich W_d ist, vermindert um das Gewicht des vom Boden vertriebenen Wasservolumens.

Bei der Messung von γ_s wird also W_d benötigt. Deshalb ist γ_s eine Funktion der Heiztemperatur des Trockenofens. Erhitzt man den Boden auf eine höhere Temperatur als 105 °C, so würde seine Reinwichte zunehmen.

In (1.3) wurden einige Werte für die Reinwichte der Aufbauminerale der Erdrinde angegeben. Die Reinwichte der Böden leitet sich durch Kombinieren daraus her; sie schwankt im allgemeinen zwischen 2,65 Mp/m³ und 2,85 Mp/m³.

Böden, die organische Substanzen enthalten, oder Böden mit porigen Bodenteilchen können ausnahmsweise Reinwichten kleiner als 2,0 Mp/m³ haben (Kieselgur, Diatomeenerde). Umgekehrt können eisenerzhaltige Böden Reinwichten bis zu 3,0 Mp/m³ erreichen.

Tab. 2.2 enthält einige typische γ_s-Werte mit ihren Schwankungen in Abhängigkeit von der Trocknungstemperatur.

Tabelle 2.2

Veränderlichkeit der Reinwichte γ_s mit der Trocknungstemperatur der Probe im Ofen (Nach Lambe [*2.4*])

Trocknungstemperatur	°C	90	105	140	190
Ottawa-Sand	γ_s in Mp/m³	2,67	2,67	2,67	2,67
Diatomeenerde	γ_s in Mp/m³	1,99	2,00	2,08	2,56
blauer Boston-Ton	γ'_s in Mp/m³	2,78	2,78	2,78	2,79

2.5.5 Typische Werte für die Porenziffer und den Porenanteil bei Sanden. Bei den Sanden ändert sich ε stark mit der Kornverteilung.

Im Fall gleich großer Kugeln (Ungleichförmigkeitsgrad eins) erreichen n und ε ihre Maximalwerte bei der Anordnung a, Abb. 2.4:

$$n_{\max} = 48\%, \qquad \varepsilon_{\max} = 92\%,$$

nehmen n und ε ihre Minimalwerte bei der Anordnung b, Abb. 2.4, an:

$$n_{\min} = 26\%, \qquad \varepsilon_{\min} = 35\%.$$

Je gleichförmiger die Körner sind, um so mehr nähern sich die Maximal- und Minimalwerte von ε den oben angegebenen Grenzen.

Wenn die Körner nicht gleichförmig sind, nehmen die Extremalwerte ab, und zwar um so mehr, je besser die *Kornabstufung* (*Grading*) ist. Für kugelige Körner erhält man die kleinsten Werte von ε, wenn eine genügende Anzahl kleinerer Kugeln die von den größeren Kugeln gebildeten Hohlräume ausfüllt. Soll dies in einem unendlich ausgedehn-

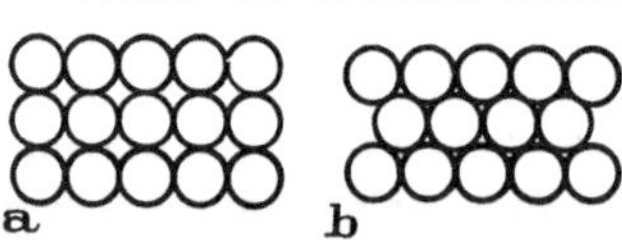

Abb. 2.4 a u. b. Anordnungsmöglichkeiten gleich großer Kugeln zum Erzielen extremaler Porenziffern.
a Größte Porenziffer, b Kleinste Porenziffer

ten Medium zutreffen, so müssen sich die Durchmesser aufeinanderfolgender Kugeln nach einer geometrischen Reihe mit einem Quotienten zwischen $^1/_4$ und $^1/_5$ ändern, Abb. 2.5. Bei den Tonen kann ε groß sein; dies hat hauptsächlich zwei Gründe: einerseits haben die Körner Scheibenform, und anderseits kann das Wasser unter Aufrechterhaltung der Anziehungskräfte zwischen diesen Körnern beachtliche Volumen einnehmen, ohne daß der Ton deswegen in einen flüssigen Zustand überginge (s. 2.7.1). Es sind Böden bekannt, bei denen das Volumen der Hohlräume gleich dem 13fachen Volumen der festen Bestandteile ist. Am Ende dieses Kapitels, s. Tab. 2.5, sind typische Werte von ε für Tone angegeben.

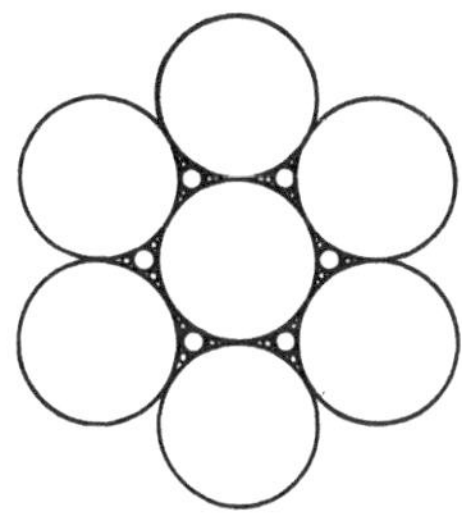

Abb. 2.5. Anordnung von Kugeln, deren Durchmesser nach einer geometrischen Reihe (Quotient $^1/_5$) abnimmt, zum Erzielen der kleinsten Porenziffer

2.5.6 Verteilung der Hohlräume in den Tonen. Es ist möglich, für einen bei einer gegebenen Temperatur getrockneten Ton das Volumen je Gramm zu messen, das die Poren mit einem kleineren Halbmesser als 300 Å einnehmen.

Dieses Volumen errechnet sich durch Anwendung der Theorie der Kapillarkondensation und der Gleichung von KELVIN bezüglich der Isotherme der Stickstoffabsorption bei -195 °C. Schließlich kann man durch Abgabe des kondensierten Stickstoffs bei -195 °C die Verteilung der *Mikroporen* bestimmen.

Für den Ton aus Château-Bougon (s. 1.8, 2.1 u. 2.2) fand ESCARD nach dem Austrocknen bei 200 °C für die Poren mit einem kleineren Halbmesser als 300 Å ein Porenvolumen von 0,069 cm^3/g, d. h.

$$\varepsilon = 0{,}069 \cdot 2{,}7 = 0{,}19;$$

dieser Wert ist tatsächlich nur ein Bruchteil der gesamten Porenziffer, da ja die Porenziffern im plastischen Zustand 0,405 ($w_a = 15\%$), im flüssigen Zustand 0,81 ($w_f = 30\%$) betragen (s. 2.7).

In Abb. 2.6 gibt die dünn ausgezogene Linie für diesen Ton die Summenkurve des Porenvolumens in Abhängigkeit vom Porenhalbmesser an, d. h. das gesamte Volumen, das sämtliche Poren mit einem Halbmesser kleiner als die entsprechende Abszisse einnehmen. Man findet insbesondere bei 300 Å den angegebenen Wert für das Porenvolumen je Gramm. Die dick ausgezogene Kurve ist die Differentialkurve, die Abgeleitete zur dünn ausgezogenen Kurve. Sie gibt auf der Ordinate das Porenvolumen an, das die Poren vom Halbmesser $r \pm 0{,}5$ Å einnehmen.

Die Abszisse (Porenhalbmesser) ist in logarithmischem Maßstab aufgetragen. Die abgeleitete Kurve läßt die Existenz eines häufigsten Porenhalbmessers von etwa 20 Å erkennen. Kleine Mikroporen von ungefähr 10 bis 20 Å Halbmesser sind in nennenswerter Anzahl vorhanden.

Mittlere Mikroporen von 20 bis 50 Å gibt es ebenfalls in beachtlicher Anzahl; Mikroporen zwischen 200 und 300 Å kommen praktisch nicht vor.

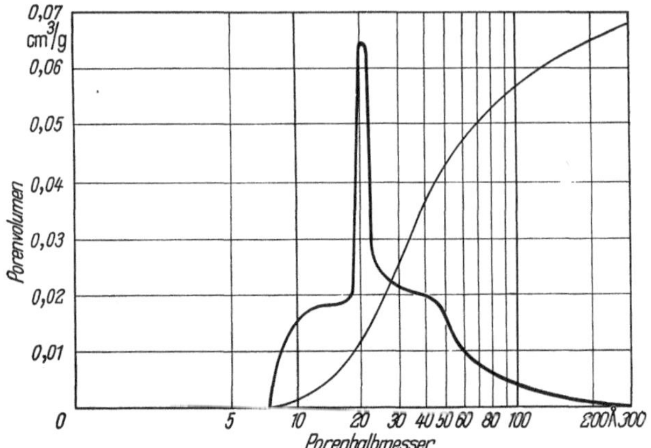

Abb. 2.6. Verteilung der Mikroporen in einem kaolinithaltigen Ton

2.5.7 Gründe für die Anisotropie der Böden. Die meisten Böden sind das Ergebnis von Ablagerungen, sei es aus der Luft, sei es aus dem Wasser.

KOLBUSZEWSKI [*2.9*] zeigte, daß sich der Hohlraumgehalt in diesen Ablagerungen in ziemlich weiten Grenzen einerseits mit der Fallhöhe und anderseits mit der Intensität der Ablagerung verändert.

Eine kleine Fallgeschwindigkeit führt zu einer großen Porosität, da die Körner nicht genügend Energie haben, um sich ineinander zu verzahnen.

Eine große Fallgeschwindigkeit ergibt in Verbindung mit einer geringen Ablagerungsintensität die niedrigsten Porositäten. Die Porositäten nehmen jedoch zu, wenn die Ablagerungsintensität größer wird, da dann die Körner nicht genügend Zeit haben, sich ineinander zu verzahnen.

Die Tatsache selbst dieser großen Schwankungen der Porosität in Abhängigkeit von den Ablagerungsbedingungen erklärt das Vorhandensein der Anisotropie.

2.6 Elektrolyte und Kationen in den Böden

2.6.1 Rolle der im Wasser enthaltenen Elektrolyten. In jedem Ton enthält das adsorbierte Wasser Elektrolyte, wie die Säuren, die einerseits H^+-Kationen, die von der Oberfläche der Teilchen angezogen werden, und anderseits Cl^- oder SO_4^{--}-Anionen abgeben; oder es enthält noch Salze oder Basen, die metallische Kationen, wie Ca^{++}, Na^+, Mg^{++} liefern.

Wenn ein Element, wie z. B. H oder Na, unter den adsorbierten Elementen überwiegt, trägt der Ton den Namen dieses Elementes; man spricht von Wasserstoff-Ton oder Natrium-Ton.

Man kann sich denken, daß das Verhalten eines fast trockenen Tons grundlegend verändert werden kann durch Zugabe eines Elektrolyten, der mit den Elektrolyten des adsorbierten Wassers reagiert, das letztere frei macht und den Ton verflüssigt.

Dieses Prinzip wird bei der Herstellung sanitärer Geräte angewendet. Man wählt dazu verflüssigbare Tone aus, wie die ball-clays von Cornwall, die mit Kaolinen vermischt übrigens eine weiße Farbe beim Brennen ergeben. Man stellt aus ihnen eine sehr plastische Masse hoher Dichte (rd. 1,8 t/m^3) her; durch Mischen dieser Masse mit einer kleinen Menge eines Elektrolyten, wie etwa Natriumkarbonat, erhält man einen Gießschlicker. Er wird in die Gipsformen gegossen, die als Negative ein Ähnlichkeitsverhältnis von 1,10 haben. Da der Gips die Eigenschaft hat, das Wasser zu adsorbieren, bildet sich der Gießschlicker in den Formen je nach der Verdampfung in lauwarmer Atmosphäre fast augenblicklich in eine plastische, immer härter werdende Masse zurück. Das anschließende Brennen bei 1300 °C ergibt ein glasiges Porzellan mit einem Schwund, der das Ähnlichkeitsverhältnis von 1,10 auf 1,00 vermindert.

Dieser Kationenaustausch wird auch nutzbringend zum chemischen Stabilisieren der Böden verwendet (s. 14).

2.6.2 Kationenaustauschvermögen. Die Salzkonzentration im Wasser der Böden kann in einigen Gegenden Bedeutung erlangen, wenn einerseits intensive Kapillaritätserscheinungen eine starke Strömung per ascensum hervorrufen und wenn anderseits der Grundwasserspiegel lösliches Felsgestein umspült.

Unter solchen Bedingungen ist es wichtig, das Kationenaustauschvermögen eines Bodens zu kennen.

Das Austauschvermögen ist als die Anzahl milliäquivalenter Kationen[1] definiert, die von 100 g Boden adsorbiert werden; der Boden wird vorher durch Waschen in einem sauer reagierenden Medium mit H^+-Kationen gesättigt.

Dieses Austauschvermögen hängt von der chemischen und mineralischen Zusammensetzung des Tons und genauer vom Verhältnis SiO_2/R_2O_3 ab; dabei steht R anstelle von Al oder Fe. Das Austauschvermögen ändert sich im gleichen Sinne wie dieses Verhältnis. Dieser Tatbestand ist in Tab. 2.3 dargestellt. Nach Tab. 2.3 erkennt man, daß die Montmorillonite das größte und die Kaolinite das kleinste Austauschvermögen haben.

---

[1] Bekanntlich beträgt die elektrische Ladung des einwertigen Kations (äquivalentes Kation) 96493/L Coulomb (L LOSCHMIDT-Zahl), d. h. $1{,}59 \cdot 10^{-19}$ Coulomb.

Tabelle 2.3
Abhängigkeit des Kationenaustauschvermögens vom Verhältnis SiO_2/R_2O_3

Typ des H-Tons	Montmorillonit	Beidellit	Halloysit[1]
Verhältnis SiO_2/R_2O_3	5	3,2	1,3
Austauschvermögen in Milliäquivalenten	95,0	65,0	13,0

[1] Halloysit ist ein Kaolinit (s. Tab. 1.6).

Außerdem nimmt das Austauschvermögen bei derselben Mineralgruppe mit abnehmendem Verhältnis SiO_2/R_2O_3 in gleichem Maße ab.

2.6.3 Energie, mit der die Kationen an die Tonkörner gebunden sind. Es gibt eine Rangordnung hinsichtlich der Bindung der Kationen an die Tonkörner.

Die Stabilität eines natürlichen Tons wird durch die Energie bestimmt, mit der die Kationen an die äußere Oberfläche des Tonkorns gebunden sind. Nach dem COULOMBschen Gesetz sollte die Anziehung um so größer sein, je kleiner der Abstand der Kerne ist. Ein einwertiges Na-Kation, das einen kleineren Atomhalbmesser als das Ca-Kation hat, sollte daher stärker gebunden sein. Man beobachtet nun allerdings das Gegenteil. Diese Erscheinung läßt sich auf folgende Weise erklären: Das Na-Kation ist (wie das Tonkorn) von einer Hydrathülle umgeben. Die Anziehung beider ist um so größer, je weniger dick die Hülle ist, Abb. 2.7. Nun zeigten die Beobachtungen von JENNY [*2.10*], daß die Hydrathülle eines Atoms um so dicker ist, je kleiner sein Atomhalbmesser ist (Ausnahmen bilden der Wasserstoff und das Kalium).

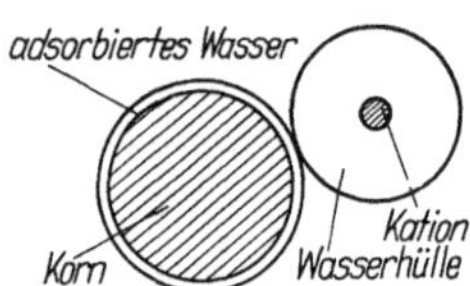

Abb. 2.7. Schematische Darstellung der Lage eines Kations gegenüber einem Tonkorn

Die fallende Rangordnung hinsichtlich der Stabilität der Tone lautet so: H^+, K^+, Fe^{+++}, Al^{+++}, Hg^{++}, Ba^{++}, Ca^{++}, Na^+, Li^+.

H^+ und K^+ haben — obwohl sie einwertig sind — eine außerordentlich dünne Hydrathülle.

In Abb. 2.8a ist ein H-Montmorillonit (feine Körnung) dargestellt. Man beachte die Winzigkeit der Teilchen, deren Abmessungen in der Größenordnung von 0,03 μm, d. h. 300 Å, liegen. Dieser Montmorillonit ist stabil.

Abb. 2.8b zeigt denselben Montmorillonit nach partiellem Ersatz von H^+ durch Ca^{++}, und zwar wurde $^1/_8$ der H^+-Ionen durch Ca^{++}-Ionen ersetzt. Er setzt sich aus Teilchen zusammen, die einen Durchmesser von etwa 1000 Å haben und vieleckig mit — sehr häufig vorkommenden — Winkeln von 120° sind. Dieser Montmorillonit ist viel weniger stabil.

Je dicker die Hydrathülle, um so plastischer ist der Ton: So wird ein Na-Ton plastischer als ein Ca-Ton sein, wenn beide Tone gesättigt und keinen äußeren Druckspannungen unterworfen sind.

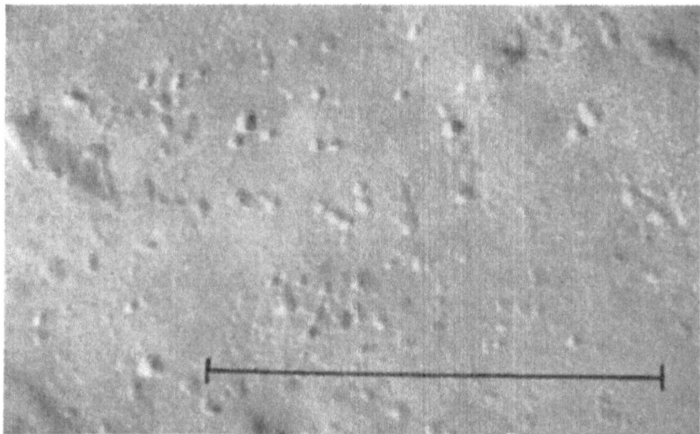

Abb. 2.8 a

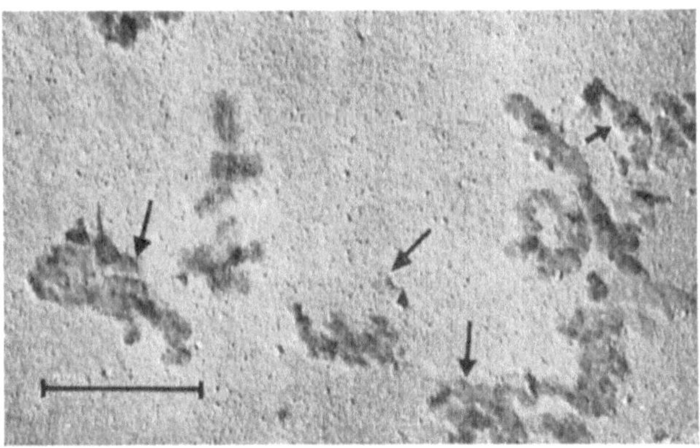

Abb. 2.8 b

Abb. 2.8 a u. b. Mit dem Elektronenmikroskop erzielte Aufnahmen von Montmorilloniten. (Nach Mlle. A. MATHIEU-SICAUD, J. MERING und Mlle. I. PERRIN-BONNET vom Laboratoire Central des Services Chimiques de l'Etat). Der Strich auf jeder Abbildung entspricht 1 μm

a H-Montmorillonit (feine Körnung), b Ca-Montmorillonit (feine Körnung) (die Pfeile zeigen auf isolierte vieleckige Teilchen von rd. 1000 Å Durchmesser)

Die Messungen von ESCARD [*2.1*] zeigten übrigens, daß die spezifische Oberfläche des Ca-Montmorillonites größer als die des Na-Montmorillonites ist.

2.6.4 Saure oder basische Reaktionen der Böden. Ein Boden kann in seiner Gesamtheit sauer, neutral oder basisch reagieren, und diese Reaktion hat offenbar bedeutende Folgen für die Landwirtschaft. Die saure Wirkung eines Bodens ist eine Funktion der Tonfraktion und der Kationen, die sie enthält.

Man charakterisiert die saure Wirkung eines Bodens wie die des Wassers durch seinen p_H-Wert.

Wasser ist schwach in H^+- und OH^--Ionen dissoziiert. Das Ionen-

Tabelle 2.4 Behandlung von Böden aufgrund ihrer sauren oder basischen Reaktion

p_H	4 – 4,5	4,5 – 5	5 – 5,5	5,5 – 6	6 – 7	7 – 8	8 – 9	9 – 10 – 11
Azidität	sehr stark sauer	stark sauer	mäßig sauer	mäßig sauer	schwach basisch	basisch	stark basisch	sehr stark basisch
Vorkommen	selten / ziemlich häufig	sehr häufig in feuchten Gegenden		häufig in gekalkten Böden	ziemlich häufig in trockenen Gegenden			
Behandlung	Kalk erforderlich, außer für Kulturen, die saure Böden verlangen			Kalk nicht erforderlich	kein Kalk erforderlich			

produkt des Wassers beträgt bei 23 °C

$$c_{H^+} \cdot c_{OH^-} = 10^{-14}.$$

Im neutralen Zustand beträgt infolgedessen

$$c_{H^+} = c_{OH^-} = 10^{-7}.$$

Der p_H-Wert ist der Kehrwert der H-Ionenkonzentration. Im neutralen Zustand wird p_H gleich sieben. Wenn der Boden sauer ist. wird die Konzentration an H-Ionen größer; daher ein p_H-Wert kleiner als sieben.

Man neutralisiert gewöhnlich die sauren Böden mit Kalk. Tab. 2.4 enthält einige typische Zahlenwerte, die dem Ingenieur nützlich sein können, wenn er auf gewachsenem Boden an Fahrbahnrändern Rasen ansäen muß.

2.6.5 Beschleunigung des Kationenaustausches mit der Temperatur. Wasser ist ein Elektrolyt, der sehr schwach in H^+- und OH^--Ionen dissoziiert ist. Das Ionenprodukt nimmt aber mit der Temperatur zu; bei 34 °C ist es viermal ($c_{H^+} \cdot c_{OH^-} = 2{,}51\ 10^{-14}$) so groß wie bei 16 °C ($c_{H^+} \cdot c_{OH^-} = 0{,}63\ 10^{-14}$). Diese Wirkung der Temperatur macht erklärlich, daß die Hydrolyse-Vorgänge ihr Intensitätsmaximum in subtropischen und tropischen Gegenden erreichen, wo die Laterite eine Dicke von mehreren Metern annehmen.

2.7 Atterbergsche Konsistenzgrenzen

2.7.1 Einfluß der flüssigen Phase auf den Zustand des Bodens. Ein feinkörniger Boden kann je nach der Größe seiner flüssigen Phase in verschiedenen Zustandsformen vorliegen.

Dies sei am Beispiel des Montmorillonites gezeigt. Dieser Ton besteht aus Lamellen, deren Zusammensetzung sich aus der allgemeinen, bereits bekannten (s. 1.7) Formel mit Substitution von Al-Atomen durch einige Mg-Atome und von Si-Atomen durch einige Al-Atome ableitet.

Die Substitutionen rufen eine im allgemeinen negative Ladung in der Lamelle hervor; diese wird durch Kationen kompensiert, die sich zwischen den Lamellen oder auch außerhalb derselben absetzen. Die Arbeiten von MERING [*2.11*] zeigten, daß bei diesem Ton die meisten austauschbaren Na- und Ca-Kationen zwischen den Lamellen gelagert sind und diese zu einem *Primärteilchen* von etwa 100 bis 200 Å Durchmesser und Dicke, bestehend aus einem Paket von ungefähr zehn Lamellen, zusammenkitten. Die restlichen Kationen sind außerhalb der Primärteilchen angelagert und kitten diese ihrerseits zu Mikroaggregaten zusammen, die im Bereich des Elektronenmikroskops liegen.

Das Konstitutionswasser setzt sich aus Hydroxylionen zusammen, die im Kristallgitter der Lamelle eingeschlossen sind. Im Maße wie die flüssige Phase zunimmt, dringt das Wasser zwischen den Lamellen ein und drückt sie auseinander; der durch dieses Hydratwasser bedingte Vorgang hat jedoch seine Grenze. Wenn dann die flüssige Phase weiter zunimmt, legt sich das Wasser um die zu Mikroaggregaten vereinigten Primärteilchen, schließlich um diese Mikroaggregate. Man kann sich vorstellen, daß die Mikroaggregate und selbst die Primärteilchen bei Erhöhung der Wassermenge mehr und mehr die Fähigkeit erlangen, gegeneinander zu gleiten. Das Ganze zeigt sich in einem plastischen Zustand, der verschwindet und einem flüssigen Zustand Platz macht, wenn der Wassergehalt nochmals ansteigt.

Genauer ausgedrückt trifft man bei abnehmendem Wassergehalt die folgenden vier Zustände an.

— Flüssiger Zustand: Der Boden hat nur eine sehr schwache Kohäsion, denn er leistet einer Scherbeanspruchung gegenüber praktisch keinen Widerstand. Er gleicht einer Flüssigkeit: er neigt zum Fließen und zum Einstellen auf eine waagrechte Oberfläche.

— Plastischer Zustand: Der Boden hat eine bedeutendere Kohäsion; er neigt nicht mehr zum Einstellen auf eine waagrechte Oberfläche. Vielmehr verformt er sich, wenn er kleinen Lasten ausgesetzt ist, erheblich, ohne zu Bruch zu gehen. Die Plastizität erklärt sich aus dem Vorhandensein von Kräften, die sich aufgrund des adsorbierten Wassers entwickeln.

Wenn eine Probe plastischen Tons bei konstantem Wassergehalt intensiv geknetet wird, nimmt die Kohäsion rasch ab. Läßt man die Probe sich aber wieder erholen, so nimmt die Kohäsion erneut zu. Diese Erscheinung heißt *Thixotropie:* Die verschiedenen vorangegangenen Zustände scheinen sich aus der Zerstörung und dem Wiederaufbau der Molekülstrukturen in den adsorbierten Wasserschichten zu erklären.

— Fester Zustand mit Schrumpfung: Die Verformbarkeit des Bodens ist viel geringer. Beim Trocknen verliert er einen Teil seines Porenwassers und schrumpft erheblich. Es handelt sich dabei sehr wahrscheinlich um den Verlust des adsorbierten Wassers, das sich zwischen den Lamellen befindet.

— Fester Zustand ohne Schrumpfung: Die Verformbarkeit des Bodens nimmt noch weiter ab, jedoch bleibt das Volumen konstant, wenn der Wassergehalt sich verringert. Es tritt zweifellos ein Ausscheiden der Hydroxylionen des Konstitutionswassers ein.

Der Schwede ATTERBERG schlug im Jahre 1905 vor, drei Grenzwerte zu definieren, die Fließgrenze, die Ausrollgrenze und die Schrumpfgrenze, die man mit den Symbolen w_f, w_a und w_s bezeichnet.

Diese Grenzwerte werden durch den Wassergehalt in Prozent ausgedrückt, d. h. durch die Zahl, die das Gewicht des in dem betrachteten Übergangszustand im Boden enthaltenen Wassers in Prozent des Gewichtes des trockenen Bodens angibt. Bei einem bindigen Boden entsprechen mithin die oben definierten vier Zustände den folgenden Wassergehalt-Zonen: oberhalb von w_f flüssiger Zustand, von w_f bis w_a plastischer Zustand, von w_a bis w_s fester Zustand mit Schrumpfung, unterhalb von w_s fester Zustand ohne Schrumpfung.

Bei der Fabrikation von Ziegeln und Ziegelsteinen durch Ziehen bringt man den Grundstoff durch mechanische Behandlung in einen plastischen Zustand, um ihn unter Druck durch eine Öffnung pressen zu können: Um den so erhaltenen Produkten die für ein Stapeln im Trokkenofen notwendige Konsistenz zu geben, läßt man sie an der Luft oder künstlich trocknen. Der Wassergehalt liegt dann in der Nähe der Schrumpfgrenze. Um den Arbeitsvorgang zu verbessern und ihn wirtschaftlich zu machen, muß man also bestrebt sein, von einem Wassergehalt auszugehen, der dicht an der Ausrollgrenze liegt. Dann brennt man die Masse und bringt sie damit auf einen Wassergehalt, der unter der Schrumpfgrenze liegt. Alle diese Operationen sind — außer dem Brennen — reversibel; das Brennen ist mit chemischen Umformungen verbunden.

2.7.2 Experimentelle Bestimmung der Konsistenzgrenzen. Die *Fließgrenze* wird wie folgt definiert: Man breitet auf einer Schale eine Tonschicht auseinander und teilt sie mit einem V-förmigen Gegenstand in zwei Teile. Die Schale erfährt dann gleichmäßige Erschütterungen. An der Fließgrenze muß die V-förmige Furche nach 25 Erschütterungen auf einer Länge von 1 cm geschlossen sein, Abb. 2.9a.

Die *Ausrollgrenze* entspricht dem minimalen Wassergehalt, oberhalb dessen man den Boden noch zu Röllchen von 3 mm Durchmesser rollen kann, ohne daß sie auseinanderbröckeln, Abb. 2.9b.

Die *Schrumpfgrenze* ist der Wassergehalt, der gerade ausreicht, um die Poren des Bodens in dem Augenblick auszufüllen, da er durch Austrocknen sein minimales Volumen erreicht. Man bestimmt die Schrumpfgrenze immer seltener.

Die *Bildsamkeit* w_{fa} ist definitionsgemäß der Unterschied zwischen der Fließgrenze w_f und der Ausrollgrenze w_a.

Abb. 2.9a. ATTERBERG-Gerät zur Bestimmung der Fließgrenze

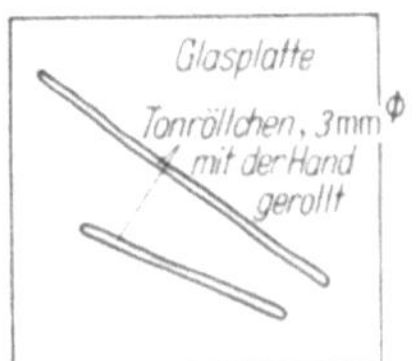

Abb. 2.9b. Tonröllchen zur Bestimmung der Ausrollgrenze

2.7.3 Genauigkeit der Konsistenzgrenzenbestimmung. Die in Prozent ausgedrückte Fließgrenze läßt sich durch geübte Laboranten mit einer wahrscheinlichen Abweichung von einem halben Prozent bestimmen.

Die Ermittlung der Ausrollgrenze erfordert mehr manuelle Geschicklichkeit. Die wahrscheinliche Abweichung beträgt zwei Punkte bei geübtem Personal.

Die Bestimmungen von w_f und besonders von w_a werden um so schwieriger, je mehr der Sandanteil zunimmt. Man nimmt an, daß w_a an der Grenze in w_f übergeht. Dies bedeutet, daß die Bildsamkeiten w_{fa} der überwiegend aus Sand bestehenden Gemische (die einzigen, die für die Straßenbautechnik interessant sind) mit dem größten Fehler behaftet sind.

2.7.4 Beziehung zwischen der Bildsamkeit und der Fließgrenze. Wenn man für mehrere zusammengesetzte Böden auf der Abszisse die Fließgrenze und auf der Ordinate die Bildsamkeit aufträgt, ergeben sich ziemlich benachbart zueinander liegende Punkte. Es wird $w_{fa} = \boldsymbol{i}\, w_f - \boldsymbol{j}$; dabei sind $\boldsymbol{i}$ und $\boldsymbol{j}$ Konstanten, die von der mineralogischen Zusammensetzung abhängen: $\boldsymbol{i}$ variiert zwischen 0,70 und 0,80 und $\boldsymbol{j}$ von 13 bis 17. Diese Zusammenhänge wurden von CASAGRANDE aufgezeigt. Abb. 2.10 zeigt die Gerade für $\boldsymbol{i} = 0{,}75$ und $\boldsymbol{j} = 15$.

Die Tone, die durch Verwitterung von Sandsteinen (sandige Tone) entstanden sind, ergeben Punkte, die oberhalb der Ausgleichsgeraden nach CASAGRANDE liegen, während die aus der Verwitterung von Graniten oder Glimmern entstandenen Tone ebenso wie die organischen

Tone Punkte unterhalb dieser Geraden liefern. Bei der gleichen Bildsamkeit liegen ihre Fließgrenzen höher als die der normalen Tone.

Abb. 2.10 zeigt die Punkte, die für sandige, aus der Verwitterung eines Sandsteins des Plateau de Lessay (Manche) entstandene Tone erhalten wurden, sowie einige, für bestimmte Tone charakteristische Zonen.

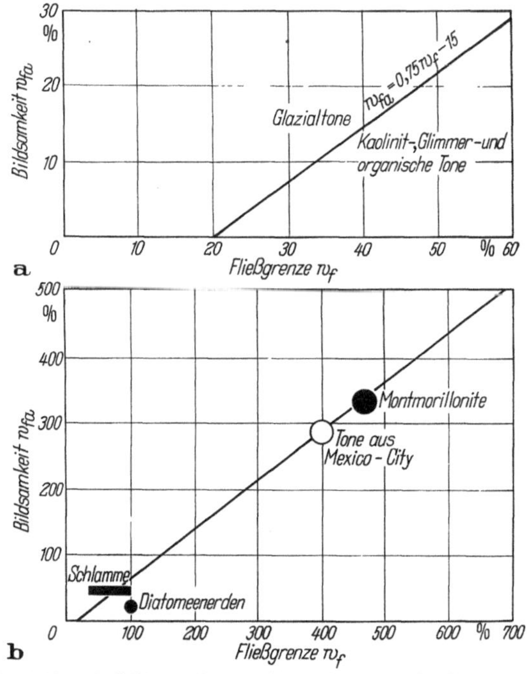

Abb. 2.10a u. b. Bildsamkeit w_{fa} in Abhängigkeit von der Fließgrenze w_f
a Tone kleiner und mittlerer Plastizität, b Tone großer Plastizität

2.8 Bedeutung der Atterbergschen Versuche

Die ATTERBERGschen Versuche haben eine begrenzte Bedeutung, weil sie sich auf den gestörten Ton beziehen: Die Störung ändert ebenso wie wiederholt wirkende Kräfte die Struktur der Tone. So kommt es, daß derselbe Ton nach Störung einen Wassergehalt an der Fließgrenze im Sinne ATTERBERGS hat, während er ohne Störung noch eine Konsistenz zeigt, die nichts mit einem flüssigen Zustand zu tun hat.

TERZAGHI definierte die *Sensibilität S* des Bodens [*2.12*] als das Verhältnis zwischen der Scherfestigkeit der ungestörten zur Scherfestigkeit der gestörten Probe (s. 11.12).

Man[1] definiert darüber hinaus die *Fließzahl*[2] k_f als das Verhältnis

[1] In Deutschland nicht üblich (Anm. des Übersetzers).

[2] Die *Zustandszahl* k_w ist das Verhältnis $(w_f - w)/(w_f - w_a)$; es ergibt sich also: $k_w + k_f = 1$.

$(w-w_a)/(w_f-w_a) = (w-w_a)/w_{fa}$. Ein nicht gestörter Ton kann sehr wohl eine Fließzahl größer als eins haben, da er einen Wassergehalt haben kann, der über dem der Fließgrenze liegt.

Wie Abb. 2.11 zeigt, besteht zwischen der Fließzahl $(w-w_a)/w_{fa}$ und der Sensibilität S ein enger Zusammenhang: Die Sensibilität wächst mit der Fließzahl (die Sensibilität ist auf der Ordinate der nebenstehenden Abbildung in logarithmischem Maßstab aufgetragen) [*2.13*].

Die Sensibilität ist, anders ausgedrückt, um so größer, je mehr sich der Wassergehalt der Fließgrenze nähert. Sie wächst — wie SKEMPTON [*2.14*] zeigte — angenähert exponentiell mit der Fließzahl.

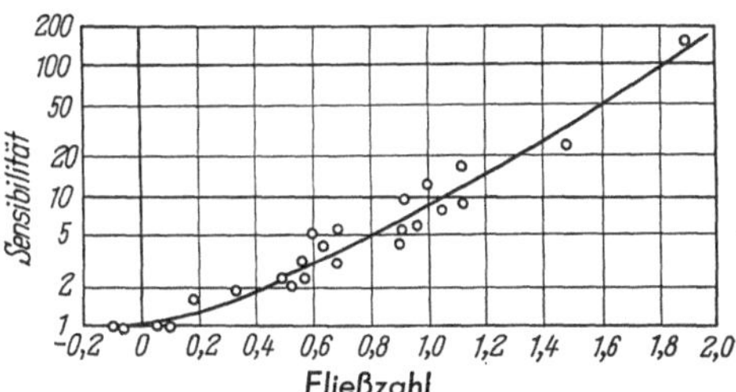

Abb. 2.11. Beziehung zwischen Sensibilität und Fließzahl (Nach SKEMPTON [2.13])

Nach dieser Klarstellung muß man dennoch sagen, daß die ATTERBERGschen Versuche wegen der ziemlich großen Genauigkeit der experimentellen Ergebnisse, die im Widerspruch zu dem etwas primitiven Charakter der Versuchsvorrichtung steht, von Interesse sind.

Die ATTERBERGschen Versuche sind für den Ingenieur sehr nützliche Identifizierungs- und Klassifizierungsversuche.

Wenn sie auch keinen wissenschaftlichen Charakter haben, so muß man trotzdem anerkennen, daß die von ihnen angegebenen Grenzwerte in enger Beziehung zum Prozentsatz der Feinteile des Tons stehen.

Besonders SKEMPTON [*2.14*] zeigte, daß die Bildsamkeit im Zusammenhang mit dem Prozentsatz an Körnern steht, die kleiner als 2 μm sind. Er bezeichnet mit *kolloidaler Aktivität* des Tons das Verhältnis aus der Bildsamkeit zu diesem Prozentsatz. Die so definierte Aktivität eines Tons steht mit seiner Mineralogie und Geologie in Beziehung. Für nichtaktive Tone ist das Verhältnis kleiner als 0,75; für normale Tone liegt es zwischen 0,75 und 1,25. Bei den aktiven Tonen ist es größer als 1,25 und erreicht den Wert 2 bei den Montmorilloniten.

Je mehr Feinteile also auch vorhanden und je größer die Bildsamkeit und die Fließ- und Ausrollgrenze sind: Das Verhältnis zwischen der Bildsamkeit und dem Prozentsatz an Teilchen mit Abmessungen kleiner als 2 μm variiert in engen Grenzen nahe bei eins, außer für die sehr aktiven Tone.

Tab. 2.5 enthält einige zahlenmäßige Ergebnisse bezüglich der ATTERBERGschen Konsistenzgrenzen mit den zugehörigen Porenanteilen und Porenziffern.

Die Tabelle führt die Tone nach zunehmender Plastizität an.

Tabelle 2.5. *Charakteristische Toneigenschaften*

	Ausrollgrenze w_a %	Fließgrenze w_f %	Bildsamkeit w_{fa} %	Porenanteil n	Porenziffer ε
wenig plastische Tone und Tone mittlerer Plastizität	25	35	10	0,40[1] 0,48	0,67[1] 0,94
	27	47	20	0,42 0,56	0,73 1,27
	30	70	40	0,45 0,65	0,81 1,89
	35	95	60	0,48 0,72	0,94 2,57
Diatomeenerden (Kieselgur usw.)	0	115	115	0,755 0,755	3,11 3,11
sehr plastische Tone (Montmorillonite, Vulkanerden von Mexico-City)	125	500	375	0,77 0,93	3,38 13,50

[1] Die obere Zahl gilt für die Ausrollgrenze, die untere für die Fließgrenze.

Man erkennt, wie unterschiedlich die Bildsamkeiten und Porenziffern sein können. Die an letzter Stelle der Reihe erwähnten Tone (Tone aus Mexico-City) bestehen aus ungefähr 13 Volumteilen Wasser und 1 Volumteil Festsubstanz.

Wenn die Tonkörner Kugelform und gleiche Abmessungen hätten sowie in Kontakt miteinander ständen, würde ein maximaler Hohlraum entstehen, der 92% des Kugelvolumens einnimmt. Das Verhältnis aus dem Gewicht des Wassers zum Gewicht der festen Körner wäre damit 0,92/2,7, d. h. der Wassergehalt würde 34% betragen. Nun liegen aber die Fließgrenzen oftmals weit über 34%. Dies ist ein erneuter Beweis für die abgeplattete Form der Körner und die Anwesenheit von adsorbiertem Wasser.

Tabelle 2.6
Abhängigkeit der ATTERBERG*schen Konsistenzgrenzen vom Kationenaustausch*
(Nach WINTERKORN [*2.16*])

		natürlicher Zustand	Sättigung des Bodens durch die Ionen					
			Na+	Ca++	Al+++	Mg++	H+	K+
Fließgrenze w_f	%	64,5	88	61,9	60,2	56,3	56,4	52,8
Ausrollgrenze w_a	%	23,5	25,4	27	26,3	25,4	24,8	27,7
Bildsamkeit w_{fa}	%	41,0	62,6	34,9	33,9	30,9	31,6	25,1

Tab. 2.6 bringt einige Werte der ATTERBERGschen Konsistenzgrenzen, die von WINTERKORN [*2.15*] an Boden aus Putnam (Connecticut) gemessen wurden, in Abhängigkeit vom Kationenaustausch.

Alle bisherigen Betrachtungen über die ATTERBERGschen Konsistenzgrenzen, insbesondere die Ausrollgrenze, beherrschten bis heute die Technik der *Erdbetone*, die sich die Straßenbauer zunutze machen.

Diese Technik besteht darin, Kiese, Sande und Schluffe mit tonigen Böden zu mischen, die so die Rolle des Zementes in den Betonen übernehmen. Damit ist es möglich, Erdbetone herzustellen, die bestimmte, im Straßenbau geforderte Mindesteigenschaften haben. Insbesondere erfordert die so geschaffene Erdbeton-Fahrbahn, die gleichzeitig den Auswirkungen der Trockenheit und Feuchtigkeit widerstehen soll, zweckmäßige obere und untere Grenzen des Tonanteils; außerdem ist eine Tonart mit einer passenden Fließgrenze erforderlich. Der Ton des Erdbetons spielt bezüglich des Wasserhaushalts die Rolle eines Speichers: Das adsorbierte Wasser wird in Trockenheitsperioden wieder freigegeben, nachdem es vorher während der Regenfälle gespeichert war.

Hieraus folgt die Notwendigkeit, die Wahl des Tons und insbesondere seine Dosierung im Erdbeton jedem Klima, genauer ausgedrückt — wie BONNENFANT und PELTIER [*2.16*] zeigten — der Niederschlag-Verdunstungs-Bilanz, anzupassen. Diese Bilanz ist weit davon entfernt, immer das gleiche Vorzeichen zu haben. Im Sudan z. B. stehen einem jährlichen Niederschlag von 757 mm eine Verdunstung von 3880 mm gegenüber. In derart trockenen Gegenden braucht man einen Boden mit großer Fließgrenze, um viel Wasser darin aufspeichern zu können. Andererseits ist aber wegen der Gefahr, daß die Straße nach einem Regen unter der Last eines Lastkraftwagens versagt (da ja die Sensibilität eines Bodens um so größer wird, je größer sein Wassergehalt ist), ein großer Durchlässigkeitskoeffizient des Betons erforderlich. Nun ist die Durchlässigkeit eines Bodens um so kleiner, je mehr Feinteile er enthält; es wird also eine kleine Tondosis und eine ziemlich offene Kornabstufung des Erdbetons benötigt.

In sehr feuchten Gegenden, wie in Duala, wo ein Niederschlag von 3885 mm Wasser einer Verdunstung von 690 mm Wasser gegenübersteht, braucht man das Wasser nicht zu speichern; hier sind also Tone mit kleinerer Fließgrenze als der der vorherigen Tone in einer noch geringeren Dosierung auszuwählen. Damit befindet man sich an der Grenze der Kohäsion. Die Verwendung von Erdbetonen bereitet in diesen Gegenden große Schwierigkeiten, wenn sie überhaupt möglich ist.

Die gleichen allgemeinen Bemerkungen gelten für Piséwände (mit Stroh durchsetzte Tonwände) oder für Wände aus Erdbeton. Wenn die Gegend sehr feucht ist, wird die Erdbeton-Wand nur bestehen bleiben, wenn sie gegen kapillar aufsteigendes Wasser durch eine auf dem festen Unterbau angebrachte Isolierschicht und gegen den Regen durch Verputzen der freien Flächen geschützt ist. In sehr trockenen Gegenden rufen zu lange, von kurzen Regenfällen gefolgte Trockenheitsperioden abwechselnd Veränderungen des Baustoffes vom festen Zustand mit Schrumpfung bis zum plastischen Zustand hervor. Dies erklärt die restlose Zerstörung der meisten aus Erdbeton erstellten antiken Bauwerke.

2.9 Atterbergsche Konsistenzgrenzen von Bodengemischen

Die ATTERBERGschen Konsistenzgrenzen werden an Böden bestimmt, die völlig durch das Sieb von 0,5 mm Maschenweite (Frankreich) bzw. 0,420 mm Maschenweite (USA) hindurchgehen. Wenn man von der Bildsamkeit eines Bodens spricht, der auch größere Elemente enthält, so ist stets zu beachten, daß sich dieser Wert auf die Fraktion mit kleineren Abmessungen als 0,5 mm bzw. 0,420 mm bezieht. Der Ausdruck hat nur dann einen Sinn für den gesamten Boden, wenn das Gewichtsverhältnis der in bezug auf 0,5 mm bzw. 0,420 mm größeren und kleineren Fraktion genau angegeben ist. Aber selbst wenn man zwei Böden mit einem $d_{100} < 0{,}5$ mm mischt, so erhält man die Bildsamkeit der Mischung nicht durch Mittelwertbildung der Wägungen. Mit anderen Worten: Wenn man einen Boden mit dem Gewicht W_1 und der Bildsamkeit $w_{fa,1}$ mit einem Boden mit dem Gewicht W_2 und der Bildsamkeit $w_{fa,2}$ mischt, so ist die resultierende Bildsamkeit nicht

$$\frac{w_{fa,1}\, W_1 + w_{fa,2}\, W_2}{W_1 + W_2}\,.$$

Die Bildsamkeit steht mit der Kornverteilung eines jeden Bodens im Zusammenhang. Dabei haben die feineren Bodenanteile einen größeren Einfluß auf das Endergebnis als die weniger feinen Bodenanteile [*2.17*; *2.18*].

Die ATTERBERGschen Konsistenzgrenzen können also wirklich nur auf die feineren Bestandteile des Bodens angewendet werden. Darin liegt ihre Schwäche, die dazu führt, den *Sand-Äquivalent-Test* heranzuziehen, der auf der Betrachtung von Relativvolumen, und nicht von Relativgewichten, aufgebaut ist.

2.10 Kritik des Gewichtsprozent-Kriteriums zur Definition der Bodeneigenschaften

Wenn man einen feinen Ton zu einem körnigen Stoff gibt und ihn gleichmäßig in der Masse des körnigen Stoffes verteilt, so tritt eine fortschreitende Schmierung unter Zunahme der Kohäsion und Abnahme der Reibung ein. Bei diesem Schmiervorgang ist nicht das absolute Volumen der Tonkörner (Gewichtskriterium), sondern das durch die Ton-Mikroaggregate mit ihren Hüllen adsorbierten Wassers verdrängte Volumen maßgebend.

Nur 5 Gewichtsprozent Bentonit, bezogen auf das Gesamtgewicht des Erdstoffs, haben die gleiche Wirkung wie 21 Gewichtsprozent Kaolinit, wie HVEEM im Jahre 1953 zeigte [*2.19*].

Wenn man das Gewicht mit dem verdrängten Volumen vergleicht, so reagiert der Bentonit mithin so, als ob er eine Dichte zwischen 2,7 und 1 hätte.

Zur Berücksichtigung dieses Volumeneffektes befürworten die kalifornischen Laboratorien den *Sand-Äquivalent-Test.*

Dieser Versuch besteht im wesentlichen darin, den zu verwendenden Erdstoff – einschließlich aller Fraktionen, die durch das A. S.T.M.-Sieb Nr. 4 von 4,76 mm, s. Tab. 1.4, hindurchgehen – in einem mit Wasser gefüllten Meßzylinder kräftig zu schütteln und die Volumen des abgesetzten Sandes und Tons nach 20 Minuten Absetzdauer aufzuschreiben. Zur Vergrößerung des Volumens der Feinstteile gibt man in das Wasser ein Ausflockmittel, das aus Calciumchlorid besteht; dieses vergrößert das durch den Bentonit verdrängte Volumen, ohne dabei das Kaolinit-Volumen wesentlich zu beeinflussen und führt damit zu einer genaueren Beurteilung der Feinstteile im Erdstoff.

3 Die gasförmigen Bestandteile

3.1 Das gasförmige Element

In einem Boden sind die Hohlräume, die sich zwischen den festen Teilchen befinden, teils mit Wasser, teils mit Luft gefüllt.

In der Bodenkunde nennt man *Luftkapazität* eines Bodens das Luftvolumen, das man erhält, wenn ein Boden nach Sättigung mit Wasser 24 Stunden lang dräniert wird. Die Luftkapazität eines Bodens ist also etwa gleich dem Volumen der nichtkapillaren Hohlräume.

Diese Luftkapazität hat einen bedeutenden Einfluß auf das Leben der Pflanzen: Die sandigen Böden haben zu große nichtkapillare Hohlräume, die Tone haben nicht genügend nichtkapillare Hohlräume. Das Verdichten vermindert die Luftkapazität, das Pflügen wirkt in entgegengesetztem Sinne. Böden mit kleiner Luftkapazität brauchen eine künstliche Entwässerung, um fruchtbar zu sein. Tab. 3.1 enthält einige Zahlenwerte nach Kopecky [*3.1*].

Die Zusammensetzung der Luft hängt von der Intensität der biologischen Vorgänge im Boden und von der Fähigkeit der Bodenluft ab,

Tabelle 3.1
Luftkapazität verschiedener Böden[1]. (Nach Kopecky [*3.1.*])

Bodentyp	Porenanteil %	Wasserkapaz. %	Luftkapazität %	Dränung nötig?
schwerer, fester Ton	48	47,6	0,4	ja
toniger Lehm	40,7	33,9	6,8	ja
sehr feiner Sand	49,3	39,3	10,0	nein
toniger Feinsand	49,5	34,6	14,9	nein

[1] Die %-Angaben beziehen sich auf das Gesamtvolumen.

sich im Austausch mit der Atmosphäre erneuern zu können. Die Pflanzen nehmen nämlich ebenso wie die Mikroorganismen Sauerstoff auf und geben Kohlendioxyd ab. Infolgedessen enthält die Luft der Böden mehr CO_2 und weniger O_2 als die atmosphärische Luft. Dieser Unterschied ist um so ausgeprägter, je schwieriger der Austausch mit der Atmosphäre ist.

Das CO_2 säuert das Regenwasser an, das damit namentlich bestimmte Gesteine aufzulösen vermag.

Wenn man das Volumen der Luft aus der Differenz des Hohlraumvolumens und des Wasservolumens berechnet, ist — wie bei den Kapillaritätserscheinungen gezeigt wird — zu berücksichtigen, daß das Volumen des Wassers bei kleinen Wassergehalten gleich dem Gewicht des Wassers ist, dividiert durch eine erheblich größere Wichte als eins; andernfalls erhält man zu geringe Luftvolumen.

Das gasförmige Element spielt eine bedeutende Rolle bei der Verdichtung des Bodens: Wenn man einen Boden, der mit Wasser gesättigt ist und infolgedessen keine Luft enthält, verdichtet, entsteht ein Porenwasserdruck, der später versuchen wird, die Körner voneinander zu trennen. Je mehr Luft die flüssige Phase (Luft-Wasser-Gemisch) enthält, um so kompressibler ist sie, d. h. — bei einer gegebenen Setzung — um so niedriger ist der Porenwasserdruck.

Die in den Hohlräumen enthaltene Luft gehorcht bezüglich der Zusammendrückbarkeit dem Gesetz von Mariotte. Sie ist wasserlöslich gemäß den Bedingungen des Gesetzes von Henry. Hilf [*3.2*] wandte diese Gesetze an, um den Porenwasserdruck in Erdstaudämmen zu ermitteln.

3.2 Physikalische Beziehungen zwischen der gasförmigen Phase und den beiden anderen Phasen

Die Beziehungen zwischen der festen und flüssigen Phase wurden eingehend besprochen. Wie in der Kolloidchemie spielen auch die Adsorptionserscheinungen der gasförmigen Phase durch die feste und flüssige Phase eine Rolle.

Die Adsorption der gasförmigen Phase durch die feste Phase ist begrenzt, weil die festen Teilchen mit einem Wasserfilm bedeckt sind: Man macht sie sich aber im Laboratorium zur Messung der spezifischen Oberfläche des Tons nach dessen Trocknung zunutze, da das adsorbierte Gasvolumen dann bei gegebener Temperatur und gegebenem Druck proportional der Oberfläche der festen Teilchen ist.

Die Adsorption der gasförmigen Phase durch die flüssige Phase in situ ist hingegen sehr ausgeprägt: Bei gegebener Temperatur besteht Gleichgewicht zwischen der gasförmigen und flüssigen Phase. Wenn aber der Boden einem Temperaturgradienten unterworfen wird, entsteht über die gasförmige Phase ein Transport der Flüssigkeit (s. 4.4.2).

4 Dreiphasensystem: Festsubstanz — Flüssigkeit — Gas

4.1 Wichten

4.1.1 Allen drei Phasen gemeinsame Wichte: Rohwichte des natürlichen gewachsenen Bodens. Die Rohwichte eines natürlichen gewachsenen Bodens ist durch die Gleichung gegeben:

$$\gamma = \gamma_s (1 - n) + n\, s_w;$$

in der Gleichung bedeuten:

γ_s Reinwichte (Stoffgewicht der festen Teile),
n Porenanteil,
s_w Sättigungsgrad der Poren mit Wasser.

Diese Rohwichte des Bodens ist das Gewicht eines Einheitsvolumens, in dem alle drei Phasen gemeinsam enthalten sind; die feste, die flüssige und die gasförmige; man vernachlässigt also das Gewicht des Gases.

Bei Sättigung gilt:

$$\gamma = \gamma_s (1 - n) + n\,.$$

4.1.2 Wichte der festen Phase: Rohwichte des trockenen Bodens. Bei einem nicht trockenen Boden bestimmt man die Rohwichte des trockenen Bodens. Hiermit wird das in der Volumeneinheit enthaltene Gewicht der festen Phase bezeichnet, d. h. $\gamma_t = \gamma_s (1 - n)$.

Der Ausdruck für γ in Abhängigkeit von der Porenziffer ε lautet:

$$\gamma = \frac{\gamma_s}{1 + \varepsilon} + \frac{\varepsilon\, s_w}{1 + \varepsilon}\,.$$

Bei Sättigung gilt:

$$\gamma = \frac{\gamma_s + \varepsilon}{1 + \varepsilon}\,,$$

$$\text{mit} \quad \varepsilon = 2{,}7\, w\,.$$

4.1.3 Größenordnung der Rohwichten des trockenen und des natürlichen gewachsenen Bodens. In zahlreichen praktischen Beispielen sucht man einen Boden mit dichtem Aufbau zu erhalten, d. h. mit einem möglichst großem γ_t: Hieraus erklärt sich die Bedeutung, die dem Bestimmen von γ_t zukommt.

Die Rohwichten γ_t trockener Sande und Kiese, die eine kleine HAZENsche Zahl (Ungleichförmigkeitsgrad) haben, variieren in engen Grenzen. Im Sonderfall kugeliger Körner gleichen Durchmessers (s. 2.5.5) betragen die extremalen Rohwichten für $\varepsilon = 0{,}92$ und $\varepsilon = 0{,}35$, wenn man zur Vereinfachung $\gamma_s = 2{,}7$ Mp/m³ annimmt,

$$\gamma_t = 2{,}7 \times \frac{1{,}00}{1{,}92}\,\text{Mp/m}^3 = 1{,}40\,\text{Mp/m}^3$$

und

$$\gamma_t = 2{,}7 \times \frac{1{,}00}{1{,}35}\,\text{Mp/m}^3 = 2{,}00\,\text{Mp/m}^3\,.$$

Die entsprechenden *Rohwichten des wassergesättigten Bodens* lauten:

$$\gamma_g = 1{,}40\ \mathrm{Mp/m^3} + \frac{0{,}92}{1{,}92}\ \mathrm{Mp/m^3} = 1{,}87\ \mathrm{Mp/m^3}$$

und

$$\gamma_g = 2{,}00\ \mathrm{Mp/m^3} + \frac{0{,}35}{1{,}35}\ \mathrm{Mp/m^3} = 2{,}26\ \mathrm{Mp/m^3}\,.$$

Im Gegensatz dazu variieren die Rohwichten γ_t trockener toniger Böden in weiten Grenzen. Mit den extremalen Porenziffern $\varepsilon = 0{,}67$ und $\varepsilon = 13{,}50$, s. Tab. 2.5, betragen die Rohwichten des trockenen Bodens:

$$\gamma_t = 2{,}7 \times \frac{1{,}00}{1{,}67}\ \mathrm{Mp/m^3} = 1{,}62\ \mathrm{Mp/m^3}$$

und

$$\gamma_t = 2{,}7 \times \frac{1{,}00}{14{,}50}\ \mathrm{Mp/m^3} = 0{,}19\ \mathrm{Mp/m^3}$$

und die Rohwichten des wassergesättigten Bodens

$$\gamma_g = 1{,}62\ \mathrm{Mp/m^3} + \frac{0{,}67}{1{,}67}\ \mathrm{Mp/m^3} = 2{,}02\ \mathrm{Mp/m^3}$$

und

$$\gamma_g = 0{,}10\ \mathrm{Mp/m^3} + \frac{13{,}50}{14{,}50}\ \mathrm{Mp/m^3} = 1{,}12\ \mathrm{Mp/m^3}\,.$$

4.1.4 Wichte unter Auftrieb. Wenn die Festmasse unter einen zusammenhängenden Wasserspiegel getaucht ist, muß die Reinwichte γ_s nach dem ARCHIMEDischen Prinzip durch $\gamma_s - 1$ ersetzt werden.

Die Rohwichte γ_t des trockenen Bodens unterhalb des Wasserspiegels beträgt also $(\gamma_s - 1)\,(1 - n)$. Diese Wichte wird mit γ_a bezeichnet.

4.2 Durchlässigkeit

Nach dem Gesetz von DARCY [*4.1*] läßt sich die Geschwindigkeit v des durch den Boden fließenden Wassers durch die Formel

$$v = k\, i$$

ausdrücken. In dieser Formel bedeuten:

- v *Filtergeschwindigkeit*, die als mittlere (virtuelle) Fließgeschwindigkeit, also als Quotient aus dem Durchfluß je geraden (senkrecht zur Fließrichtung) Gesamtquerschnitts (Hohlräume + Festsubstanz) der Bodenprobe, definiert ist,
- k *Durchlässigkeitskoeffizient*,
- i *Druckhöhengefälle*, d. h. hydrostatische Druckhöhe h_w je Längeneinheit l der Stromlinie[1]. Die wirkliche Fließgeschwindigkeit durch die Hohlräume

[1] i ist dimensionslos, da h_w und l Längen sind. Das gleiche gilt, wenn man i durch $\frac{1}{\gamma_w}\frac{\bar{h}_w}{l}$ ausdrückt, wobei $\bar{h}_w$ der Druck entsprechend der Wasserhöhe h_w und γ_w die Wichte des Wassers bedeuten. Daraus folgt, daß k die Dimension einer Fließgeschwindigkeit hat.

des geraden Querschnittes beträgt also[1]

$$v_s = \frac{k\,i}{n}\,.$$

Dieses DARCYsche Gesetz ist nur für laminare Strömungen gültig, was bei allen Böden mit Ausnahme von Kiesen gleichförmiger Körnung der Fall ist, in denen Turbulenzerscheinungen auftreten können. Es wird außerdem angenommen, daß die Böden mit Wasser gesättigt sind, d. h. daß die Kapillarität keine Rolle spielt.

Die Kenntnis von k ist für zahlreiche Probleme des Bauwesens von Bedeutung, so z. B. für das Ermitteln des Rückhaltevermögens der Erdstaudämme, das Absenken des Wasserspiegels durch Pumpen und das Bestimmen der Setzungsgeschwindigkeit von Bauwerken.

4.2.1 Messung des Durchlässigkeitskoeffizienten im Laboratorium. Zwei Gerätetypen werden verwendet: Den *Durchlässigkeitsapparat mit veränderlicher Druckhöhe* setzt man bei Tonen ein, Abb. 4.1. Die Bodenprobe, a in Abb. 4.1, mit dem Querschnitt F und der Dicke l wird zwischen zwei Filtersteinen, b in Abb. 4.1, großer Durchlässigkeit in ein

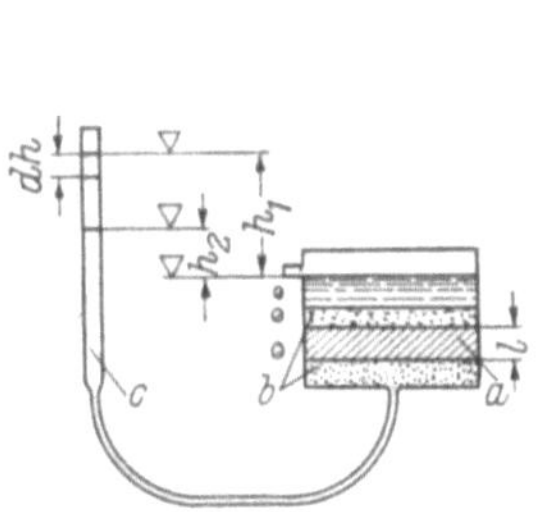

Abb. 4.1. Durchlässigkeitsapparat mit veränderlicher Druckhöhe

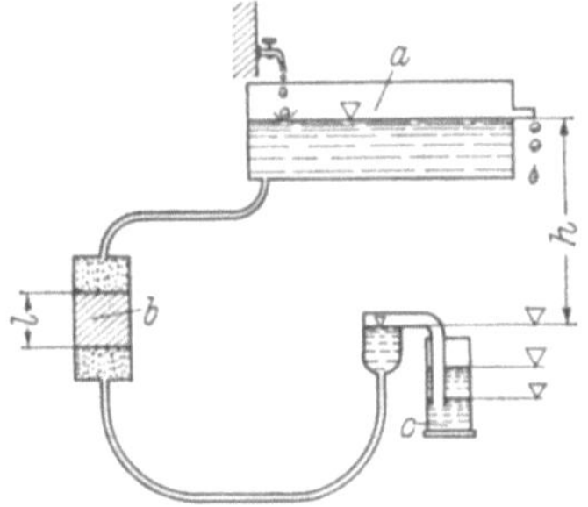

Abb. 4.2. Durchlässigkeitsapparat mit konstanter Druckhöhe

Kompressionsgerät eingebaut (s. 5.2). Während der Zeit dt mißt man die Höhe dh, um die das Niveau h in dem Standrohr, c in Abb. 4.1, mit dem Querschnitt f sinkt. Dieses Sinken entspricht einer Wassermenge $dQ = f\,dh$; die Wassermenge ist anderseits nach dem DARCYschen Gesetz gleich $k\frac{h}{l}F\,dt$. Daraus folgt:

$$\frac{dh}{h} = k\frac{F}{f\,l}\,dt;$$

dies ergibt:

$$k = 2{,}3\,\frac{f\,l}{F\,t}\log\frac{h_1}{h_2}\,.$$

[1] Diese Geschwindigkeit wird in Deutschland *Sickergeschwindigkeit* genannt (Anm. des Übersetzers).

Man wählt selbstverständlich f um so kleiner, je kleiner k selbst ist, um eine größere Genauigkeit beim Ablesen von dh zu erzielen.

Bei durchlässigen Böden, wie z. B. den Sanden, wird im allgemeinen ein *Durchlässigkeitsapparat mit gleichbleibender Druckhöhe* verwendet, Abb. 4.2.

Das Wasser fließt mit konstantem i aus dem Behälter, a in Abb. 4.2, durch die Bodenprobe, b in Abb. 4.2. Nach dem Messen der Wassermenge Q, die im Zylinder, c in Abb. 4.2, ankommt, hat man alle Werte zur Bestimmung von k.

Die im Laboratorium vorgenommenen Durchlässigkeitsversuche können keine völlig zuverlässigen Ergebnisse liefern: Erstens ist es schwierig, eine Bodenprobe zu entnehmen, ohne ihre Dichte zu verändern, und zweitens rufen die Wände des Gerätes, in das man die Probe einbaut, einen Wandeffekt hervor, der zu einer bevorzugten Wasserströmung führt.

4.2.2 Messung des Durchlässigkeitskoeffizienten in situ. Die hauptsächlichsten Probleme, bei denen die Durchlässigkeit des Bodens eine Rolle spielt, sind die Probleme, bei denen Wasser unter Belastung verdrängt wird. Dies zeigt sich sehr oft in anisotropen Böden aufgrund der Schichtung (s. 2.5.7 und 9.5) dieser Böden, die in Wirklichkeit zwei verschiedene Durchlässigkeitskoeffizienten haben, und zwar den waagrechten Koeffizienten k_h und den lotrechten Koeffizienten k_v.

Der Fall der Anisotropie ist mathematisch gelöst: Die Theorie zeigt, daß sich das allgemeine Problem des Fließens in einem anisotropen Stoff auf das Fließen in einem isotropen Stoff zurückführen läßt, wenn man die lotrechten Abmessungen mit $\sqrt{\frac{k_h}{k_v}}$ multipliziert, (s. 4.5.6); dabei ist als Durchlässigkeitskoeffizient das geometrische Mittel $\sqrt{k_v\, k_h}$ zu nehmen.

Die Schwierigkeit liegt in der Bestimmung von k_h und k_v.

4.2.2.1 Methode von Matsuo und Akai. Matsuo und Akai [*4.2*] schlugen vor, die Sickergeschwindigkeiten des Wassers durch die Ränder und den Boden eines Kanals mit trapezförmigem Querschnitt zu beobachten, und zwar für zwei unterschiedliche Längen des Kanals, um die Strömungen durch die Ränder auszuschalten und so die aus der Hydraulik entnommenen, für zwei Dimensionen gültigen Formeln anwenden zu können, die übrigens von der Tiefe des Wasserspiegels abhängen. Diese Methode gilt selbstverständlich nur für Durchlässigkeiten von Schichten, die oberhalb des Wasserspiegels liegen.

4.2.2.2 Anwendung der Dupuitschen Formel. In situ läßt sich k mit der Dupuitschen Formel bestimmen [*4.3*].

Aus einem Filterbrunnen pumpt man so lange das Wasser, bis sich ein Beharrungszustand mit einer Strömung einstellt, die durch eine Wassermenge Q_1 und ein Sinken des Wasserspiegels um $H - h_1$, Abb. 4.3, gekennzeichnet ist; H ist die Höhe des Wasserspiegels oberhalb einer undurchlässigen Schicht, h_1 ist die Wasserhöhe im Filterbrunnen. Das Sinken des Wasserspiegels erstreckt sich in diesem Fall bis zu einem Halbmesser R_1. Durch Vergrößern der abgepumpten Wassermenge auf Q_2 ruft man ein Sinken $H - h_2$ auf einen Halbmesser R_2, mit $h_2 < h_1$, hervor.

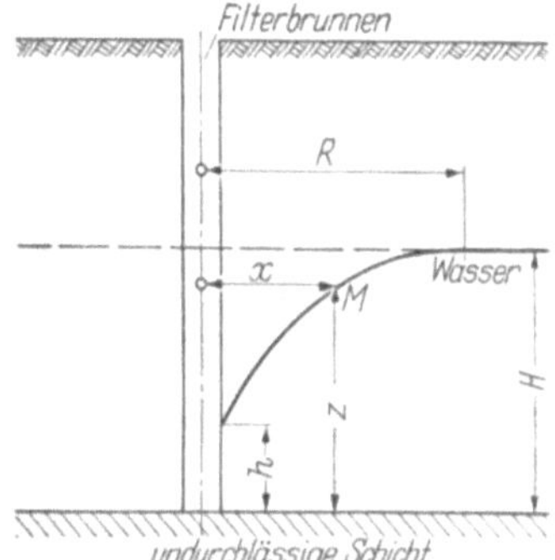

Abb. 4.3. Bestimmung des Durchlässigkeitskoeffizienten in situ mit Hilfe der DUPUITschen Formel

Jede dieser Beobachtungen gestattet es theoretisch, k nach der Formel von DUPUIT zu berechnen.

Die Wassermenge, die durch die Wand des Zylinders vom Halbmesser x und der Höhe z hindurch fließt, ist nämlich gleich der Oberfläche dieser Wand $2\pi x z$, multipliziert mit der Fließgeschwindigkeit, die ihrerseits gleich dem Produkt aus dem gesuchten Koeffizienten k und dem Spiegelgefälle ist, Abb. 4.3.

Man nimmt im allgemeinen dieses Gefälle mit dz/dx an; dies bedeutet, daß zwei Dinge vernachlässigt werden:

— Es wird vorausgesetzt, daß die Stromlinien parallel zur Tangente in M, Abb. 4.3, verlaufen, was für die inneren Stromfäden nicht stimmt.

— Man nimmt einen ebenen Gleichgewichtszustand an. Sobald man sich dem Filterbrunnen nähert, werden aber die Drücke senkrecht zur Bildebene wirksam und vermindern die Wassermenge, wenn die Absenkung zunimmt. SICHARDT [*4.4*] zeigte, daß das Spiegelgefälle zumindest bei den Sanden einem Grenzwert $\frac{1}{1{,}5\sqrt{k}}$ zustrebt, mit k in cm/s.

Die genaue Anwendung der DUPUITschen Formel ergibt:

$$Q = 2\pi\, x\, z\, k \frac{dz}{dx};$$

damit wird

$$\frac{dx}{x} = 2\pi \frac{k\, z\, dz}{Q},$$

$$\ln \frac{R}{r} = \frac{\pi k (H^2 - h^2)}{Q}$$

und schließlich

$$k = Q \frac{\ln \frac{R}{r}}{\pi (H^2 - h^2)}.$$

Die exakte Bestimmung von R ist übrigens außerordentlich schwierig, da die Absenkungslinie mit einer waagrechten Tangente beginnt. Sie erfordert zahlreiche Piezometer.

Die Formel von SICHARDT liefert bei großen Absenkungen in Sanden

$$Q_{\max} = 2\pi\, r\, h\, k \frac{1}{1{,}5\sqrt{k}} = 2\pi\, r\, h \frac{\sqrt{k}}{1{,}5}.$$

Der Versuch kann übrigens im umgekehrten Sinne vorgenommen werden: Man läßt Wasser in den Filterbrunnen laufen und mißt die Erhöhung h im Vergleich zu H ebenso wie die Zone des Wasserspiegelanstiegs mit dem Halbmesser R.

Zusammenfassend läßt sich zur Messung des Durchlässigkeitskoeffizienten in situ sagen: Die Methode von MATSUO gilt nicht allgemein, während die Methode von DUPUIT einige oben angegebene Fehlerquellen nicht beachtet. Außerdem wird auch die Natur des Bodens in der Umgebung des Brunnens durch die Anlage des Schachtes und den Einbau des Filterrohrs verändert.

Man erkennt daraus, daß die Ermittlung der Durchlässigkeitskoeffizienten, besonders für anisotrope Böden, einige Unzulänglichkeiten enthält. Deshalb ist es nicht selten, daß verschiedene Methoden auch unterschiedliche Ergebnisse liefern, die sich wie 1:2, manchmal sogar wie 1:10 verhalten; wegen der sehr beachtlichen Größenunterschiede der Durchlässigkeitskoeffizienten der Böden wird dies jedoch als annehmbar angesehen.

4.2.3 Größenordnung der Durchlässigkeitskoeffizienten. Tone haben einen Durchlässigkeitskoeffizienten, der kleiner als 10^{-7} cm/s ist und für die Bentonite Werte bis 10^{-11} cm/s erreichen kann.

Der Durchlässigkeitskoeffizient der Sande ist größer als 10^{-3} cm/s. Wenn man bedenkt, daß eine Geschwindigkeit von 0,30 m im Jahr einem

Tabelle 4.1. *Größenordnungen der Durchlässigkeitskoeffizienten der Böden*

10^{2}	1	10^{-2}	10^{-4}	10^{-6}	10^{-8} cm/s
10^{8}	10^{6}	10^{4}	10^{2}	1	10^{-2} Fuß/a

Grobkies	Sand	Schluff und Sand-Ton-Gemische	Ton

durchlässige Deich- und Dammquerschnitte	undurchlässige Deich- und Dammquerschnitte

Durchlässigkeitskoeffizienten von 10^{-6} cm/s entspricht, so erkennt man, daß die tonigen Böden beim Druckhöhengefälle eins eine Geschwindigkeit von weniger als 3 cm/a haben.

Tab. 4.1 gibt die Größenordnung einiger k-Werte.

Für Sande mit einer HAZENschen Zahl (Ungleichförmigkeitsgrad) $d_{60}/d_{10} < 2$ gilt die gute empirische Formel von HAZEN:

$$k = 100\, d_{10}^{2};$$

dabei bedeuten:

k Durchlässigkeitskoeffizient in cm/s,
d_{10} Durchmesser in cm des Siebes, das 10% des Stoffgewichtes durchgehen läßt.

Beispiel: Wenn $d_{10} = 0{,}01$ cm ist, wird $k = 10^{-2}$ cm/s.

4.2.4 Die Hauptfaktoren, die den Durchlässigkeitskoeffizienten beeinflussen. Es sind dies die Porenziffer, die spezifische Oberfläche der Körner, die Form der Körner und die Viskosität des Wassers. In der Theorie der Viskosität beweist man ohne Schwierigkeit, daß die mittlere Fließgeschwindigkeit durch ein Kapillarröhrchen vom Halbmesser R einer viskosen newtonschen Flüssigkeit mit der Wichte γ und der dynamischen Viskosität η durch die Formel

$$v = \frac{\gamma R^2}{8\eta}\, i$$

gegeben ist.

Wenn man als den *hydraulischen Halbmesser* r_h den Quotienten aus dem Volumen des fließenden Wassers zur benetzten Wandfläche bezeichnet, so gilt $r_h = R/2$ für ein kreisrundes Röhrchen und

$$v = \frac{1}{2}\,\frac{\gamma r_h^2}{\eta}\, i\,.$$

Für Fließen zwischen zwei dicht nebeneinander liegenden parallelen Ebenen wird dieser Ausdruck zu

$$v = \frac{1}{3}\,\frac{\gamma r_h^2}{\eta}\, i\,.$$

Ganz allgemein gilt:

$$v = B_f \frac{\gamma r_h^2}{\eta}\, i\,,$$

mit B_f als einer nur wenig veränderlichen Formzahl.

Bei den Böden kann man als hydraulischen Halbmesser r_h den Quotienten aus dem Volumen des zwischen den Körnern fließenden Wassers zur Oberfläche der vom Wasser umspülten Körner bezeichnen.

Werden Körner mit dem Volumen eins betrachtet, so ist der Hohlraum gleich ε, und die äußere Oberfläche der Körner ist definitionsgemäß gleich der spezifischen Oberfläche S_s. Hieraus folgt: $r_h = \dfrac{\varepsilon}{S_s}$.

In der obigen Formel bedeutet v die Fließgeschwindigkeit durch einen Querschnitt, der ganz mit Flüssigkeit gefüllt ist. Für Böden erhält man die virtuelle Geschwindigkeit, die in den Ausdruck $v = k\,i$ des DARCYschen Gesetzes eingeht, durch Multiplizieren des obenstehenden Ausdrucks mit n oder $\varepsilon/(1+\varepsilon)$. Damit wird

$$v = B_f \frac{\gamma}{\eta} \frac{\varepsilon^3}{1+\varepsilon} \frac{1}{S_s^2} i .$$

Wie man sieht, ist der Koeffizient k proportional der Formzahl B_f, dem Quotienten γ/η und dem Quotienten $\varepsilon^3/(1+\varepsilon)$ – er nimmt also rasch ab, wenn der Boden zusammengedrückt wird – sowie umgekehrt proportional dem Quadrat der spezifischen Oberfläche.

Dieser Ausdruck erwies sich für Sande als korrekt. Für Tone gilt er nur unter der Bedingung, daß man ε als das Verhältnis des Volumens des freien Wassers zum Gesamtvolumen der Mikroaggregate einschließlich der die Mikroaggregate umgebenden Hüllen adsorbierten und steif-plastischen Wassers ansieht; S_s bedeutet dabei die Oberfläche dieser Hüllen.

Bei Tonen mit großer Kapillarenergie, die einem kleinen Druckhöhengefälle unterworfen sind, rechnen manche Forscher mit einer Verminderung von k, wenn das Druckhöhengefälle i klein wird. Dies soll sich dadurch erklären lassen, daß das Porenwasser von dem viskosen, gleichsam steif-plastischen Wasser an der Oberfläche der Körner in seiner Bewegung gebremst wird. Das DARCYsche Gesetz muß sich also wahrscheinlich in der Form schreiben:

$$v = k(i - i_0) .$$

Es könnte danach nur für Druckhöhengefälle angewendet werden, die größer als ein Minimum i_0 sind, d. h. es gäbe einen Schwellenwert für die Durchlässigkeit.

Nun sind aber die Durchlässigkeitsversuche mit Tonen bei geringem Druckhöhengefälle mit zahlreichen Fehlern behaftet, so daß es gegenwärtig schwierig ist, den Wert von i_0 für jeden Boden festzulegen.

Wegen der Existenz dieses Schwellenwertes dürfte man die Tone nicht zu den viskosen *newtonschen Flüssigkeiten* rechnen, sondern zu den plastischen binghamschen Flüssigkeiten.

Die NEWTONsche Hypothese läßt sich für zwei im Abstand Δh befindliche und durch eine viskose Flüssigkeit mit der dynamischen Viskosität η voneinander getrennte parallele Ebenen mit der Fläche F, die sich unter der Wirkung einer Scherkraft T mit einer Relativgeschwindigkeit Δv gegeneinander bewegen, in der Form anschreiben, s. Abb. 11.1:

$$T = \eta F \frac{\Delta v}{\Delta h} .$$

Hieraus folgt unmittelbar, daß der Durchfluß durch ein Rohr von gegebener Länge l proportional der Druckdifferenz oder daß die Fließgeschwindigkeit dem Druckhöhengefälle i proportional ist, so wie es oben angegeben wurde. Die Erfahrung lehrt, daß diese Konsequenz aus der NEWTONschen Hypothese für *die* Flüssigkeiten fehlerhaft ist, die suspendierte Teilchen enthalten: Bei diesen beobachtet man nämlich nur dann einen Durchfluß durch das Kapillarrohr, wenn der Druck größer als ein bestimmter Schwellenwert wird. Zur Berücksichtigung dieser Beobachtung schlug BINGHAM im Jahre 1922 vor, die NEWTONsche Hypothese umzuformen und zu schreiben:

$$T = \tau_0 F + \eta_s F \frac{\Delta v}{\Delta h}$$

oder

$$\tau - \tau_0 = \eta_s \frac{\Delta v}{\Delta h}.$$

Wenn ein Fließen eintreten soll, muß τ größer als ein bestimmter Schwellenwert τ_0 sein. Flüssigkeiten, die die BINGHAMsche Hypothese erfüllen, sind nichtnewtonsche oder *binghamsche Flüssigkeiten.* Ihre Viskosität wird mit η_s statt mit η bezeichnet.

Die Versuche über das Abscheren von Tonproben durch Torsion bestätigen das Vorhandensein dieses Schwellenwertes τ_0 (s. 5.8 u. 7.5) und damit auch das Vorhandensein eines Schwellenwertes der Durchlässigkeit.

4.2.5 Durchlässigkeit in Abhängigkeit von der Temperatur. Die in STOKES ausgedrückte kinematische Viskosität η/ϱ_D (ϱ_D Dichte) nimmt mit zunehmender Temperatur sehr rasch ab. Daher wird k – da η/ϱ_D im Nenner steht – mit zunehmender Temperatur größer.

4.2.6 Durchlässigkeit in Abhängigkeit von den austauschbaren Kationen. Die Betrachtungen, die bei der Behandlung der austauschbaren Kationen und beim Studium der entsprechenden Photographien angestellt wurden, lassen erkennen, daß die Na-Tone, insbesondere die Na-Montmorillonite, undurchlässiger als die Ca-Tone sind; das Experiment bestätigt diese Erkenntnis. Umgekehrt erhöht z. B. die Kalkdüngung die Durchlässigkeit der Böden.

4.2.7 „Schwimmsand“. Der Druckhöhenverlust längs einer Stromlinie wird durch Reibung zwischen dem Wasser und dem Boden, durch den das Wasser fließt, hervorgerufen. Im allgemeinen bringt das Korngerüst dieser Reibung einen Widerstand entgegen. Wenn aber eine Stromlinie eine Böschung oder eine freie Oberfläche anschneidet, gilt dies nicht, sobald der Boden keine Kohäsion hat und sein Reibungswinkel im Verhältnis zum Wert des Druckhöhengefälles zu klein ist: Der Sand fließt mehr und mehr. Im englischen nennt man diese Erscheinung „quick sand“ (schneller Sand).

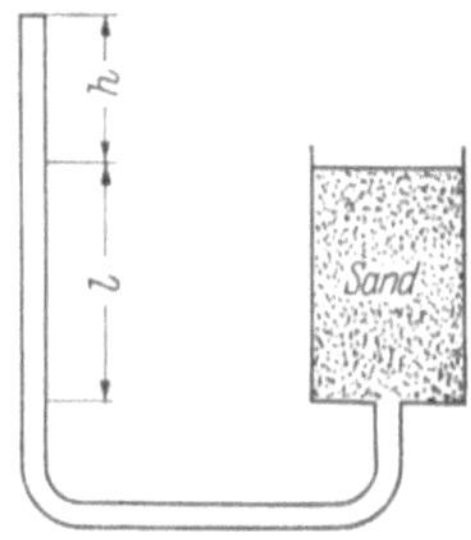

Abb. 4.4. Grundversuch zur Bestimmung des kritischen Druckhöhengefälles

Es sei speziell eine lotrechte, von unten nach oben gerichtete Strömung, Abb. 4.4, durch ein Meßgefäß mit dem lichten Querschnitt F

betrachtet, das bis zu einer Höhe l mit Sand gefüllt ist. Die Fließbedingung mit einer Druckhöhe $h + l$ soll gerade erreicht sein. Durch den oberen Querschnitt strömt kein Wasser: Hier ist der Wasserdruck null. Die Reibung an den Wänden wird vernachlässigt. Die lotrechte, von unten nach oben gerichtete, auf die Sandmasse wirkende Kraft beträgt $F\,(h + l)$.

Sie ist anderseits je Volumeneinheit des Sandes gleich dem um den Auftrieb verminderten Gewicht der Festsubstanz, also $(\gamma_s - 1)\,(1 - n)$; daraus folgt:

$$F\,(h + l) = F\,l\,(\gamma_s - 1)\,(1 - n)\,,$$

$$\frac{h + l}{l} = (\gamma_s - 1)\,(1 - n)\,.$$

Das *kritische Druckhöhengefälle* lautet: $(\gamma_s - 1)\,(1 - n)$. Für den ziemlich gebräuchlichen Wert $n = 0{,}4$ liegt dieses kritische Gefälle nahe bei 1 Mp/m³ (1,02 Mp/m³ mit $\gamma_s = 2{,}7$ Mp/m³). Ein Mensch würde, sofern er sich nicht bewegt, leicht auf einem solchen Sand schwimmen, da dessen Wichte 0,40 Mp/m³ + 1,02 Mp/m³ = 1,42 Mp/m³ beträgt. Jedoch rufen Bewegungen im Innern des „Schwimmsandes" je nach ihrem Richtungssinn Saugwirkungen oder Verflüssigungserscheinungen hervor, die das beobachtete allmähliche Versinken im Schwimmsand erklären.

Die Fließerscheinung ist — entgegen vielen Meinungen — bei gleichem Porenanteil nicht an eine Sandart, sondern an das Druckhöhengefälle gebunden. Der Porenanteil nimmt zwar wegen des steif-plastischen Wassers an der Oberfläche der Körner mit der Korngröße rasch ab. Feinsande neigen jedoch mehr zum Fließen als Grobsande, da bei einem Grobsand der Durchfluß wegen der großen Durchlässigkeit erheblich sein muß, um ein Druckhöhengefälle zu erhalten, das gleich oder größer als eins ist.

Es ist also zu beachten, daß man im Falle eines Druckhöhengefälles größer als eins bei manchen Sanden, insbesondere bei den wenig durchlässigen, mit Fließerscheinungen rechnen muß.

Zahlreiche Beispiele von Fließerscheinungen können angeführt werden. Es seien einige klassische Fälle genannt:

— Beim Trockenlegen einer Baugrube in einem sandigen Gelände, das unterhalb des Wasserspiegels liegt, saugt man das Wasser mit zunehmendem Gefälle an: Das Fließphänomen tritt rasch ein.

— Ein Fließen entsteht ebenfalls, sobald sich das unter einem gesättigten Sand befindliche Wasser unter einem Druck befindet, der größer als der statische Druck ist (besonders artesische Brunnen).

— An einer geraden Kaimauer, die auf einem Sand mit 40% Porenanteil gegründet und deren Dicke l während einer durch Sturm bedingten hohen See kleiner als der Höhenunterschied h des Wasserspiegel zu beiden

Seiten ist, bilden sich „Schwimmsande", die die Zerstörung des Bauwerks bewirken, Abb. 4.5.

Im allgemeinen ist es leicht, alle diese Fließerscheinungen zu meistern, wenn die gefährdeten Zonen mit durchlässigen Stoffen belastet werden.

Dies führt dazu, nach der Behandlung der Durchlässigkeit der Böden für Flüssigkeiten von der Durchlässigkeit der Böden für andere Bodenarten zu sprechen.

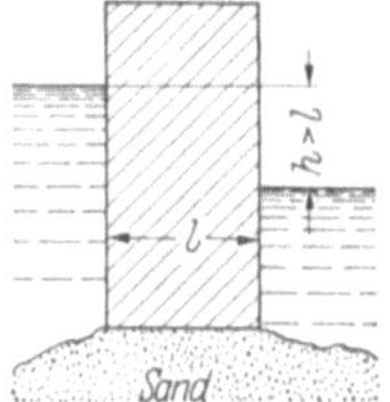

Abb. 4.5. Einem kritischen Druckhöhengefälle unterworfener Sand unter einer Kaimauer

4.2.8 Durchlässigkeit für feste Stoffe: Filterbedingung. Wenn Wasser durch eine Sandschicht fließt und das Druckhöhengefälle i größer als eins ist, läßt sich das Bilden von „Fließsand" mit Hilfe eines Sandfilters vermeiden, der sich aus dickeren Teilchen zusammensetzt und eine zweckmäßige Kornverteilung hat.

Das gleiche Problem trifft man bei den übereinander liegenden Schichten unterschiedlicher Natur unter einer Straße an, besonders dann, wenn es sich darum handelt, den Aufstieg toniger Teilchen durch die weniger tonigen Schichten zu vermeiden.

Die Filterbedingungen zwischen zwei festen Substanzen wurden in den USA systematisch untersucht. Man wendet sehr häufig die folgende, von der Waterways Experiment Station [*4.5*] empfohlene Regel an:

– Der Durchmesser d_{15} des Filterstoffes muß größer als der 4,5fache Durchmesser d_{15} des abzusperrenden Erdstoffes sein. Wenn dies nicht so wäre, hätten die Feinteile des Filterstoffes annähernd die gleiche Größenordnung wie die des Erdstoffes, und das Druckhöhengefälle könnte den kritischen Wert für die Feinteile des Erdstoffes und des Filterstoffes überschreiten, die dann durch den Filter hindurchgehen würden.

– Der Durchmesser d_{15} des Filterstoffes muß kleiner als der 4,5fache Durchmesser d_{85} des abzusperrenden Erdstoffes sein. Diese Bedingung ist die echte *Sperrbedingung:*

$$d_{15} < 4{,}5\, d_{85}\,.$$

Man trifft hier wieder auf die zwischen 4 und 5 gelegene Zahl, deren Kehrwert der Exponent a der Gleichung der optimalen Kornverteilungskurve für ein kontinuierliches, unendlich ausgedehntes Medium (s. 1.4.1) und gleichzeitig auch der Quotient der optimalen geometrischen Reihe für die Korndurchmesser in einem diskontinuierlichen, unendlich ausgedehnten Medium ist (s. 2.5.5).

4.2.9 Innere Erosion. Der Durchfluß des Wassers durch einen Boden kann die Makrostruktur des Bodens verändern, ohne zu einer Fließerscheinung zu führen. Dervieux, Drouhin und Gautier [*4.6*] beschrieben die Löcherstruktur einiger toniger Schluffe Nordafrikas; sie konnten im Laboratorium die gleiche Struktur durch zyklisch wiederkehrende und von Regengüssen gefolgte Verdunstungen reproduzieren. Die genannten Autoren sind der Meinung, daß der in den Poren herrschende Luftdruck beim Überschreiten eines bestimmten Wertes diese innere Erosionen durch Entspannung über bestimmte bevorzugte Kanäle begünstigen kann.

4.3 Kapillarität

4.3.1 Grundlagen. In der Erscheinung der Kapillarität äußert sich in ganz besonderem Maße das Vorhandensein der drei Phasen: fest, flüssig und gasförmig. Die Kapillarität bedingt das pflanzliche Leben an der Erdoberfläche. Um ihren Mechanismus gut zu verstehen, ist es nötig, hier einige klassische Begriffe aus der Theorie der Kapillarität ins Gedächtnis zurückzurufen.

Im 18. Jahrhundert zeigte der Franzose JURIN, daß die *kapillare Steighöhe* h_c des Wassers in einem Röhrchen mit veränderlichem Querschnitt umgekehrt proportional dem Halbmesser R des Röhrchens am oberen Flüssigkeitsniveau ist, daß sie aber nicht von der Form des Röhrchens unterhalb davon abhängt.

Dieses Gesetz wurde anschließend mit dem Begriff der durch VON SEGNER eingeführten Zugspannung kombiniert. Durch Gleichsetzen des Gewichtes $\pi R^2 h_c \gamma_w$ der in einem Kapillarröhrchen von zylindrischer Form vorhandenen Wassersäule mit der lotrechten Kraft $2 \pi R T_v$, mit der diese Säule an dem kreisförmigen Rand des Meniskus aufgehängt ist, ergibt sich das Gesetz von JURIN:

$$h_c = \frac{2 T_v}{\gamma_w R};$$

T_v hat die Dimension einer Kraft je Längeneinheit, Abb. 4.6.

Der Versuch ergibt für Wasser bei 0 °C: $T_v = 76{,}4$ dyn/cm. Dieser Wert fällt um 0,17 dyn/cm je Erhöhung der Temperatur um 1 °C.

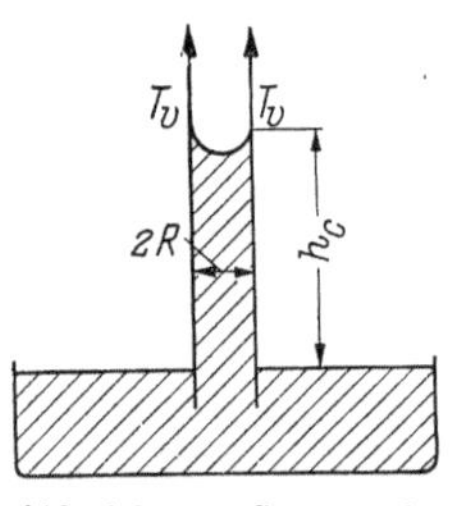

Abb. 4.6. VON SEGNERsche Hypothese zur Kapillarität

LAPLACE stellte anschließend eine Theorie auf, nach der jedes Molekül im Innern der Flüssigkeit von den übrigen benachbarten Molekülen in einem kugelförmigen Einflußbereich angezogen wird; jenseits dieses Bereichs ist die Anziehung kaum spürbar. Dieser Anziehungsbereich hat Kugelsymmetrie mit dem Molekül als Mittelpunkt der Kugel. Es folgt daraus, daß das Wasser durch eine Spannung, die *dreiaxiale Zugfestigkeit* H_w, gekennzeichnet ist[1]. Anderseits ist ein Molekül der Flüssigkeit, das in

[1] Nach seiner wohlbekannten Gleichung $(p + H_w)(V_s - b) = R\,\Theta$, mit b als Kovolumen, R als Gaskonstante und Θ als absoluter Temperatur leitete VAN DER WAALS später für H_w den Wert 10^4 kp/cm² ab.

der Nähe der Grenzfläche der Flüssigkeit mit der Luft liegt, einem viel weniger ausgeglichenen Kraftfeld unterworfen. Die von den Flüssigkeitsmolekülen ausgeübte Anziehungskraft ist ebenso groß wie im Innern der Flüssigkeit. Seitens der gasförmigen Phase wirkt jedoch nur die Anziehungskraft der weit zerstreuten Luftmoleküle. Die Dichte ist hier tausendmal kleiner, und da die VAN DER WAALSschen Anziehungskräfte nur in einem kurzen Abstand eine nennenswerte Größe haben, ist die von der Luft auf ein nahe der Oberfläche gelegenes Molekül ausgeübte Anziehung vernachlässigbar.

Auf diese wirkt also schließlich eine Resultierende, die das Molekül senkrecht nach innen bewegen will. Für sehr nahe an der Meniskusoberfläche gelegene Punkte kommt zu H_w noch ein Zusatzglied, das von der Krümmung des Meniskus abhängt und für das LAPLACE den Ausdruck

$$\frac{T}{2}\left(\frac{1}{R_1}+\frac{1}{R_2}\right)$$

angegeben hat.

T ist eine positive oder negative, die Flüssigkeit kennzeichnende Konstante, R_1 und R_2 sind die Hauptkrümmungshalbmesser des Meniskus. T hat die Dimension einer Kraft je Längeneinheit. Man erkennt die in der Schalentheorie bekannte Formel. Alles geht so vor sich, als ob die Flüssigkeit an einer virtuellen Membran aufgehängt wäre, die die Form des Meniskus hat: Die Kraft $T/2$ greift an der virtuellen Membran an; sie wirkt auf einer Krümmungslinie des Meniskus je Längeneinheit der anderen Krümmungslinie. Sie ist die *Oberflächenspannung* an der Grenzfläche Flüssigkeit–Gas.

Vom mechanischen Standpunkt betrachtet wirkt die Kraft

$$\frac{T}{2}\left(\frac{1}{R_1}+\frac{1}{R_2}\right),$$

– sie ist T/R für $R_1 = R_2 = R$ – normal zur freien Oberfläche und ist zum Innern der Flüssigkeit hin gerichtet. Sie hat das Bestreben, die Oberfläche so klein wie möglich zu machen (ein in eine Flüssigkeit gleicher Dichte getauchter Tropfen nimmt die Kugelform an).

Wenn der Halbmesser des Röhrchens, Abb. 4.7, unendlich groß wäre, würde sich eine ebene Flüssigkeitsoberfläche einstellen (Kugel mit unendlich großem Halbmesser). Der Halbmesser des Röhrchens ist aber verhältnismäßig klein. Daher hat die freie Oberfläche im Kapillarröhrchen die Form eines Meniskus, der unter einem Winkel α an das Röhrchen anschließt. Das Messen dieses Winkels ist ziemlich schwierig; wesentlich ist jedoch die Konkavität des Meniskus nach oben.

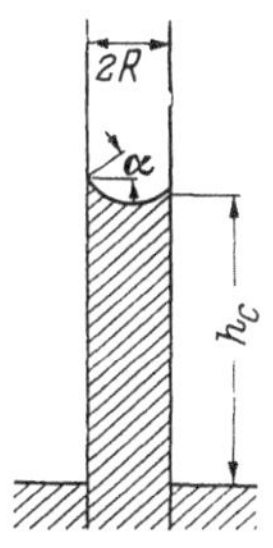

Abb. 4.7. Hypothese des Kugelmeniskus

Um sie zu erklären, muß man die etwas zu einfache Vorstellung von der lotrecht wirkenden, auf die Längeneinheit bezogene Kraft T_v längs der den drei Phasen: fest — flüssig — gasförmig gemeinsamen Linie durch die einer echten lotrechten, von unten nach oben gerichteten Zugkraft ersetzen, die von der Wand auf die Flüssigkeit ausgeübt wird und die sich aus T' ergibt:

$$\gamma_w h_c = \frac{(T' - T)}{2}\left(\frac{1}{R_1} + \frac{1}{R_2}\right).$$

Dieser Ausdruck geht im Falle $R_1 = R_2 = R/\cos\alpha$ (kugelförmiger Meniskus) in die Form über:

$$\gamma_w h_c = (T' - T)\,\frac{\cos\alpha}{R},$$

$$h_c = \frac{(T' - T)\cos\alpha}{\gamma_w R}.$$

Durch Vergleich mit dem vorherigen Ausdruck erhält man:

$$T_v = \frac{1}{2}(T' - T)\cos\alpha.$$

Aber diese Deutung erklärt nicht alle Erscheinungen. Der gefundene Ausdruck enthält also nicht die dreiaxiale Zugfestigkeit H_w.

Er vervollkommnet die Formel von JURIN in dem Sinne, daß er die Kraft je Längeneinheit der Parallelen und Meridiane einführt.

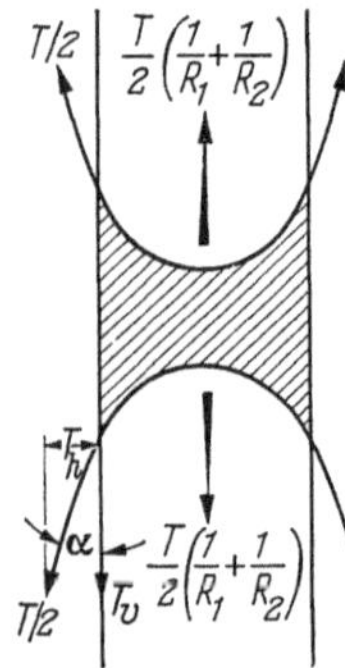

Abb. 4.8. Kräfte an einer Flüssigkeitssäule

Aber sowohl die Formel von JURIN als auch die Formel von LAPLACE berücksichtigen nur die Erscheinungen, die sich an der oberen Grenzfläche der Säule abspielen, und die physikalische Deutung steht im Widerspruch zu manchen ständig beobachteten Tatsachen.

Nach dieser Theorie würde eine Flüssigkeitssäule, die in einem lotrecht stehenden Röhrchen weit von den Enden des Röhrchens eingebracht wird, zwangsläufig nach unten fallen, Abb. 4.8.

Da die Spannungen $\frac{T}{2}\left(\frac{1}{R_1} + \frac{1}{R_2}\right)$ zu beiden Seiten der Flüssigkeitssäule gleich groß und entgegengesetzt gerichtet sind, muß die Flüssigkeitssäule, so klein sie auch ist, unter der Wirkung ihres Eigengewichtes nach unten fallen (Theorem von BERTRAND [*4.7*]).

Das Experiment bestätigt diese Schlußfolgerung nicht.

4.3.2 Energiebetrachtungen zur Kapillarität. Die Vorstellung von der am Meniskusrand wirkenden Kraft wurde von LESLIE revidiert; er scheint im 19. Jahrhundert der erste Forscher gewesen zu sein, der eine korrekte Erklärung des vorherigen Phänomens gegeben hat. LESLIE machte den kapillaren Anstieg von Zugspannungen abhängig, die von einem sehr feinen, mit der Wand in Verbindung stehenden Film auf das Wasser *und* die Wand ausgeübt werden (2.3).

Die Energie je Volumeneinheit — ein Ausdruck, der die Dimension einer Spannung hat — ist im Innern einer Flüssigkeit, weit von der Wand entfernt, der dreiaxialen Zugfestigkeit von LAPLACE gleichzusetzen. Diese Energie je Volumeneinheit existiert auch für einen festen Körper. Sie ist gleich dem Wert $\overline{AO} = H_s$ auf der MOHRschen Hüllkurve, Abb. 4.9. Die Kapillaritätserscheinungen zeigen, daß diese potentielle Energie des festen Körpers an der Wand nicht plötzlich verschwindet. Sie nimmt mit dem Kehrwert des in die $\boldsymbol{b}$-te Potenz erhobenen Abstandes zur Grenzfläche ab ($\boldsymbol{b} = 7$ oder 8 nach verschiedenen Physikern), bewirkt eine Anziehungskraft auf einen an der Wand haftenden Wasserfilm und steht mit der gesamten oder auch nur einem Teil der dreiaxialen Zugfestigkeit H_w der Flüssigkeit im Gleichgewicht. Man stößt hier wieder auf den Begriff des adsorbierten und sogar steif-plastischen Wassers an der Außenfläche der Lamellenpakete, aus denen sich die Mikroaggregate zusammensetzen.

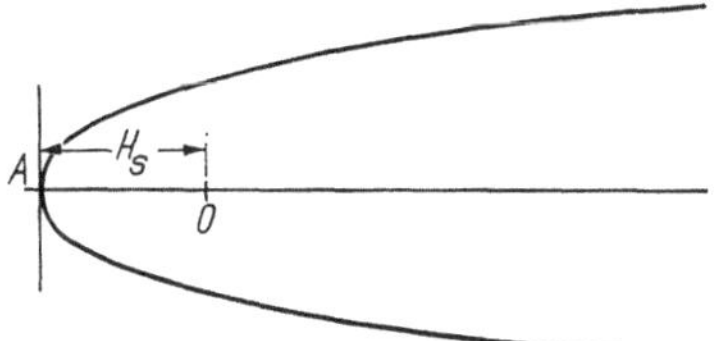

Abb. 4.9. MOHRsche Hüllkurve für einen Festkörper

Umgekehrt sind die Wände infolge $T_h = \frac{T}{2} \sin\alpha$ seitens der Flüssigkeit einer gleich großen und entgegengesetzt gerichteten Zugkraft unterworfen, die das Röhrchen zusammenziehen will, Abb. 4.8.

Der so betrachtete Mechanismus der Kapillarität erklärt die Kohäsion der Tone und die Schrumpferscheinungen beim Austrocknen: Der Ton bestehe nach dem Schema, Abb. 4.10, aus x parallelen Kapillarröhrchen je Längeneinheit vom Halbmesser 2 R. Wenn $\frac{H_w}{\boldsymbol{d}}$ (mit $\boldsymbol{d} > 1$) die Spannung ist, mit der der Wasserfilm zu beiden Seiten vom festen Körper und von der Flüssigkeit beansprucht wird, so beträgt nach einer klassischen Formel der Festigkeitslehre die Zugfestigkeit senkrecht zur Bildebene

$$H = x\,2R\,\frac{H_w}{\boldsymbol{d}}\,.$$

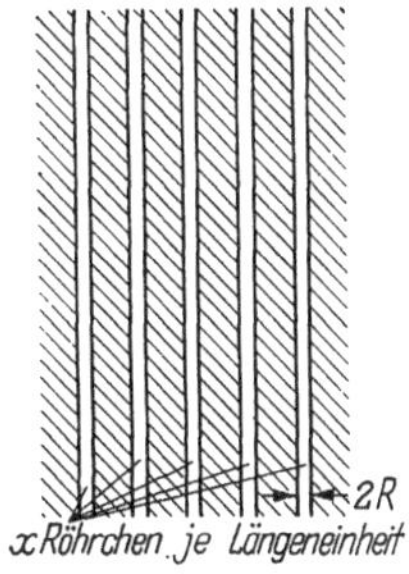

Abb. 4.10. Bodenmodell zur Erklärung der Kohäsion

Dieser Ausdruck läßt sich in der Form $n\frac{H_w}{\boldsymbol{d}}$ schreiben, da der Porenanteil n in der Schnittebene das Verhältnis aus dem nicht von den Körnern eingenommenen Volumen zum Gesamtvolumen angibt.

Für einen steifen Ton betrage die dreiaxiale Zugfestigkeit H rd. 1 kp/cm^2 und der Porenanteil n rd. 0,25.

Da H_w selbst von der Größenordnung 10^4 kp/cm^2 ist, muß $\boldsymbol{d}$ von der Größenordnung 2500 sein. Die dreiaxiale Zugfestigkeit H_w der Flüssigkeit ist also weit davon entfernt mobilisiert zu sein. Das gleiche gilt für die *dreiaxiale Zugfestigkeit* H_s der Festsubstanz. Mithin bedingt also die Zugspannung der Grenzfläche, d. h. der dem Betrag nach gleich große Wert der von der Festsubstanz und der Flüssigkeit auf den Wasserfilm ausgeübten Zugspannung, das Phänomen der Kapillarität.

Diese Darstellung der im Ton herrschenden Verhältnisse ist allerdings rein didaktisch. Die Wirklichkeit sieht ganz anders aus, der Mechanismus bleibt jedoch der gleiche: Die Körner sind durch kleine Zwischenräume voneinander getrennt, in denen die Flüssigkeit wegen der Anziehungskräfte in den Grenzflächen Kapillaritätserscheinungen hervorruft.

Für das Korngerüst eines Bodens läßt sich wie für jeden festen Körper eine MOHRsche Hüllkurve, Abb. 4.9, bestimmen. Ein Kennzeichen dieser Kurve ist die dreiaxiale Zugfestigkeit H_s, die — nach dem, was vorher gesagt wurde — der Ausdruck für die Festigkeit aller Kontaktstellen ist, die das Wasser zwischen den Mikroaggregaten bildet.

H ist also die energetische Ausdrucksform für die Kapillarität: Sobald dies erst einmal erkannt ist, werden alle mit der Kapillarität und der Kohäsion zusammenhängenden Probleme klarer. H variiert in sehr weiten Grenzen; deshalb ist es bequem, mit dem Logarithmus von H zu arbeiten. SCHOFIELD bezeichnete mit p_F (F von free energy) den Zehnerlogarithmus der in Zentimeter Wassersäule ausgedrückten Zugspannung, die dem kapillaren Anstieg entspricht. Diese Druckeinheit wird hier übernommen, gleichzeitig jedoch der Begriff H beibehalten, der den Kapillaritätserscheinungen und der dreiaxialen Zugfestigkeit gemeinsam ist: $p_F = \log H$, mit H in Zentimeter Wassersäule.

Der absolute Maximalwert von $\log H$ ist 7; dies entspricht dem H_w des Wassers, d. h. 10^4 kp/cm^2.

Nach JURIN ist $h_c = \frac{2\,T_v}{\gamma_w\,R}$. In dieser Formel seien T_v und γ_w durch ihre Werte im cgs-System ersetzt:

$$\log H = \log h_c = \log \frac{2 \cdot 76{,}4}{981\,R} = -0{,}81 + \log \frac{1}{R}\,.$$

Wenn $\log H = 7$ ist, muß

$$\log \frac{1}{R} = 7{,}81 \text{ sein, d. h.}$$

$$R = 10^{-7{,}81}\ \text{cm}.$$

R hat die gleiche Größenordnung wie die Abmessung eines Moleküls. Dieser Wert von $H = H_w$ entspricht einem völlig ausgetrocknetem Ton.

Nachdem so das Maximum von $\log H$ bestimmt ist, soll nun die Veränderung von H in Abhängigkeit vom Wassergehalt eines Bodens untersucht werden.

4.3.3 Vorrichtungen für das Messen von H (Kapillarimeter)

4.3.3.1 Messen von H in situ. H ist gleich der in Zentimeter Wassersäule ausgedrückten *kapillaren Saugspannung* eines Bodens in situ. Zum Messen von h_c in situ führt man eine Kapsel in den Boden ein, Abb. 4.11, die aus einem porösen Stoff besteht. Dieser läßt das Wasser durch, ohne aber die Luft durchzulassen und hält es ohne nennenswerten Energieaufwand zurück. Die mit Wasser gefüllte Kapsel steht mit einem Quecksilbermanometer in Verbindung.

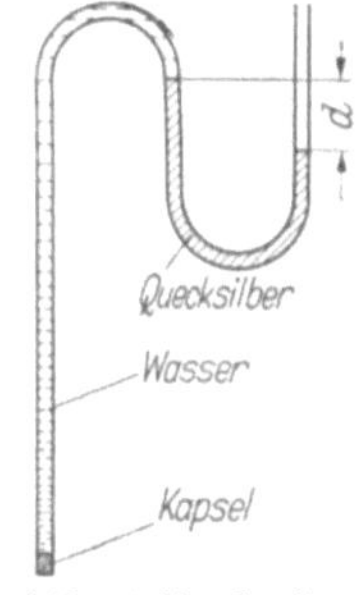

Abb. 4.11. In-situ-Kapillarimeter

H ist gleich 13,6 $(d - d_0)$, mit d als dem Unterschied der beiden Manometerarme in cm und d_0 als dem Anfangswert. Wenn der Boden austrocknet, wird H größer.

Für $\log H = 3$, d. h. 1000 cm Wassersäule kapillaren Anstieges, ist $d = 73{,}6$ cm. Das Messen der H-Werte bis zu 10000 cm Wassersäule, d. h. 100 m, die bei Böden in situ in sehr trockenen Sommern auftreten können, wird wegen der entstehenden Luft-Dichtungsprobleme und der Unhandlichkeit des Kapillarimeters ($d = 7{,}36$ m für $\log H = 4$) praktisch unmöglich.

4.3.3.2 Messungen im Laboratorium. Man kann also die $\log H$, w-Kurve in ihrer Gesamtheit nur in Verbindung mit Laboratoriumsversuchen aufzeichnen.

Für die üblichen H-Werte verwendet man Laboratoriums-Kapillarimeter. Die Bodenprobe wird dabei auf ein für Wasser, aber nicht für Luft durchlässiges Glas gelegt, Abb. 4.12. Nach Bestimmung des Anfangswertes d_0 am Manometer zum Ermitteln der Kapillarspannung, die von dem porösen Glas ohne Probe ausgeübt wird, mißt man auf die gleiche Weise wie in (4.3.3.1) die Höhenunterschiede d_1, d_2 usw. der beiden Arme des Quecksilbermanometers, die den in der Probe hervorgerufenen Wassergehalten w_1, w_2 usw. entsprechen.

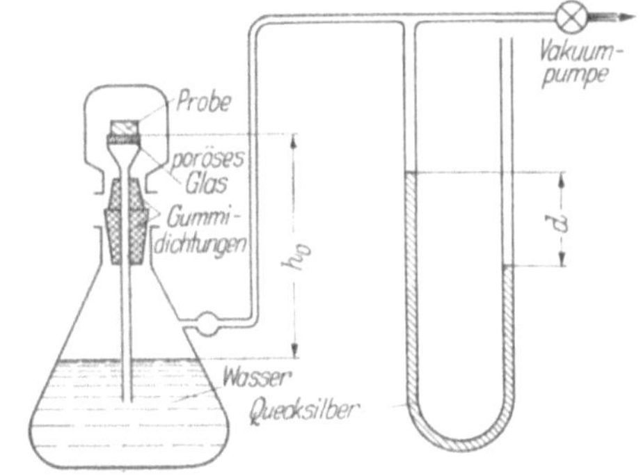

Abb. 4.12. Laboratoriums-Kapillarimeter

Oder man mißt umgekehrt die Wassergehalte, die sich im Gleichgewichtszustand in der Bodenprobe einstellen, nachdem Höhenunterschiede d_1, d_2 usw. in Zentimeter Quecksilbersäule hervorgerufen wurden.

Für $\log H$ zwischen 3 und 4,5 bedient man sich des Zentrifugalverfahrens [*4.8*]: Ein zylindrischer Behälter ist in seinem unteren Teil mit Wasser gefüllt, Abb. 4.13. In diesen Behälter wird nun ein poröser, wassergefüllter Zylinder gestellt, auf dem die mit einer porösen Platte an der Unterseite versehene Bodenprobe ruht. Das H der Probe wird gleich d sein (d in cm gemessen). Bringt man die Probe, statt sie dem Kraftfeld der Erdbeschleunigung zu unterwerfen, in ein Beschleunigungsfeld eg, das sich durch Drehen der Vorrichtung um eine durch den Fixpunkt 0 gehende Achse erzielen läßt, so wird d zu d', und die der Schwere entsprechende Saugspannung wird ed' betragen. So wird man für $e = 5000$ und $d' = 5$ cm $\log H = \log 25000$, d. h. 4,4, messen können.

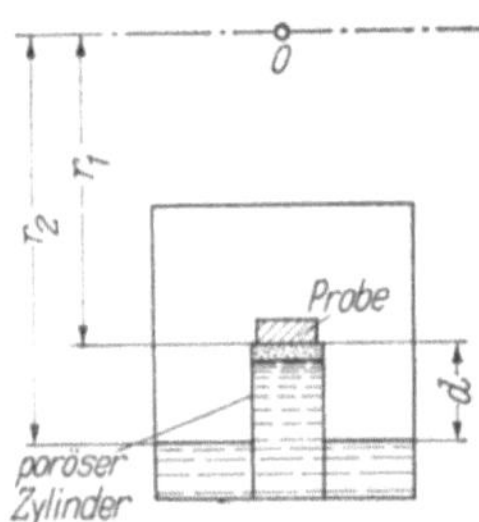

Abb. 4.13. Schema eines Zentrifugalgerätes zur Bestimmung der kapillaren Saugspannung. (Nach CRONEY, COLEMAN und BRIDGE [4.8])

Die mittlere Zentrifugalkraft, die auf die mit der Geschwindigkeit ω umlaufende Versuchsvorrichtung wirkt, ist im Verhältnis e größer als die Schwere, also

$$e = \frac{r_1 + r_2}{2} \frac{\omega^2}{g}.$$

Der Abstand zwischen der Probe und der Wasseroberfläche beträgt $r_2 - r_1 = d'$. Die auf die Probe ausgeübte Saugspannung ist also

$$(r_2 - r_1) \frac{r_2 + r_1}{2} \frac{\omega^2}{g};$$

hieraus folgt

$$\log H = \log \frac{r_2^2 - r_1^2}{2} \frac{\omega^2}{g}.$$

Wegen der praktischen Verwirklichung des Gerätes sei auf die Veröffentlichung des Road Research Laboratory London verwiesen [4.8].

Für Werte $\log H > 4{,}5$ verwendet man zur Bestimmung von H eine theoretische Beziehung zwischen der kapillaren Saugspannung und dem Dampfdruck des Wassers. Diese auf Lord KELVIN zurückgehende Beziehung läßt sich direkt herleiten. Eine Kapillarröhre im Boden habe die Höhe h_c oberhalb des Wasserspiegels. Die Grenzfläche Wasser—Luft hängt vom Dampfdruck des Wassers ab (dieser Dampfdruck ist im übrigen das Ergebnis eines Vorrückens durch die nicht vom Wasser eingenommenen Hohlräume).

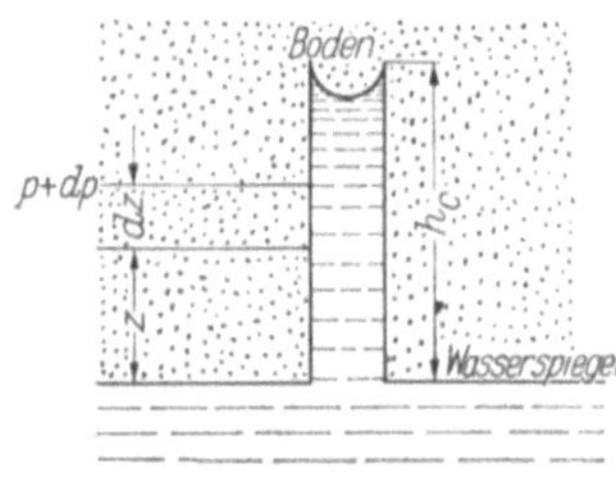

Abb. 4.14. Beziehung zwischen der kapillaren Steighöhe und dem Dampfdruck des Wassers

In einer Höhe z über dem Wasserspiegel beträgt der Dampfdruck p, in einer Höhe $z + dz$ beträgt er $p + dp$, Abb. 4.14.

Da der Wasserdampf zwischen diesen beiden Koten im Gleichgewicht mit der Schwerkraft ist, kann man schreiben:

$$g \varrho_D dz + dp = 0,$$

mit ϱ_D als der Dichte des Dampfes bei dieser Kote z und bei der betrachteten absoluten Temperatur Θ und mit g als Erdbeschleunigung. Daraus folgt:

$$\frac{dp}{dz} = -\varrho_D\, g\,.$$

Es sei vorausgesetzt, daß sich der Wasserdampf wie ein ideales Gas verhält; dann gilt:

$$p\,\frac{1}{\varrho_D} = \frac{R}{M}\,\Theta\,;$$

dies ist die Formel der idealen Gase für 1 g Wasserdampf. In der Formel bedeuten:

$\frac{1}{\varrho_D}$ Volumen je Masseneinheit,
$\frac{R}{M}$ universelle auf 1 g bezogene Gaskonstante,
M Molekulargewicht des Wasserdampfes.

Hieraus läßt sich ableiten:

$$\frac{dp}{dz} = -p\,\frac{M\,g}{R\,\Theta}\,,$$

$$\ln\frac{p'}{p} = -\frac{M\,g}{R\,\Theta}\,h_c\,;$$

in den Formeln bedeuten:

p Sättigungsdruck bei der Temperatur Θ, da für $z = 0$ Kontakt mit dem Wasserspiegel besteht,
p' Dampfdruck, der in der Höhe h_c über dem Wasserspiegel herrscht,
$\frac{p'}{p}$ relative Feuchtigkeit (in der Meteorologie gut bekannt), die man mit $h_r/100$ bezeichnet.

Daraus folgt schließlich:

$$h_c = -\frac{R\,\Theta}{M\,g}\ln\frac{h_r}{100}$$

oder auch:

$$h_c = -2{,}303\,\frac{R\,\Theta}{M\,g}\log\frac{h_r}{100}\,.$$

Man leitet daraus $\log H$ unmittelbar her:

$$\log H = \log\left[2{,}303\,\frac{R\,\Theta}{M\,g}\right] + \log\,(2 - \log h_r)\,.$$

Mit den Werten:

$$R = 8{,}315\cdot 10^7\ \text{erg Mol}^{-1}\ {}^\circ\text{K}^{-1},$$

$$M = 18{,}0\ \text{g Mol}^{-1},$$

$$\Theta = 293\ {}^\circ\text{K (d. h. } 20\ {}^\circ\text{C)}$$

ergibt sich die Beziehung:

$$\log H = 6{,}502 + \log(2 - \log h_r);$$

sie ist in Abb. 4.15 und Tab. 4.2. dargestellt.

Für $h_r = 100\%$ (gesättigte Atmosphäre) ist $H = 0$, für $h_r = 0$ (absolut trockene Atmosphäre) ist $H = \infty$.

Man ist jedoch durch die dreiaxiale Zugfestigkeit des Wassers beschränkt.

Nach Tab. 4.2 und Abb. 4.15 nimmt $\log H$ bis 5,16 sehr schnell zu, wenn die relative Feuchtigkeit von 100% auf 90% zurückgeht. Von 5,16 bis 6,83 wächst $\log H$ nur sehr langsam, entsprechend einer Abnahme der relativen Feuchtigkeit von 90% auf 1%.

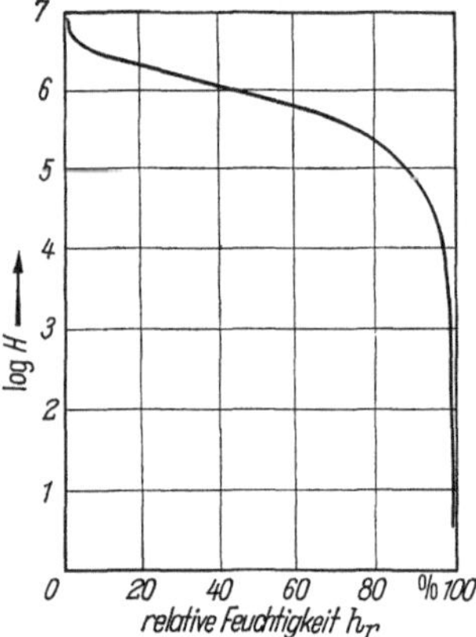

Abb. 4.15. Beziehung zwischen dem Logarithmus von H und der relativen Feuchtigkeit h_r

Es folgt hieraus, daß es zum Auffinden der Beziehung zwischen $\log H$ und dem Wassergehalt w der Probe für große Werte von $\log H$ genügt, die Probe in eine nicht gesättigte Atmosphäre zu bringen und den sich im Gleichgewicht einstellenden Wassergehalt zu messen: Die angeführte Beziehung liefert durch die Rechnung den Wert von $\log H$, der der relativen Feuchtigkeit beim Versuch entspricht.

Zur praktischen Ausführung dieser Untersuchung wird die Bodenprobe in eine im Inneren eines geschlossenen Glaskolbens befindliche Schale über eine Schwefelsäurelösung gebracht. Man kennt ein für allemal die Beziehung zwischen der relativen Feuchtigkeit der Atmosphäre, die sich bei Kontakt mit der Säurelösung progressiv einstellt, und der Konzentration der Säure. Nach Erreichen des Gleichgewichtszustands wird die Probe gewogen und in einen anderen Kolben gebracht, der eine Schwefelsäurelösung anderer Konzentration enthält, um so einen weiteren Punkt der $\log H$, w-Kurve zu erhalten.

Tabelle 4.2
Beziehung zwischen dem Logarithmus von H und der relativen Feuchtigkeit h_r

h_r %	100	90	50	10	1	0,1
$\log H$	$-\infty$	5,16	5,98	6,50	6,83	6,98

4.3.4 Ergebnisse

4.3.4.1 Allgemeiner Zusammenhang zwischen H und dem Wassergehalt. Für alle Böden ohne Ausnahme findet man, daß $\log H$ vom Sättigungswassergehalt bis zu dem im Trockenofen erhaltenen Wassergehalt $w \approx 0$, d. h. mit abnehmendem Wassergehalt, wächst. Jedoch unterscheiden sich die Kurven je nachdem, ob man die Versuche bei Sättigung oder bei Ofentrockenheit beginnt. Im letzteren Falle sind die H-Werte bei gleichen Wassergehalten kleiner: Bei der Wasseraufnahme liegt hinsichtlich der kapillaren Saugspannung eine Art Hysterese vor.

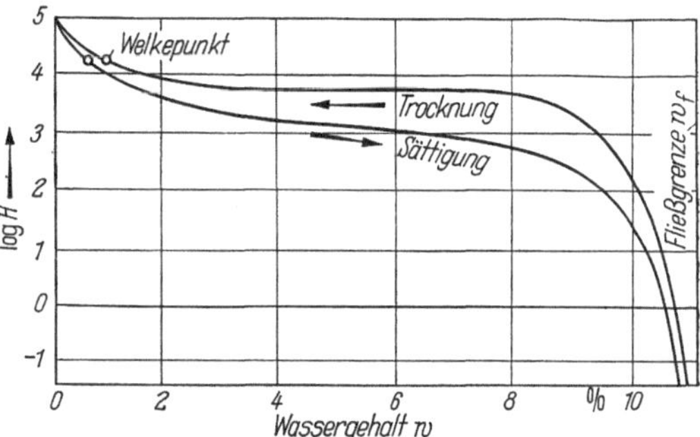

Abb. 4.16. Beziehung zwischen dem Logarithmus von H und dem Wassergehalt w für eine harte Kreide

Abb. 4.16 zeigt die $\log H$, w-Kurve für eine harte Kreide [4.8]. Bei Feinsand, Abb. 4.17, sind die Werte für $\log H$ – wie zu erwarten war – viel kleiner. Die Kurve ist im übrigen weniger geschweift als die Kurve, Abb. 4.16, und zeigt keine Hysterese.

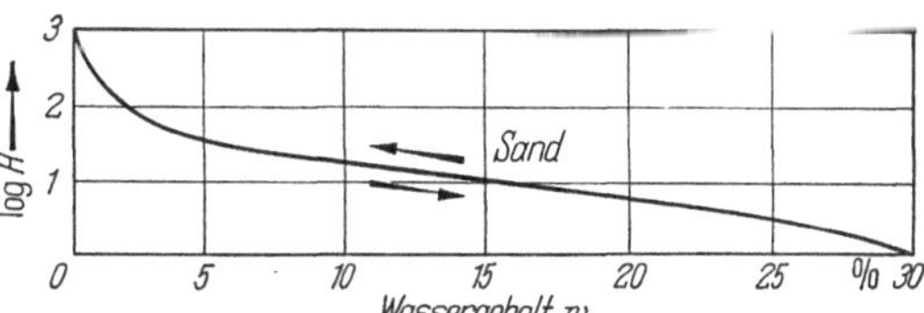

Abb. 4.17. Beziehung zwischen dem Logarithmus von H und dem Wassergehalt w in einem Feinsand

4.3.4.2 Bereich der kleinen H-Werte – H-Werte für eine gesättigte Bodenprobe. Für $H = 0$ ist $\log H$ negativ und unendlich. Anderseits hat aber ein Ton keine kapillare Saugspannung mehr, wenn der Wassergehalt gleich dem an der Fließgrenze ist. Dies bedeutet, daß die Gerade $w = w_f$ die Asymptote an die Kurve für $\log H$ in Abhängigkeit von w ist, Abb. 4.16. Diese Frage wird noch einmal bei der Bestimmung von H mit Hilfe des Ausdrucks $c_d/\tan \varrho_d$ behandelt (s. 11.11).

4.3.4.3 Welkepunkt. Wenn der Wassergehalt im Boden abnimmt, wird das zurückbleibende Wasser durch Zugkräfte an die festen Körner gebunden, die beachtlich groß werden können. Man nennt *Welkepunkt* den Grenzwassergehalt, unterhalb dessen die Pflanzen welken. Für einen gegebenen Boden ist der Welkepunkt für jede Pflanze angenähert konstant und liegt in der Größenordnung von $\log H = 4{,}2$, d. h. ein wenig mehr als 10 atm. Eine Zentrifugalpumpe, die Wasser aus dem Boden pumpt, setzt weit unterhalb des theoretischen, maximalen Saugvermögens von einer Atmosphäre aus. Man erkennt also, um wieviel mächtiger das Saugvermögen der Pflanzen ist.

4.3.4.4 Veränderung des Dampfdrucks in der gasförmigen Phase eines Bodens. Wenn H durch die vorstehenden Versuche in Abhängigkeit von w gemessen ist, kann man nach der obigen Formel die relative Feuchtigkeit der gasförmigen Phase im Boden in Abhängigkeit von w herleiten; es ergeben sich dann S-förmige Kurven, Abb. 4.18.

Von einem bestimmten Wassergehalt an, der für einen Ton höher als für einen Sand ist, wird also die relative Feuchtigkeit h_r praktisch 100%.

Wenn man dem Boden eine gesättigte Tonprobe entnimmt, so ist diese an ihrer Oberfläche sofort einer Kapillarspannung unterworfen. Da aber die Atmosphäre im allgemeinen nicht zu 100% gesättigt ist, entsteht durch Verdampfen Wasserverlust, Schrumpfung und Teilung der Probe in immer kleinere Elemente, die somit einer immer größeren Kapillarwirkung ausgesetzt sind.

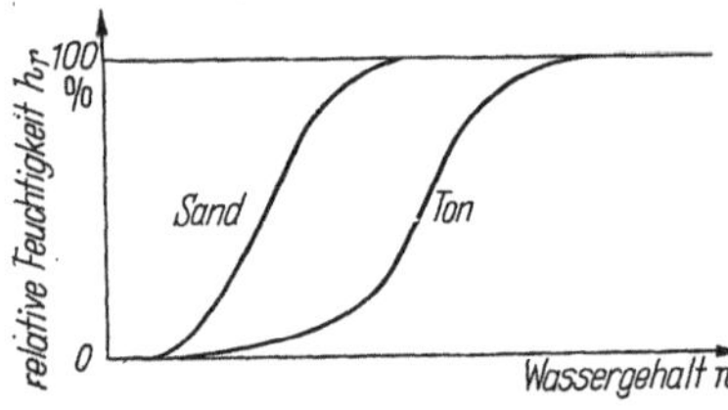

Abb. 4.18. Beziehung zwischen der relativen Feuchtigkeit h_r der Gasphase und dem Wassergehalt w eines Bodens

4.3.5 Verteilung des Wassers im Boden: Bodenfeuchteprofile. An der Oberfläche des Bodens und in der gesamten Zone innerhalb des Bodens, in der die Luft zirkulieren kann, stellt sich eine gasförmige Phase ein, deren relative Feuchtigkeit gleich der der äußeren Atmosphäre ist und die gemäß der Kurve, Abb. 4.18, den Wassergehalt in der Oberflächenschicht bestimmt. Wenn also die relative Feuchtigkeit der Atmosphäre abnimmt, folgt daraus eine Abnahme des Wassergehaltes der Oberflächenschicht des Bodens nur, sofern die Abnahme der relativen Feuchtigkeit der Atmosphäre genügend groß ist. In diesem Falle entsteht eine Strömung per ascensum aus dem Grundwasser, da H wächst, wenn w abnimmt. Die Kurve, die den Wassergehalt in Abhängigkeit von der Oberfläche aus gemessenen Tiefe darstellt, heißt *Bodenfeuchteprofil*.

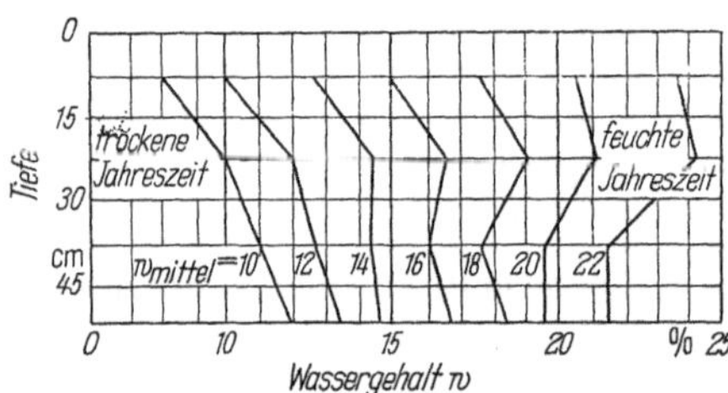

Abb. 4.19. Im Verlauf eines Jahres aufgenommene Bodenfeuchteprofile für einen Schluff nahe der Oberfläche. (Nach DEMOLON [*4.9*])

In Abb. 4.19 sind die Bodenfeuchteprofile für den Verlauf eines Jahres und für einen bestimmten Boden nahe der Oberfläche dargestellt [*4.9*]. An der Unterseite der Abbildung ist jeweils der mittlere Wassergehalt für ein zu einer bestimmten Zeit ermitteltes Bodenfeuchteprofil eingetragen. Zwischen der Oberflächenschicht und dem Wasserspiegel befindet sich der *Kapillarsaum* mit einer Strömung per ascensum, die sich in unserem Klima[1] praktisch

[1] Es sind in Paris sehr starke Sommerregen in der Größenordnung von 200 mm nötig, damit sich die Strömung per ascensum umkehrt.

von April bis Oktober einstellt und per descensum in der übrigen Zeit des Jahres, d. h. während der regnerischen Jahreszeit.

Ein Teil der atmosphärischen Niederschläge wird direkt oder durch die Pflanzen verdunstet, die nur einen Teil wieder zurückgeben und so die Rolle einer Sperre übernehmen. Ein anderer Teil fließt ab, ein weiterer schließlich kann unter der Wirkung der Schwerkraft und der Saugspannung in den Boden eindringen, wenn der Wassergehalt in der Tiefe klein ist. Das Strömen per descensum ist wichtig für den *Auswaschungsgrad*, ein in der Bodenkunde wesentlicher Begriff. Das Niederschlagsmittel an der Oberfläche der Kontinente beträgt 752 mm, der Mittelwert der Verdunstung 503 mm, d. h. etwa zwei Drittel des Niederschlagsmittels. In der Landwirtschaft versucht man, diesen Anteil zu vermindern und das Wasser zurückzuhalten. Dies gelingt hier entweder durch die Anlage einer Vegetationsschicht oder durch Anwenden des Dry-Farming-Verfahrens (Trockenfarmsystem). Dieses Verfahren, bei dem die Bodenoberfläche aufgelockert wird, kann den Feuchtigkeitsverlust im Verlauf der heißen Jahreszeit um 50 bis 60% reduzieren. Das Wasser wird wegen des größeren Durchlässigkeitskoeffizienten k der aufgelockerten Oberflächenschichten in der Tiefe gespeichert und so der Wirkung der Verdunstung entzogen.

Das Kalken der Böden führt zum gleichen Ziel, denn der Ton des Bodens wird durch Kationenaustausch zu einem Ca-Ton, der unter der Wirkung des Wassers – da er weniger hydratisiert als Na-Ton ist – weniger quillt und einen größeren Durchlässigkeitskoeffizienten hat.

4.3.6 Wirkung der Undurchlässigkeit des Bodens auf den Wassergehalt. Allein das Studium des Schaubildes, Abb. 4.20, das die jahreszeitlichen Schwankungen des Wassergehaltes in 15 cm Tiefe mitten unter einer undurchlässigen Deckschicht und am Rand dieser Schicht zeigt, beweist auf eindrucksvolle Weise den angenähert konstanten Verlauf des Wassergehaltes im ersten Falle und die außerordentlichen Schwankungen (je nach den Jahreszeiten) im zweiten Falle [*4.10*].

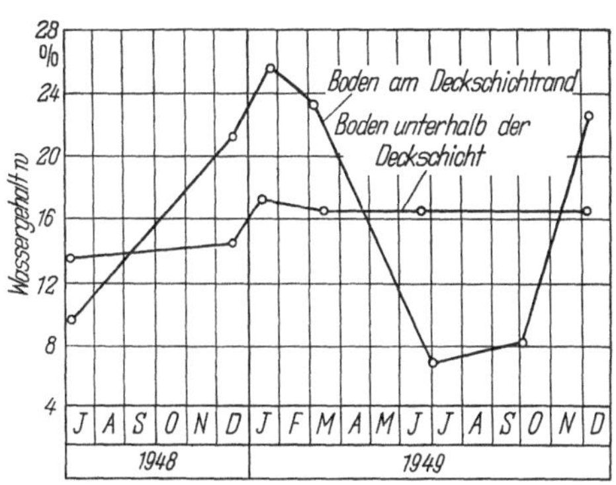

Abb. 4.20. Wassergehalt in einem Boden unterhalb einer undurchlässigen Deckschicht und an deren Rand in Abhängigkeit von der Jahreszeit

Diese Erscheinung erklärt sich hauptsächlich – wie bereits erwähnt – aus der Veränderung der relativen Feuchtigkeit der Atmosphäre, die den

Wassergehalt in den gegen Verdunstung nicht geschützten Oberflächenschichten des Bodens bestimmt.

Es muß jedoch besonders betont werden, daß diese Messungen in London vorgenommen wurden, wo das Klima sehr mild ist.

Bei kontinentalem Klima verändern die bedeutenden Wärmeströme, die die Deckschicht durchdringen können, die Einfachheit dieses Ergebnisses.

4.3.7 Ermittlung des Wassergehaltes unter einer undurchlässigen Deckschicht bei konstanter Temperatur. Erlaubt es die Kurve für $\log H$ in Abhängigkeit von w, den Wassergehalt, der unter einer undurchlässigen Deckschicht auftreten kann, vorauszubestimmen?

Es sei ein Boden betrachtet, auf dem eine Piste angelegt werden soll. Der gesamte Druck p, der in einem gegebenen Niveau von den Auflasten und dem Eigengewicht der Piste sowie der darunterliegenden Schichten eingeleitet wird, erzeugt im Wasser des Bodens einen Porenwasserdruck $\varphi\, p$; dabei bezeichnet man mit φ den Konsolidierungsgrad (s. 7.2.3). Im Augenblick der Einwirkung des Druckes p ist $\varphi = 1$ für die gesättigten Tone, da der gesamte Druck vom Wasser aufgenommen wird, das die Tonkörner umgibt; φ wird null für sehr durchlässige Böden und solche mit starrem Gefüge, wie die Kreiden; für andere Bodentypen nimmt φ Werte zwischen null und eins an.

Der Wasserspiegel liege in einer bekannten Tiefe h. In einer Tiefe $z < h$ unter der Bodenoberfläche beträgt der Porenwasserdruck $-(h - z)$. Er ist nach unten gerichtet und seinem absoluten Wert nach gleich $h - z$. Anderseits wirkt aber – wenn man zur Vereinfachung annimmt, daß alle Drücke auf demselben Niveau lotrecht und gleich groß sind – in derselben Tiefe z der lotrechte Druck $\varphi\, p$.

Die kapillare Saugspannung muß also gleich der Summe dieser beiden Ausdrücke sein:

$$H = \varphi\, p + (h - z)$$

Trägt man auf der Kurve für $\log H$ in Abhängigkeit von w die Werte $\log\,[\varphi\, p + (h - z)]$ ein, so lassen sich daraus die zu $\log H$ gehörenden Werte von w ablesen. Auf diese Weise findet man die Kurve a, Abb. 4.21, für die theoretische Verteilung des Wassergehaltes unter der anzulegenden Deckschicht. Wenn φ im Verlaufe der Zeit kleiner wird, nimmt w in einer gegebenen Tiefe zu; diese Zunahme ist mit der Tiefe immer weniger wahrnehmbar.

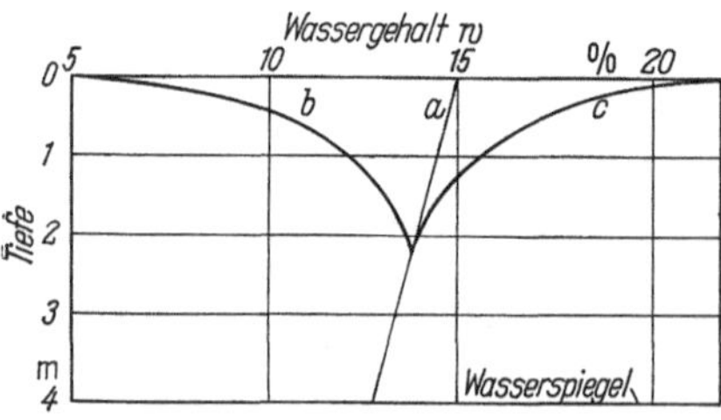

Abb. 4.21. Variationsmöglichkeiten des Bodenfeuchteprofils mit der Jahreszeit

Wenn der Boden an seiner Oberfläche keine undurchlässige

Schicht trägt, stellt man fest, daß dasselbe Profil *a* zwar von einer bestimmten Tiefe an gilt, daß jedoch das Bodenfeuchteprofil im Bereich der Oberfläche den Einfluß der Jahreszeiten erkennen läßt: in Zeiten großer Verdunstungen gilt Kurve *b*, in Zeiten starker Regenfälle und Frostes gilt Kurve *c*, Abb. 4.21.

Die Tiefe, in der sich diese drei Kurven *a*, *b* und *c* vereinen, hängt offensichtlich von der Natur des Bodens und auch von der Natur der Bodenoberfläche ab. Diese Tiefe ist für einen Boden, der mit einer Vegetationsschicht bedeckt ist, größer als für einen Boden ohne Vegetationsschicht, da diese Schicht im Sommer das von ihr benötigte Wasser aus großen Tiefen hochpumpt, und zwar mit einer kapillaren Saugspannung, die – wie erwähnt – 10^4 kp/cm^2 erreichen kann.

Die hier mitgeteilten Erscheinungen sind wesentlich, wenn man die Zerstörung von Bauwerken, die auf bestimmten rasch quellenden Tonen gegründet sind, im Falle einer Zunahme des Wassergehaltes erklären will.

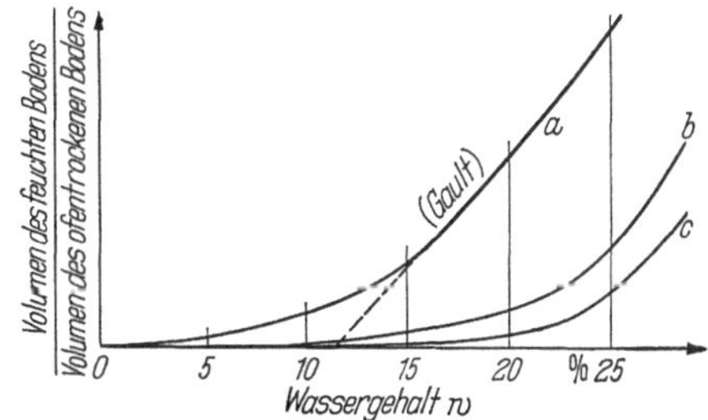

Abb. 4.22. Volumenvergrößerung von Böden in Abhängigkeit vom Wassergehalt

Für Gault (Ton) ist die Dilatation in Abhängigkeit vom Wassergehalt in *a*, Abb. 4.22, dargestellt. Sobald die Tone gesättigt sind, lassen die Dilatationskurven etwa die gleiche Volumenvergrößerung erkennen; der Gault jedoch wird bei einem gegenüber den anderen Tonen, *b* und *c* in Abb. 4.22, viel kleineren Wassergehalt ungesättigt.

Ein auf einem schweren Ton, wie z. B. dem Gault, gegründetes Bauwerk hebt sich im Winter und senkt sich im Sommer. Dieses Hoch und Nieder wäre für das Bauwerk ohne Gefahr, wenn die Verteilung des Wassergehaltes im Boden unter dem Bauwerk überall die gleiche wäre. Nun hat man aber an den Rändern des Bauwerks ein Bodenfeuchteprofil, das im Sommer zwischen den Kurven *a* und *b*, im Winter zwischen den Kurven *a* und *c* schwankt, Abb. 4.21. Die an sich schon gefährliche Situation im Winter (wenn die Wassergehalte im Bereich der geraden Äste der Abb. 4.22 liegen) verschärft sich noch im Sommer (wenn dies nicht mehr so ist). Im Sommer liegt das Haus auf seinem mittleren Teil auf und kragt mit den Ecken aus; deshalb beobachtet man häufig Risse in den Ecken von Häusern, die nicht als Skelettbauten erstellt, nicht genügend verankert und ebenerdig auf Tonen dieser Art gegründet sind.

Um solche Risse zu vermeiden, ist es angebracht, tiefer zu gründen, die Bodenpressungen zu erhöhen und das Bauwerk als Skelett auszubilden.

4.3.8 Kapillarität und Durchlässigkeit. Die Größen k und H variieren in entgegengesetztem Sinn: die feinsten Böden haben ein sehr kleines k und ein sehr großes H und umgekehrt.

H charakterisiert jedoch – wie gezeigt – einen Boden nur dann, wenn der dazu gehörende Wassergehalt angegeben ist.

Das DARCYsche Gesetz kann nur auf gesättigte Böden angewendet werden. Es ist einleuchtend, daß die Ausbreitung des Wassers in ausgetrockneten Tonen, die in Berührung mit Wasser kommen, unter der Wirkung von H nicht dem DARCYschen Gesetz gehorcht: Das vom Ton adsorbierte Wasser weitet zunächst die Kapillarröhrchen, ohne sich fortzubewegen; dies erklärt das sehr langsame Feuchtwerden der Böden zu Beginn eines Regens. Es wäre also nicht exakt, das Gesetz von DARCY auf die kapillaren Bewegungen anzuwenden.

Da die Kapillarität und Durchlässigkeit in entgegengesetztem Sinne variieren, untersuchten verschiedene Physiker die Veränderung ihres Produktes, z. B. SLICHTER [*4.11*], und SAVOYA [*4.12*]. Die obigen Betrachtungen zeigen, daß die Untersuchung nur einen Sinn für die gesättigten Tone hat; dies schränkt den Bereich der Veränderlichkeit von H beachtlich ein.

4.3.9 Geschwindigkeit des kapillaren Anstiegs. Man kann im Laboratorium die Steiggeschwindigkeit des Wassers in einer gesättigten oder ungesättigten Bodenprobe untersuchen, deren Basis in Kontakt mit dem Wasser ist. Wird in regelmäßigen Abständen das Gewicht des absorbierten Wassers gemessen, so läßt sich die Kurve der Wasserabsorption der Probe in Abhängigkeit von der Zeit aufzeichnen.

Die Building Research Station [*4.13*] zeigte, daß die Steiggeschwindigkeit für Steine proportional der Quadratwurzel der Zeit ist. KOZENY [*4.14*] und PELTIER [*4.15*] kamen bei Böden zum gleichen Ergebnis.

Diese Erscheinung hängt von dem Produkt aus einer bestimmten *Durchlässigkeit gegenüber dem kapillaren Anstieg* und einer bestimmten mittleren kapillaren Saugspannung ab. Es handelt sich um eine *mittlere* Saugspannung, da sich die Saugspannung in jedem Niveau mit dem Wassergehalt ändert, der weit davon entfernt ist, über die gesamte Höhe der Probe gleichförmig zu sein.

4.4 Wärmeerscheinungen in den Böden

4.4.1 Sinken der Temperatur: Bodenfrost. Im mittleren Bereich einer durch eine Deckschicht abgeschlossenen Zone ist der obere Teil eines Bodenfeuchteprofils, Abb. 4.21, nur veränderlich, wenn der zum Durchdringen der Deckschicht zugelassene Wärmefluß die unterhalb dieser vorhandene Temperatur entscheidend verändert.

Aus der oben aufgestellten Formel (s. 4.3.3.2)

$$H = -\frac{R\Theta}{Mg} \ln \frac{p'}{p}$$

folgt, daß H abnimmt, wenn die Temperatur abnimmt; die Abnahme ist jedoch in dem Bereich, der den Bodenmechaniker interessiert, geringfügig. Der Druck p nimmt sehr schnell ab. Da aber p' nicht größer als p werden kann, ist es schwierig, die Entwicklung des Verhältnisses p'/p und infolgedessen des Produktes $\Theta \ln (p'/p)$ vorauszusehen.

Wenn die Außentemperatur im Verlaufe einer hinreichend langen Zeit unter null fällt, friert der Boden. Physiker, Agronomen, Pedologen, Hydrologen und Ingenieure untersuchten dieses Problem des Bodenfrostes eingehend. Sehr viele Theorien wurden aufgestellt, von denen sich die meisten als unzulänglich erwiesen. Man findet eine Zusammenstellung der verschiedenen Beobachtungen und Theorien über den Bodenfrost in einem Sonderbericht des Highway Research Board [*4.16*]. In einigen Beobachtungen besteht jedoch Übereinstimmung der Forscher.

– Die *Frosttiefe* nimmt mit der Anzahl der *Frosttage* zu; außerdem sind die von den Kurven, s. Abb. 4.24, – die den Zusammenhang zwischen der Zeit und der Frosttiefe sowie den maximalen und minimalen Temperaturen wiedergeben – umschriebenen Flächen in der Form identisch.

In diesem Zusammenhang sei auf die Karte der *Gradtage* (Produkt aus Frostdauer und mittlerer Tagestemperatur) für die verschiedenen Regionen des französischen Mutterlandes verwiesen, die vom Centre Scientifique et Technique du Bâtiment herausgegeben wurde [*4.17*].

– Die Kornabstufung (Grading) ist kein absolutes *Frostkriterium*. Selbst kiesige Böden können frieren, wenn sie z. B. infolge starker Regenfälle vor dem durch einen intensiven Kältefluß gekennzeichneten Frost Wasser im Überschuß führen. Hierdurch erklären sich die durch Tauwetter im Laufe der Jahre hervorgerufenen großen Schäden, wenn die beiden Erscheinungen schnell aufeinander folgen.

Casagrande gab dennoch zwei Bedingungen für die *Frostsicherheit* an, die in den USA allgemein anerkannt sind. Er teilt die Böden in zwei Gruppen ein je nachdem, ob ihre Hazensche Zahl (Ungleichförmigkeitsgrad) größer oder kleiner als fünf ist:

Wenn $\frac{d_{60}}{d_{10}} > 5$ ist (ungleichförmiger Boden), müssen weniger als 3% der Teilchen kleiner als 20 μm sein, damit der Boden nicht friert. Wenn $\frac{d_{60}}{d_{10}} < 5$ ist (gleichförmiger Boden), müssen weniger als 10% der Teilchen kleiner als 20 μm sein.

Es handelt sich hier um empirische Regeln, die für ein bestimmtes Klima und bestimmte Länder zweifellos gültig sind, deren Übertragung an einen anderen Ort aber einiger Nachprüfungen bedarf.

— Die *Frosthebung* der Böden beim Frieren ist gleichfalls kein absolutes Kriterium. Viele Ingenieure untersuchten im Laboratorium Frostkriterien, die auf der Frosthebung des Bodens aufgebaut sind: Sie beobachteten die Volumenvergrößerung von Bodenproben, die an einem Ende gefroren waren, und sie bezeichnen die Böden als *frostempfindlich*, deren Hebung eine bestimmte Grenze überschreitet. Es ist schwierig bei solchen Versuchen, die echten Frostbedingungen in situ und besonders die Intensität des Wärmeflusses während des Frostes und des Auftauens zu reproduzieren. Außerdem verlieren manche Tone — bei gleicher Frosthebung — jegliches Tragvermögen und andere überhaupt nicht.

Das größte Problem scheint darin zu bestehen, den wirklichen Mechanismus des Phänomens: Bewegung des Wassers in einem ungesättigten Boden unter der Wirkung eines Temperaturgefälles zu kennen. Die Aufklärung dieses Problems steht noch am Anfang, wie gezeigt werden soll.

4.4.2 Mechanismus der Wasserbewegung in ungesättigten Böden unter der Einwirkung eines Temperaturgefälles. Habib und Soeiro [*4.18*] führten im Laboratoire du Bâtiment et des Travaux Publics in Paris folgenden Versuch durch: Zylindrische Proben (Länge 11 cm, Querschnitt 25 cm²) aus Orly-Schluff ($w_f = 34\%$, $w_a = 19\%$) wurden bis zu einer partiellen Sättigung — bei gleichmäßiger Verteilung des Wassergehaltes — verdichtet, Abb. 4.23.

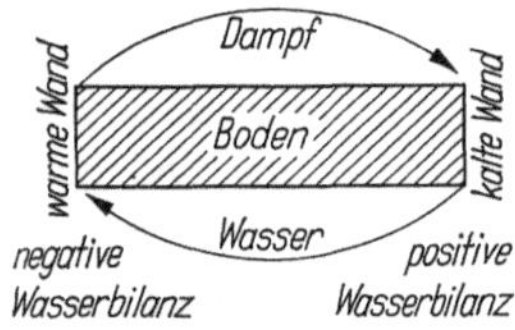

Abb. 4.23. Mechanismus des Wassertransportes in einer ungesättigten Bodenprobe unter dem Einfluß eines Temperaturgefälles

Das Wasser enthielt eine Kaliumjodidlösung mit radioaktivem Jod, so daß jede Probe konstant radioaktiv war. Diese Proben unterwarf man einem Temperaturgefälle. Nach acht Tagen wurden die Verteilungen der Wassergehalte und der Radioaktivität gemessen. Man stellte fest, daß der Wassergehalt auf der kalten Seite und die Radioaktivität auf der warmen Seite zugenommen hatte. Das erste Ergebnis ist bekannt, das zweite jedoch ist neu. Da Kaliumjodid nicht flüchtig ist, folgt daraus, daß die Wasserkonzentration auf der kalten Seite von einem Transport dampfförmigen Wassers mit Kondensation auf der kalten Seite und einem Transport flüssigen Wassers kleinerer Menge von der kalten zur warmen Seite herrührte; dieser Transport führte das Jodid mit und erklärt die Erhöhung der Radioaktivität auf der warmen Seite.

Dieser Mechanismus, der durch die Versuche von Rengmark [*4.19*] bestätigt zu sein scheint, liefert eine gute Erklärung für die Nebelbildung zu Beginn des Winters, die vor Frostbeginn, wenn die Erde sich abzukühlen beginnt, zu beobachten ist.

Wenn auch der Mechanismus des Wassertransportes zur kalten Wandseite hin als gasförmige oder flüssige Phase noch für viele Forscher ein Diskussionsthema bleibt, so gilt doch die Zunahme des flüssigen Wassers an der kalten Wandseite als gesichert.

Der Mechanismus erklärt auch die Bildung von Sedimentböden aus Felsgestein infolge Frost. Das hinter die äußere Schicht des Gesteins gelangte Wasser nimmt beim Frieren an Volumen zu und sprengt diese Schicht ab.

In den USA anläßlich von Flugplatzbauten bei Frost ausgeführte Versuche bestätigen diesen Wasserfluß nach der kalten Zone. Man versenkte Platten in verschiedenen Höhen waagrecht im Boden. Die Platten waren mit Stangen versehen, die sich in lotrechten Rohren bewegten, um so die Höhenänderung jeder dieser Platten beobachten zu können. Die Versuche ergaben, daß die Platte in Tiefen, in denen der Boden nicht mehr gefroren ist, sinken und daß sie im anderen Falle steigen. Dies bedeutet, daß das Wasser die tiefen Schichten verläßt, um zu den Eislinsen in den höher gelegenen gefrorenen Schichten zu gelangen.

4.4.3 Ausbreitung thermischer Wellen. Der Boden erwärmt sich unter der Einwirkung der Sonnenstrahlen. Die Sonne ist die wichtigste Wärmequelle für den Boden. Das Wasser kann dem Boden jedoch auch aufgrund seiner hohen spezifischen Wärme eine nicht vernachlässigbare Wärmemenge zuführen, und zwar entweder durch Regen (Frühlingsregen) oder durch Kondensation (Tau); außerdem verläuft die Verbrennung organischer Stoffe im Boden exotherm.

Der Boden kühlt sich ab, sobald die Gesamtheit dieser Wärmezugänge nicht den durch Strahlung erlittenen Verlust kompensiert. Die *spezifische Wärme*, d. h. die Wärmemenge, die nötig ist, um die Masseneinheit um ein Grad zu erwärmen, der wichtigsten Bestandteile des Bodens sind in Tab. 4.3 angegeben.

Tabelle 4.3. *Spezifische Wärme einiger Stoffe*

Stoff	spez. Wärme $\frac{\text{cal}}{\text{grad} \cdot \text{g}}$
Wasser	1,00
Sand	0,19
Ton	0,23
Kalk	0,21
Humus	0,47

Nach Tab. 4.3 ist also die spezifische Wärme der verschiedenen mineralischen Bestandteile des Bodens ungefähr fünfmal kleiner als die des Wassers. Die Böden können mithin aufgrund ihres Wassergehaltes und nicht wegen ihrer unterschiedlichen Zusammensetzung Wärme speichern.

Die Wärmeausbreitung im Boden genügt der FOURIERschen Gleichung:

$$\lambda_w \frac{\partial^2 \vartheta}{\partial z^2} = c_w \frac{\partial \vartheta}{\partial t};$$

in der Gleichung bedeuten:

ϑ Temperatur in der Tiefe z und zur Zeit t,

λ_w Wärmeleitfähigkeit[1],
c_w spezifische Wärme.

Die Wärmeleitfähigkeit der Luft ist ungefähr 25 mal kleiner als die des Wassers, und diese ist wiederum erheblich kleiner als die der Mineralbestandteile in Form kompakten Gesteins (Luft: $\lambda_w = 5{,}6 \cdot 10^{-5}$ cal grd^{-1} cm^{-1} s^{-1}, Wasser: $\lambda_w = 140 \cdot 10^{-5}$ cal grd^{-1} cm^{-1} s^{-1}, Quarz: $\lambda_w = 1600 \cdot 10^{-5}$ cal grd^{-1} cm^{-1} s^{-1}). Die Wärmeübertragung vollzieht sich im Boden also hauptsächlich durch die festen Bestandteile, weniger durch das Wasser und praktisch überhaupt nicht durch die Luft.

An dieser Stelle seien die Gesetze der Wärmeausbreitung wiederholt, die sich aus der FOURIERschen Gleichung und den Temperaturbedingungen an der Oberfläche ergeben.

Die Temperatur des Bodens an seiner Oberfläche schwankt täglich, und zwar hat sie ein Minimum bei Sonnenaufgang und ein Maximum gegen 13 Uhr. Nach der Tiefe zu sind die Zeiten der Maxima und Minima gegenüber der Oberfläche mehr und mehr verschoben. Anderseits läßt die Kurve der mittleren Tagestemperatur für den Verlauf eines ganzen Jahres eine jährliche Schwankung erkennen; sie hat für Paris ein Maximum Ende Juli und ein Minimum Ende Januar.

Die Ausbreitung der Wärmewellen im Boden gehorcht den folgenden drei Gesetzen:

– Die Differenz zwischen Maximal- und Minimaltemperatur nimmt nach einer geometrischen Reihe ab, wenn die Tiefe mit einer arithmetischen Reihe wächst. Beträgt die tägliche Schwankung der Temperatur z. B. in 0,10 m Tiefe 25 grd, so wird sie in 0,50 m Tiefe 25 grd/25 = 1 grd betragen.

– Die Phasenverschiebung der Maxima und Minima der Temperatur ist mit der Tiefe angenähert proportional. In Paris-Montsouris beträgt die Verspätung in 0,30 m Tiefe 11 h und in 0,60 m 23 h. Diese Ergebnisse schwanken mit λ_w und haben mithin nur dann einen absoluten Wert, wenn λ_w auf der gesamten Höhe konstant ist.

– Die in unterschiedlich langen Zeitabschnitten gemessenen Differenzen zwischen Maximal- und Minimaltemperaturen an der Erdoberfläche reduzieren sich im gleichen Verhältnis für Tiefen, die proportional der Quadratwurzel der Zeitabschnitte sind.

Wenn also die tägliche Schwankung in einer Tiefe von 0,10 m auf die Hälfte zurückgeht, so reduziert sich die jährliche Schwankung in einer Tiefe von $0{,}10 \cdot \sqrt{365}$ m = 1,91 m auf die Hälfte. Es folgt hieraus, daß die kurzfristigen Schwankungen schnell gedämpft werden, während die lange an-

[1] Die Wärmemenge, die die Flächeneinheit in der Zeiteinheit durchdringt, beträgt: $Q = -\lambda_w \frac{\partial \vartheta}{\partial z}$, mit $\frac{\partial \vartheta}{\partial z}$ als Temperaturgefälle; dies ist die Definition von λ_w.

dauernden Schwankungen sich tief nach unten fortpflanzen; dies erklärt den Einfluß der Summe der Gradtage auf den Frost.

In einer bestimmten Tiefe, die in unseren Breiten in etwa 20 bis 25 m liegt, gibt es weder eine tägliche noch eine jährliche Schwankung; unterhalb dieser Tiefe nimmt die Temperatur je 33 m um 1 grd zu: dies ist die geothermische Tiefenstufe.

In Abb. 4.24 wurde der Bodenfrost im Verlaufe von zwei strengen Wintern in Versailles dargestellt (nach H. GESLIN). Man stellte fest, daß im Februar 1941 der Schnee ein Frieren des Bodens verhinderte. Der Schnee bildet einen sehr wirkungsvollen Schleier gegen eine Abkühlung: GESLIN [*4.20*] gibt an, daß die Dicke der gefrorenen Bodenschicht nach einer geometrischen Reihe abnimmt, wenn die Dicke der Schneeschicht nach einer arithmetischen Reihe zunimmt. Abb. 4.24 zeigt auch, daß der Pflanzenwuchs ein wirksamer Schutz gegen die Frostausbreitung nach der Tiefe ist.

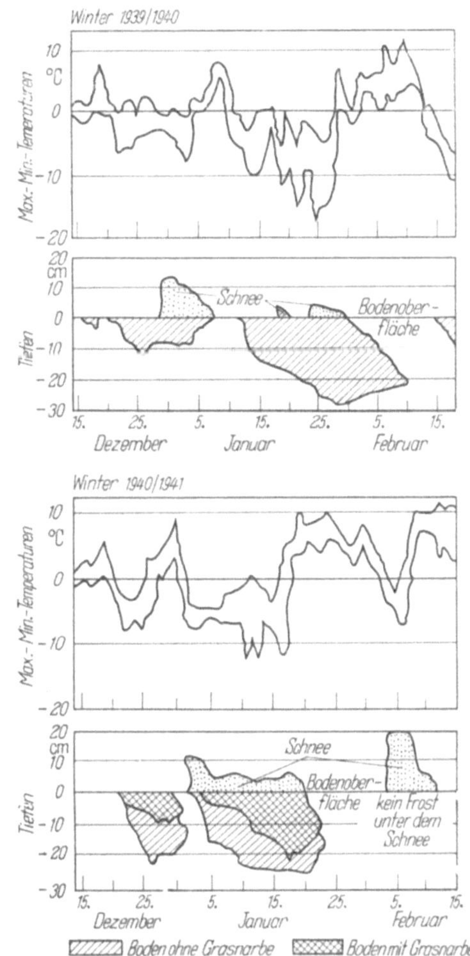

Abb. 4.24. Frosttiefen und Extremaltemperaturen während der Winter 1939/40 und 1940/41. (Nach GESLIN [*4.20*])

4.5 Elektrische Erscheinungen in Böden

4.5.1 Fortpflanzung der Elektrizität im Boden. Der *spezifische elektrische Widerstand* ϱ_e eines Bodens wird als der elektrische Widerstand eines geraden, kreisförmigen Bodenzylinders definiert. Man bezieht sich im allgemeinen auf einen Zylinder mit einem Querschnitt von 1 m² und einer Länge von 1 m.

Der spezifische Widerstand streut für einen Boden bestimmter Beschaffenheit verhältnismäßig wenig; anderseits ergeben sich von Boden zu Boden sehr unterschiedliche Werte; daher ist es wichtig, den spezifischen Widerstand zu messen.

Bei Eruptivgesteinen erreichen die spezifischen Widerstände Werte bis zu 30000 Ωm. Auf der anderen Seite findet man Böden, wie die an K^+-, Na^+- und Ca^{++}-Ionen reichen Schlamme, deren spezifischer Widerstand zwischen 0,5 und 10 Ωm liegt.

Die Schiefer ergeben Werte von 300 Ωm (für die härtesten Schiefer des Präkambriums) bis zu 50 Ωm (für die weichsten Schiefer). Die Granite nehmen die sehr große Spanne zwischen 1000 und 15000 Ωm ein, da ihr spezifischer Widerstand von der Verwitterung abhängt. Die Tone zeigen Werte zwischen 50 und 100 Ωm.

Der Bereich des spezifischen Widerstands für Sandsteine erstreckt sich von 10000 bis 60 Ωm. Die Sande haben veränderliche spezifische Widerstände je nach der Natur der enthaltenen Flüssigkeit. Bei gleichem verwittertem sandsteinhaltigem Muttergestein haben sandige Formationen jedoch spezifische Widerstände, die weit größer als die der Tone sind.

4.5.2 Gründe für die Leitfähigkeit der Böden. Zwei Fälle sind zu unterscheiden: die metallische Leitfähigkeit, die von der Anwesenheit metallführender Lager herrührt und die elektrolytische Leitfähigkeit, die von einem Ionentransport begleitet ist. Im folgenden soll nur das letzte Phänomen behandelt werden.

Da die meisten Gesteine im trockenen Zustand beachtliche spezifische elektrische Widerstände haben, bewirkt offenbar das mehr oder weniger ionisierte Wasser die Leitfähigkeit der Böden. Man weiß in der Tat, daß das Wasser, dessen spezifischer Widerstand in reinem Zustand in der Größenordnung von 50 bis 70 Ωm liegt, sich um so weniger dem Durchgang des elektrischen Stromes widersetzt, je mehr es mit K^+-, Na^+-, Ca^{++}-Ionen usw. angereichert ist. Man erkennt also, daß die wichtigen Faktoren für die Leitfähigkeit der Böden der Wassergehalt, der Gehalt des Wassers an metallischen Kationen und das Kationenaustauschvermögen sind.

4.5.3 Messung des spezifischen Widerstands in situ. Zur Messung des spezifischen Widerstands ϱ_e eines homogenen, isotropen Bodens leitet man in einem Punkte A der Bodenoberfläche einen Strom I mit Hilfe einer Punktelektrode ein.

Der Strom wird auf geradlinigen, von A ausgehenden Strahlen fließen. Die durch abnehmende Potentialdifferenzen gekennzeichneten Äquipotentialflächen sind also Kugeln mit dem Mittelpunkt in A und mit zunehmendem Halbmesser.

Zwischen den Kugeln mit den Halbmessern r und $r + dr$ besteht eine Potentialdifferenz dV, die nach dem OHMschen Gesetz proportional der Länge dr der Strombahn und umgekehrt proportional dem Abstand von der Oberfläche des als Leiter wirkenden Bodens ist, der von diesem

Strom durchflossen wird, Abb. 4.25, d. h.

$$dV = -\frac{\varrho_e\, dr}{2\pi r^2} I,$$

$$V = \frac{\varrho_e I}{2\pi r}.$$

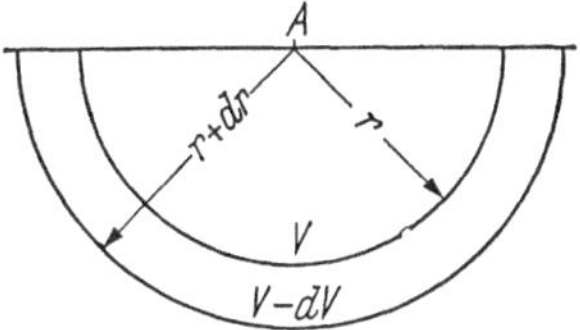

Abb. 4.25. Kugelförmige Fortpflanzung des Stromes in einem den Halbraum erfüllenden Boden

Damit ergeben sich die folgenden beiden Formeln, die man zur Messung von ϱ_e anwenden kann:

$$\varrho_e = -\frac{dV}{I}\frac{2\pi r^2}{dr},$$

$$\varrho_e = -\frac{V}{I} 2\pi r.$$

In der Praxis arbeitet man mit einem Vierpol.

Man stellt mit zwei Pfosten A und B, die in den Boden geschlagen werden, einen Stromkreis mit der Stromstärke I durch die Erde her und mißt die Potentialdifferenz zwischen zwei, zwischen A und B gelegenen Punkten C und D, Abb. 4.26.

Nach einer der vorstehenden Formeln ergibt sich dann:

$$V_A - V_C = \frac{\varrho_e I}{2\pi}\frac{1}{\overline{AC}},$$

$$V_C - V_B = \frac{\varrho_e I}{2\pi}\frac{1}{\overline{BC}};$$

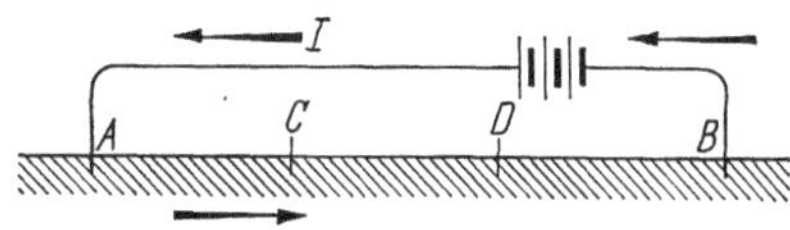

Abb. 4.26. Schema eines Vierpols

hieraus folgt das Potential in C durch Differenzbildung und unter der Annahme $V_A = V_B$:

$$V_C = \frac{\varrho_e I}{2\pi}\left(\frac{1}{\overline{AC}} - \frac{1}{\overline{BC}}\right).$$

Ebenso erhält man das Potential in D:

$$V_D = \frac{\varrho_e I}{2\pi}\left(\frac{1}{\overline{AD}} - \frac{1}{\overline{BD}}\right).$$

Daraus wird:

$$V_C - V_D = \frac{\varrho_e I}{2\pi}\left(\frac{1}{\overline{AC}} + \frac{1}{\overline{BD}} - \frac{1}{\overline{AD}} - \frac{1}{\overline{BC}}\right);$$

dies kann man schreiben:

$$\varrho_e = l\,\frac{V_C - V_D}{I},$$

mit

$$l = \frac{2\pi}{\frac{1}{\overline{AC}} + \frac{1}{\overline{BD}} - \frac{1}{\overline{AD}} - \frac{1}{\overline{BC}}}.$$

I und l sind bekannt; man bestimmt $V_C - V_D$ und erhält damit ϱ_e.

Es seien zwei übereinander liegende Schichten mit den spezifischen Widerständen $\varrho_{e,1}$ und $\varrho_{e,2}$ untersucht. Der Vierpol wird an der freien Oberfläche der Schicht mit dem spezifischen Widerstand $\varrho_{e,1}$ angebracht. Er habe die Länge $\overline{AB}$, die im Vergleich zur Dicke h der Schicht mit dem spezifischen Widerstand $\varrho_{e,1}$ klein sei, Abb. 4.27. Die meisten Stromlinien werden durch die obere Schicht hindurchgehen. Die Formel

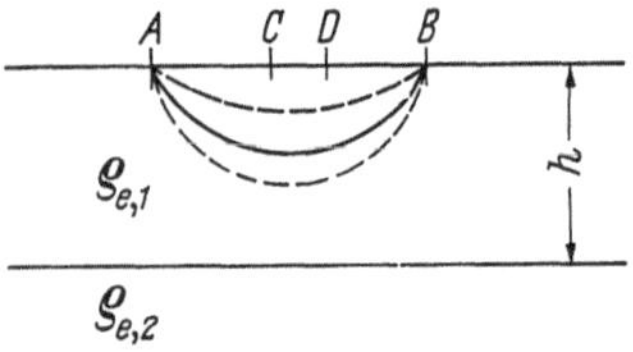

$$\varrho_e = l\,\frac{V_C - V_D}{I}$$

wird einen Wert liefern, der $\varrho_{e,1}$ sehr nahe liegt.

Abb. 4.27. Messung des spezifischen elektrischen Widerstandes in einer Doppelschicht

Wählt man einen sehr großen Vierpol, so mißt dieser hingegen einen sehr dicht bei $\varrho_{e,2}$ liegenden Wert. Die Kurve für $\varrho_e/\varrho_{e,1}$ in Abhängigkeit von $\overline{AB}/h$ heißt ein *elektrisches Sondierungsdiagramm*, Abb. 4.28.

Wenn man im Falle der beiden übereinanderliegenden Schichten mit den spezifischen Widerständen $\varrho_{e,1}$ und $\varrho_{e,2}$ über eine mechanische Sondierung verfügt, die h und $\varrho_{e,1}$ liefert, kann in der Umgebung dieser Sondierung die vorhergenannte charakteristische Kurve durch Variieren von $\overline{AB}$ bestimmt werden. Infolgedessen lassen sich umgekehrt die Dicken der Schicht mit dem spezifischen Widerstand $\varrho_{e,1}$ bestimmen, wenn man auf dieser Kurve die Werte $\varrho_e/\varrho_{e,1}$ abträgt, die nach Ermittlung der Differenz $V_C - V_D$ berechnet wurden, Abb. 4.28.

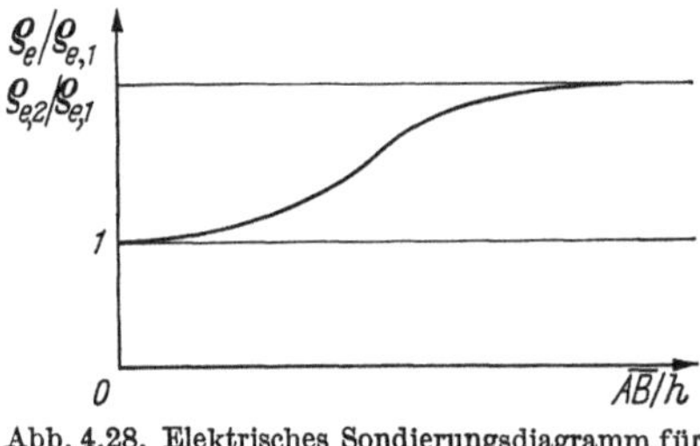

Abb. 4.28. Elektrisches Sondierungsdiagramm für eine Doppelschicht

Die mechanische Sondierung ist übrigens nicht ganz und gar unerläßlich. STEFANESCO und SCHLUMBERGER [*4.21*] konnten nämlich das Potential an der Oberfläche eines Bodens in Form eines bestimmten Integrals für den Fall übereinander liegender Schichten von gegebener Dicke und gegebenem spezifischen Widerstand angeben.

4.5.4 Elektrische Untersuchung von Bohrlöchern. Eine andere Art der Bodenuntersuchung ist die elektrische Untersuchung der Bohrlöcher, eine Technik, die noch verhältnismäßig jung ist, die aber besonders auf dem Gebiet der Erdölforschung auf Initiative von SCHLUMBERGER einen beachtlichen Aufschwung in der Welt erlebte.

Das Prinzip ist das folgende:

Ein elektrisches Kabel, Abb. 4.29, wird in einem Bohrloch abgeteuft.

Es führt an seinem Ende eine Elektrode, die in einem Punkt A in Kontakt mit der Wand des Bohrlochs steht. Ein elektrischer Strom von der Stärke I fließt zwischen diesem Punkt A in einer bestimmten Tiefe im Bohrloch und einer Erdung B.

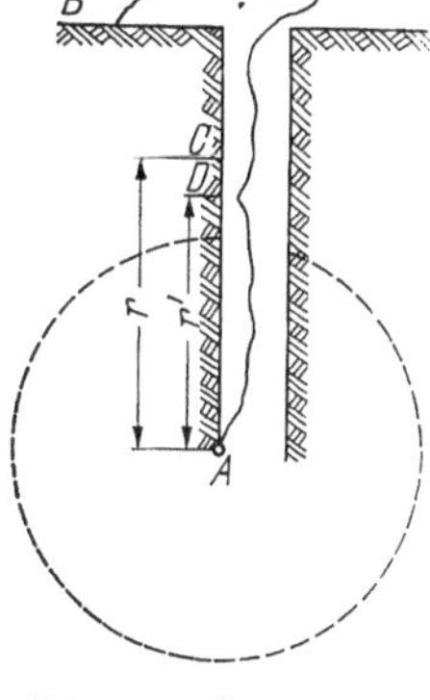

Abb. 4.29. Schema einer elektrischen Sondierung in einem Bohrloch

Das elektrische Feld um A herum ist angenähert kugelförmig; sofern man das Potential in einem Abstand r von A messen kann, ergibt sich

$$\varrho_e = \frac{V}{I} 4\pi r .$$

Diese Formel ist analog zu der oben gefundenen Formel, berücksichtigt jedoch eine Kugeloberfläche $4\pi r^2$ statt einer Halbkugeloberfläche $2\pi r^2$. In der Praxis mißt man die Potentialdifferenz zwischen zwei Punkten C und D, die in den Abständen r und r' von A entfernt liegen.

Daraus folgt:

$$V_C = \frac{I\varrho_e}{4\pi}\frac{1}{r},$$

$$V_D = \frac{I\varrho_e}{4\pi}\frac{1}{r'},$$

und

$$\varrho_e = \frac{4\pi\Delta V}{I}\frac{r r'}{r - r'}.$$

Wenn man die beiden Potentialmeßstellen C und D an verschiedene Stellen des Bohrlochs legt, gestatten die durchgeführten Messungen, ein elektrisches Sondierungsdiagramm in Abhängigkeit von der Tiefe aufzuzeichnen. Das Diagramm liefert eine hervorragende Charakteristik der durchfahrenen Schichten.

4.5.5 Natürliche elektrische Ströme. Zwischen zwei in flachem Gelände liegenden Punkten findet man im allgemeinen eine Potentialdifferenz in der Größenordnung von einigen Millivolt je hundert Meter. Sie rührt von den Erdströmen oftmals unregelmäßiger Stärke her, die einen großen Raum der Erdrinde einnehmen.

Außer diesen schwachen Potentialdifferenzen beobachtet man auf einige Hektar lokalisierte Erscheinungen, die durch Potentialdifferenzen in der Größenordnung von 1 V je 100 m gekennzeichnet sind. Man nennt sie spontane Polarisationsphänomene. Sie erklären sich hauptsächlich durch die Oxydation vergrabener metallischer Massen und durch die elektromotorischen Kräfte, die infolge der Bewegung des Wassers beim Durchsickern durch den Boden hervorgerufen werden (Elektrofiltration und Elektrokapillarität).

4.5.6 Anwendung der Elektrizität auf die Messung der Anisotropie. Die Anisotropie ist in den natürlichen Böden außerordentlich häufig. Dies wurde im Zusammenhang mit der Durchlässigkeit bereits erwähnt. Es ist bekannt, daß geschichtete Böden den Strom besser in der Schichtrichtung als senkrecht dazu leiten. Aus diesem Grunde kann man von einem senkrechten spezifischen Widerstand, d. h. senkrecht zu den Schichten, und einem waagrechten, d. h. parallel zu den Schichten, sprechen.

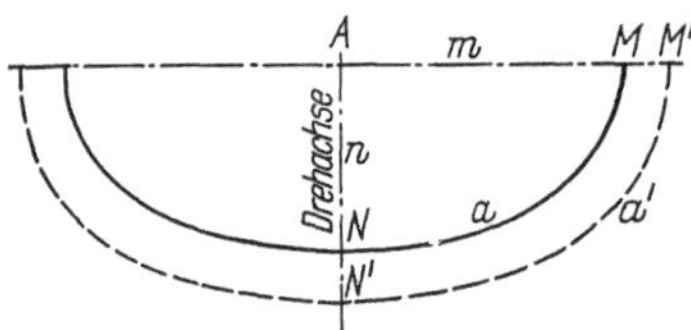

Abb. 4.30. Lotrechter Schnitt durch das Potentialellipsoid in anisotropem Boden

Die Äquipotentialflächen um einen Punkt A, Abb. 4.30, in dem der Strom ausgesandt wird, sind in diesem Falle keine Kugeln mehr, sondern abgeplattete Rotationsellipsoide. Die kleine Achse n des Ellipsoids zeigt in die Richtung der kleinsten Leitfähigkeit, d. h. normal zur Schichtung. Die Äquipotentialkurven an der freien Oberfläche sind die Querschnitte dieser abgeplatteten Ellipsoide mit den Achsen m, m und n, die durch Drehung um die Lotrechte durch A entstanden sind.

Es seien zwei benachbarte Ellipsoide a und a' in einem lotrechten Schnitt betrachtet; alle Punkte des einen Ellipsoides haben gegenüber den entsprechenden Punkten des anderen Ellipsoides die gleiche Potentialdifferenz ΔV. Wenn die Äquipotentialflächen Kugeln wären, die die Ellipsoide in M und M' außen berühren, betrüge der spezifische Widerstand:

$$\varrho_e = \frac{\Delta V}{I} \, \frac{2\pi m^2}{\overline{MM'}};$$

Sind sie jedoch Kugeln, die in N und N' innen berühren, so lautet der spezifische Widerstand:

$$\varrho_e = \frac{\Delta V}{I} \, \frac{2\pi n^2}{\overline{NN'}}.$$

Das Verhältnis dieser beiden Werte wird:

$$\frac{m^2}{n^2} \, \frac{\overline{NN'}}{\overline{MM'}} = \frac{m^2}{n^2} \, \frac{n}{m} = \frac{m}{n},$$

da das Ellipsoid a dem Ellipsoid a' ähnlich ist.

Quantitativ läßt sich die Anisotropie durch die *Anisotropiezahl* $\chi = n/m < 1$ erfassen. Sie ist das Verhältnis der lotrechten zur waagrechten Achse der Äquipotentialellipsen. Zum Messen von χ vergleicht man die Tiefe n mit der Länge m an der Oberfläche, die die gleiche Potentialdifferenz hat.

4.5.7 Übergang vom anisotropen zum isotropen Zustand. Vergleicht man in einem lotrechten Schnitt die beiden Ellipsoide a und a', die den anisotropen Zustand kennzeichnen, so wird ersichtlich, daß sich der isotrope Zustand erzielen läßt, wenn man von dem durch die Koordinaten x, y, z gekennzeichneten Ellipsoid a zu dem durch die Koordinaten $x', y', z/\chi$ gekennzeichneten Ellipsoid a' durch eine Verzerrung $1/\chi$ der Koordinaten z übergeht, Abb. 4.31.

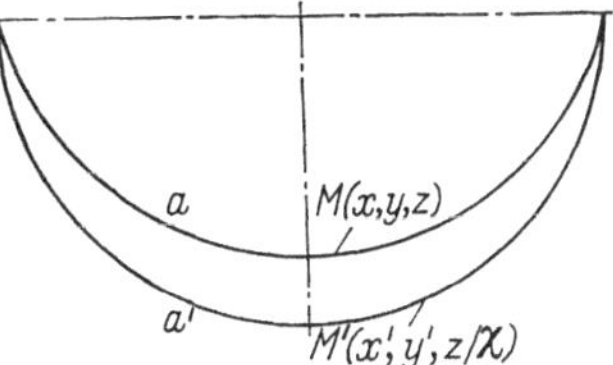

Abb. 4.31. Übergang vom anisotropen zum isotropen Zustand durch Koordinatenverzerrung

4.5.8 Elektroosmose und elektrochemische Erscheinungen. Die elektrochemischen Effekte, die man bei der elektrischen Behandlung der Böden beobachtet, ziehen mehr und mehr die Aufmerksamkeit der Forscher auf sich.

Die erzielten Ergebnisse sind jedoch sehr oft widerspruchsvoll. Im allgemeinen stellt man Folgendes fest: Wenn ein Strom in einem Boden von der Anode zur Kathode fließt, sammelt sich das Wasser an der Kathode, wo es durch Abpumpen entnommen werden kann. Über diese Erscheinung berichteten ENDELL und HOFFMANN im Jahre 1936 [*4.22*]; sie wurde von L. CASAGRANDE [*4.23*] und WINTERKORN [*4.24*] bestätigt.

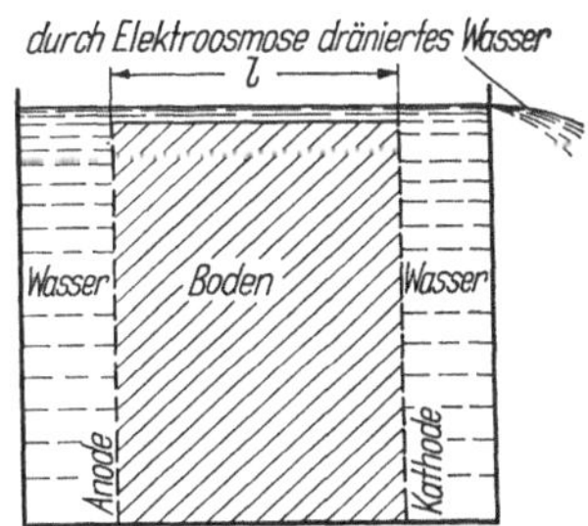

Abb. 4.32. Grundversuch zur Elektroosmose

Der grundlegende Versuch wird folgendermaßen vorgenommen, Abb. 4.32. Die Bodenprobe befindet sich zwischen zwei Gittern, die die Rolle der Anode und Kathode übernehmen, und ist zu beiden Seiten mit Wasser umgeben. Wenn bei der Potentialdifferenz V ein Strom zwischen den beiden, im Abstand l voneinander entfernten Elektroden mit der Fläche F fließt, beträgt die in der Zeiteinheit fließende Wassermenge

$$Q = k_e \frac{V}{l} F,$$

mit k_e als dem *elektroosmotischen Durchlässigkeitskoeffizienten.*
Diese Beziehung hat einen dem DARCYschen Gesetz ähnlichen Aufbau. Aber im Unterschied zum Koeffizienten k, der sich im wesentlichen von einem Boden zum anderen ändert, ist k_e angenähert konstant und beträgt $5 \cdot 10^{-5}$ cm/s bei 1 V/cm [*4.25*], wenn die Elektroden direkten Kontakt mit dem Wasser haben und die Oberseite der Bodenprobe unter Wasser steht.

Das Phänomen der Elektroosmose läßt sich von der Anwesenheit der Na-, Ca-, Cl-Kationen und selbst der an die Bodenteilchen gebundenen Anionen nicht trennen. Es hängt – um nur die wichtigsten Faktoren zu nennen – vom Kationenaustauschvermögen der Tone und der Beschaffenheit der Elektroden ab.

6*

SHUKLA [*4.26*] führte eine Reihe systematischer Versuche an Ca-gesättigten Tonen aus Indien durch. Er ermittelte verschiedene physikalische Parameter vor und nach dem Durchgang des Stromes durch eine Aluminiumplatte (Anode) und eine Kupferplatte (Kathode), Tab. 4.4.

Tabelle 4.4
Abhängigkeit der ATTERBERG*schen Konsistenzgrenzen und der Durchlässigkeit vom Kationenaustausch.* (Nach SHUKLA [*4.26*])

Probe Nr.	ATTERBERGsche Konsistenzgrenzen vor Stromdurchgang			ATTERBERGsche Konsistenzgrenzen nach Stromdurchgang			Durchlässigkeitskoeffizient k 10^{-6} cm/s	
	w_f %	w_a %	w_{fa} %	w_f %	w_a %	w_{fa} %	vor Stromdurchgang	nach Stromdurchgang
1	53,7	18,4	35,3	35,2	17,8	17,4	0,007	0,05
2	45,2	21,2	24,0	30,7	14,2	16,5	0,026	1,66
3	41,8	18,8	23,0	29,2	15,1	14,1	0,025	1,85
4	32,7	25,7	7,0	25,3	18,8	6,5	0,067	11,25
5	35,8	24,0	11,8	23,8	14,3	9,5	0,076	10,26
6	38,0	19,6	18,4	25,3	11,3	14,0	0,009	0,07
7	34,9	19,5	15,4	24,4	12,2	12,2	0,016	0,13
8	26,9	17,4	9,5	21,3	13,2	8,1	0,026	1,65
9	33,4	18,2	15,2	25,8	17,2	8,6	1,253	13,25
10	48,4	20,8	27,6	38,7	13,2	25,5	0,003	0,045
11	57,3	23,9	33,4	37,2	13,0	24,2	0,003	0,044
12	44,8	24,5	20,3	30,2	11,0	19,2	0,005	0,027
13	38,2	30,8	7,4	30,1	20,9	9,2	0,005	0,028

Alle ATTERBERGschen Konsistenzgrenzen nehmen nach Stromdurchgang ab; die Abnahme ist mit Ausnahme der Kaolinite unterschiedlich, aber wesentlich. Die Kaolinite, z. B. die Proben Nr. 4, 5 in Tab. 4.4, zeigen im Gegensatz zu den anderen Bodenarten nur eine geringfügige Verminderung ihrer Bildsamkeit w_{fa}.

Die Durchlässigkeitskoeffizienten nehmen zu; manche Tone werden 300 bis 400 mal durchlässiger, andere jedoch nur vier bis fünfmal. Man stellt im übrigen fest, daß die Steifezahlen ebenso wie der Reibungswinkel zunehmen.

Die Untersuchung der mineralogischen Zusammensetzung dieser Tone nach der Strombehandlung zeigt, daß der Stromdurchgang die Entstehung austauschbarer Al^{+++}-Ionen im Boden bewirkt. Dies ist bei den Kaoliniten kaum zu bemerken, da diese schon eine große Anzahl Aluminium-Ionen in ihren Lamellen enthalten.

Mechanische Eigenschaften des Dreiphasensystems

5 Ermittlung der Spannungs-Dehnungs-Diagramme im Laboratorium bei kleinen Verformungen

5.1 Definitionen der elastischen und plastischen Bereiche sowie der Bereiche mit großer Verformung

Bei der Setzung eines durch Druckspannungen belasteten gesättigten Bodens lassen sich drei aufeinanderfolgende Phasen unterscheiden:

– Sehr kurzzeitig angebrachte Lasten rufen eine elastische Verformung des Gesamtsystems Festsubstanz-Flüssigkeit, d. h. des Bodens, hervor. Die Verformung ist klein; sie verschwindet, wenn die Last nicht mehr einwirkt. Das Spannungs-Dehnungs-Diagramm[1] ist eine Gerade: Dies ist der elastische Bereich.

Den elastischen Verformungen entspricht ein konstanter Modul, das Verhältnis der Spannungen zu den entsprechenden bezogenen Verformungen.

Dieser für den elastischen Bereich bestimmte Modul, der *Elastizitätsmodul* oder *Youngsche Modul E*, ist größer als der unten besprochene Deformationsmodul.

– Wirken die Lasten sehr lange Zeit ein, so entsteht eine plastische Verformung. Diese Verformung verschwindet nicht mehr, nachdem die Last entfernt ist. Man beobachtet gleichzeitig eine Zusammendrückung des Korngerüstes und ein Abfließen des Wassers unter der Wirkung der Last. Die Entlastungskurven fallen nicht mit den Belastungskurven zusammen, Abb. 5.1.

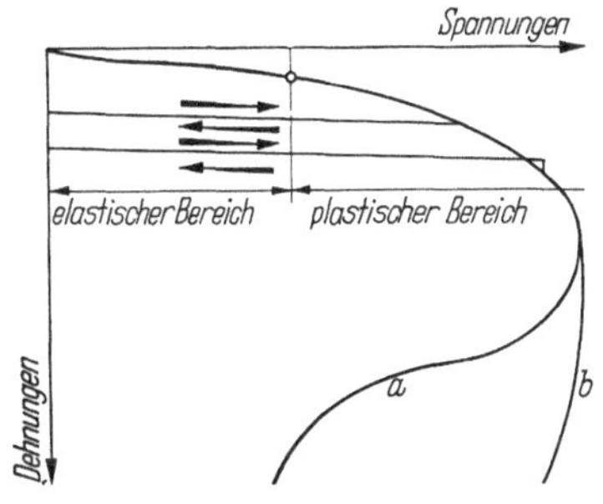

Abb. 5.1. Typische Spannungs-Dehnungs-Diagramme einer Bodenprobe bei fehlender (*a*) und vorhandener (*b*) seitlicher Druckspannung

Man kann hier ähnlich dem Elastizitätsmodul einen *Deformationsmodul* als das Verhältnis der Spannungsdifferenzen zu den entsprechenden Dehnungsdifferenzen definieren. Dieser Modul ist veränderlich: Man befindet sich im plastischen Bereich.

[1] Unter „Dehnung“ wird ganz allgemein eine bezogene Größe (hier Längenänderung/Länge, aber auch Volumenänderung/Volumen) verstanden (Anm. des Übersetzers).

– Wenn die Last noch größer wird, tritt ein Bruch durch große Verformungen ein: Die Grenzlast ist erreicht.

Bei Zylinderdruckversuchen (seitliche Druckspannung null) ist die Grenzlast ausgeprägt, *a* in Abb. 5.1. Wenn der Boden zusätzlich durch seitliche Druckspannungen beansprucht wird, wie im Feld- oder In-situ-Versuch, läßt sich die Grenzlast schwieriger beobachten, da sich die Last im Bereich der großen Verformungen nur noch wenig ändert, *b* in Abb. 5.1. Befindet sich die Probe in einem starren Behälter, wie beim Kompressionsversuch (seitliche Verformung null), so gibt es überhaupt keine Grenzlast.

Der Metallurge beschäftigt sich hauptsächlich mit dem elastischen Bereich. Der Bodenmechaniker hingegen interessiert sich am häufigsten für den plastischen Bereich. Dieser Bereich soll nun untersucht werden.

5.2 Verformungen bei völlig behinderter Seitenausdehnung Kompressionsversuch

5.2.1 Definitionen. Ob man mit dem Elastizitätsmodul (YOUNGscher Modul) E und der Querdehnzahl μ, mit dem Schubmodul oder Gleitmodul G und der Querdehnzahl μ (s. 6.1) oder mit den LAMÉschen Koeffizienten arbeitet: Stets sind – im elastischen wie im plastischen Zustand – zwei Größen zum Definieren der Verformungen nötig. Im plastischen Zustand hängen diese beiden Größen vom Spannungsfeld ab.

Die Zusammendrückungsversuche mit plastischen Verformungen (Kompressionsversuche) werden im Laboratorium im allgemeinen an zylindrischen, in einen starren Behälter eingebauten Proben mit kreisförmigem Querschnitt vorgenommen.

Man trägt die Beobachtungen in ein Diagramm ein, das auf der Abszisse in logarithmischem Maßstab die lotrechten Druckspannungen und auf der Ordinate in normalem Maßstab die zugehörige Porenziffer enthält. Die *Porenziffer* ε ist wie folgt definiert (s. a. 2.5.1):

$$\varepsilon = \frac{\text{Hohlraumvolumen}}{\text{Volumen der Festsubstanz}}$$

oder

$$\varepsilon = \frac{\text{Gesamtvolumen} - \text{Volumen der Festsubstanz}}{\text{Volumen der Festsubstanz}},$$

d. h.

$$\varepsilon = \frac{\text{Gesamtvolumen}}{\text{Volumen der Festsubstanz}} - 1 .$$

Man arbeitet mit konstantem Querschnitt des Versuchsgerätes. Das Volumen ist also in jedem Augenblick gleich dem Produkt aus diesem Querschnitt und der Höhe, die die Probe in dem Gerät einnimmt. Das Volumen der Festsubstanz ist während des Versuches (bei den vorkommenden Drücken) konstant. Man erhält es durch Wägen der Probe nach der Trocknung und Dividieren des ermittelten Gewichtes durch die Reinwichte der Körner.

Bei den Böden sei wie bei den Metallen, Betonen usw. der Deformationsmodul

$$E_s = \frac{\Delta p}{\frac{\Delta h}{h}}$$

definiert[1]; er ist das Verhältnis aus der Druckspannungsänderung zur Änderung der bezogenen Probenhöhe. Diese Definition ist nötig, um die Bezeichnung E für den Modul des Zylinderdruckversuches zu reservieren, der zusammen mit der Querdehnzahl die elastischen Eigenschaften eines Körpers kennzeichnet. Dieser Modul E unterscheidet sich beachtlich von E_s, wie später gezeigt wird.

Man hat

$$\frac{\Delta h}{h} = \frac{\Delta \varepsilon}{1 + \varepsilon} .$$

Damit ist es also immer sehr leicht, E_0 aus dem Druck-Porenziffer-Diagramm zu berechnen. Es gilt

$$E_s = \frac{\Delta p}{\Delta \varepsilon} (1 + \varepsilon) .$$

5.2.2 Versuchsausführung. Das im Laboratorium verwendete Gerät wird *Ödometer*[2] genannt und geht auf TERZAGHI zurück, Abb. 5.2.

Die zylindrische Probe wird seitlich von einem nicht verformbaren Ring gehalten und lotrecht belastet. Die Drücke werden über Filtersteine eingeleitet; durch die Filtersteine kann das Wasser abfließen, das unter der Druckwirkung aus der Probe herausgepreßt wird.

Abb. 5.2. Kompressionsgerät

Das Kompressionsgerät gehört zur Gruppe der Geräte mit nicht verformbarer Seitenwand, die man in noch vielen Laboratorien weiter benutzt, weil ihr Anschaffungspreis geringer als der

[1] In Deutschland wird dieser Modul für Böden als *Steifezahl* bezeichnet (Anm. des Übersetzers).

[2] In Deutschland ist vor allem die Bezeichnung *Kompressionsgerät* gebräuchlich (Anm. des Übersetzers).

der Geräte mit verformbarer Seitenwand, wie z. B. der Dreiaxialgeräte, ist und obwohl sie mit einem systematischen Fehler behaftet sind, der nun analysiert werden soll.

5.2.3 Systematischer Fehler, der sich beim Arbeiten mit dem Kompressionsgerät ergibt. Wird eine Bodenprobe in situ, wo eine seitliche Ausdehnung nicht völlig ausgeschaltet ist, den gleichen lotrechten Druckspannungen wie im Kompressionsgerät unterworfen, so beobachtet man größere Setzungen als im Kompressionsgerät. Diese beiden Erscheinungen sollen nun gemeinsam untersucht werden.

Es sei σ_3 die lotrechte, von den Filtersteinen ausgeübte Hauptspannung und $\lambda_0 \sigma_3$ die seitliche Reaktionsspannung der Wand des Kompressionsgerätes, die vom betrachteten Meridianschnitt unabhängig sein soll. Der *Beiwert des Ruhedrucks* λ_0 liegt zwischen den Beiwerten λ_a und λ_p des Erddrucks und Erdwiderstands, die später behandelt werden: λ_0 ist größer als λ_a, weil die Wand des Kompressionsgerätes praktisch nicht nachgibt.

Die bezogene lotrechte Gesamtsetzung ist die Summe der bezogenen lotrechten Setzungen, die von den drei Hauptspannungen hervorgerufen werden. Die lotrechte Hauptspannung bewirkt die bezogene Setzung σ_3/E, mit E als dem aus dem Zylinderdruckversuch bestimmten Elastizitätsmodul.

Jede der beiden seitlichen Spannungen $\lambda_0 \sigma_3$ bewirkt eine bezogene Radialverschiebung $\lambda_0 \sigma_3/E$, der eine lotrechte Ausdehnung $\mu \lambda_0 \sigma_3/E$ entspricht. Hierbei ist μ die *Querdehnzahl*: Sie ist als das absolute Verhältnis zwischen der Quer- und Längsdehnung der Probe beim Zylinderdruckversuch definiert.

Damit beträgt die bezogene lotrechte Gesamtsetzung

$$\frac{\sigma_3}{E} - \frac{2\lambda_0 \sigma_3}{E} \mu = \frac{\sigma_3}{E} (1 - 2\lambda_0 \mu) .$$

Anderseits kann man zum Ausdruck bringen, daß beim Kompressionsversuch die Verschiebung nach jeder der waagrechten Hauptachsen null ist.

Die bezogene Verschiebung beträgt:

$\frac{\lambda_0 \sigma_3}{E}$ infolge der in dieser Achse wirkenden Spannung,

$\frac{\lambda_0 \sigma_3}{E} \mu$ infolge der in der anderen Achsenrichtung wirkenden waagrechten Spannung,

$\frac{\sigma_3}{E} \mu$ infolge der lotrechten Spannung.

Damit wird

$$\frac{\lambda_0}{E} \sigma_3 - \frac{\lambda_0 \sigma_3}{E} \mu - \frac{\sigma_3}{E} \mu = 0 , \qquad \lambda_0 - \lambda_0 \mu - \mu = 0 , \qquad \mu = \frac{\lambda_0}{1 + \lambda_0} .$$

Die im Kompressionsgerät beobachtete bezogene lotrechte Gesamtsetzung wird schließlich

$$\frac{\sigma_3}{E_s} = \frac{\sigma_3}{E}\left(1 - \frac{2\lambda_0^2}{1+\lambda_0}\right).$$

Daraus erhält man:

$$E = E_s\left(1 - \frac{2\lambda_0^2}{1+\lambda_0}\right).$$

Der in die Rechnung eingeführte Fehler hängt also von λ_0 ab. Es ist gewiß, daß dieser Fehler mit zunehmenden Drücken immer größer wird. Tatsächlich wachsen die Steifezahlen E_s über alle Grenzen hinaus, s. Abb. 5.4. Der im Zylinderdruckversuch ermittelte Elastizitätsmodul gehorcht hingegen bei hohen Drücken einem Gesetz, das analog dem Gesetz ist, das man bei der plastischen Verformung der Metalle ermittelt. Hier weiß man, daß der entsprechende Modul E in der plastischen Phase der Verformung der Metalle im wesentlichen der Differenz $\sigma_B - \sigma$ aus Bruchspannung σ_B und vorhandener Spannung σ proportional ist. E wird also null, wenn σ gegen σ_B geht. Die Abweichung zwischen E und E_s nimmt mithin in den Böden mit zunehmenden Drücken zu.

Versuche, die nicht bis an die Bruchspannungen heranreichten, wurden von TSCHEBOTARIOFF [*5.1*] mit Dehnungsmeßstreifen SR 4 vorgenommen. Die Meßstreifen waren in den lotrechten Ringen eingelassen, die die Seitenwände eines Kompressionsgerätes großer Abmessung bildeten.

Die Versuche zeigten, daß λ_0 für einen roten, feinkörnigen Ton etwa 0,5[1] beträgt. Damit wird

$$\mu = \frac{\lambda_0}{1+\lambda_0} = 0{,}33\,.$$

Die im Kompressionsgerät beobachtete bezogene lotrechte Gesamtsetzung $\frac{\sigma_3}{E}\left(1 - \frac{2\lambda_0^2}{1+\lambda_0}\right)$ beträgt im Falle eines durch $\lambda_0 = 0{,}5$ gekennzeichneten Bodens $\frac{2}{3}\,\frac{\sigma_3}{E}$, d. h. 2/3 der Setzung, die man beobachten würde, wenn λ_0 null wäre, also beim Zylinderdruckversuch.

Dieser Wert von $\lambda_0 = 0{,}5$ muß aber als ein Minimalwert angesehen werden: Er gilt nämlich für ein großes Kompressionsgerät. Bei den gebräuchlichen Kompressionsgeräten ist λ_0 größer als 0,5, wie die Versuche von HABIB und PUYO [*5.2*] erkennen lassen.

Zusammenfassend kann gesagt werden, daß man für die Berechnung

[1] Für Sande und Makadam lieferten die Versuche des Swedish Geotechnical Institut (1955) mit einem Kompressionsgerät großer Abmessung [*10.23*] eine Querdehnzahl von $\mu = 0{,}31$. Daraus leitet man her: $\lambda_0 = 0{,}45$. Dies bedeutet, daß der wirkliche Elastizitätsmodul gleich 73% der im Kompressionsgerät gemessenen Steifezahl ist.

der Verformungen des Bodens bei einaxialer Druckbelastung als Elastizitätsmodul einen Wert in der Größenordnung von 2/3 der Steifezahl nehmen muß; dieser Wert sollte als ein Höchstwert angesehen werden.

5.3 Verformungen bei partiell behinderter Seitenausdehnung

5.3.1 Hydrostatische Belastung der Bodenprobe mit Hilfe einer Gummihülle. Die Bodenprobe wird in eine Gummihülle eingeführt, die man dann verschließt.

Die Probe kann im vorliegenden Fall nur aus gestörtem Sand oder aus Ton bestehen.

Anschließend wird die Bodenprobe einem hydrostatischen Druck σ_1 unterworfen: Man leitet Wasser in einen Metallbehälter ein, in dessen Innerem sich die Gummihülle mit Probe befindet, Abb. 5.3.

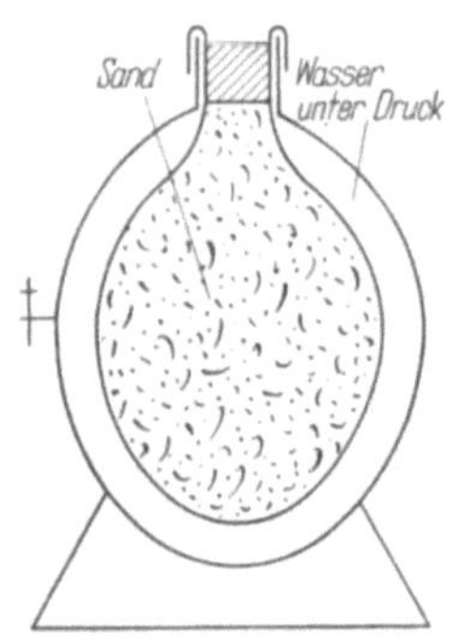

Abb. 5.3. Gerät zur Untersuchung der Kompressibilität eines Sandes mit Hilfe eines hydrostatischen Druckes

Die drei Hauptspannungen sind gleich σ_1, so daß die bezogene Verformung infolge einer der Hauptspannungen σ_1/E beträgt; diese bezogene Verformung ist um die von den beiden anderen Hauptspannungen herrührenden Beträge $\mu\, \sigma_1/E$ und $\mu\, \sigma_1/E$ zu vermindern.

Die *Raumdehnung* oder *kubische Dilatation* des Sandes beträgt also:

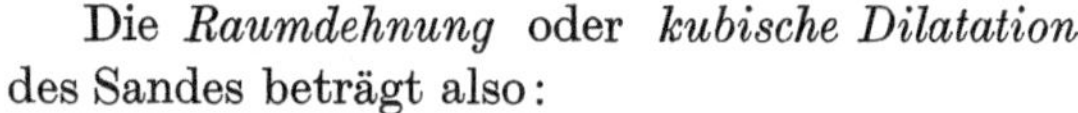

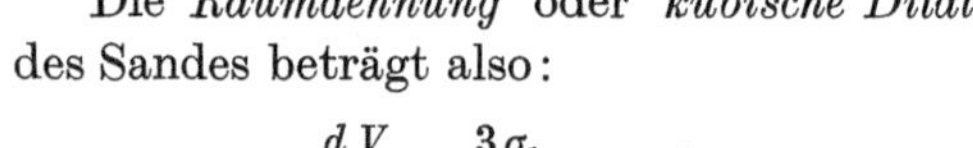

$$\frac{dV}{V} = \frac{3\sigma_1}{E}(1 - 2\mu);$$

diese läßt sich für jeden Druck σ_1 berechnen, wenn man das Wasservolumen mißt, das in den starren Behälter eingeführt wird.

Der Versuch ermöglicht es also, $E/(1 - 2\,\mu)$ zu berechnen. Allerdings läßt sich E daraus nicht eliminieren, da die Querdehnzahl μ nicht bekannt ist. Diese muß zwar nach dem obigen Ausdruck kleiner als 0,5 sein; aber ihr Wert, der zwischen 0 und 0,5 liegt, ist schwierig anzugeben.

So gestattet es der Versuch zumindest, die Veränderung von $E/(1 - 2\,\mu)$ in Abhängigkeit von σ_1 zu zeigen.

5.3.2 Dreiaxialversuch: Kombination eines hydrostatischen Druckes mit einem auf die starren Stirnflächen der Bodenprobe ausgeübten Druck oder Zug.

Der Dreiaxialversuch wird sehr häufig zur Ermittlung der Grenzspannungen angewendet; er kann auch zum Bestimmen von E herangezogen werden.

Die Bodenprobe hat die Form eines geraden Zylinders mit kreisförmigem Querschnitt; ihre Höhe beträgt etwas mehr als das Doppelte des Durchmessers. Die Probe ist seitlich mit einer Gummihülle umgeben, auf die der hydrostatische Druck σ_1 wirkt, während auf die Stirnflächen der Probe zusätzlich zum Druck σ_1 ein Druck $\sigma_3 - \sigma_1$ wirkt[1].

Die Hauptspannungen an den Wänden betragen also lotrecht σ_3 und waagrecht σ_1 und σ_1; die Reibungseffekte der Filtersteine auf die Probe werden dabei vernachlässigt, s. Abb. 5.12.

Unter der Annahme, daß das in die Bodenprobe eingeleitete Spannungsfeld gleichförmig ist, leitet man damit die bezogene lotrechte Gesamtsetzung

$$\frac{\Delta h}{h} = \frac{\sigma_3}{E} - 2\frac{\sigma_1 \mu}{E}$$

her. Wenn man mit mehreren Wertepaaren σ_1 und σ_3 arbeitet und nacheinander mehrere Werte für μ annimmt, lassen sich daraus die Elastizitätsmoduln E errechnen.

Der Zylinderdruckversuch ist ein Sonderfall dieses Dreiaxialversuches.

5.4 Allgemeine Ergebnisse

5.4.1 Sande

5.4.1.1 Ergebnisse mit dem Kompressionsgerät. Sand kann nur durch lotrechtes Einbringen in das Gerät eingebaut werden; dies verleiht dem Sand eine anfängliche Anisotropie. In Tab. 5.1 und Abb. 5.4 sind die mit

Tabelle 5.1. *Numerische Ergebnisse eines an einem Sand angestellten Kompressionsversuches*

lotrechte Last	lotrechter Druck	Probenhöhe h	Setzungen		Steifezahl	Rohwichte
			Δh	$\Delta h/h_0$		
kp	kp/cm²	mm	mm	($h_0 = 24$ mm)	kp/cm²	Mp/m³
0	0	24	0	0		1,56
					380	
25	0,65	23,96	0,04	0,0017		1,57
					394	
75	1,95	23,88	0,12	0,0050		1,575
					480	
175	4,54	23,75	0,25	0,0104		1,58
					800	
375	9,75	23,595	0,405	0,0169		1,59
					3060	
175	4,54	23,636	0,364	0,0152		1,583
					1210	
25	0,65	23,712	0,288	0,0120		1,58
					400	
5,17	0,13	23,744	0,256	0,0107		1,575

einem normalen Sand erzielten Ergebnisse dargestellt. Die Werte h wurden einige Sekunden nach Aufbringen eines jeden Druckes abgelesen. Der Querschnitt der Probe im Kompressionsgerät betrug 38,5 cm², die Anfangshöhe $h_0 = 24$ mm.

Die Steifezahlen E_s wurden näherungsweise berechnet, indem man die Druckänderungen (Unterschied untereinanderstehender Zahlenwerte in

[1] Diese zusätzliche Spannungsdifferenz $\sigma_3 - \sigma_1$ wird von den französischen Verfassern *Spannungsdeviator* genannt (Anm. des Übersetzers).

Spalte 2, Tab. 5.1) zu den auf die anfängliche Probenhöhe bezogenen Setzungen (Unterschied untereinanderstehender Zahlenwerte in Spalte 5, Tab. 5.1) ins Verhältnis setzte (Neigung der Sehne).

Die Steifezahlen E_s (Neigung der Tangenten an die gestrichelt gezeichnete Kurve, Abb. 5.4, gegenüber der Ordinate) werden also regelmäßig größer, und zwar schneller als die Drücke; sie erreichen einen

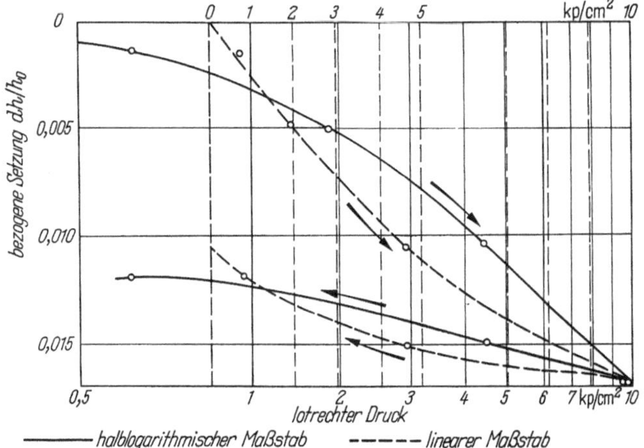

Abb. 5.4. Mit dem Kompressionsgerät für einen Sand erhaltenes Druck-Setzungs-Diagramm. Die Spannungen sind in logarithmischem und linearem Maßstab aufgetragen

Wert von 1000 kp/cm² bei einem Druck von 9,75 kp/cm². Wenn man den Versuch unbegrenzt fortsetzte, würde E_s schließlich in den entsprechenden Deformationsmodul E_s der Kornsubstanz bei behinderter seitlicher Ausdehnung übergehen.

Die durchgehend gezeichnete Kurve, Abb. 5.4, gilt für eine logarithmische Auftragung der Drücke; sie zeigt, daß die bezogene Setzung dh/h_0 (d. h. praktisch der Porenanteil n) proportional mit dem Logarithmus des Druckes, zumindest von 4 bis 10 kp/cm², abnimmt. Dies ist der Grund dafür, warum der halb-logarithmische Maßstab oft dem linearen vorgezogen wird. In Abb. 5.4 ist die Abhängigkeit der bezogenen Setzung dh/h_0 vom lotrechten Druck aufgetragen. Sehr häufig trägt man auf der Ordinate nicht dh/h_0 (d. h. praktisch n) sondern ε ab. Die allgemeine Gestalt der Kurven bleibt die gleiche. Insbesondere hat man in der halb-logarithmischen Darstellung noch einen geradlinigen Teil.

Der mit ζ bezeichnete *Kompressionsbeiwert* stellt die Steigung dieser Geraden im halb-logarithmischen ε, $\log p$-Diagramm dar. Er ist von der Dimension des Druckes unabhängig und durch die Gleichung gegeben:

$$\zeta = \frac{\Delta \varepsilon}{\log \frac{p + \Delta p}{p}}.$$

Der Kompressionsbeiwert ζ ist in zahlreichen experimentellen Fällen annähernd konstant.

Wenn der Druckzuwachs Δp klein gegenüber p ist, beträgt

$$\log \frac{p + \Delta p}{p} = \frac{1}{2,3} \ln\left(1 + \frac{\Delta p}{p}\right) = \frac{1}{2,3} \frac{\Delta p}{p}.$$

Die Steigung der Geraden im ε, $\log p$-Diagramm lautet also

$$\zeta = \frac{\Delta \varepsilon}{\Delta p} 2,3\, p$$

oder – mit $E_s = \frac{\Delta p}{\Delta \varepsilon}(1 + \varepsilon)$ (s. 5.2.1) –

$$\zeta = \frac{2,3 p\,(1+\varepsilon)}{E_s}.$$

Man leitet daraus für die Steifezahl den Ausdruck her:

$$E_s = 2,3\, p\, \frac{1+\varepsilon}{\zeta}.$$

Der geradlinige Bereich ist übrigens nur ein Übergangsbereich. Die Porenziffer nimmt weniger schnell als der Logarithmus des Druckes ab, sobald die Drücke große Werte erreichen.

An der für die Entlastung der Probe maßgebenden Entlastungskurve läßt sich ein Modul ermitteln, der viel größer als E_s ist, da es sich um keinen umkehrbaren Vorgang handelt.

So sind also die Verformungen eines rolligen Bodens – es wird später gezeigt, daß dies ebenso für die bindigen Böden gilt – nicht allein durch zwei Größen E und μ gekennzeichnet, die eine Funktion der Größe der Spannungen sind; E und μ hängen vielmehr auch vom Vorzeichen der Spannungen ab.

Der Faktor Zeit geht nur wenig in diese Messungen ein. Abb. 5.5 zeigt das im Kompressionsgerät ermittelte Druck-Porenziffer-Diagramm

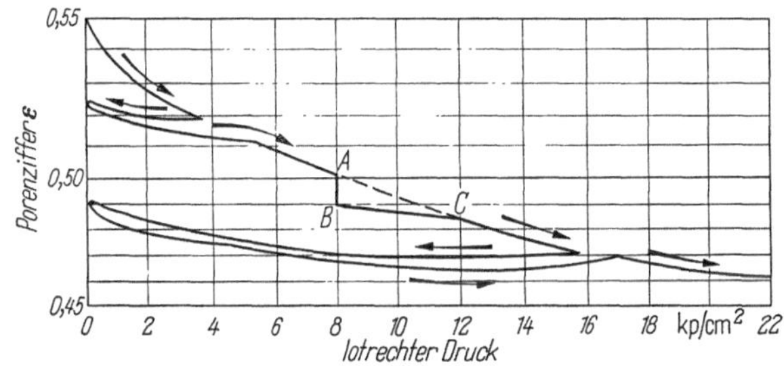

Abb. 5.5. Mit dem Kompressionsgerät für einen Sand erhaltenes Druck-Porenziffer-Diagramm

eines nichtverdichteten Sandes unter dem Einfluß eines mit konstanter Geschwindigkeit zunehmenden Druckes. Das Hohlraumvolumen wurde in jedem Augenblick gemessen. Wenn man für einen gegebenen Druck

(8 kp/cm² in Abb. 5.5) den Belastungsvorgang unterbricht, so ergibt sich der senkrechte Abschnitt zwischen den Punkten A und B, Abb. 5.5. Der Grenzwert B wird dabei rasch erreicht, ohne daß eine nennenswerte Setzung im Anschluß an die Konsolidierung zu beobachten ist. Wenn man dann den Belastungsvorgang bei konstanter Geschwindigkeit wieder aufnimmt, schließt die dabei erhaltene Kurve in Punkt C, Abb. 5.5, tangential an die Kurve an, die man ohne Unterbrechung des Belastungsvorgangs bekommen hätte. Die Abnahme der Porenziffer bei konstantem Druck kommt deshalb zustande, weil sich die Körner bei der stetigen Zunahme des Druckes erst mit Verspätung einordnen.

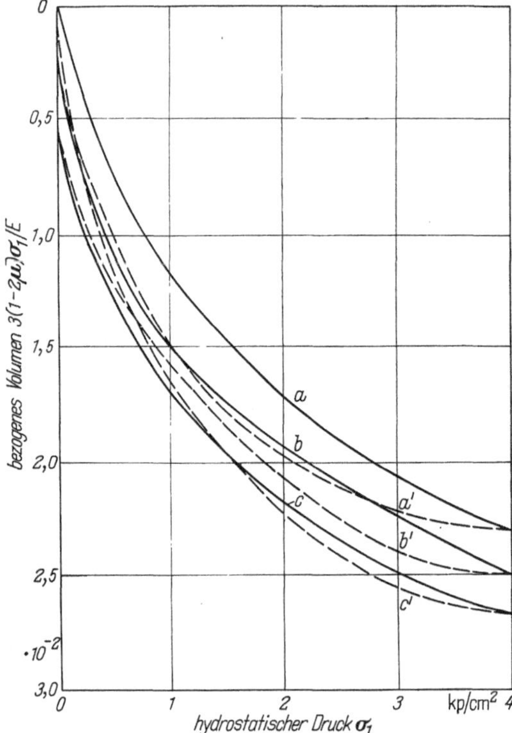

Abb. 5.6. Mit dem Gerät nach Abb. 5.3 für einen Sand erhaltenes Druck-Raumdehnungs-Diagramm. a, b, c Belastung; a', b', c' Entlastung

Außerdem beobachtet man, daß die Geschwindigkeit, mit der der Druck erhöht wird, keinen großen Einfluß auf das Druck-Porenziffer-Diagramm hat.

5.4.1.2 Ergebnisse mit dem Gerät nach Abb. 5.3. Die Ergebnisse, die mit dem Gerät nach Abb. 5.3 erzielt wurden, bestätigen die vorherigen Angaben. Man beobachtet jedoch, daß die Entlastungs- und Belastungskurven dichter als die beim Kompressionsversuch erhaltenen entsprechenden Kurven zusammen liegen, Abb. 5.6. Dies läßt sich durch die Tatsache erklären, daß sich im Kompressionsgerät beim Entlasten seitliche Reibungseffekte einstellen, die den Einfluß der Druckentlastung einschränken, Abb. 5.7.

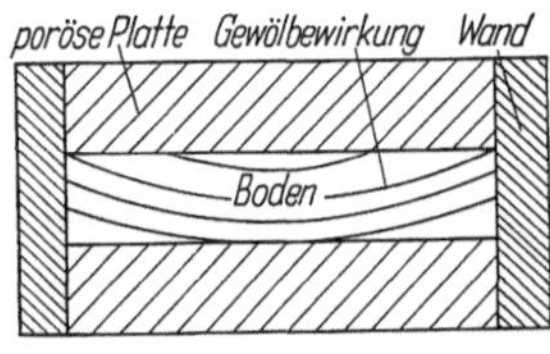

Abb. 5.7. Gewölbewirkung bei Druckentlastung im Kompressionsgerät

Aus diesem Grunde sind auch die Deformationsmoduln für die Be- und Entlastung nicht so unterschiedlich wie bei den Versuchen mit dem Kompressionsgerät.

5.4.1.3 Ergebnisse mit dem Dreiaxialgerät. Als Beispiel seien im folgenden die Ergebnisse eines Dreiaxialversuches an einem schlammigen Sand aus Tancarville (Seine-Inférieure) angeführt. Die am Ende jeder

Tabelle 5.2
Numerische Ergebnisse eines an einem schlammigen Sand von Tancarville angestellten Dreiaxialversuches

Versuch Nr.	lotrechte Druckspannung σ_3 kp/cm²	seitliche Druckspannung σ_1 kp/cm²	bezogene Setzung $\Delta h/h$
1	2,902	0,5	0,025
2	6,203	1	0,0425
3	10,568	1,5	0,045

Versuchsreihe aufgenommenen Werte für σ_3, σ_1 und $\Delta h/h$ sind aus Tab. 5.2 ersichtlich. Mit den dort angeführten Zahlenangaben werden die obigen Gleichungen (s. 5.3.2) für E und μ:

$$0{,}025 = \frac{2{,}902}{E} - \frac{\mu}{E},$$

$$0{,}0425 = \frac{6{,}203}{E} - 2\frac{\mu}{E},$$

$$0{,}045 = \frac{10{,}568}{E} - 3\frac{\mu}{E}.$$

Wenn diese Gleichungen verträglich sein sollen, muß man annehmen, daß der Elastizitätsmodul E vom ersten zum dritten Versuch zugenommen hat; dies ist wegen der Zusammendrückung der Körner normal.

Setzt man im ersten Versuch nacheinander $\mu = 0$, $\mu = 0{,}25$ und $\mu = 0{,}50$ (höchstmöglicher Wert) ein, so findet man für E: 116 kp/cm², 106 kp/cm² und 96 kp/cm².

Im zweiten Versuch ergeben sich auf die gleiche Weise: 145 kp/cm², 134 kp/cm² und 122 kp/cm²; für den dritten Versuch lauten die Werte: 235 kp/cm², 218 kp/cm² und 201 kp/cm².

Die Querdehnzahl μ spielt also eine verhältnismäßig kleine Rolle, wenn σ_3 im Verhältnis zu σ_1 groß ist.

Aus experimentellen Ergebnissen, die bei der Druckbelastung und Druckentlastung im Kompressionsgerät erhalten wurden, ergibt sich, daß die obigen, für den Dreiaxialversuch aufgestellten Gleichungen (s. 5.3.2) nur exakt sind, solange *Druck*spannungen ausgeübt werden. Bei obigen Versuchen geht man von $\sigma_1 = \sigma_3 = 0$ aus und steigert die Drücke. Ginge man aber von einem durch $\sigma_1 = \sigma_2 = \sigma_3 = p$ gekennzeichneten Zustand aus und ließe dann eine lotrechte Druckspannung $\Delta\sigma_3$ und gleichzeitig eine radiale Zugspannung $\Delta\sigma_1$ (durch Vermindern des Flüssigkeitsdruckes) wirken, so würde sich die Verformungsgleichung

$$\frac{\Delta h}{h} = \frac{\Delta\sigma_3}{E} + 2\frac{\Delta\sigma_1}{E_q}\mu_q$$

schreiben; E_q und μ_q bezeichnen in diesem Falle den Deformationsmodul und die Querdehnzahl bei der Druckentlastung.

5.4.1.4 Analogie mit den an Felsgesteinen vorgenommenen Druckversuchen. Wenn man bei den Versuchen mit Sanden die übliche Darstellung mit Hilfe des σ, $\Delta h/h$-Diagrammes zugrunde legt, so erhält man zunächst wegen der Kontaktaufnahme der Körner keinen linearen Zusammenhang zwischen $\Delta \sigma$ und $\Delta h/h$ vom Ursprung aus: Es ergibt sich ein verhältnismäßig kleiner Deformationsmodul. Bei weiterer Druckerhöhung stellen sich die HERTZschen Kontaktspannungen zwischen den Körnern ein: Die aus einer Kontaktspannung resultierende Kraft steht dann mit den auf sehr kleinen Flächen wirkenden Kontaktreaktionen zwischen den Körnern im Gleichgewicht. Bekanntlich ist die Verformung der Kontaktstelle der beiden elastischen Körper mit dem Elastizitätsmodul E bei gleicher Arbeitsspannung σ nicht proportional $1/E$, sondern größer, und zwar proportional $(1/E)^{2/3}$.

Bei nochmaliger Druckerhöhung überschreiten die Kontaktspannungen zwischen den Körnern die Bruchspannung der Körner, und der Wert des Deformationsmoduls erreicht die Größenordnung des Deformationsmoduls der Felsgesteine.

Diese Feststellungen lassen sich mit den Ergebnissen in Zusammenhang bringen, die bezüglich der Elastizität der Felsgesteine im direkten Versuch erhalten wurden. Wie HABIB und MARCHAND bei Untersuchungen für den Staudamm von Tignes [*5.3*] zeigten, hat ein zerklüfteter natürlicher Fels infolge des Vorhandenseins von Fugen und Rissen einen Deformationsmodul, der nur $^1/_6$ des Moduls eines individuellen, nicht zerklüfteten Felsen beträgt. Wenn man jedoch mehrere Be- und Entlastungszyklen an diesem Fels ausführt, verändert sich — wie DELARUE und MARIOTTI [*5.4*] feststellten — das σ, $\Delta h/h$-Diagramm schließlich nicht mehr und läßt einen konstanten Deformationsmodul erkennen, der wesentlich über dem des ersten Belastungszyklus liegt. Nach den gleichen Verfassern verhält sich weicher Fels im Gegensatz zu hartem und kompaktem Fels nicht elastisch; bei ihm beobachtet man vielmehr bedeutende irreversible Verformungen bei jedem Belastungszyklus.

Die Analogie zwischen all diesen Ergebnissen und den mit den Sanden erzielten Ergebnissen ist klar zu erkennen.

5.4.1.5 Einige charakteristische Zahlen. Die Elastizitätsmoduln der Sande schwanken je nach Druck zwischen 100 kp/cm² und mehreren Tausend Kilopond je Quadratzentimeter. Diese Zahlen liegen wesentlich niedriger als die entsprechenden Zahlen für Fels. Die Elastizitätsmoduln von Fels nehmen mit der Dichte zu, wie die auf MAMILLAN [*5.5*] zurückgehende Tab. 5.3 zeigt. Bekanntlich liegt der Elastizitätsmodul des Betons zwischen 200000 und 400000 kp/cm²; der Elastizitätsmodul des Stahls beträgt 2220000 kp/cm².

Tabelle 5.3. *Elastizitätsmoduln von Fels.* (Nach MAMILLAN [5.5])

Bezeichnung	Billy Banc Royal	Saint Maximin	Lavoux	Massangis	Comblanchien	Hauteville
mittlere Wichte Mp/m³	1,41	1,72	2,16	2,52	2,68	2,80
Elastizitätsmodul bei Lagerung im Wasser (Sättigung) kp/cm²	54600	79600	171000	470000	699000	801500

Die Metalle, Steine, Sande und — wie noch gezeigt wird — die Tone bilden bezüglich der Werte der Elastizitätsmoduln eine regelmäßig abnehmende Zahlenfolge, Abb. 5.8.

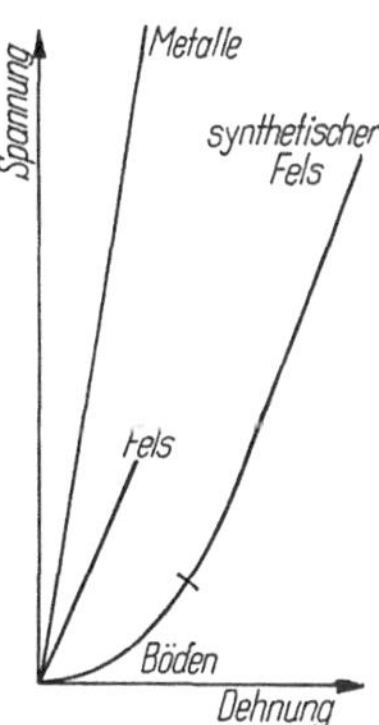

Abb. 5.8 Druckspannungs-Dehnungs-Diagramme verschiedener Stoffe

5.4.2 Tone. Die Erscheinungen werden bei den Tonen außerordentlich kompliziert: Unter der Wirkung eines anhaltenden Druckes wird das von den Körnern adsorbierte Wasser (viskose Flüssigkeit) verdrängt und damit der Boden verformt. Aus diesem Grund erlangen nun die Faktoren Zeit und Druckzuwachs Bedeutung.

5.4.2.1 Zeit. Der Einfluß der Zeit äußert sich wegen einer früher stattgefundenen Konsolidierung des Tons in dessen Vorgeschichte, gleichzeitig aber wegen der zeitlich unbegrenzt verlaufenden Setzung in dessen Zukunft. Bei konstantem Druck läßt sich keine endgültige Setzung selbst nach sehr lange andauernden Versuchen beobachten. Für einen gegebenen Druck beobachtet man im allgemeinen 24 Stunden lang die Entwicklung des Volumens der Bodenprobe. Daher geben die in den Diagrammen danach eingetragenen Werte nur die *Primärkonsolidierung* wieder, die infolge des Ausströmens eines Teils der flüssigen Phase aus dem Boden entsteht (s. 7.1). Man vernachlässigt also die *Sekundärkonsolidierung*, die durch Abfließen eines Teils des von den Mineralen adsorbierten Wassers eintritt. Wegen dieser Sekundärkonsolidierung muß die Beziehung

$$\frac{\Delta h}{h} = \frac{\Delta p}{E_s}$$

durch die Gleichung

$$\frac{\Delta h}{h} = \left[\frac{1}{E_s} + \frac{1}{E_s} f(t)\right] \Delta p$$

ersetzt werden; dabei ist $f(t)$ eine mit der Zeit t zunehmende Funktion. BUISMAN schlug im Jahre 1936 für $f(t)$ die Funktion $a \log t$ vor. Andere Verfasser nehmen für $f(t)$ die Funktion $b\sqrt{t}$ an; die Koeffizienten a und b

berücksichtigen im einen wie im anderen Falle Eigenschaften des Bodens. Aber selbst bei Beschränkung auf die Primärkonsolidierung allein begeht man — wie im folgenden gezeigt wird — einen weiteren Fehler, wenn man die Belastungsgeschwindigkeit willkürlich festlegt.

5.4.2.2 Druckzuwachszahl. Beim Kompressionsgerät werden im allgemeinen Drücke von 0,5, 1, 2, 4 und 8 kp/cm² in Zeitabständen von 24 Stunden nacheinander aufgebracht; dies bedeutet, daß die Last alle 24 Stunden verdoppelt wird. Das Verhältnis $\frac{p_2 - p_1}{p_1}$ sei *Druckzuwachszahl* genannt; dieses ist in vorliegendem Falle gleich eins je 24 Stunden. Wenn man die Druckzuwachszahl zwei annimmt, findet man für den Boston-Ton um 30% größere Steifezahlen [*5.6*]. Die Versuchsbedingungen sind also nicht ohne Bedeutung. Die Steifezahl ist außerdem — unter Voraussetzung gleicher Laststufen — bei Kurzzeitversuchen größer als bei Langzeitversuchen. Dies erklärt sich aus den Fließbedingungen der flüssigen Phase. Für einen Ton mit sehr kleinem Durchlässigkeitskoeffizienten würde man bei einer sehr großen Belastungsgeschwindigkeit eine sehr große Steifezahl erhalten, die der des Wassers, nämlich 22000 kp/cm², vergleichbar ist.

5.4.2.3 Ergebnisse mit dem Kompressionsgerät. Es seien nun die Ergebnisse untersucht, die mit Kompressionsversuchen an Tonen erzielt wurden. Die Untersuchung beschränkt sich dabei auf die Primärkonsolidierung der ersten 24 Stunden bei einer Druckzuwachszahl eins. Es zeigt sich, daß die Steifezahl des Tons vom größten Druck abhängt, der jemals seit der Entstehung des Tons auf ihn eingewirkt hat: Dies ist der *Konsolidierungsdruck* p_c, *Vorbelastungsdruck* oder *Vorverdichtungsdruck.*

Zwei Fälle sind zu unterscheiden:

— *Der Druck auf den Ton in situ ist gleich dem Konsolidierungsdruck* p_c *(normalkonsolidierter Ton)*

Das halb-logarithmische Druck-Porenziffer-Diagramm hat die allgemeine Form, die aus Abb. 5.9a bis c ersichtlich ist.

Abb. 5.9a zeigt das Druck-Porenziffer-Diagramm eines Kaolinites, Abb. 5b das eines Illites und Abb. 5c das eines Montmorillonites.

Die Kurven bestehen aus einem gegen die p-Achse wenig geneigten Abschnitt, der einer großen Steifezahl entspricht, und einem geradlinigen stärker geneigten Abschnitt. Der Druck p_c aus Vorbelastung liegt zwischen beiden Kurvenabschnitten. Die Neigung des geradlinigen Teils ist gegenüber der p-Achse um so größer, je kleiner die Steifezahl des Tons ist; die Werte der Steifezahl erstrecken sich für Kaolinit, Illit und Montmorillonit von einigen hundert Kilopond je Quadratzentimeter bis zu einigen Kilopond je Quadratzentimeter.

Empirische Formeln: Da die Kosten der Kompressionsversuche im

Vergleich zu denen der normalen bodenmechanischen Versuche verhältnismäßig groß sind, hat man versucht, den Kompressionsbeiwert ζ (s. 5.4.1.1) oder die Steifezahl E_s mit anderen Größen, wie z. B. den Wassergehalt w [5.7] oder die Fließgrenze w_f, zu verknüpfen.

SKEMPTON [5.8] gibt z. B. nach Untersuchungen an Londoner Tonen an:

$$\zeta = 0{,}007\,(w_f - 10)\,.$$

Der Vergleich der ζ- und w_f-Werte von 55 im Laboratoire Central des Ponts et Chaussées untersuchten Tonen lieferte die Beziehung:

$$\zeta = 0{,}0035\,(w_f - 10)\,;$$

eine Abweichung von 50% ist dabei wahrscheinlich.

Dies bedeutet also, daß solche Beziehungen höchstens eine Größenordnung angeben können, wenn man Tone verschiedener Herkunft betrachtet. Bei gleichen mineralogischen Eigenschaften dürften die Abweichungen geringer werden.

Wenn man die obige, vom Laboratoire Central des Ponts et Chaussées gefundene Beziehung zuläßt, ergibt sich für E_s die Formel:

$$E_s = \frac{2{,}3\,p\,(1+\varepsilon)}{0{,}0035\,(w_f - 10)}\,.$$

Wird dieser Wert noch zur Berücksichtigung der dem Kompressionsgerät anhaftenden Fehler um 30% vermindert, so erhält man etwa:

$$E = 460\,p\,\frac{1+\varepsilon}{w_f - 10}\,.$$

Beispiel: $w_f = 30\%$, $\varepsilon = 0{,}65$, $p = 1\ \text{kp/cm}^2$; $E = 38\ \text{kp/cm}^2$.

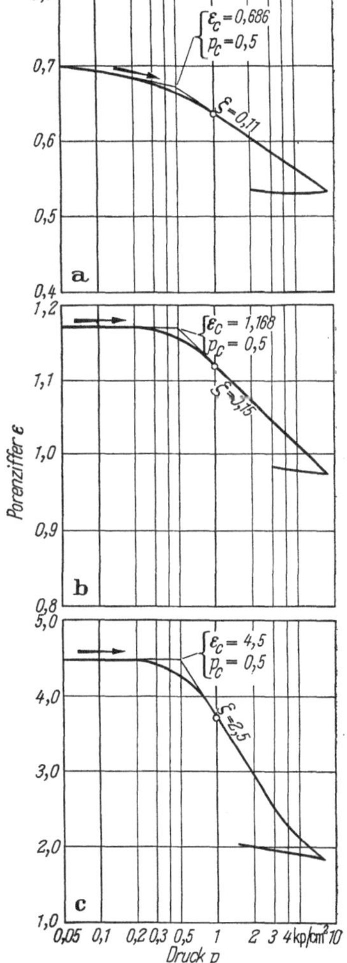

Abb. 5.9a—c. Druck-Porenziffer-Diagramme natürlicher, normalkonsolidierter Tone.
a Kaolinit, b Illit, c Montmorillonit

Auf jeden Fall erfassen diese empirischen Beziehungen nicht den Fall der Tone mit großer Fließgrenze, wenn der Wassergehalt dieser Grenze nahe kommt oder sie überschreitet.

In diesem Bereich können zwei Tone mit gleichem Wassergehalt, aber unterschiedlicher geologischer Herkunft Steifezahlen haben, die sich wie zwei zu eins oder sogar wie drei zu eins verhalten. Diese Unterschiede liegen sicher in den Formen der Körner und in deren Gesamtaufbau begründet.

Wenn man einen normalkonsolidierten Ton nach Überschreiten des Konsolidierungsdruckes p_c entlastet, nimmt die Porenziffer wenig zu, besonders zu Beginn der Entlastung. Man trifft hier auf die gleiche Erscheinung wie bei den Sanden: Bei der Entlastung ist die Steifezahl viel größer als bei der Belastung (s. 5.4.1.1).

– *Der Ton in situ unterlag früher einem Druck p_c, der größer als der gegenwärtig auf ihn ausgeübte Druck p ist (überkonsolidierter Ton)*

Dieser Überdruck konnte von verschwundenen geologischen Schichten oder vom Gewicht der Gletscher, die inzwischen geschmolzen sind, oder von vorübergehenden Aufschüttungen herrühren. Die Steifezahl dieser Tone hängt dann von dem Verhältnis $\frac{\Delta p}{p_c - p}$ ab; Δp ist der über p hinaus ausgeübte Druck, Abb. 5.10.

Aus der Tatsache, daß der dem Teil *B-C-D* der Kurve, Abb. 5.10, entsprechende Modul der Wiederbelastung nach Entlastung größer als der dem geradlinigen Teil *A-D* entsprechenden Modul ist, folgt, daß die Steifezahl der überkonsolidierten Tone — wenn man unterhalb des Druckes p_c bleibt — größer ist als die der gleichen normalkonsolidierten Tone.

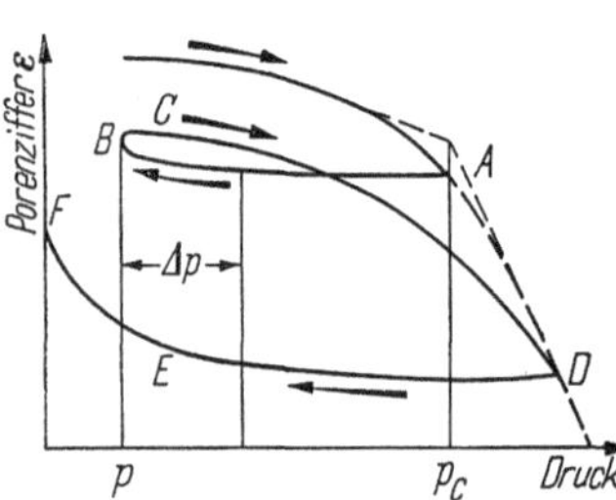

Abb. 5.10. Druck-Porenziffer-Diagramm eines überkonsolidierten Tons

Nach Terzaghi [*5.9*] ist die Steifezahl bei einem Verhältnis $\frac{\Delta p}{p_c - p} < 0{,}5$ gleich dem vier- bis zehnfachen Wert der Steifezahl, die man erhält, wenn der Ton normalkonsolidiert war.

Nimmt dieses Verhältnis zu, so schwächt sich der Einfluß der Vorbelastung zunehmend ab.

5.4.2.4 Mit dem Dreiaxialgerät und dem Gerät nach Abb. 5.3 erhaltene Ergebnisse. Die Diagramme zeigen die gleiche Linearität zwischen ε und $\log p$, sobald der Druck p_c überschritten ist; sie sind aber nicht unbedingt von der Größe des Spannungsdeviators (Spannungsdifferenz) $\sigma_3 - \sigma_1$ unabhängig [*5.2*].

5.4.2.5 Konsolidierungsdrücke. Normalkonsolidierte Tone. Am Druck-Porenziffer-Diagramm einer tonigen Bodenprobe kann man also erkennen, ob dieser Ton eine Vorbelastung erlitten hat. Wurde er vorbelastet, so zeigt die Kurve einen Knick, Abb. 5.9 und 5.10.

Der Schnittpunkt der auf diesen Abbildungen eingetragenen Tangenten (Tangente an die Kurve im Bereich der anfänglich kleinen Drücke und Tangente an den geradlinigen Teil) ermöglicht es, den Konsolidierungsdruck p_c mehr oder weniger genau zu bestimmen.

Bei manchen Tonen, wie z. B. den Tonen von Mexico-City, erkennt man deutlich einen Konsolidierungsdruck $p_c = 0{,}5$ kp/cm², von dem ab eine scharfe Krümmung der Kurve eintritt; sobald also die von solchen Tonen getragene Last nur 0,5 kp/cm² überschreitet, sinken die an ihrer Oberfläche stehenden Bauwerke ein.

Wenn man in Abhängigkeit von der Tiefe h die Werte p_c, die so aus dem Druck-Porenziffer-Diagrammen der für verschiedene Tiefen entnommenen Bodenproben abzulesen sind, und anderseits die Werte γh (γ Rohwichte) aufträgt, so zeigt sich, daß p_c und γh von einer bestimmten Tiefe an ziemlich gut zusammenfallen. MILTON VARGAS [*5.10*] zeichnete dies für bestimmte brasilianische Tone auf, Abb. 5.11. Diese Tone sind bis in mittlere und große Tiefen normalkonsolidiert; die Überkonsolidierung in geringen Tiefen rührt von Kapillaritätserscheinungen her.

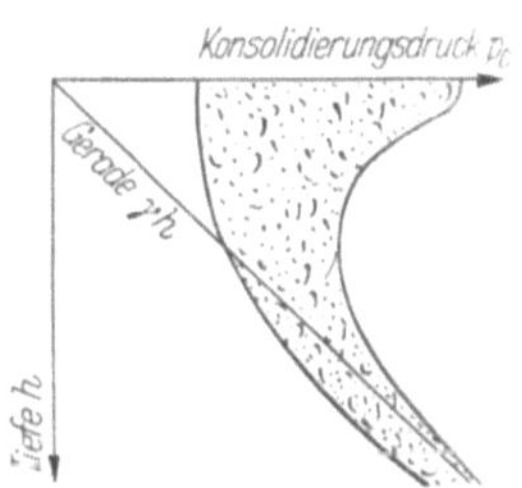

Abb. 5.11. Konsolidierungsdruck in Abhängigkeit von der Entnahmetiefe der Bodenproben. (Nach MILTON VARGAS [*5.10*])

Eine allgemeine Untersuchung wurde von SMITH und REDLINGER [*5.11*] an Schiefertonen vorgenommen. Die entsprechenden Kompressionsversuche wurden mit einer Spezialapparatur mit einer Belastungsmöglichkeit bis zu 500 kp/cm² durchgeführt. Sie lassen Konsolidierungsdrücke von 80 bis 100 kp/cm² erkennen; diese Werte stimmen ziemlich gut mit der Schätzung der Geologen überein, nach der diese Formationen eine Erdauflast von rd. 500 m getragen haben: Solche Tone wurden also stark überkonsolidiert. Der Druck p_c ist wesentlich größer als die gegenwärtige Last γh.

5.4.2.6 Isotrope und anisotrope Konsolidierung. In vielen Laboratoriumsversuchen ist es erforderlich, daß sich die zu untersuchende Bodenprobe unter den gleichen Konsolidierungsbedingungen befindet, unter denen sie sich im Erdreich befand.

In situ ist die mit dem Bohrgerät entnommene zylindrische Probe – wenn keine äußeren Kräfte an der Oberfläche des Bodens wirken – einer lotrechten Spannung σ_3 und einer seitlichen Spannung σ_1, dem Ruhedruck $\lambda_0\,\sigma_3$, unterworfen. Der Ruhedruckbeiwert λ_0 liegt zwischen dem Erddruck- und dem Erdwiderstandbeiwert. Es handelt sich also um eine anisotrope Konsolidierung. Der Wert für λ_0 ist zwar nicht bekannt, kann aber bestimmt werden.

Eine Bodenprobe in situ wird unter Bedingungen konsolidieren, die keine seitliche Verformung zulassen. Um λ_0 bestimmen zu können, baut man die Probe in ein Dreiaxialgerät ein – wie dies BISHOP 1950 vorschlug — und sucht systematisch die Spannung σ_1, bei der die durch die unteren Filtersteine unter dem Einfluß von σ_3 und σ_1 ausgepreßte Wassermenge gleich $F\,dh$ ist (F Querschnitt der Probe, dh Verminderung der Probenhöhe unter dem Einfluß dieser Spannungen), Abb. 5.12 [*5.12*].

Für Sande gab Bishop einige λ_0-Werte an. Für lockere Sande findet man Werte in der Größenordnung von 0,35, für dichte Sande 0,50. Dieser letztere Wert stimmt mit jenem überein, den Tschebotarioff in seinem großen starren Versuchsbehälter ermittelte und der im Zusammenhang mit dem systematischen Fehler beim Kompressionsversuch angegeben wurde (s. 5.2.3).

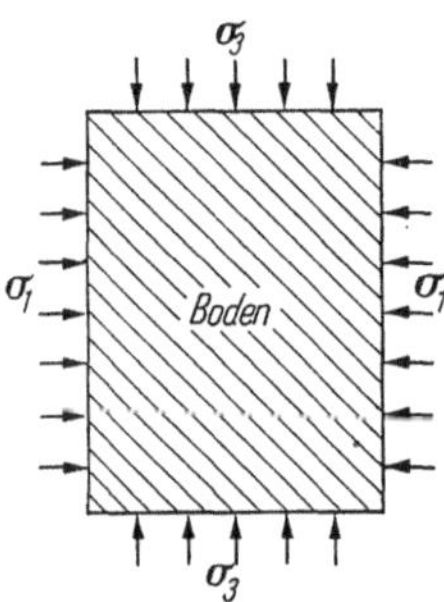

Abb. 5.12. Wiederherstellung einer In-situ-Konsolidierung im Laboratorium

5.4.2.7 Gestalt der Druckentlastungskurven: Quelltone. Die im Kompressionsgerät bei der Druckentlastung der Tone beobachteten Kurven sind im allgemeinen ziemlich flach. Die Ergebnisse, die für Sande unter einem hydrostatischen, durch eine Gummihülle übertragenen Druck erhalten wurden, geben jedoch Veranlassung, einige Vorbehalte über die im Kompressionsgerät mit Tonen erzielten Ergebnisse zu machen. Wahrscheinlich verlaufen die Kurven in Wirklichkeit nicht so flach.

Man stellt übrigens bei der Prüfung der aus dem Kompressionsgerät herausgenommenen Probe im polarisierten Licht fest, daß sie wegen einer Orientierung der Tonteilchen, die sich von der in situ unterscheidet, stark doppelbrechend ist.

Tatsächlich quellen selbst im Kompressionsgerät manche Tone, besonders einige Tone des afrikanischen Kontinentes, kurz vor Beendigung der Druckentlastung ziemlich schnell, s. Kurvenabschnitt *D-E-F* in Abb. 5.10. Der der Quellung entsprechende Modul nimmt mit kleiner werdender Normalspannung sehr stark ab. Dies bedeutet, daß eine auf Ton dieser Art ausgeführte Gründung bedeutenden und ungleichmäßigen Verformungen ausgesetzt ist, wenn man einerseits für die Gründung nur eine kleine Spannung zuläßt und wenn anderseits durch die Auflasten von Punkt zu Punkt der Gründung zu unterschiedliche Abweichungen von dieser kleinen, mittleren Spannung eingetragen werden. Die Sicherheit ist also größer, wenn man diese Tone stärker belastet. Delarue untersuchte besonders den Fall der Quelltone des Plateaus von Safi (Marokko) im Laboratorium und in situ [*5.13*].

5.4.2.8 Einfluß der Störung der Bodenprobe. Bei allen Versuchen mit Tonböden wird die Bodenprobe in einen ringförmigen Behälter eingeführt; man ist also gezwungen, sie zuzuschneiden. Im allgemeinen werden die überstehenden Teile während des Eindrückens der Probe in das

Kompressionsgerät mit einem Faden oder einem Messer entfernt, um so die Probe einzupassen. Diese Arbeiten erfordern wegen der Gefahr der Störung der Probe große Geschicklichkeit.

Die Störung ist nach Möglichkeit zu vermeiden, denn die Versuchsergebnisse einer systematisch gestörten Probe sind völlig anders als die einer ungestörten Probe.

Man geht nämlich dann im allgemeinen von einem größeren Wassergehalt aus. Wenn insbesondere der Wassergehalt bis zur Fließgrenze erhöht wird, beginnt der Versuch mit einer Porenziffer $\varepsilon_{w_f} = 2{,}7\, w_f$, und es ergibt sich ein annähernd geradliniges Diagramm, das das Kurvenstück des zur konsolidierten, ungestörten Probe gehörenden Diagrammes schneidet, und sich dann mit seinem unteren geradlinigen Teil dem anderen anschmiegt, Abb. 5.13.

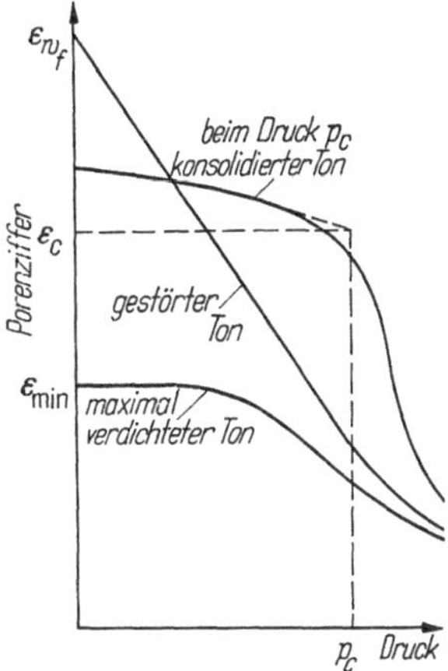

Abb. 5.13. Druck-Porenziffer-Diagramme ein und desselben Tons: konsolidiert, gestört, maximalverdichtet

Die Abbildung zeigt auch das Diagramm des gleichen Tons nach Verdichtung bis zur maximalen Rohwichte des trockenen Bodens, d. h. also mit einem kleinen Anfangswassergehalt.

5.5 Vorherige Sättigung der Bodenprobe

5.5.1 Versuchseinrichtung. Die Kompressionsversuche werden meistens mit gesättigten Proben vorgenommen. Diese Arbeitsweise beruht auf einer reinen Konvention. Sie gilt für einen im Bauwesen sehr häufig vorkommenden Fall (Entnahme der Proben unterhalb des Wasserspiegels). Die Steifezahlen wären zumindest zu Beginn der Lasteintragung höher, wenn man mit teilweiser Sättigung arbeiten würde. Die Kapillarenergie je Volumeneinheit ist in diesem Falle größer und spielt die gleiche Rolle wie zusätzliche äußere Lasten.

Bevor man den Versuch mit der gesättigten Probe beginnen kann, muß ihr — um jegliche Störung zu vermeiden — im Kompressionsgerät selbst ohne Volumenänderung Wasser zugeführt werden. Die Wasseraufnahme mit Volumenänderung stört die Probe durch das infolge des Wassers hervorgerufene Quellen.

Eine Untersuchung der Wasseraufnahme beim Druck null läßt sich genau mit dem Enslin-Gerät [*5.14*] ausführen, Abb. 5.14. Dieses Gerät, das sich im Prinzip nicht von den in (4.3.3) beschriebenen Kapillarimetern unterscheidet, besteht im wesentlichen aus einem Filterstein bekannter Porosität und einem waagrechten, kalibrierten Rohr. Der Filterstein hat in seiner Mitte eine kreisförmige Vertiefung, deren tiefste Stelle die gleiche Höhe wie die Achse des kalibrierten Rohres hat. Diese Vertiefung ist mit dem kalibrierten Rohr über ein U-förmiges Rohr mit

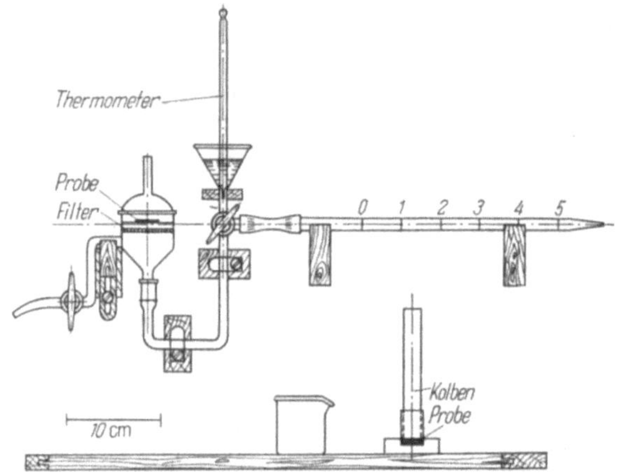

Abb. 5.14. ENSLIN-SCHMIDT-Gerät zur Messung der Wasser-Adsorption und Zubehör zum Erzielen einer Anfangskonsolidierung

Dreiwegehahn auf der Seite des kalibrierten Rohrs verbunden; der Dreiwegehahn stellt die Verbindung mit einem Glastrichter her, durch den das Wasser Eingang findet. Ein anderer, mit dem Filterstein verbundener Hahn ermöglicht es, Luftblasen aus dem Wasser austreten zu lassen.

5.5.2 Abhängigkeit der adsorbierten Wassermenge von der Zeit. Die Versuche werden beim Druck null vorgenommen. Man schließt aus der Lage des Meniskus im kalibrierten Rohr auf die durch die Bodenprobe aufgenommene Wassermenge. Sie wird im allgemeinen auf das Gewicht der Trockensubstanz bezogen. Der Verlauf der Adsorption wird in Abhängigkeit vom Logarithmus der Zeit untersucht.

Die in Prozent des Trockengewichtes ausgedrückte Wasseraufnahme in Abhängigkeit vom Logarithmus der Zeit ergibt eine wachsende, nach unten konkave Kurve mit im allgemeinen waagrechter Asymptote. PICHLER [*5.15*] stellte systematische Versuche mit Gemischen aus Sand und verschiedenen Tonen an. Bei Gemischen von Quarz und Kaolinit dauert die Wasseraufnahme bis zur Sättigung der Bodenprobe kaum länger als fünf Minuten, bei einem Illit 100 Minuten und bei einem Ca-Montmorillonit mehr als 1000 Minuten, Abb. 5.15 und 5.16.

Der Bereich, in dem die Kurven steigen, entspricht der Wasseraufnahme der Poren durch Kapillarenergie. Wenn die Kurve waagrecht und gerade wird, ist die Wasseraufnahme und infolgedessen auch das

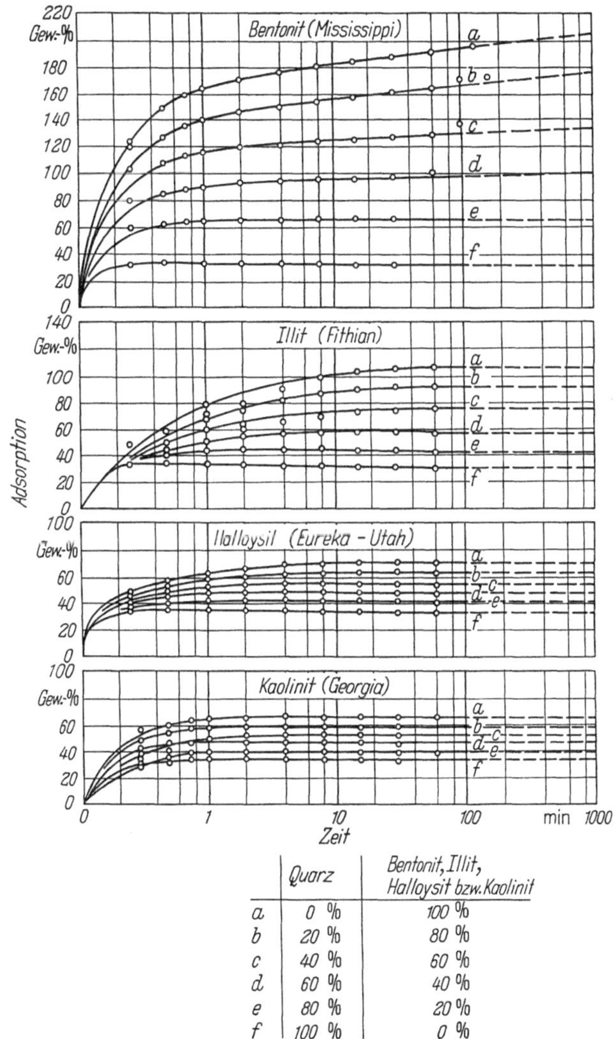

	Quarz	Bentonit, Illit, Halloysit bzw. Kaolinit
a	0 %	100 %
b	20 %	80 %
c	40 %	60 %
d	60 %	40 %
e	80 %	20 %
f	100 %	0 %

Abb. 5.15. Adsorptionsdiagramme (Wasseraufnahme in Abhängigkeit von der Zeit) verschiedener Sand-Tonmineral-Gemische. (Nach PICHLER [*5.15*])

Quellen beendet. Vorher findet noch eine bestimmte Wassermenge in den Lamellen Platz. Dies gilt insbesondere für den Montmorillonit, bei dem die Dicke der Lamellen von 9 bis 15 Å und darüber hinaus wachsen kann, Abb. 5.16.

Die Kurven, Abb. 5.15 und Abb. 5.16, sind recht charakteristisch und können bei der Identifizierung der Tone von Wert sein.

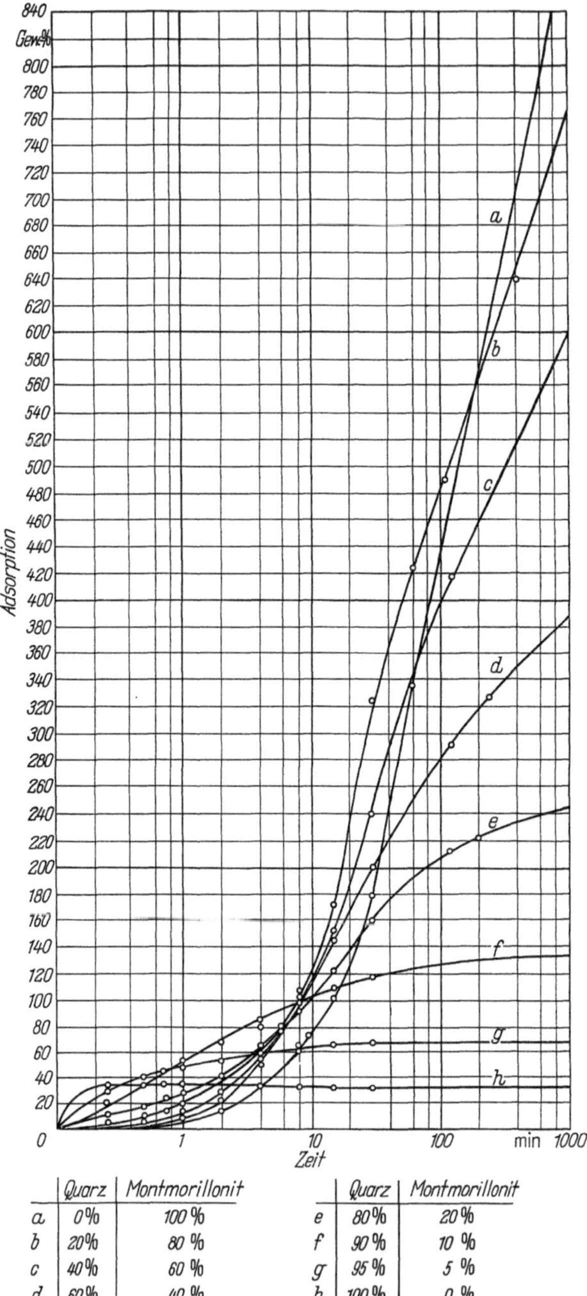

	Quarz	Montmorillonit		Quarz	Montmorillonit
a	0%	100 %	e	80%	20%
b	20%	80 %	f	90%	10 %
c	40%	60 %	g	95%	5 %
d	60%	40 %	h	100%	0 %

Abb. 5.16. Adsorptionsdiagramme (Wasseraufnahme in Abhängigkeit von der Zeit) von Sand-Montmorillonit-Gemischen. (Nach PICHLER [5.15])

5.5.3 Zusammenhang zwischen Volumenänderung und Adsorption. Während des Arbeitens mit dem ENSLIN-Gerät werden gleichzeitig der Wassergehalt der Probe und das Verhältnis aus dem entsprechenden Volumen der feuchten Probe zum Volumen im getrockneten Zustand gemessen. Man findet dann, daß die diese Beziehung darstellende Kurve denen der Abb. 4.22 ähnlich ist. Bis zu einem bestimmten Wassergehalt ist die Änderung des Volumens linear. Unterhalb dieses Wertes nimmt das Volumen weniger schnell als der Wassergehalt ab.

Die Steigung und die Länge der geneigten Kurvenabschnitte, Abb. 5.15 u. 5.16, hängen von der kolloidalen Aktivität des Tons (s. 2.8) ab. Sie sind um so ausgeprägter, je größer die kolloidale Aktivität des Tons ist: Sie sind bei einem Kaolinit klein, bei einem Montmorillonit hingegen sehr groß.

5.5.4 Aufbringen eines Druckes während der Adsorption. Der Charakter der Erscheinungen bleibt der gleiche, wenn der Druck größer als der atmosphärische Druck wird. Man stellt in diesem Falle lediglich fest, daß die Längen der geneigten Abschnitte der Kurven, Abb. 5.15 u. 5.16, mit steigendem Druck kleiner werden.

Bei einem bestimmten Überdruck und unendlicher Wasseraufnahmezeit gibt es also einen Gleichgewichtswassergehalt, bei dem sich die Probe sättigt. Dieser Überdruck addiert sich zu dem Druck von 1 kp/cm^2, der von außen auf die Probe einwirkt — beim Überdruck null —, wenn das Wasser alle Hohlräume ausgefüllt hat. Da sich die Wasseraufnahme beim Kompressionsversuch praktisch nur während einer begrenzten Vorbereitungszeit vollziehen kann, begeht man einen mit dem Tontyp veränderlichen Fehler, der für die Montmorillonite am größten, für die Kaolinite am kleinsten ist. Unter diesem Vorbehalt entsprechen die Porenziffern, die man im Kompressionsgerät beobachtet, den Sättigungswassergehalten, was das Arbeiten an gesättigten Proben mit dem Kompressionsgerät rechtfertigt. Für die konsolidierten Tone besteht kein Interesse, mit vorheriger Sättigung bei einem Druck zu arbeiten, der kleiner als der Mindestdruck ist, mit dem die Probe in situ belastet sein wird.

Die Tatsache, daß es bei einem gegebenen Druck einen ziemlich konstanten Wassergehalt gibt, von dem ab Sättigung und eine je nach Tontyp unterschiedliche Volumenvergrößerung eintritt, läßt sich nur physiko-chemisch erklären.

Die Wasserfilme, die die Körner einhüllen und die eine Anziehungskraft zugleich auf die Körner und das außerhalb davon befindliche Wasser ausüben, bilden Schweißstellen, deren Festigkeit mit zunehmender Dicke der Hydrathüllen abnimmt. Der Zustand, in dem sich das System Festsubstanz—Flüssigkeit befindet, steht in enger Beziehung zu diesen Anziehungskräften.

5.6 Abhängigkeit der Steifezahl von der Art der adsorbierten Kationen

Salas und Serratosa [*5.16*] stellten systematische Versuche an, um die Veränderung der Steifezahl mit der Natur der adsorbierten Kationen zu erforschen.

Als Ergebnis fanden sie, daß die Steifezahl umgekehrt proportional zur *Hydratationsfähigkeit* der Kationen oder – wenn man will – direkt proportional zur Energie ist, mit der die Kationen gebunden sind.

So hat ein Li-Ton im Gegensatz zu einem Ba-Ton eine kleine Steifezahl. Zwischen diesen beiden Tonen liegen die Na- und Ca-Tone.

Nach den genannten Versuchen von Salas und Serratosa hat K^+ nicht die oben (s. 2.6.3) erwähnte anomale Lage, wie Tab. 5.4 zeigt.

Tabelle 5.4
Steifezahl E_s eines Montmorillonites in Abhängigkeit von der Art der adsorbierten Kationen

Bentonit $< 1{,}12\ \mu m$	Fließgrenze w_f %	Porenziffer ε_1 ($p_1 = 1$ kp/cm²)	Kompressionsbeiwert ζ	Steifezahl $E_s = \frac{2{,}3 \cdot 1}{\zeta}(1+\varepsilon_1)$ kp/cm²
Li^+	576	8,21	7,72	2,74
Na^+	494	7,27	6,17	3.08
K^+	193	3,33	1,96	5,08
Ca^{++}	186	3,13	2,04	4.66
Ba^{++}	168	1,81	1,35	4,78

Tab. 5.4 enthält für einen Montmorillonit mit jeweils Li^+-, Na^+-, K^+-, Ca^{++}- und Ba^{++}-Kationen die E_s-Werte, die man aus den genannten Versuchen für den Druck $p = p_1 = 1$ kp/cm² ableiten kann.

Die Steifezahl verändert sich also annähernd im gleichen Sinne wie der Durchlässigkeitskoeffizient.

5.7 Schlußfolgerungen bezüglich des Elastizitäts- bzw. Deformationsmoduls

Für Sande wie für Tone gibt es keinen konstanten Elastizitätsmodul. Der Modul ist bei gegebenem Druck je nach der Art des Tons unterschiedlich groß. Bei Drücken, die höher als der Konsolidierungsdruck sind, wächst er für ein und denselben normalkonsolidierten Ton mit dem Druck.

In situ hat der Boden also einen mit der Tiefe zunehmenden Modul. Ganz allgemein liegen die Moduln für Drücke von einigen kp/cm² zwischen einigen kp/cm² und rd. 100 kp/cm² bei Tonen und zwischen rd. 100 kp/cm² und rd. 1000 kp/cm² und mehr bei Sanden; die sandigen Tone haben Werte, die dazwischen liegen.

Die Messung der Moduln im Laboratorium wird zunächst durch das Probenentnahmegerät selbst gefälscht, außerdem aber auch durch die

Meßvorrichtung und ganz besonders — im Falle der Messung der Steifezahl — durch das Kompressionsgerät, wie in (5.2.3) ausgeführt wurde. Bei den Tonen erlaubt es schließlich die verhältnismäßig kurze Versuchsdauer nicht, die sekundären Konsolidierungserscheinungen zu berücksichtigen.

Im folgenden werden trotz dieser Veränderlichkeit des Moduls die für elastische Systeme gültigen Gleichungen zur Setzungsberechnung angewandt. Die Schwierigkeit besteht für den Ingenieur darin, den Elastizitätsmodul zu wählen, der in jedem Augenblick für den in Betracht kommenden belasteten Bereich den repräsentativsten Mittelwert des Bodens darstellt.

5.8 Messung der zweiten Elastizitätsgröße. Scherverformung

Wie in der Elastizitätslehre der festen Körper können auch die Verformungen der Böden nicht allein durch den Elastizitätsmodul E, das Verhältnis aus der Spannung zur Dehnung im Zylinderdruckversuch, gekennzeichnet werden. Es ist noch eine zweite Elastizitätsgröße, in diesem Falle die Querdehnzahl μ, erforderlich. Diese muß man entweder direkt messen, was schwierig ist, oder indirekt mit Hilfe eines Koeffizienten ermitteln, in den E und μ eingehen. Die Messung des Koeffizienten $\frac{1-2\mu}{E}$ (s. 5.3.1) ist nur für Sande möglich. Bei Tonen versucht man, den Schubmodul $G = \frac{E}{2(1+\mu)}$ zu messen. Der *Schubmodul* G ist jeweils der Quotient aus jeder der Scherspannungen τ_x zur entsprechenden Gleitung $dv/dz + dw/dy$; hierbei sind v und w die Verschiebungen des Punktes mit den Koordinaten y und z in Richtung der y-Achse und z-Achse; τ_x ist die senkrecht zur x-Achse, in der x, y-Ebene oder x, z-Ebene wirkende Scherspannung.

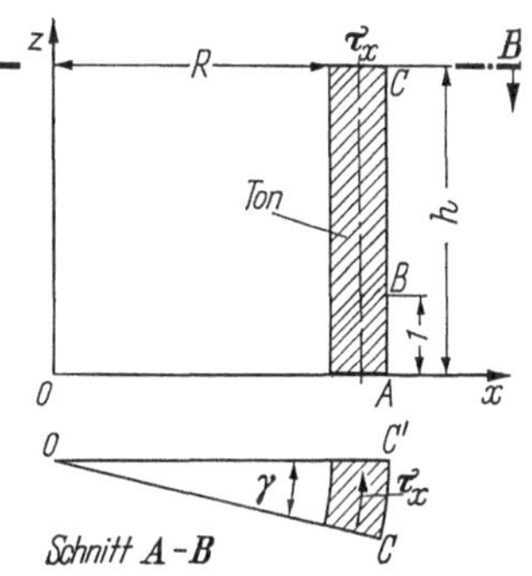

Abb. 5.17. Torsionsversuch mit einem Hohlzylinder aus aufbereitetem Ton. (Nach TAN, TJONG KIE [7.4])

Eine Reihe von Torsionsversuchen an Hohlzylindern aus aufbereitetem Ton wurde im Laboratorium zu Delft von GEUZE und TAN, TJONG KIE vorgenommen [*5.17*]. Diese Hohlzylinder stellte man durch Formung aus pulverisiertem Ton her, der mit einer bestimmten Menge Wasser gemischt war. Die eine Stirnseite des Hohlzylinders mit der Höhe h und dem lichten Halbmesser R war eingespannt, während die andere durch ein Torsionsmoment beansprucht wurde, das die Scherspannung τ_x und eine Drehung des Punktes C von der Größe $R\gamma$ hervorrief, Abb. 5.17.

Die Drehung im Punkt B, im Abstand $z = 1$ von der Grundfläche, beträgt also $R\gamma/h = dv/dz$.

Bei Vernachlässigung von dw/dy kann man dann schreiben:

$$G = \frac{h\,\tau_x}{R\gamma}.$$

Die Zeit spielt bei diesen Versuchen eine beachtliche Rolle; über Einzelheiten der Versuche wird später berichtet (s. 7.5).

Die Versuche zeigten Folgendes: Es ist notwendig und hinreichend, daß τ zum Erzielen eines meßbaren Winkels γ größer als ein bestimmter Schwellenwert τ_0 wird; dies beweist, daß der Ton eine plastische Flüssigkeit nach BINGHAM ist (s. 4.2.4).

Bei konstant gehaltener Scherspannung $\tau > \tau_0$, die während einer gegebenen Zeit t wirkt, nimmt das Verhältnis τ/γ mit τ ab. Bei einem norwegischen Ton z. B. nehmen die Winkel für $t = 1$ Tag im Verhältnis 1, 3, 8 zu, wenn die Momente, d. h. die Scherspannungen, im Verhältnis 1, 2, 3 wachsen, s. Abb. 7.8. Für $t = 1$ Tag und bei kleinstem aufgebrachtem Moment (das eine Scherspannung von $\tau_x = 40\ p/\text{cm}^2$ ergibt) hat man eine Verdrehung $\gamma = 0{,}5°$ bei $R = 3{,}8$ cm und $h = 7$ cm; dies entspricht einem Schubmodul von

$$G = \frac{0{,}040 \cdot 7 \cdot 180}{0{,}5 \cdot 3{,}8 \cdot \pi} = 8{,}5\ \text{kp/cm}^2\,.$$

Durch Vergleich der E- und G-Werte für den gleichen Ton und bei gleichem Spannungsfeld läßt sich der Wert für μ herleiten.

Solche Vergleiche wurden bisher nicht systematisch vorgenommen. Man nimmt allgemein an, daß die Querdehnzahl μ, deren absolute Grenzen 0 und 0,5 sind, zwischen 0,20 und 0,30 liegt. Es liegen im übrigen auch sehr wenig experimentelle Daten für μ_q, die Querdehnzahl im Falle des Quellens der Böden vor.

6 Setzungsberechnung. Verteilung der Verformungen und Spannungen im Boden

Im letzten Kapitel wurden die beiden Größen E und μ untersucht, die die Verbindung zwischen den Spannungen und Verformungen der Böden herstellen.

Dies ermöglicht es nun, das Problem der Setzung eines auf einem Boden gegründeten Bauwerks zu lösen. Die Setzung ist mehr oder weniger groß, aber nicht null. Der Bodenmechaniker muß unter Berücksichtigung der E- und μ-Werte die Größe dieser Setzung ermitteln und prüfen, ob sie mit der Konstruktion des Bauwerks verträglich ist.

Zunächst sollen die lotrechten Verformungen bestimmt werden, die sich in einem Boden unter der Einwirkung von lotrechten Lasten einstellen können. Die in vielen klassischen Lehrbüchern vorgeschlagene Methode läßt sich folgendermaßen zusammenfassen:

- Bestimmung der lotrechten Spannung infolge der Lasten in allen Punkten,
- Berechnung der Setzungen aus den Spannungen mit Hilfe des nach dem Kompressionsversuch erhaltenen Druck-Setzungs-Diagramms.

Zur Berechnung der lotrechten Spannung greift man im allgemeinen auf die Arbeiten von BOUSSINESQ [*6.1*] zurück, und zwar insbesondere auf die Formel, die in jedem Punkt eines Mediums die lotrechte Spannung infolge einer lotrechten Einheitslast angibt; diese steht dabei auf der freien, ebenen und waagrechten Oberfläche senkrecht. Anschließend ermittelt man mit Hilfe des Druck-Setzungs-Diagramms die Setzungen aus den lotrechten Spannungen.

Bei diesem Vorgehen begeht man einen beachtlichen Fehler, da man hierbei den Einfluß der anderen Spannungskomponenten auf die Setzung vernachlässigt; außerdem gehen Fehler in die Rechnung ein, die in der Natur der Druck-Setzungs-Diagramme liegen und insbesondere mit der behinderten Querdehnung im Zusammenhang stehen. Schließlich zeigt dieses Vorgehen, daß man die ursprünglich von BOUSSINESQ benutzte Methode aus den Augen verloren hat; denn BOUSSINESQ bestimmte die Verformungen *direkt* und leitete anschließend daraus die Spannungen her. Man vergißt also, daß die Theorie von BOUSSINESQ unmittelbar und sehr einfach auf Setzungsberechnungen anwendbar ist.

6.1 Boussinesqsche Theorie für den elastisch-isotropen Halbraum, der an seiner Oberfläche durch eine lotrechte Einzellast beansprucht wird

Es werde ein durch eine unbegrenzte waagrechte Ebene abgeschlossenes elastisch-isotropes Medium (elastisch-isotroper Halbraum) betrachtet und angenommen, daß man in einem Punkt der Ebene eine Einzellast P anbringt. Das Medium verformt sich unter dem Einfluß dieser Einzellast; die Größe dieser Verformung soll nun untersucht werden.

Die in einem Punkt eines elastisch-isotropen Mediums wirkenden Spannungen leiten sich von sechs Größen ab und sind durch drei, nach den Gesetzen der Mechanik aufgestellte Beziehungen verknüpft. Bei Vernachlässigung der Volumenkräfte lauten diese drei Beziehungen:

$$\frac{\partial \sigma_x}{\partial x} + \frac{\partial \tau_z}{\partial y} + \frac{\partial \tau_y}{\partial z} = 0 \qquad (1\,\text{a}),$$

$$\frac{\partial \tau_z}{\partial x} + \frac{\partial \sigma_y}{\partial y} + \frac{\partial \tau_x}{\partial z} = 0 \qquad (1\,\text{b}),$$

$$\frac{\partial \tau_y}{\partial x} + \frac{\partial \tau_x}{\partial y} + \frac{\partial \sigma_z}{\partial z} = 0 \qquad (1\,\text{c});$$

dabei sind σ_x, σ_y, σ_z, τ_x, τ_y, τ_z die sechs Parameter, von denen der Spannungstensor abhängt: σ_x ist die Normalkomponente der Spannung senkrecht zur y, z-Ebene, τ_x stellt die eine oder andere der Schubspannungen dar, die senkrecht zur x-Achse in den beiden, durch diese gehenden Ebenen, der x, z-Ebene und der x, y-Ebene, wirkt[1]; für die Hauptspannungen seien die Bezeichnungen σ_1, σ_2, σ_3 vorbehalten.

Um die dreifache Unbestimmtheit (6 unbekannte Parameter und nur 3 Gleichungen) zu beseitigen, muß man eine Annahme treffen: Es wird angenommen, daß die Verformungen mit den Spannungen durch das HOOKEsche Gesetz verknüpft sind. Die erhaltenen Ergebnisse sind also exakt nur solange gültig, wie dieses Gesetz existiert.

Es wird weiter angenommen, daß diese Hypothese auf das oben definierte Medium anwendbar ist.

Unter diesen Bedingungen können die sechs Unbekannten, die die Komponenten der Spannung in einem Punkt definieren, in Abhängigkeit von den Verschiebungen u, v, w des Punktes x, y, z mit Hilfe des Gleitmoduls G — der mit E durch die Gleichung $G = \frac{E}{2(1+\mu)}$ verbunden ist — und der Querdehnzahl μ, d. h. in Abhängigkeit der beiden physikalischen, den Körper kennzeichnenden Größen, wie folgt ausgedrückt werden:

$$\sigma_x = 2G\left(\frac{\partial u}{\partial x} + \frac{\mu}{1-2\mu}\,\theta\right) \tag{2a}$$

$$\sigma_y = 2G\left(\frac{\partial v}{\partial y} + \frac{\mu}{1-2\mu}\,\theta\right) \tag{2b}$$

$$\sigma_z = 2G\left(\frac{\partial w}{\partial z} + \frac{\mu}{1-2\mu}\,\theta\right) \tag{2c}$$

$$\tau_x = G\left(\frac{\partial v}{\partial z} + \frac{\partial w}{\partial y}\right) \tag{2d}$$

$$\tau_y = G\left(\frac{\partial w}{\partial x} + \frac{\partial u}{\partial z}\right) \tag{2e}$$

$$\tau_z = G\left(\frac{\partial u}{\partial y} + \frac{\partial v}{\partial x}\right) \tag{2f}$$

$\theta = \frac{dV}{V}$ bezeichnet hierbei die Raumdehnung oder die kubische Dilatation:

$$\theta = \frac{\partial u}{\partial x} + \frac{\partial v}{\partial y} + \frac{\partial w}{\partial z}.$$

Wenn man die Werte, Gln. (2), in die drei Grundbeziehungen, Gln. (1), einsetzt, ergeben sich die drei allgemeinen, bekannten Differen-

[1] Zur Unterscheidung der beiden Ebenen bedient man sich vielfach eines zweiten Index; die obige Schubspannung τ_x würde danach in der x, z-Ebene τ_{xz}, in der x, y-Ebene τ_{xy} zu bezeichnen sein (Anm. des Übersetzers).

tialgleichungen, die die Verformungen in einem Punkt miteinander verknüpfen:

$$\frac{\partial \theta}{\partial x} + (1 - 2\mu) \triangle u = 0 \quad (3a),$$

$$\frac{\partial \theta}{\partial y} + (1 - 2\mu) \triangle v = 0 \quad (3b),$$

$$\frac{\partial \theta}{\partial z} + (1 - 2\mu) \triangle w = 0 \quad (3c),$$

mit $\triangle$ als dem LAPLACE-Operator.

Es ist das Verdienst von BOUSSINESQ, gezeigt zu haben, daß für eine an der Oberfläche des Halbraums in Richtung der z-Achse gerichtete Kraft P – der Koordinatenursprung ist gleich dem Angriffspunkt der Kraft – das Gleichungssystem

$$u = -a \frac{x}{r(z+\varrho)} + b \frac{z x}{\varrho^3} \quad (4a),$$

$$v = -a \frac{y}{r(z+\varrho)} + b \frac{z y}{\varrho^3} \quad (4b),$$

$$w = -c \frac{1}{\varrho} + b \frac{z^2}{\varrho^3} \quad (4c)$$

einen möglichen elastischen Zustand darstellt, d. h. mit den obigen allgemeinen Gleichgewichtsbedingungen verträglich ist (a, b, c Konstante, ϱ Abstand des Angriffspunktes der Kraft vom betrachteten Punkt $M(x, y, z)$, Abb. 6.1.

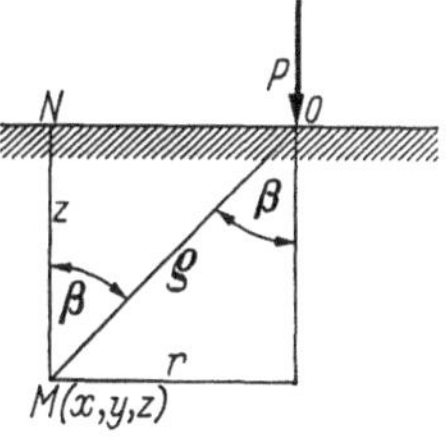

Abb. 6.1. Durch eine lotrechte Einzellast an seiner Oberfläche beanspruchter elastisch-isotroper Halbraum

Der Beweis hierzu erfordert umfangreiche Berechnungen, die jedoch keinerlei Schwierigkeiten bereiten. Danach sind die drei Gleichungen, Gln. (3), unter der Voraussetzung identisch erfüllt, daß die Beziehung existiert:

$$2b + \frac{1}{1 - 2\mu}(b - a - c) = 0 .$$

Die Randbedingungen können folgendermaßen formuliert werden: Wenn man als z-Achse die Wirkungslinie der Einzelkraft P, Abb. 6.1, und als Ursprung O den Angriffspunkt dieser Kraft auf der waagrechten ebenen Oberfläche annimmt, so müssen τ_x und τ_y in jedem Punkt der Oberfläche und σ_z in jedem Punkt außer in O null sein.

Setzt man die Werte, Gln. (4), in Gln. (2) ein, so ergibt die Bedingung $\tau_x = \tau_y = 0$ ohne Schwierigkeit: $a + b - c = 0$.

Durch Einsetzen der obigen Werte für u, v, w, Gln. (4), in σ_z, Gl. (2c), schreibt sich die letzte Bedingung:

$$\sigma_z = -6Gb \frac{z^3}{\varrho^5} \quad (5),$$

die gleich null zu setzen ist.

Dieser Ausdruck verschwindet stets für $z = 0$, außer in der Umgebung des Ursprungs. Hier ist $\varrho = z = 0$; σ_z nimmt die Form 0/0 an.

BOUSSINESQ verzichtete übrigens darauf, die Verhältnisse in unmittelbarer Nähe des Angriffspunktes der Kraft zu untersuchen, da die von ihm angegebenen Ausdrücke für u, v, w im Ursprung diesen unbestimmten Wert 0/0 annehmen. Die Theorie von BOUSSINESQ gilt also nur für Punkte in einiger Entfernung vom Ursprung, es sei denn, man nimmt an, daß die Kraft flächenhaft und nicht punktförmig angreift.

Um eine Untersuchung der Verhältnisse in unmittelbarer Umgebung des Ursprungs zu vermeiden, wird eine waagrechte Ebene im Abstand z vom Ursprung gelegt. Bei Vernachlässigung des Eigengewichtes des Mediums muß die Summe der Spannungen σ_z, die in dieser Ebene wirken, gleich P sein.

Die Resultierende der lotrechten Kräfte, die in der Ebene mit der Kote z auf der ringförmigen Fläche zwischen r und $r + dr$ wirken, beträgt

$$6 G b \frac{z^3}{(z^2 + r^2)^{\frac{5}{2}}} 2\pi r \, dr \, .$$

Wenn man ansetzt, daß das Integral dieses Ausdruckes zwischen $r = 0$ und $r = \infty$ gleich P ist, so ergibt sich

$$4 G b \pi = P$$

und daraus

$$b = \frac{P}{4\pi G} \, .$$

Aus dem Ausdruck, Gl. (5), wird damit

$$\sigma_z = -\frac{3P}{2\pi} \frac{z^3}{\varrho^5} \qquad (6)$$

Dies ist der bekannte, von E unabhängige, d. h. für alle elastischen Medien universell gültige Ausdruck.

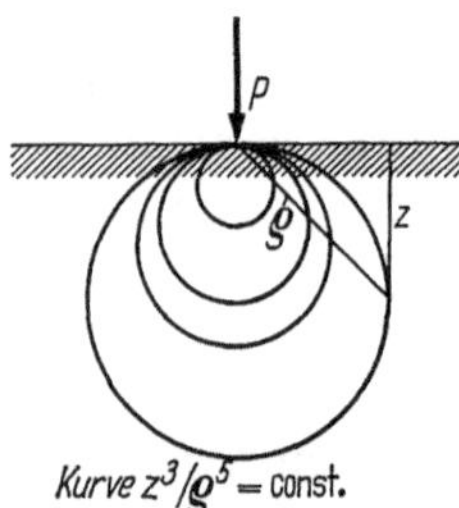

Abb. 6.2. Kurven gleicher Vertikalkomponenten der auf horizontalen Elementen wirkenden Spannungen infolge einer Einzellast

Danach erfüllen die Linien gleichen lotrechten Druckes σ_z die Gleichung z^3/σ^5 = constans; sie haben die in Abb. 6.2 gezeigte Form.

Wenn man für a, b und c die errechneten Werte in Gln. (4) einsetzt, folgt nach Ausführung aller Rechnungen für den mittleren Druck $p = {}^1/_3 (\sigma_1 + \sigma_2 + \sigma_3)$ der Wert

$$p = \frac{P(1+\mu)}{3\pi} \frac{z}{\varrho^3} \qquad (7).$$

Dieses Ergebnis wird in (7.2.1.2) noch benötigt.

Durch Einführen der Werte von a, b, c in die Ausdrücke, Gln. (4), für u, v, w findet man

$$u = -\frac{1-2\mu}{4\pi G} P \frac{x}{r(z+\varrho)} + \frac{P}{4\pi G} \frac{z\,x}{\varrho^3},$$

$$v = -\frac{1-2\mu}{4\pi G} P \frac{y}{r(z+\varrho)} + \frac{P}{4\pi G} \frac{z\,y}{\varrho^3},$$

$$w = \frac{2-2\mu}{4\pi G} P \frac{1}{\varrho} + \frac{P}{4\pi G} \frac{z^2}{\varrho^3}.$$

Der Schubmodul G ist — wie bereits erwähnt — gleich $\frac{E}{2(1+\mu)}$; dieser Ausdruck hängt von dem elastischen Verhalten der Materie ab.

Die obigen drei Gleichungen reichen aus, um die Spannungen und Verformungen, die eine auf dem elastisch-isotropen Halbraum wirkende Einzellast erzeugt, auf direktem Wege zu berechnen.

6.2 Anwendung der Boussinesqschen Theorie auf die Berechnung der Verformungen der Böden

6.2.1 Lotrechte, an der Oberfläche eines Bodens wirkende Einzellast. Experimentelle Nachprüfungen ergaben, daß die obigen Formeln auf die Berechnung eines den Halbraum ausfüllenden, homogenen, durch E und μ gekennzeichneten und an seiner freien Oberfläche durch eine lotrechte Einzellast P beanspruchten Bodens anwendbar sind, obwohl E und μ in diesem Falle von der Größe der wirkenden Spannungen abhängen.

Die lotrechte Verformung, d. h. die Setzung, die den Bodenmechaniker fast ausschließlich beschäftigt, beträgt danach also:

$$w = \frac{P}{4\pi G \varrho}\left(2 - 2\mu + \frac{z^2}{\varrho^2}\right),$$

mit

$$G = \frac{E}{2(1+\mu)}.$$

Durch Einführen des Winkels β ($\tan\beta = r/z$), den der Halbmesser r mit der Lotrechten im Punkt M bildet, für den die Setzung w gesucht ist, Abb. 6.1, läßt sich diese Gleichung auch in der Form schreiben:

$$w = \frac{P}{4\pi G r} \sin\beta\,(2 - 2\mu + \cos^2\beta) \tag{8}$$

Bei gleichem r hängt also die Setzung von der Funktion

$$f(\beta) = \sin\beta\,(2 - 2\mu + \cos^2\beta) \tag{9}$$

ab.

Die Setzung an der Oberfläche beträgt:

$$w_0 = \frac{P}{4\pi G r} f\left(\frac{\pi}{2}\right).$$

Sie ist gleich der Setzung, die die Last P in der Tiefe mit der Kote z hervorruft, für die $f(\beta) = f(\pi/2)$ wird; mithin gilt:

$$\sin\beta\,(2 - 2\mu + \cos^2\beta) = 2 - 2\mu\,.$$

Für $\mu = 0{,}25$ erhält man:

$$\beta = 55^\circ\,.$$

Betrachtet man also in einem Boden mit der Querdehnzahl $\mu = 0{,}25$ den geraden Kegel mit der Spitze O und dem Winkel $\beta = 55^\circ$ an der Spitze, so spielt sich alles in bezug auf die Setzungen so ab, als ob die oberhalb dieses Kegels homogen vorausgesetzte Erdmasse nicht vorhanden wäre, da auf der gleichen Lotrechten die Differenz der Verformungen an der Oberfläche (w_0) und auf dem Kegel (w_z) null ist, d. h. also $w_0 - w_z = 0$, Abb. 6.3.

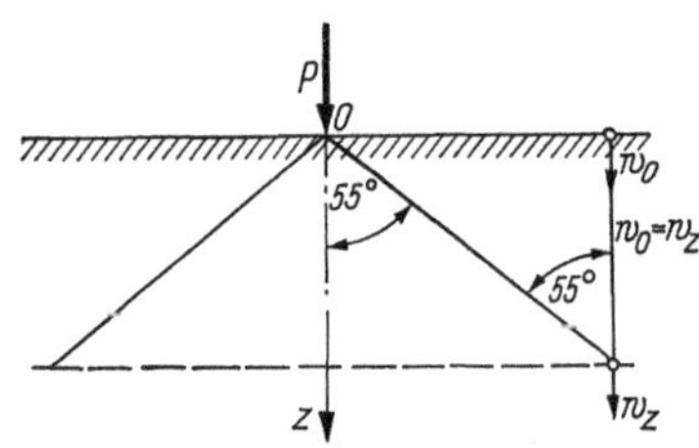

Abb. 6.3. Gerader Kegel, auf dem alle Punkte die gleiche lotrechte Verformung wie die otrecht darüber liegenden Punkte der Halbraumoberfläche erfahren

6.2.2 Mehrere lotrechte Einzellasten an der Oberfläche eines Bodens.

Dieses Problem bietet aufgrund des Superpositionsprinzips der Kräfte keinerlei Schwierigkeit.

Die Setzung in einem durch die Zylinderkoordinaten r_1, z; r_2, z; ...; $r_n\, z$ in bezug auf die Angriffspunkte O_1, O_2, ..., O_n der n lotrechten Einzellasten gegebenen Punkt beträgt:

$$w = \frac{1}{4\pi G} \sum \frac{P}{r} f(\beta) \qquad (10).$$

Die in Abb. 6.4 dargestellte Funktionsleiter erlaubt es, jede Zwischenrechnung zu vermeiden. Für jeden Wert r/z ist der Wert der

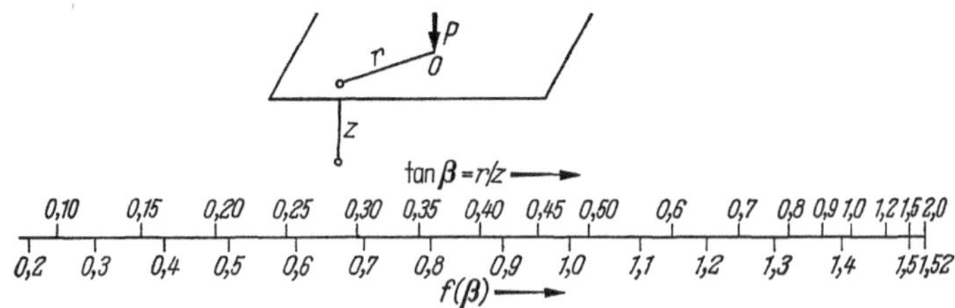

Abb. 6.4. Funktionsleiter für die Funktion $f(\beta)$. Für $\tan\beta < 0{,}10$ gilt $f(\beta) = 2{,}5\tan\beta$. Für $10 < \tan\beta < \infty$ gilt $f(\beta) = 1{,}50$

Funktion

$$f(\beta) = \sin\beta\,[2\,(1 - \mu) + \cos^2\beta]$$

für $\mu = 0{,}25$ angegeben.

Der Wert von $f(\beta)$ ist also mit

$$\frac{1}{r}\,\frac{P\,(1+\mu)}{2\pi E}\approx 0{,}2\,\frac{P}{E\,r}$$

zu multiplizieren.

6.2.3 Schichten mit unterschiedlichen Elastizitätsmoduln. Es seien vier übereinanderliegende Erdschichten gegeben, Abb. 6.5. Die erste erstreckt sich von $z = 0$ bis $z = 1$ m und ist durch einen Elastizitätsmodul $E = 100$ kp/cm² gekennzeichnet, die zweite von $z = 1$ m bis $z = 5$ m mit $E^* = 200$ kp/cm², die dritte von $z = 5$ m bis $z = 10$ m mit $E^* = 1000$ kp/cm²; die vierte Schicht liegt in einer Tiefe $z > 10$ m und hat einen Elastizitätsmodul $E^* = 10000$ kp/cm².

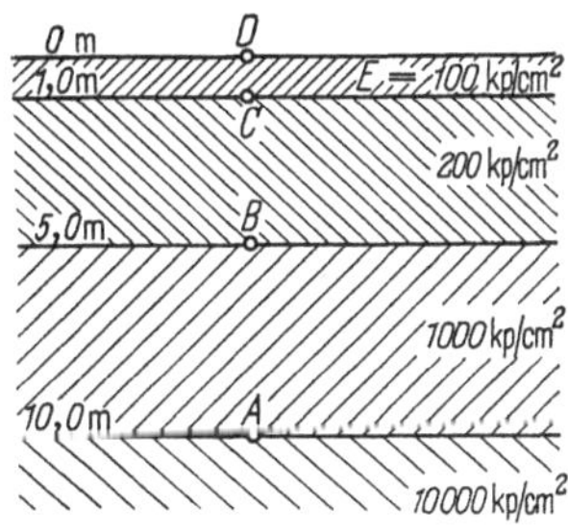

Abb. 6.5. Schichtenplan zum Anwendungsbeispiel (6.2.3)

Zur Berechnung der Setzung infolge einer Einzellast P wird zunächst angenommen, daß der Boden von $z = 0$ bis $z = \infty$ einen Elastizitätsmodul $E = 100$ kp/cm² hat und daß $0{,}2\,P/Er$ gleich 10 mm ist. Auf der Lotrechten, auf der man die Setzungen zu bestimmen wünscht, mögen die aus Abb. 6.4 entnommenen $f(\beta)$-Werte für den betrachteten Wert r und die Werte $z = \infty$, $z = 10$ m, $z = 5$ m und $z = 1$ m: 0, 1,41, 1,52 und 1,50 betragen. Hieraus ergibt sich: $w_\infty = 0$ mm, $w_{10\,\mathrm{m}} = 14{,}1$ mm, $w_{5\,\mathrm{m}} = 15{,}2$ mm und $w_{1\,\mathrm{m}} = 15{,}0$ mm. Die Setzungen der Schichten ergeben sich aus der Differenz dieser w-Werte. Um die wirklichen Setzungen für die Schichten zu erhalten, die einen von $E = 100$ kp/cm² unterschiedlichen Elastizitätsmodul E^* haben, kann man die errechneten Werte im Verhältnis E/E^* abmindern. So erhält man im vorliegenden Fall die folgenden Setzungen:

$$\text{Schicht unterhalb } A:\quad \frac{14{,}1}{100} = 0{,}14\,\text{mm}\,,$$

$$\text{Schicht von } A \text{ bis } B:\quad \frac{15{,}2-14{,}1}{10} = 0{,}11\,\text{mm}\,,$$

$$\text{Schicht von } B \text{ bis } C:\quad \frac{15{,}0-15{,}2}{2} = -0{,}10\,\text{mm}\,,$$

$$\text{Schicht von } C \text{ bis } D:\quad 15{,}0-15{,}0 = 0{,}0\,\text{mm}\,.$$

Die Gesamtsetzungen in A, B, C, D betragen also 0,14 mm, 0,25 mm, 0,15 mm und 0,15 mm; die Gesamtsetzung in D ist gleich der Gesamtsetzung der Bodenoberfläche: $w_0 = 0{,}15$ mm. Punkt für Punkt läßt sich so die Setzungslinie der Bodenoberfläche aufzeichnen, deren Ordinate der größten Verformung unter dem Angriffspunkt der Kraft liegt.

Wenn man die Verformung in einem bestimmten Punkt unter dem Einfluß eines Systems von lotrechten Kräften P ermitteln möchte, so genügt es, diesen Punkt mit der Ordinate der größten Verformung der Setzungslinie zur Deckung zu bringen und $\Sigma\, P w_0$ zu bilden.

6.2.4 Gleichmäßig verteilte lotrechte Lasten, die durch eine (schlaffe) Membran auf den Boden übertragen werden. Eine Näherungsmethode zur Lösung dieser Aufgabe besteht darin, die Angriffsfläche der Last in kleine Flächenelemente aufzuteilen, auf denen man die annähernd gleichmäßig verteilte Last durch ihre Resultierende ersetzt; damit ist diese Aufgabe auf das in (6.2.2) behandelte Problem zurückgeführt.

Für einige einfache Begrenzungen der belasteten Membran läßt sich hiernach eine geschlossene Lösung angeben.

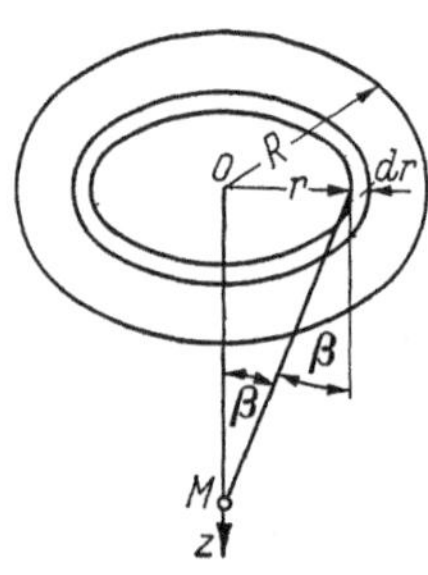

Abb. 6.6. Skizze zur Ermittlung der Setzung unterhalb einer gleichmäßig belasteten kreisförmigen Membran

6.2.4.1 Membran mit kreisförmiger Begrenzung. Die Formel von Boussinesq liefert den Wert für die lotrechte Verformung in allen Punkten der Achse der belasteten Fläche.

Es werde angenommen, daß die waagrechte freie Oberfläche auf einer Kreisfläche mit dem Halbmesser R und dem Mittelpunkt O durch eine Flächenlast p gleichmäßig beansprucht wird. Unter dieser Belastung ist die Setzung an verschiedenen, auf der Lotrechten durch O liegenden Punkten mit der Kote z gesucht, Abb. 6.6.

Betrachtet man auf der freien Oberfläche die Kreisringfläche $2\,\pi\, r\, dr$ zwischen den Kreisen mit den Halbmessern r und $r + dr$, so ergibt die entsprechende Kraft $p\, 2\,\pi\, r\, dr$ nach der vorstehenden Formel, Gl. 8 (6.2.1), die Setzung:

$$dw = \frac{1}{r}\,\frac{p\, 2\pi\, r\, dr}{4\pi G}\sin\beta\,[2\,(1-\mu)+\cos^2\beta] =$$

$$= \frac{p}{2G}\, dr \sin\beta\,[2\,(1-\mu)+\cos^2\beta]\,.$$

Unter Berücksichtigung der Beziehung $r = z\tan\beta$ gilt:

$$w = \frac{p\,z}{2G}\int_0^{\beta_0}\left[2\,(1-\mu)\,\frac{\sin\beta}{\cos^2\beta} + \sin\beta\right] d\beta =$$

$$= \frac{p\,z}{2G}\left[\frac{2\,(1-\mu)}{\cos\beta} - \cos\beta\right]_0^{\beta_0};$$

dabei ergibt sich β_0 aus β für $r = R$. Somit wird:

$$w = \frac{p\,z}{2G}\left[2\,(1-\mu)\left(\frac{1}{\cos\beta_0} - 1\right) - (\cos\beta_0 - 1)\right] =$$
$$= \frac{p\,z}{2G}\,(1-\cos\beta_0)\left[\frac{2\,(1-\mu)}{\cos\beta_0} + 1\right],$$

d. h., in Abhängigkeit von R ausgedrückt,

$$w = \frac{p\,R}{2G}\;\frac{(1-\cos\beta_0)}{\sin\beta_0}\,[2\,(1-\mu) + \cos\beta_0]\,.$$

Da für Punkt O der Winkel $\beta_0 = \frac{\pi}{2}$ wird, beträgt die Setzung in O:

$$w_0 = 2\,\frac{p\,R}{E}\,(1-\mu^2) \tag{11}$$

oder

$$w_0 = 2\,\frac{P\,(1-\mu^2)}{\pi\,E\,R} \tag{12},$$

mit p als der eingeprägten gleichmäßig verteilten Flächenlast und P als der entsprechenden Einzellast.

Dieser Ausdruck ist also doppelt so groß wie der Ausdruck

$$w_0 = \frac{P\,(1-\mu^2)}{\pi\,E\,R}\,,$$

den man für die Setzung der Oberfläche im Abstand R von einer *Einzellast P* erhält.

Für Punkte, die außerhalb der Achse der belasteten Kreisfläche liegen, ist die Integration möglich; sie hängt von elliptischen Integralen ab.

6.2.4.2 Membran mit rechtwinkeliger Begrenzung. Es seien $2\,l$ die kleine und $2b$ die große Seite des gleichmäßig belasteten Rechtecks $ABCD$, Abb. 6.7.

SCHLEICHER [*6.2*] berechnete im Jahre 1926 mit Hilfe der Formel von BOUSSINESQ für w die Setzung der Oberfläche an einer Ecke des Rechtecks. Diese ist durch den Ausdruck gegeben:

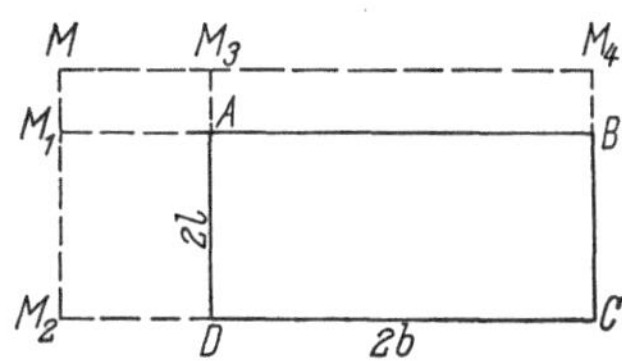

Abb. 6.7. Gleichmäßig belastete Rechteckmembran

$$w_0 = \frac{p\,l}{E}\,(1-\mu^2)\,\frac{2}{\pi}\left[m\ln\left(\frac{1+\sqrt{1+m^2}}{m}\right) + \ln\left(m + \sqrt{1+m^2}\right)\right] \tag{13},$$

mit dem Seitenverhältnis

$$m = \frac{b}{l}\,.$$

Der *Setzungsbeiwert* $\boldsymbol{r} = \dfrac{w_0}{\frac{p\,l}{E}\,(1-\mu^2)}$ wächst von 1,12 bis unendlich für ein von eins bis unendlich zunehmendes Seitenverhältnis m, wie die

Tabelle 6.1
Setzungsbeiwert r zur Ermittlung der Setzung einer Ecke einer gleichmäßig belasteten Rechteckmembran in Abhängigkeit vom Seitenverhältnis m der Rechteckmembran

m	1	1,5	2	2,5	3	4	5	6	10	20
r	1,12	1,355	1,53	1,67	1,78	1,96	2,10	2,21	2,58	3,10

Kurve, Abb. 6.8, und die Werte, Tab. 6.1, zeigen. Diese Gleichung ermöglicht es, die Setzung irgend eines Punktes der Oberfläche des Bodens zu berechnen, indem man die vier Rechtecke mit dem gemeinsamen Eckpunkt M zeichnet, der jedem der vier Eckpunkte A, B, C, D zugeordnet ist.

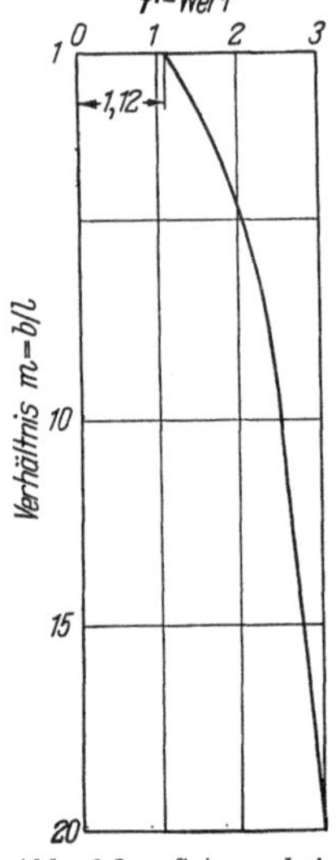

Abb. 6.8. Setzungsbeiwert r in Abhängigkeit vom Seitenverhältnis m

So ergibt sich im Falle der Abb. 6.7 — M außerhalb des Rechtecks $ABCD$ — die Setzung dadurch, daß man die Formel auf das Rechteck MM_2CM_4 anwendet, die Setzung infolge der Rechtecke MM_2DM_3 und MM_1BM_4 davon abzieht und die Setzung des Rechtecks MM_1AM_3 hinzufügt.

Wenn der Punkt M innerhalb des Rechtecks $ABCD$ liegt, addieren sich die Wirkungen der entsprechenden vier Rechtecke. Befindet sich insbesondere der Punkt M im Mittelpunkt dieses Rechtecks, so hat man die vierfache Wirkung eines Rechtecks mit dem gleichen Seitenverhältnis m, Tab. 6.1, jedoch bei halber Breite. Die Setzung des Mittelpunktes ist mithin doppelt so groß wie die Setzung der vier Eckpunkte.

6.3 Gleichmäßig oder nicht gleichmäßig verteilte lotrechte Lasten, die mit Hilfe von starren Platten auf den Boden eingetragen werden. Spannungen und Verformungen der Oberfläche

In der Praxis übertragen die Bauwerke die Spannungen über starre Fundamente auf den Boden.

Boussinesq zeigte, daß die Bodenpressungen im Falle einer starren, kreisrunden Platte mit dem Halbmesser R unter der Last P am Rand unendlich groß und in der Mitte gleich $p/2$ sind, Abb. 6.9; dabei ist p gleich $P/\pi R^2$. Dies gilt unter der Voraussetzung, daß alle Bodenpressungen lotrecht verlaufen, d. h., daß keine Scherspannungen unter der Platte auftreten.

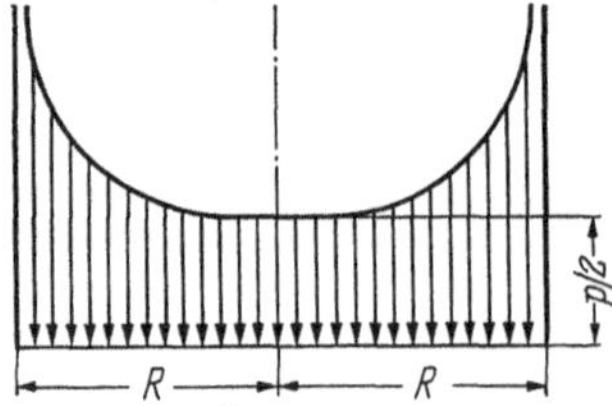

Abb. 6.9. Verteilung der Bodenpressungen unter einer mittig belasteten, starren Kreisplatte

Nun können sich aber an der Oberfläche selbst eines bindigen und a fortiori eines rolligen Bodens keine unendlich großen Bodenpressungen ausbilden, da die größte Pressung nicht größer als die Grenzbodenpressung werden kann. Durch die Steifigkeit der die Bodenpressung

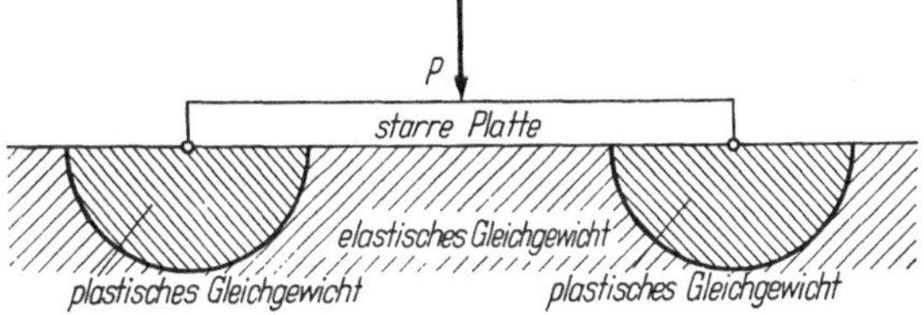

Abb. 6.10. Lage der elastischen und plastischen Bereiche in einem Boden unterhalb einer starren Kreisplatte

übertragenden Teile wird also – so klein auch P ist – im Boden unter den Rändern ein plastisches Gleichgewicht hervorgerufen, das mit einem Fließen der Materie (Gleitflächen) verbunden ist.

Die Größe der Endzonen, Abb. 6.10, in denen ein plastisches Gleichgewicht eintritt, hängt von P, der Natur des Bodens und der Steifigkeit des Fundamentes ab.

Infolge der mehr oder weniger großen Zonen plastischen Gleichgewichts unter den Rändern wird die Setzung größer sein als die nach den Formeln der Elastizitätstheorie für starre und auf der Oberfläche des elastischen Halbraums ruhende Platten berechnete Setzung.

Die Elastizitätstheorie ergibt übrigens als Gesamtsetzung w_0 der starren Platte die im folgenden zusammengestellten Werte.

– Starre kreisförmige Platte:

$$w_0 = 1{,}57 \frac{p R}{E} (1 - \mu^2) ,$$

mit R als dem Halbmesser der Platte;

– starre quadratische Platte

$$w_0 = 1{,}76 \frac{p\, l}{E} (1 - \mu^2) ,$$

mit l als der halben Seitenlänge des Quadrates.

6.4. Allgemeine Formel für die Berechnung der Verformungen der Oberfläche des Bodens unter einer belasteten biegsamen oder einer starren Platte

Bei beliebiger Form der durch einen gleichmäßig verteilten und lotrechten Druck p belasteten Fläche, gleichgültig, ob der Druck über eine starre oder nicht starre Platte auf die Oberfläche des den Halbraum ausfüllenden Bodens eingetragen wird, läßt sich die Setzung der

Oberfläche allgemein in der Form

$$w_0 = C_f \frac{p R}{E} (1 - \mu^2)$$

anschreiben. Dabei ist C_f eine Formzahl, die von der Form und Biegsamkeit der Platte abhängt, die den Druck überträgt; R kennzeichnet die Abmessungen der Platte.

Die Formzahl C_f ist für einige Fälle in Tab. 6.2 angegeben. Wenn man R in obiger Formel durch den mittleren Halbmesser R_m der be-

Tabelle 6.2

Formzahl C_f in Abhängigkeit von der Form der Platte und ihrer Steifigkeit

Form der Platte	starr	schlaff			
		Mitte	Rand[2]	Ecke	Mittelwert[3]
kreisförmig	1,57	2	1,275	—	1,70
quadratisch	1,76	2,24	1,53	1,12	1,90
rechteckig m[1] = 2,0	—	3,06	2,24 1,96	1,53	2,60
rechteckig m = 3,0	—	3,56	2,71 2,21	1,78	3,05
rechteckig m = 5,0	—	4,20	3,34 2,58	2,10	3,66
rechteckig m = 10,0	—	5,16	4,20 3,10	2,58	4,50

[1] m Seitenverhältnis

[2] Die obere Zahl gilt für die Setzung in der Mitte der großen Seite, die untere für die Setzung in der Mitte der kleinen Seite

[3] Mittelwert der Setzungen aus allen betrachteten Punkten [*6.3*]

lasteten Fläche ersetzt, sind die Mittelwerte der Formzahlen der beiden ersten Zeilen, Tab. 6.2, etwa zu verdoppeln, während die die Rechtecke betreffenden Formzahlen um so mehr zu verkleinern sind, je größer das Verhältnis der großen zur kleinen Seite wird.

Man hat also in erster Näherung für die Setzung in der Mitte der Platte die Formel

$$w_0 = \frac{4 p R_m}{E} (1 - \mu^2) ,$$

mit — bei gleicher Form — kleinerer mittlerer Setzung für starre Platten und — bei gleicher Biegsamkeit — zunehmender Setzung, wenn man vom Kreis zum Quadrat und zum unendlich langen Rechteck übergeht.

Bei den Böden ist der Unterschied zwischen der Setzung der starren Platte und der mittleren Setzung der schlaffen Platte infolge plastischen Fließens an den Rändern (s. 6.5 und 6.9) kleiner als in Tab. 6.2 angegeben.

6.5 Anwendung der Boussinesqschen Theorie auf die Berechnung der Spannungen der Böden

Für Belastung durch Einzellasten ist die lotrechte Komponente σ_z der Spannung im Boden bekannt:

$$\sigma_z = -\frac{3P}{2\pi}\,\frac{z^3}{\varrho^5}.$$

Bei mehreren Lasten gilt also:

$$\sigma_z = -\frac{3}{2\pi}\sum\frac{z^3}{\varrho^5}P.$$

In allen Fällen mit gleichmäßig verteilter Belastung können die Spannungen aus den Ausdrücken von BOUSSINESQ für σ_x, σ_y, σ_z erhalten werden, wenn man die gleichmäßig verteilte Last durch Punktlasten ersetzt.

NEWMARK [*6.4*] stellte Kurven zur Berechnung der Spannungen im Boden infolge lotrechter Gleichlasten zusammen, die durch kreisförmige und rechteckige Membranen in den Boden übertragen werden.

Der Fall des unendlich langen Rechtecks mit der Breite $2l$, Abb. 6.11, ist besonders einfach. Man findet:

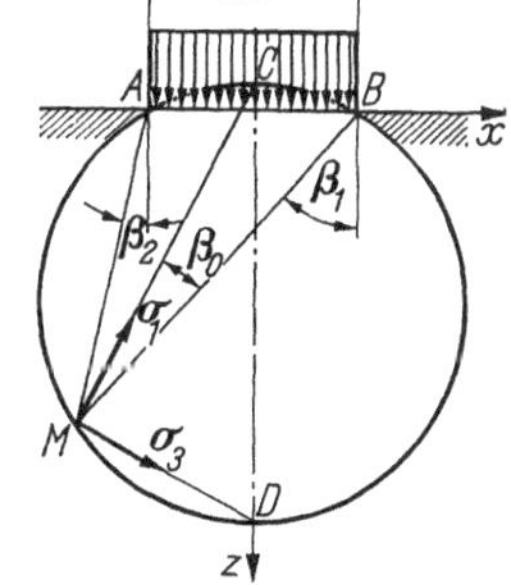

Abb. 6.11. Hauptspannungsrichtungen bei einer gleichmäßig belasteten, unendlich langen Rechteckmembran

$$\sigma_z = \frac{p}{\pi}\Big[\sin\beta\cos\beta + \beta\Big]_{\beta_1}^{\beta_2} \qquad (14\text{a}),$$

$$\sigma_x = \frac{p}{\pi}\Big[-\sin\beta\cos\beta + \beta\Big]_{\beta_1}^{\beta_2} \qquad (14\text{b}),$$

$$\tau_{xz} = \frac{p}{\pi}\Big[\sin^2\beta\Big]_{\beta_1}^{\beta_2} \qquad (14\text{c}).$$

Damit betragen die Hauptspannungen:

$$\sigma_1 = \frac{p}{\pi}(\beta_0 + \sin\beta_0) \qquad (15\text{a}),$$

$$\sigma_3 = \frac{p}{\pi}(\beta_0 - \sin\beta_0) \qquad (15\text{b}),$$

mit $\beta_0 = \beta_1 - \beta_2$.

Man kann sich davon überzeugen, daß die Hauptspannungen σ_1 und σ_3 durch die Punkte C und D des um das Dreieck MAB beschriebenen Kreises gehen. Darüber hinaus ermöglichen es die Beziehungen, Gln. (14), die Orte gleicher Spannungen σ_z zu bestimmen. Verbindet man sie untereinander, so entstehen Kurven, die die Form von Zwiebeln haben; jede Kurve dieser Art ist durch einen bestimmten Wert σ_z/p gekennzeichnet, Abb. 6.12.

Die für das endlich und unendlich lange Rechteck vorgenommenen Integrationen liefern die beiden folgenden Ergebnisse:

– Die lotrechte Spannung σ_z in einem Punkt, der in der Tiefe z unter der Oberfläche und auf der Lotrechten durch eine der Ecken einer gleichförmigen Rechtecklast von der Breite $2\,l$ und der Länge $2\,b$ liegt, läßt sich aus Abb. 6.13 berechnen; hier sind die Werte von σ_z/p in Abhängigkeit vom Verhältnis z/l für verschiedene Werte von b/l eingetragen.

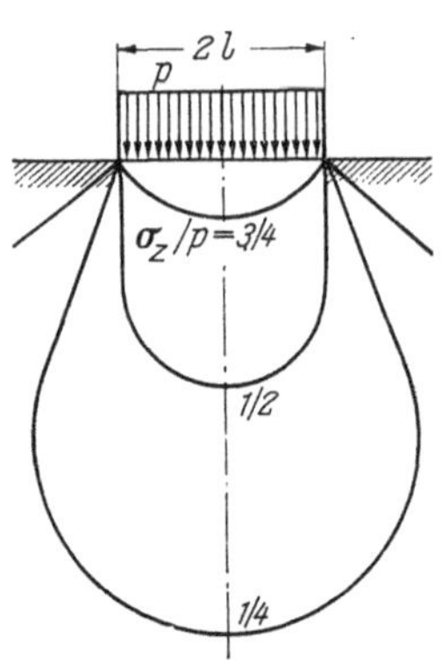

Abb. 6.12. Kurven gleicher Vertikalkomponenten der auf horizontalen Elementen wirkenden Spannungen infolge einer gleichmäßig belasteten, unendlich langen Rechteckmembran

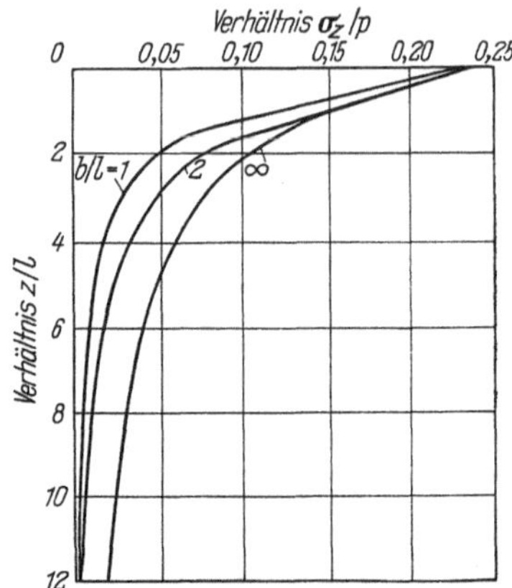

Abb. 6.13. Lotrechte Spannungen unterhalb einer Ecke einer gleichmäßig belasteten Rechteckmembran

Bei gleicher Tiefe z und gleicher Last p nimmt die Spannung σ_z geringfügig mit b/l zu.

– Die lotrechten Spannungen, die einerseits eine Einzellast P in einem lotrecht unter dieser Last gelegenen Punkt mit der Tiefe z und anderseits eine auf quadratischer Fläche wirkende gleichförmige Last p mit gleich großer, in der Achse dieses Quadrates liegenden Resultierenden $P = p \cdot 4\,l^2$ in der gleichen Tiefe z erzeugen, sind in a und b, Abb. 6.14a, dargestellt.

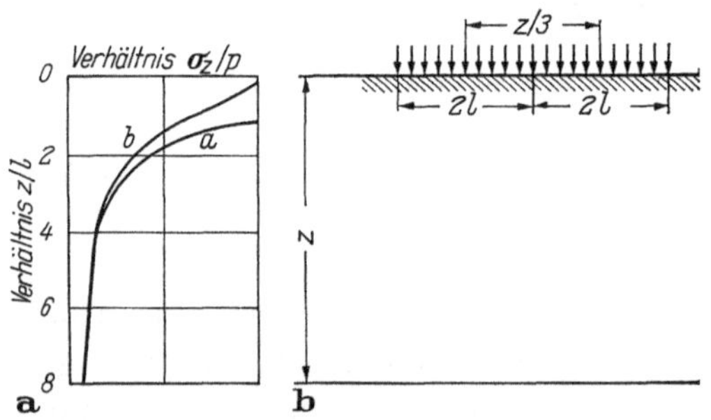

Abb. 6.14a u. b. Tiefenwirkung einer Einzellast und einer Flächenlast (gleichmäßig belastete quadratische Membran).
a lotrechte Spannungen unter einer Einzellast (a) und unter einer Flächenlast (b) in Abhängigkeit von der Tiefe, b Ersatz der Flächenlast durch Einzellasten

Die Kurven liegen sehr dicht beieinander; sie fallen für $z/l \geqq 6$ praktisch zusammen.

Diese Tatsache liefert die Berechtigung zum

Zusammenfassen der Flächenlasten zu Einzellasten und Anwenden der Funktion $f(\beta)$, Abb. 6.4. Insbesondere läßt sich erkennen, daß man zur Berechnung der Spannungen in einer Tiefe z, ohne einen Fehler zu begehen, die Flächenlasten durch einzelne, isolierte Resultierende ersetzen kann, sobald diese nicht weiter als $z/3$ voneinander entfernt sind.

Wenn nämlich, Abb. 6.14b, der Abstand der Einzellasten gleich $z/3$ ist, beträgt die Lastbreite der Flächenlasten, aus denen die Einzellast hervorgeht, $z/3$; damit ergibt sich $z/l = 6$ und infolgedessen die gleiche Wirkung in der Tiefe z wie unter der Flächenlast.

6.6 Berechnung der Verformungen des elastisch-isotropen Halbraums unter der Wirkung einer nicht an der Oberfläche des Halbraums angreifenden lotrechten Einzellast

Boussinesq berechnete die Verteilung der Spannungen und die Verformungen infolge einer an der Oberfläche des Halbraums wirkenden lotrechten Einzellast.

Solange der Boden dem elastisch-isotropen Halbraum gleichgesetzt werden kann, gilt diese Theorie für auf der Oberfläche des Bodens gegründete Fundamente. Sie trifft nicht genau für Fundamente zu, die nur geringfügig unterhalb der Oberfläche gegründet sind. Sie entfernt sich bei Tiefgründungen vollends von der Wirklichkeit.

Für Tiefgründungen ist es empfehlenswert, auf die von Mindlin [*6.5*] gefundene Lösung zurückzugreifen. Mindlin untersuchte im Jahre 1936 den in einer Tiefe h unter der Oberfläche durch eine lotrechte Last beanspruchten Halbraum. Wenn die Tiefe $h = 0$ ist, ergeben sich aus der Mindlinschen Lösung die Ergebnisse von Boussinesq; wird sie unendlich groß, so erhält man die Ergebnisse des von Lord Kelvin 1848 gelösten Problems: Angriff einer lotrechten Last im Innern eines in allen Richtungen unendlich ausgedehnten elastisch-isotropen Mediums (elastisch-isotroper Vollraum) [*6.6*].

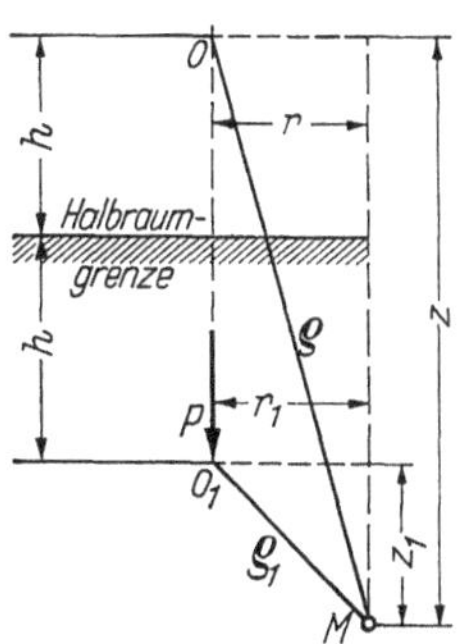

Abb. 6.15. Einzellast im Inneren des elastisch-isotropen Halbraums. Der elastisch-isotrope Halbraum wird lotrecht durch die Ebene geschnitten, die durch die Kraft und den betrachteten Punkt M geht

Mindlin betrachtet zwei zur freien Halbraumoberfläche parallele Bezugsebenen, und zwar eine Ebene im Abstand h unterhalb der freien Oberfläche, die durch den Angriffspunkt der Kraft geht, und eine andere im Abstand h über der freien Oberfläche des Halbraumes, Abb. 6.15.

Die z-Achse liege auf der Wirkungslinie der Kraft P und habe den gleichen Sinn wie diese. Es seien r_1, z_1 die Zylinderkoordinaten bezüglich der ersten, unteren Ebene für einen Punkt M des Halbraums, in dem man die Setzung w sucht, und ϱ_1 der Betrag des Vektors, der den Angriffspunkt O_1 der Kraft P mit dem Punkt M verbindet, Abb. 6.15.

Es seien weiter r, z die Zylinderkoordinaten in bezug auf die zweite, über der Halbraumoberfläche gelegene Ebene und ϱ der Betrag des Vektors, der den Punkt M mit dem spiegelsymmetrisch zu Punkt O_1 gelegenen Punkt O verbindet.

Mindlin gibt als Setzung w im Punkt M unter der Wirkung der Einzellast P den Ausdruck an:

$$w = \frac{P}{16\pi(1-\mu)G}\left[\frac{z_1^2}{\varrho_1^3} + \frac{3-4\mu}{\varrho_1} + \frac{5-12\mu+8\mu^2}{\varrho} + \right.$$
$$\left. + \frac{(3-4\mu)z^2 - 2hz + 2h^2}{\varrho^3} + \frac{6hz^2(z-h)}{\varrho^5}\right].$$

Für $h = 0$ ist $\varrho = \varrho_1$; man findet dann den Ausdruck von Boussinesq (6.2.1):

$$w = \frac{P}{4\pi G}\left[\frac{z^2}{\varrho^3} + \frac{2(1-\mu)}{\varrho}\right].$$

Wenn h über alle Grenzen wächst, reduziert sich der Ausdruck zu

$$w = \frac{P}{16\pi(1-\mu)G}\left(\frac{z_1^2}{\varrho_1^3} + \frac{3-4\mu}{\varrho_1}\right);$$

dies ist die von Lord Kelvin im Jahre 1848 angegebene Formel.

Die Formel von Mindlin ermöglicht es, die Setzung von Tiefgründungen zu berechnen. Da Pfähle und Pfeiler sehr oft einen kreisförmigen Querschnitt haben, wird die Berechnung für diesen Fall vorgenommen. Das Problem des tief gegründeten Fundamentes mit rechteckigem Querschnitt wurde übrigens von Fox [*6.7*] gelöst.

Es soll zunächst die Setzung w unter dem Mittelpunkt einer kreisförmigen *Membran* (schlaffes Fundament) mit dem Halbmesser R, die in der Tiefe h unterhalb der Halbraumoberfläche gleichförmig mit einem Druck p belastet ist, mit der Setzung w_0 verglichen werden, die man unter den gleichen Bedingungen für $h = 0$ erhält und die sich nach (6.2.4.1) zu

$$w_0 = 2\frac{pR}{E}(1-\mu^2)$$

ergibt. Die Formel von Mindlin erlaubt es, w durch Integrieren über einen mit der Last p beanspruchten Kreisring zu berechnen. Zunächst wird die Setzung für einen Punkt M auf der Achse dieses Rings in der Tiefe z_1 berechnet; man integriert dann über die gesamte Kreisfläche und läßt z_1 gegen null geben.

Die verschiedenen Glieder der Formel von Mindlin führen auf Integralausdrücke, die man zweckmäßigerweise vorher löst.

1. Integral: $$p\int_0^R \frac{z_1^2}{\varrho_1^3}\,2\pi\,r_1\,d\,r_1 = 2\pi\,p\,z_1\,(1-\cos\delta_1)\,,$$

mit δ_1 als dem Winkel, den die Lotrechte durch M mit der zum Umriß der belasteten Kreisringfläche gezogenen Geraden bildet, Abb. 6.16. Der

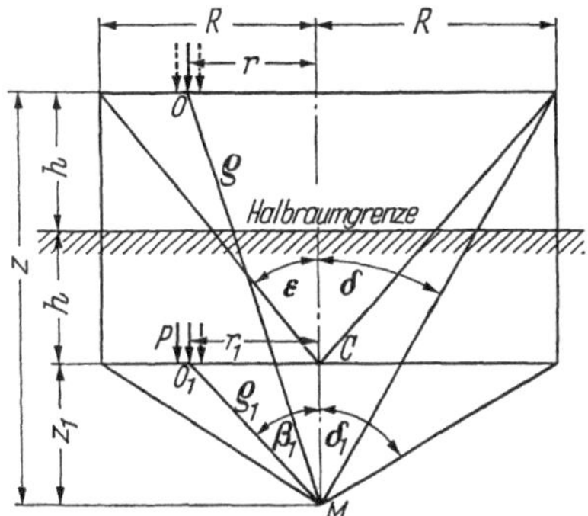

Abb. 6.16. Im Inneren des elastischen Halbraums kreisförmig verteilte Last

Wert dieses Ausdruckes wird null, wenn δ_1 gegen $\pi/2$ geht (Punkt M fällt mit Punkt C zusammen).

2. Integral: $$p\int_0^R \frac{2\pi\,r_1\,d\,r_1}{\varrho_1} = 2\pi\,p\,\frac{R}{\sin\delta_1}\,(1-\cos\delta_1)\,;$$

der Grenzwert dieses Integrals ist $2\,\pi\,p\,R$.

3. Integral: $$p\int_0^R \frac{2\pi\,r}{\varrho}\,d\,r = 2\pi\,p\,z\left(\frac{1}{\cos\delta}-1\right),$$

mit δ als dem Winkel, den die Lotrechte durch M mit der zum Umriß der belasteten Kreisringfläche im Abstand h oberhalb der freien Halbraumoberfläche gezogenen Geraden bildet; der Grenzwert dieses Ausdrucks ist

$$2\pi\,p\cdot 2h\left(\frac{1}{\cos\varepsilon}-1\right),$$

mit

$$\tan\varepsilon = \frac{R}{2h}\,.$$

4. Integral: $$p\int_0^R \frac{z^2}{\varrho^3}\,2\pi\,r\,d\,r = 2\pi\,p\,z\,(1-\cos\delta)\,;$$

der Grenzwert dieses Integrals ist $2\,\pi\,p\cdot 2\,h\,(1-\cos\varepsilon)$.

5. Integral: $$p\int_0^R \frac{z}{\varrho^3}\,2\pi\,r\,dr = 2\pi\,p\,(1-\cos\delta)\,;$$

dieser Ausdruck geht gegen $2\pi\,p\,(1-\cos\varepsilon)$.

6. Integral: $$p\int_0^R \frac{2\pi\,r\,dr}{\varrho^3} = \frac{2\pi\,p}{z}\,(1-\cos\delta)\,;$$

dieser Ausdruck geht gegen $\frac{2\pi\,p}{2h}\,(1-\cos\varepsilon)$.

7. Integral: $$p\int_0^R \frac{z^3}{\varrho^5}\,2\pi\,r\,dr = 2\pi\,p\,\frac{1-\cos^3\delta}{3}\,;$$

dieser Ausdruck geht gegen $2\pi\,p\,\frac{1-\cos^3\varepsilon}{3}$.

8. Integral: $$p\int_0^R \frac{z^2}{\varrho^5}\,2\pi\,r\,dr = \frac{2\pi\,p}{z}\,\frac{1-\cos^3\delta}{3}\,;$$

dieser Ausdruck geht gegen $\frac{2\pi\,p}{2h}\,\frac{1-\cos^3\varepsilon}{3}$.

Schließlich beträgt die gesuchte Setzung:

$$w = \frac{p\,R}{E}\,\frac{1+\mu}{4\,(1-\mu)}\left[3-4\mu+\frac{h}{R}\,(1-\cos\varepsilon)\left(\frac{10-24\mu+16\mu^2}{\cos\varepsilon}+\right.\right.$$
$$\left.\left.+\,6-8\mu+\cos\varepsilon+\cos^2\varepsilon\right)\right],$$

mit

$$\tan\varepsilon = \frac{R}{2h}\,.$$

Die Setzung für $h = 0$ beträgt:

$$w_0 = 2\,\frac{p\,R}{E}\,(1-\mu^2)\,.$$

Der Setzungsbeiwert $\mathbf{s} = w/w_0$ ist eine Funktion von μ und h/R,

$$\mathbf{s} = \frac{1}{8\,(1-\mu)^2}\left[3-4\mu+\frac{h}{R}\,(1-\cos\varepsilon)\left(\frac{10-24\mu+16\mu^2}{\cos\varepsilon}+\right.\right.$$
$$\left.\left.+\,6-8\mu+\cos\varepsilon+\cos^2\varepsilon\right)\right].$$

Dieses Verhältnis $\mathbf{s}$ ist in Tab. 6.3 für verschiedene Werte von h/R und μ zusammengestellt. Die $\mathbf{s}$-Werte nehmen rasch ab, und nähern sich für unendlich großes h/R asymptotisch einem Grenzwert. Dieser Grenzwert liegt je nach Querdehnzahl μ zwischen 0,38 und 0,50.

Tabelle 6.3

Setzungsbeiwert **s** *zur Ermittlung der Setzung eines in der Tiefe h gegründeten, schlaffen kreisförmigen Fundamentes vom Halbmesser R aus der entsprechenden Setzung der Halbraumoberfläche*

$\mu \rightarrow$ $\downarrow h/R$	0	0,10	0,20	0,30	0,40	0,50
0	1,000	1,000	1,000	1,000	1,000	1,000
1	0,632	0,663	0,698	0,736	0,779	0,819
2	0,511	0,540	0,573	0,607	0,644	0,678
5	0,431	0,459	0,489	0,521	0,553	0,574
10	0,403	0,430	0,460	0,491	0,520	0,538
∞	0,375	0,401	0,430	0,459	0,486	0,500

In der vorstehenden Berechnung wurde das Fundament als schlaff vorausgesetzt; nun ist aber die Grundfläche tief gegründeter Fundamente immer starr. Man wendet in diesem Falle die Formel für die starre, auf der Oberfläche ruhende Platte an:

$$w_0 = 1{,}57 \frac{p R}{E} (1 - \mu^2)$$

und mindert die mit dieser erhaltene Setzung w_0 mit dem gleichen **s**-Wert ab; dies dürfte zu keinem nennenswerten Fehler führen.

Damit erhält man schließlich die folgende Formel für die Setzung von Pfählen und Pfeilern mit dem Halbmesser 2 R, die bis zur Tiefe h gerammt sind und deren mittlerer Spitzendruck p ist:

$$w = \boldsymbol{t} \frac{p R}{E} .$$

Werte für den Setzungsbeiwert **t** sind in Tab. 6.4 zusammengestellt.

Tabelle 6.4

Setzungsbeiwert **t** *zur Ermittlung der Setzung eines in der Tiefe h gegründeten, starren kreisförmigen Fundamentes vom Halbmesser R durch Multiplikation von* **t** *mit pR/E*

$\mu \rightarrow$ $\downarrow h/R$	0	0,10	0,20	0,30	0,40	0,50
0	1,57	1,54	1,51	1,43	1,32	1,18
1	0,99	1,02	1,05	1,05	1,03	0,97
2	0,80	0,84	0,86	0,87	0,85	0,80
5	0,68	0,71	0,74	0,75	0,73	0,68
10	0,63	0,66	0,69	0,70	0,68	0,63
∞	0,59	0,62	0,65	0,66	0,64	0,59

Diese Formel vernachlässigt die Verringerung der Setzung infolge seitlicher Reibung. Wenn man für p den Quotienten aus der Traglast des Pfahls oder Pfeilers zum Querschnitt an der Pfahlspitze einsetzt, so sind die durch diese Formel angegebenen Werte als obere Grenze der Setzungen anzusehen.

In der Praxis wird man die t-Werte der Tab. 6.4 für die üblichen Querdehnzahlen μ zwischen 0,20 und 0,30 wählen. Man erkennt, daß die Setzungen bei gleicher Tiefe ihren Größtwert für einen μ-Wert erreichen, der zwischen diesen beiden Zahlen 0,20 und 0,30 liegt. Die Querdehnzahl μ spielt also bei den gebräuchlichen Werten eine geringe Rolle für die Setzung.

6.7 Berechnung der Spannungen im elastisch-isotropen Halbraum unter der Wirkung einer nicht an der Oberfläche des Halbraums angreifenden Einzellast

MINDLIN gab auch die Ausdrücke für die *Spannungen* bei nicht an der Oberfläche des Halbraums angreifender Einzellast an. Der Ausdruck für die Spannung σ_z, die den Bodenmechaniker am meisten interessiert, lautet:

$$\sigma_z = \frac{P}{8\pi(1-\mu)}\left[-\frac{3z_1^3}{\varrho_1^5} - \frac{(1-2\mu)\,z_1}{\varrho_1^3} + \frac{(1-2\mu)\,(z-2h)}{\varrho^3} + \right.$$
$$\left. + \frac{-3\,(3-4\mu)\,z^3 + 12\,(2-\mu)\,h\,z^2 - 18h^2 z}{\varrho^5} - \frac{30\,h\,z^2\,(z-h)^2}{\varrho^7}\right];$$

diese Formel ist wie die entsprechende Formel von BOUSSINESQ von E und μ unabhängig.

Für $h = 0$ wird $\varrho = \varrho_1$; man erhält dann den von BOUSSINESQ gegebenen Ausdruck:

$$\sigma_z = -\frac{3P}{2\pi}\,\frac{z^3}{\varrho^5}.$$

Wenn h über alle Grenzen zunimmt, reduziert sich der obige Ausdruck zu

$$\sigma_z = -\frac{P}{8\pi(1-\mu)}\left[\frac{(1-2\mu)\,z_1}{\varrho_1^3} + \frac{3z_1^3}{\varrho_1^5}\right];$$

dies ist die von Lord KELVIN im Jahre 1848 angegebene Formel.

6.7.1 Beanspruchung in der Nähe der Pfahlspitze. Die obigen Formeln gestatten es, die Spannungen in der Nähe der Spitze eines mit der Kraft P belasteten Pfahls zu berechnen, wenn man die Seitenreibung vernachlässigt und voraussetzt, daß sich der Boden im Bereich der Pfahlspitze völlig im elastischen Zustand befindet.

6.8 Überprüfung der Theorie durch den Versuch

Ist die Elastizitätstheorie bei Annahme geeigneter Werte für die Größen E und μ auf Böden anwendbar?

A priori müßte man gegenüber der Möglichkeit einer Anwendung dieser Theorie ziemlich pessimistisch sein. Isotrope und homogene Böden gibt es nicht. Bei den im natürlichen Zustand vorliegenden Böden wächst der Druck σ_z linear mit der Tiefe; es ergibt sich also eine Steifezahl, die für normalkonsolidierte Böden linear mit der Tiefe zunimmt. Außerdem sind σ_x und σ_y in einem natürlichen, nicht belasteten Boden kleiner als σ_z; daraus ergäbe sich die Notwendigkeit – wenn man genauer vorgehen wollte – eine Steifezahl zu definieren, die in jedem Punkt je nach Richtung veränderlich ist. Schließlich weiß man auch sehr wenig über die Größe der Querdehnzahl μ.

Trotz alledem führten die Vergleiche zwischen Theorie und Wirklichkeit insgesamt zu recht zufriedenstellenden Ergebnissen.

Man hat zuerst geprüft, ob die nach den Theorien von BOUSSINESQ und MINDLIN ermittelten Setzungen und Spannungen mit den im Versuch beobachteten übereinstimmen. Die entsprechenden Versuche sind in (16) und (17) beschrieben. Die Messungen der Setzungen von Fundamenten sind nicht immer aufschlußreich, weil es außerordentlich selten ist, daß das Erdreich, in das z. B. die Pfähle gerammt wurden, ebenso wie das darunter liegende Erdreich, homogen und isotrop ist. Auch kennt man die an den Mantelflächen der Pfähle der Setzung entgegen wirkenden Spannungen nur unzureichend.

Schließlich liegt an der Oberfläche eines Bodens, der ein Fundament trägt, – wie in (6.9) gezeigt wird – ein elastisch-plastisches Gleichgewicht vor.

Um nachzuprüfen, ob die Theorien der Elastizität auf Böden anwendbar sind, greift man auf die Versuche zur Ermittlung der Spannungen unter einer Platte zurück, die auf einer homogenen rolligen Erdmasse aufliegt.

Zahlreiche Versuche zur Ermittlung der Spannungsverteilung in Sanden wurden angestellt, bei denen man Spannungsmeßgeräte in die Böden einbaute. Beobachtungsfehler, wie sie all diesen noch unvollkommenen Meßgeräten eigen sind, treten aus folgenden Gründen auf: Die Meßgeräte stören den Gleichgewichtszustand des Mediums, da sie weniger kompressibel als dieses sind und so einen Widerstand ausüben. Dadurch liefern sie zu große Werte und umgekehrt.

Eine erste Reihe sehr interessanter Versuche wurde im Jahre 1927 von KÖGLER und SCHEIDIG [*6.8*] in Freiberg vorgenommen. Man verwendete dabei eine große Anzahl von Druckmeßdosen und baute sie in den verschiedenen waagrechten Meßebenen so nahe nebeneinander ein, daß die Fehler ausgeschaltet wurden, die sich aus den Kompressibilitäts-Unterschieden dieser Dosen gegenüber dem Medium ergeben (in Wirklichkeit schaltet man so höchstens die relativen Fehler in der gleichen Meßebene aus, nicht jedoch die absoluten Fehler).

Die Linien gleicher lotrechter Spannungen, in Prozent des an der Oberfläche wirkenden mittleren Druckes, sind in Abb. 6.17 eingetragen.

Diese Linien haben die Form einer Zwiebel und erinnern an Abb. 6.2 und 6.12; die lotrechten Spannungen sind jedoch in der Nähe der Last etwas stärker konzentriert, als die Formeln von BOUSSINESQ angeben.

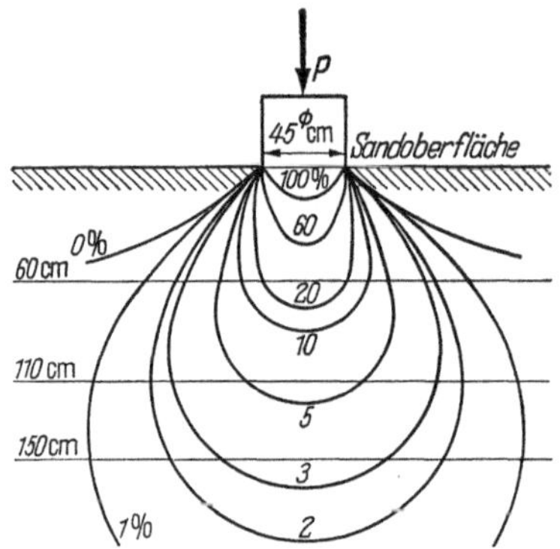

Abb. 6.17. Kurven gleicher lotrechter Spannungen, ausgedrückt in % des an der Oberfläche wirkenden mittleren Druckes. (Nach KÖGLER und SCHEIDIG [6.8])

Eine andere Versuchsreihe wurde von PLANTEMA [6.9] vorgenommen. Die von ihm benutzten Druckmeßdosen wurden vorher in einem Behälter auf dem gleichen Sand geeicht, auf dem auch die starre Platte zur Belastung des Sandes ruhte.

Ein lotrechter Druck wird auf diese, auf der Oberfläche des Sandes liegende starre Platte mit dem Durchmesser d ausgeübt. Die waagerecht eingebauten Druckmeßdosen zeigen dabei in verschiedenen Tiefen z die Normalkomponenten der Spannung an. Die Versuchsergebnisse sind durch Kurve b, Abb. 6.18, dargestellt.

Kurve b, Abb. 6.18, liegt zwischen der nach der Theorie von BOUSSINESQ für die Einzellast P aus $\sigma_z = \frac{3P}{2\pi} \cdot \frac{\cos^5 \Theta}{z^2}$ erhaltenen Kurve a und der aus $\sigma_z = \frac{4P}{2\pi} \frac{\cos^6 \Theta}{z^2}$ erhaltenen Kurve c, d. h. zwischen den beiden Kurven, die sich ergeben, wenn man in $\sigma_z = \nu_K \frac{P}{2\pi} \frac{\cos^{(\nu_K+2)} \Theta}{z^2}$ einmal $\nu_K = 3$ (BOUSSINESQ), das andere Mal $\nu_K = 4$ setzt[1]. Die Kurve für $\nu_K = 4$ wurde

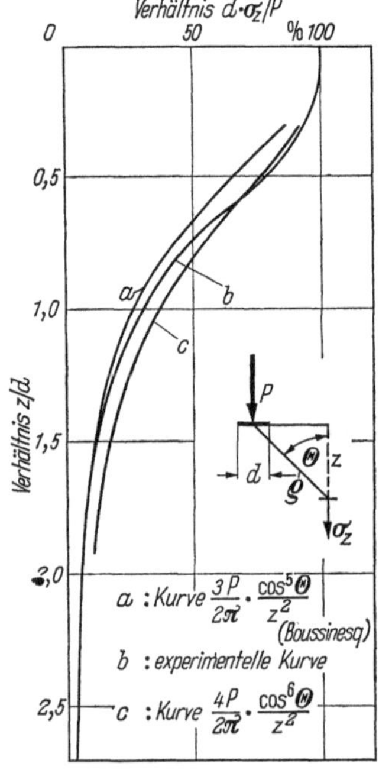

Abb. 6.18. Verlauf der lotrechten Spannungen im Boden unter einer starren Platte. (Nach PLANTEMA [6.9])

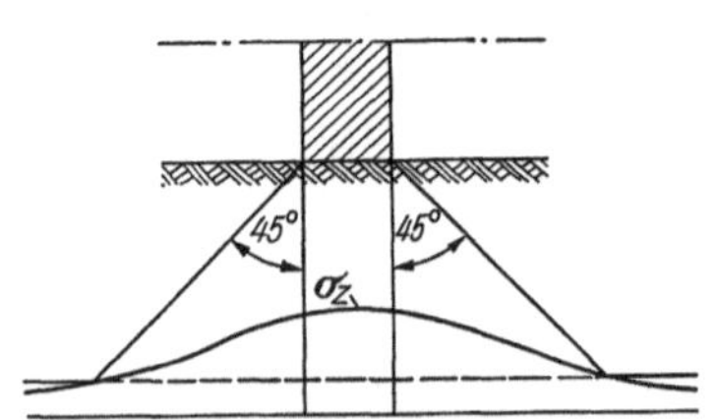

Abb. 6.19. Verteilung der Lasten unter einem Winkel von 45°

[1] Die Zahl ν_K wird *Konzentrationsfaktor* genannt (Anm. des Übersetzers).

von verschiedenen Verfassern vorgeschlagen, um die Anisotropie zu berücksichtigen. Man erkennt, daß die Übereinstimmung mit der Formel von BOUSSINESQ sehr gut ist.

In einer waagrechten Ebene verändert sich σ_z gemäß der Glockenkurve, Abb. 6.19. Die Annahme einer gleichförmigen Verteilung der Spannungen unter 45° ist also nur eine grobe Näherung.

6.9 Messung des Elastizitätsmoduls E in situ

6.9.1 Messung des Elastizitätsmoduls E in den Böden mit Hilfe der Bettungszahl. Ungenauigkeit dieser Methode. Die Bettungszahl wird aus *Plattendruckversuchen* bestimmt, die man sehr häufig vor der Anlage von Startbahnen usw. durchführt. Sie ist der Quotient aus dem Druck, den eine starre, kreisförmige Platte auf den Boden ausübt, zu der entsprechenden Setzung der Platte. Die Bettungszahl $C_b = p/w$ hat also die Dimension einer Wichte (*Bettungszahlversuche*).

Im Falle der starren, auf dem elastisch-isotropen Halbraum aufliegenden Platte beträgt die Setzung der Platte bekanntlich

$$w_0 = \frac{\pi}{2} \frac{p R (1 - \mu^2)}{E}.$$

Es folgt daraus, daß sich C_b proportional mit $1/R$ verändert. Diese Tatsache wird durch den Versuch bestätigt [*6.10*].

Man kann außerdem aus obiger Gleichung die Beziehung

$$E = 1{,}57 \, (1 - \mu^2) \, R \, C_b$$

herleiten.

Die Veränderlichkeit von C_b mit dem Kehrwert von R bedeutet, daß der Plattendruckversuch auf einer Verabredung beruht: Der mit ihm ermittelte C_b-Wert muß die Angabe des Plattendurchmessers enthalten.

Der Plattendruckversuch wird in Frankreich sehr häufig mit mehreren Be- und Entlastungszyklen vorgenommen. Nach zwei oder drei Lastzyklen ergibt sich im p, w-Diagramm eine gerade Linie; C_b ist durch die Steigung der Geraden gegenüber der w-Achse gegeben. Ihr Wert wächst ständig mit der Anzahl der Lastzyklen.

Diese Definition von C_b als der Steigung der Geraden ist einer anderen vorzuziehen, nach der beim ersten Lastzyklus der Druck p und die entsprechende Setzung w_1 gemessen und der Quotient p/w_1 gebildet wird; man wählt häufig $w_1 = 1{,}25$ mm. Die Gestalt der Kurve des ersten Lastzyklus zeigt deutlich, daß der gefundene C_b-Wert hauptsächlich von dem vereinbarten w_1-Wert abhängt. Es ist in Frankreich üblich, den Versuch mit einer Platte von 75 cm Durchmesser vorzunehmen[1]. Mit $\mu = 0{,}25$ ist E, ausgedrückt in kp/cm², gleich $1{,}57 \cdot 0{,}94 \cdot 37{,}5\, C_b = 55\, C_b$. Diese Formel erlaubt es umgekehrt, E zu berechnen, wenn man C_b gemessen hat.

In Wirklichkeit ist die Verformung der Böden, und besonders die der nichtbindigen, an den Plattenrändern nicht elastisch. Sobald hier die Grenzbodenpressung überschritten wird, entsteht ein Fließzustand, der zur Folge hat, daß die Zahl $\frac{\pi}{2} = 1{,}57$ für rollige oder wenig bindige Böden nicht mehr gültig ist: Für diese Böden ist E sehr viel größer als $55\, C_b$.

Die Abweichung ist um so größer, je kleiner die Platte ist. Dies ist die Erklärung dafür, daß *w nur* proportional R ist, solange R oberhalb eines Minimalwertes bleibt, Abb. 6.20. Unter kleinen Platten herrscht statt eines elastisch-plastischen Zustandes fast ausschließlich ein plastischer Zustand.

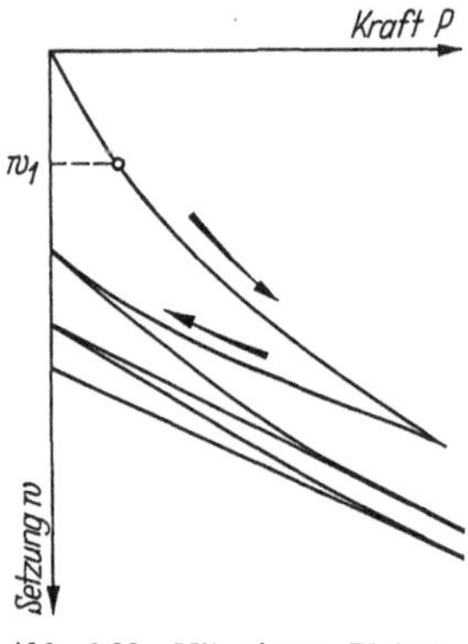

Abb. 6.20. Mit einem Plattendruckversuch aufgenommene Lastzyklen zur Ermittlung der Bettungszahl

Der konventionelle Charakter des Plattendruckversuches läßt die Schwäche von Methoden — wie z. B. die nach der Theorie von Westergaard — erkennen, die die Tragfähigkeit einer Platte mit dem Elastizitätsmodul des Untergrunds verknüpfen, auf dem sie aufliegt. Aufgrund der Steifigkeit der Platte ergibt sich nämlich eine Bettungszahl, die mit einer wesentlich größeren Fläche als der der 75-cm-Druckplatte bestimmt werden würde (s. 19). Der Versuch bestätigt diese Tatsache [*6.10*].

6.9.2 Messung des Elastizitätsmoduls *E* im Fels. Im Fels mißt man E in situ mit Hilfe einer Presse, deren Druck über eine kreisförmige Platte (0,25 m Durchmesser im allgemeinen) auf eine Tunnelwand übertragen wird und die sich auf der entgegengesetzten Tunnelwand abstützt. Die erhaltenen Ergebnisse erlauben es, in situ die vor der Anlage des Tunnels herrschenden Druckspannungen im Fels zu ermitteln (s. 20.3.7).

7 Verformungen in Abhängigkeit von der Zeit

7.1 Primäre und sekundäre Konsolidierung

Die Laboratoriumsversuche gestatten es, eine Beziehung zwischen Verformungen und Spannungen herzustellen. Im Kompressionsgerät

[1] In Deutschland schreiben die „Zusätzlichen Technischen Vorschriften für Erdarbeiten im Straßenbau, 1959" (ZTVE-St. 59) bei einem Größtkorn der Schüttung < 150 mm die 30-cm-Druckplatte, bei einem Größtkorn der Schüttung > 150 mm die 60-cm-Druckplatte zur Durchführung des Plattendruckversuches vor. Der C_b-Wert wird aus dem zweiten Lastzyklus ermittelt (Anm. des Übersetzers).

werden die Versuche bei 24 Stunden lang anhaltendem konstantem Druck an einer Probe vorgenommen, deren Höhe gegenüber den Querschnittabmessungen klein ist und die an der Ober- und Unterseite Filtersteine zum Entwässern hat. Die Probe hat also die Möglichkeit, schnell ihr Wasser abzugeben; daher ist die Konsolidierung nach der üblichen 24-stündigen Belastung zwar nicht völlig, jedoch annähernd beendet. Trägt man für eine bestimmte Laststufe die Setzung der Probe in Abhängigkeit vom Logarithmus der Zeit auf, so ergibt sich eine Kurve in der Art, wie sie in Abb. 7.1 dargestellt ist. Auf dieser Kurve lassen sich

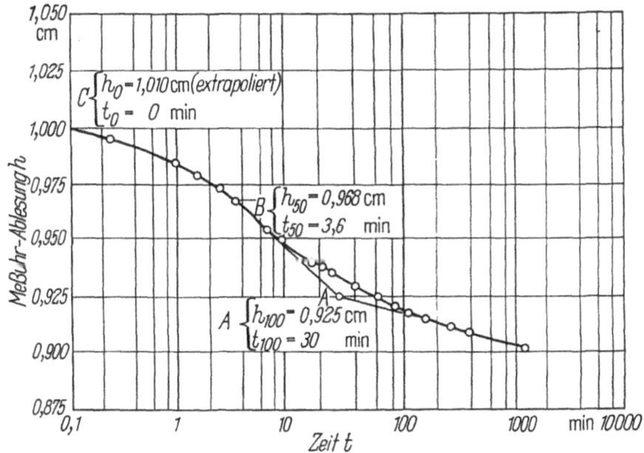

Abb. 7.1. Mit dem Kompressionsgerät erhaltenes Zeit-Setzungs-Diagramm bei konstantem Druck

zwei gerade Abschnitte erkennen, deren Schnittpunkt A einer Zeit entspricht, die definitionsgemäß das Ende der Primärkonsolidierung und den Anfang der Sekundärkonsolidierung bezeichnet.

Im Kompressionsversuch mißt man die Setzung der belasteten Probe nach Ablauf von 24 Stunden. Dies ist eine reine Verabredung, da die Dauer von $24 \cdot 60$ min $= 1440$ min im allgemeinen weder dem Ende der Primärkonsolidierung noch dem Anfang der Sekundärkonsolidierung entspricht. Die Zeit von 1440 Minuten charakterisiert keinen ausgezeichneten Punkt auf der Kurve der Abb. 7.1. Infolge der verhältnismäßig großen Probenflächen, durch die das Wasser entweichen kann, gehört jedoch vielfach zum Punkt A eine kleinere Zeit als 1440 Minuten.

Bei den im Bauwesen anfallenden Problemen liegen im allgemeinen ganz andere Bedingungen vor: Durch die äußeren Kräfte entstehen im Boden Flüssigkeitsüberdrücke, die ein Fließen des Wassers von den Zonen maximalen Überdrucks zu den Zonen minimalen Überdrucks zur Folge haben. Außerdem verlaufen die Vorgänge im Boden viel langsamer als im Kompressionsgerät, da hier dicht beieinander liegende Dränungsschichten fehlen.

Wenn also auch das sinnvoll ausgewertete Zeit-Setzungs-Diagramm ohne Schwierigkeit den Endwert der Primärkonsolidierung der *Probe* zu ermitteln gestattet, so steht der Ingenieur oftmals vor der Frage, in welcher Zeit unter Berücksichtigung der tatsächlich vorliegenden Bedingungen die Primärkonsolidierung *in situ* abgeschlossen sein wird.

7.2 Primäre Konsolidierung

7.2.1 Situation im Augenblick der Belastung

7.2.1.1 Verteilung der Spannungen zwischen Flüssigkeit und Festsubstanz. Die Spannungen werden kurze Zeit nach dem Eintragen der Last von der Flüssigkeit *und* der Festsubstanz übernommen.

Die Kompressibilität hat in den beiden Medien unterschiedliche Größenordnungen.

Die Änderung der Raumdehnung dV/V je Druckänderung dp oder die *Kompressibilität* $\varkappa$ beträgt für Wasser rd. $5 \cdot 10^{-5}$ cm²/kp. Das Korngerüst der Tone hat sehr unterschiedliche Kompressibilitäten, und zwar in der Größenordnung von 10^{-2} cm²/kp; die Kompressibilität der Sande beträgt rd. 10^{-3} cm²/kp, so daß also die Flüssigkeit – wie sich schon beim Auswerten der Ergebnisse des Kompressionsversuches zeigte – bei schnell aufgebrachten Lasten fast die gesamten Spannungen aufnimmt.

Das Problem der Ermittlung des Setzungsablaufs in Abhängigkeit von der Zeit kann mit Hilfe bestimmter vereinfachender und im allgemeinen gerechtfertigter Hypothesen gelöst werden:

– gesättigter Boden,

– die Kompressibilität des Wassers ist vernachlässigbar,

– die Kompressibilität der einzelnen Körner ist gegenüber der Kompressibilität des Korngerüstes vernachlässigbar.

7.2.1.2 Bestimmung der zu Beginn der Primärkonsolidierung in der Flüssigkeit herrschenden Überdrücke im Falle eines den Halbraum ausfüllenden Bodens und einer an der Oberfläche des Halbraums angreifenden Einzellast. Am Anfang nimmt also die Flüssigkeit allein den mittleren Überdruck in jedem Punkt auf, d. h. $p = \frac{\sigma_1 + \sigma_2 + \sigma_3}{3}$, und die auf die Festsubstanz übertragene Spannung ist ein Spannungsdeviator.

Die Raumdehnung oder kubische Dilatation ist null, da sich der Boden zu Beginn der Belastung so verhält, als bestehe er aus nebeneinanderliegenden Zellen, zwischen denen kein Wasser fließt.

Nun ist aber (s. 6.1) $\frac{\sigma_1 + \sigma_2 + \sigma_3}{3}$ gleich dem Ausdruck $p = \frac{P(1+\mu)}{3\pi} \frac{z}{\varrho^3}$, mit z als dem lotrechten Abstand des betrachteten Punktes von der Halbraumoberfläche, an der die Kraft P angreift und ϱ als dem direkten Abstand dieses Punktes vom Angriffspunkt der Kraft.

Die Flächen gleichen Überdrucks, die Äquipotentialflächen, erfüllen also die Gleichung $\frac{z}{\varrho^3} = \text{constans}$. Sie sind rotationssymmetrisch zur lotrechten Wirkungslinie der Kraft P und haben sämtlich den Angriffspunkt der Kraft gemeinsam, Abb. 7.2.

Um das Fließgesetz in Abhängigkeit von der Zeit zu erhalten, muß man die Kompressibilitäts- und Durchlässigkeitsgleichung anschreiben.

Das in jedem Punkt abfließende Wasser besteht aus dem Porenwasser und dem adsorbierten Wasser. Die Untersuchung beschränkt sich nur auf das Porenwasser, durch dessen Abströmen die Primärkonsolidierung hervorgerufen wird. Wenn E der Elastizitätsmodul des Bodens ist, beträgt die Raumdehnung der Volumeneinheit des Korngerüstes

$$\frac{dV}{V} = \frac{3(1-2\mu)\,dp}{E}.$$

Da die Körner inkompressibel angenommen werden, ist diese infinitesimale Änderung der Volumeneinheit gleich der Änderung dn des Porenanteils. Und da auch das Wasser inkompressibel vorausgesetzt wird, so ist

$$dn = \frac{3(1-2\mu)\,dp}{E}$$

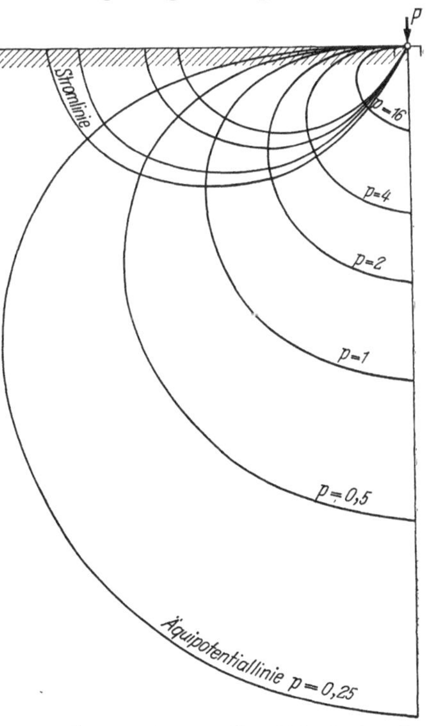

Abb. 7.2. Äquipotential- und Stromlinien in einer den Halbraum ausfüllenden Erdmasse zu Beginn des Angriffs einer Einzellast an der Halbraumoberfläche

die Wassermenge, die je Volumeneinheit des Korngerüstes abfließt.

Das Wasser wird zu Beginn der Primärkonsolidierung längs Stromlinien fließen, die normal zu den Äquipotentiallinien verlaufen; die Strömung gehorcht dem Darcyschen Gesetz

$$v = k\,i,$$

mit

$$i = \frac{1}{\gamma_w}\,\frac{dp}{dl};$$

hierbei bedeuten:

dl Länge eines Stromlinienelementes zwischen der Äquipotentiallinie p und der Äquipotentiallinie $p - dp$,

γ_w Wichte des Wassers,

k Durchlässigkeitskoeffizient, eine Bodenkonstante, deren Wert sich allerdings bei dichterer Lagerung der Körner ändert.

Man kennt also i nach dem Verlauf der Äquipotentiallinien und kennt k. Daraus ergibt sich die Filtergeschwindigkeit v in jedem Punkt des Stromliniennetzes im Sinne von DARCY.

Durch ein Element S der Äquipotentialfläche fließt während der Zeit dt eine Wassermenge $S\,v\,dt$.

Im Abstand dl davon erfährt diese Wassermenge auf dem Stromfaden eine Änderung von $\frac{\partial (S\,v)}{\partial l}\,dl\,dt$, die sich mit $v = \frac{k}{\gamma_w}\,\frac{\partial p}{\partial l}$ und $\frac{\partial S}{\partial l} = \varkappa_K\,S$ zu $\frac{\partial (S\,v)}{\partial l}\,dl\,dt = S\,dl\,dt\,\frac{k}{\gamma_w}\left(\frac{\partial p}{\partial l}\,\varkappa_K + \frac{\partial^2 p}{\partial l^2}\right)$ errechnet; $\varkappa_K$ ist die mittlere Krümmung der Äquipotentialfläche. So beträgt der Flüssigkeitsverlust je Volumeneinheit des Stromfadens:

$$d\,Q = \frac{k}{\gamma_w}\left(\frac{\partial p}{\partial l}\,\varkappa_K + \frac{\partial^2 p}{\partial l^2}\right)dt\,.$$

Das Korngerüst erfährt die gleiche Zusammenziehung infolge der Druckänderung dp, und zwar gleich

$$d\,n = \frac{3\,(1-2\,\mu)\,dp}{E}\,.$$

Durch Gleichsetzen der beiden Ausdrücke ergibt sich:

$$\frac{\partial p}{\partial t} = \frac{k}{\gamma_w}\left(\frac{\partial^2 p}{\partial l^2} + \varkappa_K\,\frac{\partial p}{\partial l}\right)\frac{E}{3(1-2\,\mu)} \qquad (1);$$

p und l gehören zum gleichen Stromfaden.

Man kann damit den Verlauf der Konsolidierung in Abhängigkeit von der Zeit berechnen. Die Größen E und k können aber nicht als von der Zeit unabhängig betrachtet werden.

Die vorstehende Untersuchung beschreibt den Mechanismus des Setzungsablaufs in Abhängigkeit von der Zeit zu Beginn der Primärkonsolidierung. Im Verlauf der Primärkonsolidierung ändern die Äquipotentiallinien und damit auch die Stromlinien ihre Form.

7.2.1.3 Ermittlung des Gesamtvolumens des zu Beginn der Primärkonsolidierung abfließenden Wassers im Falle eines den Halbraum ausfüllenden Bodens und einer an der Oberfläche des Halbraums angreifenden Einzellast. Es ist wichtig, die Gesamtmenge des abfließenden Wassers in einer Zone von gegebenem Halbmesser zu kennen. Diese Gesamtmenge wird für jede waagrechte Schicht ermittelt, um die Veränderungen der Kompressibilität der einzelnen Bodenschichten in den verschiedenen Horizonten berücksichtigen zu können.

Bei einem um die Kraft P (als Achse) gedachten Zylinder mit dem Halbmesser r beträgt die abfließende Wassermenge in einer waagerechten Schicht von der Dicke Δz im lotrechten Abstand z vom Angriffspunkt der Kraft somit:

$$\Delta Q = \varkappa \Delta z \int_0^r p \cdot 2\pi r\, dr ,$$

$$\text{mit} \quad \varkappa = \frac{3(1-2\mu)}{E}$$

als der *Kompressibilität*[1] des Korngerüstes; weiter erhält man:

$$\Delta Q = \varkappa \Delta z \int_0^r 2\pi p r\, dr = \varkappa \Delta z \frac{2P}{3}(1+\mu) \int_0^r z \frac{r\, dr}{\varrho^3} .$$

Nun ist

$$r = z \tan\beta ,$$

$$\varrho = \frac{z}{\cos\beta} ;$$

damit wird

$$\int_0^r z \frac{r\, dr}{\varrho^3} = \int_0^\beta \frac{\tan\beta \cos^3\beta\, d\beta}{\cos^2\beta} = \int_0^\beta \sin\beta\, d\beta = 1 - \cos\beta .$$

Die Menge des aus einem Zylinder von der Dicke Δz und dem Halbmesser $r = z \tan\beta$ abfließenden Wasser beträgt somit für die betrachtete Schicht mit der Dicke Δz:

$$\Delta Q = \frac{2P}{3}(1+\mu)\varkappa \Delta z (1-\cos\beta) .$$

Wenn r gegenüber z groß ist, strebt ΔQ seinem Grenzwert

$$\Delta Q_G = \frac{2P}{3}(1+\mu)\varkappa \Delta z$$

zu. Es hat diesen Wert schon auf 1% Genauigkeit erreicht, wenn r gleich $10\,z$ wird, da $\cos\beta$ dann 0,01 ist.

Für ein beliebiges System lotrechter Lasten beträgt die Gesamtmenge des abfließenden Wassers in der Schicht mit der Dicke Δz zwischen den beiden Horizontalebenen:

$$\Delta Q_G = \frac{2(1+\mu)}{3} \varkappa \Delta z \sum P ;$$

sie hängt also nur von ΣP ab.

Hieraus folgt für die Gesamtmenge das Theorem: Die Gesamtmenge des Wassers, dessen Abfluß zur Konsolidierung einer belasteten Schicht erforderlich ist, hängt nur von der Gesamtlast, nicht aber von deren Verteilung ab.

Diese Wassermenge ergibt sich aus dem Produkt der Gesamtlast, der Kompressibilität des Korngerüstes, der Schichtdicke und dem Faktor $\frac{2}{3}(1+\mu)$, mit μ als Querdehnzahl.

---

[1] Sie ist mit Rücksicht auf die Kompressibilität der Festsubstanz, d. h. die echte Kompressibilität des Korngerüstes (s. 9.3.2), genauer als scheinbare Kompressibilität zu bezeichnen (Anm. des Übersetzers).

7.2.2 Konsolidierungstheorie im allgemeinen Fall. Die Gleichungen des Problems für einen beliebigen Augenblick nach der Lasteintragung lassen sich folgendermaßen darstellen: Da $-\partial p/\partial x$, $-\partial p/\partial y$ und $-\partial p/\partial z$ die Komponenten der Strömungskraft sind, müssen die Verschiebungskomponenten u, v, w folgenden Gleichungen genügen:

$$\frac{G}{1-2\mu}\,\frac{\partial\theta}{\partial x}+G\,\triangle\,u-\frac{\partial p}{\partial x}=0\,,$$
$$\frac{G}{1-2\mu}\,\frac{\partial\theta}{\partial y}+G\,\triangle\,v-\frac{\partial p}{\partial y}=0\,,$$
$$\frac{G}{1-2\mu}\,\frac{\partial\theta}{\partial z}+G\,\triangle\,w-\frac{\partial p}{\partial z}=0\,,$$

mit $\triangle$ als dem LAPLACE-Operator und θ als der Raumdehnung oder der kubischen Dilatation. Diese Gleichungen folgen aus einer Zusammenfassung der Gln. (1) und (2) in (6.1); die Beziehungen, Gln. (1) in (6.1), enthalten im allgemeinen die Volumenkraft mit den Komponenten $-\partial p/\partial x$; $-\partial p/\partial y$; $-\partial p/\partial z$.

Man leitet aus obigen Gleichungen her:

$$G\,\frac{2-2\mu}{1-2\mu}\,\triangle\,\theta=\triangle\,p\,.$$

Das DARCYsche Gesetz lautet andererseits:

$$\frac{\partial\theta}{\partial t}=\frac{k}{\gamma_w}\,\triangle\,p\,.$$

Durch Gleichsetzen der beiden Ausdrücke für $\triangle\,p$ erhält man:

$$\frac{\partial\theta}{\partial t}=\frac{k}{\gamma_w}\,G\,\frac{2-2\mu}{1-2\mu}\,\triangle\,\theta\;;$$

d. h.

$$\frac{\partial\theta}{\partial t}=a\,\triangle\,\theta \qquad (2),$$

mit

$$a=\frac{k\,G}{\gamma_w}\,\frac{2-2\mu}{1-2\mu}$$

oder

$$a=\frac{E\,k}{\gamma_w}\,\frac{1-\mu}{(1+\mu)\,(1-2\mu)}\,.$$

Gl. (2) ist die FOURIERsche Gleichung, die auch für den Temperaturverlauf in einem leitenden Medium gilt, in dem sich die Wärme ausbreitet. Temperatur und kubische Dilatation sind also durch die gleichen Gleichungstypen miteinander verknüpft.

Das Setzungsproblem ist jedoch – wie MANDEL [*7.1*] bemerkte – dadurch gekennzeichnet, daß die Randbedingungen – im Gegensatz zum Problem der Wärmeausbreitung – außer den Verformungsgrößen auch noch andere Größen enthalten. Die Anzahl der Randbedingungen beträgt hier vier, und zwar drei davon für die Verformungen oder Spannungen, die vierte für den Wasserdruck.

Gl. (2) ist vom gleichen Typ wie Gl. (1) in (7.2.1.2). Sie ist nur allgemeiner; jedoch gelten auch hier die gleichen Bemerkungen bezüglich der Abhängigkeit von E und k von der Zeit.

7.2.3 Sonderfall der Konsolidierungstheorie: Gleichförmig belastete Schicht endlicher Dicke, die an beiden Seiten dräniert ist. Dieser Sonderfall in situ entspricht genau dem einer im Kompressionsgerät eingeschlossenen Bodenprobe.

TERZAGHI gab im Jahre 1923 [7.2] eine mathematische Lösung des Problems der Konsolidierung einer zusammendrückbaren, waagrechten Schicht von der Dicke 2 H bei Belastung der freien Oberfläche mit gleichförmig verteilten Spannungen p_0 an, Abb. 7.3. Die Schicht liegt zwischen zwei nicht zusammendrückbaren, aber durchlässigen Schichten. TERZAGHI nahm an, daß das Wasser in lotrechter Richtung abfließt.

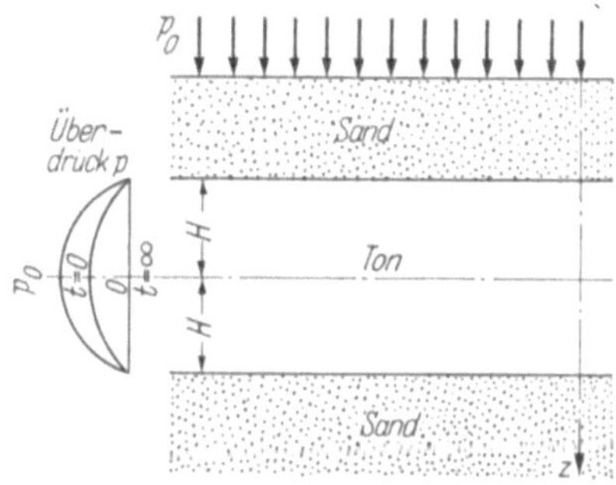

Abb. 7.3. Konsolidierung einer Tonschicht zwischen zwei Sandschichten

Die Durchlässigkeitsgleichung lautet:

$$v = \frac{k}{\gamma_w} \frac{\partial p}{\partial z};$$

daraus wird nach Differentiation nach z:

$$\frac{\partial v}{\partial z} = \frac{k}{\gamma_w} \frac{\partial^2 p}{\partial z^2},$$

mit p als der Spannung im Augenblick t auf der Kote z gegenüber der Spannung p_0 vor der Belastung.

Unter der Annahme lotrechter Stromfäden lautet die Kompressibilitätsgleichung:

$$\frac{S\Delta\,(v\,\Delta t)}{S\,\Delta z} = \frac{\Delta p}{E_s},$$

mit E_s als der Steifezahl; damit erhält man schließlich:

$$\frac{\partial p}{\partial t} = \frac{E_s k}{\gamma_w} \frac{\partial^2 p}{\partial z^2} \qquad (3).$$

Diese Gleichung beruht also auf der vereinfachenden Annahme, daß das Wasser lotrecht abfließt; dadurch verschwinden die mit μ behafteten Ausdrücke der Gl. (1) und (2). Die obige Gl. (3) beschreibt mithin ein eindimensionales Entwässerungsproblem, bei dem das seitliche Abfließen des Wassers und die waagrechten Spannungskomponenten vernachlässigt werden, d. h. sie ist eine Näherung.

Gl. (3) läßt sich mit FOURIER-Reihen lösen. Die Lösung lautet für die in Abb. 7.3 dargestellten Randbedingungen:

$$p = p_0 \frac{4}{\pi} \sum_{n=0}^{n=\infty} \frac{1}{2n+1} \left[\sin \frac{(2n+1)\pi z}{2H}\right] e^{-\frac{(2n+1)^2 \pi^2 T}{4}} \qquad (4);$$

T ist eine dimensionslose Zahl, die nicht ganz richtig *Zeitfaktor* genannt wird:

$$T = \frac{E_s\, k}{\gamma_w H^2}\, t \qquad (5).$$

In diesem Ausdruck hat $E_s\, k/\gamma_w\, H^2$ die Dimension des Kehrwerts einer Zeit; t ist die Zeit, die vergeht, bis der Wasserdruck von p_0 auf seinen durch Gl. (4) definierten Wert abnimmt. Die Größe $c_v = E_s\, k/\gamma_w$ wird *Konsolidierungskoeffizient* genannt.

Man kann also mit Gl. (4) p/p_0 in Abhängigkeit von t berechnen und umgekehrt. Den in % angegebenen Ausdruck:

$$\varphi = \left(1 - \frac{p}{p_0}\right) \cdot 100$$

nennt man *Konsolidierungsgrad*. Er ist gleich null im Augenblick der Eintragung von p_0 und 100% nach Ablauf der Konsolidierung.

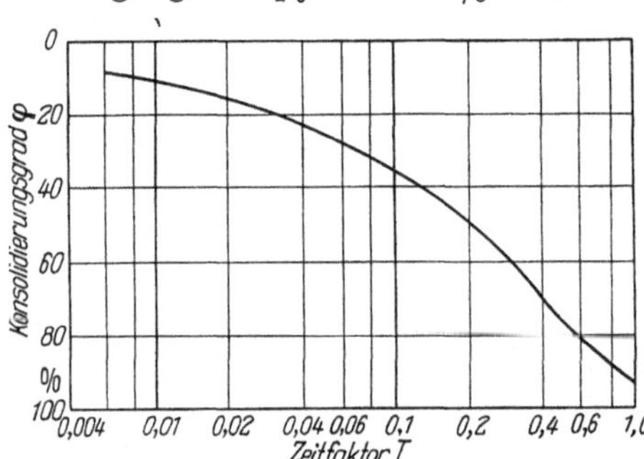

Abb. 7.4. Konsolidierungsgrad φ in Abhängigkeit vom Zeitfaktor T bei Konsolidierung nach Abb. 7.3

Die aus Gl. (4) hergeleitete Beziehung zwischen φ und T läßt sich durch eine Kurve darstellen, Abb. 7.4. Für ein gegebenes t errechnet man T nach Gl. (5) und liest auf der Kurve, Abb. 7.4, den entsprechenden Konsolidierungsgrad φ ab. Umgekehrt läßt sich t aus φ berechnen.

Man sieht also, daß t bei gegebenem Konsolidierungsgrad von dem Quadrat der Schichtdicke und dem Kehrwert der Steifezahl abhängt.

7.2.3.1 Anwendungsbeispiel. Für $\varphi = 50\%$ liefert die Kurve, Abb. 7.4, $T = 0{,}197$. Die 50prozentige Konsolidierung einer Tonschicht von 4 m Dicke ist bei einem Konsolidierungskoeffizienten $E_s\, k/\gamma_w = 20 \cdot 10^{-4}\ \text{cm}^2/\text{s}$ nach Ablauf einer Zeit

$$t = \frac{0{,}197 \cdot 4^2 \cdot 10^{+4}}{20 \cdot 10^{-4}}\ \text{s} = 4 \cdot 10^6\ \text{s},$$

d. h. also nach 46 Tagen, abgeschlossen.

7.2.3.2 Ermittlung des Durchlässigkeitskoeffizienten k im Kompressionsgerät. Man beachte die formale Ähnlichkeit zwischen der Kurve des Konsolidierungsgrades in Abhängigkeit vom Zeitfaktor, Abb. 7.4, und dem Zeit-Setzungs-Diagramm des Kompressionsversuches, Abb. 7.1. Dieses letztere kann also zur Berechnung des Konsolidierungskoeffizienten c_v dienen. Zu diesem Zweck bestimmt man die Zeit t_{100}, die dem Ende der Primärkonsolidierung entspricht. Man leitet daraus den Wert t_{50} für die halbe, nach Ablauf der Primärkonsolidierung gemessene Setzung der Probe her.

Nun hat der Zeitfaktor T_{50}, der einer Konsolidierung von 50% entspricht, nach Abb. 7.4 den Wert $T_{50} = 0{,}197$.

Man kann also schreiben:

$$0{,}197 = \frac{E_s k}{\gamma_w H^2} t_{50};$$

dies ergibt:

$$\frac{E_s\, k}{\gamma_w} = \frac{0{,}197}{t_{50}} H^2 \qquad (6),$$

mit H als halber Probendicke. Man kennt E_s und H für jeden Druck; damit ist:

$$k = 0{,}197 \frac{H}{t_{50}} \frac{\gamma_w H}{E_s}.$$

Die Größe H/t_{50} hat die Dimension einer Geschwindigkeit, die Größe $\gamma_w\, H/E_s$ hat die Dimension null.

Diese Methode bringt gute Ergebnisse für sehr undurchlässige Tone mit $k < 10^{-7}$ cm/s. Für andere Tone ist die klassische Messung mit dem Durchlässigkeitsgerät vorzuziehen (s. 4.2.1).

7.2.3.3 Charakteristische Werte des Konsolidierungskoeffizienten $c_v = E_s\, k/\gamma_w$. Für einen gegebenen Boden, der sich in der Konsolidierung befindet, hängen E_s und k von der Zeit ab; E_s nimmt mit fortschreitendem Dichterlagern der Körner zu, während k gleichzeitig abnimmt. Bei der oben vorgenommenen Integration setzt man voraus, daß sich das Produkt $E_s\, k$ nicht ändert, d. h. daß $c_v = E_s\, k/\gamma_w$ ein Bodenkennwert ist: dies ist nur eine Näherung.

Tabelle 7.1
Konsolidierungskoeffizient c_v für verschiedene Tonminerale

Tonmineral	cm²/s
Kaolinit	4 bis $2 \cdot 10^5$
Illit	2 bis $1 \cdot 10^5$
Montmorillonit	1 bis $0{,}02 \cdot 10^5$

Unter dieser Einschränkung sind die Konsolidierungskoeffizienten c_v, Tab. 7.1, zu betrachten, die mit Hilfe der Zeit t_{50} nach der Formel, Gl. (6), berechnet wurden.

7.3 Konsolidierung eines Geländes mit Hilfe lotrechter Dräns

Lotrechte, mit Sand gefüllte Dräns, Abb. 7.5 eignen sich zum Verbessern des Baugrunds: Das im Boden befindliche Wasser wird zu den lotrechten Dräns hin geleitet. Die Entwässerung läßt sich durch Belasten der Geländeoberfläche beschleunigen.

Diese Konsolidierung zeigt die gleichen allgemeinen Merkmale wie die der Schicht begrenzter Dicke mit oberer und unterer Dränung.

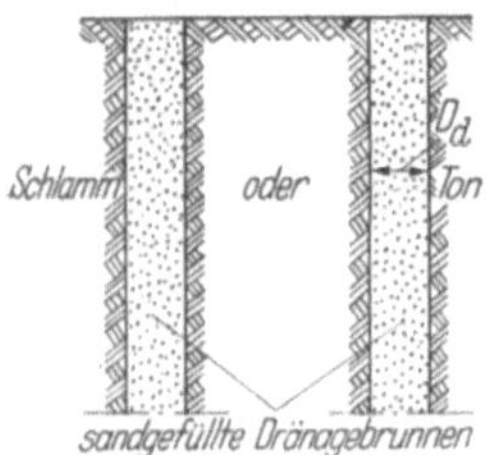

Abb. 7.5
Lotrechter Schnitt durch Sanddräns

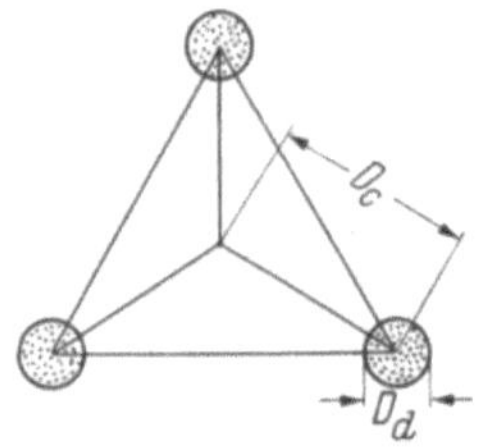

Abb. 7.6
Anordnung der Sanddräns, Abb. 7.5, im Grundriß

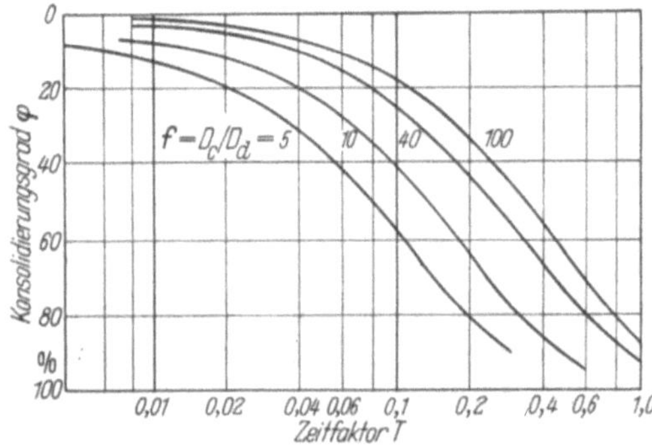

Abb. 7.7. Konsolidierungsgrad φ in Abhängigkeit vom Zeitfaktor T bei Konsolidierung nach Abb. 7.5 und 7.6. (Nach Barron)

Die von O. J. Porter in Kanada [*7.3*] angestellten Versuche zeigen, daß die Konsolidierung vom Verhältnis $D_c/D_d = f$ abhängt (D_c Durchmesser des Zylinders, innerhalb dessen das Wasser zum Drän fließt, D_d Durchmesser des Dräns), Abb. 7.6.

Wenn D_c klein ist, erhöht sich die Konsolidierungsgeschwindigkeit, da sich der Wasserüberdruck zu den Sanddräns auf einem kürzeren Weg ausgleicht.

Die vorstehenden, für die Schicht mit der Dicke $2\,H$ angegebenen Gleichungen bleiben auch in diesem Fall gültig; man muß nur H durch D_c ersetzen. Die Kurve für T in Abhängigkeit von φ ist dann durch einen Wert $D_c/D_d = f$ gekennzeichnet.

R. A. Barron gab für diese Konsolidierung die in Abb. 7.7 dargestellte Kurvenschar an.

7.4 Sekundäre Konsolidierung

Die sekundäre Konsolidierung schließt sich der primären Konsolidierung an.

Diese Konsolidierung kann in Ausnahmefällen sehr bedeutend sein. Das Zeit-Setzungs-Diagramm hat dann nicht mehr die klassische Form eines umgekehrten S, Abb. 7.1, sondern verläuft nach einer fast geraden, geneigten Linie. Es liegt in diesem Falle eine Art Kriechen des Bodens vor: Die Körner stützten sich — je dichter der Boden wird — in zunehmendem Maße, unter langsamen Gleitbewegungen, gegeneinander ab.

Es gibt keine zuverlässige Methode zur genauen Ermittlung der Setzung infolge der sekundären Konsolidierung. Dies liegt einerseits an der beschränkten Dauer der Laboratoriumsversuche, anderseits daran, daß erst in jüngster Zeit Feldbeobachtungen angestellt wurden. Die Gestalt der Druck-Porenziffer-Diagramme vermittelt jedoch eine Größenordnung von der sekundären Konsolidierung.

7.5 Kriecherscheinungen beim Abscheren: Viskosität der Tone

Die Kriecherscheinungen erkennt man deutlich bei den Scherversuchen.

Bei Behandlung des Torsionsversuches (s. 5.8) wurde bereits angegeben, daß die Zeit einen Einfluß auf die Verdrehung (Winkel) γ hat.

Die Versuche von TAN, TJONG KIE [7.4] zeigten, daß γ — sobald die Scherspannung τ einen bestimmten Schwellenwert τ_0 überschreitet — bei abnehmendem $d\gamma/dt$ unablässig mit t wächst.

Die Kurven, Abb. 7.8, erläutern diese Verhältnisse am Beispiel norwegischer Quick-Tone: Unterhalb von $\tau_0 = 40$ p/cm² gibt es keine Verdrehung.

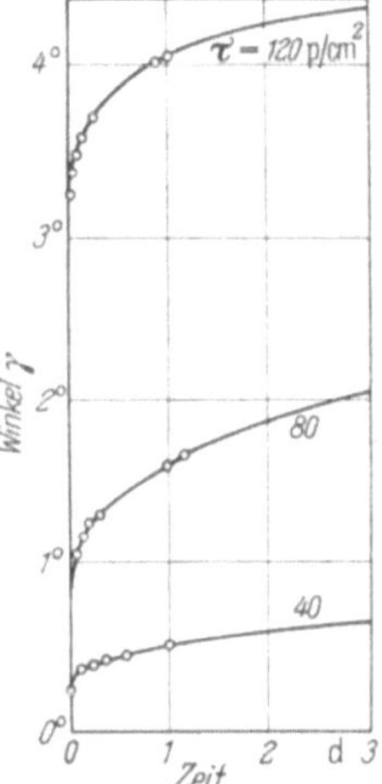

Abb. 7.8. Durch einen Torsionsversuch an einem Hohlzylinder aus aufbereitetem Ton erhaltene Verdrehung in Abhängigkeit von der Zeit, bei konstanter Scherspannung. (Nach TAN, TJONG KIE [7.4])

Im Torsionsversuch hat das Verhältnis $\dfrac{\tau}{\dfrac{R}{h}\,\dfrac{d\gamma}{dt}}$ die Dimension einer dynamischen Viskosität; sie wird in Poise ausgedrückt.

Im Versuch hat man mit $\tau_0 = 40$ p/cm² $\gamma = 0{,}15°$ vom ersten zum dritten Tag, mit $R = 1{,}8$ cm und $h = 6{,}7$ cm.

Die Viskosität beträgt:

$$\frac{4 \cdot 10^4}{\dfrac{1{,}8}{6{,}7}\;\dfrac{0{,}15}{2 \cdot 86400}\;\dfrac{\pi}{180}} = 10^{13} \quad \text{Poise}\,.$$

Das Vorhandensein eines Schwellenwertes der Scherspannung läßt erkennen — wie bereits in (4.2.4) und (5.8) gezeigt wurde —, daß die Tone zu den nichtnewtonschen viskosen Flüssigkeiten zu rechnen sind, d. h. zu den plastischen Flüssigkeiten, die der Hypothese von BINGHAM gehorchen. Der Wert von 10^{13} Poise ist in obigem Fall das Maß für die Viskosität η_s (s. 4.2.4).

8 Akustische Erscheinungen und Schwingungserscheinungen in Böden

In diesem Kapitel sollen nacheinander die akustischen Erscheinungen bezüglich der Fortpflanzung des Schalls unter der Wirkung einer augenblicklichen Erregung im Boden und das Verhalten der Böden bei Schwingungserregungen untersucht werden.

Die im folgenden für Gesteine und Betone gebrachten Erkenntnisse werden dabei zum Verständnis der für die Böden aufgezeigten Ergebnisse beitragen.

8.1 Fortpflanzungsgeschwindigkeit des Schalls in festen Körpern

8.1.1 Klassische Formeln. Zunächst sollen die klassischen Formeln über die Ausbreitung des Schalls in einem festen, isotropen Körper wiederholt werden.

Die Fortpflanzungsgeschwindigkeit v beträgt

— im eindimensionalen Fall (Prisma):

$$v = \sqrt{\frac{E}{\gamma}},$$

— im zweidimensionalen Fall (Platte):

$$v = \sqrt{\frac{E}{\gamma}(1 - \mu^2)},$$

— im dreidimensionalen Fall:

$$v = \sqrt{\frac{E}{\gamma}\,\frac{1 - \mu}{(1 + \mu)(1 - 2\mu)}},$$

mit E als dem Elastizitätsmodul, γ als der Wichte des Körpers und μ als der Querdehnzahl.

8.1.2 Zusammenfassung der an Gesteinen erzielten Ergebnisse. Systematische Messungen an Gesteinen wurden von M. MAMILLAN [*8.1*] im Laboratoire du Bâtiment et des Travaux Publics vorgenommen. Man

Tabelle 8.1. *Wichten einiger Felsgesteine.* (Nach MAMILLAN [*8.1*])

Bezeichnung	Billy		Saint Maximin Roche Douce	Lavoux	Euville	Massangis	Larrys Mouchеté	Comblanchien	Hauteville
	Banc Royal	Banc Franc							
Anzahl der Messungen	16	24	32	24	24	31	12	24	24
Mittelwert Mp/m³	1,41	1,55	1,69	1,93	2,42	2,41	2,54	2,65	2,68
Maximum Mp/m³	1,46	1,72	1,75	2,06	2,63	2,57	2,69	2,72	2,78
Minimum Mp/m³	1,38	1,41	1,63	1,85	2,34	2,25	2,47	2,61	2,62
mittlere Abweichung	0,014	0,08	0,02	0,036	0,05	0,07	0,05	0,03	0,017

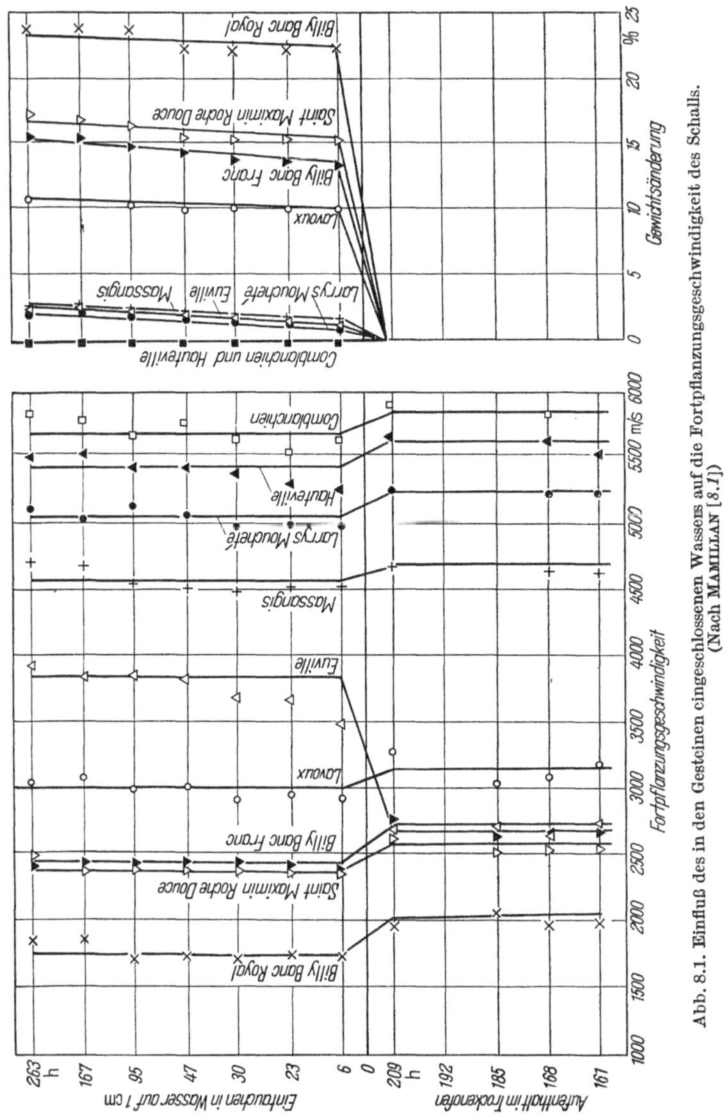

Abb. 8.1. Einfluß des in den Gesteinen eingeschlossenen Wassers auf die Fortpflanzungsgeschwindigkeit des Schalls. (Nach MAMILLAN [8.1])

erzeugte eine Erschütterung und maß die Zeit, die zwischen dem Durchgang dieser Erschütterung in zwei in einem bekannten Abstand voneinander entfernten Punkten verging.

Die Ergebnisse sind in den Tab. 8.1 und Tab. 8.2 eingetragen. Mit Ausnahme des Gesteins von Euville wächst die Fortpflanzungsgeschwindigkeit mit der Wichte.

Tabelle 8.2
Eindimensionale Fortpflanzungsgeschwindigkeit des Schalls bei den Felsgesteinen der Tabelle 8.1

Bezeichnung	Billy		Saint Maximin Roche Douce	Lavoux	Euville	Massangis	Larrys Moucheté	Comblanchien	Hauteville
	Banc Royal	Banc Franc							
Anzahl der Messungen	16	24	32	23	24	31	12	24	24
Mittelwert m/s	1927	2345	2346	3027	2544	4470	4727	5449	5967
Maximum m/s	2182	2570	2692	3395	3015	5152	5022	5660	6217
Minimum m/s	1810	1940	2120	2655	2097	3577	4127	5042	5755
mittlere Abweichung	70	148	119	139	145	347	274	80	101

Allgemein findet man für Gesteine Fortpflanzungsgeschwindigkeiten zwischen 1800 und 7000 m/s, für Sandsteine und Kreiden zwischen 1800 und 4000 m/s, für Kalksteine zwischen 1800 und 6000 m/s, für Schiefer zwischen 2750 und 4300 m/s, für Granite zwischen 4600 und 5800 m/s und für metamorphe Gesteine zwischen 3000 und 7000 m/s.

Bei systematischer Sättigung der Gesteine mit Wasser nimmt die Fortpflanzungsgeschwindigkeit ab, Abb. 8.1. Dieses Ergebnis war vorauszusehen, da die Fortpflanzungsgeschwindigkeit des Schalls im Wasser 1400 m/s beträgt und niedriger als die Geschwindigkeit im trockenen Gestein ist.

8.2 Fortpflanzungsgeschwindigkeit des Schalls in Böden

Manche Böden zeigen wegen ihrer gegenüber Gestein kleineren Trockenwichte und ihres größeren Wassergehaltes kleinere Fortpflanzungsgeschwindigkeiten als selbst feuchtes Gestein. Die kleinsten Werte liegen in der Größenordnung von 300 m/s; Kiese und trockene Sande lassen Fortpflanzungsgeschwindigkeiten von 450 bis 900 m/s, feuchte Sande von 600 bis 1800 m/s und Tone von 900 bis 2800 m/s erkennen.

8.2.1 Laboratoriumsmessungen. Die Fortpflanzungsgeschwindigkeit des Schalls in einem Boden läßt sich im Laboratorium an einer Bodenprobe auf die gleiche Weise messen, wie dies bei Festkörpern an einem Prisma geschieht. Man ruft eine sinusförmige Erregung an einem Ende der Probe hervor und nimmt die entsprechende Erschütterung an zwei Punkten der Probe mit einem Kathodenstrahl-Oszillographen auf. Da die Erregerfrequenz und der Abstand der beiden Punkte bekannt sind, läßt sich die Fortpflanzungsgeschwindigkeit ermitteln.

8.2.2 In-situ-Messungen. Anwendung auf die Bodenerkundung. Das Messen der Fortpflanzungsgeschwindigkeit des Schalls in den Böden ist die Grundlage aller seismischen Methoden zur geophysikalischen Bodenerkundung. Diese Methoden haben ein viel weiteres Anwendungsgebiet und entwickelten sich auch erst in viel jüngerer Zeit als sämtliche Methoden, die der Erforschung der Erdbeben gewidmet sind.

Bei der geophysikalischen Bodenerkundung erzeugt man an der Bodenoberfläche eine Erschütterung, im allgemeinen mit Hilfe eines Sprengstoffs. Zwei Methoden sind gebräuchlich: die *Reflexionsmethode* und die *Refraktionsmethode* Aus der Messung der Zeitabstände zwischen der Explosion und der Ankunft der verschiedenen Wellen in einem Seismographen lassen sich die Dicken der Bodenschichten oberhalb der reflektierenden (Reflexionsmethode) oder brechenden Schichten (Refraktionsmethode) ermitteln.

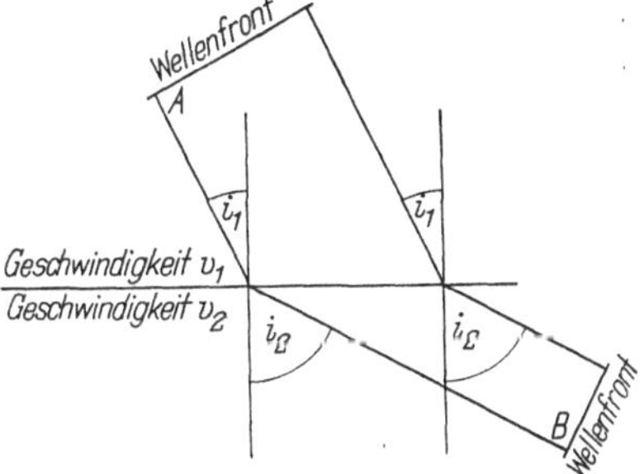

Abb. 8.2. Fortpflanzung akustischer Wellen nach dem FERMATschen Prinzip

Die seismischen (akustischen) Wellen gehorchen den gleichen Gesetzen wie die optischen Wellen. Für die Brechung einer seismischen Welle an der Trennfläche zweier Medien gilt daher auch das FERMATsche Prinzip. Danach wird die Zeit, die ein Strahl braucht, um vom Punkt A des einen Mediums zum Punkt B des anderen Mediums zu gelangen, Abb. 8.2, ein Minimum. Hieraus ergibt sich:

$$\frac{\sin i_1}{\sin i_2} = \frac{v_1}{v_2},$$

mit v_1 und v_2 als den Fortpflanzungsgeschwindigkeiten in den beiden Medien, Abb. 8.2.

Es seien zwei übereinander liegende Bodenschichten mit den Fortpflanzungsgeschwindigkeiten v_1 und v_2, mit $v_2 > v_1$, betrachtet. In O werde eine Explosion erzeugt, in A, im Abstand x vom Punkt O, befinde sich der Seismograph. Hier wird man drei Wellenarten empfangen: direkte, reflektierte und gebrochene, zumindest dann, wenn x/h hinreichend groß ist, Abb. 8.3.

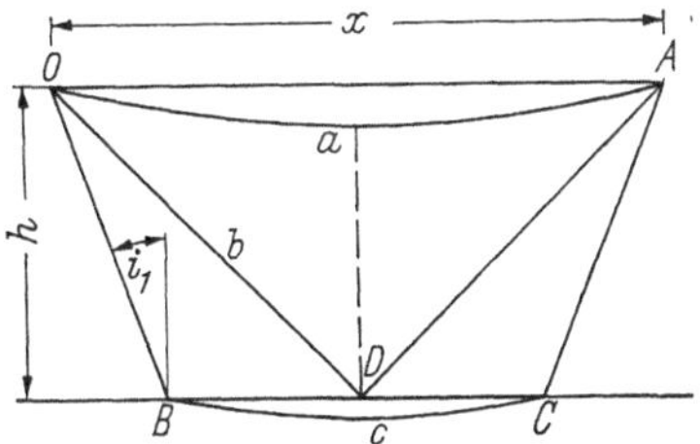

Abb. 8.3. Direkte, reflektierte und gebrochene akustische Wellen infolge einer Explosion in O

Die *direkte Welle* pflanzt sich auf der Trennfläche Boden-Luft oder — genauer gesagt — auf der leicht gekrümmten Bahn, *a* in Abb. 8.3, fort, weil die Fortpflanzungsgeschwindigkeit in allen nichtkonsolidierten Medien mit der Tiefe wächst. Die Laufzeit beträgt angenähert

$$t' = \frac{x}{v_1}.$$

Die *reflektierte Welle*, *b* in Abb. 8.3, kommt nach der Zeit $\frac{\overline{OD} + \overline{DA}}{v_1}$ in A an, d. h. es ist

$$t'' = \frac{\sqrt{x^2 + 4h^2}}{v_1}.$$

Die *Welle*, *c* in Abb. 8.3, wird nach dem FERMATschen Prinzip im Punkt B total *gebrochen*, so daß

$$\frac{\sin i_1}{\sin 90°} = \frac{v_1}{v_2}$$

ist. Die für den Weg benötigte Zeit beträgt:

$$t''' = \frac{2\,\overline{OB}}{v_1} + \frac{\overline{BC}}{v_2} = \frac{2h}{v_1 \cos i_1} + \frac{x - 2h \tan i_1}{v_2}.$$

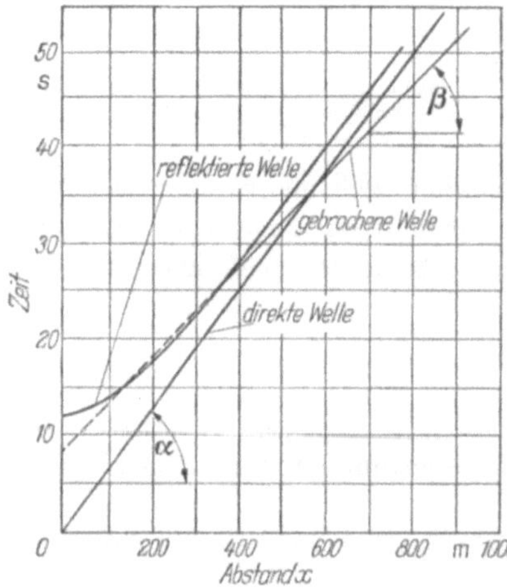

Abb. 8.4. Laufzeit-Abstand-Diagramm für die direkten, reflektierten und gebrochenen akustischen Wellen, Abb. 8.3

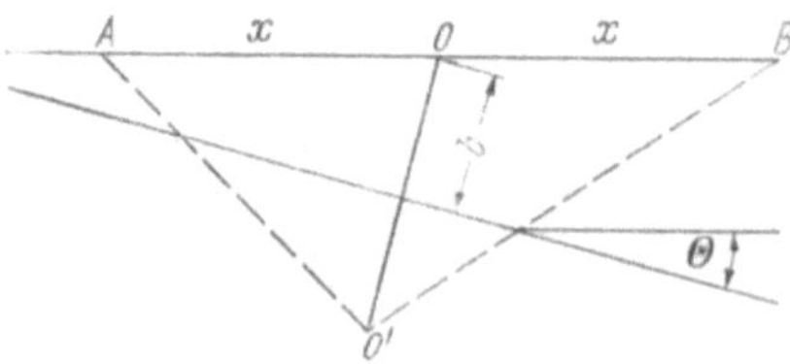

Abb. 8.5. Reflexion akustischer Wellen an einer geneigten Schicht

In dem Zeit-Abstand x-Diagramm ergibt sich also eine Gerade mit dem Tangentenanstieg $\tan\alpha = 1/v_1$ für die direkte Welle, eine Hyperbel für die reflektierte Welle und eine Gerade mit dem Tangentenanstieg $\tan\beta = 1/v_2$ für die gebrochene Welle, Abb. 8.4.

Die Zeitmessungen an verschiedenen Stationen A mit bekannter Abszisse x erlauben es also, h, v_1 und v_2 zugleich zu bestimmen.

Bei geneigter Trennfläche der Bodenschichten kann man mit der Reflexionsmethode die Neigung der Trennfläche bestimmen: Die Zeitdifferenz Δt zwischen der Ankunft der reflektierten Wellen in zwei symmetrisch zum Sender in O, Abb. 8.5, aufgestellten Seismographen in A und B ist dann durch die einfache Beziehung

$$\Delta t = \frac{\overline{O'B} - \overline{O'A}}{v_1}$$

gegeben, mit O' als dem Spiegelbild von O in bezug auf die Trennfläche; diese Beziehung läßt sich leicht in Abhängigkeit von x, b, v und Θ, der Neigung der Schicht gegen die Waagrechte, ausdrücken.

Die geophysikalischen Forschungen erstrecken sich im allgemeinen auf tiefe Schichten. Sie werden aber von den Oberflächenschichten beeinträchtigt, die die Bodenmechaniker untersuchen und die die Geophysiker unter der Bezeichnung „Schichten mit kleiner Fortpflanzungsgeschwindigkeit" zusammenfassen.

In diesen mehr oder weniger konsolidierten und mehr oder weniger wassergesättigten oder durchlüfteten Bodenschichten sind die Fortpflanzungsgeschwindigkeiten klein.

Wegen der Unstetigkeit an der Grenze zwischen diesen Schichten und den darunter liegenden Felsformationen wird ein beachtlicher Teil der durch die Explosion — zur Erzeugung der Erschütterung — entstandenen Energie an dieser Trennfläche nach oben zurückreflektiert (ohne weiter in die darunter liegenden Felsformationen eindringen zu können), an der Trennfläche Boden-Luft erneut reflektiert usw. Die so entstehenden Rückstrahlungen der Wellen verfälschen die seismischen Auswertungen. Um sie auszuschalten, bringen die Geophysiker die Patronen zum Erzeugen der Explosion im allgemeinen auf dem unteren Niveau der die Messungen störenden Bodenschichten an.

Der Unterschied in den Fortpflanzungsgeschwindigkeiten zwischen diesen Bodenschichten und den darunter anstehenden Felsformationen steht in erster Linie mit den Hohlräumen des Bodens in Zusammenhang: Wie bei den Gesteinen (vgl. Tab. 8.1 und 8.2) wächst die Fortpflanzungsgeschwindigkeit mit der Trockenwichte. Die Fortpflanzungsgeschwindigkeit muß daher mit der Tiefe zunehmen, da die Trockenwichte (außer in Ausnahmefällen) mit der Tiefe zunimmt. Sie muß auch bei gleicher Porenziffer mit dem Wassergehalt zunehmen. Tatsächlich wird die Fortpflanzungsgeschwindigkeit des Schalls im allgemeinen größer, wenn man in das Grundwasser gelangt.

8.2.3 Folgerungen aus den Messungen für den Wert des Elastizitätsmoduls E. Man könnte verführt sein, aus den Messungen der Fortpflanzungsgeschwindigkeit auf einen Wert des Elastizitätsmoduls für die Böden zu schließen.

Diese Methode ist zum Scheitern verurteilt, so wie sie es auch bei den Betonen war.

Der Elastizitätsmodul, den man aus Versuchen über die Ausbreitung des Schalls in Betonproben herleitete, hat tatsächlich nichts mit dem Elastizitätsmodul zu tun, der in die Stahlbetonberechnungen eingeht. Der Grund dafür ist einfach: Bei ersterem spielen Erschütterungen kleiner Amplitude eine Rolle, bei zweiterem plastische Erscheinungen.

Bei den Böden liegen die Verhältnisse ähnlich. Dies führt dazu, die Bedingungen zu untersuchen, unter denen sich seismische Wellen fortpflanzen.

8.2.4 Erzeugung der Wellen. Im allgemeinen wird die Erschütterung zur Erzeugung von seismischen Wellen durch die Explosion einer Dynamitladung in einem nicht sehr tiefen Loch ausgelöst. Dieser Punkt bildet eine intensive Energiequelle. Die Verformungen des Bodens in unmittelbarer Nähe der Explosionsstelle gehen über den elastischen Bereich hinaus. Die Folge davon sind bleibende Verformungen und damit ein Verbrauch der Energie in anderer Form als für elastische Zusammendrückungen. Mit der Entfernung von der Explosionsstelle werden die Amplituden kleiner, je weiter sich die Kugelwelle ausbreitet, und die Fortpflanzung ist von kleinen Verformungen begleitet. Was die Böden von den Felsgesteinen unterscheidet, ist der irreversible Charakter der Verformung. Dieser Unterschied wurde bereits erwähnt (s. 5.4.1.4): Ein rascher Verlust der hohen Frequenzen ist die Folge.

Das Energieverteilungs-Spektrum des Anfangsimpulses ist sehr breit und erstreckt sich von einigen Hz bis zu mehreren Tausend Hz. Man stellte fest, daß die hohen Frequenzen bei der Wellenfortpflanzung im Boden schneller als die niedrigen verlorengehen. Die genauen Gründe für die Veränderung der Amplituden-Frequenz-Kurve sind:

— Der irreversible Charakter der Verformungen und die Viskosität des verdrängten Wassers verkleinern die Amplitude gemäß dem Faktor e^{-af^2x}, mit a als einer Konstanten, f der Frequenz und x als dem von der Welle zurückgelegten Weg.

— Die Reibung der Körner äußert sich in einem Abschwächungsfaktor e^{-bfx}, mit b als einer anderen Konstanten.

— Die Streuung der Wellen.

Born [*8.2*] zeigte, daß der erste, mit dem Quadrat der Frequenz eingehende Faktor bei der Abschwächung der Amplituden der Wellen mit mehr als 150 Hz eine wichtige Rolle spielt, während die beiden anderen Faktoren entscheidend dazu beitragen, daß das Wellenband unter 150 Hz auf die niedrigen Frequenzen zusammengedrängt wird.

Die geschilderten Erscheinungen tragen zum Verständnis der Vorgänge bei, die sich abspielen, wenn man andauernde Schwingungen auf den Boden überträgt. Dies ist ein wichtiges Problem für den Ingenieur, der Fundamente für Maschinen konstruieren muß.

In diesem Falle sind Resonanzerscheinungen zwischen der Maschine und dem Baugrund zu untersuchen, und die Aufgabe besteht darin, so die Maschine oder den Boden zu verändern, daß eine Resonanz vermieden wird.

8.3 Schwingungen

8.3.1 „Eigenfrequenz“ der Böden. Es sei eine feste Masse M betrachtet, die auf einer an ihrem anderen Ende fest eingespannten Feder ruht, Abb. 8.6. Drückt man die Masse in Richtung der lotrechten Achse der Feder nach unten und läßt sie wieder los, so beginnt sie, in lotrechter Richtung zu schwingen. Sofern keine Kraft diese Schwingung beeinträchtigt, beträgt die theoretische Frequenz, d. h. die Anzahl der Schwingungen in der Zeiteinheit:

$$f = \frac{1}{2\pi}\sqrt{\frac{C}{M}}.$$

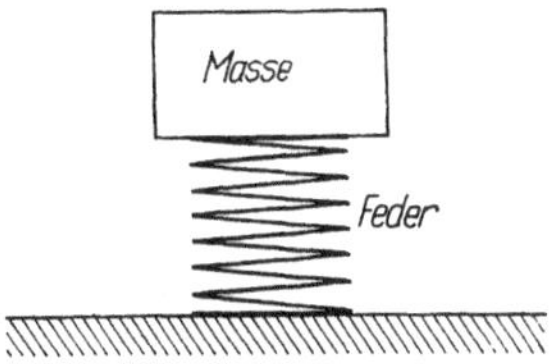

Abb. 8.6. Elastisches Schwingungssystem

In der Gleichung bedeuten:

f Eigenfrequenz des schwingungsfähigen Systems,
C Federkonstante, d. h. die Kraft die erforderlich ist, um die Feder um die Längeneinheit zu verkürzen.

Sind die Schwingungen gedämpft – dies trifft stets zu, wenn die Erregerimpulse nicht wiederholt werden, d. h. wenn keine erzwungene Schwingung vorliegt –, so beträgt die Eigenfrequenz:

$$f = \frac{1}{2\pi}\sqrt{\frac{C}{M} - \frac{K^2}{4M^2}},$$

mit K als dem Dämpfungskoeffizienten.

Treffen diese für den elastischen Körper (die Feder) gültigen Betrachtungen auch für Böden zu?

Mit anderen Worten: Wenn man eine Masse auf einen Boden stellt und sie in Schwingungen versetzt, übernimmt der Boden die Funktion der Feder, d. h. hat er eine Eigenfrequenz, die mit der der Feder vergleichbar ist?

Die Frage muß trotz zahlreicher Versuche, eine Analogie herzustellen, negativ beantwortet werden:

Die Masse des schwingenden Bodens kann im Gegensatz zur Masse der Feder nicht vernachlässigt werden. Da sich die Erdmasse außerdem an der Schwingung beteiligt, kann man sie nicht als konstant ansehen.

Eine Analogie wäre nur möglich, wenn die Energie, wie in dem elastischen System (Feder), erhalten bliebe. Nun wird aber in der in Schwingungen versetzten Erdmasse wegen der bereits erwähnten drei Faktoren Energie verzehrt.

Man hat es also nicht mit einer konstanten Erdmasse M zu tun, die zu Schwingungen angeregt wird, sondern mit einer Fortpflanzung mehr und mehr abgeschwächter Schwingungen mit immer kleiner werdenden Frequenzen.

Diese Betrachtungen werden durch den Versuch bestätigt. Es gibt *keine Eigenschwingungsfrequenz* der Böden. Es gibt allerhöchstens bevorzugte Bereiche dieser Frequenz, die nun genauer untersucht werden sollen.

Das Problem hat trotz der erwähnten Vorbehalte eine unbestreitbare Bedeutung beim Bau von Maschinenfundamenten, die Schwingungen auf den Baugrund übertragen. Die Aufgabe besteht darin, Resonanzerscheinungen zu vermeiden.

Zur Vereinfachung der Ausdrucksweise möge — obwohl man von Eigenfrequenz nicht sprechen kann — als „Eigenfrequenz" die Frequenz bezeichnet werden, die dem Zentrum eines bevorzugten Bereichs entspricht.

8.3.2 Versuche zur Bestimmung einer „Eigenfrequenz" der Böden. Zunächst seien die Meßmethoden untersucht.

Die allgemein angewandte Methode besteht darin, eine Resonanzerscheinung zwischen dem Boden und einer mit veränderlicher, aber bekannter Frequenz schwingenden Maschine hervorzurufen. Hierzu braucht man einen Schwinger. Dieser setzt sich im wesentlichen aus zwei parallelen miteinander verbundenen Wellen zusammen: Sie drehen sich mit der gleichen Geschwindigkeit und im entgegengesetzten Sinn. An jeder Welle ist ein Exzenter so befestigt, daß die Horizontalkomponente der resultierenden Zentrifugalkraft null ist. Es bleibt dann nur eine sinusförmig veränderliche lotrechte Kraft, die lotrechte Komponente der Zentrifugalkraft, übrig. Bei konstanten Massen der Exzenter ändert sich die Zentrifugalkraft mit dem Quadrat der Winkelgeschwindigkeit der Wellen. Die Frequenz der sinusförmig veränderlichen Kraft ist gleich der Drehzahl je Sekunde einer jeden Welle. Bei einigen modernen Schwingern lassen sich die Massen der Exzenter während der Rotationsbewegung verändern. Man erhöht regelmäßig die Frequenz des Schwingers und mißt für jede Frequenz die Amplitude der Schwingungen an der Empfangsstelle. Die Kurve der Schwingungsamplitude in Abhängigkeit von der Frequenz des Schwingers hat eine der Abb. 8.7 ähnliche Form: Wenn die Frequenz des Schwingers in der Nähe der Bodenfrequenz liegt, tritt das klassische Resonanzphänomen ein: Die Amplitude der Bodenbewegung wird sehr groß. Unter diesen Versuchsbedingungen läßt sich ein Eigenfrequenz-Bereich des Bodens definieren.

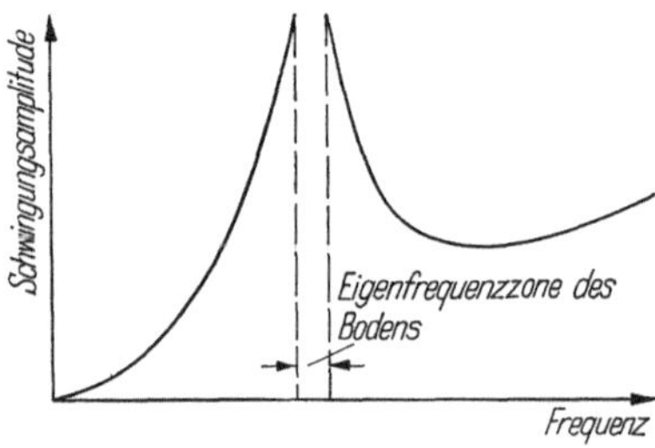

Abb. 8.7. Amplitude-Frequenz-Diagramm für einen Boden

8.3.3 Faktoren, die die „Eigenfrequenz" der Böden beeinflussen

8.3.3.1 Einfluß der angreifenden Kräfte. Die Degebo (Deutsche Gesellschaft für Erdbau und Bodenmechanik), ANDREWS, CROCKETT und DUFF [*8.3*] u. a. m. zeigten, daß die „Eigenfrequenz“ bei Zunahme der wirkenden *dynamischen* Kräfte abnimmt (lotrechte Komponente der Zentrifugalkraft in dem in (8.3.2) beschriebenen Schwinger), Abb. 8.8. Im Falle von *statischen* Kräften wies EASTWOOD [*8.4*] für Sande nach, daß auch hier die „Eigenfrequenz“ mit der wirkenden Kraft abnimmt.

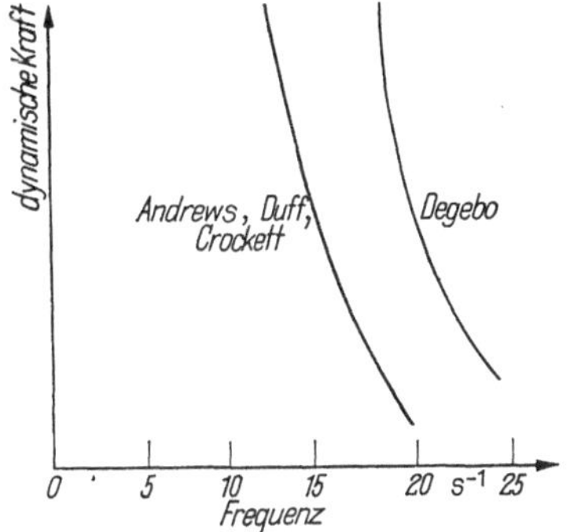

Abb. 8.8. Zusammenhang zwischen der „Eigenfrequenz“ des Bodens und der Größe der auf ihn wirkenden dynamischen Kräfte

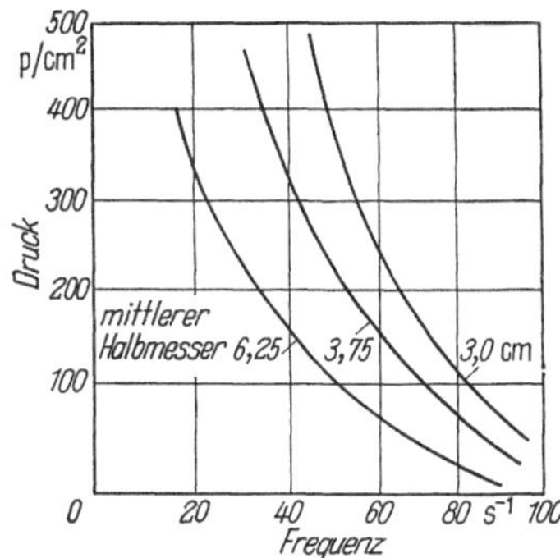

Abb. 8.9. Zusammenhang zwischen der „Eigenfrequenz“ des Bodens und der Größe der auf ihn wirkenden Bodenpressung sowie dem mittleren Halbmesser des Fundamentes

8.3.3.2 Einfluß der Form der Gründungen und ihrer Abmessungen. EASTWOOD [*8.4*] untersuchte die Abhängigkeit der „Eigenfrequenz“ von der Form der Gründungen und ihrer Abmessungen.

Er stellte Versuche mit kreisförmigen, quadratischen und rechteckigen, auf Sand aufliegenden Fundamenten an.

Danach nimmt die „Eigenfrequenz“ bei gleicher Bodenpressung ab, wenn der mittlere Halbmesser des Fundamentes wächst; bei gleich großem mittleren Halbmesser des Fundamentes nimmt die „Eigenfrequenz“ mit der Bodenpressung ab.

Sämtliche von EASTWOOD untersuchten Fälle lassen sich durch die Kurven, Abb. 8.9, darstellen.

Bei den bisherigen Betrachtungen handelte es sich nur um einen Kontakt zwischen den Aufstandflächen der Fundamente und dem Boden. Die Seitenflächen der im Boden gegründeten Fundamente vergrößern aufgrund der Reibung — wie die Versuche der Degebo zeigten — die Masse des schwingenden Bodens und verkleinern damit die „Eigenfrequenz“ [*8.5*].

8.3.3.3 Einfluß des Wassergehaltes. EASTWOOD setzte bei seinen Versuchen den Sand, auf dem die Fundamente ruhten, unter Wasser. Im Vergleich zum trockenen Sand wurden die „Eigenfrequenzen“ bei kleinen Lasten um 40% kleiner; bei größeren Lasten war der Unterschied weniger bedeutend.

Die Verminderung der „Eigenfrequenz“ mit dem Wassergehalt ist auf das in Schwingungen versetzte Wasser zurückzuführen. Bei kleinen

Tabelle 8.3. „*Eigenfrequenzen*" *und zulässige Bodenpressungen für einige Böden*

Boden	Eigenfrequenz Hz	zul. Bodenpress. kp/cm²	Boden	Eigenfrequenz Hz	zul. Bodenpress. kp/cm²
Werte der Degebo:			sehr fester Ton, in einer Tiefe von 1 m	28,5	—
3 m dickes Moor über Sand	4	0	Kiessand, 4,5 m unter einer Quelle	29	—
1,5 m dickes Moor über Sand	13,1	—	stark verdichteter Kies	30	4,1
1,5 m dickes Moor über Lehm	15	—	sehr gleichförmiger Sand	33,4	—
lockerer Sand	17,4	—	von LORENZ vorgeschlagene Werte:		
sehr nasser, lockerer Ton	18,4	—	Mittelsandanschüttung	19,1	1,0
nasser Ton	19,2	—	Schlackenanschüttung	21,3	1,5
sehr feiner Sand	19,3	0,9	Sand	24,1	3,0
Ton mit Feinsand	20,7	—	Feinsand mit 30% Grobsand	24,2	3,4
feuchter Ton	20,8	—	sehr dichter Sand	26,7	4,5
grober Steinbruchsand, mit dem Rüttler verdichtet	21,2	—	Mittelkies	28,1	4,5
sehr nasser Sand unter einer Quelle	21,6	—	Muschelkalk	30	—
ziemlich feuchter Ton	21,8	1,8	Buntsandstein	34	—
mittelfeuchter Sand	21,8	1,8	von ANDREWS und CROCKETT vorgeschlagene Werte:		
mitteltrockener Sand	22	1,8	Torf	7,5	—
toniger Sand über Mergel	22,6	2,27	unter Wasser stehender Lehm einer Flußmündung	10	0,7
lockerer Sand	22,8	2,27	lockerer Ton	12	1
ziemlich feiner Sand	23	—	unter Wasser stehender Sand	15	1,5
trockener Lehm	23,5	—	Ton	15	2
Kies mit Steinen	23,5	—	Gemisch aus Sand und hartem Torf	17	2
feuchter Ton	23,5	2,3	harter Ton	19	3
nicht verdichteter Mittelsand	23,7	—	Gemisch aus Lehm und Sand	23,3	3
Mergel	23,8	—	Sand und Steine, verdichtet	23,5	3
trockener Ton	24,6	—	Kreide	30	—
trockener Ton mit Muschelkalk	25,3	—	Granit	40	—
Mergel	25,7	3,6			
Berliner Sand	27,5	—			

Lasten sind die Porenziffer und mithin auch der Wassergehalt größer als bei großen Lasten; das an der Schwingung teilnehmende Wasservolumen hat dann dementsprechend einen größeren Einfluß.

8.3.4 Allgemeine Ergebnisse. In Tab. 8.3 wurden die bekannten und veröffentlichten Ergebnisse zusammengefaßt. Die den Versuchen zugrunde gelegten Bodenpressungen sind sehr unterschiedlich und erschweren den Vergleich. Nach Tab. 8.3 ist die „Eigenfrequenz" kein Bodenkennwert. Von den außergewöhnlichen Bodentypen — wie den Böden ohne Festigkeit mit Frequenzen kleiner als 17 Hz — abgesehen, liegen die „Eigenfrequenzen" praktisch zwischen den sehr engen Grenzen von 17 bis 40 Hz. Die in diesem schmalen Bereich liegenden Werte können für einen bestimmten Boden nicht charakteristisch sein, wenn man davon ausgeht, daß einem jeden Boden ein gegebener Wert entspricht.

8.4 Gestaltung der Maschinenfundamente

Die Drehzahl der Maschinen darf mit der „Eigenfrequenz" des Bodens nicht zusammenfallen. Liegt die Drehzahl über der „Eigenfrequenz", so ist kein Schaden zu befürchten, wenn der Motor die „Eigenfrequenz" des Bodens durchfährt, zumindest dann nicht, wenn er sie hinreichend schnell durchfährt.

Um ein Zusammenfallen von Drehzahl und „Eigenfrequenz" zu vermeiden, kann man auf die verschiedenen, bereits erwähnten Faktoren einwirken. Durch gleichzeitiges Vergrößern der Masse des Fundamentes und des mittleren Halbmessers der Aufstandfläche läßt sich die „Eigenfrequenz" des Bodens vermindern. Durch vorheriges Verdichten des Bodens kann man den Elastizitätsmodul und damit die „Eigenfrequenz" erhöhen; das gleiche gilt für das Entwässern des Bodens.

9 Gleichgewichtsbedingungen der Materie

9.1 Darstellung der Spannungen nach Mohr

Die Versuche zum Bestimmen der echten Festigkeit der in Konstruktionen verwendeten Werk- und Baustoffe lassen sich nur richtig auswerten, wenn man in allen Punkten der Konstruktion die Größe der Spannung und ihre Neigung in bezug auf das Flächenelement, auf das sie wirkt, genau kennt. Die Elemente unterscheiden sich in einem bestimmten Punkt durch ihre Orientierung. Alle zu jeweils einem Element gehörenden Spannungsvektoren in einem Punkt bilden einen Tensor.

Die MOHRsche Darstellung [*9.1*] ist in dieser Hinsicht die einfachste, Abb. 9.1.

Es sei $\overline{AB}$ ein Flächenelement, das durch irgendeinen Punkt O des zu untersuchenden Körpers geht. Auf dieses Element wirkt eine Spannung

$\overline{OC}$. Es seien y die Normale des Elementes $\overline{AB}$, x die Spur der Normalebene x, y in der Ebene des Elementes $\overline{AB}$. MOHR denkt sich einen Beobachter unveränderlich fest mit dieser x, y-Ebene verbunden und sucht den Bereich auf der Ebene, den der Punkt C umschreibt, wenn man die Orientierung des Elementes $\overline{AB}$ auf alle möglichen Arten durch Drehung um den Punkt O ändert. Er zeigte, daß dieser Bereich durch einen Kreis begrenzt ist. Der Kreis hat als diametrale Punkte die Spitzen der auf der Normalen y abgetragenen Vektoren σ_1 und σ_3, die gleich den größten Hauptspannungen sind.

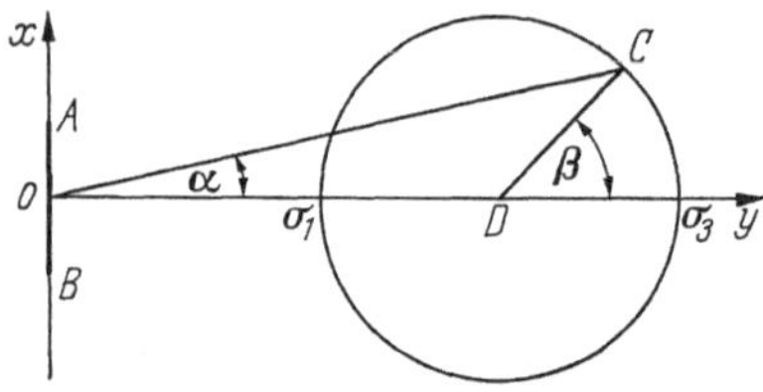

Abb. 9.1. MOHRsche Darstellung der Spannungen

Die für die Konstruktion gefährlichen Spannungen sind Spannungen, wie $\overline{OC}$, die auf dem MOHRschen Kreis liegen. Welcher Orientierung des Elementes $\overline{AB}$ im zu untersuchenden Körper entsprechen sie?

Man kann zeigen, daß diese Spannungen zu Elementen $\overline{AB}$ des Körpers gehören, deren Ebenen durch σ_2 gehen, mit σ_2 als mittlerer Hauptspannung. Es läßt sich ebenso zeigen, daß der Winkel β, Abb. 9.1, doppelt so groß ist wie der Winkel, den das Element $\overline{AB}$, auf das die Spannung $\overline{OC}$ wirkt, mit der von σ_2 und σ_3 aufgespannten Ebene bildet.

Man kann sich im besonderen davon überzeugen, daß der Punkt C für $\beta = 180°$ mit der Spitze des Vektors σ_1 zusammenfällt; dies ist das Doppelte des Winkels, den die σ_1, σ_2-Ebene mit der σ_3, σ_2-Ebene im zu untersuchenden Körper bildet.

Zusammenfassung: Der Punkt C auf dem Umfang des MOHRschen Kreises definiert den Spannungsvektor $\overline{OC}$, seine Neigung α zum Element $\overline{AB}$ und — durch den Winkel $\beta/2$ — die Lage des Elementes, auf das er wirkt, in dem zu untersuchenden Körper.

9.2 Mohrsche Hüllkurve der Materie

9.2.1 Isotrope Medien. Im Punkt O eines isotropen Mediums möge der elastische Zustand überschritten werden. Es wird in diesem Punkt ein Gleiten eintreten, das für eine bleibende Verformung charakteristisch ist. Ein Flächenelement $\overline{AB}$ werde so durch den Punkt O gelegt, wie die Gleitung verläuft. Die zu diesem Element gehörende Spannung $\overline{OC}$ ist im Augenblick des Beginns der bleibenden Verformung durch die Neigung α und den Betrag $\overline{OC}$ bestimmt.

Für Beanspruchungen durch andere Kräftesysteme werden sich andere, durch α und $\overline{OC}$ bestimmte Werte ergeben. Der geometrische Ort für C in der Ebene der MOHRschen Darstellung ist wegen der Isotropie des Mediums eine zu y symmetrische Kurve. CAQUOT schlug im Jahre 1929 [*9.2*] vor, dieser Kurve den Namen „courbe intrinsèque" (= MOHRsche Hüllkurve) des Werk- oder Baustoffs unter den gegebenen Versuchsbedingungen zu geben.

Es sei Q-P-R, Abb. 9.2, diese MOHRsche Hüllkurve. Sie definiert den Bereich, innerhalb dessen sich die Spannungen, wie $\overline{OC}$, $\overline{OD}$ und $\overline{OF}$, befinden müssen, damit der Körper keine großen Verformungen erleidet.

Sobald eine einzige Spannung, wie z. B. $\overline{OE}$, Abb. 9.2 und $\overline{OC}$ Abb. 9.3, auf der MOHRschen Hüllkurve liegt, entsteht eine Gleitbewegung längs der Ebene des entsprechenden Elementes im Körper. Nun erzeugt

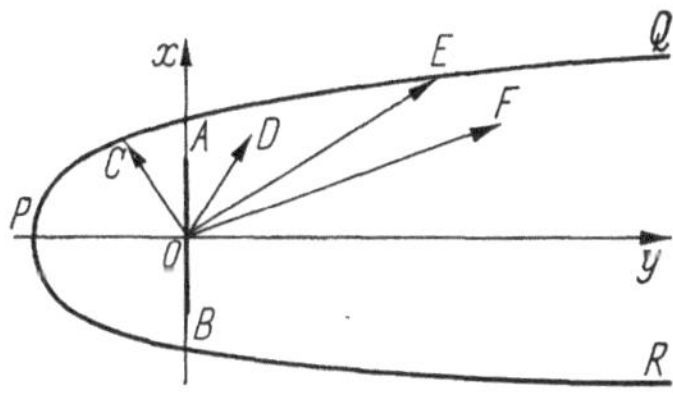

Abb. 9.2. MOHRsche Hüllkurve

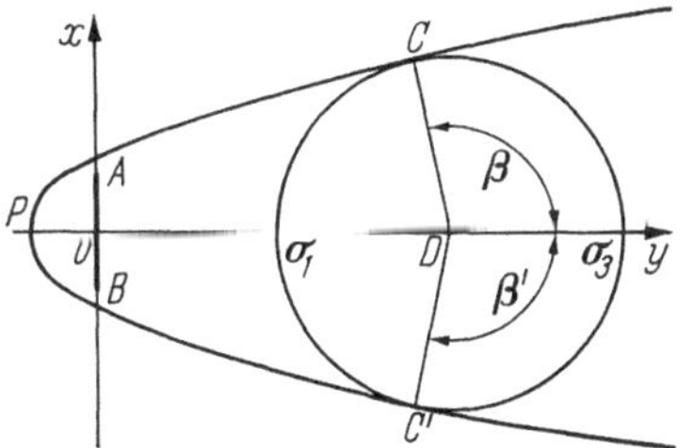

Abb. 9.3. MOHRscher Kreis für einen Grenzgleichgewichtszustand und MOHRsche Hüllkurve

man bei jedem physikalischen Versuch in jedem Punkt eine doppelte Vielfalt von Spannungen, von denen die größten für jeden Punkt des Körpers auf den MOHRschen Kreisen liegen. Die Spannungen müssen innerhalb der Hüllkurve bleiben. Die MOHRschen Kreise müssen auch innerhalb dieser Kurve bleiben und dürfen im Grenzfall nur auf der Hüllkurve liegen. Diese ist also die Einhüllende der MOHRschen Kreise für die Systeme, die sich im Augenblick des Beginns der großen Verformungen einstellen.

Ein MOHRscher Kreis, Abb. 9.3, berühre die Hüllkurve in C und C'. Die Fläche $\overline{AB}$, in der die bleibende Verformung durch Gleiten eintritt, bildet also nach dem vorher Gesagten mit der σ_2, σ_3-Ebene den Winkel $\beta/2$ oder den Winkel $\beta'/2 = -\beta/2$.

Die Gleitbewegungen treten mithin stets gleichzeitig in zwei Ebenen ein, die durch die mittlere Hauptspannung σ_2 hindurchgehen und symmetrisch zu den beiden anderen Hauptspannungen σ_1 und σ_3 verlaufen. Die beiden Gleitebenen bilden den Winkel $(\beta/2) + (\beta/2) = \beta$ miteinander. Wenn $\sigma_1 = \sigma_3 = \sigma_2$ wird, fallen die Punkte C und C' mit D zusammen. Die Punkte der Achse entsprechen MOHRschen Kreisen mit dem Halbmesser null; der Spannungstensor ist dann hydrostatisch. $\overline{OP}$ ist die

Grenzspannung der hydrostatischen Zugspannung, also die *hydrostatische Zugfestigkeit* oder die *dreiaxiale Zugfestigkeit.*

9.2.1.1 Einaxiale Druck- und Zugfestigkeit. Definitionsgemäß sind der *einaxiale* Zug und Druck durch die Bedingung gegeben, daß $\sigma_1 = \sigma_2 = 0$ und σ_3 der für den Zug und Druck charakteristische Wert ist.

Die einaxiale Druck- und Zugfestigkeit ist also – da ja σ_1 null ist – durch die Durchmesser der zugleich das Flächenelement $\overline{AB}$ *und* die Hüllkurve berührenden MOHRschen Kreise definiert. In Abb. 9.4 bezeichnen die

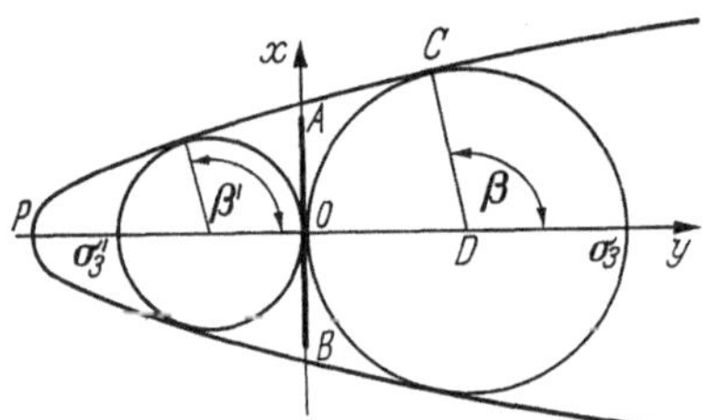

Abb. 9.4. MOHRsche Kreise für einaxiale Druck- und Zugbeanspruchung

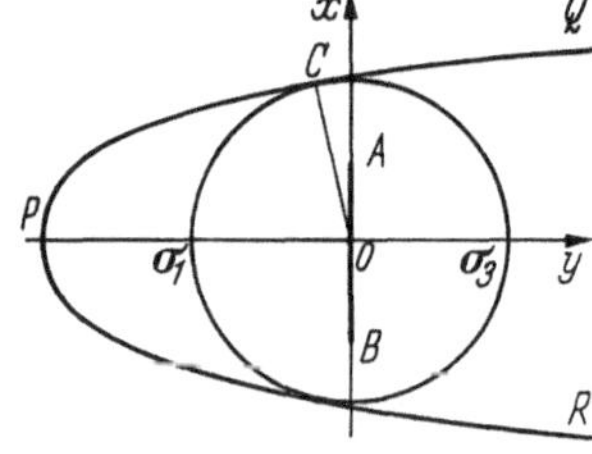

Abb. 9.5. MOHRscher Kreis für reine Scherbeanspruchung

Spannungen σ_3 und σ_3' diese Druck- und Zugfestigkeit. Die Winkel β und β' sind doppelt so groß wie die Winkel, den die Normalen auf die den Gleitbewegungen entsprechenden Flächenelemente mit den Richtungen der Spannungen σ_3 und σ_3' bilden, je nachdem, ob eine Druck- oder Zugbeanspruchung vorliegt.

9.2.1.2 Scherfestigkeit. Dieses System ist durch $\sigma_2 = 0$ und $\sigma_1 = -\sigma_3$ gekennzeichnet.

Die Scherfestigkeit ist also durch den Halbmesser eines MOHRschen Kreises gegeben, der O zum Mittelpunkt hat und die Hüllkurve berührt, Abb. 9.5.

9.2.1.3 Gestalt der Mohrschen Hüllkurve isotroper Stoffe. Die Hüllkurven haben eine unterschiedliche Gestalt, je nach der Sprödigkeit der Stoffe. Bei den Betonen z. B. beträgt die einaxiale Zugfestigkeit σ_3' etwa ein Zehntel der einaxialen Druckfestigkeit σ_3. Daraus folgt, daß das Element $\overline{AB}$ ganz in der Nähe des Pols P der MOHRschen Hüllkurve liegt und daß der Winkel β' der beiden Gleitebenen beim einaxialen Zug annähernd 180° beträgt. Diese beiden Ebenen verlaufen also annähernd normal zur Kraft; die Brüche infolge von einaxialem Zug entstehen in fast rechtwinkelig zur Kraftrichtung verlaufenden Querschnitten.

In zähen metallischen Stoffen hingegen ist die einaxiale Zugfestigkeit σ_3' annähernd gleich der Druckfestigkeit σ_3, Abb. 9.6. Übt man also einen Seitendruck σ_1'' aus, so ergibt sich eine Längsdruckfestigkeit σ_3'', die gleich der einaxialen, um σ_1'' vergrößerten Druckfestigkeit σ_3 ist. Die Metalle verhalten sich also bis auf eine Konstante wie Flüssigkeiten. Die

Drücke gleichen sich so aus, daß die größte Differenz zwischen den Hauptspannungen einen konstanten Wert nicht überschreitet; dieser Wert ist gleich der einaxialen Druckfestigkeit. Die Gleitfläche ist um 45° zur Kraft geneigt.

Bei grobkörnigen Stoffen hingegen, wie z. B. den Betonen, erhöht sich bei einem seitlichen Druck die Druckfestigkeit in Längsrichtung — wie aus

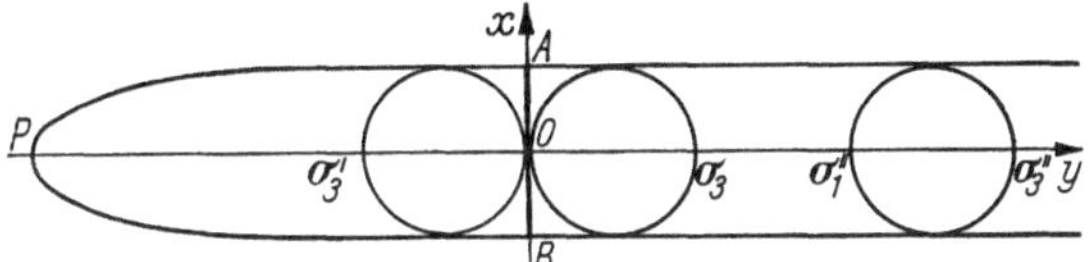

Abb. 9.6. MOHRsche Hüllkurve für ein Metall

den schrägen Ästen der MOHRschen Hüllkurve für diese Stoffe zu erkennen ist — ungefähr um das Vierfache des seitlich ausgeübten Druckes.

Auf dieser Tatsache beruht die Anwendung der Umschnürung, z. B. im Stahlbetonbau.

9.2.2 Anisotrope Medien. Theorie der Anisotropie

9.2.2.1 Isotrope und homogene Stoffe. Wenn der Stoff nicht nur isotrop, sondern auch noch homogen ist, d. h. in allen Punkten des Körpers die gleichen Eigenschaften hat, so ergibt sich für alle Punkte des Körpers die gleiche Hüllkurve, und ihre Definition reicht aus, um die Grenze des Bereiches zu bestimmen, innerhalb dessen die Verformungen des Körpers reversibel sind.

9.2.2.2 Anisotrope Stoffe. Unglücklicherweise ist der einfache Fall (s. 9.2.2.1) wenig verbreitet.

Große bleibende Verformungen sind zunächst vielfach nötig, um einen zufriedenstellenden elastischen Gleichgewichtszustand zu erzielen, in dem es nur reversible Verformungen gibt.

So entsteht z. B. um ein – für eine Nietung in ein Stahlblech gebohrtes – Loch unter ziemlich kleiner Last eine bleibende örtliche Verformung, die das Bestreben hat, die durch das Bohren entstandenen Ermüdungsspannungen des Werkstoffs abzubauen und sie den in der Folgezeit auftretenden, nur wenig veränderlichen und in den üblichen Berechnungen zugelassenen Spannungen anzugleichen.

Diese in Konstruktionen häufig beobachtete Anpassung ist stets die Ursache für die Anisotropie. Die Anisotropie kann außerdem viele andere Gründe haben.

Das Experiment läßt sofort eine fehlende Isotropie erkennen, da es zum absoluten Privileg der *isotropen* Körper gehört, daß die mittlere Hauptspannung *keinen* Einfluß auf die Grenze des elastischen Bereiches hat.

Sobald die *mittlere* Hauptspannung einen Einfluß auf die Grenze des elastischen Bereiches ausübt, weiß der Konstrukteur, daß er keinen isotropen Werk- oder Baustoff mehr vor sich hat.

Die Festigkeitsgrenzen der im allgemeinen verwendeten anisotropen Stoffe lassen sich mit Hilfe eines virtuellen Spannungstensors (Anisotropie-Korrekturtensors) bestimmen, dessen Lage in jedem Punkt des festen Körpers feststeht [*9.3*]). Dieser nach Richtung und Größe durch seine sechs Parameter definierte virtuelle Tensor bestimmt nach Addition mit dem reellen Spannungstensor einen resultierenden Tensor – wie auch immer dessen sechs Parameter definiert sind –, der innerhalb der Hüllkurve eines fiktiven, isotropen Mediums bleibt. Auf diese Weise läßt sich ein für allemal ein Tensor zur Berücksichtigung der Anisotropie des Stoffes berechnen, der in jedem Augenblick in Abhängigkeit vom reellen Spannungstensor bekannt ist.

Der in einem Punkt wirkende reelle Spannungstensor sei durch seine sechs Parameter nach der klassischen Definition festgelegt:

$$\sigma_x, \ \sigma_y, \ \sigma_z$$

sind die auf die Seitenflächen des Tetraeders wirkenden Drücke,

$$\tau_x, \ \tau_y, \ \tau_z$$

die auf dieselben Flächen wirkenden Schubspannungen.

Der Anisotropie-Korrekturtensor hängt von diesen sechs Parametern ab. Nach der gleichen Definition wie oben kann man schreiben:

$$\overline{\sigma}_x, \ \overline{\sigma}_y, \ \overline{\sigma}_z, \ \overline{\tau}_x, \ \overline{\tau}_y, \ \overline{\tau}_z.$$

Jede dieser sechs Größen hängt physikalisch – wegen der Anisotropie – in einem gegebenen Stoff und in einem gegebenen Punkt von dem wirkenden reellen Spannungstensor ab:

$$\overline{\sigma}_x = f(\sigma_x, \ \sigma_y, \ \sigma_z, \ \tau_x, \ \tau_y, \ \tau_z).$$

Der resultierende Tensor

$$\sigma_x + \overline{\sigma}_x, \ \sigma_y + \overline{\sigma}_y, \ \sigma_z + \overline{\sigma}_z,$$

$$\tau_x + \overline{\tau}_x, \ \tau_y + \overline{\tau}_y, \ \tau_z + \overline{\tau}_z$$

kennzeichnet einen virtuellen, isotropen Körper. Seine Festigkeit ist durch die Mohrsche Hüllkurve dieses virtuellen, isotropen Körpers bestimmt.

Das Problem ist folgendermaßen definiert: Für einen wirkenden reellen Spannungstensor ist der Anisotropie-Korrekturtensor dadurch bestimmt, daß der resultierende Tensor innerhalb der Hüllkurve des isotropen, virtuellen Körpers liegen muß.

Der Anisotropie-Korrekturtensor ließ sich bei allen den Verfassern bekannten Untersuchungen durch einfache lineare Funktionen darstellen, die man folgendermaßen ansetzen konnte:

$$\overline{\sigma}_x = \overline{\sigma}_x^0 + a_1^1 \sigma_x + a_1^2 \sigma_y + a_1^3 \sigma_z + a_1^4 \tau_x + a_1^5 \tau_y + a_1^6 \tau_z;$$

das gleiche gilt für $\bar{\sigma}_y$ und $\bar{\sigma}_z$.

$$\bar{\tau}_x = \bar{\tau}_x^0 + b_1^1 \tau_x + b_1^2 \tau_y + b_1^3 \tau_z + b_1^4 \sigma_x + b_1^5 \sigma_y + b_1^6 \sigma_z;$$

das gleiche gilt für $\bar{\tau}_y$ und $\bar{\tau}_z$.

Die Größen a und b sind Zahlenkonstante.

Die bekannt gewordenen Untersuchungen bestätigen diese Interpretation.

9.3 Gestalt der Mohrschen Hüllkurve für Böden

Im folgenden mögen die theoretischen Aspekte des Gleichgewichtsproblems der Böden untersucht werden. Die physikalische Untersuchung der Hüllkurve sei einer späteren Betrachtung vorbehalten (s. 10 und 11).

9.3.1 Rollige, trockene Böden. In (10) wird gezeigt, daß das Experiment unter bestimmten Bedingungen (wachsende Beanspruchung, konstante Porenziffer) das erste COULOMBsche Gesetz bestätigt, nach dem auf den Elementchen einer Bruchlinie oder Bruchfläche eines rolligen Bodens Proportionalität zwischen der Tangentialspannung τ und der Normalspannung σ besteht; der Proportionalitätsfaktor bezeichnet dabei den *Reibungsbeiwert* $\tan \varrho$ des rolligen Bodens:

$$\tau = \sigma \tan \varrho.$$

Hieraus ergibt sich, daß die Hüllkurve aus zwei durch den Nullpunkt gehenden Geraden mit der Steigung $\tan \varrho$ gebildet wird.

9.3.1.1 Gleichgewichtsbedingungen. Wenn also $\overline{AB}$ ein Flächenelement, Abb. 9.7, in der Bodenmasse und $\vec{v}_1$ den augenblicklichen Wert der wachsenden, auf diesem Flächenelement wirkenden Spannung bedeuten, so ist die notwendige und hinreichende Bedingung für den Gleichgewichtszustand der Bodenmasse, daß der Vektor $\vec{v}_1$ stets innerhalb des Winkels $\sphericalangle\, COD$ bleibt, dessen Schenkel mit der y-Achse den Winkel ϱ bilden.

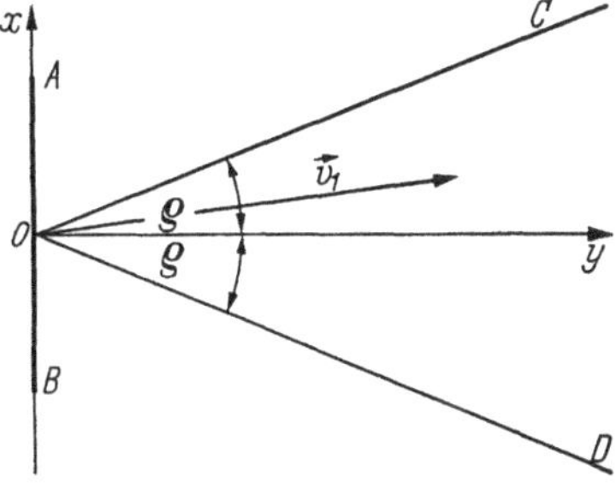

Abb. 9.7. MOHRsche Hüllkurve für rollige Böden

9.3.1.2 Grenzverhältnis der Hauptspannungen. Aus der Form selbst dieser Hüllkurve ergibt sich eine unmittelbare Folgerung für das Grenzverhältnis der Hauptspannungen. Die Gesamtheit der gefährlichsten Spannungen in einem Punkt irgendeines Bodens liegt zu einem gegebenen Augenblick auf dem MOHRschen Kreis, dessen diametrale Punkte die extremalen Hauptspannungen σ_1 und σ_3 bezeichnen, Abb. 9.8.

Das Grenzgleichgewicht liegt in diesem Punkt vor, wenn der Kreis

Tabelle 9.1. *Zusammenstellung der Werte:* $\tan \varrho$, $\tan\left(\frac{\pi}{4}+\frac{\varrho}{2}\right)$, λ_p *und* λ_a *in Abhängigkeit vom Reibungswinkel* ϱ

ϱ	$\tan \varrho$	$\tan\left(\frac{\pi}{4}+\frac{\varrho}{2}\right)$	λ_p	λ_a	ϱ	$\tan \varrho$	$\tan\left(\frac{\pi}{4}+\frac{\varrho}{2}\right)$	λ_p	λ_a
10°	0,17633	1,19175	1,4200	0,7042					
11°	0,19348	1,21310	1,4715	0,6796	36°	0,72654	1,96261	3,8518	0,2596
12°	0,21256	1,23490	1,5250	0,6557	37°	0,75335	2,00569	4,0228	0,2486
13°	0,23087	1,25817	1,5804	0,6327	38°	0,78129	2,05030	4,2037	0,2379
14°	0,24933	1,27994	1,6382	0,6104	39°	0,80978	2,09654	4,3954	0,2275
15°	0,26795	1,30323	1,6984	0,5888	40°	0,83910	2,14451	4,5984	0,2175
16°	0,28675	1,32704	1,7610	0,5679	41°	0,86929	2,19430	4,8156	0,2077
17°	0,30573	1,35142	1,8264	0,5475	42°	0,90040	2,24604	5,0447	0,1982
18°	0,32492	1,37638	1,8944	0,5279	43°	0,93252	2,29984	5,2892	0,1891
19°	0,34433	1,40195	1,9654	0,5088	44°	0,96569	2,35085	5,5500	0,1802
20°	0,36397	1,42815	2,0396	0,4903	45°	1,00000	2,41421	5,8283	0,1716
21°	0,38386	1,45501	2,1171	0,4723	46°	1,03553	2,47509	6,1261	0,1632
22°	0,40403	1,48256	2,1980	0,4550	47°	1,07237	2,53865	6,4448	0,1552
23°	0,42477	1,51084	2,2826	0,4381	48°	1,11061	2,60609	6,7917	0,1472
24°	0,44523	1,53987	2,3712	0,4217	49°	1,15037	2,67462	7,1535	0,1398
25°	0,46631	1,56969	2,4638	0,4059	50°	1,19175	2,74748	7,5485	0,1325
26°	0,48773	1,60033	2,5611	0,3904	51°	1,23490	2,82381	7,9740	0,1254
27°	0,50953	1,63181	2,6628	0,3756	52°	1,27994	2,90421	8,4344	0,1186
28°	0,53171	1,66428	2,7698	0,3610	53°	1,32704	2,98868	8,9321	0,1119
29°	0,55431	1,69766	2,8821	0,3470	54°	1,37638	3,07768	9,4720	0,1056
30°	0,57735	1,73205	3,0000	0,3333	55°	1,42815	3,17159	10,0594	0,0994
31°	0,60086	1,76749	3,1240	0,3201	56°	1,48256	3,27085	10,6984	0,0935
32°	0,62487	1,80405	3,2546	0,3073	57°	1,53987	3,37594	11,3969	0,0877
33°	0,64941	1,84177	3,3920	0,2948	58°	1,60033	3,48741	12,1620	0,0822
34°	0,67451	1,88073	3,5371	0,2827	59°	1 66428	3,60588	13,0024	0,0769
35°	0,70021	1,92098	3,6901	0,2710	60°	1,73205	3,73205	13,9282	0,0718

die Hüllkurve berührt. Es sei p die Abszisse für den Kreismittelpunkt; der Halbmesser ist $p \sin \varrho$. Die Hauptspannungen σ_1 und σ_3 betragen also

$$\sigma_1 = p\,(1 - \sin\varrho)\,,$$
$$\sigma_3 = p\,(1 + \sin\varrho)\,.$$

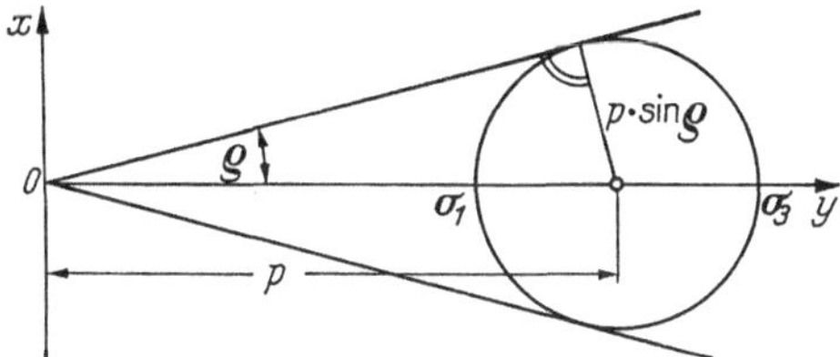

Abb. 9.8. Grenzverhältnisse der Hauptspannungen im Falle des Grenzgleichgewichts um einen Punkt in einem rolligen Boden

Das Verhältnis aus diesen beiden Hauptspannungen ist konstant:

$$\lambda_a = \frac{1}{\lambda_p} = \frac{\sigma_1}{\sigma_3} = \frac{1 - \sin\varrho}{1 + \sin\varrho} = \tan^2\left(\frac{\pi}{4} - \frac{\varrho}{2}\right),$$

mit λ_a als dem *Erddruckbeiwert* und λ_p als dem *Erdwiderstandbeiwert*. Tab. 9.1 gibt die Werte von λ_a, λ_p, $\tan\varrho$ und $\tan\left(\frac{\pi}{4} + \frac{\varrho}{2}\right)$ für ϱ zwischen 10° und 60°.

9.3.2 Rollige, wassergesättigte Böden. Fehlende Hüllkurve für die Gesamtheit der beiden Phasen

In einem rolligen, wassergesättigten Boden bestehen zwei Phasen nebeneinander: die feste und die flüssige Phase. Die Spannungen in jedem Punkt setzen sich aus den Spannungen der festen und der flüssigen Phase zusammen.

Es soll gezeigt werden, daß keine gemeinsame Hüllkurve für die beiden Phasen vorhanden ist und daß man die beiden Spannungstensoren getrennt untersuchen muß.

Zu diesem Zweck sei als Beispiel eine zylindrische Bodenprobe betrachtet, die einem nichtdränierten Dreiaxialversuch (kein Abfluß des Wassers möglich) unterworfen ist.

In einem gegebenen Augenblick sind σ die axiale Hauptspannung, die sich aus dem Kontakt der Körner ergibt und $\lambda_0\,\sigma$ die beiden seitlichen Hauptspannungen; mit p_w wird der vom Porenwasser übernommene hydrostatische Druck bezeichnet. Das Grenzgleichgewicht liegt vor, sobald λ_0 den Wert λ_a des Erddruckbeiwerts (bei größerer Axialspannung) oder den Wert λ_p des Erdwiderstandbeiwerts (bei größeren seitlichen Spannungen) erreicht hat.

Die aufgebrachten äußeren Hauptspannungen, die den *resultierenden* MOHRschen Kreis bestimmen, würden axial $\sigma + p_w$, seitlich $\lambda_0\,\sigma + p_w$ betragen.

Vom unbelasteten Zustand ab sind die Spannungen σ und p_w nicht unabhängig voneinander.

Bezeichnet man mit $\varkappa' = 1 - 2\,\mu/E$ eine der scheinbaren Kompressibilität $\varkappa$ (s. 7.2.1.3) des Korngerüstes proportionale Größe und betrachtet man eine Bodenprobe mit einem Wasservolumen ε und einem Volumen 1 der Festsubstanz, so wird das Gesamtvolumen $1 + \varepsilon$ unter dem Einfluß der Spannungen σ und $\lambda_0\,\sigma$ um

$$(1 + \varepsilon)\,\varkappa'\,\sigma\,(1 + 2\,\lambda_0)$$

reduziert.

Anderseits aber hat sich – wenn $\varkappa'_F$ eine der echten Kompressibilität des Korngerüstes (Kompressibilität der Festsubstanz) proportionale Größe bezeichnet – jedes Korn unter dem zusätzlichen Einfluß des an seiner Oberfläche wirkenden Druckes p_w linear in allen Richtungen im Verhältnis $\varkappa'_F$ verkleinert. Das entsprechende Zusammenrücken der Kontaktstellen führt zu einer weiteren Volumenänderung

$$3(1 + \varepsilon)\,\varkappa'_F\,p_w\,.$$

Das Gesamtvolumen $1 + \varepsilon$ hat sich somit um

$$(1 + \varepsilon)\,[\varkappa'\,\sigma\,(1 + 2\lambda_0) + 3\varkappa'_F\,p_w]$$

verkleinert. Betrachtet man die Verkleinerung des Gesamtvolumens getrennt nach Wasservolumen und Volumen der Festsubstanz, so ergibt sich folgendes:

Die Verminderung des Wasservolumens ε beträgt

$$3\,\varepsilon\,\varkappa'_w\,p_w,$$

die des Volumens 1 der Festsubstanz

$$\varkappa'_F\,[3p_w + \sigma\,(1 + 2\lambda_0)]$$

Es gilt also notwendigerweise vom unbelasteten Zustand ab (wenn kein Wasser fließt):

$$(1 + \varepsilon)\,[\varkappa'\,\sigma\,(1 + 2\lambda_0) + 3\varkappa'_F\,p_w] = 3\,\varepsilon\,\varkappa'_w\,p_w + \varkappa'_F\,[3p_w + \sigma\,(1 + 2\lambda_0)]$$

oder nach dem Ordnen:

$$\sigma\,(1 + 2\lambda_0)\,[\varkappa'\,(1 + \varepsilon) - \varkappa'_F] = 3p_w\,\varepsilon\,(\varkappa'_w - \varkappa'_F)\,,$$

d. h.:

$$\frac{\sigma}{p_w} = \frac{3\,\varepsilon\,(\varkappa'_w - \varkappa'_F)}{(1 + 2\,\lambda_0)\,[\varkappa'\,(1 + \varepsilon) - \varkappa'_F]}\,.$$

Die äußeren Hauptspannungen

$$\sigma + p_w \quad \text{und} \quad \lambda_0\,\sigma + p_w$$

können nach der Form dieser Gleichung nicht dieselbe Hüllkurve für die Extremalwerte λ_a und λ_p von λ_0 haben.

Jeder Spannungstensor, und zwar der des Korngerüstes und der der Flüssigkeit, liegt innerhalb der dem Korngerüst oder der Flüssigkeit entsprechenden Hüllkurve, aber für den resultierenden Spannungstensor kann es keine resultierende Hüllkurve geben.

Der Porenwasserdruck p_w spielt also eine wesentliche Rolle für die Stabilität einer Erdmasse. Bei der Berechnung des Grenzgleichgewichts muß man die beiden wirklichen, auf die Flüssigkeit und die Festsubstanz wirkenden Tensoren heranziehen.

9.3.3 Bindige Böden. Es wird später (s. 11) gezeigt, daß bindige Böden unter bestimmten Bedingungen dem zweiten COULOMBschen Gesetz genügen, nach dem die Scherfestigkeit nicht allein mit der Reibung — wie bereits angeführt — im Gleichgewicht steht, sondern auch mit einer beim Druck null herrschenden remanenten Scherfestigkeit, die man *Kohäsion* nennt.

Die Bedingungen für die Gültigkeit dieses Gesetzes sind die folgenden:

— Der Boden wurde durch Druck vorbelastet und in der Zwischenzeit nicht gestört,

— das Gesetz bezieht sich auf den isoliert betrachteten Spannungstensor für die Festsubstanz.

Das zweite COULOMBsche Gesetz lautet:

$$\tau = c + (\sigma - p_w) \tan \varrho \qquad (1),$$

mit c als Kohäsion, p_w als Porenwasserdruck, σ als dem Gesamtdruck und $\sigma - p_w$ als dem Druck auf die Festsubstanz.

Nennt man τ_{eff} und σ_{eff} die tatsächlich auf die Festsubstanz wirkenden Spannungen, so läßt sich das Gesetz in der Form schreiben:

$$\tau_{\text{eff}} = c + \sigma_{\text{eff}} \tan \varrho .$$

Für bindige Böden gibt es ebenso wie für rollige Böden keine Hüllkurve für die Gesamtheit der beiden Phasen.

Die auf die feste Phase wirkenden effektiven Spannungen $\sigma - p_w$ und τ seien nach MOHR aufgezeichnet, Abb. 9.9.

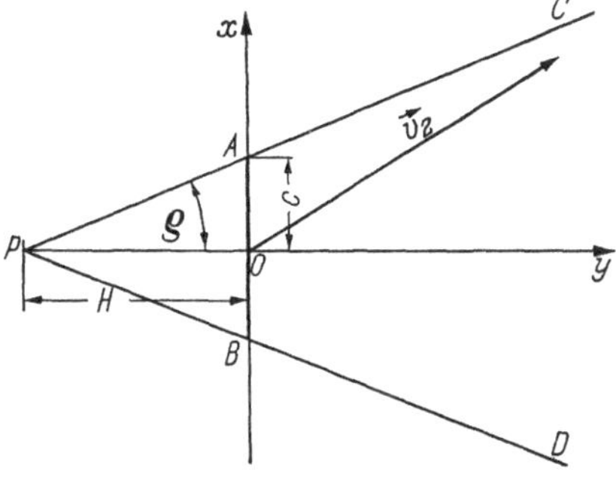

Abb. 9.9. MOHRsche Hüllkurve für bindige Böden

Es sei $\overline{AB}$ das im zu untersuchenden Körper betrachtete Flächenelement und $\vec{v}_2$ die auf das Element wirkende Spannung. Die für den Gleichgewichtszustand notwendige und hinreichende Bedingung ist, daß die Spitze des Spannungsvektors $\vec{v}_2$ innerhalb der beiden Geraden PC und PD liegt, die mit der Normalen zum Flächenelement $\overline{AB}$, der

y-Achse, den Winkel ϱ bilden und die das Element $\overline{AB}$ in zwei – um den Wert c vom Mittelpunkt O des Elementes entfernten – Punkten treffen. Diese beiden Geraden bilden die Hüllkurve des betrachteten Bodens.

9.4 Zusammenhang zwischen den bindigen und rolligen Böden Theorem der korrespondierenden Zustände

Die charakteristische Gleichung eines bindigen, von zwei Parametern ϱ und c abhängenden Bodens scheint allgemeiner zu sein, als die Gleichung für rollige Böden, die nur den Parameter ϱ enthält. Es ist leicht, von einem bindigen Boden auf einen rolligen überzugehen; dies gelingt durch die Betrachtung der sog. korrespondierenden, d. h. einander entsprechenden Zustände. Zwei Böden mit dem gleichen Winkel der inneren Reibung, ein bindiger und ein rolliger Boden, befinden sich in korrespondierenden Zuständen, wenn auf jedem Flächenelement $\overline{AB}$ die geometrische Differenz aus der Spannung $\vec{v_1}$ des rolligen Bodens, Abb. 9.7, und der Spannung $\vec{v_2}$ des bindigen Bodens, Abb. 9.9, einem konstanten Wert

$$H = \frac{c}{\tan \varrho}$$

gleich ist; dabei bezeichnet c die Kohäsion des bindigen Bodens und ϱ den scheinbaren Winkel der inneren Reibung beider Böden.

Mit anderen Worten: Die Spitzen der beiden Vektoren $\vec{v_1}$ und $\vec{v_2}$ haben die gleiche Lage gegenüber den beiden Geraden der Hüllkurve. Man kann also das betrachtete bindige System als Überlagerung eines rolligen Systems und eines in allen Punkten hydrostatischen Systems ansehen. Dies ergibt sich auch aus der Gleichung $\tau = [H + (\sigma - p_w)] \tan \varrho$, die nichts anderes ist als Gl. (1) in (9.3.3) in anderer Form.

Ein bindiger Boden ist mithin im Gleichgewicht, wenn man ihn mit einem rolligen, im Gleichgewicht befindlichen Boden zur Übereinstimmung bringen kann, der den gleichen Raum einnimmt, den gleichen scheinbaren Winkel der inneren Reibung hat und der in allen Punkten – besonders an den Rändern des vom Boden eingenommenen Bereichs – den gleichen äußeren Kräften wie der bindige Boden, vermehrt um die hydrostatische oder dreiaxiale Zugfestigkeit $H = c \cot \varrho$, unterworfen ist.

Diese Eigenschaft bildet die Grundlage des folgenden fundamentalen Theorems.

Theorem der korrespondierenden Zustände: Ein bindiger Boden befindet sich im Gleichgewicht, wenn man ihn mit einem rolligen Boden gleicher Form (geometrischer Begrenzung) und gleichen Winkels der inneren Reibung zur Übereinstimmung bringen kann, der unter der Wirkung der äußeren, auf den bindigen Boden wirkenden Kräfte und einer zusätzlichen, in allen Punkten konstanten Druckspannung, die ihrer

Größe nach gleich der hydrostatischen oder dreiaxialen Zugfestigkeit $H = c \cot \varrho$ ist, im Gleichgewicht steht.

Da sich in diesem rolligen Boden die Spannungen in allen Punkten und für alle durch diese Punkte gehenden Flächenelemente aus den Spannungen des bindigen Bodens und denen infolge der obigen Größe $H = c \cot \varrho$ zusammensetzen, ist es leicht, die Spannungen des bindigen Bodens durch Differenzbildung aus den Spannungen des entsprechenden rolligen Boden und den hydrostatischen Spannungen $c \cot \varrho$ zu berechnen.

Dieses im Jahre 1934 ausgesprochene Theorem [*9.4*] ist außerordentlich wichtig. Da sich ein in allen Punkten eines Körpers herrschendes System von hydrostatischen Spannungen nie im Zustand des Grenzgleichgewichts befindet, muß man also das Gleichgewicht des rolligen Bodens mit den Randbedingungen des bindigen Bodens untersuchen, die um die hydrostatischen Spannungen zu erweitern sind.

9.4.1 Anwendung des Theorems der korrespondierenden Zustände auf die Berechnung des Grenzverhältnisses der Hauptspannungen in einem bindigen, sich im Grenzgleichgewicht befindenden Boden. Einaxiale Zug- und Druckfestigkeit eines bindigen Bodens. Es seien σ_1 und σ_3 die extremalen Hauptspannungen des bindigen, im Grenzgleichgewicht vorausgesetzten Systems.

In dem entsprechenden rolligen System betragen die extremalen Hauptspannungen $\sigma_1 + H$ und $\sigma_3 + H$, mit H als dem oben angegebenen Wert $c \cot \varrho$.

Nach den obigen Ausführungen ist das Verhältnis von $\sigma_1 + H$ und $\sigma_3 + H$ konstant, und wenn man noch setzt:

$$\lambda_a = \frac{1}{\lambda_p} = \frac{\sigma_1 + H}{\sigma_3 + H} = \frac{1 - \sin \varrho}{1 + \sin \varrho} = \tan^2\left(\frac{\pi}{4} - \frac{\varrho}{2}\right),$$

so ergibt sich zwischen den Hauptspannungen σ_1 und σ_3 des bindigen Systems eine lineare Beziehung, die die eine oder andere der beiden Formen

$$\sigma_1 = \lambda_a \sigma_3 - H(1 - \lambda_a),$$

$$\sigma_3 = \lambda_p \sigma_1 - H(1 - \lambda_p)$$

annehmen kann.

Die einaxiale Zugfestigkeit des bindigen Bodens ist definitionsgemäß gleich der Hauptspannung σ_1, bei der $\sigma_3 = 0$ ist, d. h.

$$\sigma_1 = H(1 - \lambda_a).$$

Die einaxiale Druckfestigkeit desselben Bodens ist gleich der Hauptspannung σ_3, bei der $\sigma_1 = 0$ ist, also

$$\sigma_3 = H(\lambda_p - 1).$$

9.5 Anisotropie der Böden

Böden sind sowohl aufgrund ihrer Entstehung als auch aufgrund der einwirkenden Spannungstensoren anisotrop.

Tone, die wegen ihrer großen Verbreitung die größte Klasse der bindigen Böden bilden, verhalten sich infolge der Feinheit ihrer durch eine Schicht adsorbierten Wassers voneinander getrennten Teilchen sehr häufig wie quasi-isotrope Medien.

Bei den Sanden hingegen ist die Isotropie selten. Die Scherwiderstände sind je nach Orientierung der einzelnen Facetten (Oberflächenelemente) der Sandkörner unterschiedlich groß; sie erreichen in waagerechten Ebenen ihren Höchstwert.

Dies erklärt sich aus der sukzessiven Ablagerung der Schichten (s. 2.5.7): Die oberen Körner dringen bevorzugt in die Hohlräume ein, die beim Ablagern zwischen den Körnern der unteren, früher abgesetzten Schicht entstanden sind und bieten auf ihren waagrecht liegenden Facetten stärker ausgeprägte tangentielle Widerstände als auf den lotrechten oder schrägen.

In (10.6) wird die in (9.2.2) entwickelte Theorie der Anisotropie auf die Sande angewandt.

9.6 Gleichzeitiges Vorhandensein einer plastischen und einer elastischen Zone in einem Boden. Allgemeine Betrachtung der Methoden zur Berechnung der Spannungen

Der Mohrsche Kreis gestattet es, in einem Punkt eines Bodens die Orientierung von zwei durch diesen Punkt hindurchgehenden Flächenelementen zu definieren, auf denen die Spannungen die größtmögliche Neigung haben. Bei Verschiebungen der gesamten Erdmasse hüllt das eine oder andere System dieser beiden Flächenelemente eine Gleitkurve oder Gleitfläche ein. Es kann im Inneren einer *plastischen Zone*, d. h. einer Zone plastischer Verformung, unendlich viele Flächen dieser Art geben.

Wenn eine plastische Zone auf ein sehr dünnes, durch seine Mittelfläche definiertes Blättchen zusammenschrumpft, kann die Mittelfläche nicht jede beliebige Form annehmen; sie muß kinematisch möglich sein, d. h. ein Gleiten muß ohne Arbeitsaufwand auf dieser Fläche möglich sein, die außerdem auch auf sich selbst superponierbar sein muß (Ebene, Kreiszylinder, Kugeloberfläche, Schraubenfläche). Ein Beispiel bringt Abb. 9.10. Sie zeigt eine plastische Gleitzone, die auf eine Zylinderfläche zusammengeschrumpft ist; sie wurde in einer Sandmasse durch Drehung einer am Fußende eingespannten und am Kopfende verankerten Spundwand erzeugt (Modellversuch).

Im Inneren der beiden, durch die plastische Zone getrennten elastischen Zonen ist das Gleichgewicht weit vom Grenzgleichgewicht entfernt; kleine Spannungsänderungen haben hier kleine Verformungen zur Folge. Man kann also annehmen, daß zwischen den Spannungen und Verformungen lineare Beziehungen bestehen, und die allgemeinen Gleichungen der Elastizitätstheorie anwenden, die die Spannungen mit den Verformungen verknüpfen. In der plastischen Zone gilt die Elastizitätstheorie nicht mehr. Hier kann man nur die allgemeinen Gleichungen für das Gleichgewicht kontinuierlicher Medien anwenden. Mit der allgemein gültigen Gleichung $\tau = \sigma \tan \varrho$ führen sie zu den allgemeinen Bedingungen des Grenzgleichgewichts eines Mediums.

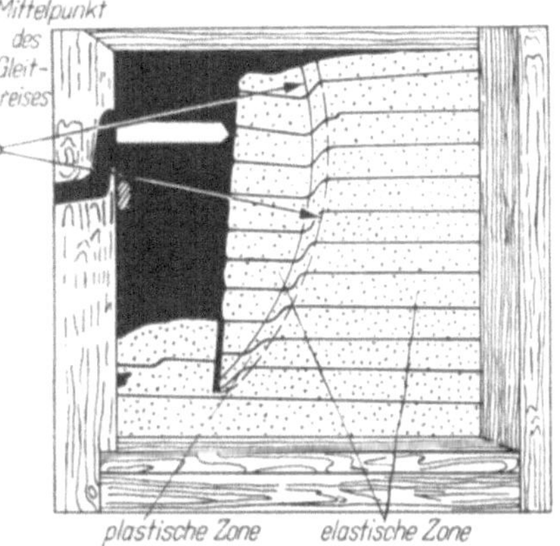

Abb. 9.10. Nebeneinanderbestehen einer schmalen Zone plastischen Gleichgewichts und Zonen elastischen Gleichgewichts. (Nach [9.5])

In den meisten Fällen lassen sich die Gleichungen nicht integrieren, selbst nicht im zweidimensionalem Fall.

Bei einem der für den Ingenieur wichtigsten Probleme, dem der schweren Erdmasse mit ebener Oberfläche, die von einer ebenen Wand gestützt ist oder gegen die eine ebene Wand drückt, war es möglich, die dieses Problem beschreibenden partiellen Differentialgleichungen zahlenmäßig zu lösen (s. 15): Man findet unendlich viele Lösungen der Differentialgleichungen, die den Bedingungen des Problems genügen. Aber nur eine einzige genügt der von vornherein festgelegten Randbedingung, z. B. der Neigung der auf eine Stützwand wirkenden Spannung. Dies ist für das Gleichgewicht einer Erdmasse charakteristisch; hier wie auch anderswo stellt die Natur die Probleme — wie Henri Poincaré schrieb.

In den meisten Fällen sind die Gleichungen schwer integrierbar, selbst numerisch; man muß dann eine Annahme über die Gestalt der Gleitlinien treffen (Geraden, Kreise, Spiralen usw.) und eine Anzahl Gleitlinien untersuchen, um die herauszufinden, welche den kleinsten Sicherheitsfaktor ergibt. Ein typisches Beispiel für diese Methode ist die Berechnung von Erdkörpern mit geneigter Böschung (s. 21).

Alle diese Methoden des plastischen Gleichgewichts haben den Vorteil, daß sie die im Augenblick des Bruches herrschenden Spannungen liefern und daß sie infolgedessen die Sicherheit erkennen lassen, über die man noch verfügt. Sie können selbstverständlich weder über die Sicherheit gegenüber örtlichen Brüchen noch über Verformungen unter der Wirkung der Gebrauchsspannungen Auskunft geben.

Diese lezteren erhält man durch eine andere Berechnung, und zwar nach der Methode, die am Beispiel des speziellen Problems von Boussinesq gezeigt wurde (s. 6): Man schreibt noch einmal die Gleichungen für das Gleichgewicht in einem kontinuierlichen Medium an und verknüpft sie diesmal nicht mehr mit der Gleichung $\tau = \sigma \tan\varrho$, sondern mit einer Gleichung, die die Beziehungen zwischen den Spannungen und Verformungen herstellt. Damit werden der Elastizitätsmodul E und die Querdehnzahl μ sowie die Verformungen u, v, w in die Rechnung eingeführt. Die Gleichungen sind durch die Randbedingungen zu ergänzen. Mit Ausnahme freier Oberflächen lassen sich diese nur schwierig genau anschreiben (insbesondere hinter Wänden). Man beschränkt sich häufig auf vereinfachende Annahmen, wie z. B. Proportionalität zwischen Spannungen und Dehnungen hinter der Wand.

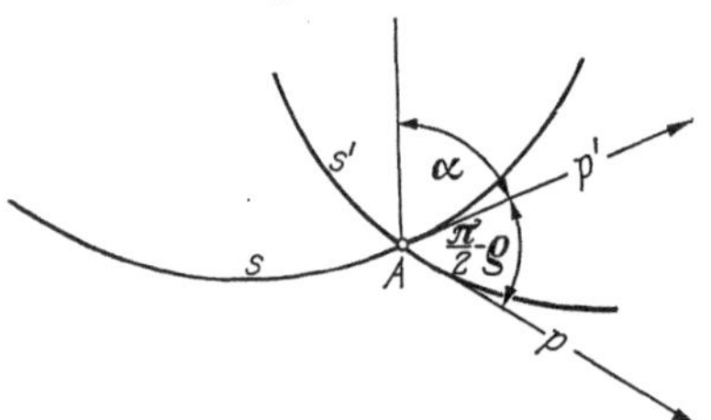

Abb. 9.11. Bezeichnungen zur KÖTTERschen Gleichung

Wenn man im Versuch die Form der Gleitlinien einer plastischen Zone ermittelt hat, ist es leicht, die Spannungen längs dieser Gleitlinien zu ermitteln. Dies ist durch Anwendung der von KÖTTER [*9.6*] im Jahre 1903 angegebenen Formel möglich, die eine Beziehung zwischen der Form der Gleitlinie und der Verteilung der Spannung längs dieser Linie herstellt.

Auf dem Element ds der Gleitkurve s in Punkt A, Abb. 9.11, wirkt die Spannung p; umgekehrt wirkt auf dem Element ds' der Kurve s' der anderen Kurvenschar die Spannung p'.

Der Winkel zwischen der Spannung p und der Spannung p' beträgt $(\pi/2) - \varrho$. Wird der Winkel zwischen der Spannung p' und der Lotrechten mit α bezeichnet — α ist positiv, wenn sich der Spannungsvektor aus der Lotrechten im Uhrzeigersinn dreht —, so ergibt sich die KÖTTERsche Gleichung, wenn man die Gleichgewichtsbedingungen für ein kontinuierliches Medium auf das durch infinitesimal benachbarte Gleitkurven beider Kurvenscharen begrenzte Volumenelement anwendet; die Gleichung lautet:

$$\frac{dp}{ds} = 2p \tan\varrho \frac{d\alpha}{ds} - \gamma \cos(\varrho - \alpha);$$

der erste Ausdruck entspricht der Krümmung.

Bei Vernachlässigung von γ liefert die Integration:

$$\frac{p}{p_0} = e^{2(\alpha - \alpha_0)\tan\varrho}.$$

Wenn $d\alpha/ds$ null ist (gerade Gleitlinien), erhält man:

$$p - p_0' = \gamma (s - s_0) \cos(\varrho - \alpha).$$

Diese Gleichung ergibt sich, wenn man das Element ds auf eine Gerade projiziert, die mit der Lotrechten den Winkel ϱ bildet, statt es auf die Lotrechte selbst zu projizieren.

Bonneau [*9.7*] und Brinch Hansen [*9.8*] wandten die Kötter sche Gleichung an und zeigten damit ihre große Bedeutung.

10 Schervorgang in rolligen Böden

Zur Ermittlung der Hüllkurve eines rolligen Bodens schert man eine Bodenprobe längs einer bestimmten Ebene ab (gelenkte Abschermethode) oder man unterwirft eine zylindrische Probe einem dreiaxialen Spannungszustand und ermittelt den Spannungsdeviator, bei dem der Bruch der Probe eintritt.

10.1 Abscheren längs einer vorgegebenen Ebene

10.1.1 Translations-Schergeräte (Rahmenschergeräte). Eine Bodenprobe wird in eine Büchse eingebaut, die in halber Höhe durch einen waagrechten Schnitt in zwei Hälften geteilt ist, Abb. 10.1. Die Bodenprobe ist durch eine Normalspannung σ belastet. Während nun die eine Halbbüchse *a*, Abb. 10.2, waagrecht gezogen wird, ist die andere Halbbüchse *b* über einen Kraftmeßring unverschieblich befestigt. Der Meßring gestattet es, die der Normalspannung σ entsprechende Scherfestigkeit τ zu bestimmen. Beide Spannungen gelten für die Gleitebene der Probe, die mit der Berührungsfläche der beiden Halbbüchsen identisch ist.

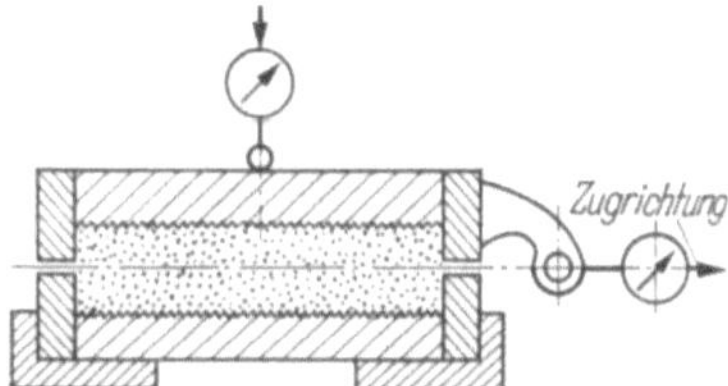

Abb. 10.1. Translations-Schergerät (Scherbüchse). (Nach Casagrande)

Gleichzeitig läßt sich die Setzung oder Hebung der Probe während des Schervorgangs mit einer Meßuhr ablesen.

Zum Einleiten der Scherkraft in die Bodenprobe gibt es zwei Möglichkeiten: Man erhöht sie stufenweise und mißt die entsprechenden Ver-

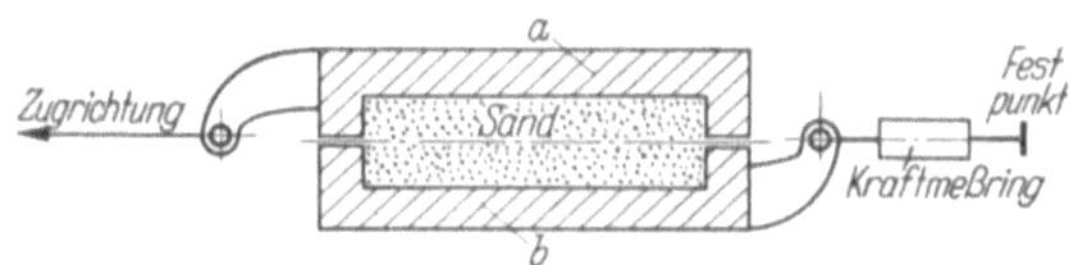

Abb. 10.2. Translations-Schergerät (Scherbüchse) mit automatischem Antrieb. (Nach Casagrande)

schiebungen (*Methode der kontrollierten Spannungen*) oder man treibt die bewegliche Halbbüchse mit vorgegebener Verschiebungsgeschwindigkeit an und mißt die daraus resultierenden Scherkräfte (*Methode der kontrollierten Verschiebungen*). Beide Methoden werden gleichermaßen weitgehend angewandt; die Ergebnisse hängen nur wenig von der verwendeten Methode ab. Die Methode der kontrollierten Verschiebungen hat den Vorteil, daß sich mit ihr die Spannungen lückenlos messen lassen, besonders zu Beginn des Abscherens. Außerdem läßt sie sich leicht durchführen, wenn man über eine automatische Antriebsvorrichtung mit konstanter Geschwindigkeit verfügt. Es zeigt sich übrigens, daß die Ergebnisse nur sehr wenig von der Verschiebungsgeschwindigkeit abhängen, solange diese klein bleibt (man nimmt im allgemeinen Geschwindigkeiten in der Größenordnung von 1,5 mm/min). Wenn die Verschiebungsgeschwindigkeit zu groß wäre, würden z. B. bei einer gesättigten Probe aus Feinsand Porenwasserdrücke entstehen.

Dieses bequem anzuwendende Gerät — Scherbüchse oder Rahmenschergerät nach CASAGRANDE genannt — hat dennoch die folgenden Nachteile: Im Verlaufe des Gleitvorgangs nimmt die Berührungsfläche der sich gegeneinander bewegenden Probenkörper ab und damit die Spannung τ zu. Außerdem ist die Verteilung der Scherspannungen in der Gleitebene nicht gleichförmig. Die Scherspannung ist in der Mitte am größten. An den Rändern ist sie null, da sie hier gleich der — ebenfalls verschwindenden — Scherspannung längs der lotrechten Wände jeder Halbbüchse ist. Die Normalspannungen σ sind auch nicht gleichförmig verteilt: Bei kleinen Normalspannungen σ neigt die obere Halbbüchse zum Kippen; dabei wird die Probe an den Rändern durch Zugspannungen beansprucht.

Scherversuche, die von ROSCOË [*10.1*] an Plasticine[1]-Proben angestellt wurden, zeigen diese Nachteile deutlich. Abb. 10.3 läßt sehr klar die Zone der Zugspannungen unter dem Einfluß einer kleinen lotrechten

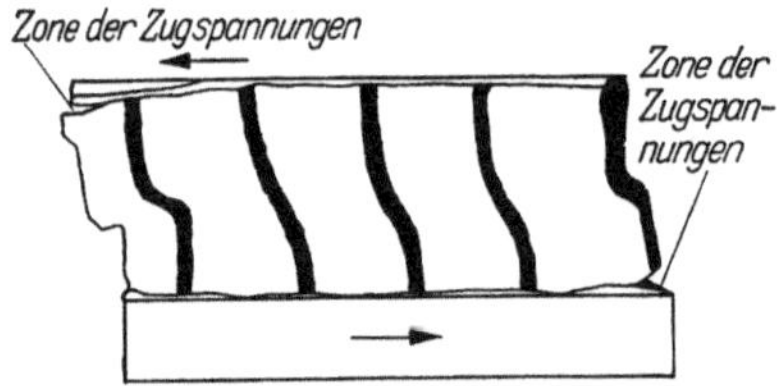

Abb. 10.3. Scherversuch mit einer Plasticine-Probe bei kleiner Normalspannung. (Nach ROSCOË [*10.1*])

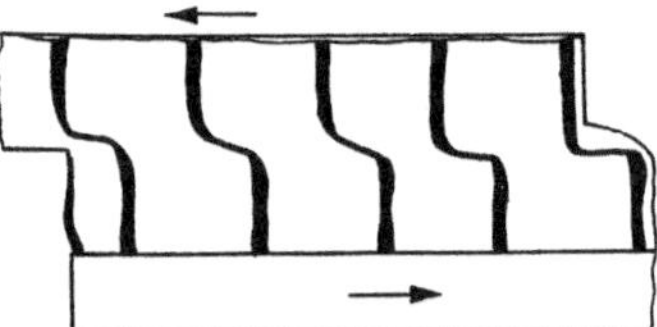

Abb. 10.4. Scherversuch mit einer Plasticine-Probe bei großer Normalspannung. (Nach ROSCOË [*10.1*])

Kraft P erkennen. Aus Abb. 10.4 wird ersichtlich, daß diese Zugspannungen verschwinden, sobald P wächst. Bei beiden Versuchen waren die Verschiebungen gleich groß.

Um diesem Nachteil zu begegnen, schlug ROSCOË vor, die Vorder- und Hinterwände der Halbbüchsen, die zur Gleitrichtung senkrecht stehen, mit Gelenken zu versehen, Abb. 10.5. Damit erfährt die Probe eine Verzerrung und infolgedessen eine Scherbeanspruchung an diesen

[1] Bezeichnung, die ROSCOË diesem Stoff gab (Anm. des Übersetzers).

Wänden. Durch einen solchen Mechanismus ergibt sich eine gleichförmige Verteilung der Normalspannungen σ und Scherspannungen τ.

Wählt man als x-Achse die Gleitrichtung, Abb. 10.6, — die Richtung der Normalspannungen σ fällt dann mit der y-Achse zusammen —,

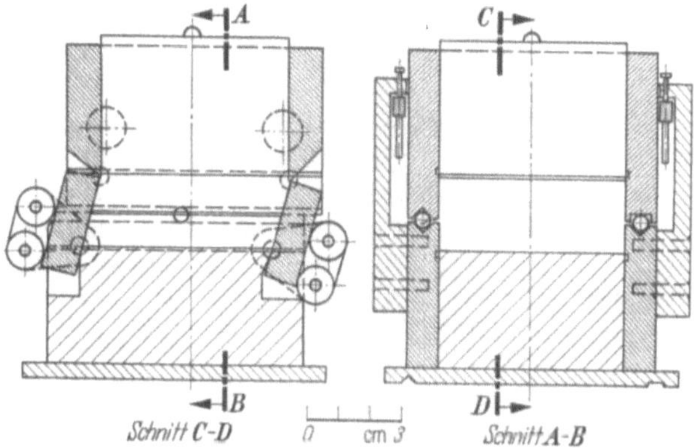

Abb. 10.5. Spezial-Translations-Schergerät. (Nach Roscoë [10.1])

so ist in der Scherbüchse von Casagrande die Verschiebung u für sämtliche y-Ordinaten der Vorder- und Rückseite der Bodenprobe konstant, d. h. du/dy ist null. In der Scherbüchse von Roscoë hingegen ist du/dy konstant und gleich $\tan \varkappa$ auf der ganzen Höhe der betrachteten Seiten, wenn diese um $\varkappa$ gegen die Lotrechte geneigt sind.

Daher ist die Gleitung $du/dy + dv/dx$ nicht null und die Scherspannung auch nicht.

Trotz dieser Vervollkommnung durch gelenkig gelagerte Vorder- und Hinterwände gewährleisten die Translations-Schergeräte keine gleichförmige Verteilung der Spannungen σ und τ. Man kann keine eventuelle

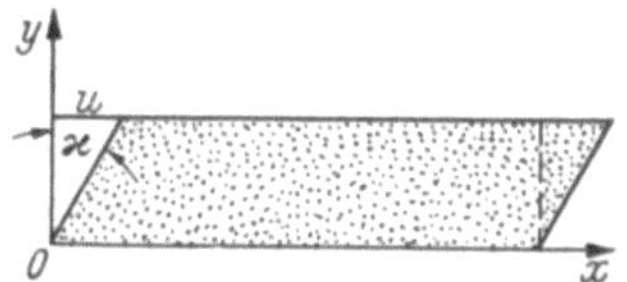

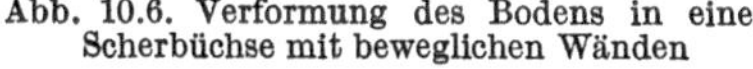
Abb. 10.6. Verformung des Bodens in einer Scherbüchse mit beweglichen Wänden

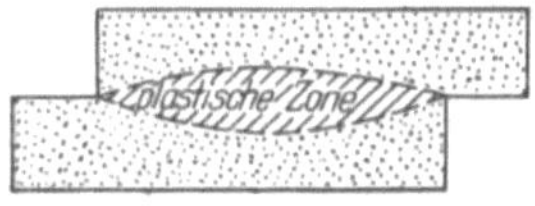

Abb. 10.7. Wahrscheinliche plastische Zone in einer Scherbüchse

Veränderung von $\tan \varrho$ mit der Größe dieser Spannungen zeigen. Die Gleitlinien, die die plastische Zone begrenzen, haben wahrscheinlich die in Abb. 10.7 gestrichelt angegebene Form; längs dieser Linien tritt der Bruch nicht unbedingt gleichzeitig ein. Der Grenzscherwiderstand wird nicht gleichzeitig auf der ganzen Länge der Kurve geweckt. Nachdem er aber z. B. an den Rändern geweckt ist, erhöhen sich durch den lokalen Bruch in diesen Zonen die Beanspruchungen in der mittleren Zone, in der nun auch das Gleiten beginnt: Es entsteht ein progressives Gleiten.

Man benutzt trotz alledem die Scherbüchsen nach CASAGRANDE weiter, da ihre Handhabung wesentlich einfacher als die des Dreiaxialgerätes ist.

10.1.2 Torsions-Schergeräte. Die in eine Gummihülle eingeschlossene zylindrische Probe wird einem axial wirkenden Druck unterworfen, Abb. 10.8. Die Probe ist seitlich durch den Druck einer Flüssigkeit gehalten. Sie wird außerdem an der oberen Stirnfläche mit Hilfe einer rauhen Scheibe durch ein Torsionsmoment beansprucht, Abb. 10.9. Bei diesem Versuch lassen sich zum Teil die Nachteile der Translations-Schergeräte vermeiden. Er hat jedoch selbst den Nachteil, daß er zu ungleichmäßigen Gleitbewegungen führt: Diese wachsen proportional mit dem Halbmesser.

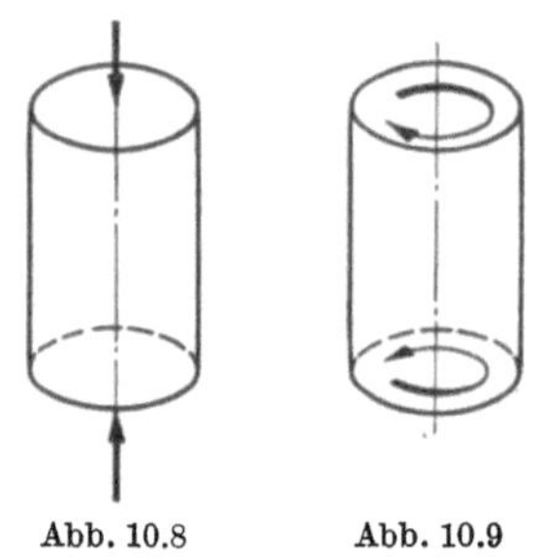

Abb. 10.8 Abb. 10.9

Abb. 10.8 und 10.9
Kombinierter Torsions- und Druckversuch

Geräte dieser Art wurden von LANGER [*10.2*], HVORSLEV [*10.3*] und HABIB [*10.4*] angewandt.

10.1.3 Rotations-Schergeräte (Ringschergeräte). Es möge ein hohler, ringförmiger Stab von eiförmigem Querschnitt, der durch eine senkrecht zur Drehachse liegende Symmetrieebene in zwei Teile geschnitten ist, betrachtet werden, Abb. 10.10. Jede der so entstandenen Ringhälften *d* und *d'* sei mit dem zu untersuchenden rolligen Stoff gefüllt. Die beiden Ringhälften werden mit einer bekannten Kraft gegeneinander gedrückt. Danach läßt man eine der beiden Ringhälften um ihre Achse drehen und ermittelt dabei das Kräftepaar, das an der anderen Ringhälfte anzubringen ist, um ein Mitnehmen zu vermeiden.

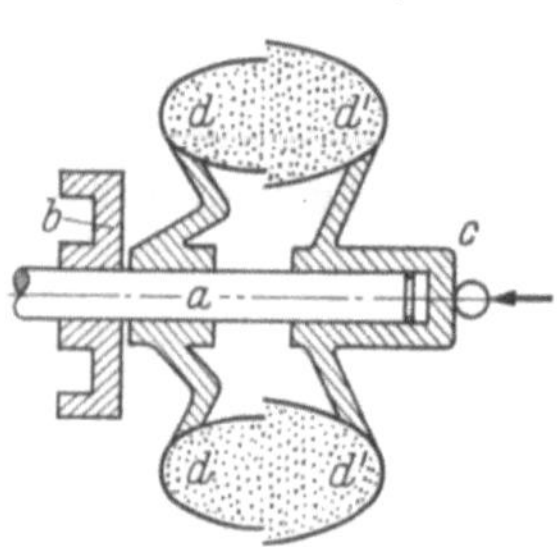

Abb. 10.10. Prinzip des SIMEC-Rotations-Schergerätes (Ringschergerät)

Die so gemessene Kraft entspricht der Scherbeanspruchung des zu untersuchenden Stoffes unter der betrachteten Normalspannung. Jedes nach diesem Prinzip aufgebaute Schergerät ist also in der Lage, einen kreisförmigen und konzentrischen Gleitvorgang hervorzurufen, der sich unbegrenzt fortsetzen läßt und in dessen Verlauf man die mittleren und während des Gleitvorgangs unveränderlichen Normalspannungen σ und Scherfestigkeiten τ messen kann.

Dieses Rotations-Schergerät (Ringschergerät) ermöglichte es KÉRISEL, systematische Studien über die Abhängigkeit von tan ϱ von der Porenziffer anzustellen [*10.5*] und die Bedeutung der Hysterese-Erscheinungen zu zeigen [*10.6*]. Das Gerät vermeidet die dem Translations-Schergerät anhaftenden Nachteile, da es keine vordere und hintere Wand senkrecht zur Gleitrichtung hat, Abb. 10.11 und 10.12.

Es ist im einzelnen folgendermaßen ausgeführt: Die unbewegliche Ringhälfte *d*, Abb. 10.10, des Hohlstabes ist um eine Welle *a* frei beweglich; *a* hat ein waagrechtes Lager *b*. Die andere Ringhälfte *d'* be-

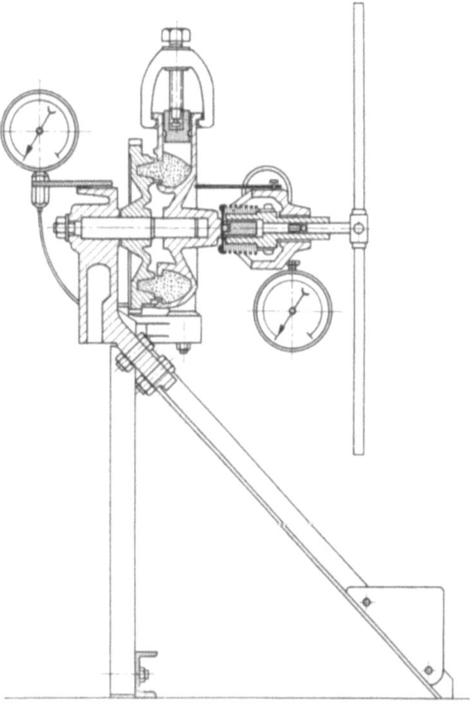

Abb. 10.11. Lotrechter Schnitt durch das gesamte SIMEC-Rotations-Schergerät

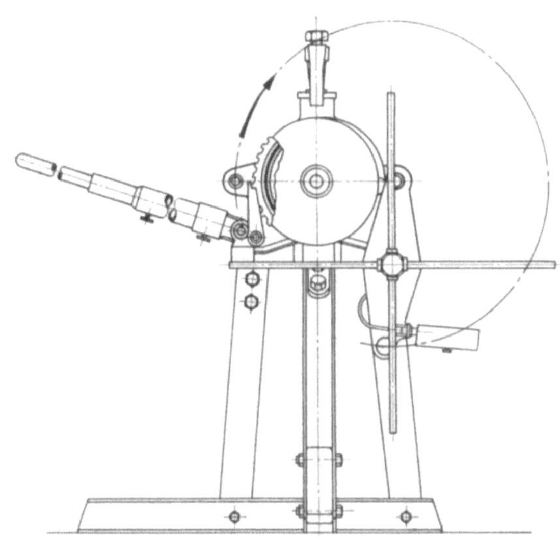

Abb. 10.12. Seitenansicht des gesamten SIMEC-Rotations-Schergerätes

findet sich auf dem äußeren Teil der Welle a und kann sich um diesen drehen und auf ihm waagrecht gleiten. Die beiden Hälften werden über eine Kugel c durch eine Kraft P gegeneinander gedrückt, die man durch eine hydraulische Presse erzeugt. Die Ringhälfte d hat an ihrem Umfang im Inneren der Schale einen Anschlag, der durch einen Druck auf eine andere hydraulische Presse aus dem entsprechenden Moment die Scherkraft Q mißt, wenn die Ringhälfte d' angetrieben wird. Unter Berücksichtigung der Größe der Berührungsflächen und der Eichwerte der beiden hydraulischen Pressen sind die Scherfestigkeiten τ und Normalspannungen σ in dem benutzten Gerät durch die Beziehung

$$\frac{\tau}{\sigma} = 1{,}79 \frac{Q}{P}$$

verknüpft. Die Normalspannung σ (in kp/cm^2) ist gleich 0,035 P (in kp).

Das Rotations-Schergerät gestattet es, einen sehr weiten Normalspannungsbereich (bis 20 kp/cm^2) zu untersuchen; dieser Wert liegt höher als die üblicherweise bei Gründungen erreichten Werte.

Durch Sorgfalt in der Fabrikation des Gerätes lassen sich die Gleitbewegungen genau in der Symmetrieebene der beiden Ringhälften hervorrufen. Der Querschnitt des Rings wurde eiförmig ausgeführt, und der Ring an seiner Innenseite mit Furchen versehen, um so jede relative Gleitbewegung zwischen der Ringwand und dem zu untersuchenden Stoff zu vermeiden.

Die Durchmesser der den Ring begrenzenden äußeren und inneren Kreise betragen jeweils 25 cm und 17 cm. Die ringförmige Kontaktfläche beträgt 264 cm^2 und das Fassungsvermögen des Gerätes 3510 cm^3; dies entspricht einer mittleren Dicke der Bodenprobe von 13 cm.

10.2 Dreiaxialgerät

10.2.1 Vor- und Nachteile des Dreiaxialgerätes. Das Dreiaxialgerät wird immer häufiger zum Messen des Reibungswinkels in kohäsionslosen Böden angewandt; dies liegt vor allem daran, daß es sich sehr vielseitig einsetzen läßt, Abb. 10.13.

Es kann für rollige und bindige Stoffe herangezogen werden und gestattet sehr viele Möglichkeiten hinsichtlich der Spannungseintragung. Außer diesem Vorteil besteht die Möglichkeit, mit dem Dreiaxialgerät Volumenänderungen genau zu messen. Man verwendet im Dreiaxialgerät im allgemeinen Proben aus gesättigtem Sand. Es genügt also, das Volumen des durch die porösen Stirnflächen gepreßten oder angesaugten Wassers zu messen, um die kubische Dilatation des aus den beiden Phasen bestehenden Gesamtsystems zu erhalten. Man arbeitet sehr oft bei Porenwasserdruck null, so daß die kubische Dilatation gleich der der festen Phase ist.

Es wird vielfach gesagt, ein anderer Vorteil des Dreiaxialgerätes gegenüber der Scherbüchse nach CASAGRANDE bestehe darin, daß beim Dreiaxialgerät das Spannungsfeld in der Bodenprobe in jedem Augenblick vor dem Bruch und während des Bruches bekannt und daß es daher möglich ist, in jedem Augenblick für alle Punkte der Probe MOHRsche Kreise zu zeichnen; dies ist nur zum Teil richtig.

Abb. 10.13. Dreiaxialgerät

Die Verteilung der Spannungen und Verformungen in der Bodenprobe ist beim Dreiaxialversuch nur zum Teil gleichförmig. Abb. 10.14 zeigt einen Schnitt durch eine zylindrische und einem Dreiaxialversuch unterworfene Probe. Sie läßt zwei „tote" Randzonen erkennen, in denen man nur geringfügige Verformungen beobachtet. Die Verformungen in Achsenrichtung sind also in der Mitte größer als an den Rändern. Mithin ist das Spannungsfeld auch nicht gleichförmig. Es ist dennoch gleichförmiger als in der Scherbüchse nach CASAGRANDE.

10.2.2 Abmessungen der Bodenprobe. Die Probe muß eine genügende Schlankheit (Verhältnis der Höhe zum Durchmesser) haben, um den Einfluß der „toten" Zonen abzuschwächen. Bei zu kleinen Schlankheiten erhält man zu große Verhältnisse aus der Axialspannung σ_3 zur seitlichen Spannung σ_1. Im allgemeinen sind Schlankheiten zwischen **1,5** und 3,0 üblich; ein Verhältnis von 2,5 ist häufig.

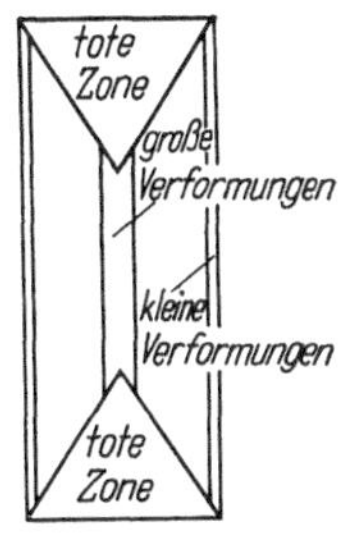

Abb. 10.14. Schnitt durch eine zylindrische Bodenprobe nach einem Dreiaxialversuch

Der Versuch wird — wie alle Druckversuche — durch die Endflächen-Reibung zwischen den Lasteintragungsplatten (Tellern) der Presse und der Bodenprobe beeinflußt. Diese stört den Versuch um so mehr, je gedrungener die Probe ist. Die Ausbildung der gegen die Erzeugenden des Zylinders (Bodenprobe) unter $(\pi/4)-(\varrho/2)$ geneigten Bruchebenen wäre durch die Endflächen-Reibung behindert, wenn die Probe nicht eine ausreichende Schlankheit hätte, Abb. 10.15. Der Durchmesser der Bodenprobe ist wenigstens fünfmal so groß wie der des größten Korns. Für kiesige Böden und die im Straßenbau verwendeten Stoffe wurden große Dreiaxialgeräte für Proben bis zu 20 und 25 cm Durchmesser hergestellt [*10.7*], die Versuche an Stoffen mit einem d_{100} von 4 bis 5 cm ermöglichen. Der Durchmesser der bei üblichen Dreiaxialversuchen verwendeten Proben beträgt rd. 4 cm.

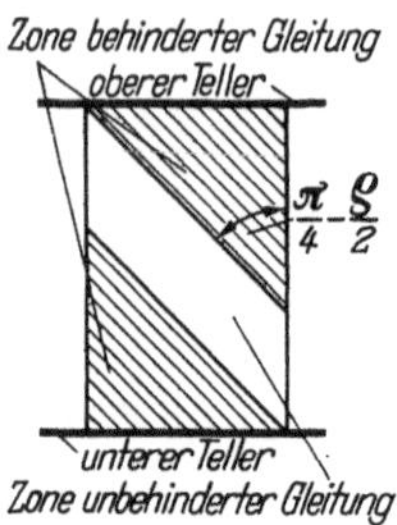

Abb. 10.15. Einfluß der Lasteintragungsplatten auf den Dreiaxialversuch

10.2.3 Anisotropie, die im Laboratorium bei der Herstellung der Bodenprobe entsteht. Beim Füllen der Gummihülle mit dem zu untersuchenden rolligen Boden schafft man eine Anisotropie, die je nach der Arbeitsweise unterschiedlich ist. Es ist nicht erwiesen, daß diese Anisotropie mit der im Gelände angetroffenen Anisotropie des Bodens identisch ist. Diese Bemerkung gilt auch für die zweidimensionalen Scherbüchsen.

10.2.4 Vorbereitung der Bodenprobe für den Versuch. Es ist unmöglich, zumindest sehr schwierig, ungestörte Sandproben zu entnehmen. Alle untersuchten Sande und Kiese sind also gestört. Im Dreiaxialversuch ist die Einbautechnik des nichtbindigen Bodens ziemlich speziell. Man muß der Gummihülle, die die Probe umgeben soll, durch einen starren zylindrischen Körper vorübergehend Halt geben und im Sand ein Teilvakuum herstellen, das dem Sand eine scheinbare Kohäsion verleiht, bevor der stützende zylindrische Körper entfernt wird.

10.2.5 Konsolidierung der Bodenprobe. Die Konsolidierung unter Vakuum kann in geringem Maße die durch das Herstellen der Bodenprobe im Laboratorium entstandene Anisotropie beseitigen. In den meisten Fällen jedoch wird die Probe einer erneuten Konsolidierung unterworfen, die entweder isotrop, d. h. ohne Spannungsdeviator, oder anisotrop sein kann. Die ansisotrope Konsolidierung kann man im besonderen wählen, um im Laboratorium die Konsolidierung in situ nachzubilden. Man macht die Axialspannung σ_3 gleich der sich in situ aus dem Gewicht der vorherrschenden Bodenarten ergebenden Spannung σ_3 und bestimmt σ_1 — wie bei der Messung von E erwähnt wurde — unter der Bedingung, daß die Querverformung null ist (s. 5.4.2.6).

10.2.6 Einfluß der Gummihülle auf die Versuchsergebnisse. Arthur Casagrande [*10.8*] zeigte, daß selbst sehr dünne Gummihüllen wegen der Vergrößerung der Steifigkeit der Probe einen Einfluß auf die Versuchsergebnisse haben. Es ist im allgemeinen üblich, Gummihüllen von 0,2 mm Dicke zu verwenden.

Skempton und Bishop [*10.9*] beziffern die sich durch Verwendung von Gummihüllen ergebende Erhöhung der Zylinderdruckfestigkeit für Proben von 3,7 cm Durchmesser auf 50 p/cm². Bei weichen Tonen vermindert man die Dicke der Gummihüllen auf 0,1 mm; diese Gummihüllen erhöhen nach denselben Verfassern die Zylinderdruckfestigkeit um 20 p/cm².

10.2.7 Arbeitsweise beim Dreiaxialversuch: Kontrollierte Spannungen oder kontrollierte Verformungen. Wie bei den bereits beschriebenen anderen Geräten kann man entweder die Spannungen oder die Verformungen kontrollieren. Im Falle der kontrollierten Verformungen hat die Verformungsgeschwindigkeit wenig Einfluß auf das Ergebnis, solange durch sie keine Porenwasserdrücke in der Probe entstehen.

Für den praktischen Gebrauch geben Verformungsgeschwindigkeiten von 0,25% bis 2% der Probenhöhe je Minute zufriedenstellende Ergebnisse.

10.2.8 Ausführung des Dreiaxialgerätes. Messung der Spannungen und Verformungen. Der Seitendruck $\sigma_1 = \sigma_2$ wird entweder als Flüssigkeitsdruck oder als Luftdruck aufgebracht, Abb. 10.16. Er wird mit einem Manometer und — bei Langzeitversuchen unter konstantem Druck — mit einer selbstregelnden Quecksilbersäule kontrolliert.

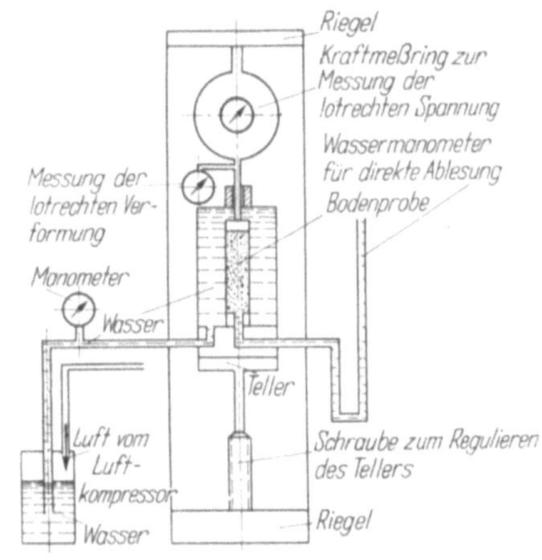

Abb. 10.16. Schema eines Dreiaxialgerätes für gesättigte Sandproben

Beim Arbeiten nach dem Verfahren der kontrollierten Verformungen verwendet man einen an einem starren Rahmen befestigten Kraftmeßring, Abb. 10.16, um die lotrechte Spannung zu messen, die zusammen mit dem Flüssigkeits- oder Luftdruck die Spannung σ_3 ergibt. Der Teller, auf dem das Dreiaxialgerät steht, wird durch eine lotrechte Aufwärtsbewegung gegenüber dem Rahmen bewegt. Die Meßuhr des Kraftmeßrings zeigt die lotrechte Belastung an, während eine andere Meßuhr die lotrechte Verformung liefert.

Für den Wert des Gerätes ist es offensichtlich wichtig, daß zwischen der Stange mit dem lasteintragenden Kolben an der oberen Stirnfläche der Probe und dem übrigen Gerät keine Reibung auftritt. Der eventuell vorhandene Porenwasserdruck wird global mit einem Wassermanometer außerhalb der Filtersteine gemessen.

Wegen der verhältnismäßig sehr großen Durchlässigkeit der Sande ist es verständlich, wenn man annimmt, daß dieser Druck der Mittelwert des in der gesamten Probe herrschenden Druckes ist.

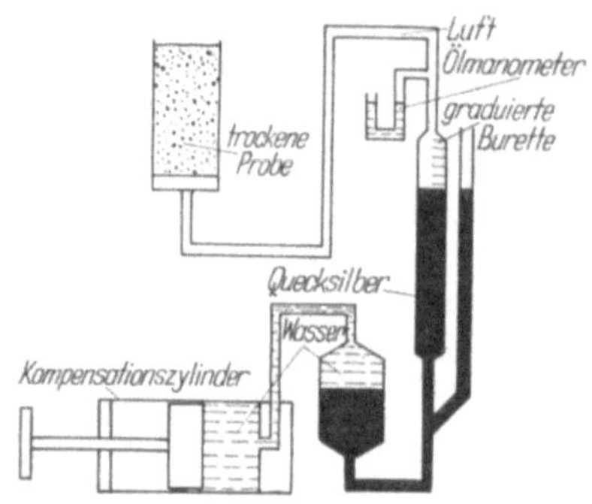

Abb. 10.17. Versuchsanordnung zum Messen der Änderung des Porenanteils in einer trockenen Sandprobe

10.2.9 Messung von Volumenänderungen. Beim Arbeiten mit gesättigten Bodenproben genügt es, das Volumen des durch die porösen Stirnflächen ausgetriebenen oder angesaugten Wassers zu messen. Bei den dränierten Versuchen und Porenwasserdruck null ist dieses Volumen gleich der Änderung des Porenvolumens des Korngerüstes.

Bei einer trockenen Bodenprobe [*10.9*] stehen die Hohlräume der Probe mit einem begrenzten Luftvolumen in Verbindung, das man bei atmosphärischem Druck hält, indem man das Ölmanometer, Abb. 10.17, beobachtet und gleichzeitig den Kompensationszylinder betätigt: die graduierte Bürette gestattet es dann, das Luftvolumen unmittelbar abzulesen.

10.2.10 Berechnung und Darstellung der Versuchsergebnisse. Wenn σ_3/σ_1 das Grenzverhältnis aus axialer und seitlicher Spannung bedeutet, so ist nach dem Mohrschen Spannungskreis, Abb. 10.18:

$$\sin\varrho = \frac{\frac{\sigma_3}{\sigma_1} - 1}{\frac{\sigma_3}{\sigma_1} + 1}.$$

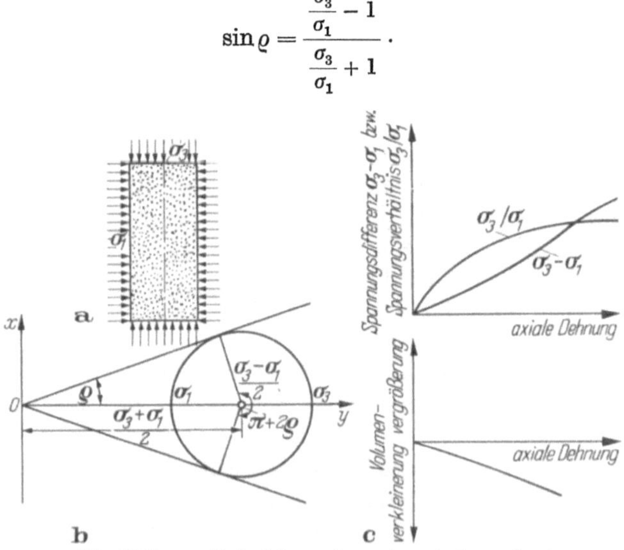

Abb. 10.18a—c. Dreiaxialversuch an einem lockeren Sand
a Definition der Spannungen σ_3 und σ_1, b Mohrscher Kreis für σ_3 und σ_1, c Spannungs-Dehnungs-Diagramm

Dieses Grenzverhältnis stellt sich ein, sobald die Spannungs-Dehnungs-Linie waagrecht verläuft. Hat die Kurve keinen waagrechten Teil, so nehmen manche Verfasser konventionell das Spannungsverhältnis an, das einer axialen Dehnung von 15% entspricht. Theoretisch beträgt der Winkel zwischen der beim Bruch der Bodenprobe entstehenden Gleitebene und der Ebene der Stirnflächen $(\pi/4) + (\varrho/2)$, wie sich aus dem MOHRschen Spannungskreis ergibt.

Man trägt im allgemeinen in dem gleichen Diagramm auf der Ordinate die Änderung des gesamten Volumens, den Spannungsdeviator $\sigma_3 - \sigma_1$ und das Spannungsverhältnis σ_3/σ_1 in Abhängigkeit von der bezogenen axialen Verformung ab. In Abb. 10.18 ist ein Dreiaxialversuch an einem lockeren Sand dargestellt.

10.2.11 Die verschiedenen Versuchsmöglichkeiten. Wenn σ_3 die axiale Druckspannung und σ_1 und σ_2 die seitlichen Druckspannungen bedeuten, so lassen sich die folgenden Versuche anstellen:

— Bruchversuch bei $\sigma_3 > \sigma_1$ (positiver Spannungsdeviator).

Man läßt σ_1 abnehmen oder aber σ_3 zunehmen. Das Ergebnis hängt nicht von der Arbeitsweise während des Versuches ab, zumindest nicht bei den gesättigten Sanden [*10.10*], jedoch sind im ersten Fall die zum Erzielen des Grenzgleichgewichts nötigen Verformungen kleiner als im zweiten Fall. Dies erklärt die bekannte Erscheinung, daß bereits eine kleine Verschiebung einer Stützwand nach außen den Erddruck weckt, während es einer sehr viel größeren Verschiebung nach innen bedarf, um den Erdwiderstand zu mobilisieren (s. 15.10.3.1 und 15.10.3.2).

Im ersten Fall gilt der Deformationsmodul für die Druckentlastung, im zweiten Fall der Deformationsmodul für die Druckbelastung.

— Bruchversuch bei $\sigma_3 < \sigma_1$ (negativer Spannungsdeviator).

Man läßt σ_1 zunehmen oder σ_3 abnehmen. Die Ergebnisse sind wiederum von der Arbeitsweise im Versuch unabhängig, zumindest aber bei den gesättigten Sanden.

10.2.12 Einfluß des Vorzeichens des Spannungsdeviators auf den Reibungswinkel. HABIB [*10.4*] ermittelte im Jahre 1951 bei positivem Spannungsdeviator einen größeren Reibungswinkel ϱ als bei negativem Spannungsdeviator. TAYLOR [*10.10*] fand im Jahre 1941 einen Unterschied im gleichen Sinn. BISHOP und ELDIN [*10.11*] fanden keinen Unterschied; sie arbeiteten jedoch mit gesättigten Sanden.

Diese Ergebnisse sind augenscheinlich widersprechend, sie lassen sich jedoch durch die Anisotropie erklären (s. 10.6).

10.3 Allgemeine Ergebnisse

Die im folgenden zusammengefaßten Versuchsergebnisse wurden sowohl mit dem Rotations-Schergerät [*10.5*] als auch mit dem Dreiaxialgerät erzielt.

Bei den Versuchen mit dem Rotations-Schergerät handelt es sich um Sand aus Nemours. Dieser Sand ist wegen seiner völligen Homogenität ganz besonders interessant: Aufgrund seiner großen Reinheit (99,5% Siliciumdioxyd) ist er zur Herstellung von Gläsern sehr gefragt. Er setzt sich aus Körnern in der Größenordnung eines Zehntel Millimeters zusammen. Je nach Setzung schwankt die Rohwichte zwischen den Extremalwerten 1,25 Mp/m³ und 1,75 Mp/m³.

Nimmt man für die Körner eine Reinwichte von 2,65 Mp/m³ an, so entsprechen diese Zahlen Porenanteilen von 0,53 und 0,34.

10.3.1 Änderung des Reibungswinkels mit der Porenziffer. Entflechtungsarbeit der Körner. Kritische Porenziffer. Das Rotations-Schergerät möge mit trokenem, nicht verdichtetem Sand gefüllt sein und mit der Normalkraft $P = 100$ kp belastet werden. Man beobachtet die Scherkraft Q, Abb. 10.19.

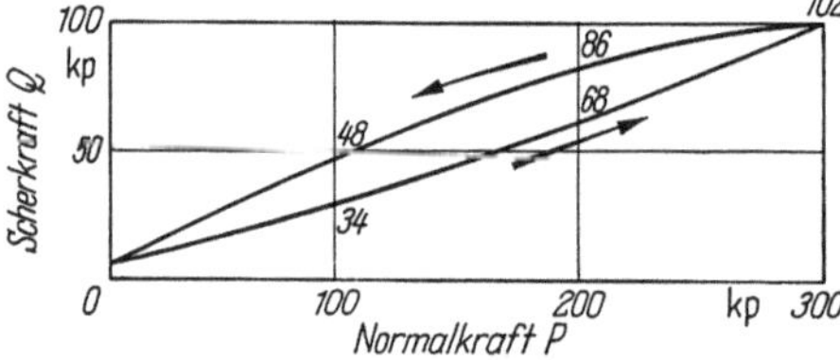

Abb. 10.19. Mit dem Rotations-Schergerät aufgenommenes Scherkraft-Normalkraft-Diagramm für einen Sand

Das die Scherkraft anzeigende Manometer liefert zunächst $Q = 20$ kp. Nach dem Setzen des Sandes beobachtet man ein Abfallen von P auf 85 kp. Nach Wiederherstellen des Normalkraftwertes von $P = 100$ kp durch Nähern der beiden Ringhälften erkennt man anschließend, daß Q zuerst schnell, dann aber langsamer wächst, im Maße wie sich P stabilisiert: Q nähert sich asymptotisch dem Wert 34 kp.

Der Versuch werde nun mit dichtem Sand ausgeführt. Hierzu vibriert man die Ringhälften mechanisch, um so die größtmögliche Setzung des Sandes zu erzielen. Für $P = 100$ kp ergibt sich die erste Ablesung zu $Q = 60$ kp. Wird der Schervorgang fortgesetzt, so nimmt dieser Wert sehr rasch ab und stabilisiert sich bei 34 kp. Um zu Beginn dieses zweiten Versuches P bei 100 kp zu halten, muß übrigens die Presse gelockert werden: Der Sand entspannt sich.

Bei Ausführung dieser Versuche für verschiedene Normalkraftwerte bleibt das Phänomen das gleiche: Die Scherkräfte Q streben einem Grenzwert zu. Außerdem ist das Verhältnis dieses Grenzwerts zur entsprechenden Normalkraft P für alle P-Werte eine Konstante; dies gilt auch für die Anfangswerte[1].

Aus den Versuchen folgt, daß das σ, τ-Diagramm für diese Grenzgleichgewichtszustände nicht durch eine einzige Gerade gebildet wird — wie dies das COULOMBsche Gesetz $\tau = \sigma \tan \varrho$ anzugeben scheint —,

[1] Diese Beobachtung tritt bei den Anfangswerten jedoch nicht so klar zu Tage, da es schwierig ist, zu Beginn des Versuches stets die gleiche Wichte zu erzielen.

sondern durch eine Schar von Geraden, die aber alle durch den Nullpunkt gehen und deren jede einer bestimmten Rohwichte entspricht: Wenn bei konstanter Normalspannung σ — beim Versuch mit einem verdichteten Sand — die Rohwichte abnimmt, wird τ kleiner und der Punkt A strebt einem Grenzwert B zu, Abb. 10.20. Denselben Grenzwert erhält man auch bei Zunahme der Rohwichte, wenn man von einem lockeren Sand, A' in Abb. 10.20, ausgeht. Im ersten Fall tritt eine Volumenzunahme in der Nähe der Gleitebene ein, im zweiten Fall eine Volumenabnahme. In beiden Fällen verändert sich das Volumen so lange, bis ein Zustand erreicht ist, in dem sich weder das Volumen noch die Scherkraft verändern.

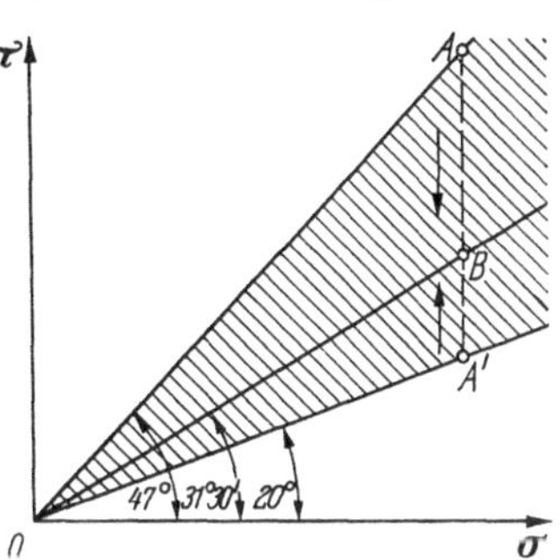

Abb. 10.20. Grenzen des mit dem Rotations-Schergerät aufgenommenen Scherdiagrammes für einen Sand

Unterbricht man im Verlaufe der einen oder anderen Volumenänderung den Schervorgang, so zeigt sich nach der Wiederaufnahme der Scherbewegung, daß die Scherkraft zugenommen hat.

In der Gleitebene sind die Körner der beiden Ringhälften des Rotations-Schergerätes während des Abscherens genau so miteinander in Berührung wie die Zahnräder bei einer Relativbewegung, d. h. ohne gegenseitiges Eindringen der Zähne. Sobald aber der Schervorgang unterbrochen ist, greifen die Körner ineinander und verzahnen sich. Dieses Ineinandergreifen der Körner ist von einer Volumenabnahme begleitet: daher der am Instrument angezeigte Druckabfall. Bei aufeinander folgenden Versuchen läßt die Verzahnungswirkung nach. Dieses Phänomen war Gegenstand von Untersuchungen, die REYNOLDS im Jahre 1885 vornahm [*10.12*]. REYNOLDS nannte es dilatancy, d. h. Volumenänderung bei einsetzendem Gleiten.

Es gibt also entsprechend den unendlich vielen Geraden der Geradenschar, Abb. 10.20, unendlich viele Werte für den Reibungswinkel. Jeder einzelne ist durch eine bestimmte Porenziffer gekennzeichnet.

Im vorliegenden Fall betragen die Steigungen der die Geradenschar begrenzenden Geraden nach der für das Rotations-Schergerät hergeleiteten Beziehung für das Verhältnis τ/σ (s. 10.1.3):

$$1{,}79 \cdot \frac{20}{100} = 0{,}358$$

und

$$1{,}79 \cdot \frac{60}{100} = 1{,}074;$$

dies entspricht Reibungswinkeln von rd. 20° und 47°.

Die Steigung der den geometrischen Ort der Punkte B, Abb. 10.20, bildenden Geraden ergibt sich zu $1{,}79 \cdot 34/100 = 0{,}61$, d. h. der Reibungswinkel beträgt 31°30′. Sie entspricht einer Porenziffer, die im folgenden *kritische Porenziffer* genannt werden soll. Man erkennt also die beachtliche Veränderlichkeit des Reibungswinkels mit der Porenziffer.

Es ist nicht möglich, die gesamte Gerade $\overline{OA'}$ an der unteren Begrenzung der Geradenschar zu beschreiben.

Die Kurven der größten und kleinsten Porenziffern des nicht konsolidierten Sandes nähern sich einander mit wachsenden Druckspannungen, wie dies Abb. 10.21 zeigt. Es folgt hieraus, daß die Geradenschar entsprechend der Darstellung, Abb. 10.22, begrenzt ist.

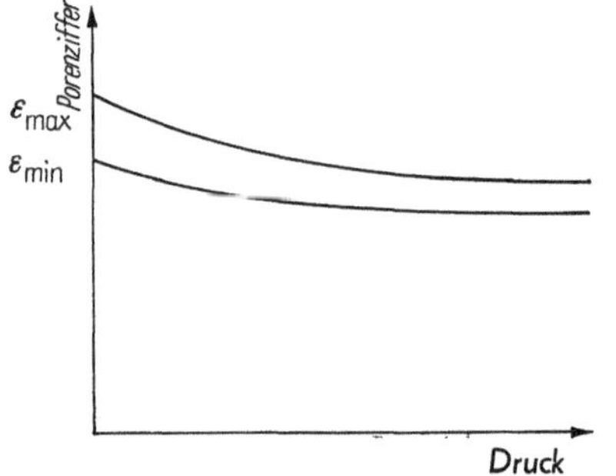

Abb. 10.21. Mit dem Kompressionsgerät ermittelte Beziehung für die maximale und minimale Porenziffer in Abhängigkeit vom Druck

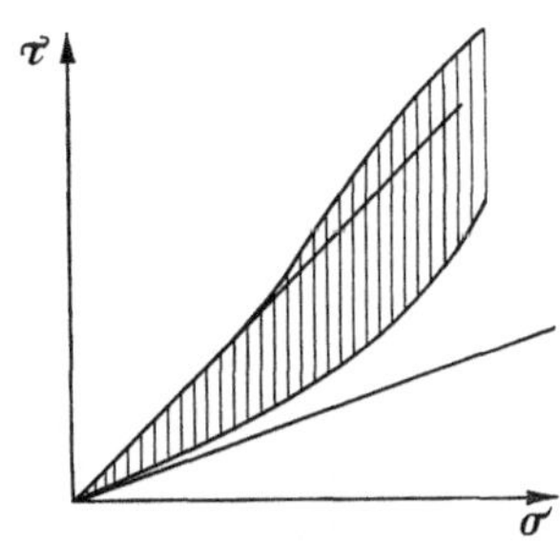

Abb. 10.22. Grenzen des Scherdiagramms unter Berücksichtigung des Porenziffer-Verlaufs nach Abb. 10.21

Dies ändert jedoch nichts an den weiter oben gezogenen Schlußfolgerungen bezüglich der Existenz einer kritischen Porenziffer.

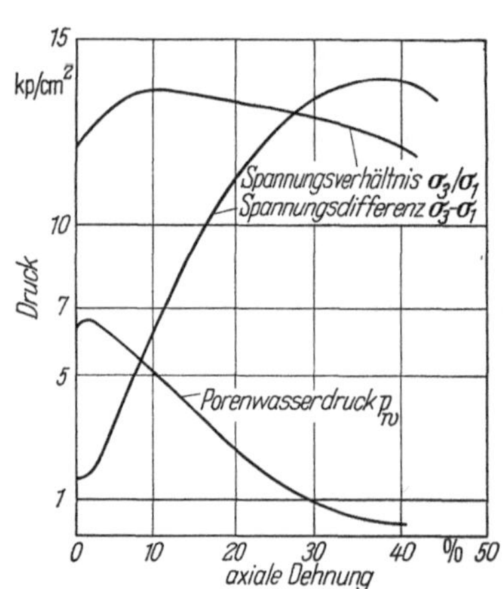

Abb. 10.23. Mit einem Dreiaxialversuch erhaltene Diagramme für einen dichten Sand

Sie werden vielmehr durch die Versuche im Dreiaxialgerät bestätigt. Wenn man einen dränierten Versuch mit einer sehr dichten Sandprobe beim Porenwasserdruck null ausführt, so ändert sich das dilatancy-Phänomen durch Adsorption einer bestimmten Wassermenge.

Stellt man umgekehrt einen nichtdränierten Versuch bei konstantem Volumen an, so nimmt der Porenwasserdruck ab und nähert sich dem Druck null, wenn der Anfangsporenwasserdruck nicht hinreichend groß war. Beim Minimum des Porenwasserdruckes läßt sich in diesem Fall ein maximales Verhältnis σ_3/σ_1 beobachten, das einem größten Reibungswinkel σ_{max} entspricht. Das Verhältnis σ_3/σ_1 nimmt anschließend ab, und der Reibungswinkel ϱ strebt seinem wahrscheinlichsten Wert zu, Abb. 10.23.

Geht man von einem lockeren Sand aus, so wächst σ_3/σ_1 regelmäßig bis zu einem Wert, der dem wahrscheinlichsten Reibungswinkel entspricht, während das Volumen ständig abnimmt.

Die kritische Porenziffer erklärt die Fließerscheinung einiger Sande: Sehr feine und infolgedessen sehr wenig durchlässige feuchte Sande stoßen ihr Wasser beim Verdichten aus dem locker gelagerten Zustand mit zunehmendem Reibungswinkel und zunehmendem Zusammenziehen des Korngerüstes aus. Da dieses Wasser entsprechend dem zunehmenden Druck nicht schnell genug entweichen kann, preßt es die Körner auseinander und ruft das Fließen hervor. Werden hingegen diese Sande im trockenen Zustand verdichtet, so neigen sie bei einem eventuellen Anschnitt — wegen der Erhöhung der Porenziffer, die eine kleine eventuelle Lockerung begleitet — nicht sofort bei den ersten Regenfällen zu Fließerscheinungen.

Die kritische Porenziffer läßt sich im Dreiaxialgerät korrekt bestimmen, wenn man hintereinander Sandproben mit bekannter Porenziffer abschert. Die kritische Porenziffer liegt dann vor, sobald während der gesamten Scherdauer weder eine Ausdehnung noch eine Zusammenziehung der Sandprobe eintritt.

Unterwirft man eine Sandprobe, deren Porenziffer kleiner als die kritische Porenziffer ist, einem Versuch, so nimmt der Reibungswinkel zunächst einen Größtwert $\varrho_{\max}$ an, bevor er den wahrscheinlichsten Wert ϱ erreicht. Das beobachtete Maximum ist ein Maß für die Größe der *Entflechtungsarbeit* der Körner, die die verzahnten Körner leisten müssen, um sich voneinander zu trennen und aufeinander gleiten zu können und die gleich dem Produkt aus der die Körner aneinander drückenden Normalkraft und einem Bruchteil des mittleren Durchmessers des mittelgroßen Korns ist.

Im wahrscheinlichsten Reibungswinkel ϱ äußert sich nicht diese nur kurzfristig geleistete Arbeit: *Er* kennzeichnet mehr den Stoff selbst.

Sind bei Standsicherheitsberechnungen die im Grenzfall möglichen Verschiebungen klein, so ist man berechtigt, mit $\varrho_{\max}$ zu arbeiten (Stützmauern usw.); in allen anderen Fällen muß ϱ in die Rechnung eingeführt werden.

10.3.2 Hysterese. Für einen gegebenen Wert der Rohwichte ist das COULOMBsche Gesetz also bestätigt; dies gilt exakt jedoch nur bei wachsenden Spannungen.

Arbeitet man hingegen beim Rotations-Schergerät [*10.6*] mit abnehmender Normalkraft ohne den Drehsinn des Gerätes zu ändern, so besteht keine lineare Beziehung mehr zwischen der Normalkraft P und der Scherkraft Q. Im P, Q-Diagramm ist die Entlastungskurve in Richtung abnehmender Q konkav. Es liegt eine Hysterese infolge von Restscherspannungen bei abnehmender Normalkraft vor. Der mit zunehmender Normalkraft angestellte Versuch ließ übrigens schon dieses Ergebnis voraussehen, da der Boden bei einem bestimmten Druck die Verflechtung beibehält, die er bei dem höheren Druck erlangt hatte. Die Stabilität der Erdmasse wird so im allgemeinen bei abnehmenden Drücken verbessert.

Wenn man den Abschervorgang fortsetzt, strebt auf der Entlastungskurve der Q-Wert für einen bestimmten P-Wert langsam dem auf der Belastungskurve gemessenen Wert zu.

Diese Erscheinung ist übrigens im Falle der Belastungskurve bei jeder Geraden der Geradenschar Abb. 10.20, zu beobachten.

Abb. 10.19 gibt die zur Belastungskurve gehörende Entlastungskurve wieder (Ort der Punkte B, Abb. 10.20).

Die von der Belastungskurve und der Entlastungskurve begrenzte Fläche ist um so größer, je kleiner die der Belastungskurve entsprechende Dichte der Bodenprobe war.

Im Dreiaxialgerät fanden Bishop und Eldin, daß der Reibungswinkel ϱ wenig von der Vorgeschichte des Sandes und insbesondere von einer früher erlittenen Überkonsolidierung abhängt [*10.11*]. *Ihre* Schlußfolgerungen gelten jedoch für einen gesättigten Boden, während *diese* für einen trockenen Sand zutreffen.

Die hier gefundenen Ergebnisse lassen sich mit dem in (10.2.12) mitgeteilten Ergebnis in Beziehung bringen; danach ist das Vorzeichen des Spannungsdeviators nur bei trockenen Böden von Bedeutung.

10.3.3 Gesetzmäßiger Zusammenhang zwischen Reibungswinkel und Porenziffer. Charakteristische Werte für den Reibungswinkel. Die Ergebnisse der von verschiedenen Autoren vorgenommenen Versuche wurden zusammengetragen und dabei die Kenngrößen der untersuchten Böden sowie z. T. die Art des Versuchsgerätes angegeben. Abb. 10.24 gibt als Ergebnis dieser Arbeit den Zusammenhang zwischen dem Reibungswinkel ϱ bzw. dem Reibungsbeiwert $\tan\varrho$ und der Porenziffer ε bzw. dem Kehrwehrt der Porenziffer $1/\varepsilon$ wieder.

Man erkennt, daß $\tan\varrho$ etwa proportional $1/\varepsilon$ ist.

Mit Ausnahme der Versuche, Kurve a und d, Abb. 10.24, von Chen lassen sich alle mit ziemlich gleichförmigen Böden, mit einer Hazenschen Zahl (Ungleichförmigkeitsgrad) kleiner als zwei, vorgenommenen Versuche innerhalb eines sehr schmalen Bereichs einordnen, der von den beiden Geraden

$$\tan\varrho = \frac{0,50}{\varepsilon}$$

und

$$\tan\varrho = \frac{0,60}{\varepsilon}$$

begrenzt ist.

Man wird zum Abschätzen von ϱ in kohäsionslosen Böden mit rauhen, ziemlich gleichförmigen Körnern in erster Näherung die Formel $\tan\varrho = 0{,}55/\varepsilon$ verwenden können. Danach ergeben sich die in Tab. 10.1 eingetragenen Werte.

Tabelle 10.1. *Näherungsweiser Zusammenhang zwischen der Anzahl der Hohlräume und dem Reibungswinkel für Sande üblicher Kornverteilung*

Porenziffer ε	1,00	0,90	0,80	0,70	0,60	0,50
Porenanteil n	0,50	0,47	0,44	0,41	0,375	0,33
Reibungsbeiwert $\tan\varrho$	0,55	0,61	0,69	0,785	0,915	1,10
Reibungswinkel ϱ	29°	31° 30′	34° 30′	38°	42° 30′	48°

10.3.4 Abhängigkeit des Reibungswinkels von der Rauhigkeit der Körner. Die Rauhigkeit der Körner hat einen Einfluß auf den Reibungswinkel. Die gleiche Feststellung gilt übrigens auch für Maschinenteile, und zwar für den Oberflächenzustand der bei einer Relativbewegung miteinander in Berührung stehenden Teile.

Die Reibung nimmt mit der Rauhigkeit zu, d. h. mit der Größe der auf der Oberfläche der Körner befindlichen Unregelmäßigkeiten.

10.3.5 Abhängigkeit des Reibungswinkels von der Form und Größe der Körner. Bei gleicher Kornverteilung ergeben runde Körner einen kleineren Reibungswinkel als Körner anderer Form. Die Größe d_{100} der dicksten Körner macht sich zu Beginn des Schervorgangs bemerkbar. Wenn d_{100} groß ist, muß zu Beginn des Reibungsvorgangs erhebliche Entflechtungsarbeit geleistet werden: ϱ_{max} ist dann entsprechend groß.

10.3.6. Einfluß des Wassers auf den Reibungswinkel. In (9.3.2) wurde gezeigt, daß den nichtdränierten Versuchen keine echte Bedeutung zukommt.

Die Ergebnisse dränierter Versuche an gesättigten Sanden bei Porenwasserdruck null sind annähernd die gleichen wie die an trockenen Sanden erhaltenen. Manche Verfasser berichten von höchstens rd. 1 bis 2° kleineren Werten für den Reibungswinkel feuchter Sande.

Ist die Durchlässigkeit klein, so lassen sich die Versuche auch bei einem von null verschiedenen Porenwasserdruck vornehmen. Um die effektiven Spannungen zu erhalten, zieht man dann, wie bei den Tonen, von den totalen Spannungen σ_3 und σ_1 den Porenwasserdruck p_w ab.

Da die Durchlässigkeit der Sande aber meistens verhältnismäßig groß ist, sollte man im allgemeinen mit einem Porenwasserdruck null

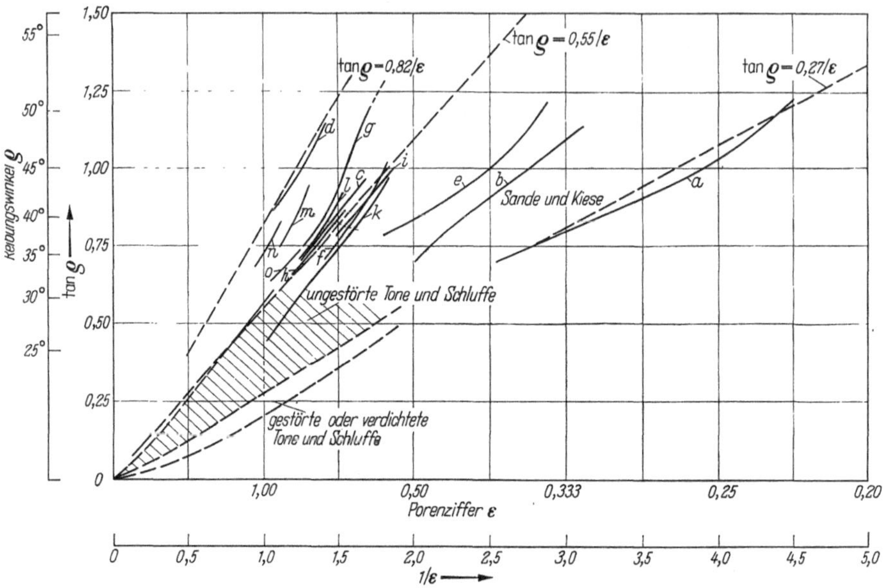

Abb. 10.24. Reibungswinkel ϱ in Abhängigkeit von der Porenziffer ε in rolligen Böden

arbeiten, da beim Versuch mit Porenwasserdruck-Messung mangels genauer Meßmethoden eine gleichmäßige Verteilung des Porenwasserdrucks in der gesamten Probe angenommen wird; dies ist zwar eine Näherung, stimmt aber bei Sanden ziemlich genau mit der Wirklichkeit überein.

Das Wasser schwächt infolge des Auftriebs den Einfluß einer eventuellen Vorgeschichte des Sandes und den Einfluß des Vorzeichens des Spannungsdeviators ab, wie oben gesagt wurde (10.2.12).

10.3.7. Abhängigkeit der Versuchsergebnisse vom benutzten Versuchsgerät. Die Ergebnisse, die sich aus dränierten Versuchen ergeben, streuen beim Dreiaxialgerät weniger als bei der Scherbüchse.

Bei einer mittleren Porenziffer ergeben Scherbüchse und Dreiaxialgerät annähernd denselben Reibungswinkel. Bei dichten Sanden erhält man mit der Scherbüchse Reibungswinkel, die rd. 10% größer sind als die mit dem Dreiaxialgerät erzielten Werte; bei lockeren Sanden ist der Reibungswinkel rd. 5% kleiner [*10.13*].

Die mit der Scherbüchse gemessenen kritischen Porenziffern sind im allgemeinen größer als die im Dreiaxialgerät erhaltenen Porenziffern [*10.14*].

Tabelle zu Abb. 10.24

Bezeichnung	Kennzeichnung des Bodens und des Versuches	d_{100} mm	HAZENsche Zahl (Ungleichförmigkeitsgrad)	Verfasser	Schrifttum
a	Sand-Kies-Gemisch	12,7	40	CHEN, L. S.	[*10.8*] und [*10.15*]
b	Ottawa-Sand	0,83	1,2		
c	gebrochener kieseliger Sand	4,7	1,5		
d	gebrochene kieselige Elemente	0,15	1,2		
e	Heathrow-Kies	25	4	BISHOP, A. W.	[*10.16*]
f	Chesil bank, runder Strandkies	40	1,3		
g	trockener Folkestone-Sand (ε_{min} = 0,50, ε_{max} = 0,86) Dreiaxialversuch (isotrope Konsolidierung)	8	2	BISHOP, A. W. u. A. ELDIN	[*10.11*]
h	trockener Flußsand (ε_{min} = 0,615, ε_{max} = 0,89) Dreiaxialversuch (isotrope Konsolidierung)	4	2	NASH, K.	[*10.13*]
i	trockener Flußsand	6	1,2	MEYERHOF, G. G.	[*10.17*]
k	trockener Nemours-Sand Rotations-Schergerät	0,2	1,5	KÉRISEL, J.	[*10.5*]
l	runder Kies	11	1	KJELLMANN, W., u. B. JAKOBSON	[*10.18*]
m	runder Kies	53	1		
n	Makadam mit kantigen Körnern	11	1		
o	Makadam mit kantigen Körnern	53	1		

Wenn die HAZENsche Zahl (Ungleichförmigkeitsgrad) wächst (ungleichförmigere Kornverteilung), nimmt ε ab und $1/\varepsilon$ zu; der Multiplikator von $1/\varepsilon$ nimmt jedoch rasch ab. Er beträgt rd. 0,40 für eine HAZENsche Zahl von 4 und rd. 0,28 für eine HAZENsche Zahl von 40.

Es ist schwierig, genaue Beziehungen zwischen dem Reibungsbeiwert und der HAZENschen Zahl aufzustellen, denn diese ändert sich aufgrund von Kornzerstörungen im Verlaufe ein und desselben Versuches.

10.4 Beziehung zwischen der Reibung eines kohäsionslosen Bodens und der Reibung der Materie

An zwei Sandsteinblöcken, die aus dem gleichen geologischen Horizont wie der Sand aus Nemours stammen, möge jeweils eine ebene Fläche erzeugt werden: Mit den so erhaltenen Flächen reibt man die Blöcke gegeneinander. Bei kleinen Drücken ergibt sich ein Beiwert der *äußeren* Reibung von

$$\tan\psi = 0{,}36\,,$$

d. h.

$$\psi = 20^\circ\,.$$

Es folgt daraus, daß der wahrscheinlichste Beiwert der inneren Reibung $\tan\varrho$, der den Punkten B, Abb. 10.20, entspricht ($\tan\varrho = 0{,}61$), im Verhältnis $0{,}61/0{,}36 = 1{,}69$ größer als der Beiwert der äußeren Reibung $\tan\psi$ ist.

Bei größeren Drücken zwischen den beiden Sandsteinblöcken nimmt $\tan\psi$ bis 0,42 zu; dies gibt ein Verhältnis $\tan\varrho/\tan\psi$ von 1,45.

Die Erhöhung der Beiwerte der inneren Reibung im rolligen Medium gegenüber denen der äußeren Reibung erklärte Caquot im Jahre 1934 folgendermaßen [*10.19*]:

In rolligen Medien sind die Teilchen miteinander verzahnt, und die Gleitbewegung kommt nur durch elementare Verschiebungen in den an die Kontaktstellen der berührenden Teilchen gelegten Tangentialebenen und nicht durch eine allgemeine Verschiebung in einer stetigen Oberfläche zustande, die in rolligen Medien durch die Teilchen hindurchgehen müßte.

Innerhalb einer sehr kleinen Zone werde die Fläche AB im Medium betrachtet, die als mittlere Gleitfläche anzusehen ist, Abb. 10.25. Die elementaren Verschiebungen verlaufen in den durch die Kontaktstellen gelegten Tangentialebenen, wie z. B. CD. In dieser Tangentialebene CD wird die Facette untersucht, deren Größe durch die Schnitte der Tangentialebenen der benachbarten Kontaktstellen mit der Tangentialebene der Facette bestimmt ist.

Abb. 10.25. Gleitfläche AB in einem rolligen Boden

Bezieht man die in der Kontaktstelle wirkende Kraft auf die Fläche der Facette, so läßt sich eine Kontaktspannung definieren.

Die Resultierende sämtlicher auf einer bestimmten Facetten-Anzahl wirkenden Kontaktkräfte werde auf die Gesamtprojektion ds der Fläche dieser Facetten auf die mittlere Gleitfläche AB bezogen.

Die auf die Gleitfläche AB bezogene Spannung sei der Vektor, dessen Richtung gleich der dieser Resultierenden und dessen Betrag gleich ist der Resultierenden, dividiert durch die Fläche ds der Projektion der Facetten auf AB.

Wenn die Anzahl der Körner auf der sehr kleinen, im Bereich AB betrachteten Fläche ds groß ist, gehorcht diese Spannung den Gesetzen der Kontinuumsmechanik, und zwar um so genauer, je größer die Anzahl der Facetten wird.

Bei einer Bewegung ist jede Kontaktkraft um den Winkel der äußeren Reibung ψ gegen die Normale der Tangentialebene geneigt; die Ebene der Normalen und der Kraft verläuft parallel zur allgem. Richtung der Gleitbewegung. Bei einem isotropen rolligen Medium gehorcht die Anordnung der Körner dem Gesetz des Zufalls. In diesem Falle ist die Wahrscheinlichkeit aller Tangentialebenen-Richtungen die gleiche.

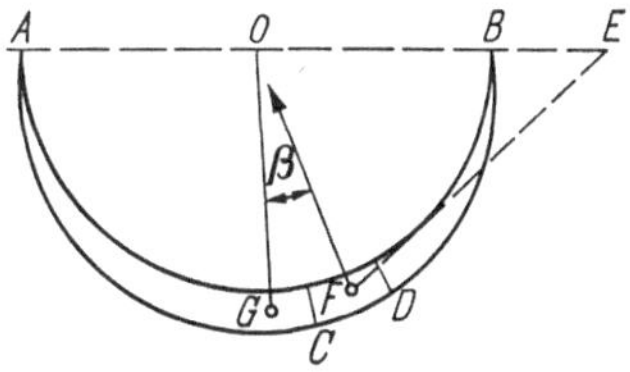

Abb. 10.26. Ersatz der Gleitfläche, Abb. 10.25, durch eine äquivalente Halbkugel

Wenn man also irgendeinen Punkt O des Mediums betrachtet, Abb. 10,26, sich durch diesen Punkt eine Fläche AB parallel zur Ebene der mittleren Gleitfläche AB, Abb. 10.25, innerhalb der untersuchten sehr kleinen Zone gelegt und über dieser Fläche eine Halbkugel $ACDB$ aufgespannt denkt, deren Grundfläche genau so groß ist wie die Gesamtprojektion ds der Facetten auf AB, Abb. 10.25, so gibt es auf dieser Halbkugel ein kleines Oberflächenelement CD parallel zur Tangentialebene CD, Abb. 10.25, und flächengleich mit der auf dieser liegenden Facette. Die Gesamtheit aller Elemente CD ergibt die Halbkugel mit um so größerer Genauigkeit, je größer die Anzahl der Körner ist (nach der Definition der gleichen Wahrscheinlichkeit aller Tangentialebenen-Richtungen).

Auf der Halbkugel seien die zwischen zwei Meridianebenen liegenden Flächenelemente CD zusammengefaßt, die die gleiche Neigung wie die Tangentialebene CD, Abb. 10.25, haben und mit der Ebene AB der Halbkugel die Winkel α und $\alpha + d\alpha$ (senkrecht zur Ebene der Abb. 10.26) bilden.

Auf das Flächenelement CD wirkt die Normalspannung p in Richtung FO und die Scherspannung $p \tan\psi$ in Richtung FE.

Die Resultierende aller Normalspannungen verläuft in Richtung GO. Sie ergibt sich zu

$$d\alpha \int_{-\frac{\pi}{2}}^{+\frac{\pi}{2}} p\, r^2 \cos^2\beta \, d\beta = \frac{\pi}{2}\, p\, r^2\, d\alpha\,,$$

mit β als dem Winkel, den OF mit der Normalen OG in AB bildet. Die Resultierende der Scherspannungen verläuft in Richtung OB; sie beträgt

$$d\alpha \tan\psi \int_{-\frac{\pi}{2}}^{+\frac{\pi}{2}} p\, r^2 \cos^2\beta \, d\beta = \frac{\pi}{2}\, p\, r^2\, d\alpha \tan\psi\,.$$

Wenn man nun, um das Gesamtergebnis für die Halbkugel zu erhalten, die Summe über die Kräfte der verschiedenen, durch zwei Meridiane gebildeten Kugelzweiecke mit dem Winkel $d\alpha$ bildet, so wird sich als Resultierende der Normalspannungen senkrecht zur Ebene AB der Wert

$$\int_0^\pi \frac{\pi}{2} r^2 p \sin\alpha \, d\alpha$$

und als Resultierende der gemäß OB gerichteten Scherspannungen der Wert

$$\int_0^\pi \frac{\pi}{2} r^2 p \, d\alpha \tan\psi$$

ergeben; dabei ist p proportional dem wahrscheinlichen Wert der auf dem Kugelzweieck wirkenden Normalspannung und unabhängig von α. Diese beiden Ausdrücke liefern nach Integration als wahrscheinliche Normalkraft $\pi p r^2$ und als wahrscheinliche Scherkraft $\frac{\pi^2}{2} p r^2 \tan\psi$. Der scheinbare Reibungsbeiwert (Beiwert der inneren Reibung) beträgt also

$$\tan\varrho = \frac{\pi}{2} \tan\psi \qquad (1).$$

In dem Vergrößerungsfaktor $\frac{\pi}{2}$ kommt die Wirkung der Verzahnung der Körner zum Ausdruck.

Dieser Faktor $\frac{\pi}{2} = 1{,}57$ liegt zwischen den oben gefundenen Werten 1,69 und 1,45.

Hafiz [*10.20*] und Bishop [*10.21*] schlugen im Jahre 1950 den folgenden Ausdruck im Falle eines dreiaxialen Druckversuches mit $\sigma_3 > \sigma_1$ und $\sigma_1 = \sigma_2$ vor:

$$\sin\varrho = \frac{15 \tan\psi}{10 + 3 \tan\psi} \qquad (2).$$

Für Themse-Kiese erhält man $\tan\psi = 0{,}41$, d. h. $\psi = 22{,}3°$.

Nach Gl. (1) ergibt sich damit $\varrho = 32{,}6°$ und nach Gl. (2) $\varrho = 33{,}2°$. Im Dreiaxialgerät ermittelte man $\varrho = 31{,}8°$ [*10.21*]; dieses Ergebnis bestätigt die vorstehende Rechnung. Die Differenz ist kleiner als die Versuchsfehler.

Die Formel, Gl. (1), bringt also die Erhöhung der äußeren Reibung treffend zum Ausdruck. Diese Erhöhung liegt in der gleichen Größenordnung wie die Erhöhung der inneren Reibung, die sich ergibt, wenn man von einem rolligen, locker gelagerten Boden auf einen dichter gelagerten Boden übergeht.

Mithin unterscheidet sich also die äußere Reibung der Materie nur geringfügig von der Coulombschen inneren Reibung eines locker gelagerten Bodens; die Coulombsche Reibung nimmt von 1 bis $\frac{\pi}{2}$ zu, wenn der Schervorgang im Rotations-Schergerät fortgesetzt wird. Diese Schlußfolgerungen finden bei der Untersuchung anderer Stoffe ihre Bestätigung.

Für Loire-Sand findet man $\tan\psi = 0{,}48$[1] und $\tan\varrho = 0{,}75$ (bei wiederholtem Abscheren), d. h. ein Verhältnis von 1,56, das sehr nahe bei $\frac{\pi}{2}$ liegt. Diese der Zahl $\frac{\pi}{2}$ benachbarte Zahl ergibt sich auch, wenn man das Verhältnis zwischen dem wahrscheinlichsten Reibungsbeiwert $\tan\varrho = 0{,}75$ und dem Reibungsbeiwert des lockeren rolligen Bodens bildet.

Nimmt man kalibrierte Körner mit Abmessungen, die im Verhältnis zur Größe der Kontaktfläche klein sind, so gelten die erhaltenen Ergebnisse ebenfalls für gemahlene Stoffe, wie die Porphyre von Voutré (Orne), den Porphyroid-Granit von Surpaillis (Nièvre), die quarzitischen Sandsteine des Steinbruchs von Jort (Calvados) und die Flinte von La Taye (Eure-et-Loire).

Die erhaltenen Ergebnisse erklären die unterschiedlichen Böschungsneigungen, die von den Konstrukteuren aller Zeiten für Auffüllungen und Einschnitte gewählt wurden; die klassischen Neigungen sind 2:3 für Auffüllungen und 1:1 für Einschnitte.

Wie schon Boussinesq im Jahre 1894 [*10.22*] betonte, ist der Ausdruck „natürliche Böschung" sinnlos. Beim Herstellen einer natürlichen Böschung ergibt sich die größte stabile Neigung, wenn man den Sand vorsichtig schüttet, ohne ihn zusammenzudrücken; dies ist jedoch nur für die Oberflächenschichten von Bedeutung. Außerdem muß man den Sand aus theoretisch unendlich kleiner Höhe schütten, da bei Erreichen des Grenzwerts der Böschungsneigung die geringste Fallgeschwindigkeit genügt, um die Körner bis zum Böschungsfuß rollen zu lassen und so zu verhindern, daß die größte Neigung erreicht wird.

Diese Betrachtungen sind wesentlich, wenn man die experimentellen Ergebnisse vom Gleichgewicht rolliger Böden verstehen will. Sie erklären die sich aus den Versuchen — wie z. B. denen von Darwin — ergebenden beachtlichen Unterschiede in den Böschungsneigungen, die man je nach Herstellungsverfahren der rolligen Erdmasse erhielt.

Welche Schüttmethode auch angewandt wird, der Winkel der (scheinbaren) inneren Reibung ist stets größer als der Winkel der äußeren Reibung.

Insbesondere beträgt in homogenen Medien — die sich dadurch auszeichnen, daß die Tangentialebenen in den Kontaktstellen der Teilchen eine in allen Richtungen gleich wahrscheinliche Orientierung haben — der Vergrößerungsfaktor des Beiwerts der äußeren Reibung $\frac{\pi}{2}$.

---

[1] Dieses Ergebnis wurde durch Gleiten zweier Platten gegeneinander, auf denen kalibrierte Sandkörner aufgeklebt waren, erhalten [*10.5*].

Allerdings kann das lagenweise Herstellen eines Erdkörpers durch Schütten von geneigten Erdschichten in manchen Fällen zu echten Spaltebenen führen, die mit den Richtungen der größten Gleitbewegung zusammenfallen und eine Verminderung des vorstehenden Vergrößerungsfaktors bewirken, der in diesem Falle *zwischen* 1 und $\frac{\pi}{2}$, näher jedoch an $\frac{\pi}{2}$, liegt, da die Körner stets miteinander verkeilt sind. Die Verzahnung ist auch dann weniger wirkungsvoll, wenn sich der Boden aus Körnern unterschiedlicher Dicke zusammensetzt; der Vergrößerungsfaktor wird in diesem Falle auch kleiner als $\frac{\pi}{2}$.

Umgekehrt lassen sich beliebig steile Böschungen erzielen, wenn die Spaltebenen nach den Hauptspannungsebenen im Erdkörper verlaufen. Dies gilt auch für das Trockenmauerwerk, das unbegrenzt hält, wenn die Fugen nach den Hauptspannungsebenen (Druckspannungen) im Mauerwerkskörper angeordnet sind.

10.5 Obere Grenze der Scherbeanspruchung in einem rolligen Boden

Es ist sehr aufschlußreich, daß die Versuche mit Sonden (s. 17.7.1) Spitzendrücke liefern, die nicht über 200 bis 300 kp/cm^2 hinausgehen können. Der Grund dafür ist einfach.

Der gewachsene Fels, aus dem jedes Korn besteht, hat nach den bekannten Versuchen eine Druckfestigkeit in der Größenordnung von höchstens 2500 kp/cm^2 und eine Zugfestigkeit in der Größenordnung von höchstens 150 kp/cm^2.

Die Körner stehen über Kontaktflächen miteinander in Verbindung. Die Kontaktflächen bleiben bei siliciumdioxyd- wie auch bei kalkhaltigen Körnern, deren Elastizitätsmoduln verhältnismäßig hoch sind, sehr klein, so daß der Druck rasch örtlich Werte annimmt, die die Zerstörung des Korns zur Folge haben.

10.6 Anwendungsbeispiel zur Theorie der Anisotropie

Als Anwendungsbeispiel zur Theorie der Anisotropie möge der Anisotropie-Korrekturtensor bestimmt werden, den man dem auf eine zylindrische Sandprobe wirkenden, durch einen dreiaxialen Druck und Torsion gekennzeichneten reellen Spannungstensor überlagern muß. Die Druckspannung σ_3 wirke in Achsenrichtung, σ_1 und σ_2 wirken seitlich; die Torsion werde durch eine Scherspannung $\tau = \tau_3$ an der Ober- und Unterseite der Probe eingeleitet.

Auf diesen Sonderfall wird die in (9.2.2) entwickelte Theorie angewandt.

Bei rolligen Böden gibt es kein konstantes Glied bei der in (9.2.2) genannten Funktion (für $\sigma = 0$ ist $\tau = 0$).

Der Anisotropie-Korrekturtensor lautet also:

$$\bar{\sigma}_1 = a_1^1\,\sigma_1 + a_1^2\,\sigma_3 + a_1^3\,\tau\,,$$

$$\bar{\sigma}_3 = a_2^1\,\sigma_1 + a_2^2\,\sigma_3 + a_2^3\,\tau\,.$$

Der resultierende Tensor des virtuellen isotropen Systems ist wie der reelle Tensor ein rotationssymmetrischer Tensor ($\sigma_1 \neq \sigma_3$; $\sigma_2 = \sigma_1$).

Dieser resultierende Tensor möge durch σ_1^1, σ_3^1 und τ dargestellt werden:

$$\sigma_1 + \bar{\sigma}_1 = \sigma_1^1\,,$$

$$\sigma_3 + \bar{\sigma}_3 = \sigma_3^1\,.$$

Wenn ϱ der Reibungswinkel ist, so muß die Bedingung erfüllt sein:

$$\frac{(\sigma_3^1 - \sigma_1^1)^2 + 4\,\tau^2}{(\sigma_1^1 + \sigma_3^1)^2} = \sin^2 \varrho\,.$$

Dieses Ergebnis soll auf die Dreiaxial-Torsions-Versuche von Habib angewandt werden, die in dessen Dissertation beschrieben sind [*10.4*; *10.23*].

Die Druckspannung σ_3 wirkte dabei in Achsenrichtung des Sandzylinders; die experimentell ermittelten reellen Spannungstensoren hatten die in Tab. 10.2 zusammengestellten Werte:

Tabelle 10.2

Kombinierter Dreiaxial-Torsions-Versuch. (Nach Habib [*10.4*; *10.23*])

σ_3 ..... kp/cm²	3	4	5	10	13	16
σ_1 ..... kp/cm²	5	5	5	5	5	5
τ ..... kp/cm²	1,39	2,02	2,56	3,66	2,89	0

Weitere Druckversuche mit $\sigma_3 > \sigma_1$ ergaben einen Reibungswinkel ϱ von 31°, während die Versuche mit $\sigma_3 < \sigma_1$ einen Reibungswinkel von 24,5° erbrachten; dies beweist bereits die erhebliche Anisotropie im Aufbau der Sandmasse.

Man erhält widerspruchsvolle Ergebnisse, wenn man die Hüllkurve der reellen Spannungstensoren sucht, ohne die Tensoren mit der Anisotropie-Korrektur zu versehen.

Hingegen wird alles bei Einführung des Anisotropie-Korrekturtensors

$$\bar{\sigma}_1 = 0{,}316\,\sigma_1 + 0{,}12\,\tau\,,$$

$$\bar{\sigma}_3 = 0{,}11\,\sigma_3 - 0{,}12\,\tau$$

wieder richtig, wie die folgenden Berechnungen zeigen.

In jedem Versuch ist es möglich, $\sin\varrho$ nach vorstehender Formel zu bestimmen. Es gilt dann:

$$\sin\varrho = \frac{[(\sigma_3^1 - \sigma_1^1)^2 + 4\,\tau^2]^{\frac{1}{2}}}{\sigma_1^1 + \sigma_3^1}\,.$$

Bei richtig berechnetem Korrekturtensor wird $\sin\varrho$ bis auf eine Abweichung konstant sein, die höchstens gleich dem durch die Abmessungen und die Vorbereitungen der Probe bedingten Fehler ist — dieser ist stets größer als rd. $\pm 1°$, d. h. wenigstens $\pm 3\%$ des Sinus von ϱ.

Die Tab. 10.3 läßt die Genauigkeit der Ergebnisse erkennen, die für die sechs von Habib experimentell ermittelten und nach Tab. 10.2 zusammengestellten Spannungstensoren in dieser Versuchsreihe erhalten wurden.

Tabelle 10.3. *Ermittlung der Anisotropie-Korrektur für die in Tab. 10.2 zusammengestellten Versuche*

τ .... kp/cm²	1,39	2,02	2,56	3,66	2,89	0
σ_3 .... kp/cm²	3	4	5	10	13	16
$0{,}11\,\sigma_3$ .... kp/cm²	0,33	0,44	0,55	1,10	1,43	1,76
$0{,}12\,\tau$ .... kp/cm²	0,17	0,24	0,31	0,44	0,35	0
$\sigma_3^1 = \sigma_3 + 0{,}11\sigma_3 - 0{,}12\,\tau$ kp/cm²	3,16	4,20	5,24	10,66	14,08	17,76
σ_1 .... kp/cm²	5	5	5	5	5	5
$0{,}316\,\sigma_1$ ...... kp/cm²	1,58	1,58	1,58	1,58	1,58	1,58
$0{,}12\,\tau$ .... kp/cm²	0,17	0,24	0,31	0,44	0,35	0
$\sigma_1^1 = \sigma_1 + 0{,}316\sigma_1 + 0{,}12\,\tau$ kp/cm²	6,75	6,82	6,89	7,02	6,93	6,58
$4\,\tau^2$ .... (kp/cm²)²	7,73	16,32	26,21	53,58	33,41	0
$(\sigma_3^1 - \sigma_1^1)^2$ ... (kp/cm²)²	12,88	6,86	2,72	13,25	51,12	124,99
$(\sigma_3^1 - \sigma_1^1)^2 + 4\,\tau^2$ (kp/cm²)²	20,61	23,18	28,93	66,83	84,56	124,99
$\sigma_3^1 + \sigma_1^1$ .... kp/cm²	9,91	11,02	12,13	17,68	21,01	24,34
$\sin\varrho$	0,459	0,436	0,442	0,462	0,436	0,459

Im Mittel erhält man $\sin\varrho = 0{,}449$, d. h. $\varrho = 26{,}40°$. Der mittlere Quadratfehler von 0,0112 beträgt nur $\pm 2{,}5\%$. Dieser Fehler ist merklich kleiner als der durch das Vorbereiten der Probe usw. entstandene Versuchsfehler. Der Versuch läßt sich somit durch die Hüllkurve des Anisotropie-Korrekturtensors

$$\overline{\sigma}_1 = 0{,}316\sigma_1 + 0{,}12\tau\,,$$

$$\overline{\sigma}_3 = 0{,}11\,\sigma_3 - 0{,}12\tau$$

exakt darstellen.

Die auf jeden beliebigen reellen Spannungstensor anwendbare Gleichung lautet also bei diesem anisotropen Sand:

$$\frac{(1{,}11\,\sigma_3 - 1{,}316\,\sigma_1 - 0{,}24\tau)^2 + 4\tau^2}{(1{,}11\,\sigma_3 + 1{,}316\,\sigma_1)^2} = 0{,}449^2\,.$$

11 Schervorgang in bindigen Böden

11.1 Allgemeines

Alle bisher angeführten Ergebnisse galten für Sande. Diese Ergebnisse sind verhältnismäßig einfach.

In (9.3.3) wurde gesagt, daß Coulomb für die bindigen Böden das folgende Gesetz angegeben hatte:

$$\tau = c + \sigma \tan \varrho \qquad (1).$$

COULOMB nannte den Ausdruck c *Kohäsion;* c ist der Scherwiderstand der bei einem Scherversuch in der Bodenprobe zurückbleibt, wenn die Normalspannung null ist.

Bei der Formulierung des obigen Gesetzes hatte COULOMB den auf die Flüssigkeit wirkenden Spannungstensor, den Flüssigkeitstensor, nicht berücksichtigt. Nun sind beim Gleiten eines Bodens die Bedingungen für das Grenzgleichgewicht des auf die Festsubstanz wirkenden Spannungstensors, des Korn-zu-Korn-Tensors, erreicht. Vom makroskopischen Standpunkt, der den Bodenmechaniker beschäftigt, kann der Flüssigkeitstensor in diesem Punkt einem hydrostatischen Druck p_w gleichgesetzt werden.

Der Ausdruck für das COULOMBsche Gesetz wird dann:

$$\tau = c + (\sigma - p_w) \tan \varrho \qquad (2)$$

oder

$$\tau = c + \sigma_{\text{eff}} \tan \varrho \qquad (3)$$

oder

$$\tau = (H + \sigma_{\text{eff}}) \tan \varrho \,, \qquad (4),$$

mit σ_{eff} als der effektiven Normalspannung zwischen den Körnern (zweites COULOMBsches Gesetz). Nach einem dränierten Langzeitversuch ist p_w null, und Gl. (1) und (2) sind identisch.

Im Verlauf eines Kurzzeitversuches übernimmt die Festsubstanz nur den Spannungsdeviator, und das Porenwasser trägt zu Beginn die äußeren Kräfte: $\sigma - p_w$ ist null, und die Gl. (1) und (2) werden zu $\tau = c$.

So ruft z. B. eine über einen Damm aus tonigem Boden fahrende Lokomotive die Beziehung $\sigma = p_w$ hervor. Bei der schnellen Entleerung des Reservoirs eines Staudammes wird der Porenwasserdruck nicht abgebaut, so daß der Staudamm nur durch seine Kohäsion allein hält, die dem Spannungsdeviator das Gleichgewicht hält.

Obwohl also diese beiden extremalen Bedingungen in der Natur möglich sind, liegen die meisten, wirklich vorkommenden Fälle zwischen diesen beiden Grenzen. So stellt sich z.B. im Tonboden unter einer belasteten Fundamentplatte ein Porenwasserdruck p_w ein, der erst nach Jahren verschwindet.

Die Geschicklichkeit des Ingenieurs besteht darin, im Laboratorium die Arbeitsbedingungen für die auf die Festsubstanz und die Flüssigkeit wirkenden Spannungstensoren durch Trennen der Wirkungen derselben zu schaffen. Dies ist das Prinzip eines jeden richtig verstandenen Laboratoriumsversuches zum Bestimmen von c und ϱ. Dieses Prinzip wirft übrigens eine Hauptschwierigkeit auf: das korrekte Messen des Flüssigkeitstensors in situ und im Laboratorium.

An diese Laboratoriumsversuche schließt sich bei den bindigen Böden eine Reihe sehr interessanter In-situ-Versuche an, die zum Ziele haben, den Parameter c zu bestimmen. Dies gelingt, indem man nichtdränierte Versuche anstellt, bei denen die Scherfestigkeit — wie oben gezeigt — mit c identisch wird.

11.2 Einteilung der Versuche für bindige Böden

Die Versuche lassen sich in zwei Hauptgruppen einteilen.

In-situ-Versuche (nur für c):

- Versuch mit der Flügelsonde (Vane-Test),
- Plattendruckversuche und Stanzversuche,
- Zugversuch.

Laboratoriumsversuche (für c und ϱ):

- Zylinderdruckversuch,
- Scherversuche,
- Dreiaxialversuche.

Zu diesen beiden Gruppen kommt noch eine dritte, die die Gruppe der *Kontrollversuche* genannt werden kann. Hierbei ist man bemüht, z. B. die Kohäsion aus beobachteten Rutschungen herzuleiten und den erhaltenen Wert mit denen zu vergleichen, die sich aus den In-situ- oder Laboratoriumsversuchen ergeben.

11.3 Vorbemerkung über den Einfluß der Versuchsgeschwindigkeit auf den Scherwiderstand bei In-situ- und Laboratoriumsversuchen: Viskosität der Tone

Die bindigen Böden sind plastische Flüssigkeiten, die sich durch einen Koeffizienten, Viskosität genannt, kennzeichnen lassen (4.2.4). Diese Viskosität η_s ist das Verhältnis aus der Spannung $\tau - \tau_0$ und der bezogenen Geschwindigkeit $\Delta v/\Delta h$. Unter Δv versteht man die Geschwindigkeit, mit der sich die beiden Grenzflächen der plastischen Zone, Abb. 11.1, gegeneinander bewegen; Δh ist die Dicke der plastischen Zone.

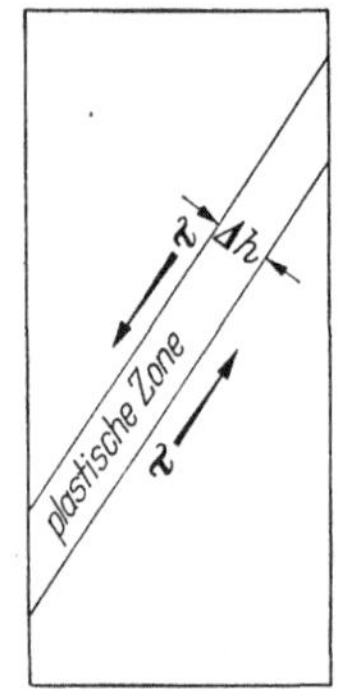

Abb. 11.1. Viskositätserscheinung in einer plastischen Zone

$$\tau - \tau_0 = \eta_s \frac{\Delta v}{\Delta h}.$$

Erhöht man Δv, so nimmt die Scherspannung im gleichen Verhältnis zu, vorausgesetzt, daß die Dicke Δh der plastischen Zone und die Viskosität η_s konstant bleiben. Die bei Versuchen mit Tonen beobachteten Ergebnisse hängen also von der Geschwindigkeit ab.

In-situ-Versuche

11.4 Versuch mit der Flügelsonde

11.4.1 Prinzip. Dieser auch mit dem Namen Vane-Test bezeichnete Versuch wurde im Jahre 1948 gleichzeitig in Schweden und in England bekannt [*11.1*; *11.2*] und seitdem sehr oft ausgeführt. Der Versuch besteht darin, das Torsionsmoment zu messen, das nötig ist, um in situ einen zylindrischen Bodenkörper mit in den Boden eingeführten Platten um eine lotrechte Drehachse zum Drehen zu bringen.

Hierbei beschreiben die Ränder der Platten eine Umdrehungsfläche. Eine Dränung des Wassers ist nicht möglich; der Versuch muß daher als ein nichtdränierter Versuch angesehen werden: $\sigma - p_w = 0$, $\tau = c$.

Die Scherspannung, die an allen Punkten der Umdrehungsfläche geweckt wird, ruft ein widerstehendes Moment hervor. Dieses ist bei einer Rechteckplatte, Abb. 11.2, gleich der Summe von zwei Ausdrücken.

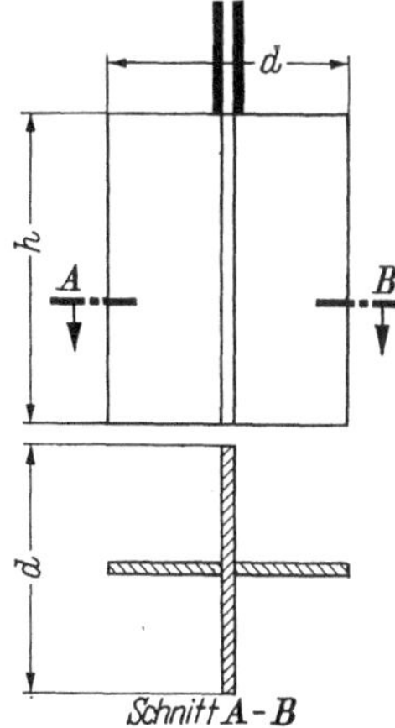

Abb. 11.2. Flügelsonde

Für die Mantelfläche des durch die Drehung der Platten entstandenen Zylinders gilt:

$$c\,d\pi h\,\frac{d}{2}\,;$$

für die Stirnflächen dieses Zylinders erhält man:

$$2c\pi\,\frac{d^2}{4}\,\frac{2}{3}\,\frac{d}{2}\,.$$

Die Summe dieser beiden Ausdrücke ist dem Torsionsmoment gleichzusetzen, das an der Drehachse zum Erzeugen des Abschervorgangs angebracht werden muß.

11.4.2 Ausführung. Das Gerät besteht im wesentlichen aus zwei sich kreuzenden Rechteckplatten, deren Schnittkante gleich der Drehachse ist. Die Drehung wird durch eine Stange erzeugt, die im Schnittpunkt der Rechteckplatten befestigt ist.

Die Platten sind dünn gehalten, damit sie den Boden nicht wesentlich stören können.

Führt man den Versuch in sehr weichen und empfindlichen Tonen aus, so müssen die Platten in einem Schutzgehäuse bis über die zu untersuchende Ebene abgeteuft, dann das Schutzgehäuse entfernt und schließlich die Platten in ihre endgültige Stellung niedergebracht werden (Gerät des Royal Swedish Geotechnical Institute).

Bei Aushubarbeiten, die nach einem Versuch in einem ziemlich steifen Ton vorgenommen wurden [*11.1*], zeigte sich, daß der Boden tatsächlich längs der Mantelfläche des von den Platten umschriebenen Zylinders abschert.

Die Annahme, daß ein Abscheren streng längs der Stirnflächen dieses Zylinders eintritt, scheint allerdings wegen der Unstetigkeit der Umrißlinie nicht richtig zu sein. Die obige Berechnung ist deshalb mit geringfügigen Fehlern behaftet.

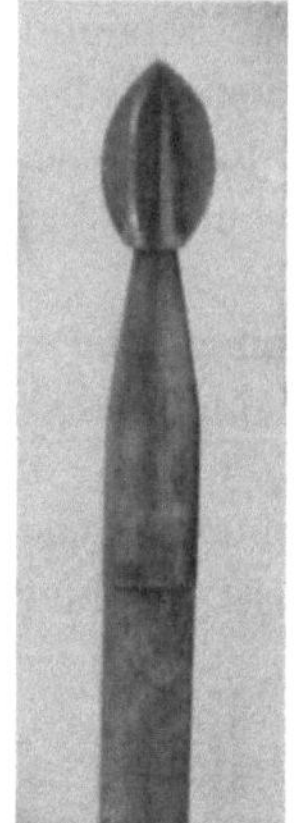

Abb. 11.3. SIMEC-Flügelsonde

Aus diesem Grunde scheint es daher zweckmäßiger zu sein, die Rechteckplatten durch Platten mit stetiger Umrißlinie zu ersetzen, wobei wieder die Drehachse gleichzeitig die Symmetrieachse der Platten bildet, Abb. 11.3.

11.4.3 Versuchsergebnisse. Das Torsionsmoment M beschreibt in Abhängigkeit vom Drehwinkel θ eine Kurve, Abb. 11.4a, die ein Maximum aufweist. Der Tangentenanstieg $dM/d\theta$ im Ursprung ist charakteristisch für das Metall der Stange.

Das auf die Platten ausgeübte Torsionsmoment wächst mit dem Drehwinkel θ; die Bindungskräfte des Bodens brechen in der Scherfläche nach Erreichen eines bestimmten Drehwinkels zusammen: Dies erklärt den Maximalwert, der einem c_{max} entspricht; anschließend ergibt sich wegen der Anpassung der Tonlamellen an die Drehbewegung ein fast viskoses Fließen mit kleinerer Kohäsion.

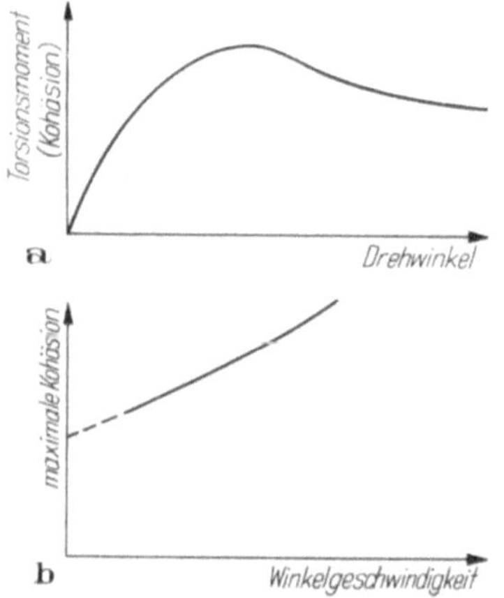

Abb. 11.4a u. b. Mit der Flügelsonde erhaltene Versuchsergebnisse.
a Beziehung zwischen dem mit der Flügelsonde bei konstanter Winkelgeschwindigkeit aufgebrachten Torsionsmoment (Kohäsion) und dem Drehwinkel, b Beziehung zwischen dem aus Abb. 11.4a ermittelten Maximalwert des Torsionsmomentes (Kohäsion) und der Winkelgeschwindigkeit.

Die vorstehende Kurve hängt augenscheinlich von der Winkelgeschwindigkeit der Drehung ab. Hier zeigt sich wieder der Einfluß der Geschwindigkeit bei viskosen Stoffen: Die Erhöhung der Geschwindigkeit kommt einer Verfestigung der Probe gleich (s. 11.3).

Die c_{max}-Werte der Kurven vom Typ der Kurve, Abb. 11.4a, nehmen mit der Winkelgeschwindigkeit zu, Abb. 11.4b [*11.3*]. Da man nicht bei der Geschwindigkeit null arbeiten kann, wird die Drehung zumindest bei einer kleinen Winkelgeschwindigkeit vorgenommen, im allgemeinen 0,1°/s.

11.4.4 Vergleich mit anderen Versuchen. Die mit der Flügelsonde für die Kohäsion erzielten Werte, wie sie von CARLSON [*11.1*], EVANS und

SHERRAT [*11.2*], CADLING und ODENSTAD [*11.3*] sowie BRINCH HANSEN [*11.4*] mitgeteilt wurden, sind höher, als die im Zylinderdruck- oder Dreiaxialversuch ohne Dränung an ungestörten Proben erhaltenen Werte; der Unterschied nimmt dabei mit der Tiefe zu.

Bei Erdrutschen angestellte Beobachtungen ergaben, daß die mit der Flügelsonde erzielten Ergebnisse im Gegensatz zu den Laboratoriumsversuchen richtig waren.

Im Jahre 1953 zeigte SKEMPTON [*11.5*], daß die Unterschiede zwischen den In-situ-Versuchen mit der Flügelsonde und den Laboratoriumsversuchen auf Tone beschränkt sind, die gleichzeitig

— eine große Fließzahl (s. 2.8) und
— eine kolloidale Aktivität (s. 2.8) kleiner als 0,75

haben.

Diese Eigenschaften erschweren eine sachgemäße Probenentnahme außerordentlich. In allen anderen Fällen fand SKEMPTON eine zufriedenstellende Übereinstimmung zwischen den In-situ-Versuchen und den Laboratoriumsversuchen, s. a. [*11.6*].

11.5 Plattendruck- und Stanzversuche

11.5.1 Druckversuche mit Platten, die auf der Bodenoberfläche aufliegen. In (6.9) wurde die praktische Ausführung dieser Versuche (Bettungszahlversuche) behandelt, die selbst bei kleinen Spannungen außer den elastischen Beanspruchungen unter dem Mittelteil der Platte plastische Beanspruchungen am Rand hervorrufen. Bei Erhöhung der Spannungen stellt man ein allgemeines Einstanzen fest, für das die Formeln für den Grenzwiderstand (Grenzbodenpressung) der Fundamente gelten. Für ein an der Oberfläche eines Tonbodens ($\varrho = o$) gelagertes Fundament beträgt die Grenzbodenpressung 5,14 c (s. 16.4.2.2); diese Formel für die Grenzbodenpressung gestattet es, c zu berechnen.

Der Versuch wird wie bei der Bestimmung der Bettungszahl mit einer starren Platte vorgenommen. Um eine starre Platte zu erhalten, wählt man eine entsprechend dicke Platte und verstärkt sie mit weiteren Platten. Die angreifende Kraft wird mit einer Kugel auf der obersten Platte zentrisch eingeleitet, Abb. 11.5. Unter den üblichen Versuchsbedingungen und in Anbetracht der verhältnismäßig sehr kurzen Versuchsdauer trägt der Boden — sofern er gesättigt ist — allein aufgrund seiner Kohäsion.

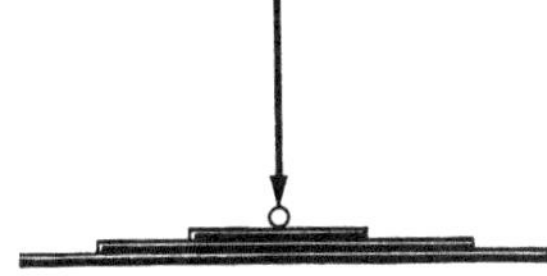
Abb. 11.5. Belastungsschema für den Plattendruckversuch zur Bestimmung der Bettungszahl

Der an der Oberfläche eines bindigen Bodens vorgenommene Plattendruckversuch ruft Gleitbewegungen in Flächen hervor, längs deren die Kohäsion unterschiedlich groß ist. Er kann infolgedessen nur eine mittlere Kohäsion liefern.

Außerdem hat er erst dann einen Sinn, wenn man einen für den gesamten Boden geltenden mittleren Wassergehalt angeben kann. Die Kohäsion verändert sich nämlich rasch mit dem Wassergehalt, und dieser wiederum ist an der Oberfläche, wo die Gleitbewegungen eintreten, je nach Jahreszeit unterschiedlich groß.

11.5.2 Druckversuche mit Platten, die im Boden gelagert sind. Der Versuch wird im allgemeinen am Boden eines Schachtes vorgenommen. Wenn der Plattendurchmesser kleiner als der Schachtdurchmesser ist, empfiehlt es sich stets, mit einer seitlichen Auflast zu arbeiten, die auf einem — die übriggebliebene freie Fläche ausfüllenden — Ring angebracht wird; andernfalls käme der Versuch einem Stanzversuch an der Bodenoberfläche gleich. Der *Tischversuch*[1], bei dem man eine kleine Fläche der Gründungsebene durchstanzt, ist nichts anderes als ein solcher Stanzversuch. Er ergibt zu kleine zulässige Spannungen, da ja — was sich im Tischversuch nicht berücksichtigen läßt — die Grenzbodenpressung gleich der Kohäsion ist, multipliziert mit einem Faktor, der mit der Tiefe zunimmt (s. 17.2.3) und da das Gewicht des Bodens über der Gründungsebene nur zum Teil in das Versuchsergebnis eingeht.

Wenn der Schacht aus diesen Überlegungen nicht verrohrt ist, sollte man ihn, um eine Druckentlastung zu vermeiden, an den Seitenwänden auf einer bestimmten Höhe aussteifen.

11.5.3 Stanzversuche. Die Stanzversuche unterscheiden sich von den Plattendruckversuchen nur durch eine viel kleinere Aufstandfläche, die sehr häufig eine große Streuung der Ergebnisse zur Folge hat.

Die Versuche lassen sich in situ und im Laboratorium vornehmen. Unter den In-situ-Versuchen (s. a. 11.5.2) muß der Versuch mit der *Proctor-Nadel* erwähnt werden, der über einen Kraftmesser die Belastung angibt, die nötig ist, um eine kleine zylindrische Nadel in den Boden zu drücken. Die klassischen Laboratoriums-Stanzversuche sind der *Kegelversuch* und der *CBR-Versuch.*

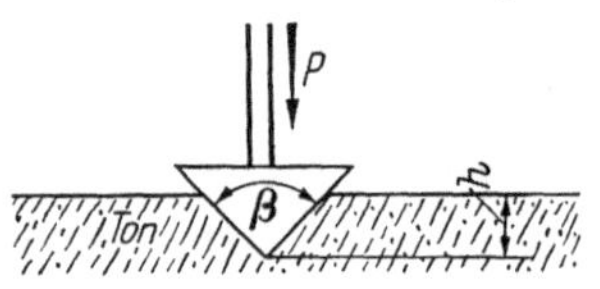

Abb. 11.6. Belastungsschema für den Kegelversuch

Beim Kegelversuch wird die Eindringtiefe h einer Kegelspitze gemessen. Der Kegel ist durch den Öffnungswinkel β und das Gewicht P gekennzeichnet, Abb. 11.6. Man ermittelt durch Vorversuche die Zahl g aus der Formel: $P = g\, c\, \pi \left(h \tan\frac{\beta}{2}\right)^2$. Aus der Gleichung läßt sich der Wert für die Kohäsion c ermitteln. Es hat sich jedoch gezeigt, daß die Zahl g keine für den Ton charakteristische Größe ist. Sie

[1] In-situ-Versuch der französischen Militärs: Der Boden wurde mit einem Stempel belastet, der an seinem Oberteil so verbreitert war, daß man auf dem dadurch entstandenen Tisch die für den Versuch benötigten Gewichtstücke anbringen konnte (Anm. des Übersetzers).

schwankt zwischen drei und sieben und ist sehr wahrscheinlich für den gestörten und ungestörten Zustand des Bodens unterschiedlich groß.

Diese Tatsache macht den Kegelversuch uninteressant. Die gleiche Bemerkung gilt auch für den kalifornischen CBR-Versuch (California Bearing Ratio), der heute wegen der Streuung der Ergebnisse ziemlich umstritten ist, nachdem er sich früher großer Beliebtheit erfreute: Über eine Führung drückt man einen zylindrischen Stab von 20 cm² Grundfläche mit der konstanten Geschwindigkeit von 1,27 mm/min bis zu einer vorgeschriebenen Tiefe (2,5 oder 5 mm) in den Boden. Der CBR-Wert ist das Verhältnis aus der hierzu erforderlichen Spannung und einer Bezugsspannung (70 kp/cm² für 2,5 mm und 105 kp/cm² für 5 mm Eindringtiefe). Der CBR-Versuch ist also ein Versuch mit willkürlicher konstanter Geschwindigkeit, der mithin von der Viskosität des Bodens beeinflußt wird.

11.6 Zugversuch mit dem Ischymeter

Diese Versuche lassen sich nur in weichen Tonen vornehmen. Das Royal Swedish Geotechnical Institute unter seinem Direktor W. KJELLMANN [*11.7*] entwickelte ein Gerät, den *Ischymeter* (griechisch: ischys Kraft), mit folgendem Prinzip: Man treibt durch Rammen oder statischen Druck einen Stab lotrecht in den Boden. Längs des Stabes sind zwei Flügel zurückgeschlagen, Abb. 11.7, die man durch eine besondere Vorrichtung im Boden aufklappen kann, so daß sie waagrecht zu liegen kommen. Das Gerät wird durch Zug angehoben. Die erforderliche Zugkraft ist gleich dem waagrechten Querschnitt der Flügel, multipliziert mit *c* und einer Zahl, die von 5,14 (Oberfläche) ab mit der Tiefe zunimmt. Die Kohäsion *c* läßt sich so ermitteln. Eine automatische Registriervorrichtung gestattet es, die Kurve für die Abhängigkeit der Kohäsion von der Tiefe bis zu der Schicht aufzuzeichnen, in der die Flügel des Gerätes aufgeklappt werden.

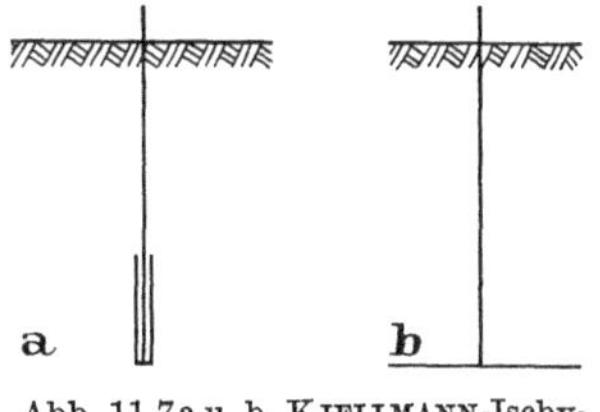

Abb. 11.7a u. b. KJELLMANN-Ischymeter. a zugeklappte Flügel, b aufgeklappte Flügel

Es ist ohne weiteres einzusehen, daß das Erdreich durch das Aufklappen der Flügel auf einer Höhe gestört wird, die gleich der Breite der Flügel ist und daß die Ausführung dieses Versuches in einem steifen Ton mit Schwierigkeiten verbunden sein dürfte.

Laboratoriumsversuche

11.7 Einteilung der Laboratoriumsversuche für bindige Böden

Vom COULOMBschen Gesetz (ausgesprochen im Jahre 1773) zu den ersten ernsthaften Versuchen zur Messung der Kohäsion vergingen mehr als anderthalb Jahrhunderte. Von allen in dieser Zeitspanne ausgeführten

Messungen sind allein die von ALEXANDRE COLLIN um das Jahr 1840 vorgenommenen erwähnenswert: *Er* ist der wahre Erfinder der Scherbüchse, und *er* hat die sehr rasche Veränderlichkeit von c mit dem Wassergehalt gezeigt, s. [*21.1*].

Bei den Versuchen mit bindigen Böden sind mehrere Gruppen zu unterscheiden. Die Versuche hängen von der Art und Weise ab, in der der Bruch der Bodenprobe erzeugt wird, und von den Bedingungen, denen der Boden vor dem Versuch unterworfen war.

Wie bereits gesagt wird im Extremfall in einem, bestimmten Kräften unterworfenen Boden nur der Flüssigkeitstensor ($\sigma = p_w$, $\tau = c$, d. h. nichtdränierter Boden) oder nur der Korn-zu-Korn-Tensor ($p_w = 0$, $\tau = c + \sigma \tan \varrho$, d. h. dränierter Boden) wirksam. Außerdem kann die Probe vor dem Versuch konsolidiert worden sein oder nicht, d. h. sie kann während einer sehr langen Zeit unter der Einwirkung eines Kräftesystems gestanden haben.

Die Kombination dieser extremalen Bedingungen führte dazu, die Versuche in drei Gruppen einzuteilen:

— konsolidierte, nichtdränierte Versuche,
— nichtkonsolidierte, nichtdränierte Versuche,
— konsolidierte, dränierte Versuche.

Die Kombination „nichtkonsolidiert-dräniert“ hat kein praktisches Interesse.

Die prinzipielle Unterscheidung zwischen Kurzzeit- und Langzeitversuchen, wie sie die amerikanische Schule vornimmt, führt unserer Meinung nach zu Verwirrungen. Die Versuchsgeschwindigkeit ist sehr konventionell, und die Versuchsergebnisse hängen weitgehend und nach einer stetigen Funktion von ihr ab. Der grundsätzliche Charakter des Versuches ist in der Tatsache begründet, ob dräniert wird oder nicht. In Übereinstimmung mit der englischen Schule sei hier die Hauptunterscheidung nach dränierten Versuchen oder nichtdränierten Versuchen zugrunde gelegt; der nichtdränierte Versuch kann dabei mit oder ohne Konsolidierung vorgenommen werden, der dränierte Versuch stets nach einer Konsolidierung.

Für die Ergebnisse eines jeden dieser Versuche seien die folgenden Bezeichnungen gewählt:

— nichtdränierte Versuche: c_u und ϱ_u (u undrained),
— dränierte Versuche: c_d und ϱ_d (d drained).

11.8 Zylinderdruckversuch

Bei diesem Versuch handelt es sich um einen nichtdränierten Versuch. Er ist bei kohäsionslosen Böden nicht ausführbar, wird jedoch bei bindigen Böden sehr häufig angewandt. Der Zylinderdruckversuch ist ein Sonderfall des Dreiaxialversuches: Man mißt die Druckkraft, die im

Grenzfall auf eine zylindrische Bodenprobe wirken kann. Seitlich erfährt die Probe keinen Druck.

11.8.1 Zusammenhang zwischen der Zylinderdruckfestigkeit und der Kohäsion. Die Kohäsion ist bekanntlich mit der Zylinderdruckfestigkeit durch eine einfache Beziehung verknüpft, die aus Abb. 11.8 leicht abzulesen ist.

Da OB die Winkelhalbierende des Winkels $\sphericalangle\, AOC = \frac{\pi}{2} - \varrho$ ist, folgt, daß

$$\overline{AB} = \overline{OA} \tan\left(\frac{\pi}{4} - \frac{\varrho}{2}\right)$$

wird, d. h. also, da $\overline{AB} = c$ und $\overline{OA} = \frac{\sigma_3}{2}$ ist,

$$c = \frac{\sigma_3}{2} \tan\left(\frac{\pi}{4} - \frac{\varrho}{2}\right).$$

Unter gewöhnlichen Versuchsbedingungen läuft der Versuch verhältnismäßig zu schnell ab, als daß eine Dränung eintreten könnte, obwohl eine geringfügige Dränung stattfinden kann: Der Porenwasserdruck steht mit dem äußeren Druck im Gleichgewicht; ϱ ist null. Deshalb kann man $c = \sigma_3/2$ schreiben und als Kohäsion den halben Wert der Zylinderdruckfestigkeit annehmen.

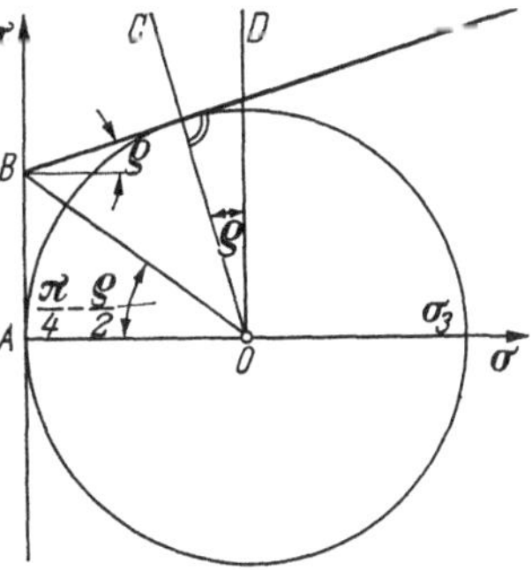

Abb. 11.8. Beziehung zwischen Zylinderdruckfestigkeit und Kohäsion

11.8.2 Kennzeichen des Zylinderdruckversuches. Der Zylinderdruckversuch ist unter diesen Bedingungen der schnellste Laboratoriumsversuch zum Bestimmen der Kohäsion für einen nichtdränierten Boden. Dies erklärt seine häufige Anwendung.

Er ist ein bei einem bestimmten Wassergehalt vorgenommener Versuch. Um Veränderungen der Proben während des Transportes zu vermeiden, benutzt man mehr und mehr tragbare Geräte, die es gestatten, den Versuch unmittelbar nach Entnahme des Bodens vorzunehmen.

Wie beim Dreiaxialversuch bilden sich beim Zylinderdruckversuch Gleitflächen bevorzugt an den schwächsten Stellen der Probe aus, während sie sich im Rahmenschergerät nur in einer bestimmten Ebene ausbilden können. Unter diesem Gesichtspunkt betrachtet ist der Zylinderdruckversuch also ein Versuch, dessen Ergebnisse auf der sicheren Seite liegen.

11.8.3 Praktische Ausführung des Zylinderdruckversuches. Wie bei den Schergeräten benutzt man auch hier Geräte mit kontrollierbaren Spannungen oder mit kontrollierbaren Verformungen.

Abb. 11.9 zeigt ein solches Gerät für kontrollierbare Spannungen, das im Laboratorium des Royal Swedish Geotechnical Institute eingesetzt ist. Die Spannungen werden durch einen Hebelarm erzeugt, auf dem sich ein mit einem Schreibstift versehenes Gewicht bewegt. Der Stift zeichnet in Polarkoordinaten das Spannungs-Verformungs-Diagramm (die Spannungen sind den Radiusvektoren, die Verformungen den Neigungen des Hebelarms proportional).

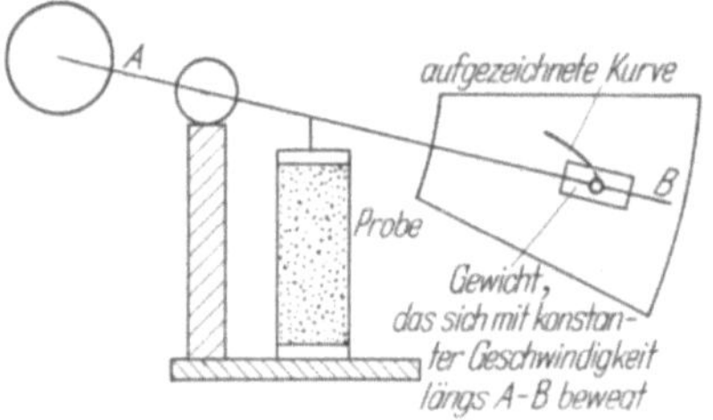

Abb. 11.9. Schwedisches Gerät zum selbständigen Ermitteln der Zylinderdruckfestigkeit

Bei den Versuchen mit kontrollierbaren Spannungen ist es üblich, jeweils $^1/_{10}$ bis $^1/_{20}$ der (vermuteten) Bruchlast jede halbe Minute oder Minute aufzubringen.

In Abb. 11.10 ist ein Gerät mit kontrollierbaren Verformungen dargestellt. Die untere Platte der Presse wird durch eine Feder nach oben gezogen, deren Verformung man kontrolliert.

Für die Probe wählt man im allgemeinen die gleichen Abmessungen wie im Dreiaxialgerät, d. h. ein Verhältnis aus Höhe zum Durchmesser von rd. 2,5, bei einem Durchmesser von 2 bis 3 cm. Bei den Versuchen mit kontrollierbarer Verformung arbeitet man gewöhnlich mit einer Verformungsgeschwindigkeit von 0,5 bis 2% der Probenhöhe je Minute.

Zeigt die Spannungs-Dehnungs-Linie einen steilen Abfall, Kurve *a* in Abb. 11.11, so läßt sich der dem Bruch entsprechende σ_3-Wert leicht bestimmen. Im anderen Fall, Kurve *b* in Abb. 11.11, definiert

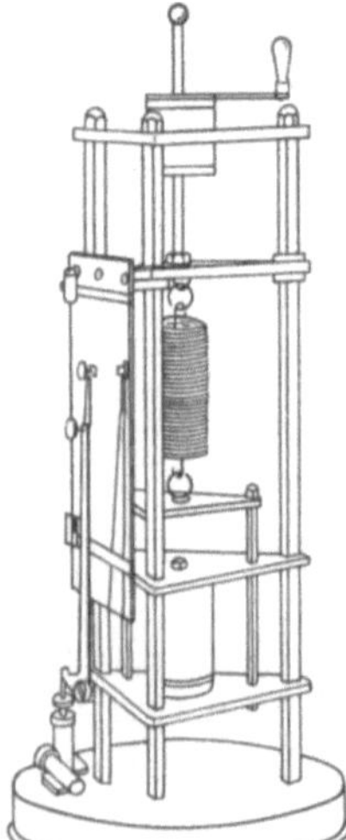

Abb. 11.10. Englisches Gerät zum Ermitteln der Zylinderdruckfestigkeit

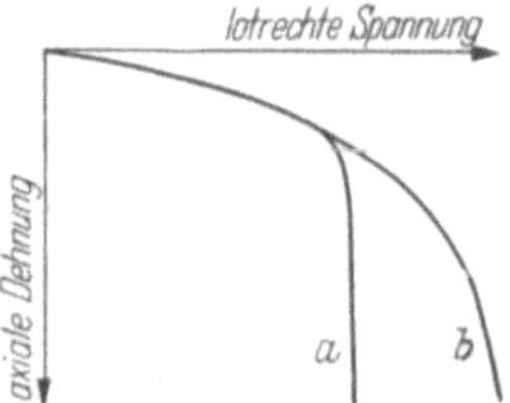

Abb. 11.11. Charakteristische Formen der im Zylinderdruckversuch gewonnenen Spannungs-Dehnungs-Diagramme

man als Bruch eine Stelle, bei der die axiale Dehnung einen bestimmten Wert erreicht (10 bis 20% je nach den einzelnen Ländern).

11.8.4 Neigung der Gleitflächen. Zur Kurve *a*, Abb. 11.11, gehören im allgemeinen ausgeprägte Gleitflächen. Die Neigung der Gleitflächen gegenüber den Erzeugenden des Zylinders (Bodenprobe) hängt von der Belastungsgeschwindigkeit ab. Bei den gebräuchlichen Geschwindigkeiten beträgt sie für ungestörte Proben rd. 45°. Wenn sich die Verformungen gemäß Kurve *b*, Abb. 11.11 darstellen lassen, baucht die Probe tonnenförmig aus.

11.8.5 Einfluß der Belastungsgeschwindigkeit. Kriechen. Obwohl die Versuche schnell ausgeführt werden, erstrecken sie sich doch im allgemeinen über einen Zeitraum von 5 bis 20 Minuten.

Auf einer Straße werden aber die Spannungen mit einer 1000, selbst 10000mal größeren Geschwindigkeit aufgebracht. CASAGRANDE und WILSON [*11.8*] zeigten, daß sehr schnelle Versuche dieser Art im Vergleich zu Zylinderdruckversuchen 30 bis 60% größere Festigkeitwerte ergeben können; dies wirkt sich für das Verhalten der Straßen sehr günstig aus. So ist es zu verstehen, daß Betonfahrbahnen mittlerer Qualität ohne Schwierigkeiten dicht aufeinanderfolgende Landungen von Flugzeugen mit Reifendrücken bis zu 7 kp/cm² und mehr aushalten, während die gleichen Fahrbahnen durch das ständige Befahren mit Baustellenfahrzeugen zerstört werden.

Umgekehrt wiesen die erwähnten Verfasser nach [*11.9*], daß — immer bei konstantem Wassergehalt — die Zylinderdruckfestigkeit eines Bentonites bei einem sich über einen Monat erstreckenden Versuch nur 56% der Festigkeit betrug, die man mit einem Versuch von einer Minute Dauer erhielt. Für einen Cucaracha-Schieferton beträgt dieser Wert nur noch 15%, Abb. 11.12 und 11.13. Dies ist allerdings ein Ausnahmefall; die Abminderung der Druckfestigkeit für sehr kleine Geschwindigkeiten bei nichtdränierten Versuchen übersteigt kaum 25%. Dies bedeutet Schwankungen der Festigkeitswerte im Verhältnis von rd. zwei zu eins zwischen sehr großen und sehr kleinen Geschwindigkeiten; die üblichen Versuchsgeschwindigkeiten liegen etwa dazwischen.

Man sollte jedoch beachten, daß eine anhaltende Belastung die Festigkeit mancher gesättigter Tone, z. B. der Cucaracha-Schiefertone, beachtlich vermindert. Diese Erkenntnis gestattete es, die Rutschungen der Bermen des Panamakanals (s. 21.1) zu erklären, obwohl die Rechnung große Sicherheitsfaktoren ergeben hatte. Aber die Erscheinung der Festigkeitsabnahme ist nicht allgemein gültig: Entgegen den erwähnten Beobachtungen zeigten CASAGRANDE und WILSON anderseits, daß die Zylinderdruckfestigkeit partiell gesättigter und verdichteter Böden mit der Dauer der Lasteinwirkung zunahm. Im ganzen betrachtet ist der Geschwindigkeitseinfluß auf die Festigkeitswerte noch immer nicht befriedigend geklärt.

11.8.6 Kritik des Versuches. Die oberen und unteren Teller bewirken eine ungleichmäßige Spannungsverteilung, die eine Bewegung des Porenwassers und damit eine ungleichmäßige Verteilung der Wassergehalte und Porenwasserdrücke zur Folge hat. Die Meßergebnisse entsprechen also nur einem Mittelwert für die gesamte Probe.

Anderseits wird auch der Zylinderdruckversuch — wie alle Labora-

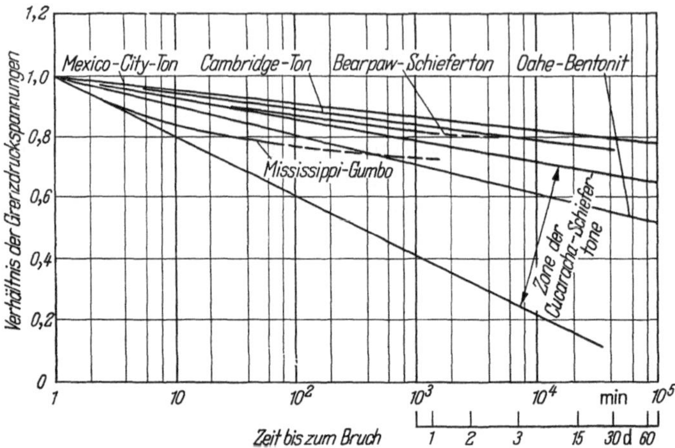

Abb. 11.12. Bezogene Zylinderdruckfestigkeit von sechs verschiedenen Böden in Abhängigkeit von der Versuchsdauer. Als Bezugsgröße wurde die für eine Minute erhaltene Zylinderdruckfestigkeit gewählt. (Nach CASAGRANDE und WILSON [*11.9*])

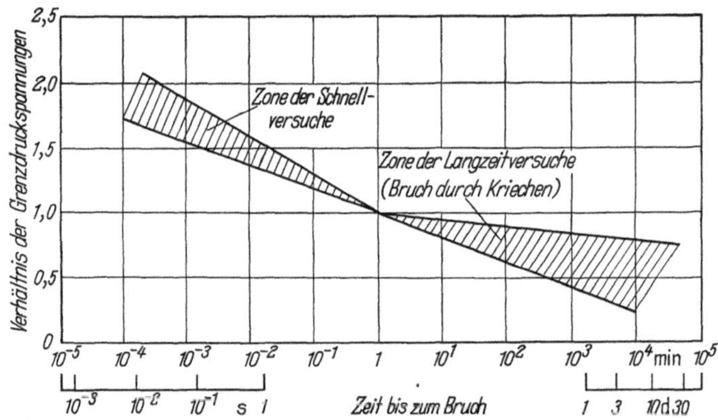

Abb. 11.13. Bezogene Zylinderdruckfestigkeit der Cucaracha-Schiefertone in Abhängigkeit von der Versuchsdauer. Als Bezugsgröße wurde die für eine Minute erhaltene Zylinderdruckfestigkeit gewählt. (Nach CASAGRANDE und WILSON [*11.9*])

toriumsversuche – durch die Entnahmebedingungen der Probe und deren Veränderungen beeinflußt, die während des Transportes entstehen. Beim Zylinderdruckversuch insbesondere dehnt sich die Probe wegen der fehlenden seitlichen Unterstützung aus; dabei wird ein Teil der Festigkeit, die sich aus der Saugwirkung des adsorbierten Wassers ergibt, zur Begrenzung dieser seitlichen Ausdehnung mobilisiert und damit die Druckfestigkeit der Probe herabgesetzt.

11.8.7 Ergebnisse. Eine Einteilung der natürlichen Tone nach ihrer Kohäsion enthält Tab. 11.1; die Kohäsion ergab sich aus Zylinderdruckversuchen mit nichtdränierten Bodenproben.

11.8.8 Bedeutung des Wassergehaltes. Bei identisch gleichen Tonen ist der Wassergehalt der wesentliche, die Veränderlichkeit von c_u bestimmende Parameter. Wenn w abnimmt, wird c_u rasch größer und umgekehrt. Man könnte versucht sein, bei den natürlichen Tonen auch Beziehungen zwischen der im Zylinderdruckversuch ermittelten Druckfestigkeit (und damit der nichtdränierten Kohäsion) und dem Wassergehalt zu suchen.

Tabelle 11.1
Einteilung der Tone in Abhängigkeit von der nichtdränierten Kohäsion c_u

Konsistenz	nichtdränierte Kohäsion c_u p/cm²
sehr weich	< 125
weich	125 bis 250
mittel	250 bis 500
steif	500 bis 1000
sehr steif	1000 bis 2000
hart	> 2000

In Abb. 11.14 sind für die Tone aus Chicago Downtown die Zusammenhänge zwischen der nichtdränierten Kohäsion c_u und dem Wassergehalt w aufgetragen [*11.10*]. Wie die Kurven b, c und d zeigen, die die möglichen Abweichungen von einer statistisch ermittelten Mittelwert-Kurve a

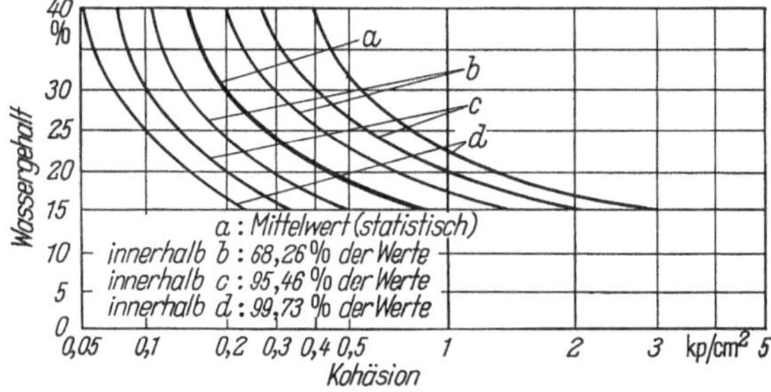

Abb. 11.14. Statistische Beziehungen zwischen der nichtdränierten Kohäsion — im Zylinderdruckversuch gemessen — und dem Wassergehalt bei natürlichen Chicagoer Tonen. (Nach PECK und REED [*11.10*])

begrenzen, streuen die Ergebnisse beachtlich; dies liegt in dem von Punkt zu Punkt unterschiedlichen Aufbau des Tons begründet. Trotzdem läßt Abb. 11.14 eine angenähert lineare Beziehung zwischen dem Logarithmus von c_u und dem Wassergehalt w erkennen. Dieses Ergebnis wird sich für Tonmassen (gestörte Tone) bestätigen: Es besteht also eine Beziehung zwischen der Kohäsion des nichtdränierten Bodens und dem Wassergehalt.

11.9 Scherversuche

11.9.1 Kennzeichen der Versuche. Diese Versuche lassen sich als dränierte oder nichtdränierte Versuche vornehmen. Der Zylinderdruckversuch kann nur ohne Konsolidierung und Dränung ausgeführt werden. Er ist also in seinen Möglichkeiten in größerem Maße begrenzt als der Versuch mit dem Schergerät.

Bei den Scherversuchen, die durch eine vorgegebene Scherebene gekennzeichnet sind, bietet sich das Rahmenschergerät nach CASAGRANDE durch seine einfachen Formen an. Es wäre zweifellos zu schwierig, eine bindige Bodenprobe für einen Versuch im Rotations-Schergerät zurechtzuschneiden. Der Torsionsversuch bleibt hingegen auch hier möglich.

Es ist trotzdem noch schwierig genug, selbst eine Probe ungestört in das Rahmenschergerät einzubauen; die Störung vermindert die Festigkeit wesentlich. Dieser Nachteil kommt noch zu den bereits in (10.1 u. 2) erwähnten hinzu, wo Geräte dieser Art mit dem Dreiaxialgerät verglichen wurden.

Als Hauptvorteil des Rahmenschergerätes von CASAGRANDE bleibt bestehen, daß die zum Konsolidieren der Probe erforderliche Zeit wesentlich kleiner ist als im Dreiaxialgerät mit den dort üblicherweise gewählten Probenabmessungen: Die Dauer der Konsolidierung ist dem Quadrat der Höhe direkt proportional (s. 7.2.3). Diese Höhe beträgt rd. 2 cm im Rahmenschergerät gegenüber rd. 8 cm im Dreiaxialgerät. Damit verläuft die Konsolidierung im Rahmenschergerät also 16mal schneller als im Dreiaxialgerät.

Das Rahmenschergerät eignet sich mithin gut für wenig durchlässige Tone. Es ist möglich, Versuche mit und ohne Dränung mit ihm vorzunehmen. Allerdings ist es bei den ohne Dränung angestellten Versuchen sehr schwierig, undichte Stellen zwischen den beiden gegeneinander gleitenden Halbbüchsen zu vermeiden. Es ist in diesem Falle nicht einfach zu sagen, in welchem Maße dann wirklich keine Dränung vorliegt.

Schließlich lassen sich mit dem Rahmenschergerät keine anisotropen Konsolidierungen verwirklichen, die man in situ im allgemeinen antrifft.

11.9.2 Gestaltung des Rahmenschergerätes. Das Gerät ist dem in (10.1.1) beschriebenen ähnlich. Jedoch ersetzt man bei dränierten Versuchen die undurchlässigen gezahnten Platten oberhalb und unterhalb der Probe durch Filtersteine. Für Versuche mit ungestörten Böden schneidet man die Proben aus der Masse quaderförmig mit Stahldrähten aus.

11.9.3 Größe der Normalspannungen beim Scherversuch. Die anzubringenden Normalspannungen hängen davon ab, welche Informationen man zu erhalten wünscht. Große Spannungen sind dennoch bei Versuchen mit dem Rahmenschergerät nicht zu empfehlen, da sie der Anlaß zu Undichtigkeiten sein können, die den Wassergehalt verändern. Es ist daher ratsam, das Gerät nur für Versuche mit verhältnismäßig steifen Tonen zu benutzen; dies verträgt sich allerdings nicht vollständig mit der bereits erwähnten guten Eignung des Gerätes für wenig durchlässige Tone (s. 11.9.1).

11.9.4 Schergeschwindigkeit. Für Probendicken von 1 bis 2 cm arbeitet man im allgemeinen mit einer Schergeschwindigkeit von 1,5 mm je min bei nichtdränierten Versuchen. Bei dränierten Versuchen werden kaum 5 bis 8 μm/min überschritten, um dem Wasser genügend Zeit zum Entweichen zu geben.

11.9.5 Ergebnisse. Die Ergebnisse werden zusammen mit denen des Dreiaxialversuches (s. 11.11) gebracht, s. a. [*11.11*].

11.10 Dreiaxialversuche

11.10.1 Kennzeichen der Versuche: Möglichkeit und Grenzen. Mit dem Dreiaxialgerät lassen sich bei sehr guter Kontrolle der Scherbedingungen zahlreiche Spannungszustände verwirklichen. Insbesondere kann man mit ihm die Bedingungen für eine anisotrope Konsolidierung schaffen, die in situ vorkommt.

Die an bindigen Böden angestellten nichtdränierten Versuche bieten keine zusätzliche Schwierigkeit gegenüber den entsprechenden Versuchen mit Sanden. Sie haben allerdings auch nur ein begrenztes Interesse; man versucht daher, sie auf zweierlei Art zu vervollkommnen:

— Man mißt den Porenwasserdruck im Verlaufe des Versuches; dadurch lassen sich durch Differenzbildung die effektiven Spannungen bestimmen, die auf das Korngerüst wirken.

— Man entzieht der Probe Porenwasser, um im Gerät den in situ herrschenden Porenwasserdruck – sofern man ihn kennt – herzustellen.

Diese Spezialversuche sollten in verstärktem Maße weiterentwickelt werden, denn die dränierten Versuche bleiben wegen der für die Mindestschlankheit erforderlichen Probenhöhe trotz Vervollkommnung der Radialdränung langwierig. Man hat im Falle der Porenwasserdruckmessung außerdem den Vorteil, bei konstantem Wassergehalt zu arbeiten; dies ist z. B. für Untersuchungen von Erdstaudämmen sehr wichtig.

11.10.2 Messung der Porenwasserdrücke. Die genannten Vervollkommnungen der nichtdränierten Versuche setzen eine zweckmäßige Technik der Porenwasserdruckmessung voraus.

Bei den Dreiaxialversuchen mit nichtbindigen Böden war es plausibel, wegen der großen Durchlässigkeit dieser Böden anzunehmen, daß der Druck des durch die Filtersteine strömenden Wassers als repräsentativ für den in der Probe herrschenden gleichförmigen Porenwasserdruck anzusehen ist. Dies braucht bei den bindigen Böden nicht so zu sein. Man wird also bei ihnen die Dränungsbedingungen vervollkommnen müssen.

Das Dreiaxialgerät enthält für Versuche mit bindigen Böden zwei Filtersteine (Probenober- und -unterseite), die dem gleichen Wasserkreislauf angeschlossen sind. Es liegt also das TERZAGHIsche Problem vor (s. 7.2.3), mit dem Unterschied, daß die zu dränende Schicht hier in der Breite nicht unbegrenzt ist.

Wegen der Reibung zwischen den Filtersteinen und der Bodenprobe sind in der von der Ober- und Unterseite der Probe gleich weit entfernten Mittelebene die Porenwasserdrücke in der Mitte und an den

Rändern der Mittelebene unterschiedlich, zumindestens aber zu Beginn der Lasteintragung.

Zur Messung des Druckes in der Mitte und in der gesamten Zone, in der die Gleitbewegungen eintreten, verwendete man eine Nadel, die durch die Gummihülle hindurch bis zur Mitte der Probe geführt war.

Abb. 11.15 zeigt eine Nadel dieser Art.

Sie steht über ein Plastikröhrchen mit einem Kapillarröhrchen außerhalb des Gerätes in Verbindung. Der Luftdruck, der nötig ist, um das in diesem Kapillarröhrchen stehende Porenwasser in Höhe einer festen Marke zu halten, ist gleich dem Porenwasserdruck. Das Arbeiten mit dieser Nadel ist nicht einfach; daher begnügt man sich in vielen Laboratorien damit, den mittleren Wasserdruck in jedem der beiden Filtersteine zu messen.

Abb. 11.15. Nadel zum Messen des Porenwasserdrucks

11.10.3 Technische Ausführung des Dreiaxialgerätes. Außer diesen Änderungen, die sich auf das Messen der Porenwasserdrücke beziehen, ist das Gerät dem Dreiaxialgerät ähnlich, das bei der Behandlung der nichtbindigen Böden beschrieben wurde. Für ungesättigte Bodenproben schaltet man im äußeren Bereich des Wasserkreislaufs Hähne zum Ablassen der Luft ein.

Die Bodenprobe wird für den Versuch so vorbereitet, daß sie möglichst wenig Störungen erfährt. Man unterscheidet hauptsächlich zwei Vorbereitungsarten: Nach der einen entnimmt man die Probe dem zum Laboratorium gebrachten Stutzen mit Hilfe eines Stechzylinders mit stationärem Kolben (s. 12.3.3), dessen Durchmesser gleich dem der Teller des Dreiaxialgerätes ist. Die Probe wird durch Feststellen des Zylindermantels und Drücken auf den Kolben ausgestoßen.

Die zweite Bearbeitungsart besteht im Beschneiden der Probe mit Stahldrähten: Man schneidet zunächst eine Probe mit parallelen Stirnflächen aus und bearbeitet sie dann auf einer kleinen Drehscheibe, die mit einer Töpferscheibe Ähnlichkeit hat, mit den Stahldrähten so lange, bis sie eine zylindrische Form erlangt hat, Abb. 11.16. Um die Gummihülle ohne Störung der Probe anzubringen, spannt man sie von innen über einen Zylinder, dessen Durchmesser etwas größer als der Probendurchmesser ist, und saugt sie durch Unterdruck fest an die Innenwand des Zylinders an, Abb. 11.17. Nach Beseitigung der Saugwirkung legt sich die Gummihülle fest an die Probe an, ohne diese zu stören.

Der seitliche Druck wird entweder mit einer Flüssigkeit oder mit einem Gas ausgeübt. Wasser eignet sich für verhältnismäßig kurzfristige Versuche (ein Tag oder zwei Tage höchstens). Für Langzeitversuche ist es nicht zu empfehlen, da es im Laufe der Zeit durch die Gummihülle hindurchdringt. Das gleiche gilt für Luft, Stickstoff oder andere Gase.

Bei Langzeitversuchen sollte man auf zähflüssige Stoffe, wie Glyzerin, Olivenöl oder Rizinusöl zurückgreifen.

Die Gummihüllen bestehen aus Naturkautschuk. Sie müssen hinreichend widerstandsfähig sein, damit sie nicht während des Versuches zerreißen, aber auch wiederum dünn genug, um den Versuch nicht zu beeinflussen.

Man wählt im allgemeinen Dicken von 0,2 mm und selbst 0,1 mm [*11.12*]. Die Größenordnungen der von den Gummihüllen hervorgerufenen Störungen wurden bereits angegeben (s. 10.2.6).

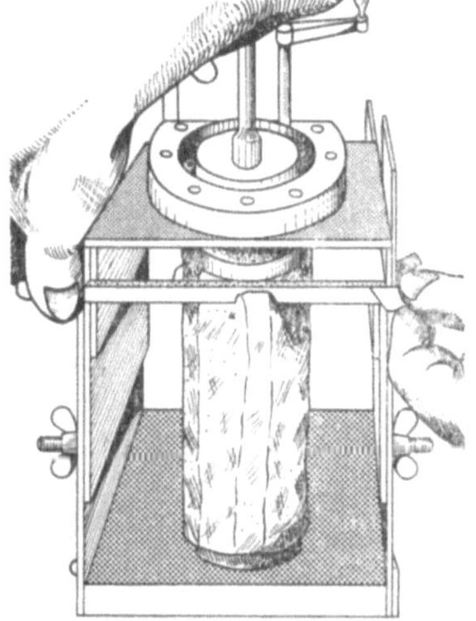

Abb. 11.16. Gerät zum Herstellen einer zylindrischen Tonprobe

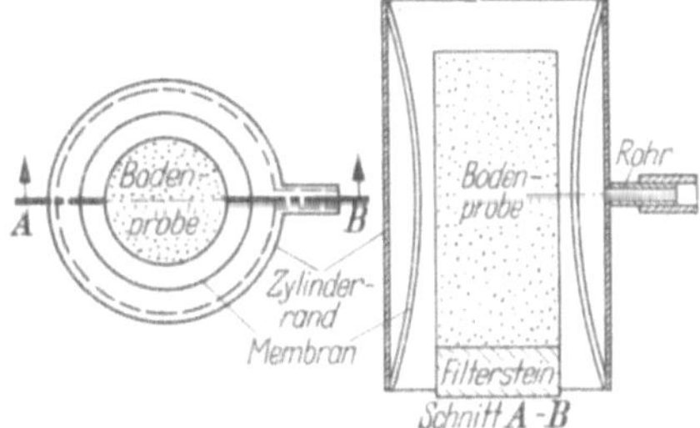

Abb. 11.17. Vorrichtung zum Einbau einer zylindrischen Bodenprobe in eine Gummihülle

11.10.4 Konsolidierung der Bodenprobe. Wie bereits erwähnt verläuft die Konsolidierung wegen der verhältnismäßig großen Probenhöhe langsam. Sie läßt sich durch Radialdränung beschleunigen: An der Innenseite der Gummihülle bringt man Dräns aus Filterpapier an, die mit den oberen und unteren Filtersteinen verbunden sind.

Gibson und Henkel [*11.13*] verglichen — unter sonst gleichen Bedingungen — die Zeiten, die nötig sind, um bei demselben Ton den gleichen Konsolidierungsgrad zu erzielen, und zwar bei

— Dränung einer Stirnfläche,
— Dränung beider Stirnflächen,
— Radialdränung allein,
— Dränung beider Stirnflächen und Radialdränung.

Wenn man die Zeiten auf den Fall der Dränung beider Stirnflächen bezieht, so lauten die einzelnen Verhältniszahlen bei

— Dränung einer Stirnfläche: 4,0,
— Dränung beider Stirnflächen: 1,0,
— Radialdränung allein: 0,10,
— Dränung beider Stirnflächen und Radialdränung: 0,08.

Diese Zahlen lassen die Wirksamkeit der Radialdränung erkennen. Praktisch erfordert die Konsolidierung in einem dränierten Versuch mit Dränung der beiden Stirnflächen unter jeder Laststufe rd. einen Tag.

11.10.5 Versuchsgeschwindigkeit im Dreiaxialversuch. Bei den dränierten Versuchen arbeitet man so, daß der Porenwasserdruck konstant null ist. Diese Bedingung läßt sich nur dann streng einhalten, wenn die Belastungs- oder Verformungsgeschwindigkeit unendlich klein ist.

Praktisch ruft man stets — mag die Belastungs- oder Verformungsgeschwindigkeit noch so klein sein — einen Porenwasserdruck hervor, der eine Funktion des im Kompressionsgerät ermittelten Konsolidierungskoeffizienten (s. 7.2.3.3) des Bodens ist.

Genauer gesagt: Man beobachtet bei den dränierten Versuchen [*11.13*] eine Erhöhung der in der Gleitfläche wirkenden Grenzscherspannung τ in Abhängigkeit von der Zeit, die bis zum Erreichen des Bruchzustands

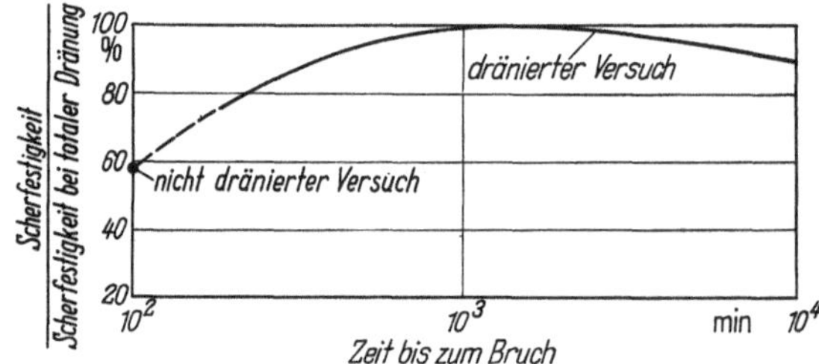

Abb. 11.18. Mit einem Dreiaxialversuch ermittelte bezogene Scherfestigkeit eines Tonbodens in Abhängigkeit von der Versuchsdauer. Als Bezugsgröße wurde die für 10^3 min (totale Dränung) erhaltene Scherfestigkeit gewählt

verstreicht; dies gilt jedoch nur bis zu einem bestimmten Maximum der Scherfestigkeit. Darüber hinaus ruft die Verringerung der Versuchsgeschwindigkeit eine langsame Abnahme von τ hervor, die durch Kriecherscheinungen bedingt ist, Abb. 11.18.

Der Schnittpunkt der Kurve, Abb. 11.18 mit der Ordinate bezeichnet den Punkt, der praktisch dem nichtdränierten Versuch entspricht. Die Form der Kurve, Abb. 11.18, ist keineswegs mit den Formen, Abb. 11.13, unvereinbar, da man hier nicht mit konstantem Wassergehalt arbeitet.

Bei den nichtdränierten Versuchen benutzt man für die axiale Verformung bevorzugt Geschwindigkeiten von rd. 1,5 bis 1% der Probenhöhe je Minute.

11.10.6 Form der Gleitflächen. Die Gleitflächenbildung im Dreiaxialversuch ist progressiv, d. h. die Gleitflächen bilden sich in einer heterogenen Bodenprobe allmählich in den Zonen geringeren Scherwiderstandes aus; die Orientierung der Gleitflächen ist nicht unbedingt die gleiche.

Wie im Zylinderdruckversuch kann die Probe schließlich – ohne daß Gleitflächen deutlich sichtbar werden – tonnenförmig ausbauchen oder – wie vom Säbel getroffen – eine ausgeprägte Gleitfläche aufweisen, deren theoretischer Neigungswinkel gegen die Waagrechte $\frac{\pi}{4}+\frac{\varrho}{2}$ im Falle eines positiven Spannungsdeviators und $\frac{\pi}{4}-\frac{\varrho}{2}$ im Falle eines negativen Spannungsdeviators beträgt.

Manche Forscher (Skempton, Haefeli) sind der Meinung, daß diese Neigung tatsächlich mit dem Reibungswinkel ϱ im Zusammenhang steht; andere Forscher wiederum sind in dieser Frage vorsichtiger. Es ist übrigens bekannt, daß die Bruchlinien in einer plastischen Zone nicht zwangsläufig mit den Gleitlinien zusammen fallen, sondern sich vielmehr aus Linienelementen einer jeden der beiden Gleitlinienscharen zusammensetzen können. Außerdem bewirken geringfügige Heterogenitäten eine Veränderung der Gleitrichtung. Nur aus dem Mittelwert zahlreicher Versuche läßt sich die bevorzugte Neigung der Gleitfläche festlegen.

11.11 Ergebnisse aus den Versuchen mit dem Rahmenschergerät und dem Dreiaxialgerät

Das Gesamtergebnis aller dieser Versuche ist komplex. Trotz des Gedankenaustausches auf internationaler Ebene, insbesondere in London im Jahre 1950, wo ein Kolloquium über dieses Thema stattfand, bleibt die Frage in einigen Punkten noch wenig geklärt. Einige gewagte Theorien wurden vorgetragen.

Im folgenden werden die experimentellen Ergebnisse zusammengesellt.

11.11.1 Dränierte Versuche

11.11.1.1 Gestörter Ton (Tonmasse). Wenn ein Tonboden durch Überführen in eine *Tonmasse* gestört und daran anschließend, ohne daß er Zeit zum Konsolidieren hat, einem dränierten Versuch unterworfen wird, so findet man Mohrsche Kreise, für die sich eine durch den Ursprung gehende Hüllgerade zeichnen läßt; die Mohrsche Hüllkurve ist die gleiche wie bei einem kohäsionslosen Boden. Die Tonmasse ist durch einen Winkel ϱ_d, Abb. 11.19, gekennzeichnet.

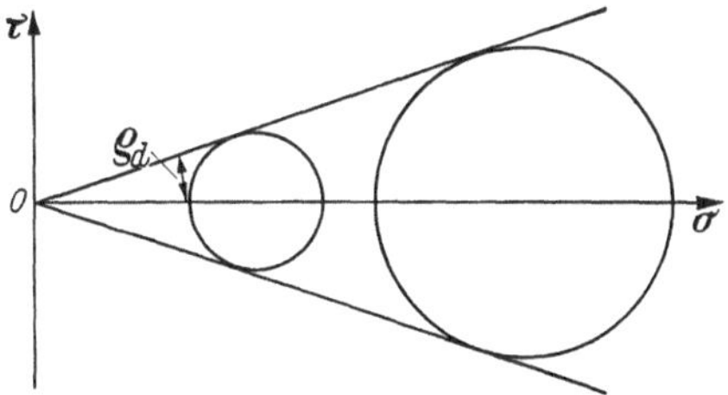

Abb. 11.19. Mohrsche Darstellung eines dränierten Versuches mit einer nichtkonsolidierten Tonmasse

11.11.1.2 Gestörter und anschließend konsolidierter Ton. Läßt man jedoch den gestörten Tonboden vorher – anders als in (11.11.1.1) – unter einem isotropen Druck p_c konsolidieren, so ergibt sich zwar für Drücke, die größer als p_c sind, die gleiche Hüllgerade. Für die Mohrschen Kreise links von p_c ist aber die Umhüllende keine durch den Ursprung gehende

Gerade mehr, Abb. 11.20. Sie schneidet die τ-Achse in einem Punkt A mit der Ordinate c_d (dränierte oder echte Kohäsion). Die für die Sande mitgeteilten Hysterese-Erscheinungen findet man wieder; sie verschwinden jedoch hier nicht mehr bei kleinen Drücken.

Die *echte Kohäsion* c_d ist also ein Scherwiderstand, der nach dem Verschwinden einer Vorbelastung weiterbesteht. Diese Kohäsion ist durch die Anwesenheit adsorbierten Wassers und das Vorhandensein durch dieses Wasser hindurch wirkender elektromagnetischer Anziehungskräfte bedingt. Bei der Vorbelastung wird Luft und Porenwasser aus dem Boden gepreßt. Die Menge adsorbierten Wassers hingegen bleibt praktisch unverändert; jedoch werden die Kornabstände infolge der Vorbelastung kleiner und damit die Anziehungskräfte größer.

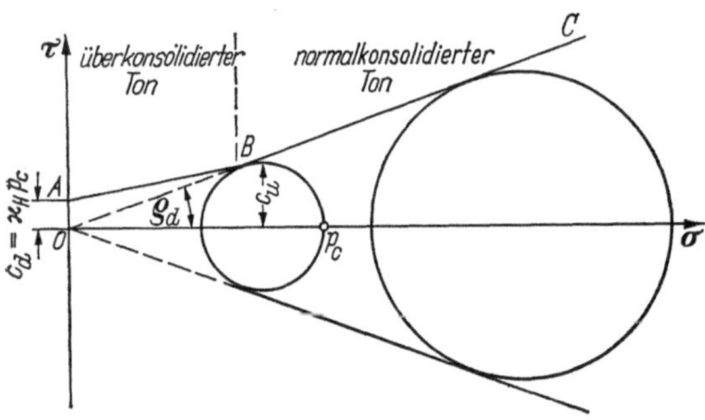

Abb. 11.20. Mohrsche Darstellung eines dränierten Versuches mit einer beim Druck p_c konsolidierten Tonmasse

Die Kohäsion c_d ist von der Vorbelastung p_c nicht unabhängig, sondern nimmt mit ihr zu. Hvorslev [*11.14*] zeigte im Jahre 1937, daß c_d proportional p_c ($c_d = \varkappa_H\, p_c$) und eine Funktion der Porenziffer oder — bei gesättigten Tonen — des Wassergehaltes ist. Die beiden geraden Abschnitte der Hüllkurve schneiden sich in einem Punkt B, Abb. 11.20, dessen Ordinate τ sich geringfügig von c_u unterscheidet, dem Halbmesser des durch p_c gehenden Mohrschen Kreises. Der Wert c_u ist ein Kennwert für die konsolidierten nichtdränierten Versuche: c_u wächst proportional mit p_c, der Proportionalitätsfaktor ist jedoch größer als $\varkappa_H$.

11.11.1.3 Gestörter, konsolidierter und anschließend entlasteter Ton. Wenn man vom Punkt A der Kurve, Abb. 11.20, ausgeht und den obigen (s. 11.11.1.2) vorverdichteten Ton mit von null zunehmenden Lasten beansprucht, so ergibt sich eine Hüllkurve, die bis auf die Hysterese-Erscheinungen etwa mit der vorstehenden identisch ist. Die Gerade der Abb. 11.21 verläuft parallel zum Kurvenabschnitt BC der Abb. 11.20.

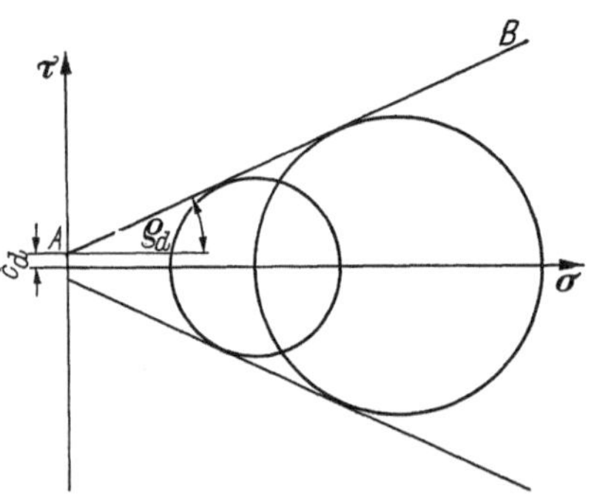

Abb. 11.21. Mohrsche Darstellung eines dränierten Versuches, der im Anschluß an den Versuch, Abb. 11.20, vorgenommen wurde

11.11.1.4 Werte für c_d, ϱ_d und H für eine Tonmasse. BJERRUM [*11.15*] zeigte, daß der Kurvenverlauf von Punkt B nach Punkt A, Abb. 11.20, und weiter von Punkt A nach Punkt B, Abb. 11.21, für eine gesättigte Tonmasse allein vom Wassergehalt abhängt. Insbesondere ist die echte Kohäsion c_d – wie HVORSLEV berichtet hatte – eine Funktion des im Augenblick des Abscherens herrschenden Wassergehaltes. BJERRUM

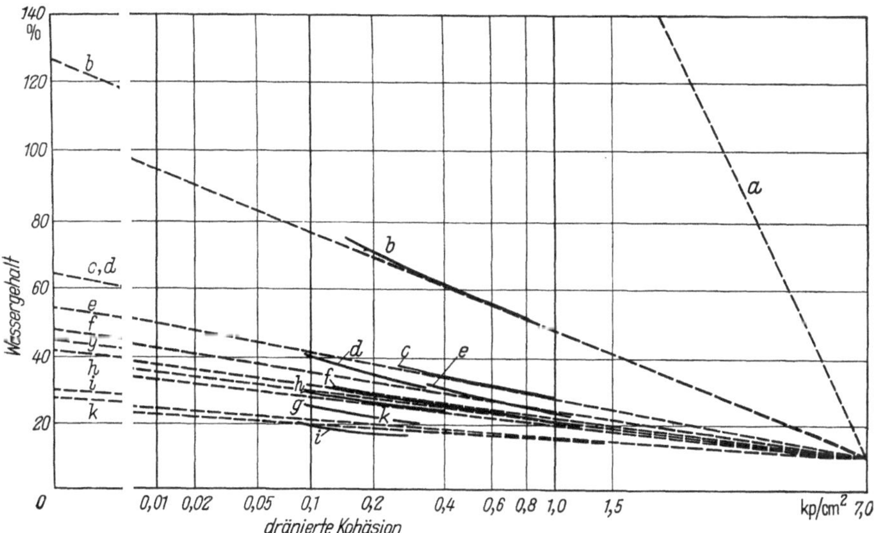

Abb. 11.22. Dränierte Kohäsion c_d von Tonmassen in Abhängigkeit vom Wassergehalt w (Nach BJERRUM [*11.15*])

Bezeichnung	Bodenart	Reibungswinkel ϱ_d Grad	Fließgrenze w_f %	Ausrollgrenze w_a %	Bemerkung
a	Bentonit	0	620	96	—
b	Little Belt clay	10	126	30	HVORSLEV [*11.14*]
c	Ütliberg clay	6	63	21	—
d	Bannalp clay	19	63	32	mit organischen Substanzen
e	Caslano clay	12	54	26	—
f	Wiener Tegel II	17,5	47	21	HVORSLEV [*11.14*]
g	Tile clay (Zürich)	20	44	17	—
h	Material 1–c	19	41	23	JÜRGENSON, (1937)
i	Silty loam (Zürich)	25,5	29	15	—
k	Schluff	20	27	17	PEYNIRCIOĞLU (1939)

gab für zehn Tone die Abhängigkeit der Kohäsion c_d vom Wassergehalt an.

Abb. 11.22 zeigt die dränierte Kohäsion der Tone in Abhängigkeit vom Wassergehalt. Auf der Abszisse wurde $\sqrt[5]{c_d}$ aufgetragen; damit läßt sich unmittelbar das Gesetz ablesen, nach dem sich die Kohäsion verändert. Der Zusammenhang zwischen der dränierten Kohäsion und dem Wassergehalt ist bei dieser Darstellung angenähert linear. Jede einzelne der für einen bestimmten Ton erhaltenen Geraden geht durch den Punkt ($c_d = 0$; $w = w_f$); das Geradenbüschel konvergiert zum Punkt ($c_d = 7\,\text{kp/cm}^2$; $w = 10\,\%$). Die Kohäsion läßt sich somit durch die Formel

$$c_d \approx 7\left(\frac{w_f - w}{w_f - 10}\right)^5$$

erfassen; dabei sind w_f und w in %, c_d in kp/cm² einzusetzen. Das Verhältnis $\frac{w_f - w}{w_f - 10}$ ist proportional der Zustandszahl $\frac{w_f - w}{w_f - w_a}$. In erster Näherung ist also die Kohäsion dränierter Tonmassen proportional der fünften Potenz der Zustandszahl, mit $7\left(\frac{w_{fa}}{w_f - 10}\right)^5$ kp/cm² als Proportionalitätsfaktor.

Die dreiaxiale Zugfestigkeit H kann beachtliche Werte annehmen, Tab. 11.2.

Im großen ganzen verändert sich H im gleichen Sinn wie w_f. In dem Diagramm, Abb. 11.23, stellte BJERRUM [*11.15*] die dränierte (echte)

Tabelle 11.2. *Werte für* tan ϱ_d *und Maximalwerte für* c_d *und* H *für einen Teil der in Abb. 11.22 angeführten Tonmassen*

Bezeichnung des Tons nach Abb. 11.22	*b*	*e*	*f*	*g*	*h*	*i*	*k*
tan ϱ_d	0,176	0,212	0,315	0,364	0,344	0,476	0,364
c_d kp/cm²	1,05	1,06	1,3	0,32	0,4	0,31	1,4
H kp/cm²	6	5	7,4	0,9	1,2	0,7	3,8
w_f %	126	54	47	44	41	29	27

Kohäsion einer Züricher Ziegeltonmasse, wie sie für die Herstellung von Ziegelsteinen verwendet wird, und die Konsolidierungsdrücke p_c in Abhängigkeit vom Wassergehalt dar. Die eine der Kurven des Konsolidierungsdrucks gilt für den Anfangswassergehalt von 31%, die andere für den Anfangswassergehalt von 44%. Die Kurven für c_d und p_c verlaufen angenähert parallel; dies bestätigt, daß das Verhältnis $\varkappa_H = c_d/p_c$ konstant ist, da die Abszisse eine logarithmische Teilung hat.

Wenn man vom Anfangswassergehalt $w_a = 44\%$ ausgeht, ergibt sich ein Verhältnis $\varkappa_H = c_d/p_c = 0{,}060$; mit $w_a = 31\%$ findet man $\varkappa_H = 0{,}075$. Das Verhältnis $\varkappa_H$ ändert sich also wenig mit dem Anfangswassergehalt. Da der Reibungswinkel ϱ_d für diesen Ton 20,5° beträgt, ist H im Mittel gleich $0{,}067\, p_c/\tan 20{,}5° = 0{,}18\, p_c$. Der Ton ist also ein mittelmäßiger Energiespeicher: Ein hydrostatischer Druck p_c bewirkt nach seiner Einleitung eine zwischen den Körnern wirkende hydrostatische oder dreiaxiale Zugfestigkeit, die für diesen Ton in der Größenordnung von $\frac{1}{5} p_c$ liegt.

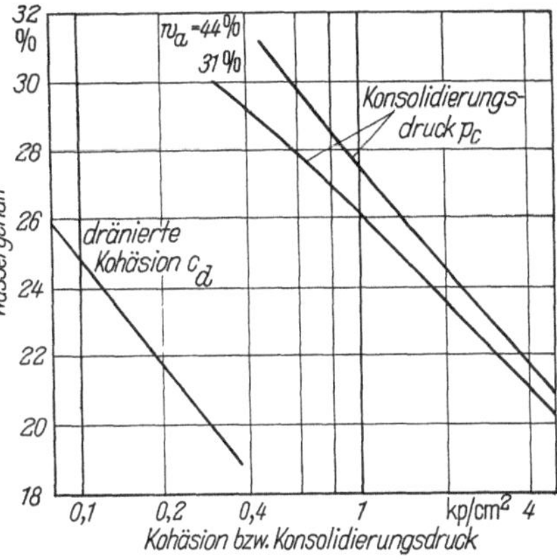

Abb. 11.23. Dränierte Kohäsion c_d sowie Konsolidierungsdruck p_c einer Tonmasse in Abhängigkeit vom Wassergehalt w. (Nach BJERRUM [*11.15*])

11.11.1.5 Werte für ϱ_d und c_d *bei natürlichen Tonen.* Die dem Boden ungestört entnommenen Tone nennt man *natürliche Tone.* Obgleich diese Definition einfach ist, stößt man mit ihr auf eine Schwierigkeit; diese ergibt sich aus den vielfältigen Veränderungen, die die Probe bei der Entnahme erleidet (s. 12).

Der natürliche Ton ist in situ lotrecht dem Druck $p = \Sigma\, \gamma\, h$ ausgesetzt, mit h als der Dicke der über der betrachteten natürlichen Tonschicht liegenden einzelnen Schichten mit der Rohwichte γ, und zwar diese je nach Lage des Grundwasserspiegels mit oder ohne Berücksichtigung des Auftriebs. Waagrecht wirkt der Druck $\lambda_0\, p$ $(\lambda_0 < 1)$.

BRINCH HANSEN und GIBSON [*11.16*] nahmen an, daß sich die Festsubstanz bei gleichbleibendem Volumen verformt, und zeigten, daß die effektiven Spannungen in der Bodenprobe nach der Entnahme beträchtlich kleiner als p sind und daß sie in manchen Fällen sogar kleiner als $\lambda_0\, p$ sein können; man kann also bei gleichem Anfangswassergehalt verschiedene Werte für die Kohäsion finden. Die für Tonmassen mitgeteilten Ergebnisse lassen sich mithin nicht auf die natürlichen Tone übertragen.

Man muß im Laboratorium versuchen, die Bedingungen der anisotropen Konsolidierung der Probe durch eine erneute Belastung wiederherzustellen, und so die durch die Entnahme entstandene Entlastung wieder rückgängig machen.

In situ ist die waagrechte Verformung während der Konsolidierung wie im Kompressionsversuch null. Wie bereits erwähnt ist unter diesen Bedingungen $\lambda_0 = \frac{\mu}{1-\mu}$ (μ Querdehnzahl). Der Maximalwert von λ_0 beträgt also $\frac{0{,}50}{1-0{,}50} = 1$.

Auf Vorschlag von BISHOP (s. 5.4.2.6) bemühte man sich im Laboratorium, diese Konsolidierung bei verschwindender seitlicher Verformung zu verwirklichen: Man suchte die zum Stützen der Probe nötige seitliche Spannung σ_1, die im Zusammenwirken mit einer lotrechten Spannung $\sigma_3 = \Sigma\, \gamma\, h$ nur eine lotrechte Verkürzung hervorruft. Ob sich dann die Bodenprobe, selbst nach einer anisotropen Konsolidierung, wieder unter den Anfangsbedingungen (In-situ-Bedingungen), d. h. auch ohne Strukturänderungen erlitten zu haben, befindet, ist eine Frage, die eine Untersuchung verdient und über die wenig Erfahrungen vorliegen.

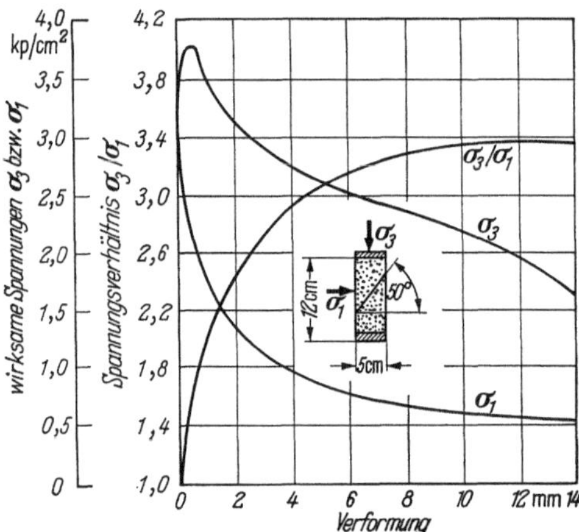

Abb. 11.24. Nach einem dränierten Versuch mit dem Dreiaxialgerät erhaltene Spannungs-Verformungs-Diagramme für einen natürlichen Ton

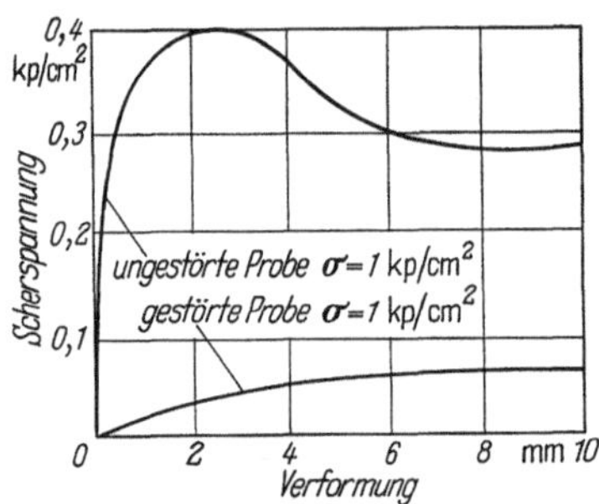

Abb. 11.25. Dränierter Versuch mit dem Rahmenschergerät: Scherspannung in Abhängigkeit von der horizontalen Verformung

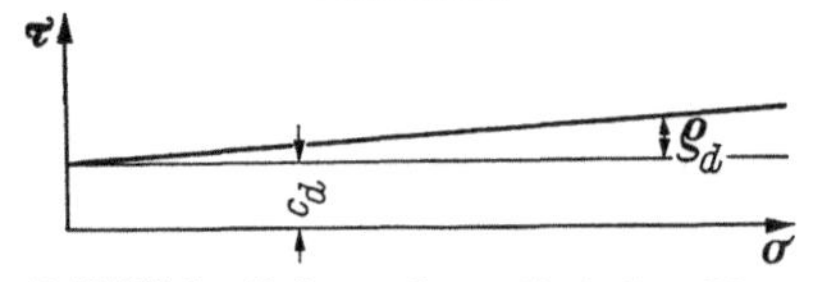

Abb. 11.26. Mit dem Rahmenschergerät erhaltene MOHRsche Hüllkurve

Die im Dreiaxialversuch für natürliche, wieder konsolidierte Tone gefundene Hüllkurve ist eine Gerade, die die beiden Parameter c_d und ϱ_d in Übereinstimmung mit dem COULOMBschen Gesetz erkennen läßt. Die Darstellung ist mit der der Abb. 11.21 identisch.

Jedem der MOHRschen Kreise entspricht beim Dreiaxialversuch ein Spannungs - Verformungs - Diagramm, wie das der Abb. 11.24, in dem auf der Ordinate die Spannungen σ_3 und σ_1 sowie das Verhältnis oder die Differenz aus beiden Spannungen aufgetragen sind, s. a. Abb. 10.18 und 10.23.

Bei den Versuchen mit dem Rahmenschergerät zeichnet man für jeweils einen Wert der lotrechten Normalspannung σ ein Spannungs-Verformungs-Diagramm, und zwar für die ungestörte und unmittelbar darauf für die gestörte Bodenprobe, Abb. 11.25.

Zum Zeichnen der Hüllkurve verbindet man schließlich die verschiedenen Punkte, die den für jeden σ-Wert gemessenen Grenzscherspannungen entsprechen, Abb. 11.26.

Es liegen noch zu wenig c_d- und ϱ_d-Werte vor, um daraus ein interessantes Gesamtbild aufzeigen zu können.

Wahrscheinlich sind die hier nach den Versuchen von BJERRUM

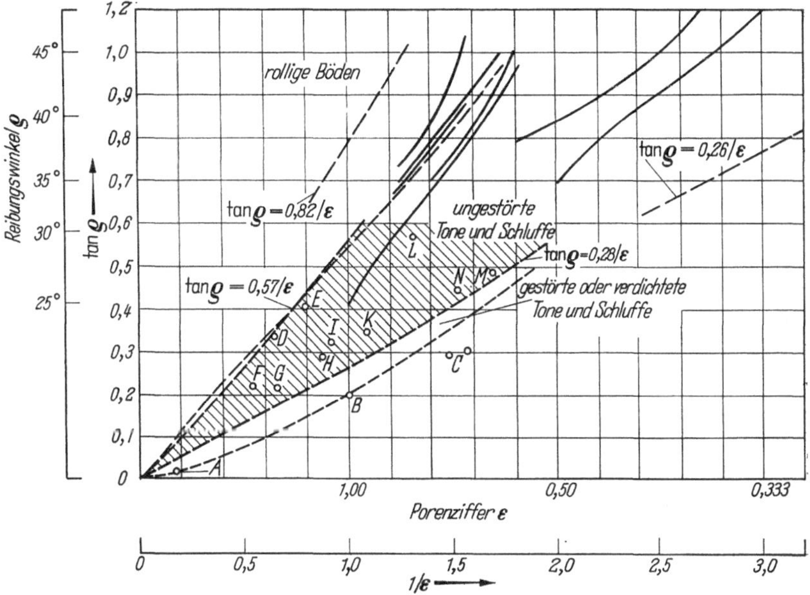

Abb. 11.27. Reibungswinkel ϱ_d in Abhängigkeit von der Porenziffer ε in bindigen Böden (Nach SKEMPTON [*11.17*])

Bezeichnung	Bodenart	Herkunft	Sensibilität	Fließgrenze %	Verfasser
A	gestörte oder verdichtete Tone und Schluffe	Bentonit	1,0	760	SKEMPTON (B. R. S.)[1]
B		Winchfield	1,0	84	COOLING (B. R. S.)[1]
C		Wien	1,0	47	HVORSLEV
D	weiche und feste Tone	Durban	4,0	110	SKEMPTON (I.C.)[2]
E		Chicago	4,7	55	CASAGRANDE
F		Chingford		130	BISHOP
G		Buttery	3,2	80	SKEMPTON
H		Portsmouth		64	WARD (B.R.S.)[1]
I		Fen	2,5	45	SKEMPTON
K		Rosyth	1,7	47	WARD (B.R.S.)[1]
L		Fen	2,6	33	SKEMPTON
M	steife Tone	London	1,0	65	BISHOP
N		Oxford	1,0	67	SKEMPTON

[1] B.R.S. – Building Research Station.
[2] I.C. – Imperial College.

(s. 11.11.1.4) hinsichtlich der dränierten Kohäsion c_d gezogenen Schlüsse auch für natürliche Tone gültig. Die dränierte Kohäsion ist ganz besonders klein bei natürlichen Tonen mit einer geringen Aktivität, wie z. B. bei den Tonen, die zum Kaolinit-Typ gehören. Bezüglich ϱ_d veröffentlichte SKEMPTON [*11.17*] einige Ergebnisse, die sich aus der Neigung der Gleitebene sowie aus dränierten Dreiaxialversuchen herleiten ließen. Diese Versuche wurden durch Auftragen von ϱ und $\tan\varrho$ als Ordinate sowie ε und $1/\varepsilon$ als Abszisse zusammengestellt, Abb. 11.27.

Man sieht, daß es in dieser Hinsicht keinen wesentlichen Unterschied zwischen den rolligen und bindigen Böden gibt. Auch hier läßt sich in erster Näherung $\tan\varrho_d = 0{,}55/\varepsilon$ oder – wenn die Probe gesättigt ist – $\tan\varrho_d = 0{,}55/2{,}7\,w$ annehmen.

Mithin nimmt die dreiaxiale Zugfestigkeit $H = c_d/\tan\varrho_d$ bei einem natürlichen Ton mit der Zustandszahl $k_w = \dfrac{w_f - w}{w_f - w_a}$ zu, da c_d viel schneller wächst als $\tan\varrho_d$. Sehr wahrscheinlich wächst H bei den natürlichen und gestörten Tonen bei gleicher Zustandszahl von einem Ton zum anderen mit der Fließgrenze.

Die Größe von H steht sehr wahrscheinlich mit dem mineralogischen Aufbau des Bodens in Beziehung. Die Bentonite haben eine große dreiaxiale Zugfestigkeit, die Kaolinite hingegen eine sehr kleine (kleine echte Kohäsion und großer echter Reibungswinkel); die dreiaxiale Zugfestigkeit der Illite liegt zwischen beiden.

11.11.2 Nichtdränierte Versuche. Diese Versuche haben einen geringen wissenschaftlichen Wert, da keine gemeinsame Hüllkurve – wie gezeigt wurde – für die beiden Phasen existiert. Da man aber im allgemeinen mit einem Spannungsdeviator gleichen Vorzeichens (positiv) arbeitet, ergeben sich ziemlich einheitliche Ergebnisse.

11.11.2.1 Versuche ohne Konsolidierung. Bei nichtdränierten und nichtkonsolidierten Versuchen findet man für alle gesättigten Tone und einige gesättigte Schluffe $\varrho_u = 0$, Abb. 11.28. GOLDER und SKEMPTON [*11.18*] veröffentlichten die Ergebnisse von Versuchen mit insgesamt 20 gesättigten Tonen, nach denen ϱ_u null oder nicht größer als 1° ist und c_u zwischen 0,1 und 4 kp/cm² variiert. Diese Ergebnisse wurden teils mit Zylinderdruckversuchen, teils mit Dreiaxialversuchen mit einem mittleren seitlichen Druck bis zu 5 kp/cm² erzielt.

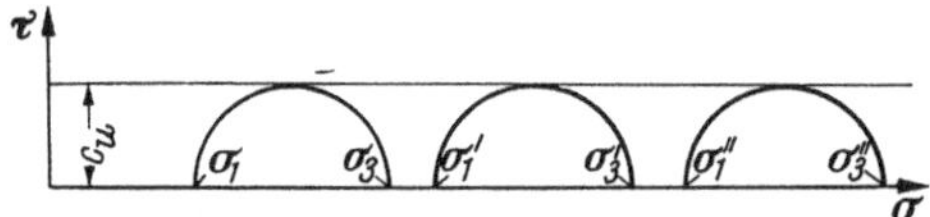

Abb. 11.28. MOHRsche Darstellung eines nichtdränierten Versuches mit einem gesättigten, nichtkonsolidierten Ton

Die *nichtdränierte* oder *scheinbare Kohäsion* c_u beträgt also:

$$c_u = \frac{1}{2}(\sigma_3 - \sigma_1) = \frac{1}{2}(\sigma_3' - \sigma_1') = \frac{1}{2}(\sigma_3'' - \sigma_1'') .$$

Der beobachtete, scheinbare Reibungswinkel ϱ_u ist bei den partiell wassergesättigten Tonen, Schiefertonen, sandigen und tonigen Kiesen nicht mehr null; das gleiche gilt für alle grobkörnigen Böden, bei denen der Tonanteil zum Abschwächen der Volumenvergrößerung beim Abscheren nicht ausreicht.

Die Hüllkurve verläuft für diese Böden ein wenig konkav nach unten, Abb. 11.29. Der ϱ_u-Wert liegt im allgemeinen zwischen 15° und 30°.

11.11.2.2 Nach der Konsolidierung vorgenommene Versuche. Bei den ohne vorherige Konsolidierung angestellten Versuchen befindet sich die Bodenprobe nach der Entnahme in einem Spannungszustand, der sich von dem im Gelände herrschenden Spannungszustand wesentlich unterscheidet.

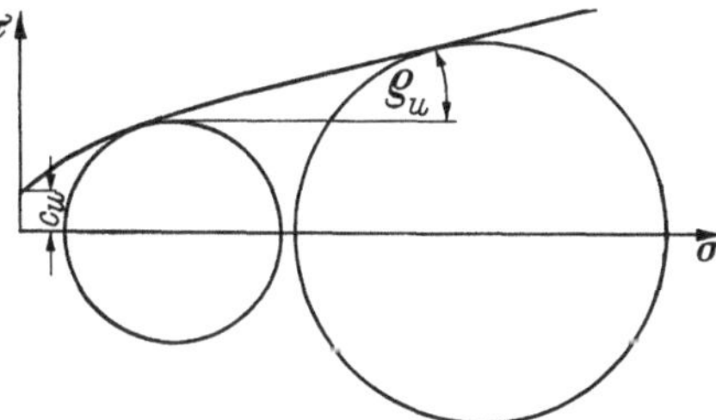

Abb. 11.29. MOHRsche Darstellung eines nichtdränierten Versuches mit einem gesättigten, nichtkonsolidierten sandigen Ton

Bei diesen Versuchen hingegen wird die Probe vorher einer Konsolidierung mit gleichzeitiger Dränung unterworfen. Sobald diese Konsolidierung beendet ist, unterbricht man den Wasserkreislauf und ermittelt die Wertepaare σ_3 und σ_1, die den Bruch hervorrufen.

Die Ergebnisse dieser Versuche lassen sich zur Berechnung der im Augenblick der Entleerung von Erdstaudämmen herrschenden Stabilität anwenden; sie gelten in gleicher Weise für die Spannungsberechnung in den Erdschichten unter Flugzeugrollbahnen und Straßen. Auch die Ergebnisse dieser Versuche hängen von der Versuchsgeschwindigkeit ab.

Die im folgenden angeführten Ergebnisse gelten für die üblichen Verformungsgeschwindigkeiten, auf die weiter oben hingewiesen wurde. Die Ergebnisse der nichtdränierten, konsolidierten Versuche unterscheiden sich nicht wesentlich von den nichtdränierten, nichtkonsolidierten Versuchen (s. 11.11.2.1). Die Ergebnisse aus den Zylinderdruckversuchen liegen dazwischen, da die in situ vorhandene Konsolidierung nach der Entnahme zum Teil zerstört wurde.

Gesättigte Tone. Bei den gesättigten Tonen erhält man eine horizontale Hüllkurve mit $\varrho_u = 0$; die scheinbare Kohäsion $c_u = \tau$ ist dem Konsolidierungsdruck p_c proportional, Abb. 11.30 und 11.31. Eine Vorbelastung mit $p_c = p_A < p_B$ ergibt eine Kohäsion c_u, die kleiner ist, als die mit der Vorbelastung p_B erzielte Kohäsion.

Die Kohäsion c_u nimmt also mit p_c zu; c_u ist proportional p_c. Diese Proportionalität zwischen c_u und p_c bestätigte sich auch in situ (s. 5.4.2.5). Für normalkonsolidierte Tone liegen die mit der Flügelsonde erzielten p_c- und c_u-Werte — mit Ausnahme der Werte für die Oberflächenschicht, in der man größere Verhältnisse c_u/p_c findet — ziemlich genau auf einer Geraden, deren Verlängerung durch den Ursprung geht, Abb. 11.32. Bei den überkonsolidierten Tonen schneidet die Gerade die

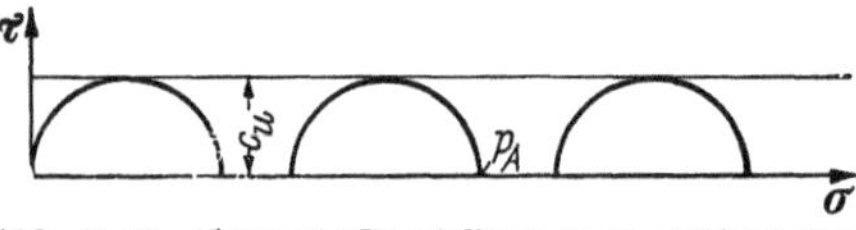

Abb. 11.30. MOHRsche Darstellung eines nichtdränierten Versuches mit einem gesättigten, bei einem Konsolidierungsdruck $p_c = p_A$ konsolidierten Ton

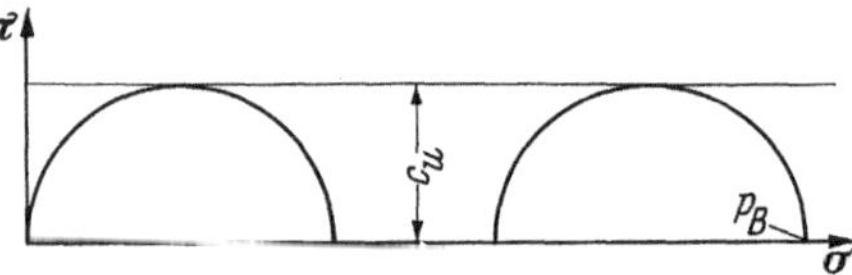

Abb. 11.31. MOHRsche Darstellung eines nichtdränierten Versuches mit einem gesättigten, bei einem Konsolidierungsdruck $p_c = p_B$ konsolidierten Ton

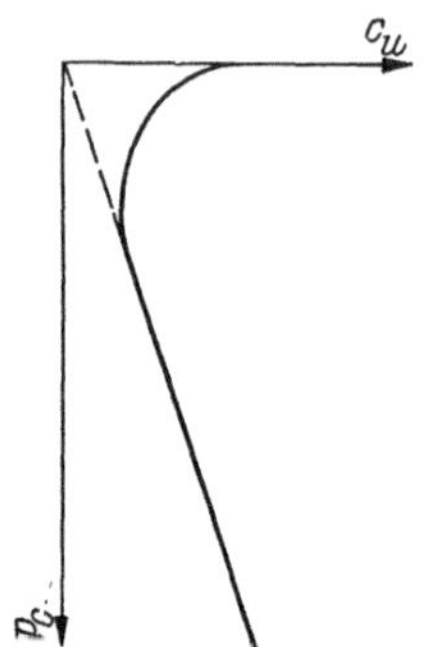

Abb. 11.32. Beziehung zwischen der nichtdränierten Kohäsion c_u und dem Konsolidierungsdruck p_c für normalkonsolidierte Tone

p_c-Achse in einem Punkt, der angenähert dem Gewicht der früher vorhandenen Erdschichten entspricht, Abb. 11.33.

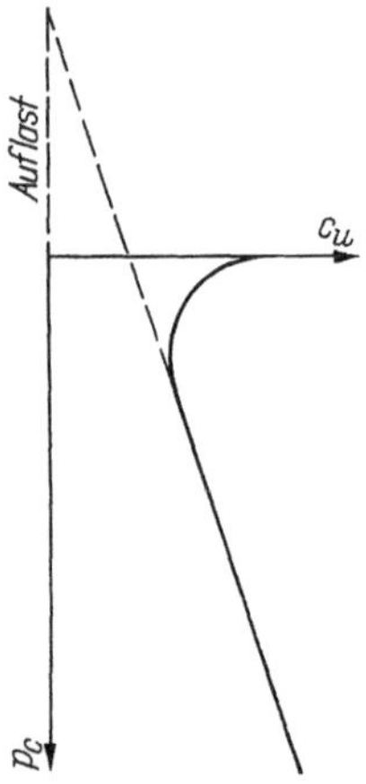

Abb. 11.33. Beziehung zwischen der nichtdränierten Kohäsion c_u und dem Konsolidierungsdruck p_c für überkonsolidierte Tone

In der Nähe dieser Geraden liegen auch die Punkte $(p_c; c_u)$, die im Laboratorium aus Zylinderdruckversuchen oder nichtdränierten Versuchen gewonnen wurden.

Bei den Laboratoriumsversuchen stellt man fest, daß die nichtdränierten Versuche nach isotroper Konsolidierung c_u/p_c-Werte liefern, die größer sind als die entsprechenden, mit anisotroper Konsolidierung erzielten Werte. Anderseits werden bei einigen Tonarten mit großer Fließzahl k_f (s. 2.8) die im Zylinderdruckversuch (s. 11.4.4) gewonnenen c_u/p_c-Werte kleiner als die mit Hilfe der Flügelsonde in situ für große Tiefen erhaltenen c_u/p_c-Werte. Dies bestätigt die oben erwähnte Beobachtung völlig: Die Abweichung läßt sich mit der Druckentlastung während und nach der Entnahme der Probe erklären; diese Druckentlastung wird durch keine Wiederkonsolidierung im Zylinderdruckversuch ausgeglichen. Die Wiederkonsolidierung ist jedoch um so vordringlicher, je größer die Fließzahl ist; denn die dreiaxiale Zugfestigkeit H (s. 11.11.1.4), die sich aus einer Konsolidierung ergibt, ist um so kleiner, je größer die Fließzahl ist.

Es seien noch einmal die c_u/p_c-Werte betrachtet, die mit der Flügelsonde oder mit nichtdränierten Versuchen nach anisotroper Konsolidierung gemessen wurden (diese Versuche kommen den In-situ-Versuchen gleich).

Viele c_u/p_c-Werte liegen zwischen 0,10 und 0,40, Tab. 11.3. SKEMPTON [*11.5*] vermutete, daß das Verhältnis c_u/p_c linear mit der Bildsamkeit w_{fa}

Tabelle 11.3. *Verhältnis c_u/p_c aus nichtdränierter Kohäsion c_u und Konsolidierungsdruck p_c in Abhängigkeit von der Bildsamkeit w_{fa}*

Herkunft	c_u/p_c	w_{fa} %	*Verfasser*
Bekteclaget, Toyen,	0,09	6	BJERRUM, L.
Oslo Vaterland,	0,19	16	[*11.6*]
Oslo Drammen	0,19	18	
	0,25	32	
Shellhaven	0,21	21	SKEMPTON, A. W.
	0,26	31	[*11.5*]
	0,27	55	
	0,34	59	
	0,34	75	
	1,10	250	
Tilbury	0,31	62	SKEMPTON, A. W.
	0,36	80	[*11.5*]
	0,43	85	
	0,85	240	
Martrou	0,09	48	KÉRISEL, J.
	0,19	53	
	0,26	73	
	0,29	72	
Abidjan	0,31	58	KÉRISEL, J.

wachsen könnte. Abb. 11.34 gibt die Lage der Punkte wieder, die aus 19 Versuchen erhalten wurden. Anscheinend nimmt das Verhältnis c_u/p_c

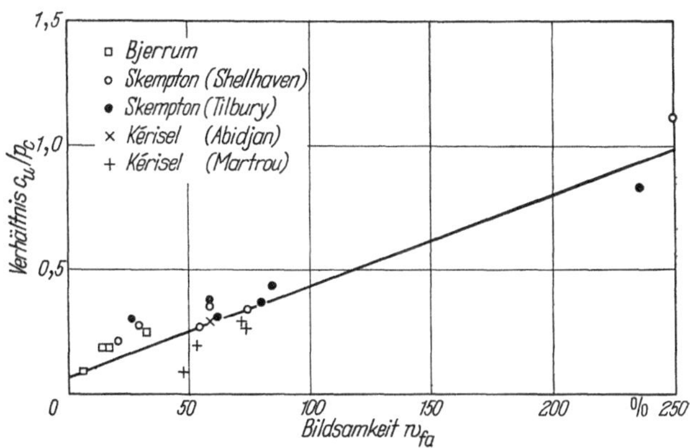

Abb. 11.34. Verhältnis c_u/p_c in Abhängigkeit von der Bildsamkeit w_{fa}

tatsächlich mit der Bildsamkeit w_{fa} zu. Schwieriger läßt sich hingegen beweisen, daß eine lineare Zunahme vorliegt.

Aus der Proportionalität zwischen c_u und p_c folgt klar, daß sich c_u wie auch p_c schnell mit w verändert; dies ließ sich aus den Ergebnissen der Zylinderdruckversuche vorhersehen (s. 11.8.8).

Tonige Kiese. Bei tonigen Kiesen ist die Hüllkurve der MOHRschen Kreise für das Gesamtsystem Festkörper-Flüssigkeit geneigt. Man findet im allgemeinen, daß c_u mit dem Konsolidierungsdruck wächst, während ϱ_u mit dem Konsolidierungsdruck abnimmt, Abb. 11.35 und 11.36.

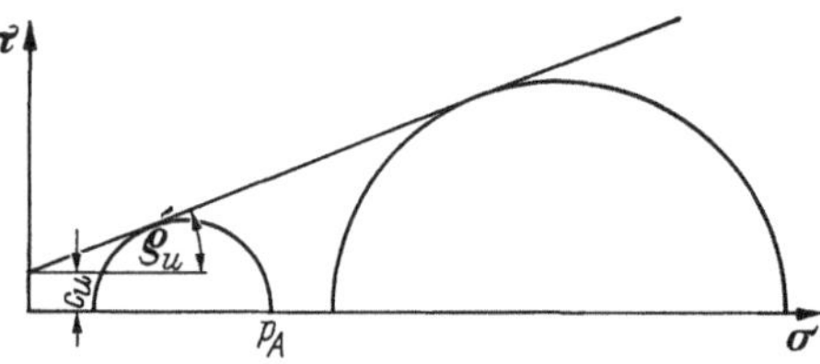

Abb. 11.35. MOHRsche Darstellung eines nichtdränierten Versuches mit einem gesättigten, bei einem Konsolidierungsdruck $p_c = p_A$ konsolidierten sandigen Ton

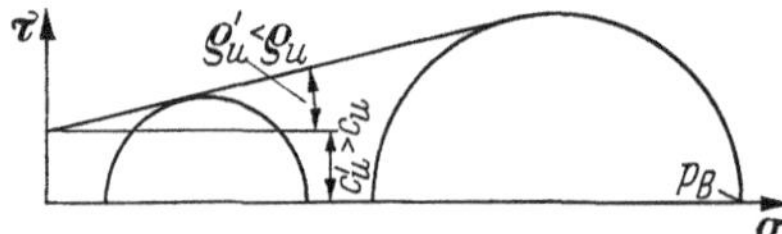

Abb. 11.36. MOHRsche Darstellung eines nichtdränierten Versuches mit einem gesättigten, bei einem Konsolidierungsdruck $p_c = p_B$ konsolidierten sandigen Ton

Ungesättigte bindige Böden. Bei den ungesättigten bindigen Böden ist die Festigkeit größer als beim gleichen Boden im gesättigten Zustand; dies ist durch die scheinbare Kohäsion bedingt, die durch Kapillarwirkungen des die Poren teilweise ausfüllenden Wassers hervorgerufen wird.

Die Untersuchungen von KYVELLOS im Laboratoire du Bâtiment et des Travaux Publics [*11.19*], die an Proben aus tonigen Schluffen angestellt wurden – die einzelnen Proben ließ man unterschiedlich austrocknen, so daß der Sättigungsgrad s_w zwischen 80% und 10 % variierte – zeigten, daß

— jedem Sättigungsgrad eine besondere Hüllgerade entspricht; alle Geraden zusammen bilden ein Geradenbüschel, das bei wachsenden Normaldrücken geringfügig divergiert,

— der Zusammenhang zwischen der Kohäsion c_u des nichtdränierten Bodens und dem Sättigungsgrad s_w durch eine fallende Kurve mit exponentiellem Charakter beschrieben wird,

— der Reibungswinkel ϱ_u des nichtdränierten Bodens sehr langsam mit dem Sättigungsgrad s_w abnimmt.

11.11.3 Nichtdränierter Versuch mit Porenwasserdruckmessung und Darstellung der effektiven Spannungen. Die nichtdränierten Versuche erweisen sich erst als interessant, wenn man gleichzeitig den Porenwasserdruck mißt. Sie haben dann den Vorteil, daß sie bei konstantem Wassergehalt ausgeführt werden können.

Bei *normalkonsolidierten Tonen* und $\sigma_1 < \sigma_3$ ist die Spannung σ_3 im Falle unveränderlicher seitlicher Spannung σ_1 im dränierten Versuch größer als im nichtdränierten, Abb. 11.37.

Der sich ausbildende Porenwasserdruck ist positiv. Daher sind die Mohrschen Kreise beim nichtdränierten Versuch um die Größe des Porenwasserdrucks nach links zu verschieben; dies ist gestrichelt in Abb. 11.37 eingetragen. Die gestrichelt gezeichnete Hüllkurve unterscheidet sich nicht wesentlich von der Hüllkurve des dränierten Versuches.

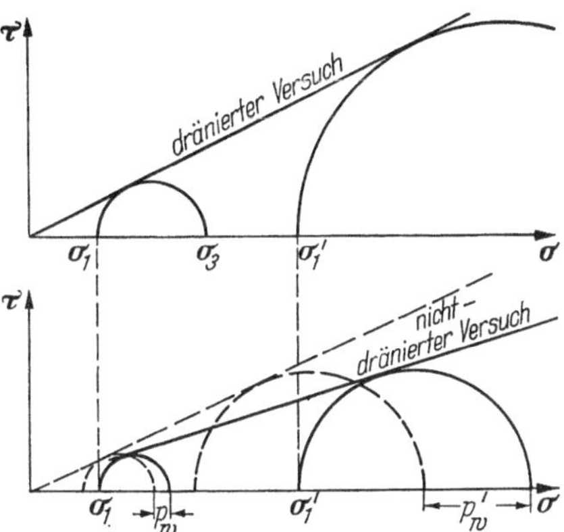

Abb. 11.37. Mohrsche Darstellung eines nichtdränierten Versuches mit Porenwasserdruckmessung (Auftragung der effektiven Spannungen)

Bei *überkonsolidierten Tonen* sind die Porenwasserdrücke wegen der Volumenvergrößerung des Bodens negativ; die Mohrschen Kreise müssen daher nach rechts verschoben werden. Diese überkonsolidierten Tone erweisen sich daher auf lange Sicht als sehr gefährlich. In situ kann die Dichte durch eine beginnende Rutschung bis zur kritischen Dichte abnehmen. Die Kohäsion nimmt gleichzeitig mit der Dichte ab, während der negative Porenwasserdruck einen Wasserzufluß hervorruft, der wiederum die Kohäsion – wegen des wachsenden Wassergehaltes – vermindert.

Bei langfristigen Vorgängen sind also allein dränierte Versuche zur Untersuchung von überkonsolidierten Tonen zulässig.

11.12 Sensibilität der Tone

Wenn man einen natürlichen Ton stört, nimmt die Kohäsion c des ungestörten Tons bis auf einen Wert c_g des gestörten Tons ab. Das Verhältnis c/c_g wird als *Sensibilität* oder Empfindlichkeit des Tons definiert. Diese Erscheinung erklärt sich durch eine Zerstörung des Aufbaus der von den Körnern adsorbierten Ionen; diese sind je nach ihrer Beschaffenheit mehr oder weniger fest mit den Lamellen verbunden.

Die Sensibilität ist mit der *Thixotropie* verknüpft: Der Zerstörung des Ionenaufbaus folgt im Ruhezustand des Bodens der langsame Wiederaufbau der Ionen.

Bei einem gegebenen Ton hängt der Logarithmus der Sensibilität c/c_g linear von der Fließzahl $k_f = (w - w_a)/w_{fa}$ ab. In Anbetracht der starken Veränderlichkeit der Kohäsion mit dem Wassergehalt stört man bei Versuchen den Ton durch Kneten in einer Gummihülle, [*11.20*].

Den Wert c_g mißt man im allgemeinen mit einem Zylinderdruckversuch. Dies ist nur für wenig empfindliche Tone möglich. Für andere Tone ist es unmöglich, dem Boden nach seiner Störung die Form eines geraden Zylinders wiederzugeben.

Man macht dann Kegelversuche (besonders in den Skandinavischen Ländern) oder Versuche mit einer Kleinst-Flügelsonde (Imperial College, London).

11.12.1 Ergebnisse. Eine Sensibilität von zwei bis vier ist ziemlich häufig. Überkonsolidierte Tone haben kleine Sensibilitäten.

Eine Sensibilität von vier bis acht kennzeichnet einen empfindlichen Ton. Bei Werten größer als acht handelt es sich um sehr empfindliche Tone. Zu diesen zählen an erster Stelle die skandinavischen Tone, deren Sensibilitäten über 100 liegen.

Anwendung der Bodenmechanik auf das Bauwesen

12 Entnahme von Bodenproben

12.1 Allgemeines

Die Entnahme von ungestörten Bodenproben ist trotz der bei den Entnahmegeräten erzielten Fortschritte ein ziemlich gewaltsamer Vorgang, der die mechanischen Eigenschaften der Böden wesentlich verändern kann. Zudem läßt es sich im Laboratorium beim Zurechtschneiden einer Probe für das Kompressions- oder Dreiaxialgerät nicht vermeiden, daß die Probe erneut gestört wird.

Das Problem besteht darin, die Veränderungen der Probe im Verlaufe dieser Arbeiten, wie auch im Verlaufe des Transportes, zu einem Minimum zu machen und über Werkzeuge zu verfügen, die sich jedem besonderen Fall am besten anpassen.

Die Bodenproben werden aus dem vorher hergestellten Bohrloch mit einem Entnahmegerät gewonnen.

Der Durchmesser des Bohrlochs wird um so größer, je größer die zu entnehmende Probe ist. Die Forderungen des Laboratoriums nach möglichst großen Probendurchmessern (um große ungestörte Proben zu erhalten) haben mithin wegen ihrer Rückwirkungen auf die Bohrungen erhebliche finanzielle Folgen.

Das normale Entnahmegerät besteht aus einem dünnwandigen, zylindrischen Rohr, an dessen Oberseite das Gestänge zum Einbringen des Gerätes durch Druck oder Schlag in den Boden angebracht ist. Die Versuche von Hvorslev [*12.1*] haben erwiesen, daß die Proben beim Eindringen des Gerätes durch Druck weniger gestört werden als durch Schlag.

Wenn das Entnahmegerät auf dem Bohrlochgrund in den Boden eindringt, trifft es zunächst eine erste Schicht an, die für den Boden wenig charakteristisch ist. Dies kann u. a. daran liegen, daß der Bohrmeister den Bohrlochgrund nicht ordnungsgemäß gesäubert hatte, daß durch das Entnahmeverfahren (Meißel, schweres Wasser usw.) die oberste Schicht beschädigt wurde oder daß sich der Boden beim Bohren des Loches entspannt hat. Den obersten Teil des mit dem Entnahmegerät gewonnenen Bodens sollte man daher vorsichtig entfernen. Es ist also angebracht, daß die Bodenprobe eine bestimmte Mindestlänge hat, die man im allgemeinen auf den drei- bis vierfachen Probendurchmesser festlegt.

12.2 Die beiden Gütefaktoren zum Kennzeichnen eines Entnahmegerätes

Beim Eindringen in den Boden verdrängt der Entnahmezylinder ein bestimmtes Bodenvolumen. Das vertriebene Volumen müßte gleich dem Volumen des Zylinders sein, wenn der Entnahmezylinder *genau* ein zylindrisches Rohr wäre.

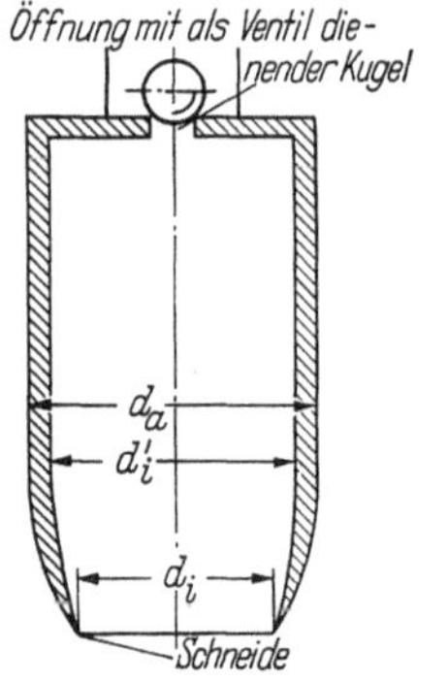

Abb. 12.1. Zylinder üblicher Bauart zur Entnahme von Bodenproben

In Wirklichkeit ist das verdrängte Volumen aber größer, denn der innere Durchmesser des Zylinders ist an der Schneide kleiner als im Inneren des Zylinders. Das Entnahmegerät hat ein *Innendurchmesserverhältnis* $(d_i' - d_i)/d_i$, Abb. 12.1, das dazu dient, die im Zylinder befindliche Probe sich entspannen zu lassen; diese kann dann beim Hochziehen des Entnahmegerätes nicht nach unten rutschen.

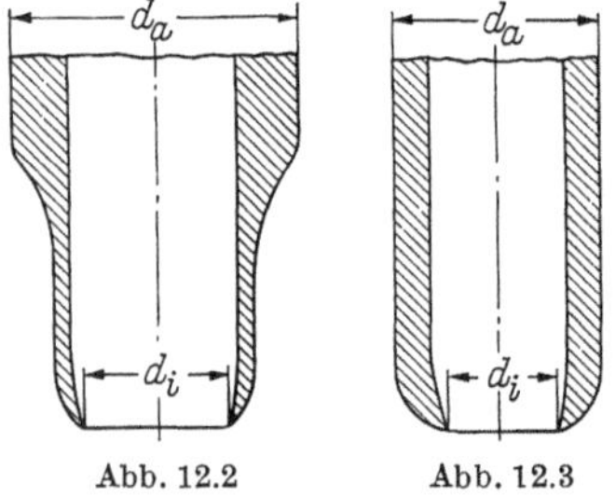

Abb. 12.2 Abb. 12.3

Abb. 12.2 und Abb. 12.3. Ausführungsformen von Entnahmezylindern mit gleichem Flächenverhältnis

Das verdrängte Volumen beträgt übrigens $\frac{\pi}{4}(d_a^2 - d_i^2)$ je Höhe der Bodenprobe. Die Störung der Probe ist – wie man leicht einsieht – um so geringer, je kleiner das Verhältnis dieses Volumens zum Probenvolumen ist.

Dies legt es nahe, das Entnahmegerät außerdem noch durch das *Flächenverhältnis* $(d_a^2 - d_i^2)/d_i^2$ zu kennzeichnen. Der Begriff des Flächenverhältnisses genügt allerdings nur in einfachen Fällen: Von zwei Entnahmegeräten mit dem gleichen Verhältnis d_a/d_i, Abb. 12.2 und 12.3, mithin mit gleichem Flächenverhältnis stört das in Abb. 12.2 gezeigte Gerät die Probe am wenigsten. Bei diesem Gerät ist der Werkstoff an der Spitze und damit die Bodenverdrängung und infolgedessen auch die Störung des Bodens ein Minimum. Der Begriff des Flächenverhältnisses ist zu einfach, um diesen Unterschied zu erfassen.

12.3 Entnahme von Bodenproben aus Tonböden

12.3.1 Maximalwerte der Gütefaktoren. Um Proben mit einem Mindestmaß an Störungen aus weichem Ton oder Schlamm zu entnehmen, dürfen das Innendurchmesserverhältnis 1,5% und das Flächenverhältnis 15% nicht überschreiten [*12.1*]. Diese Werte sind auf 1 und 11% abzumindern, wenn es sich um die Entnahme von hochempfindlichen oder wenig aktiven Tonen handelt, für die SKEMPTON zeigte, daß ihre Entnahme ganz besonders schwierig ist [*12.2* und *12.3*].

12.3.2 Beschädigungen der Bodenprobe durch das Entnahmegerät. Der gesamte im Entnahmezylinder enthaltene Boden ist nicht zu gebrauchen. Wie schon bemerkt muß der obere Teil entfernt werden. Außerdem bewirken lotrechte Scherspannungen zwischen der Schneide des Entnahmezylinders und der Bodenprobe, daß trotz der Entspannung der Bodenprobe infolge des inneren Spiels eine Verzerrung an den Rändern entsteht. Die seitliche Randzone ist also einer Druckentlastung und Verzerrung unterworfen.

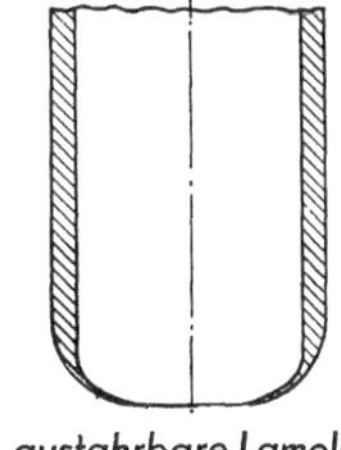

Abb. 12.4. Entnahmezylinder mit ausfahrbaren Lamellen

Sobald der Zylinder des Entnahmegerätes mit Boden gefüllt ist, trennt man die Bodenprobe durch Drehung und Zug vom gewachsenen Boden. Nach HVORSLEV leitet die Torsion eine Störung der Probe auf eine Höhe ein, die bis zum drei- bis vierfachen Durchmesser d_i reicht. Die Nachteile der Zugbeanspruchung lassen sich verringern, wenn man ein Kugelventil im Kopfteil des Entnahmezylinders einbaut. Andere Entnahmezylinder enthalten ein System von dünnen, nach innen ausfahrbaren Lamellen, Abb. 12.4.

Im Laboratorium müssen infolgedessen alle Ränder der Bodenprobe entfernt werden.

12.3.3 Entnahmegerät mit feststehendem Kolben. Die Untersuchungen von HVORSLEV zeigten außerdem, daß der Bodenverlust je nach der Kinematik der Entnahme unterschiedlich ist. Die besten Entnahmegeräte in dieser Hinsicht sind die Geräte mit feststehendem Kolben. Bei ihnen sind Kolben und Kolbenstange, die den Kopfteil des Gerätes bilden, stationär, d. h. sie bleiben beim Eindringen der Schneide in einer gegenüber dem Boden unveränderlichen Lage, Abb. 12.5.

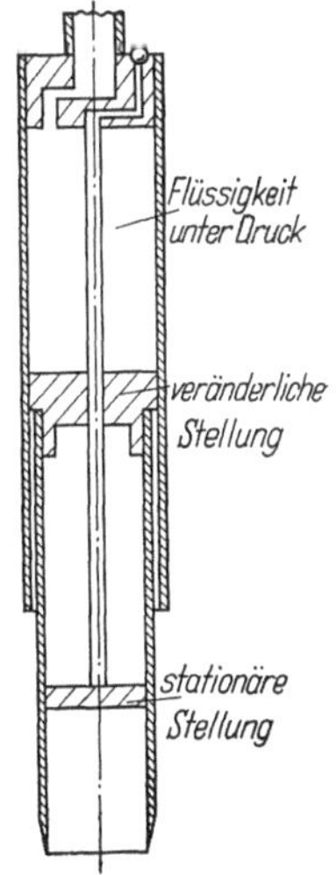

Abb. 12.5. Entnahmegerät mit stationärem Kolben

Man erhält eine Bodenprobe, deren Höhe gleich der Eindringtiefe der Schneide ist, während die mit dem normalen Entnahmegerät gewonnene Bodenprobe eine kleinere Höhe hat, da sie infolge Verkantung nicht bis auf den Grund des Entnahmezylinders gelangt. Allerdings ist die Bodenprobe in diesem Falle wegen des verdrängten Volumens einem Druck durch den Kolben unterworfen. Dieser Nachteil ist minimal, wenn das Flächenverhältnis klein ist.

12.3.4 Entnahmegerät nach Kjellmann. Dieses Entnahmegerät mit feststehendem Kolben ermöglicht es, Bodenproben von 20 m Länge zu entnehmen.

Zu diesem Zweck wird die Bodenprobe automatisch durch eine Hülle von dicht nebeneinander liegenden Folien von rd. 10 mm Breite und $^1/_{10}$ bis $^2/_{10}$ mm Dicke umgeben, Abb. 12.6.

Diese Folien liegen parallel zur Probenlängsachse; sie sind gegenüber der Bodenprobe unbeweglich und legen sich gegen das Entnahmerohr.

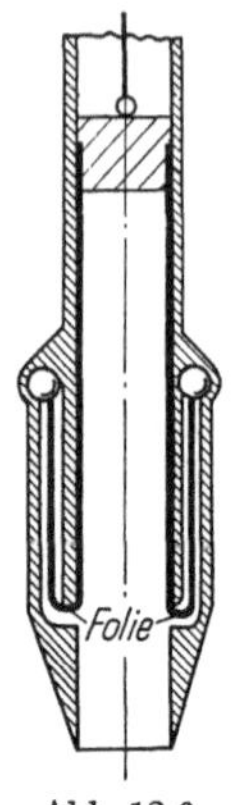

Abb. 12.6. KJELLMANN-Entnahmegerät

Wenn das Entnahmegerät an die Oberfläche gezogen ist, genügt es, die Folien in Höhe des Folienmagazins abzuschneiden, um dann die Bodenprobe mitsamt den Folien durch einen kleinen Zug auf die Folien von oben her aus dem Entnahmegerät herauszuziehen. Nach dem Entfernen der Folien hat man eine Bodenprobe von 20 m Länge, durch die eine lückenlose Untersuchung des Bodens möglich ist. Das Auseinanderschneiden der Probe muß dementsprechend vorgenommen werden. Die zurechtgeschnittenen Bodenstücke werden in Behälter eingebaut, in das Laboratorium geschickt und dort wieder aus den Behältern herausgenommen (s. 12.3.5).

Dieser zusätzliche doppelte Arbeitsgang (Ein- und Ausbau) ist ein kleiner Nachteil dieser Entnahmetechnik.

Die Anwendungsgebiete des KJELLMANN-Gerätes sind die steinfreien Böden; die Wahrscheinlichkeit, einen Stein anzutreffen, ist um so größer, je länger die Bodenprobe ist.

In Höhe der sehr feinen Schneide beträgt das Flächenverhältnis 0,13, einige Durchmesser höher jedoch 2 (in Höhe der Folienmagazine).

12.3.5 Verwendung der Bodenprobe im Laboratorium. Abgesehen von dem Falle, den Entnahmezylinder durch Auseinanderschneiden zu opfern, muß die Bodenprobe mit einem „Extruder“ (Auspresser) aus dem Entnahmezylinder entfernt werden. Der Extruder ist ein Kolben, den man — nach dem Entfernen des Zylinderbodens — zum Gewinnen der Bodenprobe in den Entnahmezylinder drückt. Weniger gewaltsam ist es, in das Innere des Entnahmezylinders eine verlorene, an der Unterseite offene Büchse aus sehr dünnem Blech einzubauen, die sich dem Zylinder gut anschmiegt. In diesem Falle entnimmt man dem Zylinder die verlorene Büchse, rollt sie auf und schneidet die Bodenprobe.

12.3.6 Kriterium für eine korrekte Entnahme. Der beste Beweis für die Existenz von Fehlern, die im Laboratorium beim Messen der Kohäsion von Tonproben unterlaufen, zeigt sich darin, daß systematische Größenunterschiede für die Kohäsion zwischen den Ergebnissen der Laboratoriumsversuche — z. B. Zylinderdruckversuch — und den Ergebnissen von In-situ-Versuchen mit der Flügelsonde oder auch von Gleitkreisuntersuchungen bestehen [*12.3*].

Die Unterschiede sind bei sehr empfindlichen und wenig aktiven Tonen besonders groß. Man vermeidet sie zum Teil — wie erwähnt — durch

Abminderung der Gütefaktoren (s. 12.2 u. 12.3) oder durch den Gebrauch von feststehenden Kolben.

12.4 Entnahme von Bodenproben im Sand

Die Entnahme von ungestörten Bodenproben in Sandböden ist schwierig und galt lange Zeit als unmöglich. Systematische Versuche wurden von amerikanischen Militäringenieuren angestellt, um Bodenproben aus einem Sand zu entnehmen, der mit gleichförmiger Dichte in einem Behälter eingebracht war. Sie zeigten, daß die entnommene Probe im allgemeinen eine um 20% größere Dichte hatte, wenn die Anfangsdichte klein war und eine um 10% kleinere Dichte, wenn die Anfangsdichte groß war.

Darüber hinaus besteht beim Herausziehen des Entnahmegerätes aus dem Sand die Gefahr, bestimmte Fraktionen des rolligen Bodens zu verlieren; diese fallen in das Bohrloch zurück.

Bishop [*12.4*] schlug im Jahre 1948 einen neuen Typ eines Entnahmegerätes vor. Mit diesem Gerät soll erreicht werden, daß sämtliche Fraktionen des rolligen Bodens an die Erdoberfläche gelangen.

Es handelt sich dabei um ein offenes, dünnwandiges Gerät. Sobald es in das verrohrte Bohrloch niedergebracht ist, schließt man die obere Öffnung und schafft mit einer das Gerät umgebenden Glocke einen Luftsack, in dessen Schutz es aus dem Bohrloch gezogen werden kann. Mit diesem Gerät lassen sich allerdings auch nicht die Dichteänderungen vermeiden, die durch die Versuche der Waterways Experiment Station gezeigt wurden. Nixon [*12.5*] stellte insbesondere fest, daß der entnommene Sand bei dicht gelagerten Böden eine kleinere Dichte als in situ hatte, da das Eindringen des Gerätes noch eine Druckentlastung der Körner bewirkt, wenn deren Dichte über der kritischen Dichte liegt und umgekehrt. Trotzdem zeigte sich, daß – von Extremfällen abgesehen – die Dichte der Proben der später in Schürfgruben gemessenen Dichte ziemlich nahe kam. Insgesamt brachte dieses Entnahmegerät interessante Ergebnisse und ermöglichte es insbesondere [*12.5*], eine Vergrößerung der Dichte in Böden nachzuweisen, in die Pfähle gerammt waren.

Die Entnahmetechnik muß noch ernsthafte Fortschritte erzielen: Sie ist in vielen Ländern viel weniger vervollkommnet als die Laboratoriumstechnik. Nicht selten stellt man systematische Unterschiede in der Größenordnung von 25% bei den Laboratoriumsversuchen je nach dem Typ des verwendeten Entnahmegerätes fest.

Die Gerätetypen müssen dem zu untersuchenden Baugrund gut angepaßt werden, um möglichst die in diesem Kapitel beschriebenen Druckentlastungs-, Gleitungs-, Torsions- und Zugeffekte abzuschwächen. Ihre Güte wird sich aus dem systematischen Vergleich von Laboratoriums- und In-situ-Versuchen ergeben.

13 Einteilung der Böden

13.1 Allgemeine Untersuchung eines Baugeländes

Wenn man eine eingehende Erkundung der verschiedenen Bodenschichten anstellt, die ein Bauwerk tragen sollen, ist es mit Rücksicht auf die Übersichtlichkeit der Untersuchung empfehlenswert, die Veränderlichkeit der physikalischen und mechanischen Eigenschaften der Bodenschichten (Wassergehalt, Konsistenzgrenzen, Zylinderdruckfestigkeit usw.) in Abhängigkeit von der Tiefe in nebeneinander angeordneten Schaubildern darzustellen, Abb. 13.1.

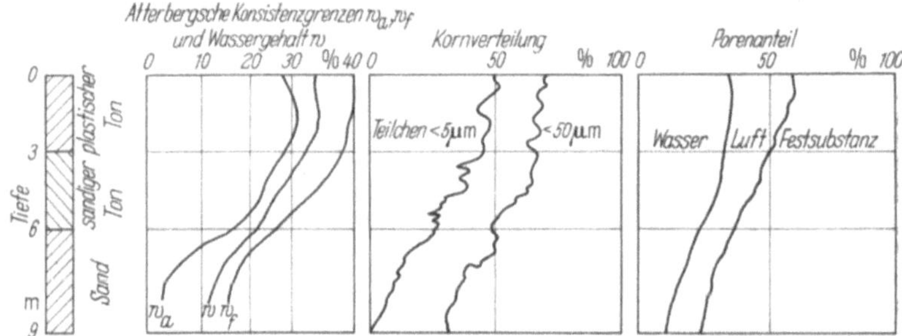

Abb. 13.1. Physikalische Bodeneigenschaften in Abhängigkeit von der Tiefe

Die Untersuchung gewinnt noch mehr an Klarheit, wenn alle bei Sondierungen gewonnenen Profile zu einer übersichtlichen Darstellung zusammengefaßt werden, die so einen lotrechten Schnitt durch das Gelände wiedergibt. Einen solchen Schnitt, den PECK und REED [*11.10*] für Downtown Chicago Region anlegten, enthält Abb. 13.2. In diesem Schnitt ist der Boden durch die Zylinderdruckfestigkeit gekennzeichnet.

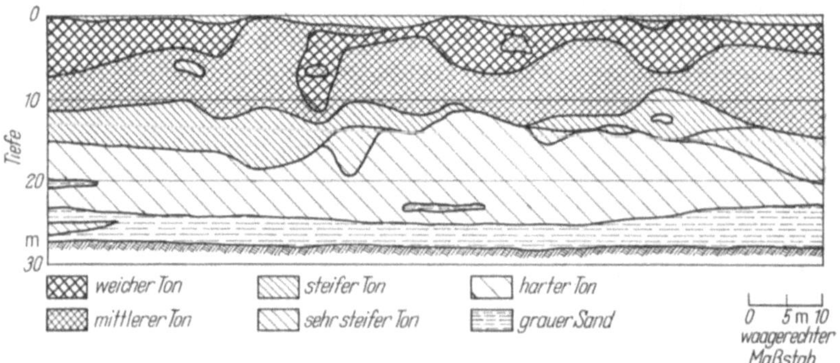

Abb. 13.2. Zonen gleicher Zylinderdruckfestigkeit in einem lotrechten Schnitt. (Nach PECK und REED [*11.10*]). Wegen der Definition der Konsistenz des Tons s. Tab. 11.1

13.2 Einteilung der Böden nach ihren physikalischen Eigenschaften

Es gibt zahlreiche Bodenklassifikationen. Sie berücksichtigen im allgemeinen die physikalischen Eigenschaften. Die Anzahl der Klassifikationen ist gleichzeitig ein Maßstab für ihre Unzulänglichkeit und trug zu einer Verwirrung im technischen Schrifttum bei.

Die Bodenklassifikationen sind wie alle Klassifikationen willkürlich. Wenn sie zur Einteilung der Böden eines Landes praktisch sind, so ist noch nicht sicher, ob sie für ein anderes Land das gleiche Interesse bieten.

Ein Überblick über die Bodenmechanik kann nicht die Klassifikationen übersehen, die insbesondere den Straßenbauern als Grundlage dienen. Die beiden hauptsächlichsten Klassifikations-Systeme, die gegenwärtig benutzt werden, sind: das P. R. A. Classification System (1945), eine von der U. S. Public Roads Administration gegebene Einteilung, und das C. A. A. Classification System (1946), das von der U. S. Civil Aeronautic Administration angegeben wurde.

Das P. R. A. Classification System stützt sich auf die Kornverteilung und die Konsistenzgrenzen: Der Boden wird, je nachdem, ob mehr oder weniger als 35% im Sieb 200 (Maschen von 74 μm) zurückbleiben (s. a. Tab. 1.4), in die Kategorien A_1 bis A_3 oder A_4 bis A_7 aufgeteilt. Anschließend bestimmt man die einzelnen Gruppen in jeder der Kategorien, und zwar

— nach der Bildsamkeit, je nach dem, ob diese größer oder kleiner als 10 % ist,

— nach der Fließgrenze, je nach dem, ob diese größer oder kleiner als 40 % ist.

Damit ergibt sich die Einteilung, Tab. 13.1.

Die Gruppe A_1 erfaßt Gemische aus Steinen, Kiesen und Sanden. Zu Gruppe A_{1a} gehören Gemische mit grobkörnigen Elementen (mehr als 50% der Elemente haben Durchmesser größer als 2,06 mm).

Im Gegensatz zur Gruppe A_{1b} (mehr als 50% der Elemente haben Durchmesser größer als 0,42 mm) erfaßt Gruppe A_2 eine große Vielfalt von Böden jeglicher Körnung, bei denen weniger als 35% der Elemente Durchmesser haben, die kleiner als 74 μm sind, jedoch eine bestimmte Plastizität zeigen. Sie bildet den Übergang zwischen der Gruppe A_1 einerseits und den Gruppen A_4, A_5, A_6 und A_7 anderseits.

Die Gruppe A_3 stellt einen bei Feinsand sehr verbreiteten Fall dar: Mehr als 51 % der Körner haben einen Durchmesser kleiner als 0,42 mm; aber stets sind bei weniger als 10% der Körner die Durchmesser kleiner als 74 μm (Fontainebleau-Sand, Dünensand usw.).

Die Gruppen A_4 bis A_7 enthalten die schluffigen und tonigen Böden. Zu A_4 und A_5 gehören schluffige Böden mit begrenzter Bildsamkeit, jedoch haben die Böden der Gruppe A_5 im Gegensatz zu denen der

Tabelle 13.1. *Einteilung der Böden nach der Public Roads Administration* (*USA*)

allgemeine Einteilung	mindestens 35% der Teilchen größer als 74 μm							mehr als 35% der Teilchen kleiner als 74 μm			
Gruppe	A_1		A_3	A_2				A_4	A_5	A_6	A_7
	A_{1a}	A_{1b}		$A_{2\text{ bis }4}$	$A_{2\text{ bis }5}$	$A_{2\text{ bis }6}$	$A_{2\text{ bis }7}$				
Durchgang in % durch Sieb[1] Nr. 10 (2,06 mm) 40 (0,42 mm) 200 (74 μm)	 ≦ 50 ≦ 30 ≦ 15	 — ≦ 50 ≦ 25	 — ≧ 51 ≦ 10	 — — ≦ 35	 — — ≦ 35	 — — ≦ 35	 — — ≦ 35	 — — ≧ 36	 — — ≧ 36	 — — ≧ 36	 — — ≧ 36
Eigenschaften der Fraktion, die durch das Sieb[1] Nr. 10 (2 mm) geht: Bildsamkeit . . . . %	< 6		nicht bestimmbar	≦ 10	≦ 10	≧ 11	≧ 11	≦ 10	≦ 10	≧ 11	≧ 11
Fließgrenze . . . . %	nicht bestimmbar		nicht bestimmbar	≦ 40	≧ 41	≦ 40	≧ 41	≦ 40	≧ 41	≦ 40	≧ 41
Gruppenzahl	0		0	0	0	≦ 4	≦ 4	≦ 8	≦ 12	≦ 16	≦ 20
allgemeine Bezeichnung	Steine, Kiese, Sande		Feinsande	**Gemisch aus** schluffigen oder tonigen Kiesen mit schluffigen oder tonigen Sanden				schluffige Böden		tonige Böden	

[1] vgl. Tab. 1.4, Spalte A.S.T.M.

Gruppe A_4 eine große Fließgrenze und sind infolgedessen sehr kompressibel. Die Gruppe A_5 erfaßt im allgemeinen Böden, die glimmer- oder kieselalgenhaltige Teilchen enthalten. Zu den Gruppen A_6 und A_7 zählt man die Tone mit verhältnismäßig kleiner (A_6) und großer (A_7) Fließgrenze. Die Gruppe A_7 wird häufig in zwei Untergruppen unterteilt: Zur Untergruppe $A_{7,1}$ zählen Böden, die durch die Ungleichung $w_{fa} < w_f - 30$ gekennzeichnet sind (große, aber begrenzte Kompressibilität), in die Untergruppe $A_{7,2}$ werden die übrigen Böden eingeordnet (größere Kompressibilitäten als $A_{7,1}$).

Das C. A. A. Classification System in zehn Gruppen von E_1 bis E_{10} stützt sich auf die Kornverteilung, die Konsistenzgrenzen, das Quellen und den CBR-Versuch. Die Streuungen des CBR-Versuches sind bekannt.

Dieses System liefert also nichts zusätzlich Interessantes gegenüber dem P. R. A. Classification System und wird daher hier nicht im einzelnen beschrieben.

Die beiden USA-Klassifikationen wurden in Form eines Dokumentes zusammengefaßt, das den Namen Unified Soil Classification System trägt [*13.1*; *13.2*].

Alle Einteilungen sind vom Standpunkt der Straßenbautechnik sehr viel interessanter als vom Standpunkt der Bodenmechanik im weiten Sinne des Wortes.

14 Bodenverbesserung

14.1 Allgemeine Betrachtungen

Zu allen Zeiten versuchten die Ingenieure, die physikalischen Eigenschaften der Böden zu verbessern, um den Böden optimale mechanische Eigenschaften zu verleihen und diese dann zu stabilisieren.

Die Verfahren zur Verbesserung und Stabilisierung lassen sich folgendermaßen einteilen:

- Mechanische Stabilisierung, und zwar durch
  - Zugabe geeigneter Böden,
  - Verdichtung;
- Stabilisierung mit Zement;
- chemische Stabilisierung, und zwar
  - Stabilisierung mit Bitumen,
  - Stabilisierung durch Vermindern des Wasser-Adsorptionsvermögen des Bodens,
  - Stabilisierung durch Polymere;
- Stabilisierung durch Dränung, und zwar
  - Schwerkraft-Dränung,
  - erzwungene Dränung.

Mechanische Verfahren

14.2 Stabilisieren durch Zugabe geeigneter Böden

Die zur Güteverbesserung geeigneten Böden werden mit dem natürlichen Boden gemischt, um einen Erdstoff zu erhalten, der den Erfordernissen des Problems gerecht wird. Man verändert entweder die Kornverteilung oder die Plastizität im einen oder anderen Sinne.

Diese Technik kommt aus dem Straßen- und Flugplatzbau. Sie wird stets mit der Verdichtungstechnik kombiniert. Zu diesem Zweck untersucht man die Mischung ganz besonders im Hinblick auf eine zu erzielende große Trockenrohwichte beim Verdichten, nach den weiter unten beschriebenen Grundsätzen (s. 14.3).

In anderen, selteneren Fällen mischt man mit sehr plastischen Böden (Bentonite usw.), um eine thixotrope und undurchlässige Mischung zu erhalten, die sich z. B. zum Befestigen von Böschungen eignet [*14.1*].

14.3 Verdichtung

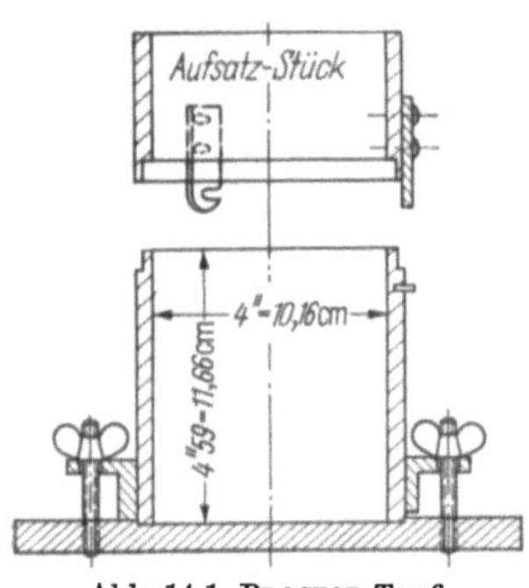

Abb. 14.1. PROCTOR-Topf

Das Verdichten hat zum Ziel, die Trockenrohwichte des Bodens zu erhöhen, d. h. die in der Volumeneinheit des Bodens enthaltene Festsubstanz zu vergrößern.

Die dem Verdichten vorausgehende Untersuchung wird im Laboratorium vorgenommen.

14.3.1 Verdichten im Laboratorium. Den genormten Verdichtungsversuch führt man in einem zylindrischen Behälter von 4″ (10,16 cm) lichtem Durchmesser und 4,59″ (11,66 cm) Höhe aus, auf dem zum besseren Einbringen des Erdstoffs ein Aufsatzstück befestigt ist (einfacher PROCTOR-Topf), Abb. 14.1. Wenn der Boden grobkörnige Elemente enthält, verwendet man einen größeren Behälter (CBR-Topf). Der Boden wird in dem mit dem Aufsatzstück versehenen Behälter verteilt und mit einem Stampfer, Abb. 14.2, verdichtet. Die Verdichtungsbedingungen sind in Tab. 14.1 zusammengefaßt. Für jeden der PROCTOR-Versuche, den *einfachen Proctor-Versuch* oder den *verbesserten Proctor-Versuch*, wie sie von der AASHO (American Association of State Highways Officials) definiert wurden, legt Tab. 14.1 die Anzahl der im Behälter einzubringenden Bodenschichten fest. Das provisorische Aufsatzstück wird nach dem Verdichten abgenommen und der aus dem Behälter herausragende Boden bis auf Höhe des oberen Behälterrandes abgeglichen.

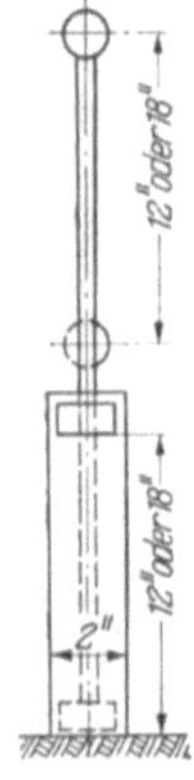

Abb. 14.2. Stampfer für den PROCTOR-Versuch

Man ermittelt sodann den Wassergehalt und die Trockenrohwichte des Bodens durch Wägen, Einbringen in den Trockenofen und erneutes Wägen. Die beiden Zahlenwerte werden in ein Koordinatensystem einge-

Tabelle 14.1. *Kenngrößen der* PROCTOR-*Versuche*

Bezeichnung	Stampfergewicht kp	Fallhöhe cm	Schläge je Schicht	Anzahl der Schichten	Verdichtungsenergie 10^3Mp m/m^3
einfacher PROCTOR-Versuch	2,475	30	25	3	0,06
verbesserter PROCTOR-Versuch	4,5	45	25	5	0,27
verbesserter PROCTOR-Versuch mit CBR-Topf	4,5	45	55	5	0,18

tragen, und zwar der Wassergehalt als Abszisse und die Trockenrohwichte als Ordinate. So entsteht Punkt A mit der Abszisse $w_A = 6\%$, Abb. 14.3.

Gibt man dem Boden ein wenig Wasser zu, so läßt sich der geschilderte Vorgang wiederholen und so ein zweiter Punkt mit der Abszisse $w_B = 9\,^0/_0$, d.h. $w_B > w_A$ erhalten usw.

Die Kurve, die die Punkte *A*, *B*, *C*, *D*... miteinander verbindet, ist nach oben konvex. Ihr Maximum entspricht der größten Trockenrohwichte; der zugehörige Wassergehalt ist der optimale PROCTOR-Wassergehalt. Im Falle der Abb. 14.3 betragen diese Werte $\gamma_t = 2{,}07$ Mp/m^3 und $w_P = 9{,}5\%$.

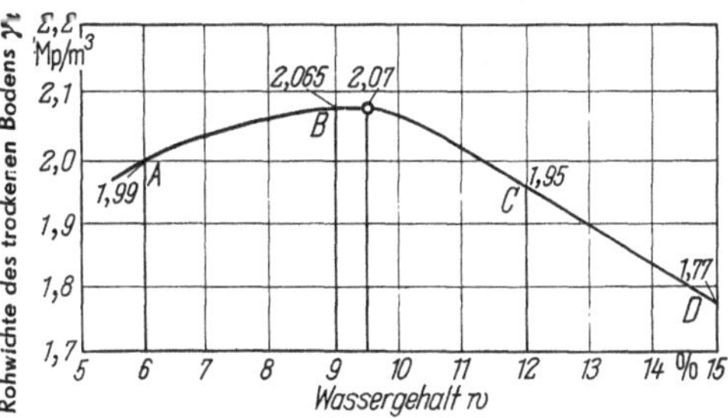

Abb. 14.3. PROCTOR-Kurve eines verbesserten PROCTOR-Versuches

Der einfache und verbesserte PROCTOR-Versuch gehören in allen Ländern zu den klassischen Versuchen. Sie sind — genau genommen — keine wissenschaftlichen Tests, da durch das Stampfen die Kornverteilung des Bodens infolge des Berstens der Körner (besonders bei krümeligem Boden) verändert wird. Es ist daher nicht sicher, ob alle Punkte der PROCTOR-Kurve für ein und dieselbe Kornverteilungskurve gelten.

Die Erklärung für das Zustandekommen des beobachteten Maximums ist einfach. Bei kleinen Wassergehalten bilden die Böden — besonders wenn sie bindig sind — Krümel, die sich durch Verdichten nicht leicht zerstören lassen. Eine Wasserzugabe bewirkt, daß die Festigkeit der einzelnen Krümel nachläßt, so daß die Trockenrohwichte beim Verdichten größer wird. Diese Zugabe bringt jedoch nur in bestimmten Grenzen Vorteile.

Wenn die Wassermenge genau ausreicht, um die Hohlräume auszufüllen, ist $\gamma_t = \gamma_s(1-n)$, entsprechend dem Wassergehalt $w = \frac{n}{\gamma_s(1-n)}$ (γ_s Reinwichte, n Porenanteil).

Wenn sich der Porenanteil n infolge des Verdichtens ändert, beschreibt der geometrische Ort der Punkte (w, γ_t) eine gleichseitige Hyperbel, die *Sättigungskurve:*

$$w = \frac{n}{\gamma_s(1-n)},$$

$$\gamma_t = \gamma_s(1-n).$$

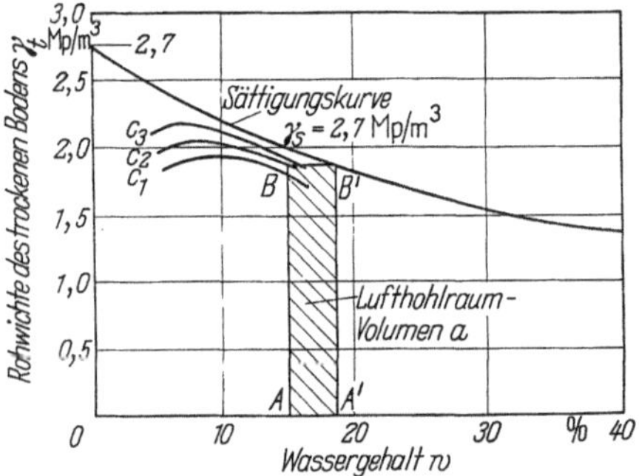

Abb. 14.4. Lage der PROCTOR-Kurven unterschiedlicher Verdichtungsenergien c_1, c_2, c_3 zur Sättigungskurve

In Abb. 14.4 ist diese Hyperbel für $\gamma_s = 2{,}70\,\mathrm{Mp/m^3}$ dargestellt. Im Versuch stellt man fest, daß die PROCTOR-Kurve stets unterhalb dieser gleichseitigen Hyperbel liegt; dies beweist, daß der Boden nicht völlig gesättigt und daß beim Verdichten Luft in ihm geblieben ist.

In der Volumeneinheit des Dreiphasensystems bezeichne n das Volumen der Hohlräume. Ein Teil a des Volumen wird von der Luft eingenommen, der andere Teil $n - a$ vom Wasser.

Der Wassergehalt beträgt also $\frac{n-a}{\gamma_s(1-n)}$. Der waagrechte Abstand des Punktes B auf der Kurve c_2 vom Punkt B' auf der gleichseitigen Hyperbel ergibt sich somit zu $\frac{a}{\gamma_s(1-n)}$. Infolgedessen ist a gleich dem Produkt aus der Trockenrohwichte $\gamma_s(1-n)$, Punkt B', und dem Abstand $\overline{BB'}$, Abb. 14.4:

$$a = \overline{AB} \cdot \overline{BB'} = \text{Fläche } ABA'B'.$$

Diese Formel gestattet es, aus der PROCTOR-Kurve den Sättigungsgrad des Bodens zu erkennen.

In Abb. 14.4 wurden die Kurven für die wachsenden Verdichtungsenergien c_1, c_2 und c_3 aufgetragen (gleiche Verdichtungsart und gleicher PROCTOR-Topf). Ihre zunehmenden Maximalwerte entsprechen offenbar abnehmenden Porenanteilen n, also zunehmenden Trockenrohwichten und abnehmenden Wassergehalten, um bei der Parallele mit der Sättigungskurve zu bleiben. Der geometrische Ort der Maximalwerte strebt rasch einem Grenzwert zu.

Für reinen Sand verläuft die PROCTOR-Kurve sehr flach; dies besagt, daß das Verdichten im Laboratorium wenig Einfluß auf die Trockenrohwichte eines Sandes hat. Wenn man jedoch diesem Sand etwas Schluff oder Ton beimischt, so ergibt sich bei gleicher Verdichtungsenergie eine gekrümmtere Kurve mit einer größeren optimalen Trockenrohwichte als vorher.

Der beigemischte Schluff oder Ton spielt die Rolle eines Schmiermittels, das ein besseres Einordnen der Körner ermöglicht. Eine größere Schluff- oder Tonmenge kehrt die Wirkung um.

Die meisten der hier behandelten Fragen wurden im Jahre 1933 von PROCTOR [*14.2*] mitgeteilt; es handelte sich um bekannte Tatsachen. Das Verdienst PROCTORS liegt darin, diese durch Zahlenangaben belegt zu haben.

14.3.2 Verdichten auf der Baustelle. Das Verdichten auf der Baustelle wird mit Walzen, Rüttelplatten oder Stampfern vorgenommen.

14.3.2.1 Verdichten durch Walzen. Das Verdichten durch Walzen unterscheidet sich erheblich vom Verdichten durch lotrechtes Stampfen, das man bei den Laboratoriumversuchen anwendet, da beim Walzen eine waagrechte Last in den Boden eingeleitet wird.

Es sollen hier nicht die verschiedenen Verdichtungswalzen einzeln aufgeführt werden. Statt dessen seien einige prinzipielle Dinge besonders erwähnt.

Um die Verdichtung so wirksam wie möglich zu machen, muß das Produkt pR (p aufgebrachter Druck, R Halbmesser der hier kreisförmig vorausgesetzten Aufstandfläche) ein Maximum werden. Die elastische Setzung ist proportional pR, zumindest bei konstantem Elastizitätsmodul E (s. 6.3). Nun nimmt die Steifezahl E_s im Kompressionsversuch wie p zu. Im vorliegenden Falle (Halbraum) nimmt der entsprechende Deformationsmodul sicherlich nicht so schnell wie p zu. Die Setzung wächst also proportional mit R und p^n, mit $n < 1$.

Wenn R sehr klein wird, entsteht ein plastisches Fließen ohne wesentliche Verdichtungswirkung, da der Druck p die Grenzbodenpressung überschreitet. Es ist daher wirkungsvoller, R statt p zu vergrößern.

Bei den Verdichtungswalzen unterscheidet man drei Haupttypen:

— Glattwalzen

— Schaffußwalzen,

— Gummiradwalzen.

Die *Glattwalzen* haben eine Kontaktfläche von der Form eines sehr langen, schmalen Rechtecks. Sie eignen sich deshalb besonders zum Walzen von Makadam oder von Tonen großer Kohäsion mit bedeutender Tragfähigkeit. Sie können in großer Tiefe keine wesentlichen Wirkungen hervorrufen.

Die *Schaffußwalzen* bewirken infolge der großen p-Werte, die sich wegen der kleinen Aufstandflächen der Schaffüße ergeben, ein totales Durchstanzen des Bodens. Sie erreichen dennoch nicht die von den Konstrukteuren angegebenen Drücke von 30 bis 45 kp/cm², da die Walze mit mehreren Fußreihen trägt (der Druck soll in manchen Fällen nicht größer als 7 kp/cm² sein). Außerdem stellen sie der Fortbewegung einen beachtlichen Widerstand entgegen und sind im Gewicht durch die Leistung der Zugmaschine begrenzt (man kann kaum über ein Gewicht von 15 bis 20 Mp hinausgehen).

Demgegenüber rollen die *Gummiradwalzen* besser und können wesentlich größere Gewichte, in der Größenordnung von 50 Mp, annehmen. Man verwendet selbst Walzen von 200 Mp. Die Bodenpressung ist allerdings durch den Reifendruck beschränkt (höchstens 5 bis 7 kp/cm²). Mit der Gummiradwalze erzielt man also keine größeren Drücke als mit der Schaffußwalze, aber man wirkt auf größere Flächen und damit auf größere Tiefen ein. Diese Darlegungen sind in Übereinstimmung mit den oben angestellten theoretischen Betrachtungen.

14.3.2.2 Verdichten durch Rüttelplatten. Die zwischen 3 und 5 Mp schweren Geräte tragen exzentrisch angeordnete Massen, die um eine — fest mit einem Gestell verbundene — Achse mit einer Frequenz von rd. 1000 U/min drehen; das Gestell ruht auf einer Platte von 0,6 bis 1 m² Aufstandfläche.

Einen Übergang zwischen den Walzen und den Rüttelplatten bilden die *Vibrations-Glattwalzen*, die eine ähnliche, auf der Walze befestigte Vorrichtung wie die Rüttelplatten haben.

14.3.2.3 Stampfer. Der Typ dieser Geräte ist der Frosch, eine Art sich selbst fortbewegender Stampfer, der außerhalb Frankreichs sehr oft zum Verdichten von Gräben und kleinen Flächen eingesetzt wird. Seine sehr wünschenswerte Verbreitung in Frankreich wird dadurch gebremst, daß er in den Ausschreibungsunterlagen nicht vorgesehen oder sogar ausgeschlossen wird.

Außer diesen Geräten benutzt man zum Verdichten von Dämmen oder Aufschüttungen, vor allem in Deutschland, Stampfer bis zu 20 Mp Gewicht mit einer Nutzfläche von mehreren Quadratmetern, die am Haken eines Mobilkranes befestigt sind.

14.3.3 Vergleich der im Laboratorium und auf der Baustelle erzielten Verdichtungen. Die Bedingungen im Laboratorium und auf der Baustelle sind weit davon entfernt, gleich zu sein; dies erklärt sich aus der folgenden Untersuchung.

— Zunächst untersucht man im Laboratorium Fraktionen, die durch das 5-mm-Sieb hindurchgehen[1]: Die Steine würden das Stampfen wegen ihrer im Vergleich zum Topfdurchmesser großen Abmessungen erheblich behindern. Auf der Baustelle verdichtet man Fraktionen aller Größen.

Das Bureau of Reclamations (USA) nahm in jüngster Zeit Unter-

[1] Im CBR-Topf untersucht man Fraktionen bis zu Abmessungen von 20 mm.

suchungen vor, um festzustellen, ob das Entfernen der grobkörnigen Elemente die Ergebnisse beeinträchtigt.

Die Untersuchungen zeigten, daß sich Böden, die bis zu einem Drittel ihres Gewichtes Fraktionen zwischen 5 mm und rd. 150 oder 200 mm enthalten, wie ihr feinkörniger Anteil verhielten. Es ist also statthaft, im Laboratorium nur die feinkörnigen Fraktionen des Bodens zu untersuchen, zumindest innerhalb der hier angegebenen Grenzen (ein Drittel grobkörnige Elemente).

– Das Verdichten in einem Behälter mit starren Wänden läßt sich nicht mit dem Verdichten im Halbraum vergleichen: Die Verdichtungsenergie im verbesserten PROCTOR-Versuch beträgt 270 Mpm/m^3; auf der Baustelle erreicht sie Werte bis 2000 oder 3000 Mpm/m^3.

– Die Art der im Laboratorium eingesetzten Energie ist von der auf der Baustelle eingesetzten Energie sehr verschieden, mit Ausnahme der der Stampfer. Das Wort Energie ist überhaupt unzureichend, um diese Erscheinung zu kennzeichnen. Der PROCTOR-Versuch würde ein anderes Ergebnis bringen, wenn man bei gleicher Verdichtungsenergie von 270 Mpm/m^3 den gleichen Stampfer aus einer kleineren Höhe und mit schneller aufeinanderfolgenden Schlägen fallen ließe[1].

Es ist mithin nicht verwunderlich, daß die auf der Baustelle erhaltenen Ergebnisse mit denen der Laboratoriumversuche nicht identisch sind. Diese können einen Anhalt besonders zur Bestimmung des optimalen Wassergehaltes geben. Es wird jedoch bei manchem Klima zweckmäßig sein, bei geringfügig davon abweichendem Wassergehalt zu verdichten, wenn man einen Stillstand der Bauarbeiten oder ein häufiges Beregnen vermeiden will.

Zum Ermitteln der Trockenrohwichten, die man im günstigsten Fall bei den zugelassenen Wassergehalten erzielen kann, gibt es keine andere Möglichkeit, als vorher PROCTOR-Versuche unter den gleichen Bedingungen vorzunehmen, wie sie auf der Baustelle herrschen werden.

– Man stellt fest, daß sich die Trockenrohwichte von einer bestimmten Anzahl von Übergängen ab nur noch wenig verändert. Es gibt eine wirtschaftliche Grenze, die den weiteren Einsatz von Energie verbietet. Der asymptotisch erreichte Grenzwert der optimalen, in Abhängigkeit von der Energie erzielten Trockenrohwichte ist auf der Baustelle kleiner als im Laboratorium (starre Wände des PROCTOR-Topfes).

Man hat versucht, die Besonderheiten und Leistungen der Verdichtungsgeräte auf Versuchsbahnen zu definieren. LEWIS [*14.3*] berichtet über diese Versuche, die auf schweren Tonen, Schluffen und Sanden vorgenommen wurden; die Böden waren auf einer Schicht von 22,5 cm Dicke verteilt.

---

[1] Die Verdichtungswirkung läßt nach, wenn die sonst gleiche Energie in einer größeren Anzahl von „Energieportionen" eingeleitet wird [*14.14*].

Lewis fand, daß man bei schweren Tonen die besten Ergebnisse mit Gummiradwalzen erzielte, und zwar eine maximale Trockenrohwichte von 1,56 Mp/m³; mit Glattwalzen erhielt man bei demselben Boden 1,54 Mp/m³, gegenüber 1,64 Mp/m³ im Laboratorium. Bei Sanden ergaben sich die besten Ergebnisse, und zwar 2,20 Mp/m³, in gleicher Weise für Glattwalzen, Vibrations-Glattwalzen und Rüttelplatten; im Laboratorium erhielt man 2,25 Mp/m³.

Bei sandigen Tonen sind die meisten Maschinen gleichwertig. Die Frösche erzielten in allen Böden Ergebnisse, die mit den besten Leistungen der Walzen und Platten vergleichbar sind.

Die Rüttelplatten und Vibrationswalzen eignen sich zum Bearbeiten rolliger Böden. Den größten Nutzen erhält man mit ihnen, wenn der Boden eine erste Belastung durch z. B. eine Gummiradwalze erfährt. Die schweren Rüttelplatten haben eine beachtliche Tiefenwirkung [*14.4*]; dies gleicht ihre kleine Fortbewegungsgeschwindigkeit aus.

Es ist klar, daß sich eine auf Versuche in der Versuchsbahn aufgebaute Einteilung nicht ohne Schwierigkeiten auf die Verhältnisse in situ anwenden läßt. Die Ergebnisse hängen vornehmlich von der Dicke der zu verdichtenden Schicht, vom Wassergehalt, von der Steife der darunter liegenden Schicht usw. ab. Es ist also stets — sowohl vom technischen als auch vom wirtschaftlichen Standpunkt aus betrachtet — zweckmäßig, Großversuche unter Baustellenbedingungen vorzunehmen.

14.3.4 Verlauf der Verdichtung in Abhängigkeit von der Zeit. Als man noch nicht über die heute üblichen leistungsfähigen Verdichtungsgeräte verfügte, mußte man bei jedem Erdbauprojekt eine Schüttungszahl ermitteln. Die *Schüttungszahl* ist das Verhältnis der Rohwichten des natürlichen Bodens in gestörtem Zustand und in situ; sie konnte einen Wert bis zu 1,30 annehmen. Die modernen Verdichtungsgeräte ermöglichen es, diese Zahl bis auf 1,0 und darunter zu drücken, d. h. eine entgegengesetzte Wirkung hervorzurufen. Häufig ist dies jedoch nicht erwünscht, da wirtschaftliche Gründe dagegen sprechen und da außerdem das Überverdichten Probleme bezüglich des zeitlichen Verlaufes der Verdichtungswirkung aufwirft.

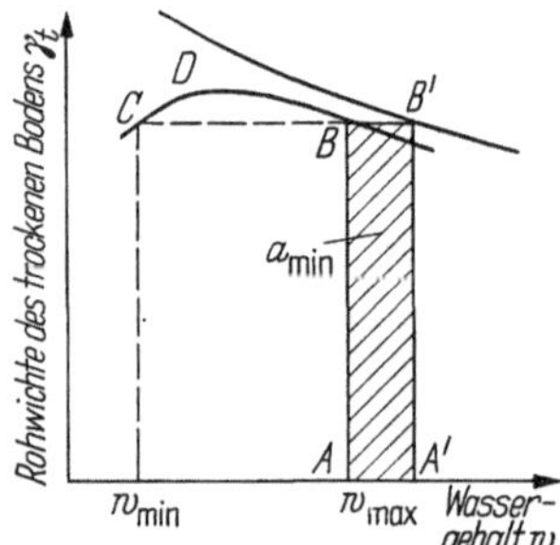

Abb. 14.5. Extremale Wassergehalte in Abhängigkeit eines geforderten minimalen Luftporengehaltes auf dem rechts vom Maximum gelegenen Ast der Proctor-Kurve

In situ, im natürlichen Zustand, enthält der Boden ein bestimmtes Luftvolumen. Auf dem Kurvenast der Proctor-Kurve, Abb. 14.5, rechts vom Maximum bedeutet dies nun, daß man dieses Luftvolumen durch das Überverdichten verkleinert und sich damit der der Sättigungskurve entsprechenden Trockenrohwichte nähert; dies geschieht entweder durch

Entweichen der Luft nach Außen oder durch Zusammendrückung der Luft entsprechend dem Gesetz von MARIOTTE oder durch Auflösung im Wasser entsprechend dem HENRYschen Gesetz. Man läuft in den letzteren Fällen Gefahr, die Luft und damit auch das Wasser unter Druck zu setzen. Hierdurch würde sich der Reibungswinkel verkleinern, zumindest so lange, bis die Luft im Wasser aufgelöst und das Wasser abgeflossen ist. Nach abgeschlossener Verdichtung bestünde die Gefahr, daß sich die Schichten wieder lockern, wenn sie nicht durch darüberliegende Schichten hinreichend belastet wären.

Ein echter Fortschritt in der Verdichtungstechnik wäre es also, wenn man einen *Mindestgehalt an Luftporen* in Abhängigkeit von den nach dem Verdichten beobachteten Porenwasserdrücken forderte; damit ließe sich eine zu große Belastung des Wassers vermeiden. Dieser Mindestgehalt an Luftporen entspricht einem Grenzpunkt B, Abb. 14.5, auf dem rechts vom Maximum gelegenen Kurvenast mit einem Wassergehalt w_{max}. Die Grenze des Wassergehaltes w_{min} auf dem links vom Maximum gelegenen Kurvenast wird besonders durch klimatische und wirtschaftliche (Beregnung) Erwägungen festgelegt sein, die dazu führen, den Punkt C mit gleicher Trockenrohwichte wie B oder einen zwischen C und D liegenden Punkt zu wählen.

Diese doppelte Begrenzung des Wassergehaltes läßt sich also durch die Forderung eines maximalen und minimalen Luftporengehaltes ausdrücken. Sie ist der Forderung einer minimalen Trockenrohwichte in absolutem Betrag vorzuziehen, da eine jede Festlegung dieser Art mit den sehr breiten Streuungen der Bodeneigenschaften von einem Punkt zum anderen unvereinbar ist.

Zum Abschluß dieser Betrachtungen über das Verdichten von Böden seien einige Größenordnungen bezüglich der Grenzwerte der optimalen Trockenrohwichten genannt: Werte von 2,15 bis 2,25 Mp/m^3 sind nur schwierig zu überschreiten. Man erhält sie bei kiesigem oder sandigem Boden, dessen Körnung gut abgestimmt ist und der außerdem ein wenig Ton enthält. Bei schlechten Böden (Tone mit einer Fließgrenze größer als 50%, Torfe usw.) kann die größte Trockenrohwichte Werte von 1,40 bis 1,50 Mp/m^3 nicht übersteigen.

Es ist klar, daß die maximale Verdichtung der Böden unter den Aufgaben des Ingenieurs die größte Bedeutung einnimmt. Die maximale Trockenrohwichte entspricht einer minimalen Porenziffer, und da die echte Kohäsion eines gesättigten Tones nach dem Kehrwert eines Exponentialgesetzes von der Porenziffer abhängt, entspricht die maximale Trockenrohwichte einer maximalen Kohäsion.

Die Verdichtungstechnik nutzt die Hysterese-Erscheinungen bei Böden voll aus. Wenn ein Boden z. B., ohne zu versagen, Lasten von 50 Mp tragen soll, verdichtet man ihn mit Walzen, deren Gewicht wesentlich größer, z. B. 200 Mp, ist. Damit hält man die Setzungen aus dem Verkehr sehr klein, da sie nun von der Wiederverdichtungskurve des so überverdichteten Bodens bestimmt werden.

14.4 Stabilisierung mit Zement

Das Stabilisieren mit Zement ist für sandige Böden gleichbedeutend mit der Herstellung eines Magerbetons; aber es hat dennoch eine allgemeinere Bedeutung, da man es auch auf tonige Böden anwendet. Das Stabilisieren läßt sich an Ort und Stelle durch Auflockern des Bodens, Zugabe des Zementes, kräftiges Mischen und Begießen oder auch in einer stationären oder beweglichen Anlage vornehmen: Im letzteren Fall ersetzt dabei der in die Betonmischmaschine gefüllte Boden die Zuschlagstoffe der klassischen Betone. Die Stabilisierungswirkung hängt von der Zementdosis ab.

Ihr Erfolg ist durch die erhaltene Druckfestigkeit, Dauerhaftigkeit und Widerstandsfähigkeit gegen Frost gekennzeichnet.

Der Gewichtanteil an Zement beträgt im allgemeinen 5 bis 10% des Bodengewichts. Die wesentliche Größe, die das Ergebnis beeinflußt, ist der Bodentyp. Das Verfahren ist bei schweren Tonen nicht angebracht.

Wenn das Verfahren Erfolg versprechen soll, muß der Boden angenähert die folgenden Bedingungen erfüllen:

Bildsamkeit w_{fa} < 20,
Anteil, der durch das 5-mm-Sieb hindurchgeht $> 50\%$,
Anteil, der durch das 75-μm-Sieb hindurchgeht $< 50\%$,
Anteil kleiner als 2 μm $< 30\%$.

Bei Böden, deren Anteil an Elementen $< 75\ \mu$m groß ist (im Grenzfall 50%), braucht man 12 bis 15% Zement. Diese Menge kann man bei Böden mit optimaler Kornabstufung, z. B. bei guten ungesiebten Flußkiesen, bis auf 5% verringern.

Im ersten Fall, bei 15% Zement, braucht man für einen 2 Mp/m^3 schweren Boden 300 kp Zement je Kubikmeter: dies führt rasch zu erhöhten Preisen. Im zweiten Fall bedeuten 5% eines 1,8 Mp/m^3 schweren Bodens 90 kp Zement je Kubikmeter. Dies ist im Hinblick auf die erzielten Druckfestigkeiten von einigen -zig kp/cm^2 wirtschaftlich. Als Wassergehalt kann man den optimalen Proctor-Wassergehalt wählen, der an dem Boden-Zement-Gemisch ermittelt wurde.

Das Verdichten ist wesentlich: Im Laboratorium ließ sich feststellen, daß eine Verminderung der Trockenrohwichte um 0,01 Mp/m^3 eine Verminderung der Druckfestigkeit um 1 kp/cm^2 zur Folge hatte, gegenüber einer Gesamtdruckfestigkeit in der Größenordnung von einigen -zig kp/cm^2. Die nach sieben Tagen erreichten Festigkeiten betragen im allgemeinen 70% der nach 28 Tagen erreichten Festigkeiten.

Allgemein entstehen beim Trocknen des Bodens kleine Oberflächenrisse im Zement.

MacLean und Clare [*14.5*] zeigten, daß organische Stoffe in den Böden das Abbinden des Zementes verzögern oder verhindern können. Man vermutet, daß die organischen Substanzen auf den Kalk des Zementes einwirken und ihn unwirksam machen. Dieser Nachteil läßt sich durch Zugabe eines löslichen Kalziumsalzes vermeiden.

Chemische Stabilisierung

14.5 Stabilisierung mit Bitumen

Es soll hier nicht von der Stabilisierung durch Verwendung von Bitumen gesprochen werden, die für sich allein eines der wichtigsten Kapitel der Straßenbautechnik ist.

14.6 Chemische Stabilisierung durch Verminderung des Wasserabsorptionsvermögens des Bodens

Man führt chemisch reagierende Substanzen in den Boden ein, die das Wasserabsorptionsvermögen des Bodens vermindern. Bei diesen chemischen Substanzen handelt es sich meist um Harze. K. E. Clare [*14.6*] untersuchte den Einfluß von Vinsol-Harzen[1] und des Rosin-Harzes[2]. Von diesen Erzeugnissen genügen 0,75 Gew.-%, um die in Abb. 14.6 angegebenen optimalen Ergebnisse zu erzielen.

Wahrscheinlich verteilen sich die Harzfilme molekularer Dicke in der Grenzfläche Luft-Wasser der feuchten Bodenteilchen. Diese Filme verhindern einen zusätzlichen Wassereintritt, der eine Verringerung der Gesamt-Grenzfläche zur Folge hätte. Der Boden behält also einen kleinen Wassergehalt und infolgedessen eine große Kohäsion.

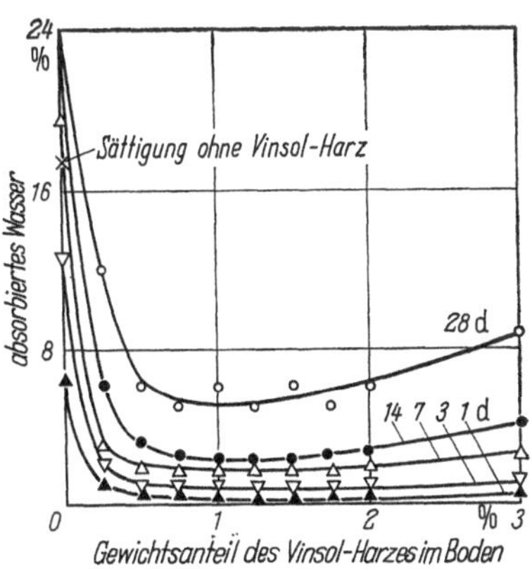

Abb. 14.6. Absorbiertes Wasser in Abhängigkeit vom Gehalt einer Bodenprobe an Vinsol-Harz. (Nach Clare [*14.6*])

Dieses Ergebnis ist allerdings nur für saure Böden gültig.

Außerdem ist nicht bekannt, in welchem Maße die erzielte Wirkung in Anwesenheit von Bodenbakterien von Dauer ist.

---

[1] Vinsol-Harz ist ein dunkles, hartes Naturharz, das bei der Holzdestillation gewonnen wird. Hersteller ist eine Firma der USA (Anm. des Übersetzers).

[2] Rosin-Harz ist ein Rückstand aus der Rohterpentindestillation (Anm. des Übersetzers).

14.7 Stabilisierung durch Zugabe von Polymeren

Man leitet einen chemischen Stoff in den Boden ein, der auf den Boden einwirkt und dadurch dessen mechanische Eigenschaften verbessert. Zu den chemischen Stoffen gehören das Resorcin, Formaldehyd und das Furfuryliden-Anilin (Furfurol+Anilin). Man nimmt an, daß diese Stoffe polymerisieren, wenn sie mit einem feuchten Boden gemischt werden; hierbei hüllen sie die Körner des Bodens ein.

Auf diese Weise stabilisierte die amerikanische Marine bei der Landung im Juni 1944 einige Abschnitte der Normandieküste: Sie schoß Furfurol und Anilin.

Das Verfahren ist nicht wie die chemische Stabilisierung (s. 14.6) auf saure Böden beschränkt.

Die Stabilisierungswirkung kann durch Kationenaustausch ausgelöst werden. Mischt man einen Boden, der mit Calciumacrylat austauschbare Natriumionen enthält, so dissoziiert dieses in Wasser und gibt positiv geladene Calciumionen ab, die die Natriumionen ersetzen können. Es tritt eine Polymerisation ein: Das an die Körner gebundene sowie das im Wasser gelöste Acrylat bilden lange Polymerisationsketten, die der gesamten Bodenmasse Festigkeit verleihen. Diese Technik macht sehr eingehende chemische Untersuchungen in jedem besonderen Fall erforderlich, wie LAMBE 1953 zeigte [*14.7*].

14.8 Schwerkraft-Dränung

Unter Ausnutzung der Schwerkraft kann man das gesamte, in den Böden befindliche Wasser oder auch nur einen Teil desselben entfernen und so die mechanischen Eigenschaften der Böden verbessern.

14.8.1 Waagerechte Gräben oder Dräns. Man zieht in dem Boden, der entwässert werden soll, Gräben oder verlegt kleine Rohre mit geschlitzten oder durchbrochenen Wänden in Gräben auf Sandbettung mit einem Gefälle von einigen Millimetern je Meter.

Diese Technik ist in der Landwirtschaft und im Bauwesen wohl bekannt. Sie ist und bleibt ziemlich empirisch, da jede Theorie über diesen Gegenstand außerordentlich schwierig ist; dies hat seinen Grund darin, daß man vor allem die Durchlässigkeit in waagrechter Richtung und die übereinanderliegenden Zonen kapillarer Sättigung und Nicht-Sättigung oberhalb des Wasserspiegels kennen muß.

Die Dränung ist um so wirksamer, je näher die Dräns beieinander liegen und je größer das Druckhöhengefälle ist. Das Tieflegen der Dräns bleibt stets durch die Abflußbedingungen des dränierten Wassers beschränkt. Die Tendenz geht dahin, die früher üblichen Dränrohre von 20 cm und 25 cm Durchmesser mit Rücksicht auf einen ununterbrochenen Abfluß durch Dränrohre von 8 cm, 10 cm oder 12 cm Durchmesser zu ersetzen, die beachtliche Wassermengen abführen können, im Vergleich zu jenen, die der Boden abzugeben in der Lage ist. Das Hauptproblem ist immer noch, wie lange die Schwerkraftdränung wirksam bleibt. Man stellt fest, daß die Öffnungen in den Rohren häufig durch Wurzeln von Gräsern verstopft oder durch feste Schwemmstoffe verkittet sind. Es ist also angebracht, den Boden mit dem die Gräben gefüllt werden, nach den bei Bodenfiltern üblichen Regeln zu untersuchen (s. 4.2.8).

14.8.2 Lotrechte Dräns. Lotrechte Dräns können aus Rohren mit durchbrochenen Wänden bestehen, die an den Einläufen eventuell mit waagrechten Anschlüssen kombiniert sind. Man kann sie aber auch als Sanddräns ausbilden, deren Theorie im Zusammenhang mit den Konsolidierungserscheinungen behandelt wurde (s. 7.3).

Die Idee der Sanddräns ist nicht neu. Sie muß dem französischen Pionierhauptmann Moreau zuerkannt werden, der im Jahre 1832 eine beachtliche Schrift veröffentlichte mit dem Titel: Notice sur une nouvelle manière de construire en mauvais terrain (über eine neue Art, in schlechtem Gelände zu bauen) [*14.8*]. Moreau zeigte nicht nur das wirtschaftliche Interesse des Verfahrens, das er in Bayonne anwendete; er erklärte auch, wie man sich das Abstützen des Sandes auf dem umgebenden schlechten Boden vorzustellen hat: ,,Sollten die Sandpfähle, die an ihrer Basis unmöglich nachgeben können, seitlich ausweichen, so gelingt ihnen dies nur durch ein Vergrößern der Dichte des Bodens, in dem sie sich befinden.“

Die Sanddräns haben wieder an Aktualität gewonnen. Sie wurden seit 40 Jahren hauptsächlich in Kalifornien [*14.9*] verwendet, um den Untergrund von Hafenstraßen zu konsolidieren. Man verwendete sie auch beim Bau des Flughafens von La Guardia [*14.10*].

Sanddräns werden auf unterschiedliche Art hergestellt. Wenn in der näheren Umgebung viel Wasser vorhanden ist, erweist es sich im allgemeinen als am einfachsten, ein Metallrohr durch Wasserinjektion einzutreiben. Das als provisorische Schalung dienende Rohr zieht man im gleichen Maße aus dem Boden, wie der Sand eingefüllt wird. In manchen Böden kann man sogar bei hohen Injektionsdrücken auf das Verrohren des Erdreichs verzichten.

Im allgemeinen sind Drändurchmesser von 40 bis 80 cm und Dränabstände von 2,50 bis 7,50 m gebräuchlich.

Das Verfahren erfuhr einige Rückschläge; diese entstanden wahrscheinlich durch Bildung eines undurchlässigen Films an der Mantelfläche der Dräns.

14.9 Erzwungene Dränung

Das Sanddrän-Verfahren ist wirksamer, wenn es mit erzwungener Dränung gekoppelt wird. Diese erhält man durch Wasserentzug, Belasten oder Elektroosmose.

14.9.1 Erzwungene Dränung durch Wasserentzug. Die Theorie der Dränung durch Wasserentzug wurde im Zusammenhang mit der Messung des waagrechten Durchlässigkeitskoeffizienten behandelt (s. 4.2.2).

Der Wasserentzug gelingt durch ein Vakuum, das — nach einem Vorschlag von KJELLMANN [*14.11*] — unter einer auf das Gelände, Abb. 14.7,

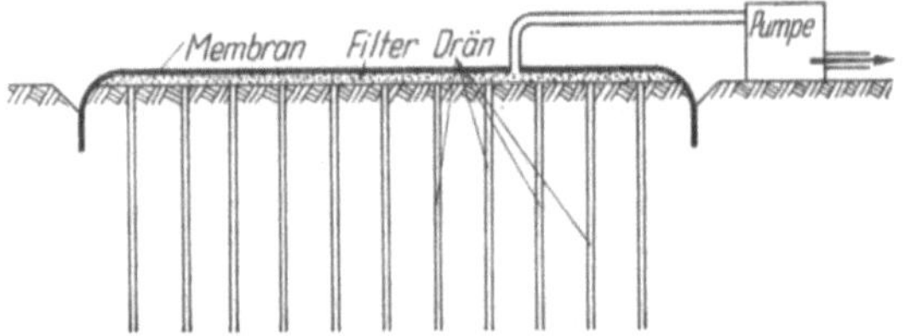

Abb. 14.7. Wasserentzug nach dem patentierten KJELLMANN-Verfahren (Nach KJELLMANN [*14.11*])

aufgelegten Membran hergestellt wird oder — unter Ausnutzung der kapillaren Saugwirkung — durch Pappdräns, d. s. Pappstreifen großer Porosität, die in den Boden eingebracht werden [*14.12*].

14.9.2 Erzwungene Dränung durch Belastung. Der Boden, in dem man die Sanddräns eingebaut hat, wird durch eine Aufschüttung belastet. Durch mehrfaches Verwenden der gleichen Schüttmasse läßt sich ein beschleunigtes Konsolidieren des gesamten Geländes erzielen.

14.9.3 Erzwungene Dränung durch Elektroosmose. Der Durchgang eines Stroms durch einen tonigen Boden ruft einen Wasserstrom von der Anode zur Kathode hervor (s. 4.5.8).

Diese Erscheinung läßt sich zum Konsolidieren der Böden durch Entfernen des zur Kathode gelangenden Wassers verwenden.

Die Konsolidierung durch Elektroosmose ist für Böden von Interesse, deren hydraulisches Leitvermögen (Durchlässigkeit) wesentlich kleiner als das elektrische Leitvermögen ist.

Der Stromverbrauch kann bei einer Dränung durch Elektroosmose beachtlich sein. Bisher war trotz des einfachen obigen Ergebnisses keine genaue Beziehung zwischen der abgeflossenen Wassermenge und der verbrauchten Energiemenge zu finden. Die wirtschaftlichen Aspekte des Verfahrens sind also noch nicht geklärt. Trotzdem kann es sich aber dann als sehr interessant erweisen, wenn es zusätzlich zu einem anderen Verfahren angewandt wird. In weichen Böden herrschen im Verlauf der Konsolidierung Porenwasserdrücke. Man stellte fest, daß der Porenwasserdruck die Elektroosmose begünstigt. SCHAAD und HAEFELI [*14.13*] insbesondere beobachteten im Laboratorium eine beachtliche zusätzliche Setzung, wenn man eine im Konsolidieren begriffene Bodenprobe der Elektroosmose unterwirft. Damit ergibt sich eine Möglichkeit, weiche Böden schnell und wirtschaftlich zu konsolidieren: Die Bodenschichten werden an ihrer Oberfläche belastet und nur an ihrer Basis der Elektroosmose unterworfen.

15 Allgemeine Theorie des Erddrucks und Erdwiderstands

15.1 Beziehungen zwischen konjugierten sowie orthogonalen Spannungen in der Umgebung eines Punktes in einem rolligen Boden im Falle des ebenen elastischen Grenzgleichgewichts

Bei vielen bodenmechanischen Problemen und insbesondere bei der Berechnung des Erdwiderstands und Erddrucks im ebenen Fall ist es wichtig, die Beziehungen zwischen bestimmten Spannungen in der Umgebung eines Punktes zu kennen, der sich im Grenzgleichgewicht befindet. Abb. 15.1 zeigt diese Spannungen in der Mohrschen Darstellung, Abb. 15.2 zeigt für die gleichen Spannungen die Spannungsellipse, deren Achsen proportional $\sqrt{\sigma_1}$ und $\sqrt{\sigma_3}$ sind. Das Verhältnis dieser Achsen ist

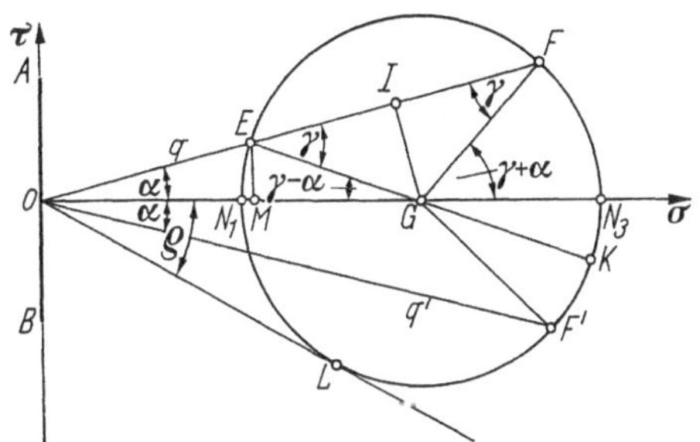

Abb. 15.1. Spannungen in der Umgebung eines Punktes, dargestellt nach Mohr

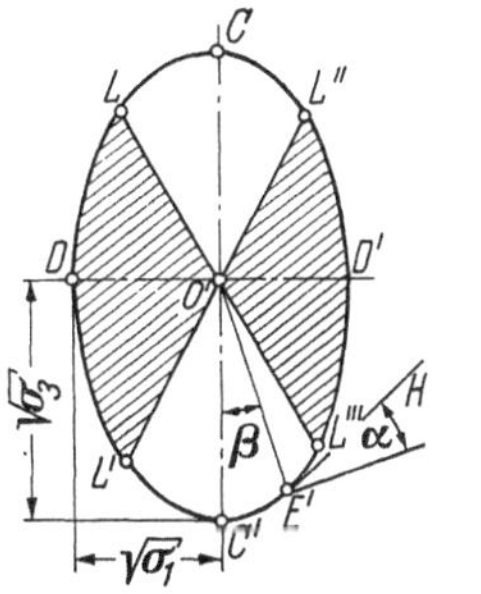

Abb. 15.2. Spannungsellipse

$$\lambda_a^{\frac{1}{2}} = \tan\left(\frac{\pi}{4} - \frac{\varrho}{2}\right)$$

(s. 9.3.1.2). In Abb. 15.2 bedeuten $O'C'$ die Ebene, auf der die kleinste Spannung σ_1 wirkt, und $O'D'$ die Ebene, auf der die größte Spannung σ_3 wirksam ist.

Nach den Eigenschaften der Spannungsellipse ist die unter dem Winkel α wirkende Spannung $q = \overline{OE}$ des Mohrschen Kreises, Abb. 15.1, im Raum gemäß $E'H$ gerichtet, d. h. sie bildet die Tangente an die Spannungsellipse im Punkt E', Abb. 15.2; $E'H$ schließt mit der Spur des Flächenelementes $O'E'$ den Winkel $\frac{\pi}{2} - \alpha$ ein. Anderseits ist der Winkel β, der die Richtung des Flächenelementes mit der Spur $O'E'$ definiert, gleich der Hälfte des Winkels $\sphericalangle\, OGE = \gamma - \alpha$ im Mohrschen Kreis, Abb. 15.1:

$$\beta = \frac{\gamma - \alpha}{2}.$$

15.1.1 Beziehungen zwischen konjugierten Spannungen. Zwei Spannungen q und q' sind zueinander konjugiert, wenn die eine Spannung q auf einem Flächenelement wirkt, das mit der Richtung der anderen

Spannung q' zusammenfällt und umgekehrt. In Erweiterung dieses Begriffs bezeichnet man auch die zu konjugierten Spannungen gehörenden Flächenelemente, bzw. deren Ebenen oder Richtungen als konjugiert.

In der MOHRschen Darstellung werde die unter dem Winkel α wirkende Spannung $\overline{OE}$ mit q bezeichnet, Abb. 15.1. Die dazu konjugierte Spannung ist $\overline{OF'}$ (symmetrisch zu $\overline{OF}$); sie hat den Betrag q'.

Die Spannung $\overline{OF}$ kann offensichtlich nicht die konjugierte Spannung sein. Wenn nämlich α gleich ϱ wäre, fielen E und F zusammen. Die beiden konjugierten Spannungen fielen dann ebenfalls zusammen, was aber unmöglich ist.

Das Verhältnis $\lambda_{a,\alpha} = q/q'$ der konjugierten Spannungen soll für den Winkel α berechnet werden.

Wenn man mit p die mittlere Spannung $\overline{OG}$ bezeichnet, so beträgt der Halbmesser des MOHRschen Kreises $p \sin\varrho$, und es ergibt sich:

$$\overline{OE} = q = p\cos\alpha - p\sin\varrho\cos\gamma\,,$$

$$\overline{OF'} = q' = p\cos\alpha + p\sin\varrho\cos\gamma\,;$$

es ist also:

$$\lambda_{a,\alpha} = \frac{1}{\lambda_{p,\alpha}} = \frac{\cos\alpha - \sin\varrho\cos\gamma}{\cos\alpha + \sin\varrho\cos\gamma}\,.$$

Nun ist

$$\frac{\sin\gamma}{p} = \frac{\sin\alpha}{p\sin\varrho}\,,$$

d. h.

$$\sin\gamma = \frac{\sin\alpha}{\sin\varrho}\,.$$

Damit läßt sich unter Berücksichtigung dieser Beziehung schreiben:

$$\lambda_{a,\alpha} = \frac{1}{\lambda_{p,\alpha}} = \frac{\sin(\gamma-\alpha)}{\sin(\gamma+\alpha)}\,.$$

Für $\alpha = 0$ findet man:

$$\lambda_a = \frac{\overline{ON_1}}{\overline{ON_3}} = \frac{p - p\sin\varrho}{p + p\sin\varrho} = \tan^2\left(\frac{\pi}{4} - \frac{\varrho}{2}\right),$$

$$\lambda_p = \tan^2\left(\frac{\pi}{4} + \frac{\varrho}{2}\right).$$

Es wurde bereits gesagt, daß das Flächenelement $O'E'$, Abb. 15.2, auf das die durch $\overline{OE}$, Abb. 15.1, dargestellte Spannung q wirkt, mit der Hauptspannungsrichtung $O'C'$ den Winkel $\beta = (\gamma - \alpha)/2$ einschließt.

Ebenso bildet das konjugierte Flächenelement, das die Richtung $E'H$ hat, mit der anderen, zu $O'C'$ rechtwinkligen Hauptspannungsrichtung $O'D'$ im MOHRschen Kreis den Winkel $(\gamma + \alpha)/2$, d. h. die Hälfte des Winkels $\sphericalangle\, N_3GF'$.

Es ist oftmals von Interesse, die mittlere Spannung p, d. h. die Strecke $\overline{OG}$ zu kennen, wenn der MOHRsche Grenzkreis durch die Spannung $\overline{OE} = q$ gegeben ist.

Aus Abb. 15.1 liest man unmittelbar ab:

$$p = \frac{\overline{OI}}{\cos\alpha} = \frac{q + q'}{2\cos\alpha} = q\,\frac{1 + \lambda_{p,\alpha}}{2\cos\alpha} = q'\,\frac{1 + \lambda_{a,\alpha}}{2\cos\alpha}\,.$$

Im Grenzgleichgewicht genügt eine Spannung q allein zum Bestimmen des MOHRschen Kreises und des gesamten maximalen Spannungstensors. Die beiden Komponenten von q können durch den Winkel α festgelegt werden. Diese Komponenten $\tau = q\sin\alpha$ und $\sigma = q\cos\alpha$ sind in Abb. 15.1 durch $\overline{ME}$ und $\overline{OM}$ wiedergegeben. Man erhält unmittelbar nach dieser Abbildung:

$$\tau = p\sin\varrho\sin(\gamma - \alpha)\,,$$

$$\sigma = p\,[1 - \sin\varrho\cos(\gamma - \alpha)] = p\sin\varrho\left[\frac{1}{\sin\varrho} - \cos(\gamma - \alpha)\right].$$

Es sei daran erinnert, daß $\gamma - \alpha = 2\,\beta$ ist, mit β als dem Winkel, den das Flächenelement mit der Hauptspannungsrichtung bildet.

Aus Abb. 15.2 ist ersichtlich, daß die Spannungen, die auf den die Ellipse tangierenden Flächenelementen wirken, von D' bis L'' kleiner (der Punkt E wandert dann auf dem MOHRschen Kreis von N_1 nach L) und von L'' bis C größer (der Punkt E wandert auf dem MOHRschen Kreis von L nach N_3) als ihre zugehörigen konjugierten Spannungen sind.

Auf der Spannungsellipse lassen sich also je zwei paarweise symmetrische Zonen unterscheiden, die gestrichelten und die nicht gestrichelten, Abb. 15.2.

In den gestrichelten Zonen sind die Spannungen auf den von den Strahlen gebildeten Flächenelementen größer als die dazu konjugierten Spannungen auf den von den Tangenten an die Spannungsellipse gebildeten Flächenelementen; umgekehrt sind in den nicht gestrichelten Zonen die Spannungen auf den tangentialen Flächenelementen größer.

Die Richtungen $O'L$ und $O'L'$, die die beiden Zonen trennen, bilden mit $O'C$ den Winkel $\frac{\pi}{4} - \frac{\varrho}{2}$ und mit ihren konjugierten Richtungen den Winkel $\frac{\pi}{2} - \varrho$; dies sind die Richtungen größter Gleitung. Die Koordinaten der Punkte L, L', L'' und L''' ergeben sich aus den jeweiligen Halbachsen durch Multiplikation mit $1/\sqrt{2}$.

15.1.2 Beziehung zwischen orthogonalen Spannungen. Es ist vielfach wichtig, das Verhältnis der Spannungen zu kennen, die auf zwei, unter einem rechten Winkel stehenden Flächenelementen wirken. $\overline{OE}$

und $\overline{OK}$ mögen diese beiden Spannungen sein; E und K liegen auf dem MOHRschen Kreis diametral gegenüber, Abb. 15.1.

Die Komponenten der ersten Spannung $\overline{OE}$ lauten mit $OG = p$ nach Abb. 15.1:

$$\sigma = q\cos\alpha = p\,[1 - \sin\varrho\cos(\gamma - \alpha)] = p\,(1 - \sin\varrho\cos 2\beta),$$

$$\tau = q\sin\alpha = p\sin\varrho\sin(\gamma - \alpha) = p\sin\varrho\sin 2\beta\,.$$

Für die zweite Spannung $\overline{OK}$ ergibt sich:

$$\sigma' = 2p - q\cos\alpha = p\,[1 + \sin\varrho\cos(\gamma - \alpha)] = p\,(1 + \sin\varrho\cos 2\beta),$$

$$\tau' = -\tau\,.$$

Das Verhältnis $\lambda = \frac{\sigma'}{\sigma}$ der orthogonalen Spannungen lautet:

$$\lambda = \frac{\sigma'}{\sigma} = \frac{2p}{q\cos\alpha} - 1 = \frac{1 + \lambda_{p,\alpha}}{\cos^2\alpha} - 1\,,$$

$$\lambda = \tan^2\alpha + \frac{\lambda_{p,\alpha}}{\cos^2\alpha} \text{ oder}$$

$$\lambda = \frac{\sigma'}{\sigma} = \frac{1 + \sin\varrho\cos(\gamma - \alpha)}{1 - \sin\varrho\cos(\gamma - \alpha)} = \frac{1 + \sin\varrho\cos 2\beta}{1 - \sin\varrho\cos 2\beta}\,.$$

15.2 Definition des Erddrucks und des Erdwiderstands

Es sei eine rollige Erdmasse betrachtet, die durch eine Wand begrenzt ist. Wenn diese Wand die Erdmasse stützt, so erfährt sie durch die Erdmasse eine Kraft, die man allgemein *Erddruck* nennt. Eine Stützmauer ist eine Wand dieser Art.

Versuch und Theorie zeigen, daß der Erddruck im Falle einer rauhen Wand am kleinsten ist, und zwar, wenn die von der Erdmasse ausgeübte Kraft unter dem Winkel ϱ zur Normalen auf die Wand wirkt; dabei ist die Tangentialkomponente der Kraft zum Fuß der Wand gerichtet.

Dieser Minimalwert im besonderen soll im folgenden *Erddruck* genannt werden.

Wenn die Wand hingegen Kräfte auf die Erdmasse ausübt, die die Erdmasse zurückdrängen wollen, so bringt diese eine Reaktion auf, die man *Erdwiderstand* nennt. Der Erdwiderstand ist am größten, wenn er bei einer rauhen Wand unter dem Winkel ϱ zur Normalen auf die Wand nach oben gerichtet ist.

Erddruck und Erdwiderstand sind die Grenzwerte der Kraft, die von einer Erdmasse entweder aktiv (wirkende Kraft) oder passiv (widerstehende Kraft) ausgeübt werden kann. Wenn die Wand vollkommen starr ist und Vorkehrungen getroffen sind, daß sie sich in keiner Richtung verschieben kann, so liegt die von der Erdmasse ausgeübte Kraft zwischen diesen beiden Grenzwerten. Sie hängt dann nicht vom Winkel ϱ der inneren Reibung, sondern von den elastischen Eigenschaften der Erdmasse ab. Wenn sich jedoch die Wand unter der Einwirkung der Erdmasse nur geringfügig verschieben kann, so nimmt die von dieser ausgeübte Kraft bis zur Größe des Erddrucks ab. Belastet man umgekehrt die Erdmasse durch einen zusätzlichen Druck auf die Wand, so vergrößert sich ihre Reaktion bis zur Größe des Erdwiderstands.

Bei gleichen Bodeneigenschaften sind die Werte für den Erddruck und den Erdwiderstand sehr unterschiedlich. Im Falle z. B. einer rolligen Erdmasse mit einem Winkel der inneren Reibung von $\varrho = 30°$ und freier (unbelasteter) waagrechter Oberfläche beträgt das Verhältnis der Normalkomponenten von Erdwiderstand und Erddruck im Falle einer lotrechten rauhen Wand [*15.1*]:

$$\frac{5,36}{0,267} = 20,8 \, .$$

Die Erddruck- und Erdwiderstandprobleme, die im Bauwesen auftreten, regten zu zahlreichen theoretischen Forschungen an. Diese erstreckten sich bisher jedoch vor allem auf Fragen des Erddrucks.

15.3 Theorie von Coulomb

Die älteste Arbeit über den Erddruck ist ein Essay, das CHARLES-AUGUSTIN COULOMB, Ingénieur du Roi, im Jahre 1773 der Académie Royale des Sciences vorlegte. Es trägt den Titel: „Essai sur une application des règles de maximis et minimis à quelques problèmes de statique, relatifs à l'architecture" [*15.2*].

COULOMB beschäftigte sich zum ersten Male mit der Ermittlung des Erddrucks, der bei freier (unbelasteter) waagrechter Oberfläche auf lot-

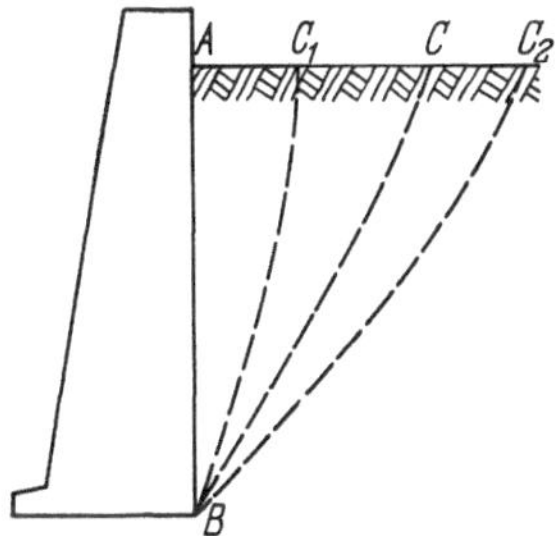

Abb. 15.3. Mögliche Gleitlinien hinter einer Stützmauer

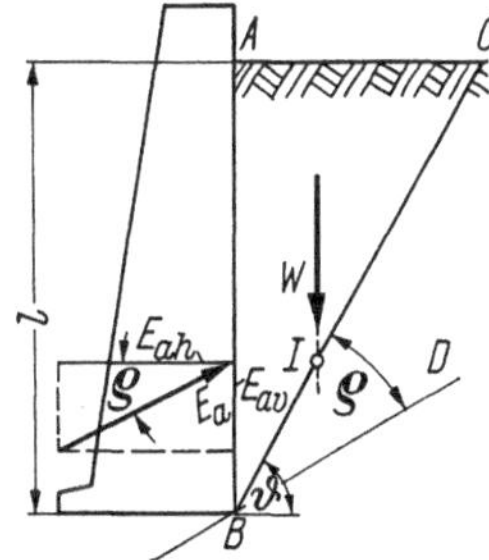

Abb. 15.4. COULOMBscher Gleitkeil

rechte Stützmauern ausgeübt wird, Abb. 15.3 und 15.4. Er nahm einen Gleitkeil an, der im lotrechten Schnitt die Form eines rechtwinkligen Dreiecks hat, dessen Seite $\overline{AB}$ lotrecht ist und dessen Hypotenuse $\overline{BC}$

eine geneigte Ebene (Gleitfläche) bildet, längs der der Gleitkeil abrutscht. Dieser von der Schwerkraft beanspruchte dreieckförmige Rutschkörper wird durch eine Reibungskraft längs der Gleitfläche gehalten: Damit ist es einfach, mit den Gleichungen der Statik die Kraft zu bestimmen, die längs der lotrechten Wand wirkt.

Wenn man beachtet, daß der Boden im Falle eines Bruches nicht nur nach einer ebenen Gleitfläche, sondern auch nach einer beliebig gekrümmten Gleitfläche abrutschen kann, so ist also zur Ermittlung des Druckes gegen eine lotrechte Wand unter allen Flächen — mit den Spuren $\overline{BC}$, $\overline{BC}_1$, $\overline{BC}_2$, Abb. 15.3 — die herauszufinden, für die in einer lotrechten Ebene unter der Einwirkung der Schwerkraft und der Reibungskraft in der Gleitfläche zum Herstellen des Gleichgewichts die größte Kraft erforderlich ist. „Denn", schreibt COULOMB, „es ist einleuchtend, daß sich ein anderer Rutschkörper, der zum Herstellen des Gleichgewichts eine kleinere Kraft benötigt, nicht ausbilden könnte."

COULOMB beschränkte sich auf das Problem des Erddrucks, d. h. der kleinsten Kraft, die auf eine die Erdmasse abstützende Wand wirken kann, ohne daß das Gleichgewicht gestört ist. Er nahm an, daß unter den Gleitlinien, die diese kleinste Kraft auf die lotrechte Wand liefern, die Gerade deren Größtwert ergibt: COULOMB vereinfachte auf diese Weise absichtlich seine Untersuchung; er weist jedoch am Ende seiner Arbeit auf den vereinfachten Charakter seiner Hypothese hin: „Die Einfachheit der Ergebnisse, die diese Annahme liefert," sagte er, „die Mühelosigkeit ihrer Anwendung auf die Praxis, der Wunsch, den Baumeistern nützlich zu sein und von ihnen verstanden zu werden, waren die Gründe, die uns zu dieser Hypothese bewogen". Die Argumente COULOMBs sollten nicht wertlos sein, denn beinahe zweihundert Jahre später greifen noch immer sehr viele Ingenieure weiter auf diese Hypothese zurück.

Es wird im folgenden gezeigt, daß diese tatsächlich nur für ein beschränktes Gebiet von Erddruckproblemen angenäherte Ergebnisse ergibt; bei Erdwiderstandproblemen trifft dies jedoch keineswegs zu.

Abb. 15.4 zeigt den Gleitkeil ABC, der auf eine lotrechte, *rauhe* Wand einwirkt. Die angreifenden Kräfte sind: der unbekannte Erddruck E_a, der unter dem Winkel ϱ zur Normalen auf die Wand wirkt, das Eigengewicht $W = \frac{1}{2}\gamma\, l^2 \cot\vartheta$ des Gleitkeils und die Reaktionskraft der Erdmasse auf den Gleitkeil, deren Größe und Wirkungslinie man zwar nicht kennt, von der man aber weiß, daß sie unter dem Winkel ϱ zur Normalen auf BC geneigt ist. Durch Projektion dieser wirkenden Kräfte auf die Achse BD, die mit BC den Winkel ϱ einschließt, vermindern sich die Kräfte auf E_a und W. Sie müssen im Gleichgewicht stehen; dies gestattet es, E_a in Abhängigkeit von ϑ auszudrücken. Durch Nullsetzen der Ableitung von E_a nach ϑ läßt sich die gesuchte Neigung ϑ der Fläche $\overline{BC}$ für den Gleitkeil ermitteln, der den größten Erddruck liefert.

Die beiden anderen Gleichgewichtsbedingungen gestatten es nicht, gleichzeitig die Größe der Reaktionskraft der Erdmasse auf $\overline{BC}$, ihren Angriffspunkt und den Angriffspunkt des Erddrucks auf der Wand $\overline{AB}$ zu bestimmen. Die Theorie von COULOMB kann also nicht die Druckverteilung auf der Wand liefern.

Sehr häufig wird daraus die Folgerung gezogen und gesagt: Was für die durch den Fußpunkt der Wand gehende Linie $\overline{BC}$ gilt, trifft auch für eine Linie $\overline{B'C'}$ zu, die parallel zu $\overline{BC}$ verläuft und die Wand in einer Tiefe $z < l$ schneidet. Infolgedessen führe die Projektion von $W = \frac{1}{2}\,\gamma\, z^2 \cot\vartheta$ auf eine dreieckförmige Verteilung der Spannungen längs der Wand.

Wenn dies so wäre, ergäbe sich auf $\overline{BC}$ eine hydrostatische Verteilung der Spannungen. Das Gewicht W würde dann durch denselben Punkt I gehen wie die Reaktion der Erdmasse auf $\overline{BC}$. Das Moment des Erddrucks E_a in bezug auf I müßte also null sein: Dies stimmt nur für den Fall der *glatten* Wand, da dann $E_{av} = 0$ ist und E_{ah} durch I geht.

Die COULOMBsche Theorie ergibt mithin im allgemeinen Fall keine dreieckförmige Verteilung der Spannungen.

Nach COULOMB zog der General JEAN-VICTOR PONCELET [*15.3*] im Jahre 1840 in einer Arbeit über die Stabilität von Stützmauern und deren Gründung hinsichtlich des Erddrucks alle Konsequenzen aus der COULOMBschen Theorie im Falle einer freien (unbelasteten), nicht waagrechten Oberfläche und einer geneigten Wand. Er gab gleichzeitig ein graphisches Verfahren[1], Abb. 15.5, und die Erddruckformel an, die mit den Bezeichnungen und Zeichenfestlegungen des vorliegenden

[1] *Gang der Konstruktion*, Abb. 15.5: Zur Bestimmung des Erddrucks zieht man durch den Fußpunkt B der Wand $\overline{AB}$ die unter dem Winkel ϱ zur Waagerechten geneigten Gerade $\overline{BD}$. Sie schneidet die freie Oberfläche in D. Die Gerade AG wird so gelegt, daß der Winkel $\sphericalangle AGD = \frac{\pi}{2} + \beta + \alpha$ wird.

Die Senkrechte in G auf $\overline{BD}$ schneidet in C den über $\overline{BD}$ als Durchmesser beschriebenen Halbkreis. Der um B mit $\overline{BC}$ als Halbmesser geschlagene Kreis schneidet $\overline{BD}$ in H. Die Parallele zu $\overline{GA}$ durch H schneidet $\overline{AD}$ in E. Der Kreis um H durch E trifft $\overline{BD}$ in F.

Die Gleitebene ist dann $\overline{BE}$, der Erddruck gleich der Wichte $\gamma\cdot$Fläche FEH.

Bezüglich der Ermittlung des Erdwiderstands gelangten PONCELET, CULMANN und PRONY zu einer analogen Konstruktion. Diese bietet jedoch wegen der Abweichungen der entsprechenden Ergebnisse von der Wirklichkeit kein großes Interesse.

Werkes folgendermaßen lautet:

$$E_a = \frac{1}{2}\gamma l^2 \frac{\cos^2(\beta-\varrho)}{\cos^2(\beta+\alpha)} \frac{1}{\left[1+\sqrt{\frac{\sin(\varrho+\alpha)\sin(\varrho-\omega)}{\cos(\beta+\alpha)\cos(\beta-\omega)}}\right]^2};$$

in dieser Formel bedeuten:

E_a der auf die Wand $\overline{AB}$ wirkende Erddruck,

α Winkel, den E_a bzw. p oder b (s. u.) mit der Normalen auf die Wand bildet (Neigung von E_a, p oder b zur Normalen; Wandreibungswinkel),

l Länge der Wand,

β Winkel, den die Wand mit der Lotrechten einschließt; β ist positiv, wenn die Wandoberkante (gegenüber der Wandunterkante) zurücksteht, wie in Abb. 15.5, negativ wenn sie überhängend ist, wie in Abb. 15.6,

ω Winkel, den die Ebene der freien (unbelasteten) Oberfläche der Erdmasse mit der Waagrechten einschließt; ω ist positiv, wenn die Ebene zur Kante A abfällt, wie in Abb. 15.6, negativ im entgegengesetzten Fall.

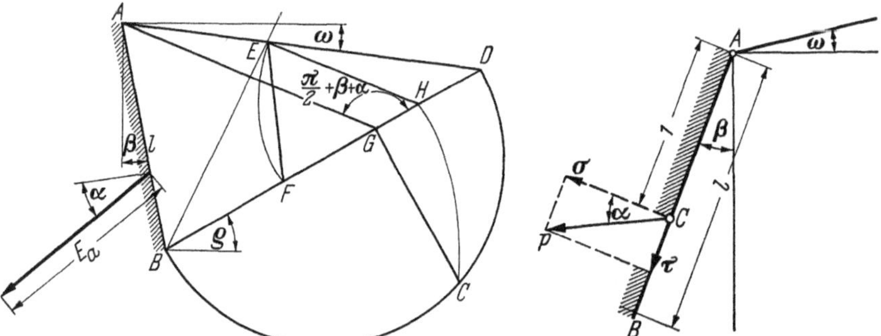

Abb. 15.5. Graphische Ermittlung des Erddrucks nach PONCELET

Abb. 15.6. Definition der in der Theorie des Erddrucks und Erdwiderstands verwendeten Formelzeichen

Es sei weiterhin für die folgenden Untersuchungen bezeichnet mit:

p Erddruckspannung (im Falle $\gamma = 1$: *Erddruckbeiwert*), die auf ein Flächenelement der Wand $\overline{AB}$, Abb. 15.6, im Abstand eins von A wirkt; A liegt auf der freien Oberfläche,

b Erdwiderstandspannung (im Falle $\gamma = 1$: *Erdwiderstandbeiwert*), die auf ein Flächenelement der Wand $\overline{AB}$ im Abstand eins von A wirkt,

σ Komponente der Spannung (Beiwert) p bzw. b in Richtung der Normalen auf die Wand,

τ Komponente der Spannung (Beiwert) p bzw. b in Richtung der Wand; die Tangentialspannung τ ist ebenso wie α positiv, wenn sie in Richtung AB zeigt, wie in Abb. 15.6, negativ bei entgegengesetztem Sinn.

Wenn man in der Formel von PONCELET $+\varrho$ durch $-\varrho$ ersetzt und vor der Wurzel ein Minuszeichen annimmt, liefert die so veränderte Formel den Erdwiderstand

$$E_p = \frac{1}{2}\gamma l^2 \frac{\cos^2(\beta+\varrho)}{\cos^2(\beta+\alpha)} \frac{1}{\left[1-\sqrt{\frac{\sin(\varrho-\alpha)\sin(\varrho+\omega)}{\cos(\beta+\alpha)\cos(\beta-\omega)}}\right]^2}.$$

Für $\alpha = -45°$, $\beta = -45°$ und $\omega = -\varrho$ ergibt die Formel einen unendlich großen Wert, d. h. also: Im Falle eines Bodens mit $\omega = -45°$ und $\varrho = 45°$, Abb. 15.7, wird der Widerstand gegenüber dem Eindringen eines Kegels, dessen Erzeugende unter 45° zur Lotrechten geneigt sind, unendlich groß. Dieses unrichtige Ergebnis kommt deshalb zustande, weil die grundlegende Hypothese, nach der die Gleitlinie geradlinig ist, hier keine Gültigkeit hat.

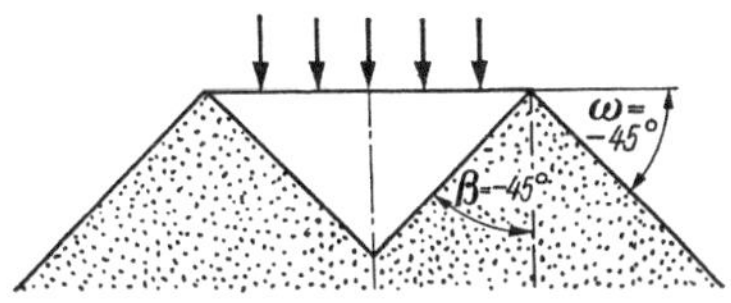

Abb. 15.7. Ungenauigkeit der COULOMBschen Theorie im Falle des Erdwiderstands

15.4 Theorie von Rankine-Lévy-Considère

WILLIAM JOHN MACQUORN RANKINE, Professor für Bauwesen und Mechanik an der Universität Glasgow [*15.4*], veröffentlichte im Jahre 1856 eine Arbeit über die Stabilität eines nichtbindigen Bodens und kritisierte darin die Gleitkeiltheorie von PONCELET.

RANKINE bemerkte dazu, daß diese für einige Sonderfälle wohl genaue Lösungen liefere, daß sie in ihrer Anwendung jedoch beschränkt und vom wissenschaftlichen Standpunkt wenig befriedigend sei. Diese Feststellungen führten RANKINE dazu, das allgemeine Grenzgleichgewicht einer durch ihr Eigengewicht belasteten Erdmasse zu untersuchen. Die freie (unbelastete) Oberfläche der Erdmasse wird als zylindrische Fläche angenommen, deren Erzeugende senkrecht zur Ebene der größten und kleinsten Spannung verlaufen. Unter Berücksichtigung der Rohwichte γ und des Winkels ϱ der inneren Reibung stellte sich RANKINE die Aufgabe, von der Spannungsverteilung um einen Punkt ausgehend die Gestalt und Lage der Fläche zu bestimmen, auf der die Spannung lotrecht ist und irgendeinen gegebenen Wert hat. Er zeigte, daß dieses spezielle Problem — so wie er es sich vorgab — im allgemeinen Fall von der Integration einer FOURIERschen Gleichung abhängt; dabei läßt sich nur dann eine Lösung angeben, wenn die Oberfläche des Erdreichs eine unbegrenzte waagrechte oder geneigte Ebene bildet. Für diesen Fall bewies RANKINE, daß die Flächen gleicher Spannung Ebenen parallel zur freien Oberfläche des Bodens sind und daß sich die lotrechte Spannung aus dem Gewicht eines Volumenelementes mit der Flächeneinheit als Grundfläche und dessen lotrechter Erzeugender als Höhe ergibt, Abb. 15.8.

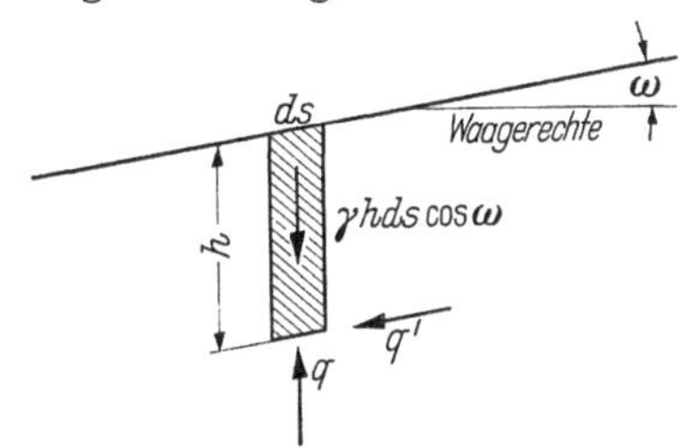

Abb. 15.8. Auf ein Volumenelement des Bodens wirkende Spannungen im RANKINEschen Grenzgleichgewichtszustand

Anders ausgedrückt: Die Spannung q in einer Ebene parallel zur freien Oberfläche und in einer Tiefe h beträgt:

$$q = \frac{\gamma\, ds\, h \cos \omega}{ds} = \gamma\, h \cos \omega\,,$$

mit ω als der Neigung der freien Oberfläche gegenüber der Waagrechten.

In jedem Punkt sind die lotrechte Ebene — senkrecht zur Bildebene — und die zur freien Oberfläche parallele Ebene untereinander konjugiert, d. h. daß die Spannung q auf jeder Ebene parallel zur freien Oberfläche lotrecht und daß die Spannung q' auf jeder lotrechten Ebene parallel zur freien Oberfläche wirkt.

Der Neigungswinkel dieser beiden konjugierten Spannungen auf ihren entsprechenden Ebenen beträgt jeweils $\alpha = \omega$.

Dieses spezielle Grenzgleichgewicht ist dadurch gekennzeichnet, daß es identisch die gleichen Spannungen in allen, in der gleichen Tiefe gelegenen Punkten der Erdmasse liefert.

Die hier dargestellten Besonderheiten des RANKINEschen Grenzgleichgewichts wurden in Frankreich unabhängig von dem englischen Gelehrten durch MAURICE LÉVY [*15.5*] und ARMAND GABRIEL CONSIDÈRE [*15.6*] erkannt.

Der MOHRsche Kreis gestattet es, unmittelbar die Ergebnisse aufzufinden, die RANKINE, LÉVY und CONSIDÈRE aus den obigen Gegebenheiten ableiteten.

Diese Darstellung ermöglicht es, die konjugierte Spannung q' in Abhängigkeit von der Spannung q, $\overline{OE}$ in Abb. 15.9, zu berechnen; die konjugierte Spannung q' wirkt auf den lotrechten Flächenelementen in der Höhe h parallel zur Linie größter Neigung (s. 15.1.1).

Die Größe der auf einem lotrechten Flächenelement wirkenden seitlichen Spannung q' kann zwischen den Werten des Erddrucks $\overline{OF'} = q\,\lambda_{a,\omega}$

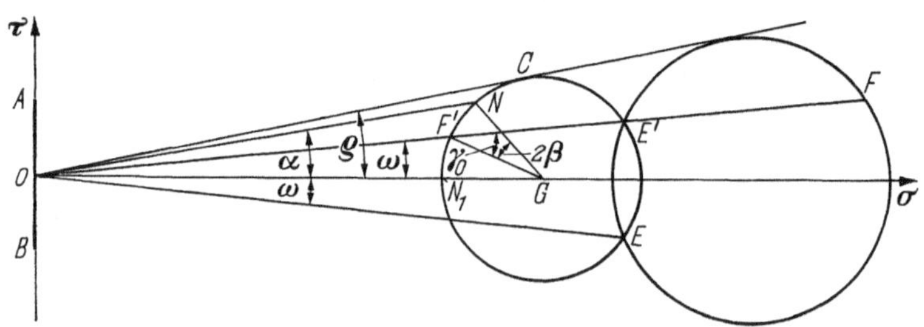

Abb. 15.9. Spannungen im RANKINEschen Grenzgleichgewichtszustand, nach MOHR dargestellt

und des Erdwiderstands $\overline{OF} = q\,\lambda_{p,\omega}$ schwanken. Die Erddruckspannung $q\,\lambda_{a,\omega}$ entspricht dem ersten RANKINEschen Grenzgleichgewichtszustand (unteres Grenzgleichgewicht), die Erdwiderstandspannung $q\,\lambda_{p,\omega}$ dem zweiten Grenzgleichgewichtszustand (oberes Grenzgleichgewicht). Jedem dieser Grenzgleichgewichtszustände entspricht ein MOHRscher Kreis mit $\overline{E'F'}$ (unteres Grenzgleichgewicht) und $\overline{E'F}$ (oberes Grenzgleichgewicht) als Sehne. Auf den anderen Flächenelementen einer von der freien Oberfläche aus gelegten Radialebene, die mit der Lotrechten den Winkel β einschließt, genügt es, zur Spannungsermittlung die Pfeilspitze des Spannungsvektors auf den Punkt N des MOHRschen Kreises zu setzen, und zwar in einem Abstand von Punkt F' oder F, der durch einen Zentriwinkel 2β bestimmt ist, Abb. 15.9.

Die Spannungen in verschiedenen Punkten der Radialebene sind proportional h.

Bei konstantem ω wird q proportional dem Abstand von der freien Oberfläche. Die verschiedenen MOHRschen Kreise stehen dann in einem bestimmten Ähnlichkeitsverhältnis. Da der Winkel 2β in allen Punkten der Radialebene gleich ist, müssen auch alle Spannungen in dem gleichen Ähnlichkeitsverhältnis stehen. Sie sind also auch proportional dem Abstand von der Oberkante einer durch die Erdmasse gelegten radialen Grenzfläche (Wand) zur ihrem Angriffspunkt auf der Grenzfläche. Der Erddruck auf diese Grenzfläche ist also gleich dem Produkt aus der Spannung $\overline{ON}$, die im Abstand eins von der Oberkante wirkt, und $\gamma\, l^2/2$ (l Länge der Grenzfläche). Er greift im unteren Drittel an. Seine Normalkomponente ist mithin gleich dem Druck, den eine Flüssigkeit von entsprechender Wichte ausüben würde. Die Spannung wirkt unter einem Winkel α, der a priori durch ω und β bestimmt ist. Insbesondere ist der Winkel α für den unteren Grenzgleichgewichtszustand (Erddruck) nur dann gleich ϱ, wenn N mit C zusammenfällt. In diesem Falle gilt:

$$2\beta = \sphericalangle CGN_1 - \sphericalangle F'GN_1 = \left(\frac{\pi}{2} - \varrho\right) - (\gamma_0 - \omega)\,,$$

d. h.

$$\beta = \left(\frac{\pi}{4} - \frac{\varrho}{2}\right) - \left(\frac{\gamma_0 - \omega}{2}\right),$$

mit

$$\sin\gamma_0 = \frac{\sin\omega}{\sin\varrho}$$

Der Winkel α wird null für

$$\beta = \frac{\gamma_0 - \omega}{2}\,.$$

Abb. 15.10a und b zeigen diesen Fall für $\omega = 0$. Der Winkel α ist gleich $-\varrho$, wenn

$$\beta = \frac{\pi}{4} - \frac{\varrho}{2} + \frac{\gamma_0 - \omega}{2}$$

wird.

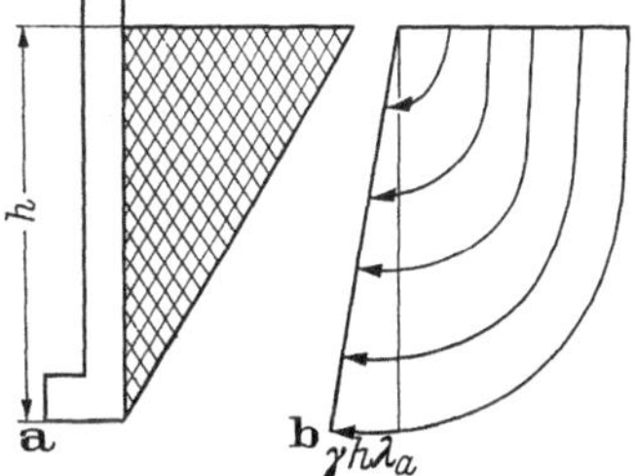

Abb. 15.10a u. b. RANKINEscher Grenzgleichgewichtszustand für den Fall: $\alpha = 0°$, $\beta = 0°$ und $\omega = 0°$
a Zone plastischen Gleichgewichts, b Hüllkurve der auf den Radialebenen wirkenden Spannungen (RANKINEsche Ellipse) und Diagramm der auf der Grenzfläche (Wand) wirkenden Druckspannungen

Nun hängt der Neigungswinkel α der Spannung nicht ausschließlich von den geometrischen Größen ω und β, sondern auch von der Relativbewegung zwischen der Erdmasse und der Wand ab. BOUSSINESQ stellte diese Unzulänglichkeit der Theorie von RANKINE-LÉVY-CONSIDÈRE fest, die a priori eine physikalische Erscheinung unter Bedingungen erfaßt, die dem Versuch widersprechen, und entwickelte in dieser Erkenntnis die nachfolgend beschriebene Theorie [*15.7*].

15.5 Theorie von Boussinesq-Résal

In den beiden vorangegangenen Theorien wurden gerade Gleitlinien vorausgesetzt; die Spannungsellipsen für alle Punkte der Erdmasse hatten untereinander parallele Achsen. Statt nun wie COULOMB und RANKINE gerade Gleitlinien anzunehmen, stellte sich BOUSSINESQ die Aufgabe, unter der Voraussetzung von Spannungen, deren Größe auf Radialebenen proportional mit dem Abstand von der freien Oberfläche zunimmt, Punkt O in Abb. 15.11, die Gleichung dieser Gleitlinien und gleichzeitig die Drehung der Ellipsenachsen zu bestimmen, um so die Grenzwerte der Spannungen, d. h. schließlich den Erdwiderstand und den Erddruck zu gewinnen. Seine Berechnungen führten ihn auf Differentialgleichungen, die sich exakt nicht integrieren lassen. Trotzdem konnte BOUSSINESQ durch eine angenäherte Integration eine Formel erhalten, die mit genügender Genauigkeit den Wert des Erddrucks lieferte, allerdings nur für den Fall positiver und kleiner ω und β.

Durch Näherungslösungen ergänzte RÉSAL [*15.8*] die Erddrucktabellen von BOUSSINESQ für negative ω und β; jedoch erfassen die gegebenen Werte nur einige Fälle des Neigungswinkels α. Keiner von ihnen behandelte den Erdwiderstand, obwohl doch dieser für die Berechnung der Tragfähigkeit von Fundamenten sehr wichtig ist.

Im folgenden sei die Theorie von BOUSSINESQ wieder aufgegriffen und weiter ausgearbeitet; dabei wird gezeigt, wie sich alle Ausdrücke mit beliebiger Genauigkeit berechnen lassen.

15.6 Allgemeine Theorie des Erddrucks und Erdwiderstands unter Berücksichtigung von Spannungen konstanter Richtung und auf Radialebenen proportional mit dem Abstand von der freien (unbelasteten) Oberfläche der Erdmasse zunehmender Größe (Theorie von Boussinesq-Caquot)

15.6.1 Aufgabenstellung. Im RANKINEschen Grenzgleichgewichtszustand, Abb. 15.11, sind die Hüllkurven der zu den Radiusvektoren — d. h. den Spuren der Radialebenen in der Bildebene —, die vom Punkt O der freien (unbelasteten) Oberfläche ausgehen, konjugierten Richtungen der zu diesem Punkt gehörenden Spannungsellipse ähnlich.

Es seien die zum *Rankineschen Erddruckgleichgewicht* gehörenden Hüllkurven (Ellipsen) untersucht. Ihr Achsenverhältnis beträgt

$\tan\left(\frac{\pi}{4} - \frac{\varrho}{2}\right)$; die Linie größter Neigung OC und die Lotrechte OD sind konjugiert.

Man betrachte eine beliebige Hüllkurve. Die Gleitrichtung OE ist von der Hauptspannungsrichtung OP um den Winkel $\frac{\pi}{4} - \frac{\varrho}{2}$ entfernt. Die Hauptspannungsrichtung ihrerseits liegt unter dem Winkel $\beta_0 = \frac{\gamma_0 - \omega}{2}$ zur Lotrechten, wie bereits hergeleitet wurde; dabei ist γ_0 durch $\sin\gamma_0 = \sin\omega/\sin\varrho$ definiert.

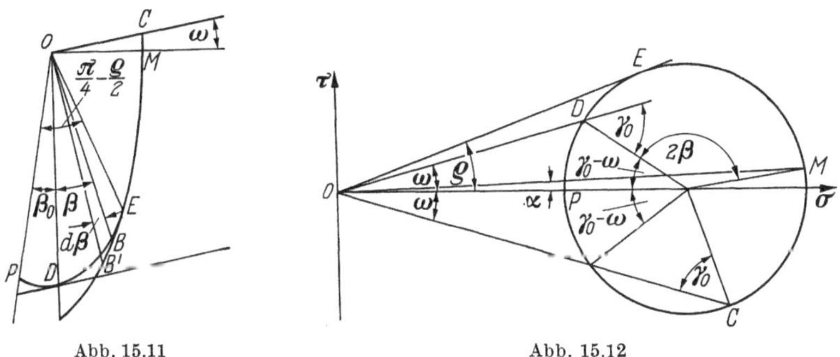

Abb. 15.11 Abb. 15.12

Abb. 15.11 und Abb. 15.12. Ermittlung des BOUSSINESQ-CAQUOTschen Erddruckgleichgewichts

In der MOHRschen Darstellung, Abb. 15.12, entspricht einem beliebigen Punkt der Erdmasse ein MOHRscher Kreis, der die beiden Hüllgeraden berührt und dessen Durchmesser durch den lotrechten Abstand dieses Punktes von der freien Oberfläche bestimmt ist. Wenn man so die zu den verschiedenen Punkten der Ellipse $CEBD$, Abb. 15.11, gehörenden MOHRschen Kreise zeichnet, kann man auf einem von ihnen die auf den Radialebenen wirkenden Spannungen zusammenfassend darstellen. Auf der Radialebene OC, Abb. 15.11, wirkt die Spannung $\overline{OC}$, Abb. 15.12, auf OE, Abb. 15.11, wirkt die Spannung $\overline{OE}$, Abb. 15.12, auf OD, Abb. 15.11, die Spannung $\overline{OD}$, Abb. 15.12 usw. Da ein Erddruckproblem vorliegt, ist die auf der lotrechten Ebene wirkende Spannung $\overline{OD}$, Abb. 15.12, kleiner als ihre konjugierte Spannung $\overline{OC}$, Abb. 15.12, die im gleichen Punkt auf einer zur freien Oberfläche parallelen Ebene wirkt. Von der freien Oberfläche OC zur Gleitebene OE nimmt die Neigung α der auf den Radialebenen wirkenden Spannungen von $-\omega$ auf $+\varrho$ zu. Vom Punkt E ab kann diese Neigung nur abnehmen, welches auch immer der Kreisbogen ist, der vom Punkt M, Abb. 15.12, beschrieben wird. Im RANKINEschen Grenzgleichgewichtszustand nimmt sie sehr rasch von ϱ auf null ab; diesen Wert null erreicht sie für die Hauptspannungsrichtung OP.

Die Frage ist nun, ob es einen Grenzgleichgewichtszustand gibt, der günstiger als der RANKINEsche ist, in dem also der Winkel weniger rasch abnimmt. In diesem Fall wird die Hüllkurve der zu den Radiusvektoren konjugierten Richtungen, die die Ellipse im Punkt E, Abb. 15.11, berührt, außerhalb von der Ellipse in dem Maße bleiben, wie β abnimmt; bei gleichem Winkel β wird in diesem Grenzgleichgewichtszustand die Spannung auf der Radialebene kleiner sein als im RANKINEschen Grenzgleichgewichtszustand.

Zum Beweis sei dieser optimale Grenzgleichgewichtszustand, Abb. 15.11, der von der Radialebene mit der Spur OD bis zur Radialebene mit der Spur OB als erfüllt angenommen wird, betrachtet und von dieser bis zur infinitesimal benachbarten Ebene mit der Spur $\overline{OB'}$ untersucht. Wenn man auf $\overline{OB}$ mit σ die Normalspannung im Abstand eins von O und mit r die Strecke $\overline{OB}$ sowie mit $\sigma + d\sigma$ und mit $r + dr$ die entsprechenden Werte für $\overline{OB'}$ bezeichnet, so ergibt sich als Gleichung für das Moment der auf das Volumenelement BOB' wirkenden Kräfte um O unmittelbar:

$$d\left(\frac{\sigma r^2}{2} \cdot \frac{2}{3} r\right) = \frac{\gamma r^2}{2} d\beta \cdot \frac{2r}{3} \sin\beta ,$$

$$r^3 d\sigma + 3r^2 \sigma\, dr = \gamma r^3 \sin\beta\, d\beta .$$

Eine Zunahme von dr entspricht also einer Abnahme von $d\sigma$ bei gleichem $d\beta$.

In diesem Grenzgleichgewichtszustand bleiben die Spannungsellipsen noch ähnlich mit Bezug auf das Ähnlichkeitszentrum O; da aber die Richtungen der freien Oberfläche und der Lotrechten nun nicht mehr konjugiert sind, erfahren die Hauptachsen der Ellipsen in dem Maße eine Drehung, wie sich der Winkel β von der ersten Gleitebene OE dieses neuen BOUSSINESQ-CAQUOTschen Grenzgleichgewichtszustands an ändert.

Im Falle des *Rankineschen Erdwiderstandgleichgewichts*, Abb. 15.13 und 15.14, nimmt die Neigung α der auf den Radialebenen wirkenden Spannungen von der freien Oberfläche OC bis zur ersten Gleitebene OE von $-\omega$ bis $-\varrho$ ab. Der Punkt auf dem zugehörigen MOHRschen Kreis bewegt sich von C nach E'. Wenn sich die Radialebene weiter dreht, kann diese Neigung nur zunehmen. Im RANKINEschen Grenzgleichgewichtszustand nimmt sie von $-\varrho$ bis null zu; den Wert null erreicht α für die Radialebene OP (Hauptspannungsrichtung der Ellipse).

Das Problem besteht auch hier darin, von der Radialebene OE ab einen Grenzgleichgewichtszustand zu finden, in dem der Winkel α weniger rasch zunimmt als im RANKINEschen Grenzgleichgewichtszustand.

Bevor die allgemeinen Gleichungen aufgestellt werden, die den einen oder anderen dieser Grenzgleichgewichtszustände beschreiben, sei noch zu diesem Thema bemerkt, daß RAVIZÉ [*15.9*] – dank einer Bemerkung HENRI POINCARÉS über die singulären Punkte der Differentialgleichungen

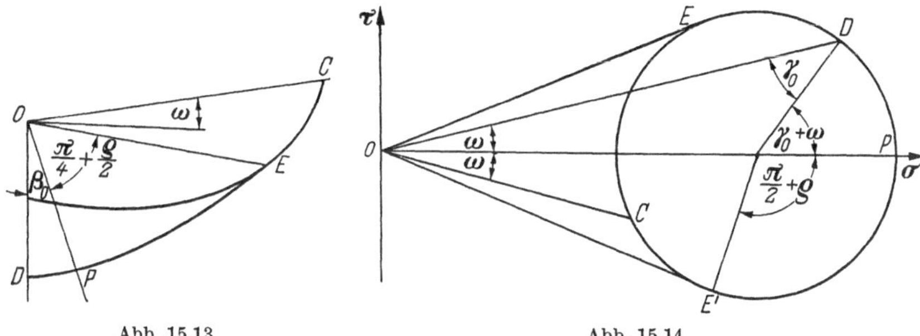

Abb. 15.13 Abb. 15.14

Abb. 15.13 und Abb. 15.14. Ermittlung des BOUSSINESQ-CAQUOTschen Erdwiderstandgleichgewichts

erster Ordnung – bewies, daß in einer durch eine ebene Oberfläche von der Neigung ω begrenzten rolligen Erdmasse zwischen $\omega = -\varrho$ und $\omega = +\varrho$ keine andere Lösung zum Erreichen der freien Oberfläche von Gleitebenen aus besteht als der RANKINEsche Grenzgleichgewichtszustand.

In den beiden Fällen des Erdwiderstands oder des Erddrucks setzt also der gesuchte Grenzgleichgewichtszustand von der freien Oberfläche bis zur Gleitrichtung den ebenen, durch parallele Gleitlinien gekennzeichneten Grenzgleichgewichtszustand von RANKINE voraus; über diese Gleitrichtung hinaus gilt ein neuer Grenzgleichgewichtszustand, der durch eine neue, zu den Radiusvektoren konjugierte Kurve gekennzeichnet ist. Diese liegt zwischen der Ellipse des RANKINEschen Grenzgleichgewichtszustands und der logarithmischen Spirale, deren Tangenten mit den Radiusvektoren den konstanten Winkel $\frac{\pi}{2} - \varrho$ bilden.

Die Neigung α der Spannungen, die auf den Radialebenen wirken, ist nämlich höchstens gleich ϱ, und die logarithmische Spirale ist eine absolute Grenzkurve der zum Radiusvektor konjugierten Kurven.

Zusammenfassend läßt sich sagen: Da alle betrachteten Grenzgleichgewichtszustände in allen Punkten der Radialebene durch eine Spannung konstanter Richtung und proportional mit dem Abstand von der freien Oberfläche zunehmender Größe gekennzeichnet sind, ist es zweckmäßig, zunächst die allgemeinen Grenzgleichgewichtsbedingungen einer schweren Erdmasse unter diesen beiden Voraussetzungen genauer zu untersuchen.

Der RANKINEsche Grenzgleichgewichtszustand ist also nur ein Sonderfall dieses allgemeinen Grenzgleichgewichtszustandes. Er ist dadurch gekennzeichnet, daß die Spannung, die in jedem Punkt der Radialebene auf einem Flächenelement parallel zur freien Oberfläche des Bodens wirkt, gleich dem Gewicht des Volumenelementes ist, das aus der lotrechten Erzeugenden des Volumenelementes und der Grundfläche eins gebildet wird.

15.6.2 Allgemeine Gleichgewichtsgleichungen. OM sei eine beliebige Radialebene, die mit der Lotrechten den Winkel β einschließt, und ON eine zu OM infinitesimal benachbarte Radialebene. M und N sind zwei, um die Länge eins von O entfernte Punkte, Abb. 15.15.

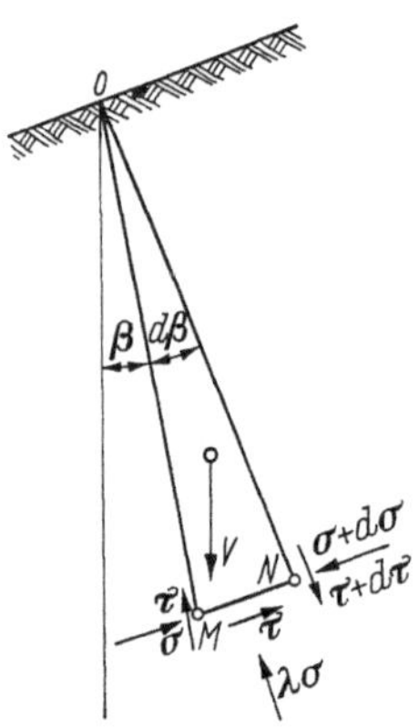

Abb. 15.15. Auf ein Volumenelement des Bodens wirkende Spannungen im BOUSSINESQ-CAQUOTschen Grenzgleichgewichtszustand

In M sind σ und τ die Komponenten der dort wirkenden Spannung, in N betragen die entsprechenden Komponenten $\sigma + d\sigma$ und $\tau + d\tau$ (σ und τ sind dabei Spannungen je Längeneinheit; sie haben also die Dimension einer Wichte, d. h. einer Kraft je Volumeneinheit).

Auf der Ebene senkrecht zur Radialebene in M hat man die Druckspannung $\lambda\sigma$ und die Schubspannung τ.

Nimmt man die Wichte der Erdmasse mit eins an, so beträgt das Gewicht des Volumenelementes mit der Grundfläche OMN und der Höhe eins (senkrecht zur Bildebene) $d\beta/2$. Da vorausgesetzt ist, daß sich die Spannungen proportional mit dem Abstand von der freien Oberfläche ändern und längs der Radialebene konstante Richtung haben, greifen die aus ihnen resultierenden Kräfte aus $\overline{OM}$ von M aus im Drittelpunkt der Länge eins an und haben die Größe $\sigma/2$ und $\tau/2$.

Die entsprechenden Kräfte auf $\overline{ON}$ betragen $-(\sigma + d\sigma)/2$ und $-(\tau + d\tau)/2$.

Auf $\overline{MN}$ lauten die Kräfte $\lambda\,\sigma\,d\beta$ und $\tau\,d\beta$ bei Vernachlässigung der infinitesimalen Größen zweiter Ordnung.

Die Gleichung für das Gleichgewicht der Momente um O ergibt somit:

$$\frac{1}{3}\sigma - \frac{1}{3}(\sigma + d\sigma) + \tau\,d\beta = \frac{d\beta}{3}\sin\beta\,.$$

Daraus wird:

$$\frac{d\sigma}{d\beta} = 3\tau - \sin\beta \qquad (1).$$

Bei Projektion der Kräfte auf $\overline{ON}$ ergibt sich:

$$\frac{\sigma}{2}d\beta + \frac{d\tau}{2} - \lambda\sigma\,d\beta + \frac{d\beta}{2}\cos\beta = 0\,,$$

$$\frac{d\tau}{d\beta} = (2\lambda - 1)\,\sigma - \cos\beta\,.$$

Führt man $m = 2\lambda - 1$ ein, so wird:

$$\frac{d\tau}{d\beta} = m\sigma - \cos\beta \qquad (2).$$

Gl. (1) und (2) bilden ein System von zwei Differentialgleichungen erster Ordnung mit Störglied und nicht konstanten Koeffizienten, da m, das eine Funktion der Winkeldifferenz $\gamma - \alpha = 2(\beta + \beta_0)$ ist, von $\tan\alpha = \tau/\sigma$ abhängt.

Die Funktion m, deren Größe durch λ (s. 15.1.2) bekannt ist, gestattet es, in jedem Punkt die Bedingung für das Grenzgleichgewicht aufzuschreiben.

Die beiden Fundamentalgleichungen, Gl. (1) und (2), sind nicht integrierbar. BOUSSINESQ gab — wie erwähnt (15.5) — Näherungsformeln an, die aber auf einem zu kleinen Gebiet anwendbar sind. RÉSAL ermittelte durch schrittweise Näherung nach der Differenzenrechnung einige Erddruckbeiwerte, die sich bei der Berechnung von Stützwänden anwenden lassen.

Die erste Gleitlinie $\overline{OE}$ des nichtrankineschen, BOUSSINESQ-CAQUOTschen Grenzgleichgewichtszustands, Abb. 15.13, auf die man von der Oberfläche aus beim Verlassen des RANKINEschen Grenzgleichgewichtszustands stößt, ist eine Linie der singulären Punkte[1] der obigen Differentialgleichungen, die für den allgemeinen Grenzgleichgewichtszustand aufgestellt wurden. Das CAUCHYsche Theorem gestattete es RAVIZÉ, die Werte von σ in Abhängigkeit von β aufgrund der Werte auf der Gleitebene $\overline{OE}$ durch Entwickeln in konvergente Reihen zu bestimmen. Die mathematische Analyse ergibt, daß unterhalb von $\overline{OE}$ unendlich viele Gleichgewichtszustände existieren, die sich den Randbedingungen auf $\overline{OE}$ anpassen. Ein einziger von ihnen entspricht aber nur einer gegebenen Neigung α der Spannungen auf der Wand. Diese Methode erlaubte es RAVIZÉ, die Erdwiderstandbeiwerte im Sonderfall $\omega = 0$ und $\beta = 0$ zu berechnen.

Im folgenden soll eine Methode gezeigt werden, die es ermöglicht, numerische Näherungsrechnungen mit jeder gewünschten Genauigkeit sowohl für den Erdwiderstand als auch den Erddruck und für alle ω- und β-Werte vorzunehmen.

Vor der Behandlung der beiden Probleme, getrennt nach Erddruck und Erdwiderstand, sei zunächst die Funktion m untersucht.

15.6.3 Die Funktion m. Wie bereits hergeleitet (s. 15.1.2) ist:

$$\lambda = \frac{1 - \sin\varrho\cos(\gamma + \alpha)}{1 + \sin\varrho\cos(\gamma + \alpha)}.$$

[1] Die Linien der singulären Punkte werden in der Mathematik Charakteristiken genannt (Anm. des Übersetzers).

Dieser Ausdruck gilt für den Fall, daß sich der Bildpunkt der auf der Radialebene wirkenden Spannung mit den Komponenten σ und τ auf dem großen Bogen des MOHRschen Kreises befindet, d. h. rechts von den Berührungspunkten der Hüllgeraden mit dem MOHRschen Kreis, Abb. 15.1, die den Ebenen größter Gleitungen entsprechen. Liegt der Bildpunkt auf dem kleinen Kreisbogen, so hat man für λ den Ausdruck:

$$\lambda = \frac{1 + \sin\varrho \cos(\gamma - \alpha)}{1 - \sin\varrho \cos(\gamma - \alpha)} .$$

Der Winkel γ ist in beiden Fällen durch dessen Sinus mit Hilfe des Ausdrucks bestimmt:

$$\sin\gamma = \frac{\sin\alpha}{\sin\varrho} .$$

Schreibt man $\pi - \gamma$ statt γ, so bleibt α gleich, und der eine der vorstehenden Ausdrücke geht in den anderen über. Daraus folgt, daß ein einziger von ihnen sämtliche möglichen Fälle des Erddrucks und Erdwiderstands erfaßt.

Der zweite Ausdruck ergibt z. B. für m:

$$m = \frac{1 + 3\sin\varrho \cos(\gamma - \alpha)}{1 - \sin\varrho \cos(\gamma - \alpha)} \qquad (3).$$

Es läßt sich zeigen, daß die Kurve für m in Abhängigkeit von $\tan\alpha = \tau/\sigma$ eine Ellipse ist, Abb. 15.16.

Setzt man in Gl. (3) $-\alpha$ statt α, so wird γ zu $-\gamma$ und $\cos(\gamma - \alpha)$ ändert sich nicht. Die Kurve ist also zur m-Achse symmetrisch.

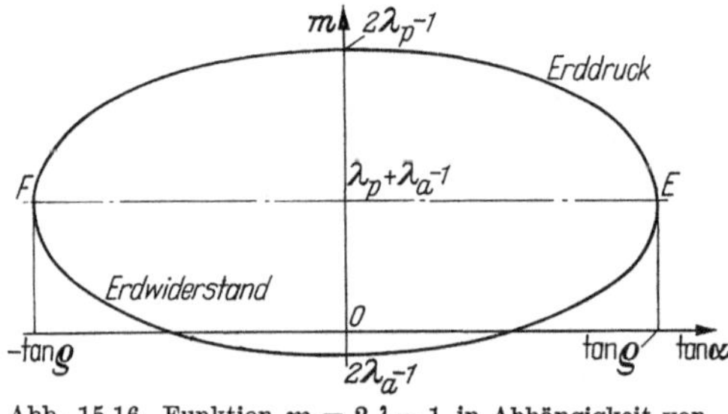

Abb. 15.16. Funktion $m = 2\lambda - 1$ in Abhängigkeit von $\tan\alpha$

Für $\tan\alpha = 0$ wird

— entweder:

$$m = \frac{1 + 3\sin\varrho}{1 - \sin\varrho} = 2\lambda_p - 1 ;$$

dies entspricht $\alpha = 0$;

— oder

$$m = \frac{1 - 3\sin\varrho}{1 + \sin\varrho} = 2\lambda_a - 1 ;$$

dies entspricht $\alpha = \pi$.

Die Ellipsenpunkte haben also ausschließlich positive m-Werte, wenn $2\lambda_a - 1 > 0$, d.h. wenn $\varrho < 19°28{,}28'$ ist.

Die Ordinate des Ellipsenmittelpunkts beträgt:

$$m = \frac{2\lambda_p - 1 + 2\lambda_a - 1}{2} = \lambda_p + \lambda_a - 1 .$$

Die Größe $\lambda_p + \lambda_a - 1$ ist gleich $1 + 4\tan^2\varrho$.

Die mit der m-Achse zusammenfallende Halbachse hat also die Länge $\lambda_p - \lambda_a$. Die andere Halbachse ist offenbar gleich $\tan\varrho$, d. h. gleich dem größtmöglichen Wert von $\tan\alpha$.

Damit ist m durch die Gleichung

$$\left(\frac{m+1-\lambda_p-\lambda_a}{\lambda_p-\lambda_a}\right)^2+\frac{\tan^2\alpha}{\tan^2\varrho}=1$$

gegeben. Berücksichtigt man, daß $\lambda_p - \lambda_a$ gleich $\frac{4\sin\varrho}{\cos 2\varrho}$ ist, so läßt sich die Gleichung dieser Ellipse auch in der Form

$$m = 1 + 4\tan^2\varrho \pm \frac{4}{\cos\varrho}\sqrt{\tan^2\varrho - \tan^2\alpha}$$

schreiben. Der obere Ellipsenbogen entspricht dem obigen, an erster Stelle genannten Ausdruck von λ, der untere Bogen dem an zweiter Stelle genannten.

Diese Ellipse hüllt den Bereich der gleichzeitig möglichen m- und $\tan\alpha$-Werte ein. Die inneren Punkte entsprechen Gleichgewichtszuständen, bei denen das Grenzgleichgewicht nicht erreicht ist, d. h. bei denen nicht der gesamte Wert der Reibung ausgenutzt wird.

Die auf der Ellipse selbst gelegenen Punkte entsprechen Grenzgleichgewichtszuständen. Fordert man, daß der Punkt $(\tan\alpha, m)$ auf dieser Ellipse liegt, so sind damit die vorstehenden Ausdrücke, Gl. (1) und (2), vervollständigt und das gesuchte Grenzgleichgewicht bestimmt.

Die folgenden Betrachtungen werden darüber hinaus zeigen, daß der obere Bogen der Ellipse dem Erddruckgleichgewicht, der untere Bogen dem Erdwiderstandgleichgewicht entspricht.

15.7 Berechnung der Erddruckspannungen

15.7.1 Partikularlösung. Das Erddruckgleichgewicht von RANKINE ist eine Sonderlösung des Systems der beiden Differentialgleichungen, s. Gl. (1) und Gl. (2) in (15.6.2):

$$\frac{d\sigma}{d\beta} = 3\tau - \sin\beta\,,$$

$$\frac{d\tau}{d\beta} = m\,\sigma - \cos\beta\,.$$

Dies läßt sich beweisen, wenn man für σ, τ und m die folgenden Ausdrücke in die Differentialgleichungen einsetzt:

$$\sigma = \cos(\omega-\beta)\,\frac{\sin\gamma_0}{\sin(\gamma_0+\omega)}\,[1-\sin\varrho\cos(2\beta+\gamma_0-\omega)]\,,$$

$$\tau = \cos(\omega-\beta)\,\frac{\sin\gamma_0}{\sin(\gamma_0+\omega)}\,\sin\varrho\sin(2\beta+\gamma_0-\omega)\,,$$

$$m = \frac{1+3\sin\varrho\cos(2\beta+\gamma_0-\omega)}{1-\sin\varrho\cos(2\beta+\gamma_0-\omega)}\,,$$

mit

$$\sin\gamma_0 = \frac{\sin\omega}{\sin\varrho}\cdot$$

Diese Ausdrücke ergeben sich aus Abb. 15.17 und 15.18:

Die im Abstand eins, Abb. 15.18, von der Kante O auf einer Ebene parallel zur freien Oberfläche wirkende Spannung ist durch $\overline{OC}$ wiedergegeben, Abb. 15.17, während die auf der lotrechten Ebene wirkende

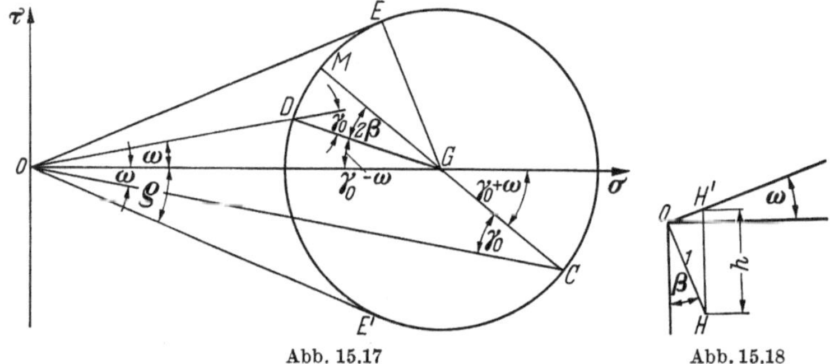

Abb. 15.17 Abb. 15.18

Abb. 15.17 und Abb. 15.18. RANKINEsche Sonderlösung im Falle des Erddruckgleichgewichts

konjugierte Spannung $\overline{OD}$ ist. Diese Spannungen haben beide absolut jeweils die gleiche Neigung α; $\overline{OD}$ ist die kleinere Spannung, da es sich in diesem Falle um ein Erddruckgleichgewicht handelt. $\overline{OC}$ ergibt sich zu

$$\overline{OC} = \frac{\cos(\omega-\beta)}{\cos\omega}\cos\omega = \cos(\omega-\beta)\,.$$

Im RANKINEschen Grenzgleichgewichtszustand ist $\overline{OC} = h\cos\omega$ (h lotrechter Abstand der freien Oberfläche von der betrachteten parallelen Ebene).

Nun entspricht im Dreieck OHH', Abb. 15.18, der Abstand eins von der Kante O einer Tiefe

$$\frac{h}{1} = \frac{\sin\left(\frac{\pi}{2}-\beta+\omega\right)}{\sin\left(\frac{\pi}{2}-\omega\right)} = \frac{\cos(\beta-\omega)}{\cos\omega}\cdot$$

Mithin ist nach dem Dreieck OCG, Abb. 15.17,

$$p = \overline{OG} = \frac{\sin\gamma_0}{(\sin\gamma_0+\omega)}\cos(\omega-\beta)\,.$$

Durch Projizieren von $\overline{OM}$ und $\overline{MG}$ auf $\overline{OG}$ erhält man die obigen Ausdrücke für σ und τ; der Winkel $\sphericalangle\, DGM$ ist dabei gleich $2\,\beta$ und doppelt so groß wie der Winkel, den die lotrechte Ebene mit der betrachteten Radialebene einschließt.

15.7.2 Allgemeine Lösung. Die Differentialgleichungen lauten — wie bereits angegeben (15.6.2) —

$$\frac{d\sigma}{d\beta} = 3\tau - \sin\beta \qquad (1),$$

$$\frac{d\tau}{d\beta} = m\,\sigma - \cos\beta \qquad (2);$$

dabei muß der durch die Koordinaten $\tan\alpha = \tau/\sigma$ und m definierte Punkt auf der vorher definierten Ellipse, Abb. 15.16, bleiben.

Die beiden Differentialgleichungen sind immer erfüllt, wenn man eine beliebige Funktion $F(\beta)$ so einführt, daß gilt:

$$\sigma = \cos\beta + 3F\text{, d.h.:} \qquad F = \frac{\sigma - \cos\beta}{3} \qquad (3\,\text{a}),$$

$$\tau = \frac{dF}{d\beta}\text{, d.h.:} \qquad \frac{dF}{d\beta} = \tau \qquad (3\,\text{b}),$$

$$m\,\sigma = \cos\beta + \frac{d^2F}{d\beta^2}\text{, d.h.:}\ \frac{d^2F}{d\beta^2} = m\,\sigma - \cos\beta \qquad (3\,\text{c}).$$

Die Beziehungen der Gl. (3a) und Gl. (3b) bringen zum Ausdruck, daß Gl. (1) erfüllt ist. Wird $d\tau/d\beta$ in Abhängigkeit von $F(\beta)$ in Gl. (2) eingeführt, so ergibt sich die Beziehung der Gl. (3c).

Geht man von der Randbedingung aus, die auf der ersten Gleitebene des Boussinesq-Caquotschen Grenzgleichgewichtszustands durch β_0, σ_0, τ_0 und m_0 definiert ist, so folgt durch Entwickeln von $F(\beta)$ in einer Taylor-Reihe und Multiplikation mit 3:

$$\sigma - \cos\beta = \sigma_0 - \cos\beta_0 + 3\tau_0(\beta - \beta_0) + \\ + \frac{3}{2}(m_0\sigma_0 - \cos\beta_0)(\beta - \beta_0)^2 + \left(\frac{d^3F}{d\beta^3}\right)_0 \frac{(\beta-\beta_0)^3}{2} + \varepsilon\frac{(\beta-\beta_0)^2}{4} \qquad (4\,\text{a}),$$

$$\tau = \tau_0 + (m_0\sigma_0 - \cos\beta_0)(\beta - \beta_0) + \left(\frac{d^3F}{d\beta^3}\right)_0 \frac{(\beta-\beta_0)^2}{2} + \varepsilon\frac{\beta-\beta_0}{3} \qquad (4\,\text{b}),$$

$$m\,\sigma - \cos\beta = m_0\sigma_0 - \cos\beta_0 + \left(\frac{d^3F}{d\beta^3}\right)_0 (\beta - \beta_0) + \varepsilon \qquad (4\,\text{c}),$$

mit

$$\varepsilon = \left(\frac{d^4F}{d\beta^4}\right)\frac{(\beta-\beta_0)^2}{2}.$$

Dabei bezieht sich die vierte Ableitung auf den Mittelwert von $\frac{d^4F}{d\beta^4}$ zwischen β_0 und β.

In dieser Reihenentwicklung lassen sich alle Ableitungen außer der vierten für die durch σ_0, τ_0 und $\boldsymbol{m}_0$ definierte Randbedingung bestimmen.

Insbesondere ist $(d^3F/d\beta^3)_0$ leicht zu berechnen. Allgemein beträgt:

$$\frac{d^3F}{d\beta^3} = \sin\beta + \frac{d(\boldsymbol{m}\sigma)}{d\beta} = \sin\beta + \boldsymbol{m}\,(3\,\tau - \sin\beta) + \sigma\frac{d\boldsymbol{m}}{d\beta}\cdot$$

Der Wert von $d^3F/d\beta^3$ für die erste Gleitebene geht aus dieser Formel hervor, wenn man darin für $d\boldsymbol{m}/d\beta$ den Wert einsetzt, der sich aus dem durch die RANKINEsche Sonderlösung gegebenen Ausdruck für $\boldsymbol{m}$ durch Differenzieren von $\boldsymbol{m}$ nach β ergibt. Man findet für:

$$\frac{d\boldsymbol{m}}{d\beta} = -\frac{8\sin\varrho\sin u}{(1-\sin\varrho\cos u)^2},$$

mit

$$u = 2\beta + \gamma_0 - \omega\,.$$

Nun gilt:

$$\sigma = p\,(1 - \sin\varrho\cos u)\,,$$

$$\tau = p\sin\varrho\sin u\,.$$

Damit wird:

$$\frac{d\boldsymbol{m}}{d\beta} = -8p\frac{\tau}{\sigma^2},$$

und nach Multiplikation mit σ:

$$\sigma\frac{d\boldsymbol{m}}{d\beta} = -8p\tan\alpha\,.$$

Auf der ersten Gleitebene hat man also als dritte Ableitung mit $\alpha = \varrho$:

$$\left(\frac{d^3F}{d\beta^3}\right)_0 = \sin\beta_0 + \boldsymbol{m}_0\,(3\tau_0 - \sin\beta_0) - 8p_0\tan\varrho\,.$$

Da auf dieser Gleitebene

$$2\beta + \gamma_0 - \omega = \frac{\pi}{2} - \varrho$$

und damit

$$\tau_0 = p_0\sin\varrho\cos\varrho$$

ist, so ergibt sich:

$$\left(\frac{d^3F}{d\beta^3}\right)_0 = \sin\beta_0 + \boldsymbol{m}_0\,(3\tau_0 - \sin\beta_0) - \frac{8\tau_0}{\cos^2\varrho}\cdot$$

Dieser Ausdruck läßt sich nach COURTAIGNE [*15.10*] zusammenfassen zu:

$$\left(\frac{d^3F}{d\beta^3}\right)_0 = -\tan\varrho\,\frac{(1-\sin\varrho)\,(5+9\sin\varrho)}{2\cos\beta_0}\,.$$

Wenn man also von einem bestimmten Punkt $(\tan\alpha = \tau/\sigma, m)_0$ der Ellipse, Abb. 15.16, ausgeht — dies entspricht einer Spannung mit den Komponenten σ_0, τ_0, die auf einer Radialebene mit dem Winkel β_0 wirkt —, so lassen sich die Ausdrücke $(m\sigma - \cos\beta)_0$, $\left(\tau - \sin\frac{\beta}{3}\right)_0$ usw. berechnen und infolgedessen alle Koeffizienten der Reihenentwicklung, Gl. (4a) bis (4c), außer ε bestimmen. In Abhängigkeit von ε kann man die Spannungen τ und σ auf einer Radialebene ermitteln, die um $\beta - \beta_0$ von der ersten Gleitebene des BOUSSINESQ-CAQUOTschen Grenzgleichgewichtszustands entfernt sind.

Für ε sei ein beliebiger Wert angenommen. Der Punkt $(\tan\alpha = \tau/\sigma, m)$ beschreibt ein Kurvenelement, dessen Ausgangspunkt auf der Tangente im Scheitel der $\tan\alpha, m$-Ellipse, Abb. 15.16, durch Auflösen der Beziehung, Gl. (4c), festgelegt werden kann.

Das Verfahren wird darin bestehen, den Ausgangspunkt jedes Kurvenelementes durch eine geschickte Wahl von ε-Werten mit der Ellipse so zur Deckung zu bringen, daß stets die Bedingung $\tau = \sigma\tan\varrho$ erfüllt ist. Durch Beschreiben genügend kleiner Intervalle $\beta - \beta_0$ stellt man dann fest, daß der Ellipsenbogen und die so erhaltene Kurve praktisch auf der gesamten Länge zusammenfallen; dies gibt dem Verfahren eine große Genauigkeit.

Praktisch geht man von der Spannung (σ_0, τ_0) auf der ersten, von der freien (unbelasteten) Oberfläche angetroffenen Gleitebene des BOUSSINESQ-CAQUOTschen Grenzgleichgewichtszustands aus. Da sie unter dem Winkel $+\varrho$ wirkt, wird sie im $\tan\alpha, m$-Diagramm durch den Scheitel der Ellipse dargestellt, der die Ordinate $m = \lambda_p + \lambda_a - 1$ und die Abszisse $+\tan\varrho$ hat.

Dieser Punkt ist ein singulärer Punkt; jedoch läßt sich der Bildpunkt auf der im Scheitelpunkt an die Ellipse gelegten Tangente verschieben. Dies kommt einem Ersatz von m_0 durch $\lambda_p + \lambda_a - 1 + \eta$ gleich; d. h. man nimmt in einem kleinen Bereich an, daß der Boden einen von ϱ nur geringfügig abweichenden Reibungswinkel hat.

Jeder einem bestimmten η entsprechende Schritt gestattet es also, von diesem Punkt ausgehend einen Punkt der $\tan\alpha, \sigma$-Kurve zu bestimmen, der einer Radialebene mit dem Winkel β entspricht. Durch mehrere Schritte kann man so Punkt für Punkt die gesamte $\tan\alpha, \sigma$-Kurve für eine Radialebene aufzeichnen, die um $n\ (\beta - \beta_0)$ von β_0 entfernt ist; n bedeutet dabei eine beliebige ganze Zahl.

Wählt man insbesondere den Schnittpunkt dieser Kurve mit der Ordinate für $\tan\alpha = \tan\varrho$, so ergibt sich die Normalkomponente σ der unter dem Winkel $\alpha = +\varrho$ wirkenden Erddruckspannung p (Erddruckbeiwert).

Beim Auftragen der für die verschiedenen η erhaltenen Schritte, d. h. der verschiedenen $\tan\alpha$, σ-Kurven für veränderliches β, erkennt man, daß für jeden Wert des Winkels β ein kritischer, von diesem Winkel β abhängiger Wert $(\tan\alpha)_{\text{krit}}$ existiert, der die folgenden Eigenschaften hat: Wenn im Verlaufe irgend eines Schrittes die Radialebene β mit einem $\tan\alpha$ kleiner als dem für diesen Winkel β kennzeichnenden $(\tan\alpha)_{\text{krit}}$ erreicht ist, nimmt $\tan\alpha$ mit abnehmendem β weiterhin ab. Wenn aber die Radialebene mit einem $\tan\alpha$ gleich oder größer als $(\tan\alpha)_{\text{krit}}$ erreicht wird, so wächst $\tan\alpha$ sehr schnell, und erreicht den Grenzwert $\tan\varrho$ auf einer benachbarten Radialebene (s. z. B. Abb. 15.20: Für $\beta = -15°$ ist $(\tan\alpha)_{\text{krit}} \approx +0{,}18$).

Beispiel:

Die Anwendung der Methode soll an einem Beispiel näher gezeigt werden. Als einfacher Fall sei der Fall $\varrho = 30°$ und $\omega = 0°$ angenommen. Es soll der Erddruck auf eine lotrechte Wand ($\beta = 0°$) berechnet werden. Die erste Gleitebene des Boussinesq-Caquotschen Grenzgleichgewichts liegt unter dem Winkel

$$\beta_0 = \frac{\pi}{4} - \frac{\varrho}{2} = 30°\,.$$

Trägt man diesen Wert in die Formeln des Rankineschen Grenzgleichgewichts ein, so ergibt sich:

$$\sigma_{30°} = 0{,}433\,,$$

$$\tau_{30°} = 0{,}250\,,$$

also

$$\left(\frac{\tau}{\sigma}\right)_{30°} = (\tan\alpha)_{30°} = 0{,}577\,.$$

Es wird außerdem:

$$m_{30°} = \lambda_p + \lambda_a - 1 = \frac{7}{3}\,.$$

Die $\tan\alpha$, m-Ellipse hat die Gleichung:

$$m = \lambda_p + \lambda_a - 1 \pm (\lambda_p - \lambda_a)\sqrt{1 - \frac{\tan^2\alpha}{\tan^2\varrho}}\,.$$

Das für den Erddruck maßgebende Vorzeichen dieser Gleichung ist das positive Vorzeichen (oberer Ellipsenbogen), d. h. also:

$$m = \frac{7}{3} + \frac{8}{3}\sqrt{1 - 3\tan^2\alpha}\,.$$

In der Abb. 15.19 ist dieser Ellipsenbogen durch eine ausgezogene Linie mit $\tan\alpha$ als Abszisse und m als Ordinate eingetragen. Die Ellipsenbogen für $\varrho = 29°30'$ und $\varrho = 30°30'$ sind zu beiden Seiten der ausgezogenen Linie gestrichelt gezeichnet.

Die einzelnen Schritte ergeben sich für veränderliches β jeweils durch Auftragen von $\tan\alpha$ als Abszisse und σ als Ordinate.

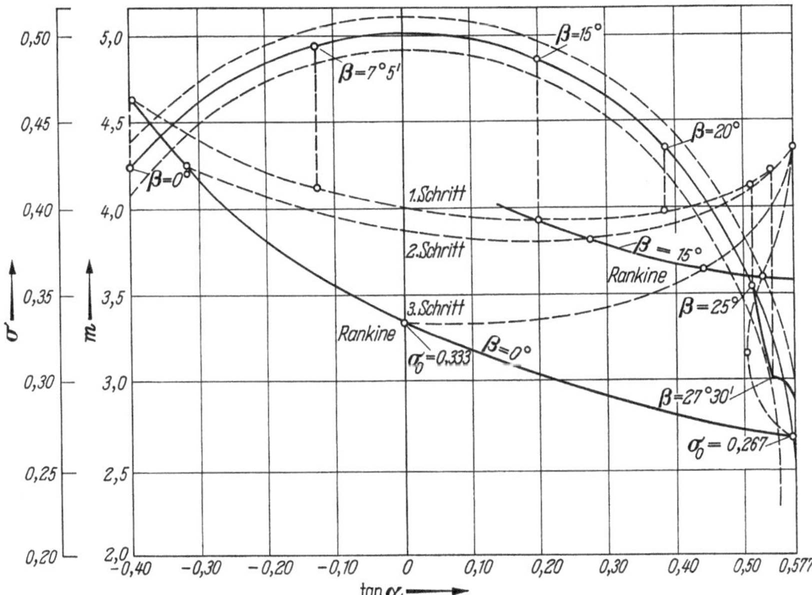

Abb. 15.19. Schrittweise Ermittlung der Normalkomponente σ der Erddruckspannung p (Erddruckbeiwert) in Abhängigkeit von $\tan\alpha$ im Falle $\varrho = 30°$, $\omega = 0°$ (BOUSSINESQ-CAQUOTsche Theorie)

Für den ersten Schritt wurden die aufeinander folgenden Werte des Punktes ($\tan\alpha$, m) für $\beta = 27°30'$ und $25°$ eingetragen. Zu Beginn bestimmt man die ε so, daß sich die – durch die für $\varrho = 30°$ gezeichnete Ellipse und die Bahn des Punktes ($\tan\alpha$, m) begrenzten – Flächen kompensieren. Für Winkel $\beta < 25°$ liegen die Bahnen der Punkte ($\tan\alpha$, m) sehr nahe bei der Ellipse. Auf den für die verschiedenen Schritte gezeichneten $\tan\alpha$, σ-Kurven (veränderliches β) kann man alle Punkte mit dem gleichen β verbinden. So entstehen alle Erddruckbeiwerte σ z. B. für ein und dieselbe Stützmauer und für die verschiedenen α-Werte zwischen $-\varrho$ und $+\varrho$. Diese Kurven enthalten die Punkte des RANKINEschen Grenzgleichgewichtszustands. Sie gehen auch durch die vorher von RÉSAL angegebenen Punkte hindurch. In Abb. 15.19 sind die Kurven für die Normalkomponente $\sigma = \sigma(\alpha)$ der Erddruckspannung p (Erddruckbeiwert) für $\beta = 15°$ und $0°$, in Abb. 15.20 die für $\beta = 30°$, $15°$, $0°$, $-15°$, $-30°$ und $-45°$ eingetragen. Für $\beta = -60°$ (natürliche Böschung) ist der Erddruck identisch null.

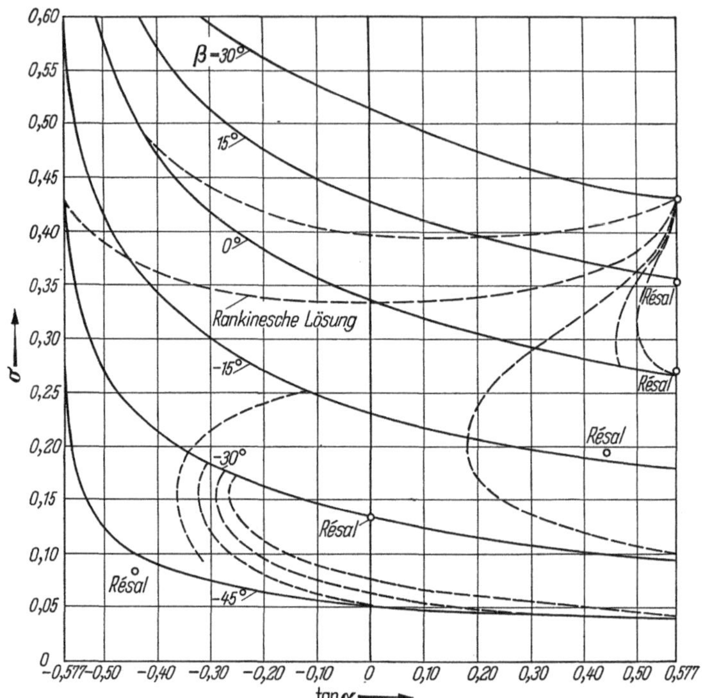

Abb. 15.20. Normalkomponente σ der Erddruckspannung p (Erddruckbeiwert) in Abhängigkeit von $\tan\alpha$ im Falle $\varrho = 30°$, $\omega = 0°$ (BOUSSINESQ-CAQUOTsche Theorie). Gestrichelt sind die $\tan\alpha$, σ-Kurven für veränderliches β eingetragen

15.7.3 Ergebnisse. Die vorstehende Methode gestattet das Aufstellen von Tabellen [*15.1*], die die Erddruckspannung (Erddruckbeiwert) p in Abhängigkeit von den vier Veränderlichen ω, β und ϱ, α angeben: ω und β sind geometrische Größen, ϱ ist eine physikalische Größe und α hängt von der Relativbewegung der Stützwand gegenüber der Erdmasse ab.

Es sei daran erinnert, daß p die Erddruckspannung (Erddruckbeiwert) ist, die im Abstand eins von der Wandoberseite wirkt und daß für die Erdmasse die Rohwichte eins angenommen wurde.

Der gesamte Erddruck wird also durch Multiplikation der in den Tabellen gegebenen Größe p mit $\frac{1}{2}\gamma l^2$ (γ Rohwichte der Erdmasse, l Länge der Wand) erhalten.

15.7.3.1 Einfluß des Winkels α. Man stellt fest, daß p bei gegebenen Größen ω, β und ϱ wächst, wenn α von $+\varrho$ auf $-\varrho$ abnimmt. Dies ist an der Form der $\tan\alpha$, σ-Kurven für $\beta = $ constans, Abb. 15.20, gut zu erkennen.

Die Kurven $\beta = $ constans sind nach oben konkav: Sie münden angenähert tangential in die Ordinate für $\tan\alpha = -\tan\varrho$ ein und schneiden die Ordinate für $\tan\alpha = +\tan\varrho$ unter einem Winkel von rd. 90°.

Verschiedene Folgerungen ergeben sich aus dem Studium dieser Kurven:

— Die den einzelnen Schritten entsprechenden $\tan\alpha$, σ-Kurven für veränderliches β (gestrichelte Kurven der Abb. 15.19, 15.20, 15.23, 15.24) verlaufen angenähert waagrecht, sobald der kritische Wert $(\tan\alpha)_{krit}$ überschritten ist, von dem weiter oben (15.7.2) die Rede war. Je kleiner der Winkel β wird, um so größer wird der zu einer Winkeldifferenz $\Delta\beta$ gehörende Bogen. Physikalisch bedeutet dies, daß sich der Winkel, unter dem die resultierende Erddruckspannung p auf der Radialebene wirkt, in der Nähe einer rauhen Wand sehr schnell verändert, ehe er die Größe des Reibungswinkels ϱ auf dieser erreicht.

— Aufgrund des immer kleiner werdenden Winkels, den die Tangenten an die $\tan\alpha$, σ-Kurven für $\beta =$ constans mit den der Ordinate für $\tan\alpha = -\tan\varrho$ parallelen und dieser benachbarten Ordinaten bilden, kann hier ein kleiner Rechenfehler in den α-Werten den σ-Wert verändern. Die Rechnung erfordert also in diesem Bereich größte Genauigkeit.

— Die gesamte $\tan\alpha$, σ-Kurve für $\beta = \beta_0$, die die Spannungen auf der von der Oberfläche aus angetroffenen ersten Gleitebene des BOUSSINESQ-CAQUOTschen Grenzgleichgewichtszustands liefert, wurde extrapoliert. Von ihr kennt man nur den singulären Punkt genau (RANKINEscher Grenzgleichgewichtszustand $\alpha = +\varrho$). Um den Punkt dieser Kurve z. B. für $\alpha = -\varrho$ zu finden, müßte man den gesamten Ellipsenbogen für eine unendlich kleine Variation des Winkels β beschreiben können.

Dies ist nicht möglich. Die Punkte mit einer Neigung α der resultierenden Erddruckspannung p kleiner als ϱ auf der ersten Gleitebene gehören zu Grenzgleichgewichtszuständen, die sich an den RANKINEschen Grenzgleichgewichtszustand anschließen, der von der Oberfläche ab herrscht, die jedoch auf einer Radialebene oberhalb der ersten Gleitebene beginnen. Damit ist es möglich, die $\tan\alpha$, σ-Kurve für den Erddruck auf dieser Gleitebene $\beta = \beta_0$ zu zeichnen und die entsprechenden Kurven für die Radialebenen unmittelbar unterhalb derselben ($\beta < \beta_0$) im Bereich der negativen Neigungen ($\alpha < 0$) zu vervollständigen.

Diese Verhältnisse lassen sich im $\tan\alpha$, m-Diagramm folgendermaßen darstellen: Entsprechend der Verschiebung des Bildpunkts auf dem MOHRschen Kreis wandert auch der Punkt ($\tan\alpha$, m) der Ellipse, Abb. 15.21, im Falle des Erddruckgleichgewichts einer Erdmasse — bei freier waagrechter Oberfläche wohlgemerkt — von C (freie Oberfläche) nach E (erste Gleitebene), dann auf dem oberen Bogen $EC'F$ der Ellipse. Liegen Gleichgewichtszustände vor, die durch eine Neigung α der resultierenden Spannung p kleiner als ϱ auf der ersten Gleitebene gekennzeichnet sind, so springt der Punkt bei einer bestimmten Ebene OB mit dem Winkel $\beta_0 > \frac{\pi}{4} - \frac{\sigma}{2}$, Abb. 15.22, von B nach B' und bewegt sich dann auf dem oberen Bogen $B'C'F$ der Ellipse weiter.

Die vollständigen $\tan\alpha$, σ-Kurven im Sonderfall $\varrho = 30°$ für $\omega = +30°$ und $\omega = -30°$ wurden ermittelt und in Abb. 15.23 und Abb. 15.24 dargestellt.

Die Form der Kurven bleibt die gleiche wie für $\omega = 0°$, Abb. 15.20.

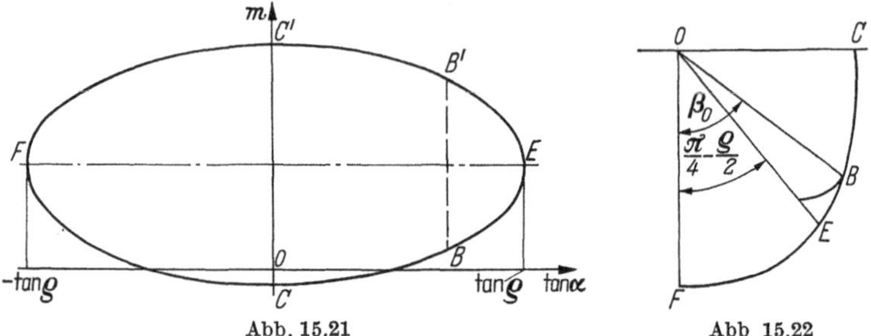

Abb. 15.21 Abb 15.22

Abb. 15.21. Sprung des Bildpunktes ($\tan\alpha$, m) von B nach B' im Falle von Gleichgewichtszuständen, die durch eine Neigung $\alpha < \varrho$ der resultierenden Erddruckspannung p auf der ersten Gleitebene des BOUSSINESQ-CAQUOTschen Erddruckgleichgewichts gekennzeichnet sind

Abb. 15.22. Begrenzung des im RANKINEschen Grenzgleichgewicht befindlichen Bereiches der Erdmasse im Falle von Neigungen $\alpha < \varrho$ der Spannungen auf der ersten Gleitebene (OE) des BOUSSINESQ-CAQUOTschen Erddruckgleichgewichts

15.7.3.2 Einfluß des Reibungswinkels ϱ. Der kleinste Erddruck entsteht also bei der Neigung $\alpha = +\varrho$ für gegebene ω und β. Anderseits nimmt dieser Erddruck bei gegebenen ω und β ab, wenn ϱ wächst.

Für $\omega = 0°$, $\beta = 0°$ und $\alpha = +\varrho$ ist die Abnahme von p in Abhängigkeit von ϱ aus Tab. 15.1 ersichtlich.

Tabelle 15.1. *Zusammenhang zwischen der Erddruckspannung (Erddruckbeiwert) p und dem Reibungswinkel ϱ für $\omega = 0°$, $\beta = 0°$ und $\alpha = +\varrho$*

ϱ	0°	15°	30°	45°	60°
p	1	0,551	0,308	0,185	0,106

15.7.3.3. Vergleich mit der Coulombschen Theorie. Allgemeine Formeln. Alle berechneten Werte p wurden auf die aus der Formel von COULOMB-PONCELET (s. 15.3) erhaltenen Werte p_1 bezogen:

$$p_1 = \frac{\cos^2(\beta - \varrho)}{\cos(\beta + \alpha)} \frac{1}{\left[1 + \sqrt{\dfrac{\sin(\varrho + \alpha)\sin(\varrho - \omega)}{\cos(\beta + \alpha)\cos(\beta - \omega)}}\right]^2};$$

es wurde $p = p_1 \varkappa$ gesetzt.

Die Funktion $\varkappa$ wird bei $\varrho = 30°$, $\omega = -30°$, $0°$ und $+30°$ im Falle einer Neigung $\alpha = +\varrho$ der Erddruckspannung durch die ausgezogenen Kurven und im Falle einer Neigung $\alpha = -\varrho$ durch die gestrichelten Kurven dargestellt, Abb. 15.25. Der $\varkappa$-Wert ist in der ersten Gleitebene $\beta = \beta_0$ des BOUSSINESQ-CAQUOTschen Grenzgleichgewichts, die von der freien (unbelasteten) Oberfläche aus angetroffen wird, gleich eins. Er nimmt zunächst langsam, dann sehr rasch zu und wird unendlich groß,

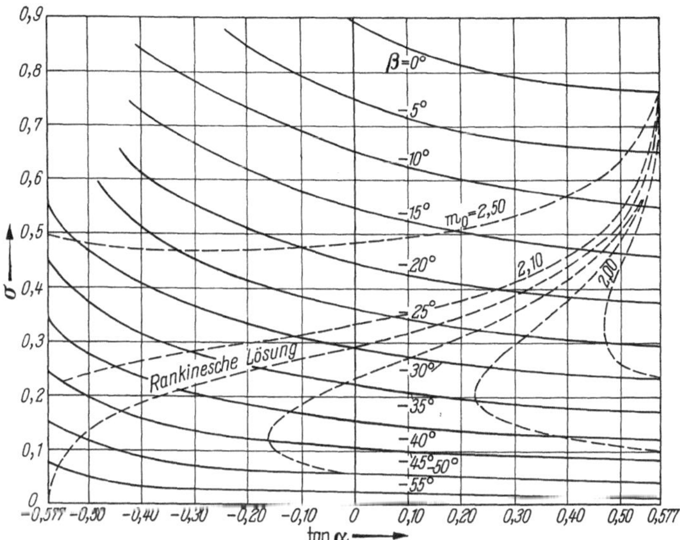

Abb. 15.23. Normalkomponente σ der Erddruckspannung p (Erddruckbeiwert) in Abhängigkeit von $\tan\alpha$ im Falle $\varrho = 30°$, $\omega = 30°$ (BOUSSINESQ-CAQUOTsche Theorie). Gestrichelt sind die $\tan\alpha$, σ-Kurven für veränderlichen β eingetragen

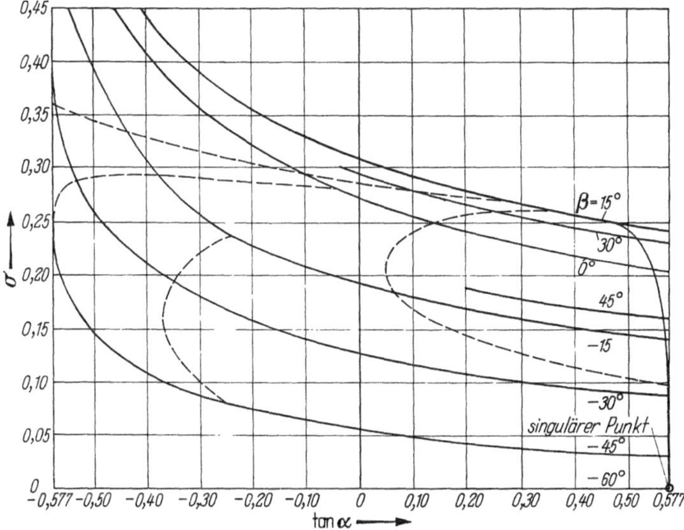

Abb. 15.24. Normalkomponente σ der Erddruckspannung p (Erddruckbeiwert) in Abhängigkeit von $\tan\alpha$ im Falle $\varrho = 30°$, $\omega = -30°$ (BOUSSINESQ-CAQUOTsche Theorie). Gestrichelt sind die $\tan\alpha$, σ-Kurven für veränderliches β eingetragen

wenn $\beta = \varrho - \frac{\pi}{2}$ ist; dieser Winkel entspricht dem Grenzböschungswinkel.

Hiermit bestätigt sich die allgemein bekannte Tatsache, daß die Formel von COULOMB-PONCELET den Erddruck nur in der Nähe der ersten Gleitebene genau wiedergeben kann und daß die mit ihr erhaltenen Werte für den Fall des Überhangs einer Erdmasse ($\beta < 0$) in keinem Verhältnis zur Wirklichkeit stehen.

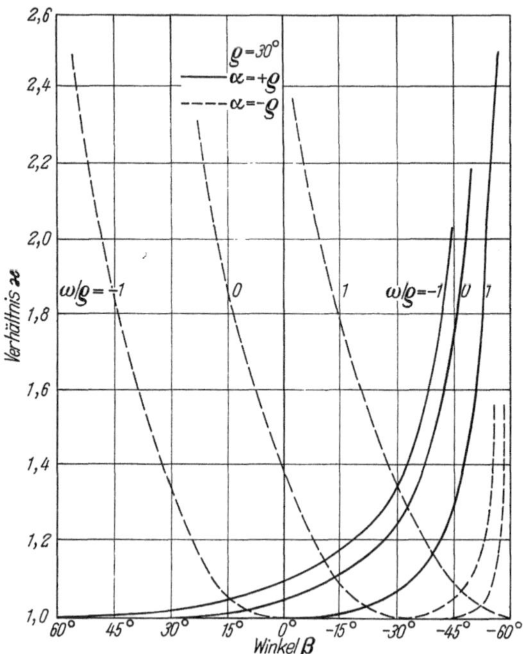

Abb. 15.25. Verhältnis $\varkappa$ der Erddruckspannungen p und p_1 aus BOUSSINESQ-CAQUOTscher Erddrucktheorie und COULOMBscher Erddrucktheorie in Abhängigkeit von β und ω

Tab. 15.2 liefert einige Zahlenwerte für $\varkappa$, die sich aus einer direkten Rechnung nach der in (15.7.2) dargelegten Methode ergeben.

Tabelle 15.2. *Verhältnis $\varkappa$ der Erddruckspannungen p und p_1 aus Boussinesq-Caquotscher Erddrucktheorie und Coulombscher Erddrucktheorie in Abhängigkeit von β und ω für $\varrho = 30°$ und $\alpha = +\varrho$*

$\omega/\varrho \rightarrow$ $\downarrow \beta$	-1	0	$+1$
60°	1,000	—	—
45°	1,003	—	—
30°	1,017	1,000	—
15°	1,05	1,012	—
0°	1,10	1,04	1,000
−15°	1,18	1,12	1,01
−30°	1,36	1,28	1,065
−45°	2,04	1,84	1,35
−60°	∞	∞	∞

Nach Ausführung aller Berechnungen läßt sich schließlich der wirkliche Erddruck p mit Hilfe der Formel

$$p = p_1 \varkappa$$

darstellen; darin ist

$$p_1 = \frac{\cos^2(\beta - \varrho)}{\cos(\beta + \alpha)} \frac{1}{\left[1 + \sqrt{\frac{\sin(\varrho + \alpha)\sin(\varrho - \omega)}{\cos(\beta + \alpha)\cos(\beta - \omega)}}\right]^2}$$

die Formel von Coulomb-Poncelet. Die Funktion $\varkappa$ ist durch die Beziehung

$$\log \varkappa = -\left(2 - \frac{\tan^2\omega + \tan^2\alpha}{2\tan^2\varrho}\right)\sqrt{\sin\varrho}\,\log[(1 - 0{,}9\lambda^2 - 0{,}10\lambda^4)(1 - 0{,}3\lambda^3)]$$

gegeben, mit der dimensionslosen Hilfsvariablen

$$\lambda = \frac{1}{1 + 2\dfrac{\beta_0 + \frac{\pi}{2} - \varrho}{\beta - \beta_0}} = \frac{\beta - \beta_0}{\beta + \beta_0 + \pi - 2\varrho};$$

β_0 ist der Winkel, für den $p = p_1$ wird (Rankinescher Wert). Dieser Winkel ist durch die Gleichung definiert:

$$\beta_0 = \frac{\delta}{2} + \frac{\omega - \gamma}{2},$$

mit

$$\sin\gamma = \frac{\sin\omega}{\sin\varrho}$$

und

$$\left|\tan\frac{\delta}{2}\right| = \frac{|\cot\alpha| - \sqrt{\cot^2\alpha - \cot^2\varrho}}{1 + \operatorname{cosec}\varrho}.$$

Das Vorzeichen von δ ist gleich dem von α.

15.7.4 Hüllkurven der auf den Radialebenen wirkenden Spannungen. Der Verlauf der Hüllkurven der auf den Radialebenen wirkenden Spannungen, deren Richtungen konjugiert zu den Richtungen der Radiusvektoren sind, läßt sich ohne Schwierigkeit aus dem Verlauf der den einzelnen Schritten entsprechenden $\tan\alpha$, σ-Kurven für veränderliches β (gestrichelt z. B. in Abb. 15.20) herleiten, da man in jedem Punkt dieser Kurven die dem Winkel β entsprechende Neigung α der resultierenden Spannung p ablesen kann.

Es ist mithin sehr leicht, die Gleichung der Hüllkurve in Polarkoordinaten anzugeben. Wenn r den Radiusvektor bezeichnet, gilt:

$$\tan\left(\frac{\pi}{2} - \alpha\right) = \frac{r}{\dfrac{dr}{d\beta}};$$

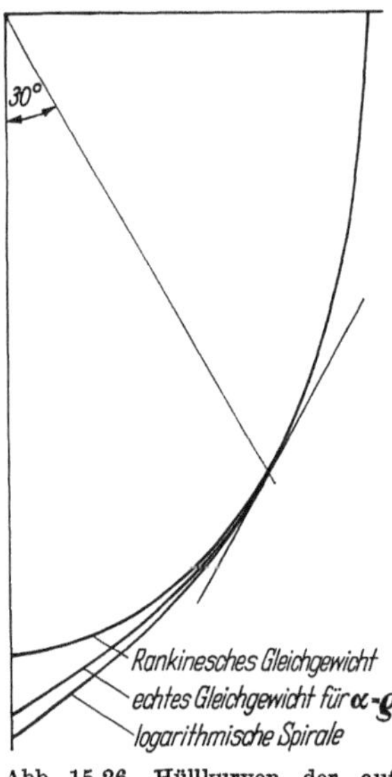

Abb. 15.26. Hüllkurven der auf den Radialebenen wirkenden Spannungen für $\varrho = 30°$, $\omega = 0°$ und $\beta = 0°$ bei Erddruckgleichgewicht

daraus wird:
$$\frac{r}{r_0} = e^{\int \tan\alpha\, d\beta}.$$

Diese Kurve sei für das vorstehende (s. 15.7.2) Beispiel ($\varrho = 30°$, $\omega = 0°$, $\beta = 0°$, Neigung $\alpha = \varrho$ auf dieser Ebene $\beta = 0°$) berechnet, Abb. 15.26.

Die $\tan\alpha$, σ-Kurve für veränderliches β, die auf $\beta = 0°$ bei $\varrho = 30°$ führt (gestrichelte Kurve ganz rechts in Abb. 15.19 und 15.20) ermöglicht die Zusammenstellung der Tab. 15.3.

Im Falle einer gewichtlosen Erdmasse ergibt sich eine logarithmische Spirale. Man erhält sie aus der Lösung der Differentialgleichungen:
$$\frac{d\sigma}{d\beta} = 3\tau,$$
$$\frac{d\tau}{d\beta} = m\sigma;$$
dies sind Gl.(1) und Gl. (2) in (15. 6.2), in denen die sich aus dem Gewicht ergebenden Ausdrücke $\sin\beta$ und $\cos\beta$ null gesetzt wurden.

Tabelle 15.3. *Ermittlung der Hüllkurve (Verhältnis r/r_0 der Radiusvektoren) der auf den Radialebenen wirkenden Spannungen im Falle einer schweren Erdmasse mit $\varrho = 30°$, $\omega = 0°$, $\beta = 0°$ und $\alpha = \varrho$ für $\beta = 0°$*

β	$\tan\alpha$	Mittelwert $\tan\alpha$	$\tan\alpha\,\Delta\beta$	$\sum\tan\alpha\,\Delta\beta$	$\frac{r}{r_0} = e^{\sum\tan\alpha\,\Delta\beta}$
30°	0,577			0,000	1
		0,569	0,074		
22° 30′	0,560			0,074	1,077
		0,545	0,071		
15°	0,530			0,145	1,156
		0,517	0,067		
7° 30′	0,505			0,212	1,236
		0,541	0,071		
0°	0,577			0,283	1,327

Tabelle 15.4. *Hüllkurve (Verhältnis r/r_0 der Radiusvektoren) der auf den Radialebenen wirkenden Spannungen im Falle einer gewichtlosen Erdmasse mit $\varrho = 30°$, $\omega = 0°$, $\beta = 0°$ und $\alpha = \varrho$ für $\beta = 0°$*

β	$\frac{r}{r_0}$
30°	1
22° 30′	1,078
15°	1,164
7° 30′	1,254
0°	1,352

Für die logarithmische Spirale findet man die in Tab. 15.4 zusammengestellten Werte.

15.7.5 Gleitlinien. Im folgenden möge eines der beiden Gleitliniensysteme aufgezeichnet werden.

Die Spannung OA, die auf der Radialebene wirkt, hat eine Neigung α zur Lotrechten auf diese Ebene. Diese Radialebene bildet mit der einen Gleitebene den Winkel β_0, Abb. 15.27 und 15.28, so daß

$$2\beta_0 = \frac{\pi}{2} - \varrho - (\gamma_0 - \alpha),$$

mit

$$\sin\gamma_0 = \frac{\sin\alpha}{\sin\varrho},$$

ist. Damit ergeben sich im Falle des obigen Beispiels (15.7.2) für den Winkel β_0 die Werte der Tab. 15.5.

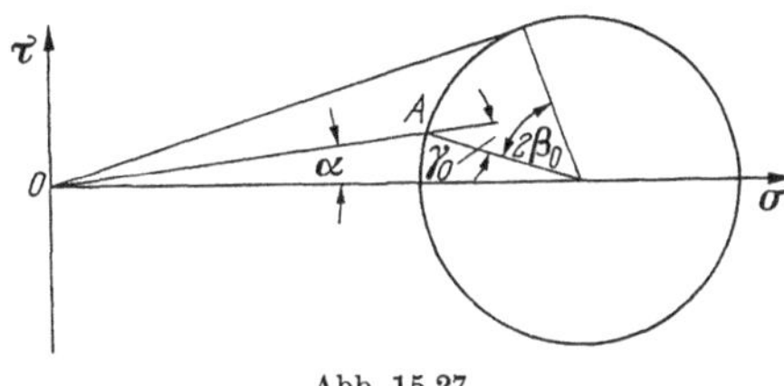

Abb. 15.27

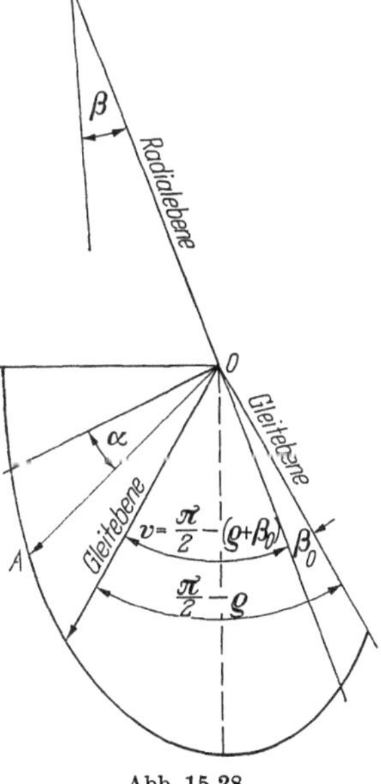

Abb. 15.28

Abb. 15.27 und Abb. 15.28. Ermittlung der Gleitlinien des Erddruckgleichgewichts

Tabelle 15.5. *Winkel β_0 zwischen der Radialebene und einer Gleitebene im Falle einer schweren Erdmasse mit $\varrho = 30°$, $\omega = 0°$, $\beta = 0°$ und $\alpha = \varrho$ für $\beta = 0°$*

β	$\tan\alpha$	β_0
30°	0,577	0°
22° 30′	0,560	5° 38′
15°	0,530	9° 16′
7° 30′	0,505	11° 11′
0°	0,577	0°

Da v den Winkel zwischen der Radialebene und der anderen Gleitebene bezeichnet, gilt:

$$\tan(\pi - v) = \tan\left[\frac{\pi}{2} + (\beta_0 + \varrho)\right] = \frac{r}{\frac{dr}{d\beta}}$$

und damit

$$\frac{r}{r_0} = e^{\int \tan(\beta_0 + \varrho)\, d\beta}.$$

Die Ermittlung der zum Zeichnen der Gleitlinien erforderlichen Radiusvektoren r wird in Tab. 15.6 durchgeführt.

Tabelle 15.6. *Ermittlung des Verhältnisses r/r_0 der Radiusvektoren einer Gleitlinie im Falle einer schweren Erdmasse mit $\varrho = 30°$, $\omega = 0°$, $\beta = 0°$ und $\alpha = \varrho$ für $\beta = 0°$*

β	$\tan(\beta_0 + \varrho)$	Mittelwert $\tan(\beta_0 + \varrho)$	$\tan(\beta_0 + \varrho)\Delta\beta$	$\Sigma\tan(\beta_0 + \varrho)\Delta\beta$	$\frac{r}{r_0} = e^{\Sigma\tan(\beta_0+\varrho)\Delta\beta}$
30°	0,577			0,000	1,000
22° 30′	0,717	0,647	0,0845	0,0845	1,088
15°	0,817	0,767	0,100	0,1845	1,20
7° 30′	0,875	0,846	0,111	0,2955	1,34
0°	0,577	0,726	0,0935	0,389	1,475

Geht man von der Länge eins der Wand aus, so ergeben sich als Länge r die Werte der Tab. 15.7. Für eine gewichtlose Erdmasse sind die entsprechenden Werte in Tab. 15.8 zusammengestellt.

Tabelle 15.7. *Radiusvektoren r einer Gleitlinie im Falle einer schweren Erdmasse mit $\varrho = 30°$, $\omega = 0°$, $\beta = 0°$ und $\alpha = \varrho$ für $\beta = 0°$*

β	r
0°	1
7° 30′	0,919
15°	0,833
22° 30′	0,746
30°	0,675
.....	.....
90°	0,675

Tabelle 15.8. *Radiusvektoren r einer Gleitlinie im Falle einer gewichtlosen Erdmasse mit $\varrho = 30°$, $\omega = 0°$, $\beta = 0°$ und $\alpha = \varrho$ für $\beta = 0°$*

β	r
0°	1
7 30′	0,93
15°	0,86
22°30′	0,795
30°	0,74
.....	.....
90°	0,74

Zum Vergleich sei der Winkel berechnet, den die geneigte Ebene des COULOMBschen Gleitkeils mit der Waagrechten bildet.

Die Formel, die diesen Winkel ϑ liefert, lautet:

$$\cot\vartheta = \frac{\cos\varrho - \mu\sin(\varrho + \alpha + \beta)}{\sin\varrho + \mu\cos(\varrho + \alpha + \beta)},$$

mit

$$\mu = \frac{\cos(\varrho - \beta)}{\sin(\varrho + \alpha) + \sqrt{\frac{\sin(\varrho + \alpha)\cos(\omega - \beta)\cos(\alpha + \beta)}{\sin(\varrho - \omega)}}}.$$

Für den oben betrachteten Sonderfall mit $\varrho = 30°$, $\omega = 0°$, $\beta = 0°$ und $\alpha = 30°$ berechnet man $\mu = \sqrt{2} - 1$ und $\cot\vartheta = \sqrt{3}(\sqrt{2} - 1) =$

$= 0{,}717$ ($\vartheta = 54° 22'$) gegenüber dem oben berechneten Wert 0,675, Tab. 15.7.

Dies gibt die Möglichkeit, die wirkliche Gleitlinie zu zeichnen, Abb. 15.29, und sie mit der Gleitlinie nach der COULOMBschen Gleitkeiltheorie zu vergleichen.

COULOMB ahnte bereits beim Abfassen seiner Arbeit (s. 15.3), daß die Bruchfläche nach oben konkav sein mußte, und er brachte deshalb an seiner Theorie eine Verbesserung an: Er vernachlässigte die Reibung längs der Wand, um den aus der Rechnung mit ebener Bruchfläche erhaltenen Ergebnissen größeres Gewicht zu geben. Man ist in vielen praktischen Fällen bei Anwendung der Formel von COULOMB-PONCELET hierzu versucht. Wie BOUSSINESQ im Jahre 1884 schon bemerkte [*15.7*], ist es jedoch nicht verwunderlich, daß man einen der Wirklichkeit ziemlich angenäherten Wert findet; dies liegt an der nur geringfügigen Änderung des Erddrucks mit dem Winkel ϑ in der Nähe des Maximums. Ohne selbst den genauen Verlauf der Gleitlinien berechnen zu können, erkannte BOUSSINESQ jedoch: „Da die wirkliche Bruchfläche nur kleine Krümmungen hat, wird sich eine vom unteren Fußpunkt der Wand aus durch die Mitte der wirklichen Gleitfläche gelegte Ebene nirgends wesentlich von dieser entfernen, und der Reibungsbeiwert wird sehr nahe bei $\tan\varrho$ liegen". Die Form der Gleitlinien bestätigt diese Voraussage in dem betrachteten Sonderfall.

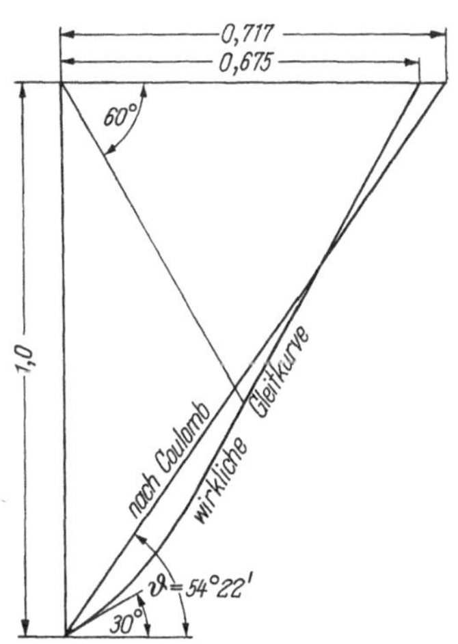

Abb. 15.29. Gleitlinien des Erddruckgleichgewichts für $\varrho = 30°$, $\omega = 0°$ und $\beta = 0°$

Sobald man sich aber von den Grundlagen der RANKINEschen Grenzgleichgewichtszustände entfernt, gibt es nur noch eine entfernte Beziehung zwischen der COULOMBschen Hypothese und der Wirklichkeit.

15.8 Berechnung der Erdwiderstandspannungen

15.8.1 Partikularlösung. Das Erdwiderstandgleichgewicht von RANKINE ist eine Partikularlösung des Systems der beiden Differentialgleichungen, die weiter oben (s. 15.7.1) in der Form

$$\frac{d\sigma}{d\beta} = 3\tau - \sin\beta\,,$$

$$\frac{d\tau}{d\beta} = m\,\sigma - \cos\beta$$

angeschrieben wurden.

Man kann sich nach langen, aber verhältnismäßig einfachen trigonometrischen Rechnungen überzeugen, daß die beiden obigen Gleichungen identisch erfüllt sind, wenn man für σ, τ und m die folgenden Werte des RANKINEschen Grenzgleichgewichts einsetzt, das nach der gleichen Überlegung wie in (15.7.1) angeschrieben werden kann:

$$\sigma = \cos(\omega - \beta) \frac{\sin \gamma_0}{\sin(\gamma_0 - \omega)} [1 + \sin \varrho \cos(2\beta - \gamma_0 - \omega)],$$

$$\tau = \cos(\omega - \beta) \frac{\sin \gamma_0}{\sin(\gamma_0 - \omega)} [-\sin \varrho \sin(2\beta - \gamma_0 - \omega)],$$

$$m = \frac{1 - 3\sin \varrho \cos(2\beta - \gamma_0 - \omega)}{1 + \sin \varrho \cos(2\beta - \gamma_0 - \omega)},$$

mit

$$\sin \gamma_0 = \frac{\sin \omega}{\sin \varrho}.$$

15.8.2 Allgemeine Lösung. Die allgemeinen Gleichgewichtsgleichungen lassen sich nach der in (15.7.2) angegebenen allgemeinen Methode integrieren. Der Fall des Erdwiderstands entspricht dem unteren Ellipsenbogen FE, Abb. 15.16, der vom äußeren Ende der großen Achse ($\tan \alpha = -\tan \varrho$) ausgeht. Zum Ermitteln des Grenzgleichgewichts muß man die Punkte ($\tan \alpha$, m) für die einzelnen Werte von β mit diesem Ellipsenbogen zur Deckung bringen.

In der zweiten (französischen) Auflage des vorliegenden Buches wird eine andere Methode angegeben, die im Falle des Erdwiderstands anwendbar ist.

15.8.3 Ergebnisse. Die eine und andere Methode [*15.1*] gestatten das Aufstellen von Tabellen, die die Erdwiderstandspannung (Erdwiderstandbeiwert) b in Abhängigkeit von den vier Veränderlichen ω, β (geometrische Größen), ϱ (physikalische Größe) und α (abhängig von der Relativbewegung der gegen die Erdmasse drückenden Wand) liefern.

Der gesamte Erdwiderstand ist gleich $\frac{1}{2} \gamma l^2 b$ (γ Rohwichte der Erdmasse, l Länge der Wand).

15.8.3.1 Einfluß des Winkels α. Bei gegebenen ω, β und ϱ nimmt b sehr rasch ab, wenn α von $-\varrho$ auf $+\varrho$ wächst.

Dies läßt sich gut an der Form der $\tan \alpha$, σ-Kurven für $\beta = \text{constans}$, $\varrho = 30°$ und $\omega = 0°$ erkennen, Abb. 15.30.

Auf der Abszisse dieser Abbildung sind die Werte von $\tan \alpha$ zwischen $-0{,}577$ und $+0{,}577$, auf der Ordinate (im logarithmischen Maßstab) $\sigma = b \cos \alpha$ eingetragen.

Gestrichelt wurden die $\tan \alpha$, σ-Kurven für veränderliches β vermerkt, die den verschiedenen Schritten vom singulären Punkt der ersten Gleitebene des BOUSSINESQ-CAQUOTschen Grenzgleichgewichtszustands

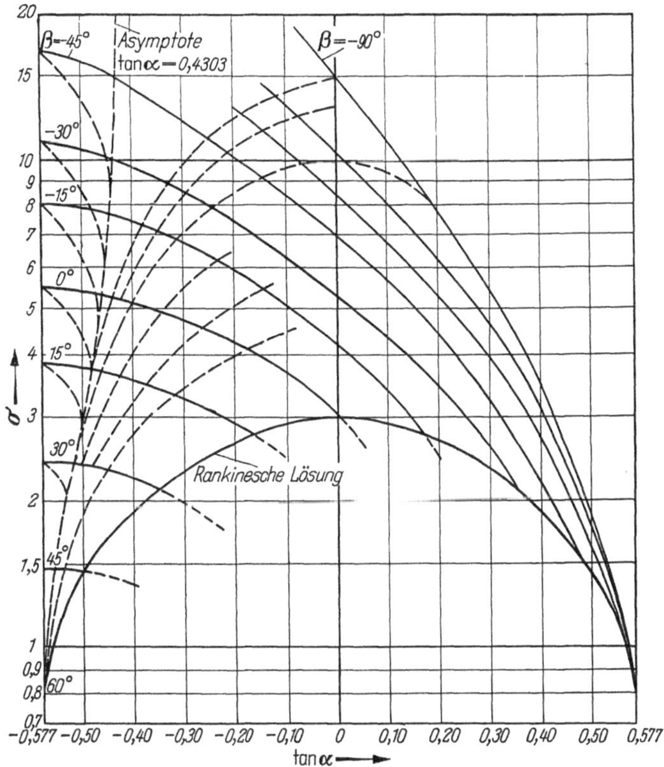

Abb. 15.30. Normalkomponente σ der Erdwiderstandspannung b (Erdwiderstandbeiwert) in Abhängigkeit von $\tan\alpha$ im Falle $\varrho = 30°$, $\omega = 0°$ (BOUSSINESQ-CAQUOTsche Theorie). Gestrichelt sind die $\tan\alpha$, σ-Kurven für veränderliches β eingetragen

aus entsprechen. Für die RANKINEsche Lösung ergibt sich im Rahmen dieser Schritte eine besondere Kurve (in Abb. 15.30 ausnahmsweise ausgezogen).

Man erkennt, daß es für den Erdwiderstand — wie für den Erddruck (s. 15.7.2) — einen kritischen Wert $(\tan\alpha)_{\text{krit}}$ gibt, der ein Maximum — im Falle des Erddrucks ein Minimum — für die Gleichgewichtszustände wird, bei denen die Spannungen an der Wand den Winkel $\alpha = -\varrho$ mit der Normalen auf die Wand bilden. Im Sonderfall $\varrho = 30°$, $\omega = 0$ findet man, daß diese maximalen kritischen Werte gegen $\tan\alpha = -0{,}4303$ gehen, wenn β wächst. Dieser Maximalwert ist $-\tan\varrho$ um so benachbarter, je größer ϱ ist. Außerdem läßt sich beweisen, daß die maximalen kritischen Werte von $\tan\alpha$ keinen Grenzwert haben, wenn $\varrho < 19°28'$ (s. 15.6.3) wird.

15.8.3.2 Einfluß des Reibungswinkels ϱ. Den größten Erdwiderstand erhält man also bei gegebenen ω und β für eine Neigung $\alpha = -\varrho$ der Erdwiderstandspannung b zur Normalen auf die Wand.

Für gegebene ω und β nimmt dieser Erdwiderstand sehr rasch mit ϱ zu, Tab. 15.9.

Tabelle 15.9. *Zusammenhang zwischen der Erdwiderstandspannung (Erdwiderstandbeiwert) b und dem Reibungswinkel ϱ für $\omega = 0°$, $\beta = 0°$ und $\alpha = -\varrho$*

ϱ	0°	15°	30°	45°	60°
b	1	2,19	6,42	33,5	78,2

15.8.3.3 Vergleich mit der Coulombschen Theorie. Die COULOMBsche Theorie liefert — wie bereits erwähnt — im Fall des Erdwiderstands Erdwiderstandbeiwerte, die weit von denen der Wirklichkeit entfernt sind. Sie sind dies in einem solchen Maße, daß die entsprechende COULOMBsche Formel nicht, wie im Falle des Erddrucks, zum Vergleich herangezogen werden kann.

15.8.4 Hüllkurven der auf den Radialebenen wirkenden Spannungen. In Abb. 15.31 sind die Hüllkurven der Spannungen dargestellt, die im Sonderfall $\varrho = 30°$, $\omega = 0°$, $\beta = -45°$ auf den Radialebenen wirken.

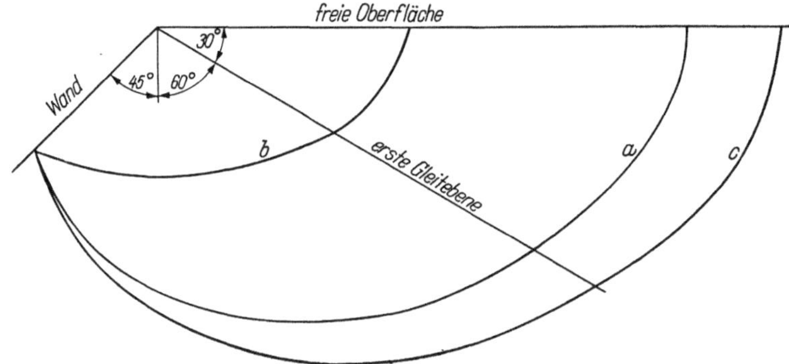

Abb. 15.31. Hüllkurven der auf den Radialebenen wirkenden Spannungen für $\varrho = 30°$, $\omega = 0°$ und $\beta = -45°$ bei Erdwiderstandgleichgewicht

Die Hüllkurve a, Abb. 15.31, gilt für den günstigsten Grenzgleichgewichtszustand; sie wurde durch Integration unter der Bedingung erhalten, daß für die Ebene $\beta = -45°$ die Neigung der Erdwiderstandspannung $\alpha = -30°$ beträgt.

Diese Kurve fällt von $\beta = +90°$ bis $\beta = +60°$ mit dem entsprechenden Bogen der RANKINEschen Ellipse, d. h. der Hüllkurve der Spannungen im Falle des RANKINEschen Grenzgleichgewichts (s. a. Abb. 15.10b), zusammen. Von der Ebene $\beta = +60°$ ab herrscht der allgemeine Grenzgleichgewichtszustand, bei dem die Erdwiderstandspannung die unter $\beta = -45°$ geneigte Wand unter der Neigung $\alpha = -30°$ erreicht.

Kurve b, Abb. 15.31, gibt den RANKINEschen Grenzgleichgewichtszustand (RANKINEsche Ellipse) wieder, bei dem die Erdwiderstandspannung die Wand unter dem Winkel $\alpha = +26°34'$ erreicht.

Kurve c, Abb. 15.31, zeigt zum Vergleich die logarithmische Spirale, mit der die Hüllkurve a nur im Falle einer gewichtlosen Erdmasse zusammenfallen kann; dabei ist $\tau/\sigma = \tan\varrho$ die Partikularlösung der beiden Differentialgleichungen

$$\frac{d\sigma}{d\beta} = 3\tau ,$$

$$\frac{d\tau}{d\beta} = m\sigma ,$$

die sich aus den beiden Differentialgleichungen, Gl. (1) und Gl. (2) in (15.6.2), durch Nullsetzen der Glieder $\sin\beta$ und $\cos\beta$ (aus Eigengewicht) ergeben.

15.8.5 Gleitlinien. Abb. 15.32 läßt die beiden Gleitliniensysteme erkennen, die für $\varrho = 30°$, $\omega = 0°$, $\beta = -45°$ im Falle des größten Erdwiderstands, d. h. $\alpha = -\varrho$ an der Wand, berechnet wurden. Die Gleit-

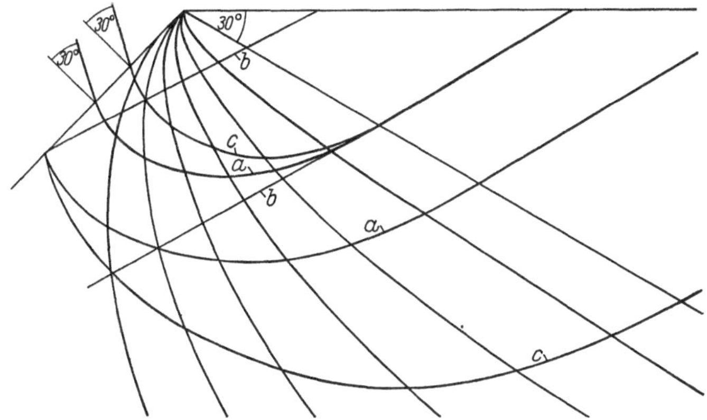

Abb. 15.32. Gleitlinien des Erdwiderstandgleichgewichts für $\varrho = 30°$, $\omega = 0°$ und $\beta = -45°$

linien, a in Abb. 15.32, des günstigsten Grenzgleichgewichtzustands für $\alpha = -\varrho$ unterscheiden sich beachtlich von den Geraden b des RANKINEschen Grenzgleichgewichtzustands und den logarithmischen Spiralen c für eine gewichtlose Erdmasse.

15.9 Gemeinsame Probleme bei Erdwiderstand- und Erddruckberechnungen: Auflasten und bindige Böden

Im folgenden sollen zwei Probleme behandelt werden, die in gleicher Weise bei Erddruck- und Erdwiderstandaufgaben auftreten: das Problem der an der freien Oberfläche angreifenden Lasten und das der bindigen Böden.

15.9.1 Gleichmäßig verteilte, an der freien Oberfläche wirkende Flächenlast

15.9.1.1 Prinzip der Methode: Superposition von Gleichgewichtszuständen. Die auf *Erdwiderstand* beanspruchte Erdmasse sei an ihrer Oberfläche OC, Abb. 15.33, zusätzlich durch eine gleichmäßig verteilte Flächenlast q beansprucht. Diese weckt an einer längs einer Radialebene durch die Kante O gelegten Wand eine Zusatzreaktion r, die man unabhängig von der vorstehenden Rechnung erhalten kann. Zu diesem Zweck sei in einer rolligen Erdmasse ganz allgemein das Einwirken mehrerer Kräftesysteme nacheinander betrachtet, die in allen Punkten der Erdmasse jeweils Spannungen hervorrufen, deren Neigungswinkel α mit der Normalen auf die betrachtete Fläche kleiner als der Reibungswinkel ϱ ist. Wenn diese verschiedenen Kräftesysteme gleichzeitig wirken, bilden die resultierenden Spannungen, die sich aus der geometrischen Summe der durch die einzeln wirkenden Kräftesysteme hervorgerufenen Spannungen ergeben, ein nicht im Grenzgleichgewichtszustand befindliches System, da die geometrische Summe mehrerer Spannungen, die einzeln innerhalb der durch den Reibungswinkel gegebenen MOHRschen Hüllgeraden liegen, sich auch noch innerhalb dieser Geraden befindet.

Das Grenzgleichgewicht für das Gesamtsystem wird erst dann erreicht, wenn es gleichzeitig für alle einzelnen Kräftesysteme, die auf einem betrachteten Flächenelement der rolligen Erdmasse wirken, vorhanden ist. Das Superpositionsprinzip der Gleichgewichtszustände führt also im allgemeinen zu einer zusätzlichen Sicherheit.

Dieses Prinzip läßt sich unmittelbar auf den hier betrachteten Fall anwenden. Da das Gewicht der Erdmasse in den bisherigen Problemen bereits berücksichtigt wurde, soll der Fall einer beliebig geneigten, gleichmäßig verteilten Flächenlast unabhängig vom Gewicht der Erdmasse behandelt werden. Es handelt sich also hier um ein neues Problem, und zwar das Problem der *konstanten* Spannungen auf der gleichen Radialebene.

15.9.1.2 Berechnung der resultierenden Spannungen. Es sei OC, Abb. 15.33, die freie Oberfläche der Erdmasse, auf der in jedem Punkt die gleichmäßig verteilte Flächenlast q wirkt, die den Winkel α mit der Normalen auf die Oberfläche bildet. Die zusätzliche Reaktion r für den Fall des Erdwiderstandgleichgewichts ist zu bestimmen.

Es werde vorausgesetzt, daß die Erdmasse keinem anderen Kräftesystem unterworfen und daß es insbesondere gewichtlos ist. Von allen Radialebenen, die durch die Kante O gehen, sei auf einer beliebigen Radialebene mit der Spur OP die Spannung r gesucht, die auf einer längs OP gelegten Wand den größten Druck hervorruft. Hierzu ist zu bemerken, daß der MOHRsche Kreis in der Nähe der freien Oberfläche durch die Größe und Neigung von $q = \overline{OC}$ sowie die Hüllgerade unter dem Winkel ϱ, die den Kreis berühren muß, bestimmt ist, Abb. 15.34. Diesem Kreis entspricht die Kurve (RANKINEsche Ellipse) CBE, Abb. 15.33; sie hüllt offenbar die zu den Radiusvektoren OC, OB usw. gehörenden konjugierten Richtungen ein.

Die Radialebene OE, Abb. 15.33, der größten Gleitung entspricht dem Punkt E des MOHRschen Kreises, Abb. 15.34. Der Winkel $\sphericalangle\, COE$,

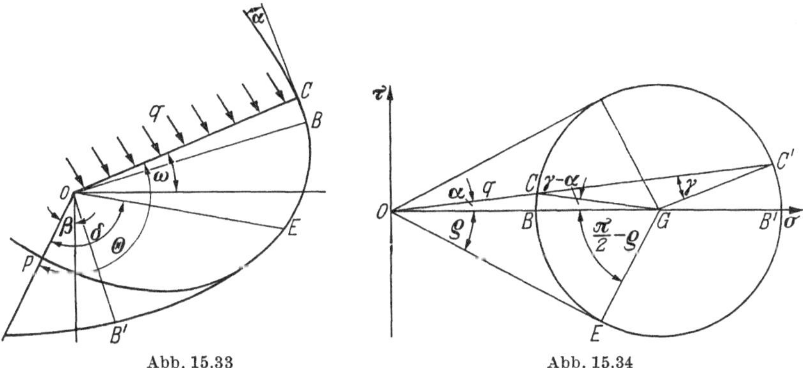

Abb. 15.33 Abb. 15.34

Abb. 15.33 und Abb. 15.34. Hüllkurve der auf den Radialebenen wirkenden Spannungen (RANKINEsche Ellipse) und MOHRscher Kreis im Falle der Einleitung einer gleichmäßig verteilten Auflast q in eine gewichtlose Erdmasse

Abb. 15.33, ist halb so groß wie der zum Bogen CE, Abb. 15.34, gehörende Winkel, d. h. halb so groß wie

$$\frac{\pi}{2} - \varrho + \gamma - \alpha;$$

dabei ist γ durch die Gleichung

$$\sin\gamma = \frac{\sin\alpha}{\sin\varrho}$$

definiert. Die Spannung $\overline{OE}$, Abb. 15.34, die auf der Ebene OE, Abb. 15.33, der größten Gleitung wirkt, beträgt $p\cos\varrho$. Für die mittlere Spannung $p = \overline{OG}$ gilt:

$$p = \frac{q}{\cos\alpha - \sin\varrho\cos\gamma} = \frac{q\sin\gamma}{\sin(\gamma-\alpha)},$$

und damit in Abb. 15.34:

$$\overline{OE} = \frac{q\cos\varrho}{\cos\alpha - \sin\varrho\cos\gamma} = \frac{q\cos\varrho\sin\gamma}{\sin(\gamma-\alpha)}.$$

Man läßt nun die Radialebene durch Drehung um O über die Ebene OE hinausgehen. Durch eine Überlegung, die der oben bei der Berechnung des Erddrucks in schweren Erdmassen beschriebenen analog ist, erkennt man, daß zwei Grenzgleichgewichtszustände möglich sind:

Der erste ist stets durch die gleiche Hüllkurve (RANKINEsche Ellipse) der auf den Radialebenen wirkenden Spannungen charakterisiert; der zweite kennzeichnet den größten Erdwiderstand, für den die zu den Radiusvektoren konjugierte Kurve eine logarithmische Spirale ist. Dieser letzte Grenzgleichgewichtszustand ist für die folgenden Betrachtungen wichtig.

Es wird das Gleichgewicht des Volumenelementes mit der Grundfläche OEP und der Höhe eins (senkrecht zur Bildebene), Abb. 15.33, betrachtet. Da die Erdmasse gewichtlos vorausgesetzt ist und die Spannungen längs der Radialebene konstante Richtung und Größe haben, ergibt die Gleichung der Momente um den Punkt O, daß das Produkt aus der Spannung r und dem Quadrat des zugehörigen Radiusvektors auf allen Radialebenen zwischen OE und OP, Abb. 15.33, konstant ist. Daher wird:

$$r = p \cos \varrho \frac{\overline{OE}^2}{\overline{OP}^2}.$$

Ersetzt man OP durch den Radiusvektor der logarithmischen Spirale

$$\overline{OP} = \overline{OE}\, e^{-\delta \tan \varrho},$$

mit δ als dem Winkel $\sphericalangle EOP$, so ergibt sich:

$$r = \frac{q \cos \varrho}{\cos \alpha - \sin \varrho \cos \gamma}\, e^{+2\delta \tan \varrho}.$$

Wird nun der aus den Radiusvektoren OC und OP gebildete Winkel mit Θ bezeichnet, so ist offenbar:

$$\delta = \Theta - \sphericalangle COE = \frac{2\Theta + \alpha - \gamma + \varrho}{2} - \frac{\pi}{4},$$

d. h., mit den vorstehenden Bezeichnungen und

$$\Theta = \frac{\pi}{2} + \omega - \beta:$$

$$\delta = \frac{\pi}{4} + \frac{\varrho}{2} + \omega - \beta + \frac{\alpha - \gamma}{2}.$$

Der Wert für die Spannung r läßt sich somit unmittelbar berechnen.

Im Falle der Ermittlung des *Erddrucks* infolge einer zusätzlich wirkenden, gleichmäßig verteilten Flächenlast ist die Überlegung die gleiche. Die Ergebnisse leiten sich aus Vorstehendem ab, wenn ϱ durch $-\varrho$ ersetzt wird. Für den Erddruck erhält man dann als Spannung:

$$r = \frac{q \cos \varrho}{\cos \alpha + \sin \varrho \cos \gamma}\, e^{-2\delta \tan \varrho},$$

mit

$$\delta = \frac{\pi}{4} - \frac{\varrho}{2} + \omega - \beta + \frac{\alpha + \gamma}{2}.$$

Ein sehr wichtiger Sonderfall ist der Fall: $\alpha = 0°$ (lotrechte, gleichmäßig verteilte Flächenlast), $\omega = 0°$, $\beta = 0°$ (z. B. belastete Hinterfüllung einer Kaimauer).

Die vorstehende Formel ergibt für die Spannung r, die durch die auf die Hinterfüllung wirkende Flächenlast q ausgeübt wird:

$$r = q \tan\left(\frac{\pi}{4} - \frac{\varrho}{2}\right) e^{-\left(\frac{\pi}{2} - \varrho\right)\tan\varrho}.$$

Diese Gleichung läßt sich in der für die Rechnung bequemeren Form

$$r = q \tan\left(\frac{\pi}{4} - \frac{\varrho}{2}\right) 10^{-0{,}00758(90° - \varrho)\tan\varrho}$$

schreiben, in der ϱ in Grad ausgedrückt ist.

Der entsprechende gesamte Erddruck ist gleich $r\,l$ (l Länge der Wand, gemessen in Richtung der Radialebene). Er greift in halber Höhe des Wandrückens an und ist unter dem Winkel $\alpha = +\varrho$ geneigt.

Die Flächenlast muß über eine hinreichende Breite b verteilt sein, um auf der gesamten Länge der Wand Spannungen erzeugen zu können.

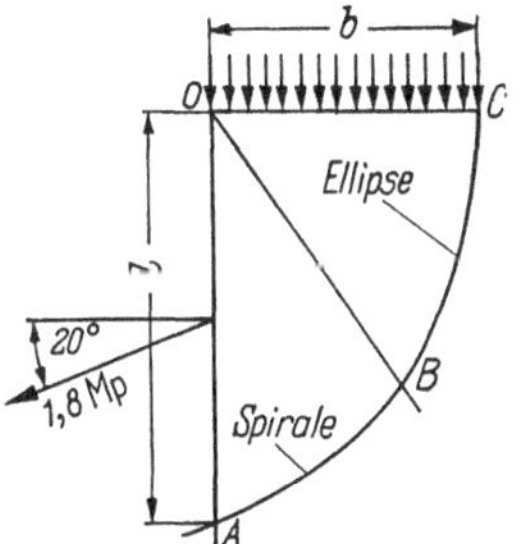

Abb. 15.35. Hüllkurve der auf den Radialebenen wirkenden Spannungen im Falle der Einleitung einer gleichmäßig verteilten Auflast von 1 Mp/m² in eine gewichtlose Erdmasse für $\varrho = 20°$, $\omega = \beta = 0°$; $b = 3$ m, $l = 4$ m

Für den sehr häufig vorkommenden Fall $\omega = 0°$ und $\beta = 0°$ ist das Verhältnis $\overline{OB}/\overline{OC}$, Abb. 15.35, auf der RANKINEschen Ellipse gleich $\sqrt{(1 + \lambda_p)/2}$ und infolgedessen das Verhältnis $\overline{OA}/\overline{OC}$ gleich

$$\sqrt{\frac{1+\lambda_p}{2}}\, e^{\left(\frac{\pi}{4} - \frac{\varrho}{2}\right)\tan\varrho} = \sqrt{\frac{1+\lambda_p}{2}}\, 10^{+0{,}00758\left(45° - \frac{\varrho}{2}\right)\tan\varrho}.$$

Wenn das Verhältnis l/b kleiner als dieser Wert wird, wirkt der Erddruck auf der gesamten Länge der Wand.

Beispiel:

Eine Erdmasse, deren Rohwichte 1,8 Mp/m³ und deren Reibungswinkel $\varrho = 20°$ beträgt, ist an ihrer waagrechten Oberfläche auf 3 m Breite mit 1 Mp/m² belastet. Welche Spannung r (Erddruck) übt diese Last auf eine rauhe, lotrechte Kaimauer von 4 m Höhe aus?

Die Spannung r beträgt:

$$r = 1 \cdot 0{,}7 \cdot 10^{-0{,}00758 \cdot 70° \cdot 0{,}364}\ \mathrm{Mp/m^2} = 1 \cdot \frac{0{,}7}{1{,}56}\ \mathrm{Mp/m^2} = 1 \cdot 0{,}45\ \mathrm{Mp/m^2}.$$

Man überzeugt sich leicht, daß das Verhältnis l/b kleiner als

$$\sqrt{\frac{1 + 2{,}04}{2}}\,\sqrt{1{,}56} = 1{,}54$$

ist. Der resultierende Erddruck hat die Größe $4 \cdot 0{,}45$ Mp/m $= 1{,}8$ Mp je lfd. m Kaimauer und wirkt 2 m unterhalb der Mauerkrone unter dem Winkel $\alpha = +20°$.

15.9.2 Linienlast an der freien Oberfläche parallel zur Wandoberkante. Im elastischen Bereich ist es leicht, von der BOUSSINESQschen Formel ausgehend die Spannung zu berechnen, die sich auf einer Wand infolge einer Linienlast p parallel zur Wandoberkante ergibt. Auf dem Wandelement in der Umgebung von B, Abb. 15.36, entsteht eine Druckkraft in Richtung BA, die gleich $\frac{p}{r} \frac{2}{\pi} \sin\alpha$ für die Länge eins senkrecht zur Bildebene ist, mit r als dem Abstand AB und α als dem Winkel von AB mit der die Erdmasse begrenzenden Waagrechten.

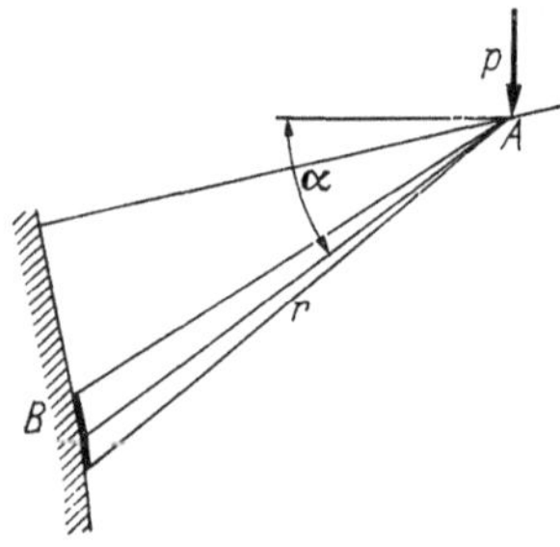

Abb. 15.36. Einleitung einer parallel zur Wandoberkante wirkenden Linienlast in eine gewichtlose Erdmasse

Man sollte nachprüfen, ob dieses Kräftesystem in jedem Punkt des Wandrückens und der Erdmasse mit dem inneren Gleichgewicht der Erdmasse verträglich ist, d. h. ob die durch diese Kräfte hervorgerufenen Spannungen und die Spannungen infolge des Eigengewichts der Erdmasse die Grenzspannungen nicht überschreiten. Hierzu zeichnet man die MOHRschen Kreise für die Spannungen aus der Linienlast p und für die Spannungen aus dem Eigengewicht der Erdmasse, die schon vor dem Einwirken dieser Last herrschten [*15.11*]. Anschließend zeichnet man die MOHRschen Kreise für die resultierenden Spannungen und ermittelt so die Zonen, in denen das Grenzgleichgewicht erreicht ist oder nicht.

15.9.3 Punktlast. Dieses Problem ist nicht zufriedenstellend gelöst, da es schwierig ist, die genaue Ausstrahlung der Kraft zur Wand zu berechnen. Mangels genauer Methoden nimmt man im allgemeinen eine Ausbreitung unter 35° bezüglich des vom Angriffspunkt der Kraft auf die Wand gefällten Lots an.

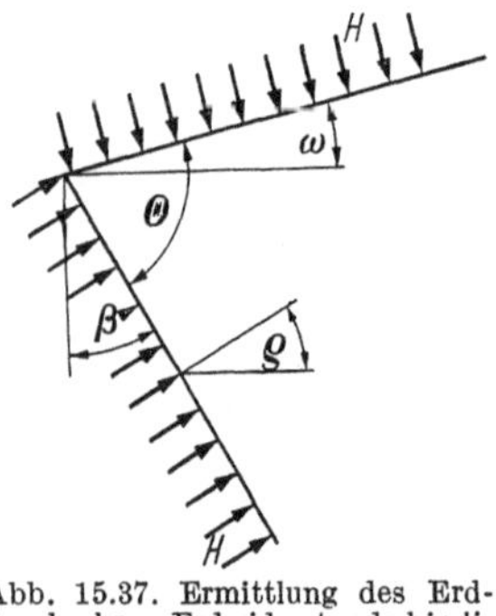

Abb. 15.37. Ermittlung des Erddrucks bzw. Erdwiderstands bindiger Böden mit Hilfe des Theorems der korrespondierenden Zustände

15.9.4 Bindige Böden. Zur Berechnung des Erddrucks und Erdwiderstands bindiger Böden wird das Theorem der korrespondierenden Zustände angewandt (s. 9.4).

Die freie Oberfläche sei hierzu mit der Flächenlast q belastet, die gleich der gleichförmig verteilten Druckspannung $H = c \cot\varrho$, d. h. ihrer Größe nach gleich der hydrostatischen oder dreiaxialen Zugfestigkeit des bindigen Bodens ist, Abb. 15.37. Es werden die Spannungen des rolligen Bodens untersucht, der den gleichen Reibungswinkel ϱ wie der bindige Boden hat und der an seiner Oberfläche durch die Flächenlast q beansprucht ist. Auf die Rückseite einer Stützmauer wird der bindige Boden die gleiche Spannung wie der entsprechende rollige Boden, vermehrt um die Druckspannung $-H$, ausüben. Das Problem läßt sich also mit den gleichen Kurven und Tabellen wie für die rolligen Böden lösen, sofern man die gleichförmig verteilte Druckspannung H an der freien Oberfläche und die gleichförmig verteilte Druckspannung $-H$ auf der Rückseite der Stützmauer einführt.

Nach (15.9.1.2) erzeugt die Druckspannung H auf der freien Oberfläche im Falle einer auf *Erdwiderstand* beanspruchten Erdmasse eine unter $-\varrho$ geneigte Spannung:

$$b = H \tan\left(\frac{\pi}{4} + \frac{\varrho}{2}\right) e^{+2\delta \tan\varrho};$$

hierbei ist

$$\delta = \frac{2\Theta + \varrho}{2} - \frac{\pi}{4},$$

Abb. 15.37, oder mit

$$\Theta = \frac{\pi}{2} + \omega - \beta:$$

$$\delta = \frac{\pi}{4} + \frac{\varrho}{2} + \omega - \beta.$$

Diese Erdwiderstandsspannung b ist mit einer Druckspannung $\sigma = -H$ zu kombinieren, die in umgekehrtem Sinn wirkt.

Im Falle der Ermittlung des *Erddrucks* eines bindigen Bodens erhält man:

$$p = H \tan\left(\frac{\pi}{4} - \frac{\varrho}{2}\right) e^{-2\delta \tan\varrho},$$

mit

$$\delta = \frac{\pi}{4} - \frac{\varrho}{2} + \omega - \beta.$$

Diese Erddruckspannung p ist mit der Druckspannung $\sigma = -H$ zu kombinieren, die in umgekehrtem Sinn wirkt.

Für $\omega = 0°$, $\beta = 0°$ wird:

$$p = H \tan\left(\frac{\pi}{4} - \frac{\varrho}{2}\right) 10^{-0{,}00758\,(90° - \varrho)\tan\varrho},$$

mit ϱ in Grad. Wie vorher erhält man die Kräfte durch Multiplikation der Spannungen mit der Wandlänge, gemessen in Richtung der Radialebene. Die Kräfte greifen in halber Höhe an.

Beispiel:

Die in (15.9.1) berechnete Erdmasse mit dem Reibungswinkel $\varrho = 20°$ habe zusätzlich eine Kohäsion $c = 3{,}64$ Mp/m². Es soll der Erddruck dieser bindigen, durch Auflasten nicht beanspruchten Erdmasse auf die Kaimauer berechnet werden.

Der Erddruck der entsprechenden rolligen Erdmasse lautet:

$$E_a = \frac{1}{2} \cdot 1{,}8 \cdot 4^2 \cdot p\,.$$

Der aus den Tabellen für $\omega/\varrho = 0°$, $\beta = 0°$ und $\varrho = 20°$ abgelesene Erddruckbeiwert beträgt $p = 0{,}490$. Der Erddruck ist also:

$$E_a = \frac{1}{2} \cdot 1{,}8 \cdot 16 \cdot 0{,}490\ \text{Mp/m} = 7{,}05\ \text{Mp/m}$$

und greift im unteren Drittelpunkt unter dem Winkel $\alpha = +20°$ an.

Die Kohäsion erzeugt auf der Kaimauer eine Spannung infolge der an der Oberfläche angreifenden Druckspannung von

$$H = \frac{c}{\tan\varrho} = \frac{3{,}64}{0{,}364}\ \text{Mp/m}^2 = 10\ \text{Mp/m}^2\,.$$

Die zusätzliche Erddruckspannung beträgt dann 4,5 Mp/m² gemäß dem Reduktionsbeiwert 0,45, der in (15.9.1.2) für dieses Beispiel ermittelt wurde.

Der aus dieser Spannung resultierende Erddruck ergibt sich mithin zu $4 \cdot 4{,}5$ Mp/m $= 18$ Mp/m und greift in halber Höhe unter dem Winkel $\alpha = +20°$ an.

In umgekehrtem Sinn wirkt:

$$10 \cdot 4\ \text{Mp/m} = 40\ \text{Mp/m}\,;$$

diese Kraft je lfd. m Kaimauer greift in halber Höhe unter dem Winkel $\alpha = 0$ an.

Schließlich wird die algebraische Summe der von der Erdmasse auf die Kaimauer ausgeübten Normalspannungen negativ.

15.9.5 Grenzhöhe freistehender Geländestufen. Im Sonderfall $\beta = 0$ ist die durch eine waagrechte, bindige Erdmasse beanspruchte lotrechte Grenzfläche mit der Höhe h nach den obigen Darlegungen den folgenden Kräften je Tiefe eins senkrecht zur Bildebene ausgesetzt:

— Erddruck, gleich $\frac{1}{2}\gamma\, h^2\, p$ für die entsprechende rollige Erdmasse,

— Erddruck, gleich $h\, H \tan\left(\frac{\pi}{2} - \frac{\varrho}{2}\right) e^{-\left(\frac{\pi}{2} - \varrho\right)\tan\varrho}$ infolge der an der freien Oberfläche wirkenden Druckspannung H,

— Kraft, gleich $-h\,H$, die entgegengesetzt zu den vorstehenden Erddrücken gerichtet ist und sich aus der auf die Wand angebrachten Druckspannung H ergibt.

Zwischen diesen Kräften herrscht Gleichgewicht, wenn

$$\frac{1}{2}\gamma h^2 p = h\,H\left[1 - \tan\left(\frac{\pi}{4} - \frac{\varrho}{2}\right)e^{-\left(\frac{\pi}{2}-\varrho\right)\tan\varrho}\right]$$

ist. Daraus folgt als Grenzhöhe einer freistehenden Geländestufe:

$$h = \frac{1}{p}\,\frac{2H}{\gamma}\left[1 - \tan\left(\frac{\pi}{4} - \frac{\varrho}{2}\right)e^{-\left(\frac{\pi}{2}-\varrho\right)\tan\varrho}\right],$$

mit

$$H = \frac{c}{\tan\varrho}\,.$$

Wenn ϱ gegen null geht, strebt der Erddruckbeiwert p, der für $\alpha = 0$ gleich $\tan^2\left(\frac{\pi}{4} - \frac{\varrho}{2}\right) = \lambda_a$ ist, gegen eins, und der obige Ausdruck wird an der Grenze schließlich zu:

$$h = (\pi + 2)\,\frac{c}{\gamma}\,.$$

Dies ist die theoretische Grenzhöhe, die man der lotrechten, freistehenden Geländestufe einer Baugrube geben kann, wenn wegen einer nur langsamen Dränung zur Geländestufe hin die Annahme $\varrho = 0$ gerechtfertigt ist.

Die Formel $h = (\pi + 2)\frac{c}{\gamma}$ liefert beachtliche Werte für die Grenzhöhe. So ergibt sich für nur $c = 200\ \text{p/cm}^2$ und $\gamma = 2\ \text{Mp/m}^3$:

$$h = \frac{5{,}14 \cdot 2}{2}\,\text{m} = 5{,}14\,\text{m}\,.$$

Die Grenzhöhe ist in Wirklichkeit kleiner, weil sich an der Oberseite der Erdmasse Schrumpfrisse bilden, Abb. 15.38, in die Sickerwasser eindringen kann. Dieses verändert den Wert der Kohäsion c und des Porenwasserdrucks p_w erheblich und ruft außerdem Strömungskräfte hervor. Deshalb ist es nicht klug, langfristig mit der theoretischen Grenzhöhe zu rechnen.

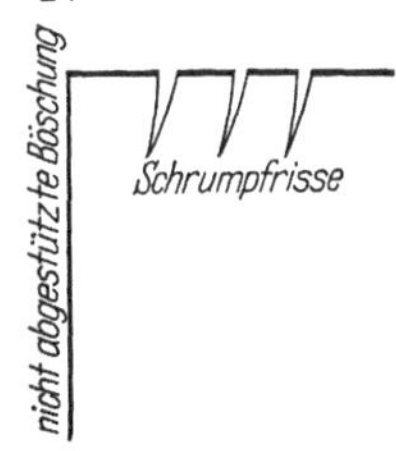

Abb. 15.38. Nicht abgestützte Grenzfläche einer bindigen Erdmasse

15.9.6 Angaben über die einzusetzenden Kohäsionswerte. Die Schwierigkeit bei Erddruck- und Erdwiderstandberechnungen im Falle von Tonböden besteht darin, daß man nicht weiß, welcher Wert für die Kohäsion in Rechnung zu stellen ist.

In dieser Hinsicht sollte man drei großen Kategorien von Tonen besondere Aufmerksamkeit schenken.

— *Nicht rissige Tone.* Bei diesen Tonen liegt der Hauptgrund für eine Veränderung der Kohäsion in der Konsolidierung oder möglicherweise im Quellen. Diese Veränderung findet erst nach einer sehr langen Zeit ihren Abschluß, gemessen an der Zeit, die z. B. für den Bau einer Stützmauer nötig ist. Deshalb empfiehlt es sich, den Erddruck auf eine solche Mauer nach der $\varrho = 0$-Hypothese zu berechnen.

— *Schluffe und partiell gesättigte Tone.* Bei Schluffen und partiell gesättigten Tonen nimmt die Kohäsion unter dem Einfluß eines Kräftesystems im allgemeinen mit der Zeit zu. Diese Böden weisen gleichzeitig Kohäsion und Reibung auf.

— *Steife, rissige Tone.* Diese Tone stellen den Bodenmechaniker wegen ihres zunehmenden Aufweichens vor ein großes Problem. Die Tone (die bekanntesten sind die Londoner Tone) enthalten ein Netz von Rissen. Wenn die Möglichkeit zu einer seitlichen Ausdehnung besteht, wie z. B. hinter einer Stützmauer, öffnen sich einige dieser Risse, in die nun Wasser eindringt. Dies ist der Beginn eines Aufweichvorgangs, der jahrelang andauert und dabei eine anfängliche Kohäsion von mehreren kp/cm² auf nur einige Hundert p/cm² reduziert. Auf diese Weise wurden manche Bauwerke zerstört, die zunächst mit einer großen anfänglichen Sicherheit berechnet waren.

15.9.7 Wirkung des Wassers im Falle des Erddrucks. Wenn eine lotrechte Wand, die einen sehr durchlässigen Boden abstützt, an ihrer Rückseite eine gute Dränanlage besitzt, können selbst größte Gewitterregen die Hohlräume der Hinterfüllung nicht sättigen. Die Strömungskräfte verlaufen quasi lotrecht, wenn die Dränanlage nach der Tiefe entwickelt ist.

Der Erddruck wird im Falle $\omega = 0°$ und $\beta = 0°$:

$$E_a = \frac{1}{2}\gamma \frac{l^2}{2}\lambda_a$$

betragen, mit γ als der Rohwichte des nichtgesättigten Bodens.

Wenn jedoch die Hinterfüllung nur wenig durchlässig ist (Feinsand oder schluffiger Sand), so sättigt sie sich, obwohl die Dränanlage das Wasser in ausreichender Menge ableiten könnte. Der Erddruck beträgt unter den gleichen Bedingungen:

$$E_a = \frac{1}{2}\gamma_a \frac{l^2}{2}\lambda_a + \frac{1}{2}\gamma_w \frac{l^2}{2},$$

mit γ_a als der Rohwichte des Bodens unter Auftrieb und γ_w als der Wichte des Wassers.

Wenn die Hinterfüllung ganz besonders undurchlässig ist, kann der Wasserspiegel über das Niveau der Hinterfüllung hinausgehen und die Wandoberkante erreichen; dies erhöht den zweiten Ausdruck in obiger Gleichung.

15.10 Erddruck- und Erdwiderstandversuche

Vor dem Prüfen der Versuchsergebnisse sollen einige Konstruktionen summarisch aufgeführt werden, die auf Erddruck oder Erdwiderstand beansprucht sind.

15.10.1 Die hauptsächlichsten Stützkonstruktionen

15.10.1.1 Schwergewichtmauern. Bei diesen Mauern werden die verwendeten Baustoffe nur auf Druck beansprucht, Abb. 15.39.

Schwergewichtmauern sind im allgemeinen für eine Höhe von weniger als 2 m am wirtschaftlichsten. Ihre Höhe ist durch die zulässige Bodenpressung und durch die für die Gründung erforderliche Breite begrenzt.

15.10.1.2 Winkelstützmauern. Diese Mauern sind dadurch gekennzeichnet, daß die Hinterfüllung selbst das zur Standfestigkeit der Mauer erforderliche Gewicht liefert: Die Hinterfüllung stützt sich auf den

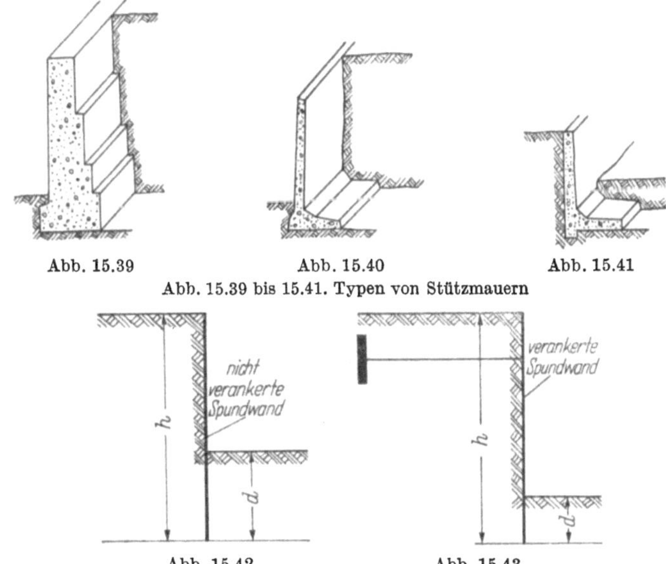

Abb. 15.39 Abb. 15.40 Abb. 15.41

Abb. 15.39 bis 15.41. Typen von Stützmauern

Abb. 15.42 Abb. 15.43

Abb. 15.42 und Abb. 15.43. Typen von Spundwänden

abgewinkelten Teil der Wand. Die Bodenpressungen lassen sich durch Verbreitern des abgewinkelten Teils nach vorn oder hinten vermindern, Abb. 15.40 und 15.41.

15.10.1.3 Spundwände. Es gibt zwei Typen: — *Freistehende Spundwände* sind in den Boden eingespannt. Ihre Standfestigkeit wird durch den Erdwiderstand des Bodens im Bereich der Einspanntiefe d hervorgerufen, Abb. 15.42.

— *Oben verankerte Spundwände* nutzen zur Standfestigkeit den Erdwiderstand, wie die freistehenden Spundwände, und zusätzlich die Zugkraft der Ankerstangen aus, Abb. 15.43. Die Ankerstangen können an Betonblöcke, Wände, Platten, Pfahlböcke usw. angeschlossen sein.

Als Spundwandwerkstoff verwendet man Holz, Metall oder Beton.

15.10.2 Konstruktionen, die den Erdwiderstand wecken. Die typischste Konstruktion, die den Boden auf Erdwiderstand beansprucht, ist jener

Körper (Ankerwand, Ankerplatte), der z. B. der Ankerstange einer Spundbohle als Verankerung dient. Er wird in den Boden eingebettet, Abb. 15.43.

Die hintere Wand eines Brückenwiderlagers ist ein anderes Beispiel hierfür.

Im allgemeinen weckt jede Gründung — wie gezeigt wird — den Widerstand des Erdreichs, das sie trägt und umgibt.

15.10.3 Versuche mit starren Wänden. Das Problem des plastischen Gleichgewichts, das durch Spannungen gekennzeichnet ist, deren Hüllkurven in bezug auf den Punkt, in dem sich — in der betrachteten Ebene — die Wand und die freie Oberfläche der Erdmasse schneiden, ähnlich sind, bildet — selbst in seinem allgemeinsten Fall behandelt, wie es hier geschehen ist — trotz alledem nur einen Sonderfall der gesamten Erddruck- und Erdwiderstandprobleme, die sich bei den verschiedenen, auf Erddruck und Erdwiderstand beanspruchten Konstruktionen ergeben. Ihre Lösungen hängen von den Randbedingungen ab, d. h. von den Verformungen der mit der Wand in Kontakt stehenden Erdmasse, die ihrerseits eine Funktion der Verschiebungen und der Verformbarkeit der Wand sind.

Der Versuch lehrt, daß dennoch der Fall der dreieckförmigen Verteilung der Druckspannungen in der Praxis sehr wichtig ist und daß die Resultierende der Druckspannungen angenähert die Größe behält, die sich aus einer dreieckförmigen Verteilung ergibt, obwohl sich ihr Angriffspunkt in Abhängigkeit von den Randbedingungen verschiebt.

In der folgenden Betrachtung soll zunächst angenommen werden, daß die Wände starr sind. Dies gilt z. B. für die Wände aus Beton oder Mauerwerk, die als Stützmauern, Kammerwände von Brückenwiderlagern, Ankerwände usw. Verwendung finden.

15.10.3.1 Erddruckversuche. Zahlreiche Versuche wurden angestellt, um die Erddruckwerte zu überprüfen, die sich aus den erwähnten Theorien (15.3 bis 15.6) ergaben. Die Versuche wurden fast ausschließlich für den Fall $\omega = 0°$, $\beta = 0°$ vorgenommen (waagrechtes Gelände, lotrechte Wand). Sie eignen sich also nicht, um die Nicht-Exaktheit der Coulombschen Theorie zu zeigen, da der Fall $\omega = 0°$, $\beta = 0°$ genau einer der Fälle ist, in dem die Fehler der Coulombschen Theorie nur in der Größenordnung der experimentellen Fehler liegen.

Man füllt Sand in einen oben offenen Behälter, dessen eine Seite, die die Funktion der Wand übernimmt, beweglich ist. Eine große Anzahl in der Vergangenheit ausgeführter Versuche, wie z. B. die Versuche von Gadroy im Jahre 1746 [*15.12*] und Gauthey [*15.13*] im Jahre 1784 sind wegen der bei diesen Versuchen vorherrschenden Reibung des Sandes an den Seitenflächen ohne große Bedeutung.

— *Versuche mit Drehung der auf Erddruck beanspruchten Wand um einen unteren Drehpunkt.* Die entscheidenden Versuche über den Erddruck bleiben die Versuche, die TERZAGHI [*15.14*] im Jahre 1934 im Massachusetts Institute of Technology in Boston (USA) anstellte.

Er arbeitete an einem sehr großen Modell, das aus einem Behälter von 4,20 m×4,20 m waagrechtem Querschnitt und von 2,10 m Tiefe bestand. Die vordere starre Wand von 4,20 m×2,10 m war mit Vorrichtungen zum Messen der waagrechten und lotrechten Komponenten der Erddruckspannung und des Angriffspunkts der Resultierenden ausgerüstet. Die Wand ließ sich gleichzeitig waagrecht verschieben und um ein Gelenk, 0,50 m unterhalb des Behälterbodens, drehen.

Der verwendete Sand war aus Plum Island. Er hatte in natürlichem Zustand folgende Kennwerte: $\varepsilon_{\min} = 0{,}615$, $\varepsilon_{\max} = 0{,}85$; HAZENsche Zahl (Ungleichförmigkeitsgrad) 1,70; $d_{100} = 0{,}54$ mm.

Der *erste Versuch* wurde mit verdichtetem Sand ($\varepsilon = 0{,}68$) bei Drehung der Wand um das untere Gelenk angestellt.

Abb. 15.44a läßt das Versuchsschema erkennen.

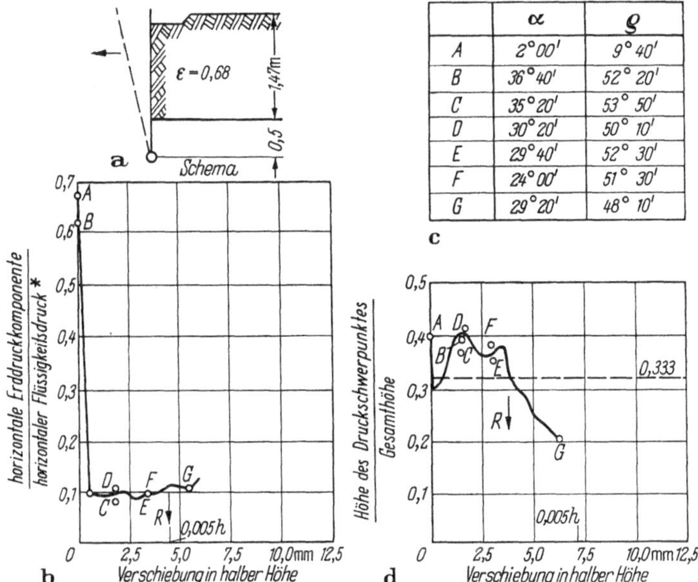

	α	ϱ
A	2°00′	9°40′
B	36°40′	52°20′
C	35°20′	53°50′
D	30°20′	50°10′
E	29°40′	52°30′
F	24°00′	51°30′
G	29°20′	48°10′

Abb. 15.44a—d. Erster Erddruckversuch TERZAGHIs mit verdichtetem Sand: Drehung der Wand um das untere Gelenk. (Nach TERZAGHI [*15.14*])

* Die Flüssigkeit hat die gleiche Wichte wie die Erdmasse und greift in der gleichen Höhe wie die horizontale Erddruckkomponente an

In Abb. 15.44b ist $p \cos \alpha = \sigma(\alpha)$ in halber Höhe der Sandmasse in Abhängigkeit von der Wandbewegung dargestellt, und zwar in absoluten Beträgen und in Abhängigkeit von der Höhe h der Sandmasse.

Abb. 15.44c zeigt den von TERZAGHI mit Hilfe der COULOMBschen Theorie nach dem $\sigma(\alpha)$-Wert berechneten Reibungswinkel ϱ und den α-Wert, der aus dem Verhältnis der auf die Wand wirkenden, gemessenen waagrechten und lotrechten Kräfte berechnet wurde.

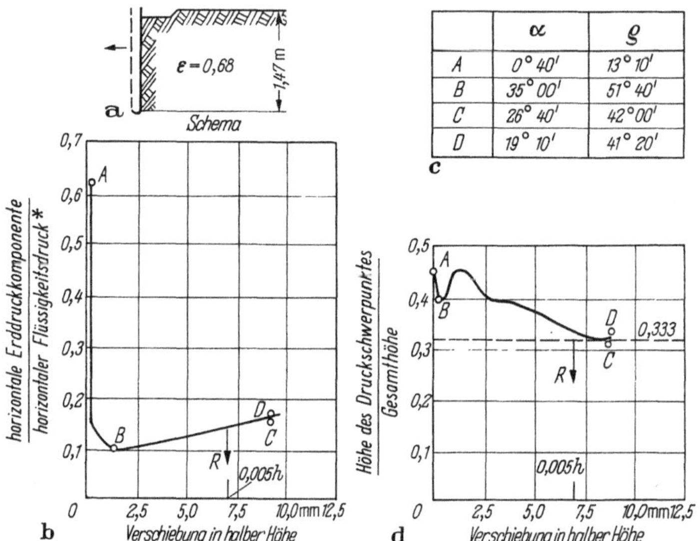

Abb. 15.45a—d. Zweiter Erddruckversuch TERZAGHIs mit verdichtetem Sand: Horizontale Verschiebung der Wand nach einer Drehung. (Nach TERZAGHI [*15.14*])
* Die Flüssigkeit hat die gleiche Wichte wie die Erdmasse und greift in der gleichen Höhe wie die horizontale Erddruckkomponente an

Aus Abb. 15.44d erkennt man die Höhe des Erddruckangriffspunkts in Abhängigkeit von der Wandbewegung. Der Pfeil R weist darauf hin, daß ein Riß (Gleitfläche) an der Oberfläche der Sandmasse zu beobachten war.

Der *zweite Versuch* wurde gleichfalls mit verdichtetem Sand ($\varepsilon = 0{,}68$) bei Verschiebung der Wand nach einer Drehung vorgenommen, Abb. 15.45a bis d.

Der *dritte Versuch* bezog sich auf lockeren Sand ($\varepsilon = 0{,}85$) bei Drehung der Wand um das untere Gelenk, Abb. 15.46a bis d.

Aus den Versuchen lassen sich folgende Schlüsse ziehen: Die waagrechte Komponente σ der Erddruckspannung p (Erddruckbeiwert) ändert sich wenig im Falle der Verschiebung oder der Drehung einer Wand, wenn die Hinterfüllung aus einem verdichteten Sand besteht.

Hingegen ist der Unterschied in den σ-Werten für verdichtete und lockere Sande beachtlich: Die größten σ-Werte findet man bei den lockeren Sanden. Dies ist normal, da lockere Sande — wie bekannt — einen kleinen Reibungswinkel haben. Es besteht jedoch eine Tendenz zur Angleichung der Endwerte von $\sigma(\alpha)$ nach einer Verschiebung von

0,005 h (7 mm): Nach dieser Verschiebung findet man $\sigma = 0{,}15$ für den verdichteten Sand (Punkt D, zweiter Versuch) sowie $\varrho_{\text{berechn.}} = 41°20'$ und $\sigma = 0{,}25$ für den lockeren Sand (Punkt G, dritter Versuch) sowie $\varrho_{\text{berechn.}} = 32°20'$. TERZAGHI gibt die im Laboratorium gemessenen Reibungswinkel ϱ nicht an. Mit Hilfe der Formel $\tan \varrho = 0{,}55/\varepsilon$ (s. 10.3.3)

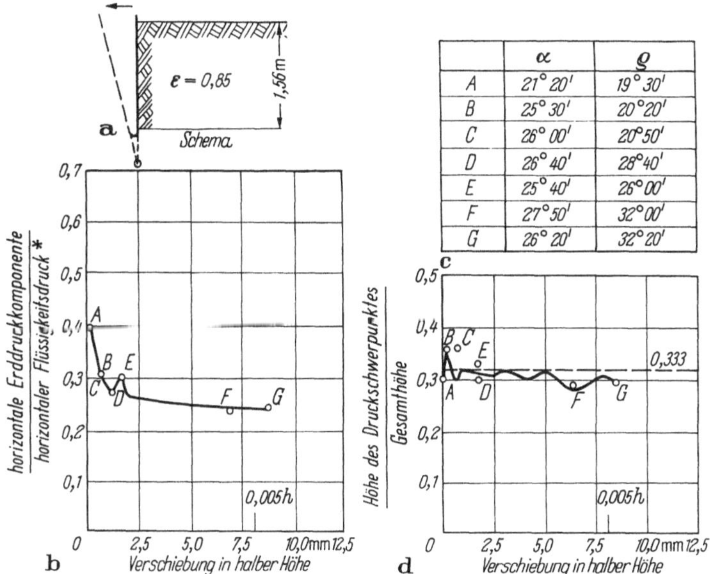

	α	ϱ
A	21° 20'	19° 30'
B	25° 30'	20° 20'
C	26° 00'	20° 50'
D	26° 40'	28° 40'
E	25° 40'	26° 00'
F	27° 50'	32° 00'
G	26° 20'	32° 20'

Abb. 15.46a—d. Dritter Erddruckversuch TERZAGHIs mit lockerem Sand: Drehung der Wand um das untere Gelenk. (Nach TERZAGHI [*15.14*])

findet man, daß der verdichtete Zustand des Sandes mit $\varepsilon = 0{,}68$ einem Reibungswinkel ϱ von 39° und der lockere Zustand des Sandes mit $\varepsilon = 0{,}85$ einem Reibungswinkel ϱ von 33° entspricht. Die Übereinstimmung der nach dieser Formel berechneten Reibungswinkel mit den von TERZAGHI berechneten Reibungswinkeln ϱ von 41°20' und 32°20' ist also nicht schlecht.

Für dichte Sande liegt der Winkel α in der Größenordnung von 0,6 ϱ, während er im Fall lockerer Sande in der Größenordnung von ϱ liegt. Dies kommt z. T. daher, daß die Wand des TERZAGHIschen Behälters weder Stufen noch Nischen hatte und daß die Reibung an der Wand unter diesen Umständen auf die äußere Reibung beschränkt war. Außerdem gestattete es die Versuchseinrichtung nicht, auf die Wand eine Zugkraft nach oben auszuüben, um so systematisch die σ-Werte zu erzeugen, die den Neigungen $\alpha = \varrho$ entsprechen.

Eine wichtige Beobachtung machte man hinsichtlich des Erddruckangriffspunkts. Er lag im ersten Versuch beachtlich oberhalb des unteren Drittelpunkts, fiel aber erheblich darunter, wenn die Drehung der Wand ausreichend war und in halber Höhe eine Verschiebung von 0,005 h zuließ. Im Falle der Verschiebung der Wand, zweiter Versuch, stellte man die gleiche Erscheinung fest: Der Erddruckangriffspunkt rutschte nach unten, jedoch nicht über den unteren Drittelpunkt hinaus. Hingegen lag die Erddruckresultierende bei nicht verdichtetem Sand, dritter Versuch, stets ein wenig unterhalb des unteren Drittelpunkts.

Bei verdichtetem Sand, erster Versuch, zeigte sich der erste Riß an der Sandoberfläche nach einer Verschiebung von 0,0035 h, gegenüber 0,008 h bei nicht verdichtetem Sand, dritter Versuch.

Eine letzte wichtige Tatsache liefert die Analyse dieser Versuche: Bei Drehung um ein unteres Gelenk lassen die — im Vergleich zu den größeren oberen Verschiebungen — zu kleinen unteren Verschiebungen zu Beginn der Drehung nicht die Gleitbewegungen zu, die zum Wecken des Erddrucks nötig sind. Es entsteht dann eine *Gewölbewirkung*: Das Gewölbe stützt sich dabei auf den unteren Fixpunkt ab, wo es die Reaktion des Gelenkes benutzt, um den unteren Teil der Sandmasse um einen Teil des Erddrucks zu entlasten, Abb. 15.47. Dadurch hebt sich der Erddruckangriffspunkt und vermindert sich der Erddruck, was sich in einem beachtlichen scheinbaren Reibungswinkel ϱ äußert (z. B. $\varrho = 53°50'$ im Punkt C, Abb. 15.44). Dieser Winkel ist keineswegs als der echte Winkel der inneren Reibung anzusehen.

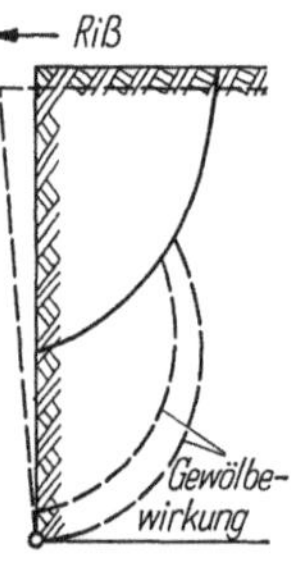

Abb. 15.47. Gewölbewirkung in der Nähe eines Fixpunkts

Diese Erscheinung kann sich in noch stärkerem Maße äußern, wenn das Gelenk nicht wie hier unterhalb des Behälterbodens liegt, z. B. bei einer Mauer, deren Fundament seitlich unverschieblich gegründet ist.

In der Bodenmechanik trifft man häufig diese Gewölbewirkungen an, auf die TSCHEBOTARIOFF [*15.15*] hinwies und die man in Frankreich auch *Silowirkungen* nennt. Es handelt sich hier um einen besonderen Gleichgewichtszustand, der dadurch gekennzeichnet ist, daß sich die Erdmasse auf nicht verformbaren Fixpunkten abstützt: Diese bilden das Widerlager eines Gewölbes, durch das die Spannungen in der Erdmasse abgemindert werden.

— *Versuche mit Drehung der auf Erddruck beanspruchten Wand um das obere Ende.* Die Versuche TERZAGHIS befaßten sich nicht mit der Drehung der Wand um ihr oberes Ende. Dies ist dennoch ein sehr wichtiger Fall, insbesondere für biegsame Wände, wie weiter unten gezeigt wird.

Bei den nicht biegsamen Wänden entspricht dieser Fall z. B. den lotrechten starren Baugrubenabstützungen, die im oberen Teil ausgesteift sind.

Man beobachtet bei ihnen eine Konzentrierung der Beanspruchungen im oberen Teil der Abstützung, Abb. 15.48. Es stellt sich eine Erddruckumlagerung ein mit einer Erhöhung der Druckspannungen im oberen Teil. Dies wurde durch Beobachtungen bei der Anlage von Baugruben in New York, Berlin usw. bestätigt.

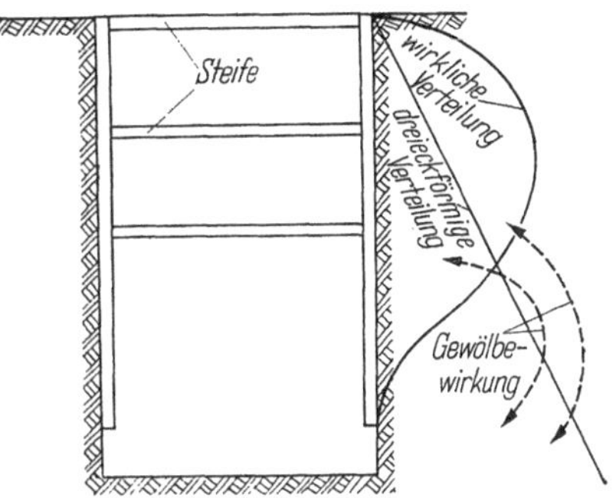

Abb. 15.48. Verteilung der Druckspannungen hinter einer ausgesteiften Baugrubenabstützung

Eine Gewölbewirkung beobachtet man auch hier: Das entlastende Gewölbe weckt den Druckwiderstand der Steifen ganz oder nur zum Teil. Wenn Pressen zwischen den stützenden Wänden angebracht wären und die Steifen die Möglichkeit böten, die Wände einander zu nähern, würde sich die Druckspannungskonzentration im Bereich der Steifen abschwächen, und man würde sich mit fortschreitender Bewegung der Wände der dreieckförmigen Druckspannungsverteilung nähern.

Die gleichen Ergebnisse wurden von TSCHEBOTARIOFF im Jahre 1949 und ROWE im Jahre 1952 [*15.15*; *15.19*] bei biegsamen Wänden gefunden, deren oberer Teil durch Ankerstangen festgehalten ist. Die Verteilung der Druckspannungen, die zunächst weit davon entfernt ist, linear zu sein, wird linear, sobald sich die Ankerstange um einen Betrag ausdehnt, der höchstens gleich einem Tausendstel der Höhe des hinterfüllten Sandes ist. Die Größe der Erddruckresultierenden ändert sich jedoch nicht merklich, wie auch immer die Verteilung der Druckspannungen wird.

15.10.3.2 Erdwiderstandversuche. Wenig gültige Versuche über den Erdwiderstand wurden bisher für den Fall starrer Wände veröffentlicht. Im Jahre 1950 zeigte STRECK [*15.17*], der die Arbeiten von FRANZIUS [*15.16*] fortsetzte, den Einfluß des Wandreibungswinkels α auf den Erdwiderstand: Die größten Erdwiderstandbeiwerte ergaben sich bei negativen α-Werten, deren absoluter Betrag am größten ist.

Im Jahre 1953 veröffentlichten TSCHEBOTARIOFF und JOHNSON [*15.18*] eine wichtige Arbeit über dieses Problem. Ihre Versuche wurden in einem mit Sand gefüllten Behälter von 3 m×1,8 m waagrechtem Querschnitt vorgenommen. Der Erdwiderstand wurde durch eine starre Stahlbetonwand von 3 m Breite, 0,90 m Höhe und 0,10 m Dicke erzeugt, die man durch Pressen waagrecht beanspruchen konnte, s. Abb. 17.9.

Belastet man den Sand auf Erdwiderstand, so ist die Wand bestrebt, sich lotrecht nach oben zu bewegen. Eine Vorrichtung gestattete es dann, diese Bewegung auszuschalten und die zum Heben erforderliche lotrechte Kraft infolge der Komponente $|b(\alpha)\sin\alpha|$ zu messen.

Außerdem ermöglichten es Pressen, auch lotrechte Kräfte von oben nach unten auf die Wand auszuüben — um so vollständiger als im Falle $\alpha = 0$ die negative Reibung zu wecken — oder auch lotrechte Kräfte von unten nach oben anzubringen — um den Erddruck bei positivem α zu messen.

Die Versuche wurden mit einem Sand angestellt, für den die Untersuchung im Dreiaxialgerät mit *positivem* Spannungsdeviator nach der Formel $\lambda_p = \frac{\sigma_3}{\sigma_1} = \tan^2\left(\frac{\pi}{4} + \frac{\varrho}{2}\right)$ einen zwischen 43° 8′ und 40° 20′ schwankenden Reibungswinkel ϱ je nach der Wichte zwischen 1,66 Mp/m³ und 1,57 Mp/m³ lieferte.

Für $\alpha = 0$ betrugen die Erdwiderstandbeiwerte hinter der Wand zwischen 4,5 und 3,5. Die danach mit der Formel $\lambda_p = \tan^2\left(\frac{\pi}{4} + \frac{\varrho}{2}\right)$ berechneten Reibungswinkel ϱ lagen zwischen 40° und 34°. Diese Winkel, die eine genaue Aussage über die im Versuch herrschende Reibung liefern, sind kleiner als die im Dreiaxialversuch gemessenen Winkel. Aus dieser Beobachtung muß man den Schluß ziehen, daß der Dreiaxialversuch mit positivem Spannungsdeviator zur Ermittlung des bei Erdwiderstandversuchen wirksam werdenden Reibungswinkels der Materie ungeeignet ist. Beim obigen Erdwiderstandversuch für $\alpha = 0$ wie im Dreiaxialversuch verwendete man zur Berechnung des Reibungswinkels ϱ dieselbe Formel

$$\lambda_p = \frac{\sigma_3}{\sigma_1} = \tan^2\left(\frac{\pi}{4} + \frac{\varrho}{2}\right).$$

Nun führt dieselbe Formel in den beiden Fällen zu unterschiedlichen Werten für ϱ. Der Sand hat also in den beiden Versuchen eine unterschiedliche Orientierung der Körner. Er ist in beiden Fällen anisotrop, jedoch ist diese Anisotropie unterschiedlich. Wenn TSCHEBOTARIOFF und JOHNSON den Dreiaxialversuch mit *negativem* Spannungsdeviator angestellt hätten, würden sie angenähert die gleichen Reibungswinkel wie beim Erdwiderstandversuch mit dem Behälter gefunden haben.

Für Reibungswinkel, die je nach der Dichte des Sandes zwischen 40° und 34° schwanken, erhält man im Falle $\alpha = 0$ die experimentell ermittelten Erdwiderstandbeiwerte der Abb. 15.49.

Die Versuchswerte $\sigma(\alpha) = b(\alpha)\cos\alpha$, der Normalkomponente der unter dem Winkel α zur Normalen auf die Wand wirkenden Erdwiderstandspannung b, wurden als Ordinate, die α-Werte als Abszisse aufgetragen. Außerdem enthält Abb. 15.49 die theoretisch ermittelten Kurven, die sich nach den Tabellen der Verfasser dieses Werkes [*15.1*] für $\sigma(\alpha)$ in Abhängigkeit von α mit $\omega = 0°$, $\beta = 0°$ für $\varrho = 40°$, $\varrho = 35°$

und $\varrho = 34°$ ergeben. Man erkennt eine zufriedenstellende Übereinstimmung: Die experimentell ermittelten Punkte liegen gut innerhalb des durch $\varrho = 34°$ und $\varrho = 40°$ begrenzten Bereiches.

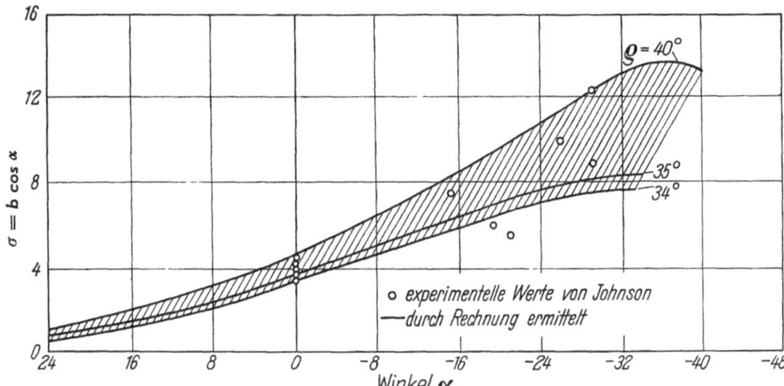

Abb. 15.49. Normalkomponente σ der Erdwiderstandspannung b (Erdwiderstandbeiwert) in Abhängigkeit vom Neigungswinkel α der Erdwiderstandsspannung. Versuche von TSCHEBOTARIOFF und JOHNSON zur Überprüfung der Erdwiderstandbeiwerte. (Nach TSCHEBOTARIOFF und JOHNSON [*15.18*])

Man stellt insbesondere fest, daß TSCHEBOTARIOFF und JOHNSON im Falle $\alpha/\varrho = -30°/40° = -0{,}75$ für $\sigma(\alpha)$ den Wert 12,5 gegenüber 4,5 im Falle $\alpha/\varrho = 0$ erhielten.

Da die Wände weder Stufen noch Nischen hatten, konnten TSCHEBOTARIOFF und JOHNSON keine Reibung $\alpha/\varrho = -1$ mobilisieren.

Die waagrechten Verschiebungen, die zum Wecken des gesamten Erdwiderstands nötig waren, betrugen rd. 0,05 bis 0,10 h, mit h als Höhe des Sandes, der in Kontakt mit der Wand stand. In den Versuchen betrug diese Höhe 0,60 m. Die Verschiebungen lagen also zwischen 3 und 6 cm.

Es handelt sich mithin hier um viel größere Verschiebungen als im Falle des Erddrucks. Die Verschiebungen sind rd. 50 mal größer; die Spannungen selbst sind auch 50 mal größer (s. a. 17.2.1.1).

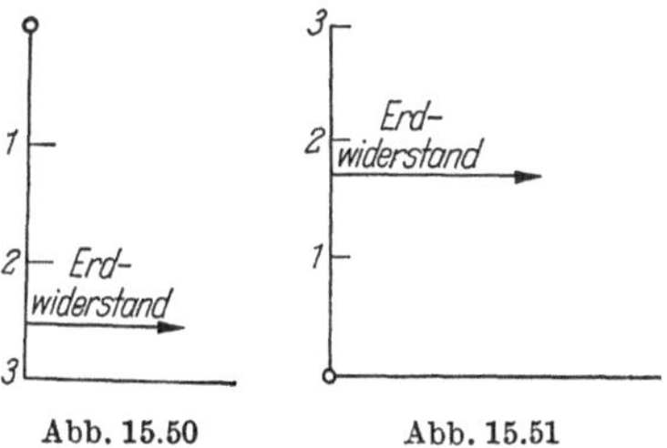

Abb. 15.50 Abb. 15.51

Abb. 15.50 und 15.51. Lage der Erdwiderstandresultierenden gegenüber einem Fixpunkt. (Nach ROWE [*15.19*])

In einer anderen Versuchsreihe über den Erdwiderstand maß ROWE [*15.19*] die Verteilung der von einer Erdmasse ausgeübten Erdwiderstandspannungen hinter einer starren Platte, die sich um ihr oberes oder unteres Ende drehen ließ.

Bei Drehungen um das obere Ende, Abb. 15.50, waren die infolge des Erdwiderstands auf die Platte ausgeübten Druckspannungen nahe der

Oberfläche klein. Sie nahmen rasch mit der Tiefe zu; dabei lag die Erdwiderstandresultierende erheblich unter dem unteren Drittelpunkt $h/3$ der Platte (h Höhe der Platte).

Bei Drehungen um das untere Ende, Abb. 15.51, nahmen die auf die Platte ausgeübten Druckspannungen in der Nähe der Sandoberfläche beachtliche Werte an und wurden mit der Tiefe kleiner; die Erdwiderstandresultierende lag angenähert in der Höhe $h/2$ bei lockerem Sand und höher als $h/2$ bei dichtem Sand.

Diese Ergebnisse waren vorauszusehen: Sie liefern die Bestätigung dafür, daß nur geringfügige Verschiebungen in der Nähe der Drehachse zum Wecken des gesamten Erdwiderstands nicht ausreichend sind.

15.10.3.3 Gleichzeitige Wirkung des Erdwiderstands und des Erddrucks. Rowe führte im Jahre 1952 eine Reihe von Versuchen aus [*15.19*], in denen er sich mit dem Erdwiderstand und Erddruck zu beiden Seiten von Spundwänden in verkleinertem Maßstab befaßte.

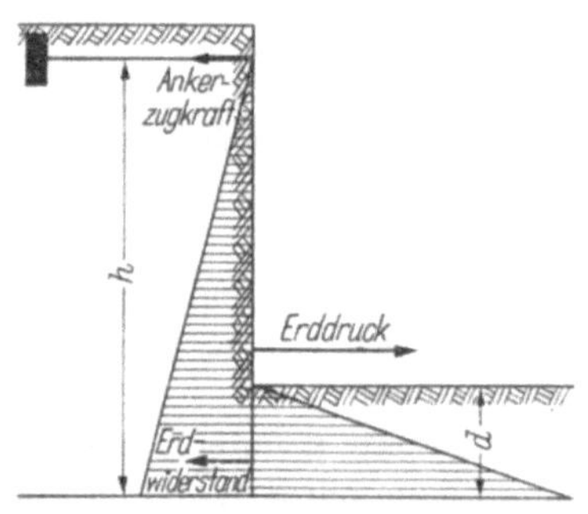

Abb. 15.52. Verteilung der auf eine Spundwand wirkenden Kräfte nach der klassischen Rankineschen Methode

Sein Spundwandmodell war 1,05 m hoch und 2,10 m breit. Zunächst brachte Rowe Sand zu beiden Seiten dieser Modellwand an, die am Kopf durch Ankerstangen gehalten wurde. Dann entfernte er den Sand auf einer Seite der Spundwand, Abb. 15.52. Als sie hier nur noch zu höchstens $^4/_{10}$ ihrer gesamten Höhe im Sand steckte, d. h. also im Falle $d \leqq \frac{4}{10}\,h$, war der gesamte Erddruck gleich dem durch die vorstehende Theorie (15.8.1) gegebenen; jedoch verlief dabei im einzelnen die Verteilung der Druckspannungen nicht linear, solange die Verankerungen am Kopf der Spundbohlen absolut unnachgiebig waren. In diesem Falle konzentrierten sich die Beanspruchungen auf die Verankerungen, wie bereits Tschebotarioff fand [*15.15*]. Eine geringfügige Verschiebung (Nachgeben) dieser Verankerungen von rd. $h/1000$ genügte jedoch, um eine dreieckförmige Erddruckverteilung zu erhalten; die Erddruckresultierende blieb der Größe nach die gleiche. Diese Verschiebung war wesentlich kleiner als die elastische Verlängerung der Ankerstangen und als die Verschiebung der Ankerblöcke, an denen diese angeschlossen waren.

Andererseits wurde der Erdwiderstand erst bei einer Verschiebung von 0,002 d geweckt und erreichte seinen Größtwert erst für 0,05 d, d. h. bei einem erheblich größeren Wert als jenem, der nötig ist, um vom Ruhezustand in den Zustand des Erddrucks überzugehen.

Wenn diese Verschiebungen erreicht und die Drücke zu beiden Seiten der Spundwand dreieckförmig verteilt sind, herrschen als waagrechte Kräfte einerseits die Zugkraft T der Ankerstange und der Erdwiderstand $\frac{1}{2}\,\gamma\, d^2\, \lambda_p$, anderseits der Erddruck $\frac{1}{2}\,\gamma\, h^2\, \lambda_a$. Voraussetzung ist hierbei der RANKINEsche Grenzgleichgewichtszustand (Winkel α zu beiden Seiten der Spundwand null). Diese Voraussetzung ist vernünftig, denn eine Verschiebung der Spundwand von oben nach unten weckt nicht nur den negativen (stärksten) Erdwiderstand, sondern auch den negativen (stärksten) Erddruck und umgekehrt. Mit diesen Kräften läßt sich das maximale Biegungsmoment berechnen, dem die Spundwand unterworfen ist. Dieses Moment berücksichtigt allerdings nicht die Biegsamkeit der Spundwand (s. a. [*15.20*]).

15.10.4 Einfluß der Biegsamkeit der Wände auf die Biegungsmomente. Der Einfluß der Biegsamkeit wurde experimentell im Jahre 1949 von TSCHEBOTARIOFF [*15.15*] und im Jahre 1952 von ROWE [*15.19*] untersucht.

Die Arbeitsergebnisse dieser beiden Forscher stimmen gut überein. Die Untersuchungen von ROWE gestatten es, allgemeinere Schlüsse zu ziehen, da sie sich hinsichtlich der Biegsamkeit über einen größeren Bereich erstrecken.

ROWE benutzte oben verankerte Spundwandmodelle von 50 bis 90 cm Höhe. Die Biegsamkeit der Spundwände war durch die Größe L^4/EI gekennzeichnet. Der Logarithmus dieser Größe, $\log (L^4/EI)$, lag zwischen null und rd. zwei, wenn man L in m, I in m^4/m und E in $\mathrm{Mp/m^2}$ ausdrückt (L^4/EI hat die Dimension des Kehrwerts einer Wichte).

In jedem Versuch lockerte man die Verankerung um einen genügenden Betrag, um jede Gewölbewirkung im Sand auszuschalten. Die Beanspruchungen in der Spundwand wurden mit Dehnungsmeßstreifen ermittelt.

Bei äußerst steifen Spundwänden konnte man für verschiedene Kombinationen von Spundwandhöhe, Einbindetiefe und Höhenlage der Ankerstangen keine ausgeprägten Unterschiede zwischen dem nach der klassischen Theorie nach RANKINE (15.10.3.3) berechneten Biegungsmoment und dem wirklichen Biegungsmoment beobachten.

Hingegen verringerte sich das wirkliche Biegungsmoment gegenüber dem nach der klassischen Theorie berechneten Moment mit zunehmender Biegsamkeit der Spundwand sehr fühlbar; dabei hing das Ergebnis von der bezogenen Dichte $D_r = \frac{\varepsilon_0 - \varepsilon}{\varepsilon_0 - \varepsilon_d}$ (ε_0 Porenziffer für lockerste Lagerung, ε_d Porenziffer für dichteste Lagerung) des Sandes ab, Abb. 15.53. Fast identische Kurven wurden für Sand und Kies erhalten.

Diese Verringerung des Biegungsmomentes gegenüber dem nach der Theorie berechneten Moment ergibt sich zunächst aus einer Erhöhung des Angriffspunkts der Druckresultierenden im Sand vor dem eingebundenen Teil der Spundwand, der auf Erdwiderstand beansprucht wird; außerdem erklärt sie sich aus der Gewölbewirkung, die den Erddruck auf

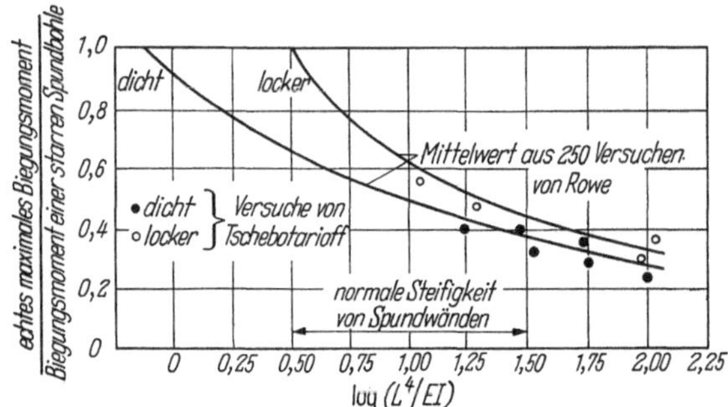

Abb. 15.53. Beziehung zwischen den Biegungsmomenten in Spundbohlen und der Steifigkeit von Spundbohlen

die obere und untere Stützzone (Verankerung, Einspannung) verlagert. Die Abminderung des Momentes entsteht nicht durch eine Änderung der mit den Stützzonen (Auflagern) im Gleichgewicht stehenden Gesamtbeanspruchung, sondern nur durch eine Änderung in der örtlichen Verteilung der Spannungen.

Eine nicht biegsame Spundwand dreht sich um die Oberkante des eingebundenen Teils; dadurch sinkt der Angriffspunkt des Erdwiderstands, wie gezeigt wurde, s. Abb. 15.50.

Eine biegsame Spundwand hingegen dreht um ihr unteres Ende; daher hebt sich der Angriffspunkt des Erdwiderstands, s. Abb. 15.51, und vermindert sich das die Spundwand beanspruchende Biegungsmoment.

Aus der Gesamtheit der Versuche folgt, daß man bei den Sanden das nach der klassischen RANKINEschen Theorie berechnete Biegungsmoment mit einem nach den Kurven von ROWE ermittelten Abminderungsbeiwert versehen und die Spundwand für das abgeminderte Biegungsmoment berechnen kann, vorausgesetzt, daß ihre Biegsamkeit in Übereinstimmung mit dem zugrunde gelegten abgeminderten Moment ist. Die Abminderung hängt nicht nur von der Größe L^4/EI der Spundwand, sondern auch von den Bodenkennwerten ab.

Für schluffige Sande und Tone fehlen noch Versuchsdaten. Es ist daher angebracht, hierfür zur Zeit noch keinerlei Abminderung des Biegungsmomentes vorzunehmen.

15.11 Schlußfolgerungen aus den Erddruck- und Erdwiderstandversuchen

Bei den meisten Schwergewichtmauern, Winkelstützmauern und Spundwänden ist die Wand so hinreichend nachgiebig, daß sich der

Ruhedruck im Boden bis zum Erddruck mit dreieckförmiger Druckspannungsverteilung abmindert. Der Erddruckangriffspunkt bleibt jedoch oberhalb des unteren Drittels der Wandhöhe, wenn die Wand an ihrer Unterseite keinerlei Verschiebungen erfahren kann.

Bei einigen Tonböden allerdings kann der Druck in der Nähe der Oberfläche infolge Quellens größer als der Erddruck sein. Gegenwärtig fehlen noch experimentelle Ergebnisse über den Erddruck und den Erdwiderstand bindiger Böden.

Bei allen diesen Bauwerken kann man im Falle des *Erddrucks* — hinreichende Ausbildung von Nischen oder Stufen an der Wandrückseite vorausgesetzt — mit $\alpha/\varrho = +1$ arbeiten. Bei Baugrubenabstützungen hingegen, die unterhalb der Baugrubensohle nicht in den Boden einbinden, ist es angebracht, mit $\alpha/\varrho = 0$ zu rechnen, da die Abstützungen mitsamt dem Erdkeil abrutschen können. Man sollte nicht mit einer dreieckförmigen Druckspannungsverteilung rechnen, wenn die Steifen wenig verformbar sind. Dies gilt z. B. für die seitlichen Schleusenwände, die unten durch eine starre Platte (die hier als Steife anzusehen ist) verbunden sind.

Bezüglich des *Erdwiderstands* ist zu sagen: Wenn sich die Wand gleichzeitig setzen und das Erdreich auf Erdwiderstand beanspruchen kann, ist es dann möglich mit $\alpha/\varrho = -1$ zu rechnen, wenn Nischen oder Stufen an der Wandrückseite vorgesehen wurden. Im anderen Fall ist es vorzuziehen, sich an die äußere Reibung, d. h. $\psi =$ rd. $^2/_3\, \varrho$ zu halten. Zum Wecken des Erdwiderstands sind — anders als beim Erddruck — erhebliche Verschiebungen erforderlich, da die aufzubringenden Spannungen hier wesentlich größer sind. Zu beiden Seiten der durch Erddruck und Erdwiderstand beanspruchten Spundwände sollte man als Berechnungsgrundlage den Grenzgleichgewichtszustand für $\alpha = 0$ annehmen (RANKINEscher Grenzgleichgewichtszustand).

16 Flachgründungen: Einzelfundamente und Plattengründungen

16.1 Allgemeines zur Berechnung der Gründungen

Für ein jedes Gründungssystem muß der Ingenieur zweierlei Nachweise führen:

— Die auf die Gründung wirkenden Kräfte, multipliziert mit einem Sicherheitsfaktor, den man meistens gleich drei nimmt, rufen keinen Bruch des gesamten Bodens hervor.

— Die sich aus dem einwirkenden Kräftesystem ergebenden Setzungen sind mit der Verformbarkeit des gesamten Bauwerks verträglich.

Sehr häufig ist die letzte Forderung trotz des Sicherheitsfaktors drei einschränkender als die erste; dies gilt für statisch unbestimmte Bauwerke, die zwar wirtschaftlich, gegenüber unterschiedlichen Stützenverschiebungen jedoch empfindlich sind.

16.2 Flachgründungen (Einzelfundamente, Streifenfundamente, Plattengründungen) und Tiefgründungen (Pfähle, Brunnen, Pfeiler und Senkkästen)

Zu Beginn des Kapitels über Gründungen ist ein Unterschied zwischen den verhältnismäßig breiten und flach gegründeten Fundamenten und den übrigen zu machen.

Die ersteren sind durch ein kleines Verhältnis h/l gekennzeichnet, Abb. 16.1: Bei ihnen ist die Tiefe h gegenüber der Breite $2\,l$ klein. Zu diesen Gründungen gehören die Einzelfundamente, Streifenfundamente und Plattengründungen.

Bei den letzteren ist das Verhältnis h/l groß, Abb. 16.2; der entsprechende Gründungstyp

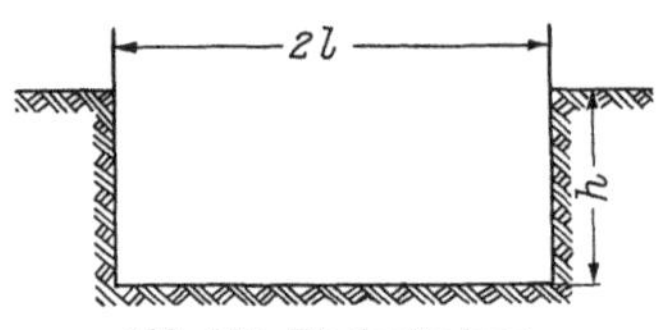

Abb. 16.1. Flachgründung

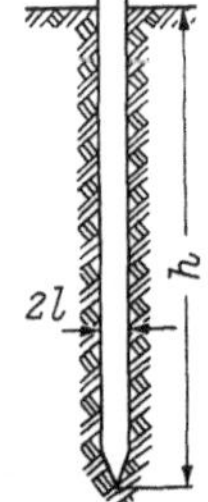

Abb. 16.2. Tiefgründung

ist der Pfahl. In diesem Kapitel (16) sollen die Flachgründungen untersucht werden.

16.3 Besonderheiten der Flachgründungen

16.3.1 Einzelfundamente und Streifenfundamente. Man unterscheidet Einzelfundamente, Abb. 16.3a, Streifenfundamente, Abb. 16.3b, oder eine Kombination dieser beiden Typen, Abb. 16.3c und d.

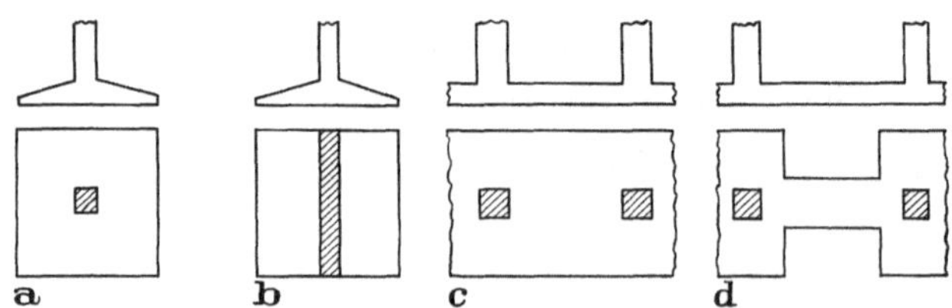

Abb. 16.3a—d. Einzelfundamente und Streifenfundamente

Sie werden heute fast ausschließlich in Stahlbeton ausgeführt, und zwar in einer Tiefe, die nicht kleiner als die normale Frosttiefe ist oder — wenn es sich um Quelltone handelt — in einer Tiefe, in der das Quellen und Schrumpfen des Bodens erheblich abgemindert ist. Diese Fundamente haben eine Gründungstiefe, die höchstens gleich der vierfachen Breite ist.

Wenn ein Überbau auf einer großen Anzahl von Einzelfundamenten gegründet ist, besteht die Hauptaufgabe der Berechnung darin, zu überprüfen, ob die jeweiligen Setzungen eines jeden Einzelfundamentes und die sich daraus ergebenden Setzungsunterschiede mit der Biegsamkeit des Überbaus verträglich sind.

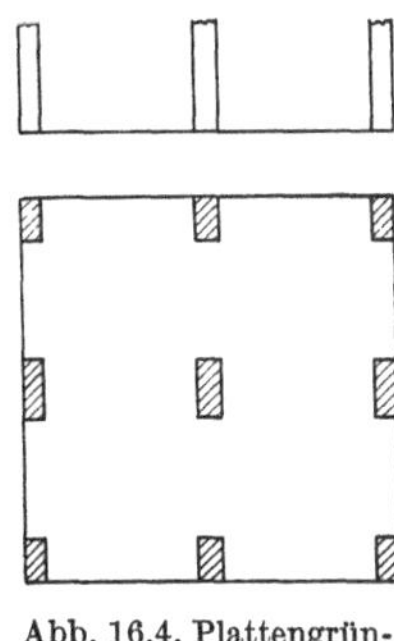

Abb. 16.4. Plattengründung

16.3.2 Plattengründungen. Eine Plattengründung bedeckt die gesamte Fläche unter einem Überbau, dessen Wände und Pfeiler sich auf sie stützen, Abb. 16.4.

Wenn die beiden Forderungen nach dem Einhalten der Grenzbodenpressung und der Setzung (16.1) auf eine Gesamtfläche der Einzelfundamente führen, die größer als die Hälfte der Fläche unter dem Überbau ist, wird es wirtschaftlicher, eine Plattengründung vorzusehen.

Kleine Plattengründungen werden im allgemeinen so bewehrt und ausgesteift, daß die Setzung unter der Annahme einer starren Platte berechnet werden kann. Man erhält eine Gesamtsetzung, die von der Verformbarkeit des Überbaus unabhängig ist.

Bei großen Plattengründungen erhält man — insbesondere, wenn sie auf Sand- oder Kiesböden aufliegen — Setzungsunterschiede, die dann im allgemeinen das Kriterium für die zulässige Bodenpressung der Platten bilden.

16.4 Berechnung der Grenzbodenpressung für Fundamente, die unmittelbar auf der Oberfläche des Bodens gegründet sind

16.4.1 Rolliger Boden. Die Berechnung der *Tragfähigkeit* oder *Traglast* einer Gründung läßt sich aus der Erddrucktheorie herleiten. Ein auf der waagrechten Oberfläche eines Bodens aufliegendes, unendlich langes Streifenfundament mit der Abmessung $2\,l$ kann man sich aus zwei, den Boden auf Erdwiderstand beanspruchenden Wänden AB und DC, jeweils von der Länge l zusammengesetzt denken. Jede der Wände ist durch die geometrischen Größen (s. 15.3)

$$\omega = 0,$$

$$\beta = -90^\circ$$

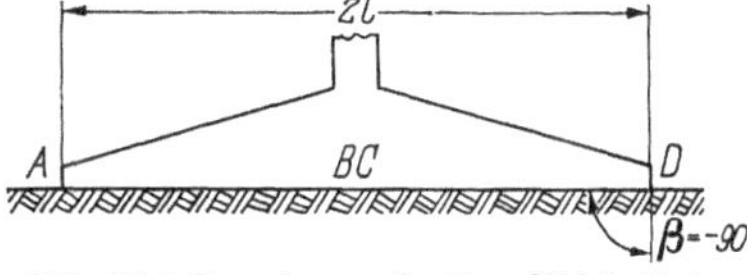

Abb. 16.5. Berechnung der Tragfähigkeit eines Streifenfundamentes

gekennzeichnet, Abb. 16.5. Zur Berechnung der *mittleren Bodenpressung im Augenblick des Bruches*, d. h. *der Grenzbodenpressung*, für einen rolligen Boden mit dem Reibungswinkel ϱ nimmt man an, daß die Verteilung dieser Bodenpressungen unter jeder der beiden Wände von der Länge l

dreieckförmig ist. Sie ist es im allgemeinen nicht. Es besteht jedoch nach den Versuchen über den Erdwiderstand Grund zu der Annahme, daß sich die Traglast deshalb wenig ändert, da sich der Erdwiderstand auch nicht merklich ändert, wenn sich sein Angriffspunkt verschiebt. Es genügt also, im halblogarithmisch aufgetragenen Erdwiderstand-Diagramm ($\tan\alpha$, σ-Kurve) die für $\beta = -90°$ schrittweise erhaltenen Punkte zu verbinden, Abb. 16.6, um die Kurve der σ-Werte (Normalkomponente der Erdwiderstandspannung b) zu erhalten, die sich unter den beiden Wänden AB und DC im Abstand eins vom Fundamentrand in Abhängigkeit von den $\tan\alpha$-Werten (α Winkel der Erdwiderstandspannung b mit der Normalen auf die Wand) ergeben.

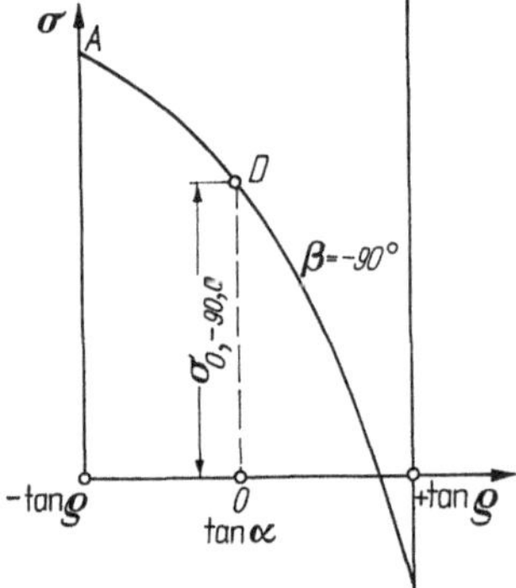

Abb. 16.6. Normalkomponente σ der Erdwiderstandspannung b (Erdwiderstandbeiwert) unter einem Streifenfundament in Abhängigkeit von $\tan\alpha$

16.4.1.1 Annahme einer Neigung $\alpha = 0$ der Grenzbodenpressungen in der Kontaktfläche Fundament-Boden (Membranen). Zunächst sei angenommen, daß die Neigung α der Grenzbodenpressungen null ist (lotrechte Grenzbodenpressung). Die unter der Gründung unter dem Winkel $\alpha = 0$ im Abstand x von jedem Rand wirkende Spannung beträgt $\gamma\, x\, \sigma_{0°,-90°,0°}$; hierbei bezeichnet $\sigma_{\omega,\beta,\alpha}$ die Normalkomponente der Erdwiderstandspannung im Abstand eins vom Rand der Gründung (Erdwiderstandbeiwert), die eine Erdmasse mit freier (unbelasteter), unter dem Winkel ω zur Waagrechten geneigter Oberfläche auf eine unter dem Winkel β zur Lotrechten geneigte Wand unter einem Winkel α auf diese ausübt.

Die Größe $\sigma_{0°,-90°,0°}$ ist durch die Ordinate in Punkt D der Kurve, Abb. 16.6, gegeben.

Die Traglast beträgt also:

$$2\int_0^l \gamma\, \sigma_{0°,-90°,0°}\, x\, dx = \gamma\, \sigma_{0°,-90°,0°}\, l^2 \,,$$

und die mittlere Bodenpressung im Augenblick des Bruches ergibt sich zu:

$$p_{\max} = \gamma\, \sigma_{0°,-90°,0°}\, \frac{l^2}{2l} = \gamma\, l\, s_1 \,,$$

mit dem Tragfähigkeitbeiwert[1]:

$$s_1 = \frac{1}{2}\sigma_{0°,-90°,0°} \,.$$

[1] Die angelsächsische Bezeichnung für s_1 ist N_γ.

Der Ausdruck $\gamma\, l\, s_1$ ist der *Beitrag der Fundamentbreite* zur Tragfähigkeit.

Die $\tan\alpha$, σ-Kurve für veränderliches β, Abb. 15.30[1], die von dem singulären Punkt ausgehend zum obigen Schnittpunkt D führt, Abb. 16.6, gestattet es, die Hüllkurve der auf den Radialebenen wirkenden Spannungen in Polarkoordinaten zu berechnen, da sie in allen Punkten die Tangente liefert, die der betrachteten Radialebene β entspricht[2].

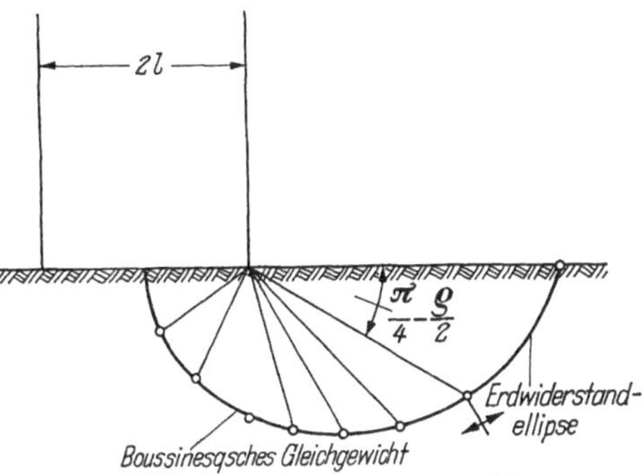

Abb. 16.7. Hüllkurve der zu den Radiusvektoren konjugierten Spannungsrichtungen für eine schwere Erdmasse mit $\varrho = 30°$

In Abb. 16.7 wurde diese Hüllkurve für den Fall $\varrho = 30°$ gezeichnet. Die von der Fundamentkante A ausgehende Gleitlinie und ihre zur Fundamentachse symmetrische Kurve sind in Abb. 16.8 dargestellt. Man erkennt, daß die Gleitlinie doch merklich von einer Kreislinie abweicht. Die Prüfung der verschiedenen, bei veränderlichem ϱ für die Normalkomponente $\sigma_{0°,-90°,0°}$ der Erdwiderstandspannung berechneten Werte gestattet es, für diese Funktion den folgenden Ausdruck vorzuschlagen:

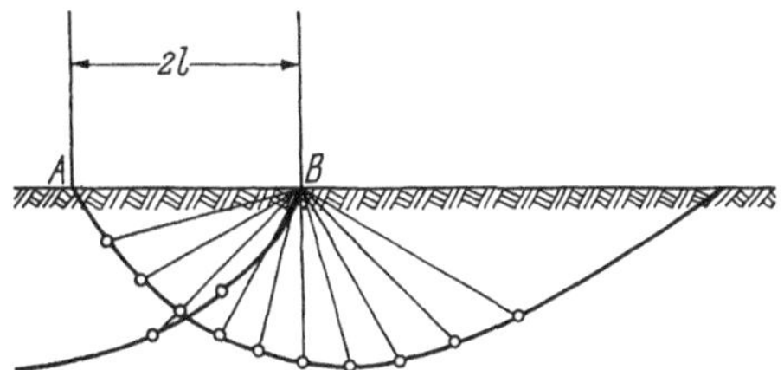

Abb. 16.8. Gleitlinien unter einem Streifenfundament

$$\sigma_{0°,-90°,0°} = 0{,}384 \tan^2\left(\frac{\pi}{4} + \frac{\varrho}{2}\right) (e^{4{,}55 \tan\varrho} - 1)\,.$$

Hieraus folgt also, daß die im Augenblick des Bruches wirkende mittlere Bodenpressung für ein an der Oberfläche eines rolligen

[1] Die $\tan\alpha$, σ-Kurven für veränderliches β sind gestrichelt in Abb. 15.30 eingetragen (Anm. des Übersetzers).

[2] Bei der praktischen Rechnung weiß man zunächst nicht, mit welchem η (s. 15.7.2) man beginnen muß, um mit der $\tan\alpha$, σ-Kurve für veränderliches β exakt auf den Punkt D, Abb. 16.6, zu treffen. Man wählt daher nacheinander η_1, η_2 usw. und zeichnet hierfür die $\tan\alpha$, σ-Kurven, die für $\beta = -90°$ in D_1, D_2 usw. enden. Die durch Verbindung der Punkte D_1, D_2 usw. entstehende $\tan\alpha$, σ-Kurve für $\beta = -90°$, Abb. 16.6, gestattet es dann, den Punkt D für $\tan\alpha = 0$ zu interpolieren und – davon ausgehend – die zugehörige $\tan\alpha$, σ-Kurve für veränderliches β zu bestimmen (Anm. des Übersetzers).

Bodens liegendes, unendlich langes Streifenfundament durch den Ausdruck

$$p_{\max} = \gamma\, l\, s_1$$

mit

$$s_1 = 0{,}192\lambda_p\,(e^{4{,}55\tan\varrho} - 1)$$

gegeben ist.

Der Tragfähigkeitbeiwert s_1, der in diesem Falle ($\alpha = 0$) mit s_{11} bezeichnet wird, ist in Tab. 16.1 angegeben.

Tabelle 16.1. *Tragfähigkeitbeiwert* $s_{11} = p_{\max}/\gamma\, l$ *für eine Flachgründung (Streifenfundament) in Abhängigkeit vom Reibungswinkel* ϱ. *Grenzbodenpressung wirkt normal zur Sohlfläche der Gründung* ($\alpha = 0$)

ϱ	s_{11}	ϱ	s_{11}	ϱ	s_{11}	ϱ	s_{11}
10°	0,336	24°	3,00	38°	27,4	50°	327
12°	0,477	26°	4,03	40°	39,3	52°	546
14°	0,664	28°	5,44	42°	57,3	54°	952
16°	0,908	30°	7,39	44°	85,2	56°	1745
18°	1,23	32°	10,1	46°	130	58°	3391
20°	1,66	34°	13,9	48°	203	60°	7073
22°	2,23	36°	19,4				

Danach kann ein Boden mit dem Winkel der inneren Reibung $\varrho = 30°$ und der Rohwichte $\gamma = 1{,}8$ Mp/m³ eine 10 cm breite, unendlich lange Membran tragen, die mit

$$1{,}8 \cdot 0{,}05 \cdot 7{,}39 \text{ Mp/m}^2 = 0{,}665 \text{ Mp/m}^2,$$

d. h. 66,5 p/cm², gleichmäßig belastet ist. Diese mittlere Grenzbodenpressung ergibt sich aus einem dreieckförmigen Bodenpressungs-Diagramm, das durch den Wert null an den Rändern der Membran und einen bis zu deren Mitte linear auf die doppelte mittlere Grenzbodenpressung zunehmenden Wert gekennzeichnet ist.

16.4.1.2 Annahme einer Neigung $\alpha = -\varrho$ *der Grenzbodenpressungen in der Kontaktfläche Fundament—Boden (Fundamente der Baupraxis).* Bei der bisherigen Berechnung wurde die Annahme gemacht, daß die Grenzbodenpressung unter dem Fundament senkrecht zu diesem wirkt.

In Wirklichkeit zeigen die Erdwiderstandversuche, daß sich das Grenzgleichgewicht unter einem Winkel $\alpha = -\varrho$ der Grenzbodenpressungen einstellen will, wenn das Erdreich einen großen Erdwiderstand aufzubringen hat. In diesem Fall müssen aber die waagrechten Komponenten des Erdwiderstands vom Fundament aufgenommen werden. Tab. 16.1 ist also nur auf den Fall einer waagrechten, dehnbaren Sohlfläche (Membran) anwendbar, in der sich keine waagrechte Komponente ausbilden kann. Bei den im Bauwesen vorkommenden Gründungskörpern können die waagrechten Komponenten aufgenommen werden, und die Tragfähigkeit nimmt damit um so mehr zu, je mehr α abnimmt.

Bei den sehr rauhen Sohlflächen der Beton- und Stahlbetonfundamente kann man mit einer Neigung der Grenzbodenpressung von $\alpha = -\varrho$ rechnen.

Jedoch dürfen sich die beiden äußersten Hüllkurven der auf den Radialebenen wirkenden Spannungen nicht überlagern, Abb. 16.9.

Unter dieser Bedingung begrenzen die beiden äußersten Hüllkurven eine Zone, die sich nicht im Grenzgleichgewicht befindet [*16.1*]. Die Integration des BOUSSINESQschen Gleichungen für den Erdwiderstand (s. 15.8.2) bis $\beta = -90°$ mit $\alpha = -\varrho$ ergibt wieder die Formel $\gamma\, l\, s_1$, mit s_1 als einem Tragfähigkeitbeiwert — mit s_{12} bezeichnet, Tab. 16.2 —, dessen Werte angenähert Mittelwerte aus den Werten der Tab. 16.1 und der später folgenden Tab. 16.3 sind.

Tabelle 16.2. *Tragfähigkeitbeiwert $s_{12} = p_{max}/\gamma\, l$ für eine Flachgründung (Streifenfundament) in Abhängigkeit vom Reibungswinkel ϱ. Grenzbodenpressung wirkt unter dem Winkel $\alpha = -\varrho$ zur Sohlfläche der Gründung*

ϱ	s_{12}	ϱ	s_{12}	ϱ	s_{12}	ϱ	s_{12}
10°	0,88	24°	6,21	38°	54,8	50°	606
12°	1,15	26°	8,27	40°	78,1	52°	1099
14°	1,53	28°	11,1	42°	114	54°	1943
16°	2,02	30°	14,8	44°	140	56°	3545
18°	2,66	32°	20,3	46°	205	58°	6909
20°	3,51	34°	27,8	48°	406	60°	14628
22°	4,67	36°	38,9				

16.4.1.3 Einfluß eines keilförmigen Erdkörpers unterhalb der Gründung. Es sei angenommen, daß die rauhe Aufstandfläche der Gründung

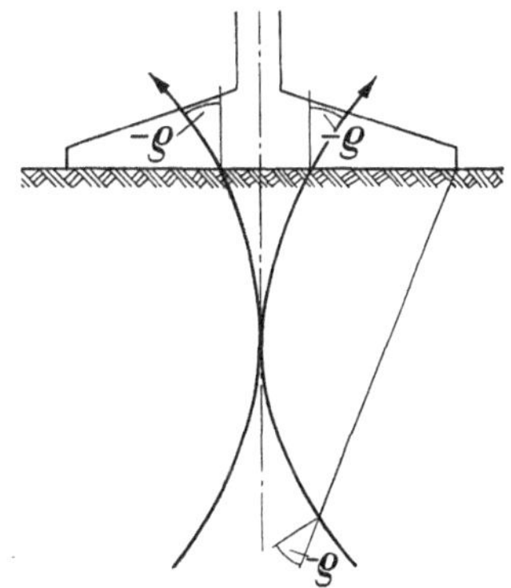

Abb. 16.9. Hüllkurve der zu den Radiusvektoren konjugierten Spannungsrichtungen unter einem Streifenfundament mit rauher Sohlfläche

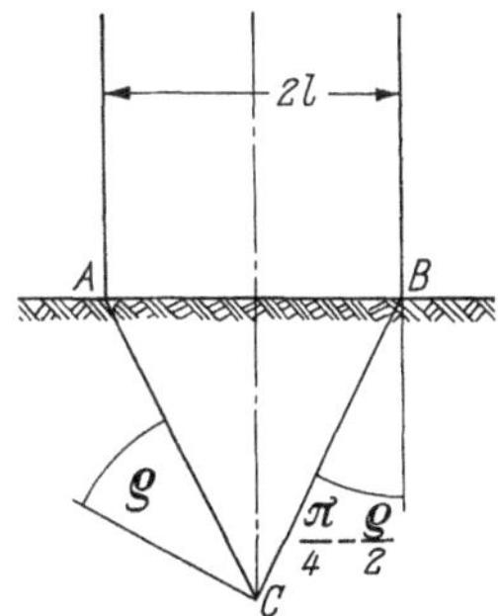

Abb. 16.10. Streifenfundament mit einem keilförmigen Erdkörper unterhalb der Sohlfläche

nicht eben ist, sondern die Form eines nicht verformbaren Keils hat, Abb. 16.10; jede der beiden unter dem Winkel $\beta = -90°$ liegenden

Wände der Aufstandfläche ist dabei durch eine unter dem Winkel $\beta = -\left(\frac{\pi}{4} - \frac{\varrho}{2}\right)$ geneigte Wand von der Länge $l/\sin\left(\frac{\pi}{4} - \frac{\varrho}{2}\right)$ ersetzt. Die Erdwiderstandspannung b, die unter dem Winkel $\alpha = -\varrho$ auf BC wirkt, ist parallel zu CA gerichtet. Man erhält sie aus den Erdwiderstandtabellen [*15.1*] für

$$\beta = -\left(\frac{\pi}{4} - \frac{\varrho}{2}\right),$$

$$\omega = 0 .$$

Der resultierende Erdwiderstand auf die Wand BC beträgt:

$$\frac{1}{2}\gamma \frac{l^2}{\sin^2\left(\frac{\pi}{4} - \frac{\varrho}{2}\right)} b_{0^\circ, -\left(\frac{\pi}{4} - \frac{\varrho}{2}\right), -\varrho} .$$

Seine lotrechte Komponente ergibt sich durch Multiplikation dieses Ausdrucks mit $\cos\left(\frac{\pi}{4} - \frac{\varrho}{2}\right)$; die im Augenblick des Bruches wirkende mittlere Bodenpressung für ein an der Oberfläche eines rolligen Bodens liegendes, unendlich langes Streifenfundament beträgt dann:

$$p_{\max} = \frac{1}{2}\gamma b l \frac{\cos\left(\frac{\pi}{4} - \frac{\varrho}{2}\right)}{\sin^2\left(\frac{\pi}{4} - \frac{\varrho}{2}\right)} .$$

Daraus ergibt sich der neue Tragfähigkeitbeiwert für s_1:

$$s_1 = \frac{1}{2} b \frac{\cos\left(\frac{\pi}{4} - \frac{\varrho}{2}\right)}{\sin^2\left(\frac{\pi}{4} - \frac{\varrho}{2}\right)},$$

der mit s_{13} bezeichnet wird, Tab. 16.3.

Tabelle 16.3. *Tragfähigkeitbeiwert* $s_{13} = p_{\max}/\gamma\, l$ *für eine Flachgründung (Streifenfundament) in Abhängigkeit vom Reibungswinkel* ϱ *im Falle der Bildung eines keilförmigen Erdkörpers unterhalb der Sohlfläche der Gründung*

ϱ	s_{13}	ϱ	s_{13}	ϱ	s_{13}	ϱ	s_{13}
10°	1,60	24°	9,80	38°	80,8	50°	916
12°	2,02	26°	12,9	40°	114	52°	1540
14°	2,61	28°	17,2	42°	166	54°	2710
16°	3,39	30°	22,7	44°	245	56°	4910
18°	4,37	32°	30,7	46°	370	58°	9510
20°	5,69	34°	41,7	48°	577	60°	20100
22°	7,47	36°	57,8				

Die Traglast dieses Fundamentes ist gegenüber der der Membran, Tab. 16.1, angenähert verdreifacht. Die Versuche von TCHENG [*16.2*] ergaben, daß diese Werte tatsächlich weitgehend unter ebenen Gründungen auftreten: Der Erdkeil bildet sich durch geringfügige Vergrößerung der Lagerungsdichte unter der belasteten Fläche aus.

16.4.1.4 Einfluß der dritten Dimension der Gründung. Die vorstehenden Berechnungen setzen voraus, daß die Gründung in einer Richtung unbegrenzt ist (ebener Fall). Nur für diesen Fall sind die Formeln streng.

Theoretisch wurde das Problem der Bestimmung der Grenzbodenpressung für eine auf der Oberfläche eines Bodens liegende kreisförmige, quadratische oder rechteckige Gründung nicht gelöst.

Experimentell findet man, daß die Grenzbodenpressung angenähert der kleinsten Fundamentabmessung proportional bleibt und daß sie sich nicht viel verändert, wenn man von einem kreisförmigen Fundament mit dem Durchmesser $2\,l$ zu einem quadratischen Fundament mit der Seitenlänge $2\,l$ oder zu einem rechteckigen mit der kleineren Seite $2\,l$ übergeht.

TERZAGHI [*16.3*] zeigte aufgrund seiner mannigfaltigen Versuchsergebnisse, daß der Tragfähigkeitbeiwert s_1 des unendlich langen Streifenfundamentes von der Breite $2\,l$ bei der quadratischen Gründung mit der Seitenlänge $2\,l$ durch den abgeminderten Tragfähigkeitbeiwert $0{,}8\,s_1$ und bei der kreisförmigen Gründung mit dem Durchmesser $2\,l$ durch den abgeminderten Tragfähigkeitbeiwert $0{,}6\,s_1$ zu ersetzen ist.

Die Formel

$$p_{\max} = \gamma\, l\, s_1,$$

mit l als der Hälfte der kleinsten Abmessung des Fundamentes, würde danach für die quadratische Gründung und die kreisförmige Gründung zu große Werte liefern. Aus diesem Grund wird hier die Formel

$$p_{\max} = \gamma\, r_h\, s_1$$

angewandt, in der r_h den mittleren Halbmesser (Querschnitt dividiert durch Umfang) der Gründung bezeichnet; die Größe r_h ist dabei wie oben gleich der halben Breite l eines unendlich langen Streifenfundamentes. Für den Kreis mit dem Durchmesser $2\,l$ liefert diese Formel mit $r_h = 0{,}5\,l$ die Grenzbodenpressung $0{,}5\,\gamma\, l\, s_1$, die den obigen Versuchsergebnissen, d. h. der von TERZAGHI angegebenen Grenzbodenpressung $0{,}6\,\gamma\, l\, s_1$, näher kommt als die mit der Formel $p_{\max} = \gamma\, l\, s_1$ erhaltene Grenzbodenpressung $\gamma\, l\, s_1$ und außerdem im Gegensatz zu dieser auf der sicheren Seite liegt.

Für rechteckige Fundamente mit dem Verhältnis m aus der größten und kleinsten Seite kann man diese Formel zum besseren Erfassen der

Wirklichkeit in der Form

$$p_{\max} = \gamma\, r_h\, s_1 \left(1 + \frac{0{,}2}{m}\right)$$

darstellen, die für das quadratische Fundament mit der Seitenlänge $2\,l$ den Wert $\gamma \cdot 0{,}5 \cdot 1{,}2\, l \cdot s_1 = 0{,}6\, \gamma\, l\, s_1$ liefert; dieser Wert ergibt eine gute Näherung an das Experiment, die gleichzeitig auf der sicheren Seite liegt.

16.4.1.5 Experimentelle Überprüfung des Tragfähigkeitbeiwerts s_1. Die Existenz des Ausdrucks $\gamma\, l\, s_1$, d. h. des Beitrags der Fundamentbreite zur Tragfähigkeit, und die Bedeutung dieses Beitrags werden durch den Straßenverkehr, der z. B. über die Makadamstraßen (d. h. Straßen, deren Belag aus körnigen Baustoffen besteht) rollt, täglich unter Beweis gestellt.

Genaue experimentelle Messungen lassen sich hier indes schwierig vornehmen. Bei einem körnigen Stoff verlagert sich die Beanspruchung an der Oberfläche bis in eine bestimmte Tiefe, die gegenüber dem Durchmesser des größten Korns beträchtlich ist: Man mißt dann eine Tragfähigkeit, die sich aus den Beiträgen der Fundamentbreite *und* Gründungstiefe (s. 16.5.1) zusammensetzt.

Es ist also angebracht, mit Aufstandflächen der Fundamente zu arbeiten, deren Abmessungen groß gegenüber dem größten Korn sind. Dies ist beim CBR-Test nicht immer der Fall: daher die Streuung der Ergebnisse.

Die gleiche Erscheinung zeigt sich noch mehr bei den Plattendruckversuchen und besonders bei den Bettungszahlversuchen (s. 6.9 und 11.5).

Handelt es sich darum, den Einfluß der quadratischen Form der Gründung mit dem der Kreis- und Rechteckform zu vergleichen, so

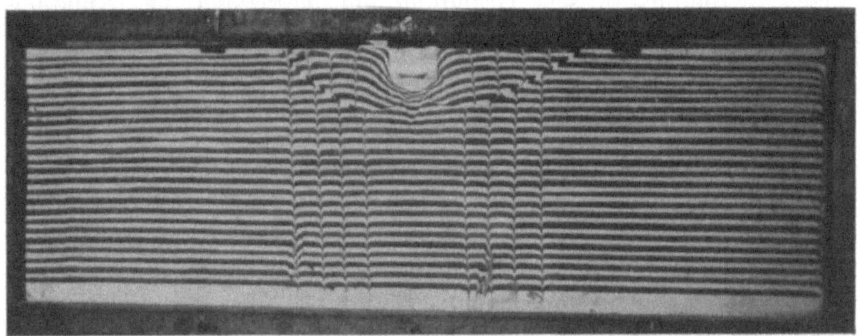

Abb. 16.11. Experimentelle Kontrolle der Gleitlinienform bei einem auf der Oberfläche des Bodens gelagerten Streifenfundament. (Nach KÉRISEL 1939)

braucht man den Reibungswinkel ϱ nicht zu kennen. Wenn aber für eine bestimmte Fundamentform die Abhängigkeit des Tragfähigkeitbeiwerts s_1 von ϱ zu untersuchen ist, so muß man den Reibungswinkel ϱ

kennen, der nun aber in den der Oberfläche benachbarten Zonen, durch die die Gleitlinien hindurchgehen, nicht konstant längs dieser Gleitlinien ist, insbesondere nicht in einem lockeren Boden; dies ist an der Oberfläche eines Bodens im allgemeinen der Fall, außer bei vorheriger Verdichtung.

Qualitativ stellt man eine gute Übereinstimmung des Experimentes mit der in (16.4.1.1) dargestellten Theorie fest.

Zahlreiche Versuche gestatten es, die Gleitlinien, die sich nach Überschreiten der Grenzbodenpressung einstellen, sichtbar zu machen: Man beobachtet die Kurven durch eine Glaswand des Versuchsbehälters. Sie haben genau die Form der Gleitlinien der Abb. 16.8, wie Abb. 16.11 zeigt.

16.4.2 Bindiger Boden

16.4.2.1 Allgemeine Formel. Nach dem Theorem der korrespondierenden Zustände ist die Eintragung einer Druckspannung von der Größe der hydrostatischen oder dreiaxialen Zugfestigkeit $H = c/\tan\varrho$ in eine Erdmasse zu untersuchen, die durch eine Wand auf Erdwiderstand beansprucht wird und gewichtlos angenommen ist, da das Gewicht bereits in der Formel $p_{\max} = \gamma\, l\, s_1$ für ein auf der Oberfläche eines rolligen Bodens gegründetes, unendlich langes Streifenfundament eingeht. Wie bereits dargelegt (15.9.1.1) lassen sich mehrere im Grenzgleichgewicht stehende Systeme überlagern. Das aus der geometrischen Summe resultierende System befindet sich nicht mehr im Grenzgleichgewichtszustand. In einem bestimmten Punkt ist es nur dann im Grenzgleichgewichtszustand, wenn gemeinsame Gleitrichtungen vorliegen.

Das Problem wurde bereits im Zusammenhang mit den Auflasten von Hinterfüllungen behandelt (s. 15.9.1). Die Druckspannung H findet sich — von der freien Oberfläche aus betrachtet — in der ersten Gleitebene des BOUSSINESQ-CAQUOTschen Erdwiderstandgleichgewichts wieder, Abb. 16.12, und zwar mit dem Wert $H \cdot$

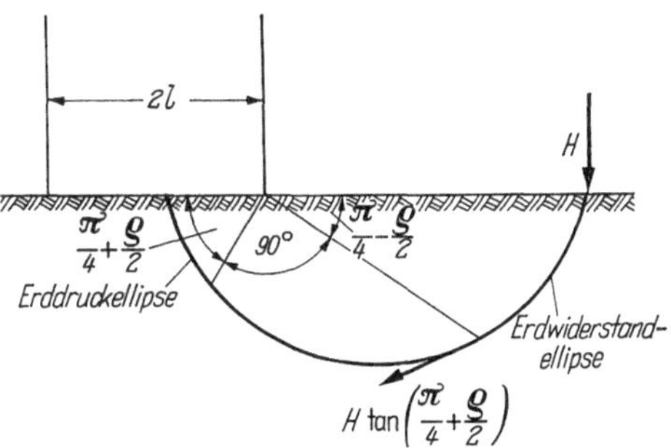

Abb. 16.12. Eintragung der Druckspannung H in eine durch ein Streifenfundament belastete bindige Erdmasse

$\cdot \tan\left(\frac{\pi}{4} + \frac{\varrho}{2}\right)$. Dieser Wert wiederum wird längs der logarithmischen Spirale mit $e^{2\delta \tan\varrho}$ (mit $\delta = \pi/2$) multipliziert, wenn sich die Radialebene um einen rechten Winkel zum Fundament hin weiter dreht.

Die unter dem Winkel $\alpha = +\varrho$ geneigte Spannung $H \tan\left(\frac{\pi}{4} + \frac{\varrho}{2}\right) e^{\pi \tan\varrho}$ ist beim Übergang von dieser unter dem Winkel $\frac{\pi}{4} + \frac{\varrho}{2}$ zur Fundamentsohle geneigten Ebene zur Fundamentsohle mit der Spannungsneigung $\alpha = 0$ nochmals mit $\tan\left(\frac{\pi}{4} + \frac{\varrho}{2}\right)$ zu multiplizieren.

Es folgt daraus eine lotrechte, von unten nach oben gerichtete Spannung $H \tan^2\left(\frac{\pi}{4} + \frac{\varrho}{2}\right) e^{\pi \tan \varrho}$ unterhalb der Gründung, die einer lotrecht von oben nach unten wirkenden Spannung auf den bindigen Boden in der Fundamentsohle zu superponieren ist.

Der *Beitrag der Kohäsion* zur Tragfähigkeit lautet also:

$$p_{\max} = H\,(\lambda_p\, e^{\pi \tan \varrho} - 1) = H\,(s_2 - 1),$$

mit dem Tragfähigkeitbeiwert[1]

$$s_2 = \lambda_p\, e^{\pi \tan \varrho}\,.$$

Dieser Ausdruck addiert sich bei bindigen Böden zum Beitrag $\gamma\, l\, s_1$ der Fundamentbreite.

16.4.2.2 Gesättigte Tone. Fall $\varrho = 0$. Da die Konsolidierungserscheinungen im Vergleich zu den Bauzeiten und den Zeiten der Lasteintragung sehr langsam verlaufen, nimmt man an, daß sich die gesättigten Tone unter der Gründung, zumindestens am Anfang, so verhalten, als ob $\varrho = 0$ wäre. Der vorstehende Ausdruck, in dem $H = c/\tan \varrho$ ist, nimmt dann die Form 0/0 an. Sein Grenzwert für $\varrho = 0$ beträgt $(\pi + 2)\,c$.

Da der Tragfähigkeitbeiwert s_1 in diesem Falle null ist, wird die Grenzbodenpressung für ein unendlich langes Streifenfundament, das auf der Oberfläche eines bindigen Bodens gegründet ist:

$$p_{\max} = c\, N_c = (\pi + 2)\, c = 5{,}14\, c.$$

Ein vom vorstehenden nur wenig entferntes Resultat ergibt sich, wenn man eine kreisförmige Gleitlinie annimmt. Es läßt sich beweisen [*16.4*], daß der ungünstigste, durch A gehende Gleitkreis, Abb. 16.13, mit seinem Mittelpunkt auf der in B errichteten Senkrechten so in einem Punkt O liegt, daß der Halbmesser $\overline{OA}$ mit der Senkrechten einen Winkel von 66,8° einschließt. Die nach dieser Berechnung erhaltene Grenzbodenpressung beträgt:

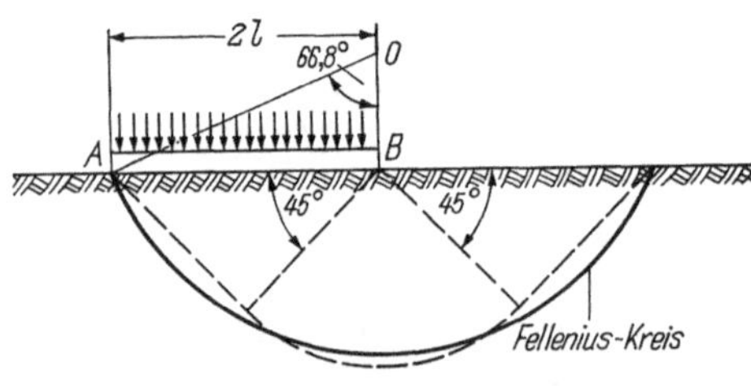

Abb. 16.13. FELLENIUSscher Gleitkreis

$$p_{\max} = 5{,}52\, c.$$

[1] In den angelsächsischen Ländern gilt $N_c = \frac{s_2 - 1}{\tan \varrho}$. Der sich durch die Kohäsion zusätzlich ergebende Ausdruck lautet $c\, N_c$.

Dieser FELLENIUSsche Kreis schneidet die freie Oberfläche allerdings nicht unter einem Winkel von 45°, wie es in einem reibungslosen Boden notwendig ist. Es wäre also hier zuerst eine vorherige Verformung der freien Oberfläche erforderlich. In Abb. 16.13 sind der FELLENIUSsche Kreis und die wirkliche Gleitlinie eines gewichtlosen Bodens — zwei Gerade unter 45°, die sich an einen Kreis anschließen — eingetragen. Die beiden Kurven liegen einander sehr benachbart.

Die Annahme $\varrho = 0$ bildet die Grundlage für die Berechnung der Tragfähigkeit gesättigter Tone. Die allgemeine Formel für $\varrho \neq 0$ wendet man nur dann an, wenn die Tragfähigkeit nach Ablauf einer bestimmten Zeit gesucht ist.

16.4.2.3 Einfluß der dritten Dimension der Gründung. Die vorstehenden Formeln gelten für das unendlich lange Streifenfundament mit der Breite $2\,l$.

Für das Rechteckfundament mit der Breite $2\,l$ und der Länge $2\,d$, mit $d/l = m > 1$, nimmt die Tragfähigkeit mit abnehmendem d zu. Aufgrund von Versuchsergebnissen schlägt SKEMPTON [*16.5*] für die gesättigten Tone die Vergrößerungszahl $\left(1 + \frac{0{,}2}{m}\right)$ vor, die mit dem Wert $(\pi + 2)\,c$ für die Tragfähigkeit eines unendlich langen Streifenfundamentes zu multiplizieren ist; dies ergibt für das quadratische Fundament $1{,}2 \cdot 5{,}14\,c = 6{,}2\,c$. Für das kreisförmige Fundament ist das Ergebnis angenähert das gleiche wie für das quadratische Fundament.

Diese Ergebnisse entsprechen etwa den in (16.4.1.4) aufgezeigten.

16.4.2.4 Überprüfung der Theorie durch den Versuch. Der Versuch bestätigt für die gesättigten Tone mit befriedigender Übereinstimmung die Formel $(\pi + 2)\,c$, wenn man für die Kohäsion c einen Mittelwert aus der in der Gleitzone herrschenden Kohäsion annimmt.

Es handelt sich dabei um die nichtdränierte Kohäsion c_u, die aus den in (11) beschriebenen In-situ- oder Laboratoriumsversuchen erhalten wird.

Häufig kommt es vor, daß die Gleitlinien nur auf einer einzigen Seite auftreten.

16.5 Berechnung der Grenzbodenpressung für nicht unmittelbar an der Oberfläche des Bodens gegründete Fundamente

16.5.1 Rolliger Boden

16.5.1.1 Ermittlung des Beitrags der Gründungstiefe zur Tragfähigkeit. Die Formel $p_{\max} = \gamma\, l\, s_1$ für ein auf der Oberfläche eines rolligen Bodens gegründetes, unendlich langes Streifenfundament berücksichtigt das Gewicht des Bodens unterhalb der durch die Fundamentsohle gehenden waagrechten Ebene.

Wenn diese waagrechte Ebene nicht mehr mit der Oberfläche zusammenfällt, sondern in einer bestimmten Tiefe h unterhalb der Oberfläche liegt, kann man in erster Näherung sagen, daß sich die Tragfähigkeit des Streifenfundamentes aufgrund des Druckes erhöht, den die Auflast $p_0 = \gamma h$, Abb. 16.14, durch den rolligen, unterhalb dieser waagrechten Ebene gewichtlos angenommenen Boden hindurch erzeugt. Nach den Ausführungen in (16.4.2) lautet der *Beitrag der Gründungstiefe* zur Tragfähigkeit in erster Näherung:

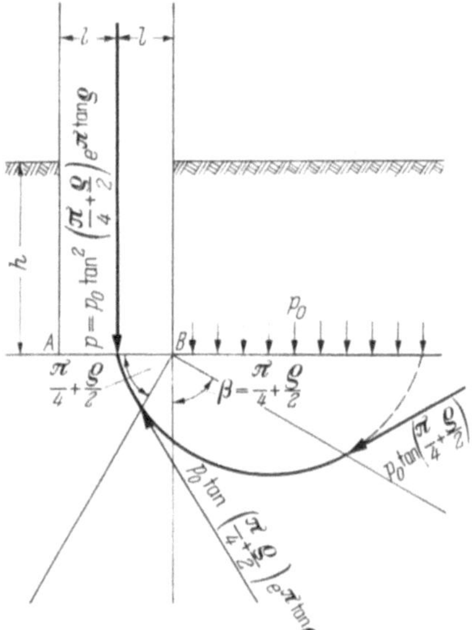

Abb. 16.14. Eintragung der Auflast p_0 in eine durch ein Streifenfundament belastete rollige Erdmasse

$$p_{\max} = \gamma h \lambda_p e^{\pi \tan \varrho} = \gamma h s_2 .$$

In Wirklichkeit ist die Fragestellung etwas anders.

Die seitliche Wand des Gründungskörpers beansprucht die Erdmasse auf Erdwiderstand. Die Spannung in der Tiefe $z < h$ beträgt $\gamma z \sigma_{0°, 0°, \alpha}$, mit $\sigma_{0°,0°,\alpha}$ als der Normalkomponente der Erdwiderstandspannung b im Abstand eins von der freien Oberfläche (Erdwiderstandbeiwert) für $\omega = 0°$ und $\beta = 0°$. Im Punkt B und unterhalb des Punktes B, wo der Boden gewichtlos angenommen wird, ist sie gleich $\gamma h \sigma_{0°,0°,\alpha}$, Abb. 16.15.

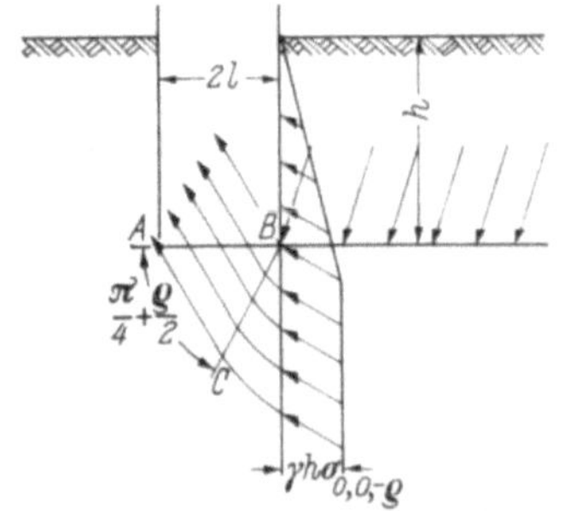

Abb. 16.15. Eintragung der Spannungen in eine durch ein Streifenfundament belastete rollige Erdmasse bei Berücksichtigung der Spannungsneigung in der durch die Sohlfläche des Fundamentes gelegten Horizontalebene

Die seitliche Reibung der Erdmasse an den Wänden des Gründungskörpers wird bei den Plattengründungen und Einzelfundamenten nicht berücksichtigt, da die verlorenen Schalungen der Baugrube und die unvollkommen verdichteten Aufschüttungen das Wecken des Erdwiderstands nicht begünstigen: Die Gründung ist an der Oberfläche von einer mechanisch unwirksamen Überlagerung (franz.: mort-terrain = Totgelände) umgeben (s. 18.2.2).

In B jedoch und unterhalb davon, Abb. 16.15, wo der Erdwiderstand durch die seitliche Verdrängung der Erdmasse unter der Fundamentsohle geweckt wird, kann man $\alpha = -\varrho$ annehmen.

Die Erdwiderstandspannung in jedem Punkt der lotrechten Ebene in Verlängerung der seitlichen Wand der Gründung ist also gleich $\gamma\, h \frac{\sigma_{0°,0°,-\varrho}}{\cos\varrho}$ und wirkt unter dem Winkel $\alpha = -\varrho$. In einer um den Winkel

$$\delta = \frac{\pi}{4} - \frac{\varrho}{2}$$

zur lotrechten Ebene gedrehten Ebene wirkt dann eine Spannung, die sich aus der obigen — wie bekannt — durch Multiplikation mit $e^{2\delta\tan\varrho}$, d. h. mit $e^{\left(\frac{\pi}{2}-\varrho\right)\tan\varrho}$, ergibt.

Sie verläuft in jedem Punkt der Radialebene mit der Spur BC parallel zu CA, Abb. 16.15. Ihre lotrechte Komponente beträgt:

$$\gamma\, h \frac{\sigma_{0°,0°,-\varrho}}{\cos\varrho}\, e^{\left(\frac{\pi}{2}-\varrho\right)\tan\varrho} \cos\left(\frac{\pi}{4} - \frac{\varrho}{2}\right).$$

Für die Breite eins senkrecht zur Bildebene erhält man also als Tragfähigkeit des unendlich langen Streifenfundamentes für dieses Grenzgleichgewicht:

$$2\overline{BC}\,\gamma\, h\, \sigma_{0°,0°,-\varrho} \frac{\sin\left(\frac{\pi}{4}+\frac{\varrho}{2}\right)}{\cos\varrho}\, e^{\left(\frac{\pi}{2}-\varrho\right)\tan\varrho} =$$

$$= 2l\gamma\, h\, \sigma_{0°,0°,-\varrho} \tan\left(\frac{\pi}{4}+\frac{\varrho}{2}\right) \frac{e^{\left(\frac{\pi}{2}-\varrho\right)\tan\varrho}}{\cos\varrho}.$$

Die im Augenblick des Bruches wirkende mittlere Bodenpressung wird dann:

$$p_{\max} = \gamma\, h\, \sigma_{0°,0°,-\varrho} \frac{e^{\left(\frac{\pi}{2}-\varrho\right)\tan\varrho}}{1-\sin\varrho}$$

und läßt sich mit den aus den Erdwiderstandtabellen [*15.1*] entnommenen $\sigma_{0°,0°,-\varrho}$-Werten in der Form schreiben:

$$p_{\max} = \gamma\, h\, s_2\, s_2' = \gamma\, h\, \lambda_p\, e^{\pi\tan\varrho}\,(1 + 0{,}32\tan^2\varrho)\,.$$

Der Ausdruck $\gamma\, h\, s_2 s_2'$ ist der *verbesserte Beitrag der Gründungstiefe* zur Tragfähigkeit der Gründung. Der Tragfähigkeitbeiwert $s_2 s_2'$ gilt für den ebenen Fall (unendlich langes Streifenfundament)[1]. Die Funktion s_2'

---

[1] Bei einer räumlichen Tragwirkung (z. B. Pfahl) erhöht sich die Tragfähigkeit noch einmal. Der $s_2 s_2'$ in diesem Falle entsprechende Tragfähigkeitbeiwert wird in Anlehnung an die Terminologie in den angelsächsischen Ländern mit N_q bezeichnet; s. a. Fußnote zu (17.2.2.2).

Der sich mit N_q ergebende Ausdruck $\gamma\, h\, N_q$ wird der *Beitrag des Spitzenwiderstands* oder kurz der *Spitzenwiderstand* genannt. Der Tragfähigkeitbeiwert $s_2 s_2'$ ist der Minimalwert von N_q. Der Beitrag des Spitzenwiderstands wird als Kraftgröße oder auf die Querschnittfläche der Gründung bezogene Kraftgröße (Druck) ausgedrückt (Anm. des Übersetzers).

ist der Faktor, mit dem die oben als erste Näherung angegebene Formel $p_{\max} = \gamma\, h\, s_2$ zu multiplizieren ist.

Dieser Faktor trägt der Tatsache Rechnung, daß die — in der zu beiden Seiten des Streifenfundamentes verlängerten, waagrechten Gründungsebene wirkende — Spannung nicht lotrecht ist. Zur Berechnung des Neigungswinkels α dieser Spannung mit der Normalen auf die waagrechte Ebene werde die in Punkt B auf die lotrechte Wand wirkende Erdwiderstandspannung betrachtet.

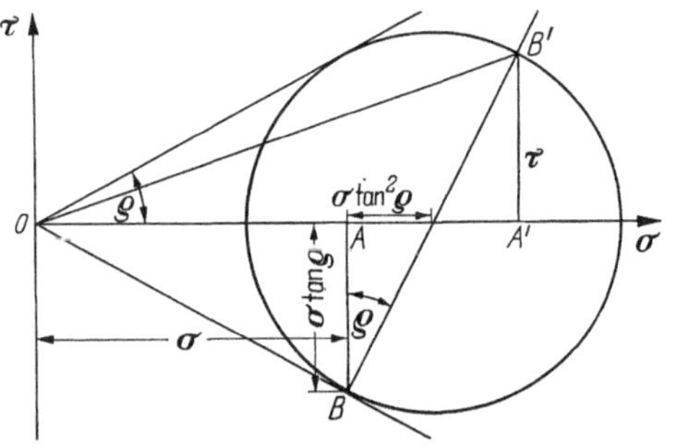

Abb. 16.16. MOHRsche Darstellung der in einem lotrechten und waagrechten Schnitt in Punkt B der Abb. 16.15 wirkenden Spannungen

Die Komponenten dieser Erdwiderstandspannung b sind $\overline{OA}$ und $\overline{AB}$, Abb. 16.16, d. h.

$$\sigma = \sigma_{0^\circ, 0^\circ, -\varrho}\, h$$

und

$$\tau = \sigma \tan \varrho\,.$$

Die auf der durch B gehenden waagrechten Gründungsebene in Punkt B wirkende Spannung hat in dem betrachteten Gleichgewichtszustand die Komponenten $\overline{OA'}$ und $\overline{A'B'}$, also

$$\sigma' = \sigma\,(1 + 2\tan^2 \varrho)$$

und

$$\tau' = -\tau\,.$$

Der Tangens des Neigungswinkels dieser Spannung gegenüber der Normalen auf die waagrechte Ebene beträgt mithin

$$\tan \alpha = \frac{\tau}{\sigma}\,\frac{-1}{1 + 2\tan^2 \varrho} = \frac{-\tan \varrho}{1 + 2\tan^2 \varrho}\,.$$

Die Funktion s_2' kennzeichnet das oberhalb der Gründungsebene gelegene Gelände.

Wenn also über der Gründungsebene ein Boden mit dem Reibungswinkel ϱ' ansteht, der sich einem Boden mit dem Reibungswinkel ϱ überlagert, so ist der obige Ausdruck für den Tragfähigkeitbeiwert $s_2 s_2'$ durch den Ausdruck

$$(1 + 0{,}32 \tan^2 \varrho')\tan^2\left(\frac{\pi}{4} + \frac{\varrho}{2}\right) e^{\pi \tan \varrho}$$

zu ersetzen.

Für ein sehr langes Einzelfundament oder eine sehr lange Plattengründung, die in einem rolligen Boden gegründet sind, beträgt also die mittlere Bodenpressung im Augenblick des Bruches unter Vernachlässigung der seitlichen Reibung:

$$p_{\max} = \gamma\, r_h\, s_1 + \gamma\, h\, s_2\, s_2';$$

in der Gleichung bedeuten:

s_1, s_2, s_2' Tragfähigkeitbeiwerte (Funktionen von ϱ),
r_h mittlerer Halbmesser der Gründung,
h Gründungstiefe.

Diese Formel ist aus zwei Gründen eine Näherungsformel, die zu kleine Grenzbodenpressungen liefert:

– Sie vernachlässigt die seitliche Reibung der Erdmasse an den Wänden des Gründungskörpers und

– sie berücksichtigt nicht den im folgenden Abschnitt (16.5.1.2) erwähnten und in (17.2.2.2) näher behandelten Selbstumschnürungseffekt.

Für Plattengründungen und Einzelfundamente, deren Sohlfläche waagrecht und rauh ist, gelten die in Tab. 16.2 angegebenen s_1-Werte.

Die $s_2\, s_2'$-Werte sind in Tab. 16.4 zusammengestellt.

Tabelle 16.4. *Tragfähigkeitbeiwert $s_2 s_2' = p_{\max}/\gamma\, h$ für eine in der Tiefe h fundierte Gründung (Streifenfundament) in Abhängigkeit vom Reibungswinkel ϱ*

ϱ	$s_2 s_2'$	ϱ	$s_2 s_2'$	ϱ	$s_2 s_2'$	ϱ	$s_2 s_2'$
10°	2,50	24°	10,2	38°	58,5	50°	464
12°	2,75	26°	12,7	40°	78,6	52°	717
14°	3,66	28°	16,0	42°	107	54°	1148
16°	4,45	30°	20,4	44°	150	56°	1919
18°	5,44	32°	26,1	46°	213	58°	3378
20°	6,67	34°	33,7	48°	310	60°	6299
22°	8,23	36°	44,1				

Vor der Ausführung der Gründung betrug die Bodenpressung $\gamma\, h$; die Grenzbodenpressung erhält man also durch Vermindern der Werte der Tab. 16.4 um eins.

16.5.1.2 Überprüfung der Theorie durch den Versuch. Die experimentelle Überprüfung durch Beobachten der Gleitlinien durch die Glaswand eines Versuchsbehälters zeigt klar, daß die Gleitlinien steiler werden[1], sobald die Tiefe die einfache oder zweifache Breite der Gründung erreicht. Diese Gründungen werden hier untersucht. Der Unterschied wird deutlich beim Vergleich der Abb. 16.17 mit der Abb. 16.11: Wäh-

[1] Für Gründungen, die auf der Oberfläche des Bodens aufliegen, gilt: Im Schnittpunkt der Gleitlinie mit der freien Oberfläche beträgt der Winkel, den die Tangente an die Gleitlinie mit der freien Oberfläche bildet, $\frac{\pi}{4} - \frac{\varrho}{2}$; bei Gründungen, die nicht auf der Oberfläche aufliegen, wird er größer als der durch diesen Ausdruck gegebene Wert (Anm. des Übersetzers).

rend bei der auf der Oberfläche gelagerten Gründung, Abb. 16.11, eine flach verlaufende Gleitlinie zu erkennen ist, beobachtet man bei der nicht an der Oberfläche gelagerten Gründung, Abb. 16.17, einen ver-

Abb. 16.17. Experimentelle Kontrolle der Gleitlinienform bei einem nicht auf der Oberfläche des Bodens gelagerten Streifenfundament. Verlauf der Gleitlinien für $h/2\,l \approx 3$: Beginn des Selbstumschnürungseffektes. (Nach KÉRISEL 1939)

hältnismäßig steilen Verlauf der Gleitlinie. In Abb. 16.17 erkennt man außerdem den Beginn des oben (16.5.1.1) erwähnten *Selbstumschnürungseffektes*: Eine Druckbelastung des unteren Teils der seitlichen Wände der Gründung, die durch ein Verdrängen des Bodens unterhalb der Gründung hervorgerufen wird. Hierdurch erhöht sich der Beitrag der Gründungstiefe zur Tragfähigkeit in zunehmendem Maße.

Die oben angegebene Formel $p_{\max} = \gamma\, r_h\, s_1 + \gamma\, h\, s_2\, s_2'$ muß daher mangels genauerer Ergebnisse als eine Näherungsformel angesehen werden, und zwar um so mehr, je größer die Gründungstiefe wird.

16.5.2 Bindiger Boden. Bei Flachgründungen in bindigen Böden beträgt nach den bisherigen Ausführungen die Grenzbodenpressung für ein in der Tiefe h gegründetes unendlich langes Streifenfundament:

$$p_{\max} = \gamma\, l\, s_1 + H\,(s_2 - 1) + \gamma\, h\, s_2\, s_2';$$

die seitliche Reibung der Erdmasse an den Wänden des Fundamentes ist dabei vernachlässigt.

Im Sonderfall der gesättigten Tone, bei denen der Reibungswinkel null ist, wird s_1 gleich null, $s_2 s_2'$ gleich eins, so daß der vorstehende Ausdruck die Form annimmt:

$$p_{\max} = c\, N_c + \gamma\, h\,,$$

mit

$N_c = 5{,}14$ für das unendlich lange Streifenfundament und

$N_c = 6{,}2$ für das kreisförmige Fundament und das quadratische Fundament (s. 16.4.2.3).

Dabei ergeben sich jedoch die Zahlen 5,14 und 6,2 aus der Eintragung von H von der freien Oberfläche der Erdmasse aus auf die Sohlfläche des Fundamentes, das als an der Oberfläche gegründet ($h = 0$) vorausgesetzt wird.

Wenn das Fundament in der Tiefe h gegründet ist, erhöhen sich die Zahlen 5,14 und 6,2, wie in (17) gezeigt wird.

SKEMPTON [16.5] schlug für den Tragfähigkeitbeiwert N_c die in Abb. 16.18 dargestellten Kurven vor.

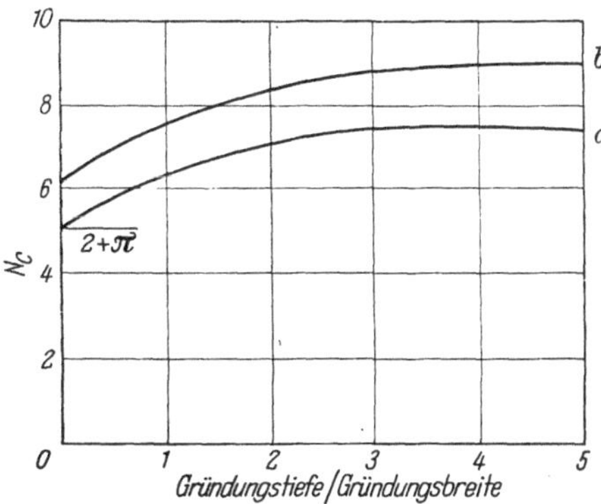

Abb. 16.18. Tragfähigkeitbeiwert N_c einer auf gesättigtem Ton gelagerten Gründung in Abhängigkeit vom Verhältnis der Gründungstiefe zur Gründungsbreite. (Nach SKEMPTON [16.5]) *a* langgestreckte Gründung *b* kreisförmige Gründung

Nach den experimentell erhaltenen Kurven von SKEMPTON beträgt N_c:

$$N_c = \frac{5{,}14 + 6\,\dfrac{h}{2l}}{1 + 0{,}75\,\dfrac{h}{2l}} \quad \text{für langgestreckte Gründungen und}$$

$$N_c = \frac{6{,}2 + 7{,}5\,\dfrac{h}{2l}}{1 + 0{,}75\,\dfrac{h}{2l}} \quad \text{für kreisförmige Gründungen.}$$

16.6 Setzungsunterschiede von Plattengründungen, Einzel- und Streifenfundamenten

Zwei Arten von Setzungsuntersuchungen sind zu unterscheiden: die der *Setzungsunterschiede* infolge der Wechselwirkung zwischen der Aufstandfläche der Gründung und dem darunter befindlichen Boden und die der *absoluten Setzungen*.

Die eine oder andere der beiden Setzungserscheinungen muß im allgemeinen eher bei der Beurteilung der zulässigen Bodenpressung in Betracht gezogen werden als die der Grenzbodenpressung.

16.6.1 Wechselwirkung zwischen Aufstandfläche und Boden. Bei der Ermittlung der Setzungen w einer unendlich biegsamen (schlaffen) Platte (Membran) unter der Einwirkung einer gleichmäßig verteilten Last wurde gefunden, Tab. 6.2,

— am Rande der schlaffen, kreisförmigen Platte:

$$w = \frac{4}{\pi}\,\frac{p\,R}{E}\,(1 - \mu^2) = 1{,}275\,\frac{pR}{E}\,(1 - \mu^2)\,,$$

— im Mittelpunkt der schlaffen, kreisförmigen Platte:

$$w = 2\frac{pR}{E}(1-\mu^2).$$

Es handelt sich hier um ungleiche Setzungen, und zwar sind sie in der Mitte größer als am Rand. Man kann ein für allemal, Abb. 16.19, die Kurve für die Formzahl

$$C_f = \frac{w}{\frac{pR}{E}(1-\mu^2)}$$

zeichnen. Sie hat ihr Maximum in der Mitte; die mittlere Ordinate beträgt 1,70.

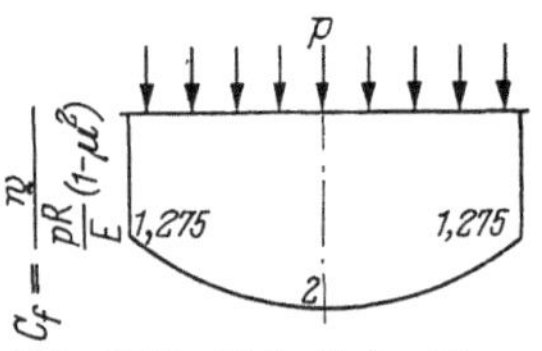

Abb. 16.19. Verlauf der Formzahl C_f unter einer kreisförmigen, schlaffen Platte (Membran) nach BOUSSINESQ

Es werde nun angenommen, daß ein starrer Überbau auf einem den Halbraum ausfüllenden Boden gelagert ist: Die Aufstandfläche des Überbaus sei kreisförmig. Für den Fall eines elastisch-isotropen Mediums gab BOUSSINESQ die gleichförmige Eindringung an: Die in Abb. 16.19 gezeigte Kurve wird zu einer Geraden mit der Ordinate 1,57 (s. 6.3). BOUSSINESQ bewies, daß in diesem Falle die Bodenpressung an den Rändern unendlich groß wird.

Diese Angaben tragen zum Verständnis des Mechanismus der Spannungs- und Setzungsverteilung von einem Punkt zum anderen in der Aufstandfläche eines Fundamentes bei.

16.6.2 Rolliger Boden unterhalb einer starren Gründung. Für einen rolligen Boden kann die Bodenpressung nicht unendlich groß werden, da die maximale mittlere Bodenpressung, die der Boden an der Oberfläche aufnehmen kann ohne große Verformungen zu erleiden, gleich dem durch die Formel $p_{max} = \gamma\, l\, s_1$ (s. 16.4.1) gegebenen Wert ist.

Bei Belastung entstehen plastische Zonen in der Nähe der Ränder, die eine um so größere Fläche erfassen, je größer die Bodenpressung und je steifer der Überbau ist. In der Mitte wird die Bodenpressung zunehmen, um die Abnahme am Rand auszugleichen, und schließlich wird die Kurve der Verteilung der Bodenpressungen eine parabolische Form annehmen, Abb. 16.20.

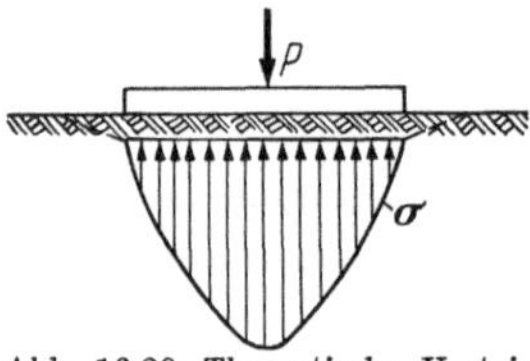

Abb. 16.20. Theoretische Verteilung der Bodenpressungen unter einer starren, mittig belasteten Platte, die auf der Oberfläche eines rolligen Bodens aufliegt

Die Reaktion des rolligen Bodens unter einer starren Gründung wird also erst nach einer kleinen Eindringung (Anpassung) geweckt. Aus diesem Grund ergeben Feinsande kleine Drücke im CBR-Versuch (s. 11.5.3).

Diese ungleiche Verteilung ließ sich mit Druckmeßmethoden nachweisen, die unter der ebenen Unterseite der Gründung angebracht waren.

Man stellte tatsächlich fest, daß die Bodenpressung in der Mitte größer als die mittlere Bodenpressung $\sigma = P/F$ ist, und zwar abnehmend mit der Gründungsbreite. Jedoch können sämtliche mit Druckmeßdosen vorgenommenen Versuche wegen der Kompressibilitätsunterschiede zwischen Dose und Boden mehr oder weniger mit Fehlern behaftet sein.

Es ist daher interessant festzustellen, daß der Schweizer OSKAR FABER [*16.6*] im Jahre 1933 diese Ergebnisse durch den folgenden Versuch bestätigte, der auf einem gänzlich anderen Prinzip beruht.

Das Versuchsgerät ist in Abb. 16.21 dargestellt.

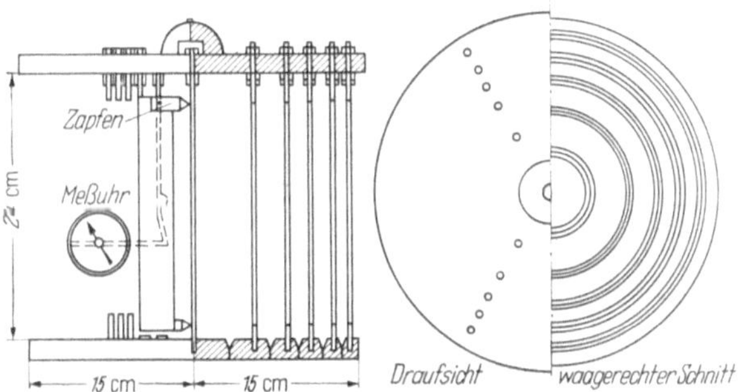

Abb. 16.21. FABER-Gerät zum Messen der Bodenpressungen unter einer kreisförmigen starren Platte

Es setzt sich aus zwei Kreisplatten von je 30 cm Durchmesser und 2 cm Dicke zusammen. Die untere Platte ist in sechs Ringe unterteilt, die so bemessen sind, daß ihre Flächen gleiche Größe haben; die obere Platte besteht aus einem Stück. Jeder Ring der unteren Platte ist mit der oberen Platte durch drei, in gleichem Abstand voneinander angebrachten Stangen verbunden, deren Längenänderungen gemessen werden. Multipliziert man diese mit dem Elastizitätsmodul des Stangenwerkstoffs und dividiert durch die Ringfläche, so ergibt sich die Bodenpressung unter dem Ring.

Die mit diesem Gerät für einen rolligen Boden erzielten Versuchsergebnisse sind in Abb. 16.22 zusammengestellt. Jede Kurve gilt für eine gegebene eingeprägte Kraft; die entsprechende mittlere Bodenpressung ist ebenfalls in Abb. 16.22 eingetragen.

Die maximale Bodenpressung in der Mitte der kreisförmigen Platte liegt zwischen 1,7 P/F und 2,8 P/F.

Dieser Versuch entspricht wegen der Dicke der oberen Platte dem mit einem starren Überbau, da die sehr geringe Nachgiebigkeit infolge der Zusammendrückungen der Stangen gegenüber den Verformungsmöglichkeiten des Bodens vernachlässigbar ist. Die Kurven gelten nur für einen bestimmten Boden; sie hängen vom Reibungswinkel und von der Elastizität des Bodens ab.

Belastet man den Boden außerhalb der unteren Platte, so gleichen sich die Bodenpressungen aus: In der Mitte wird die Bodenpressung

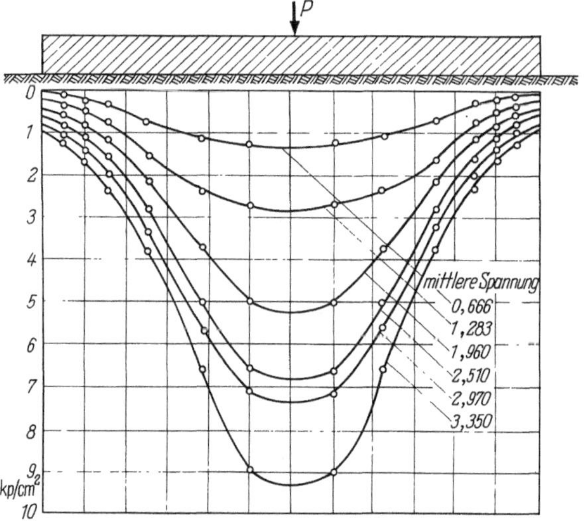

Abb. 16.22. Verteilung der Bodenpressungen unter einer starren, auf der Oberfläche eines rolligen Bodens gelagerten kreisförmigen Platte. (Nach FABER [*16.6*])

selbst bei großen Drücken nicht größer als 1,7 P/F, und bei einer konstanten Last auf einer unbegrenzten Fläche außerhalb der unteren Platte wird sie offenbar P/F.

16.6.3 Bindiger Boden unterhalb einer starren Gründung. Für einen bindigen, wenig plastischen Boden liefert das Gerät von FABER die folgenden Ergebnisse, Abb. 16.23.

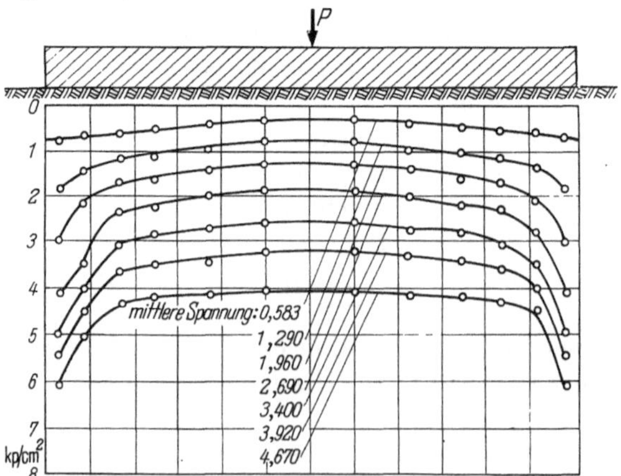

Abb. 16.23. Verteilung der Bodenpressungen unter einer starren, auf der Oberfläche eines bindigen Bodens gelagerten kreisförmigen Platte. (Nach FABER [*16.6*])

Die Form der Kurven nähert sich der, die die Theorie von BOUSSINESQ für das den Halbraum ausfüllende elastisch-isotrope Medium angibt: Die größten Bodenpressungen zeigen sich am Rand, und zwar betragen sie rd. 2 bis 1,5 P/F, während sie in der Mitte in der Größenordnung von rd. 0,7 bis 0,88 P/F liegen.

16.6.4 Rolliger Boden unterhalb einer schlaffen Gründung (Membran). Wenn die Gründung unendlich biegsam ist, stellt sich die klassische Verteilung ein, die in (16.6.1) behandelt wurde, und zwar mit der Formzahl $C_f = 1{,}275$ am Rand und der Formzahl $C_f = 2$ in der Mitte für die kreisförmige Platte.

Da aber der rollige Boden keine auch noch so kleine Beanspruchung am Rand aufnehmen kann, muß sich die Gründung konkav nach unten verformen. Die Bodenpressung in Nähe der Ränder kann dann erheblich und gleich der in der Mitte werden: Man erhält damit eine angenähert gleichförmige Lastverteilung oberhalb wie unterhalb der Gründung mit der in Abb. 16.24 gezeigten Verformung.

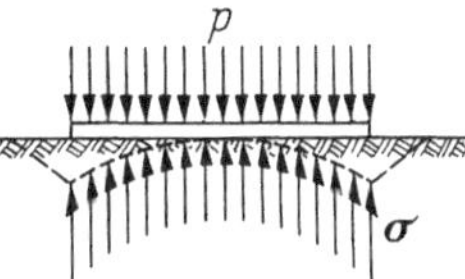

Abb. 16.24. Verformung einer gleichförmig belasteten schlaffen Gründung (Membran), die auf einem rolligen Boden aufliegt

16.6.5 Bindiger Boden unterhalb einer schlaffen Gründung (Membran). Die Gründung verformt sich hier im entgegengesetzten Sinn wie in (16.6.4). Die Verformung neigt zu einer angenähert gleichförmigen Verteilung der Bodenpressungen; die Verformungskurve verläuft konkav nach oben, Abb. 16.25.

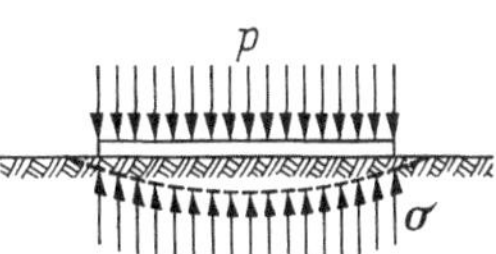

Abb. 16.25. Verformung einer gleichförmig belasteten schlaffen Gründung (Membran), die auf einem bindigen Boden aufliegt

16.6.6 Folgerungen für Plattengründungen, Einzel- und Streifenfundamente. Die Plattengründungen, Einzel- und Streifenfundamente haben eine bestimmte Steifigkeit; außerdem sind sie sehr häufig nicht gleichförmig belastet.

Die Einzel- und Streifenfundamente sind nicht sehr breit und können als starr angesehen werden. Die Last wird durch eine Stütze oder eine Wand vielfach mittig eingetragen; die Bodenpressung ist dann bei einem rolligen Boden in der Mitte des Fundamentes größer als am Rand. Diese Fundamente werden also nur durch verhältnismäßig kleine Biegungsmomente beansprucht, wenn sie auf Sandboden aufliegen, da die auf sie eingetragenen Spannungen angenähert die gleiche Verteilung wie die Bodenpressungen haben. Liegt das Fundament auf Tonboden auf, so ist das Biegungsmoment größer und ruft eine nach oben konkave Verformung des Fundamentes hervor.

Diese konkave Verformung des Fundamentes ist begrenzt, da sich durch sie die Bodenpressungen ausgleichen. Man bewehrt also Einzel- und Streifenfundamente an der Unterseite.

Die *Plattengründungen* können — insbesondere, wenn sie große Abmessungen haben — nicht als starr angesehen werden. Bei gleichförmiger Belastung verformen sie sich, wie in (16.6.4) und (16.6.5) angegeben. Die Plattengründung ist dann so zu bemessen, daß sie die den Verformungen entsprechenden Biegungsmomente aufnehmen kann. Jeder Fall muß besonders untersucht werden, um die Art der Lasteinprägung und die Kennwerte des Bodens zu berücksichtigen.

16.7 Ermittlung der Gesamtsetzungen

Eine gleichmäßige Gesamtsetzung gibt es nur für eine starre Gründung. Diese Gesamtsetzung beträgt für eine gleichförmig belastete Gründung:

$$w = C_f \frac{pR}{E} (1 - \mu^2),$$

unter der Voraussetzung eines unbegrenzt homogenen und elastisch-isotropen Bodens.

Die Formzahl C_f ist gleich 1,57 im Falle einer kreisförmigen Gründung. In die Setzungsberechnung gehen die Größen E und μ durch den Quotienten $E/(1 - \mu^2)$ ein.

16.7.1 Rollige Böden. Die vorstehende Formel läßt sich in der Form

$$\frac{w}{R} = C_f \frac{p}{E} (1 - \mu^2)$$

anschreiben. Die Erdwiderstandversuche zeigten, daß das Verhältnis w/R zum vollständigen Mobilisieren des Erdwiderstands in der Größenordnung eines Hundertstels sein konnte. Dieses Verhältnis ist nicht konstant. Es ist bekannt, daß E mit dem Druck zunimmt, und zwar um so schneller, je lockerer der Sand in seinem Anfangszustand gelagert war.

Bei kleinen Drücken ist also $w/p\,R$ groß. Mit zunehmenden Drücken nimmt $w/p\,R$ aufgrund des sehr raschen Wachsens von E ab. Der Ausdruck $w/p\,R$ wird mit der Tiefe kleiner, da die Lagerungsdichte des Sandes dort immer größer wird und da anderseits C_f abnimmt.

16.7.2 Bindige Böden. In der obigen Formel läßt sich aber auch die Kohäsion zum Ausdruck bringen:

$$\frac{w}{R} = C_f \frac{p}{p_{\max}} \frac{p_{\max}}{c} \frac{(1 - \mu^2)}{\frac{E}{c}};$$

dabei ist $p/p_{\max}$ gleich dem Kehrwert des gewählten Sicherheitsfaktors ν.

Im Falle *gesättigter Tone* stellt sich zu Beginn eine Setzung bei konstantem Volumen ein, so daß $\mu = 0,5$ genommen werden kann.

In diesem Fall ergibt sich mit $\mu = 0,5$ und $p = p_{\max}$:

$$\frac{w}{R} = C_f \frac{0,75}{\nu} \frac{p_{\max}}{c} \frac{1}{\frac{E}{c}}.$$

Bei nicht an der Oberfläche gegründeten Fundamenten ist die Formzahl C_f mit dem Setzungsbeiwert **s** der Tab. 6.3. zu multiplizieren.

Das Produkt $\mathbf{s}\, C_f \frac{p_{max}}{c}$ verändert sich nur wenig mit der Tiefe: Es ist bekannt, daß **s** angenähert im Verhältnis eins zu zwei mit der Tiefe abnimmt, während p_{max}/c, allerdings in geringerem Maße, zunimmt.

Für Fundamente, die an der Oberfläche gegründet sind, gilt die obige Formel:

$$\frac{w}{R} = C_f \frac{0{,}75}{\nu} \frac{p_{max}}{c} \frac{1}{\frac{E}{c}},$$

mit $C_f = 1{,}57$ für die kreisförmige Gründung und $\frac{p_{max}}{c} = 5{,}14$ bis 6, je nach der Form der Gründung.

Bei einer auf der Oberfläche des Bodens gelagerten kreisförmigen Gründung mit dem Halbmesser R hat man daher unter der Annahme von $p_{max}/c = 6$:

$$\frac{w}{R} = \frac{7{,}2}{\nu} \frac{1}{\frac{E}{c}}.$$

Beispiel:

Für eine auf der Oberfläche eines gesättigten Tonbodens aufliegende starre kreisförmige Gründung wird mit $\nu = 3$ und $E/c = 100$:

$$\frac{w}{R} = \frac{2{,}4}{100}.$$

Die Beobachtung bestätigt in zufriedenstellender Weise die durch diese Formel erhaltene Voraussage.

16.7.3 Netto-Setzung nach Beendigung der Bauarbeiten – Netto-Endsetzung – Wahl von *E*. Die folgenden Betrachtungen gelten für alle Gründungen.

Wenn man eine Baugrube anlegt, hebt sich die Baugrubensohle. Diese Bewegungen hören auf, sobald der Druck des bereits erstellten Bauwerks angenähert gleich dem Gewicht des ausgehobenen Erdreichs wird; der *Netto-Druck* auf die Gründung ist dann gleich null. Sobald nun die Lasten infolge des Baufortschritts zunehmen, rufen die Netto-Drücke zunehmende *Netto-Setzungen* hervor. Die Setzung, die sich nach der Errichtung des Bauwerks einstellt, wird *Netto-Setzung nach Baufertigstellung* genannt. Bei schnellem Baufortschritt und kleiner Durchlässigkeit des Bodens (bindige Böden) nimmt man häufig an, daß bei dieser Setzung $\mu = 0{,}5$ (kein Wasserabfluß) ist und wählt für E den aus einem Zylinderdruckversuch bestimmten Wert.

Im Verlaufe der Zeit konsolidiert der Boden, und zwar so lange, bis der Porenwasserdruck null wird. Die Netto-Endsetzung ist kein streng definierter Begriff, denn die Zeit-Netto-Setzungs-Kurve ist vom Typ der in Abb. 7.1 abgebildeten Kurve. Sie gestattet also nur, eine *primäre Netto-Endsetzung* zu ermitteln.

Die Schwierigkeit in der Berechnung dieser Setzung liegt in der Wahl des Wertes für E, den man in die üblichen Formeln nach der Theorie von Boussinesq einsetzen soll.

Im allgemeinen wird E für jede Bodenschicht unterschiedlicher Zusammendrückbarkeit ermittelt. Man leitet E aus dem Druck-Setzungs-Diagramm des Kompressionsversuches ab, und zwar nimmt man den Sekantenmodul aus dem in der mittleren Tiefe der betrachteten Schicht vor Baubeginn herrschenden Druck und dem gegenwärtigen, nach dem Bauen ermittelten Druck, der nach den in (6) angegebenen Formeln berechnet wird. Dieser Wert von E_s erfährt aufgrund der Kompressionsversuch-Korrektur noch eine Abminderung (5.2.3).

Die Konsolidierung berechnet sich nach der vereinfachten Theorie von Terzaghi, die in (7) angegeben ist. Der Konsolidierungsgrad wird für den Unterschied zwischen der primären Netto-Endsetzung und der Netto-Setzung nach Fertiggstellung des Bauwerks berechnet. Die Konsolidierungstheorie liefert ziemlich genaue Ergebnisse, wenn es sich um dünne, in Sand gebettete Schichten handelt; für E_s wird in diesem Falle keine Korrektur vorgenommen, Man nimmt somit an, daß die seitliche Reaktion im Kompressionsgerät und im Gelände angenähert gleich sind. Bei dicken Schichten ist die Theorie nicht mehr genau, und die Rechenergebnisse weichen erheblich von den beobachteten Ergebnissen ab.

17 Tiefgründungen: Pfähle, Brunnen, Pfeiler, Senkkästen

Diese Gründungen sind — wie bereits erwähnt — durch ein großes Verhältnis h/l (h Tiefe, l Breite) gekennzeichnet.

Zu ihnen gehören nicht nur die Pfähle, sondern auch die Brunnen, Pfeiler und Senkkästen; diese kommen — wenn sie kurz sind — den in (16) beschriebenen Gründungen nahe; es gibt selbstverständlich einen stetigen Übergang zwischen den Flach- und Tiefgründungen.

17.1 Besonderheiten der Tiefgründungen

17.1.1 Pfähle. Nicht weniger als 70 Pfahltypen werden im Schrifttum beschrieben: Ganze Bücher sind ihnen gewidmet. Eines der in jüngerer Zeit erschienenen ist das Buch von Chellis [*17.1*].

Vom bodenmechanischen Standpunkt kann man die Pfähle in zwei große Gruppen aufteilen:

— Rammpfähle,

— Bohrpfähle.

Innerhalb einer jeden Gruppe wird zwischen vorgefertigten oder in situ ausgeführten Pfählen unterschieden.

17.1.1.1 Rammpfähle

17.1.1.1.1 In Beton, Stahl oder Holz vorgefertigte Rammpfähle. Der vorgefertigte Holzrammpfahl ist die älteste Tiefgründung; die Azteken verwendeten ihn lange Zeit vor dem Erscheinen der Weißen. Einige etwa 2 bis 3000 Jahre vor Christus entstandene Dörfer hießen palafitta (franz.: pieux fichés = eingeschlagene Pfähle).

Das hohe Alter dieses Verfahrens ist ein Beweis für seine Qualität. Heute wird das Holz vom Beton mehr und mehr verdrängt, außer in den waldreichen Gegenden oder in den nicht industrialisierten Ländern.

Der Metallpfahl ist nach wie vor teuer, da der Pfahlbaustoff hauptsächlich nur auf Druck beansprucht wird. In Frankreich insbesondere ist bei den im allgemeinen zugelassenen Spannungen die Übertragung einer Druckbelastung von 1 Mp auf 1 m Pfahllänge mit Stahl dreimal so teuer wie mit Beton. Daher bleibt die Verwendung der Metallpfähle einerseits den Böden vorbehalten, die durch Rammen mit Pfählen aus einem anderen Baustoff schwierig zu durchfahren sind, und andererseits den hoch industrialisierten Ländern, wie z. B. den USA, wo der Unterschied zwischen Stahl- und Betonpreis sehr klein ist. Man verwendet dann vielfach Pfähle mit H-Querschnitt. Ihr großer mittlerer Halbmesser begünstigt das Ausbilden einer seitlichen Reaktion aus der Reibung des Bodens. In Abb. 17.1 ist ein Betonpfahl mit verbreitertem Fuß dargestellt. Diese Pfahlform eignet sich für lockere, homogene Böden und für Fälle, bei denen die Pfähle auf einer festen Schicht stehen.

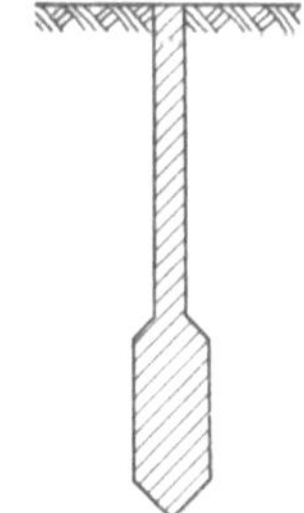

Abb. 17.1. Vorgefertigter Betonrammpfahl mit verbreitertem Fuß

17.1.1.1.2 In situ hergestellte Rammpfähle. Diese Pfähle stellt man durch Rammen eines am Fußende geschlossenen Rohres (Hülle) her, das mit Beton gefüllt wird.

Der klassische Typ ist der RAYMOND-Pfahl, Abb. 17.2, der in den USA sehr häufig verwendet wird. Man rammt eine Hülle aus Wellblech in den Boden, die leicht kegelstumpfförmig mit Verjüngung nach unten gestaltet ist. Die Hülle ist eine verlorene Schalung, in die der Beton eingefüllt wird. Dieses sehr sichere und sehr schnelle Verfahren findet nur in Ländern mit hoher Kaufkraft Verwendung, in denen der Stahlpreis niedrig und die Löhne verhältnismäßig hoch sind.

Abb. 17.2. In situ hergestellter Betonrammpfahl (RAYMOND-Pfahl)

17.1.1.2 Bohrpfähle

17.1.1.2.1 Vorgefertigte Bohrpfähle. Es handelt sich hier um vorgefertigte Pfähle, die in ein Bohrloch eingebracht werden.

Das Arbeiten mit vorgefertigten Pfählen ist viel sicherer als das Herstellen an Ort und Stelle. Der vorgefertigte Pfahl, dessen Durchmesser ein wenig kleiner als der des Bohrrohrs ist, wird in das Bohrrohr eingeführt, bevor man dieses zieht, Abb. 17.3. Allerdings macht das Spiel zwischen dem vorgefertigten Pfahl und der Wand des Bohrlochs das Wecken — zumindest das augenblickliche — des die seitliche Reibung hervorrufenden Erdwiderstands ungewiß. Dieses System erhält erst dann seine ganze Bedeutung, wenn es mit Vorrichtungen ausgestattet ist, die das Wecken des Erdwiderstands ermöglichen (durch Injektion gefüllte Taschen).

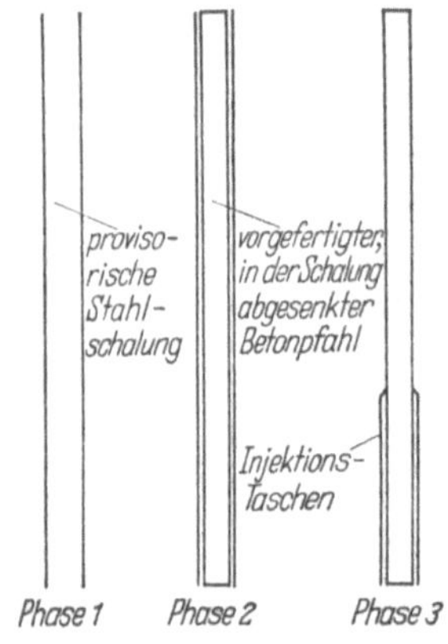

Abb. 17.3. Vorgefertigter Bohrpfahl

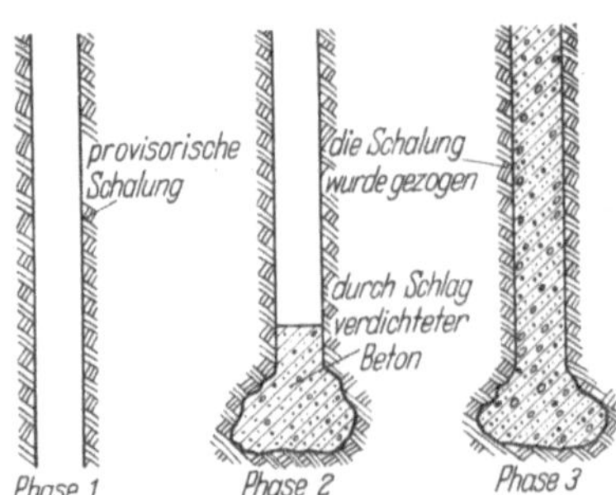

Abb. 17.4. In situ hergestellter Bohrpfahl

17.1.1.2.2 In situ hergestellte Bohrpfähle. Man stellt ein Bohrloch (mit wiedergewonnenem Bohrrohr) her und füllt dieses mit Beton. Die so in situ hergestellten Bohrpfähle erfuhren in den letzten Jahren eine sehr große Entwicklung, die jedoch nicht frei von Zwischenfällen war:

Während des Ziehens des Bohrrohrs, das dem Bohrloch als Schalung dient, muß stets genügend Beton im Rohrunterteil vorhanden sein, um eine Unterbrechung der Betonsäule durch eindringendes Erdreich systematisch zu vermeiden, Abb. 17.4.

Belastungsversuche und Schürfgruben enthüllten glücklicherweise nur in seltenen Fällen das Vorhandensein von Unterbrechungen der Betonsäule, die von einem zu raschen Ziehen des Bohrrohrs in ziemlich weichen Böden oder von einem zu schnellen Abbinden des zuletzt gegossenen Betons herrührten.

Die Qualität dieser in situ hergestellten Pfähle hängt in erster Linie von der Gewissenhaftigkeit des Bauleiters ab.

17.1.2 Brunnen, Pfeiler, Senkkästen. Die Brunnen und Pfeiler übertragen die Lasten eines Überbaus auf einen geeigneten Baugrund. Es gibt keine genaue Trennung zwischen dem Pfahl und dem Brunnen: An der Unterseite offene Stahlrohre großen Durchmessers werden durch Entnahme des Erdreichs aus dem Rohrinnern in den Boden abgelassen und dann mit Beton gefüllt; in dieser Weise hergestellte *Brunnen* unterscheiden sich von den In-situ-Bohrpfählen (17.1.1.2.2) nur durch ihre Abmessungen. Es gibt auch keinen grundsätzlichen Unterschied zwischen den Brunnen und den *Pfeilern*; das Wort Pfeiler ist für das Auflager eines Brückenüberbaus reserviert. Schließlich läßt sich auch keine deutliche Trennung zwischen dem Brunnen oder dem Pfeiler und dem *Senkkasten* erkennen, da der Senkkasten nur ein Brunnen (nach obiger Definition) mit verlorener Schalung ist (In-situ-Bohrpfahl mit verlorener Schalung).

Allen drei Gründungstypen ist gemeinsam, daß das Verhältnis Tiefe/Breite im allgemeinen größer als vier ist; diese Zahl kennzeichnete als *obere* Grenze besser die Plattengründungen sowie die Einzel- und Streifenfundamente.

Zur Herstellung kleiner Brunnen und Pfeiler von 1 bis 2 m Durchmesser verwendet man bei schlechten Baugrundverhältnissen Schalungen, die von Hand verlegt werden, oder provisorische Metallschalungen, die mechanisch durch Rammen, Druck oder Hin- und Herbewegen in den Boden getrieben werden (s. a. 17.1.1.2.2). Die größeren Brunnen und Pfeiler führt man bei Wasserandrang im Schutze von Spundwandfangedämmen aus, die je nach Größe im Innern verankert sind oder nicht, Abb. 17.5 und 17.6.

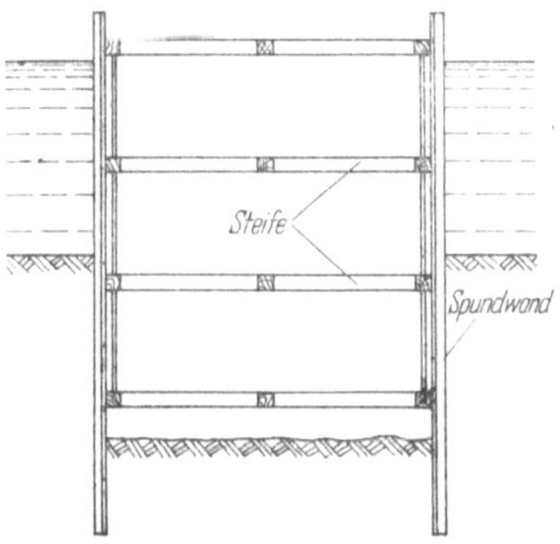

Abb. 17.5. Verankerter Kastenfangedamm

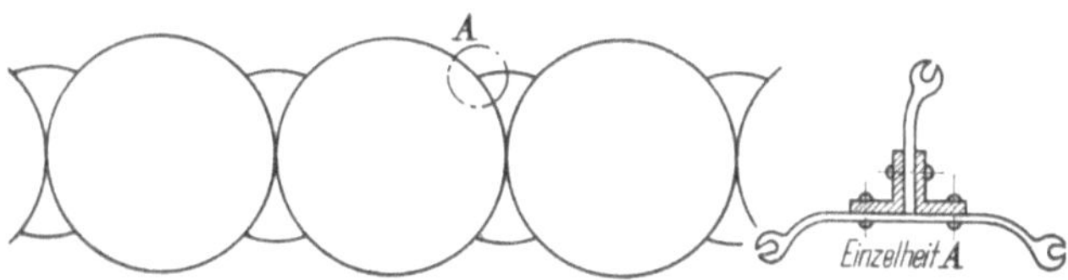

Abb. 17.6. Ankerloser Zellenfangedamm

Von den Senkkästen, ob sie durch Entfernen des Erdreichs mit oder ohne Druckluft abgelassen werden, sei vom Standpunkt der Bodenmechanik nur so viel gesagt, daß sie Absätze haben, die zu abnehmenden Durchmessern führen; so bleibt die seitliche Reibung in jedem Augen-

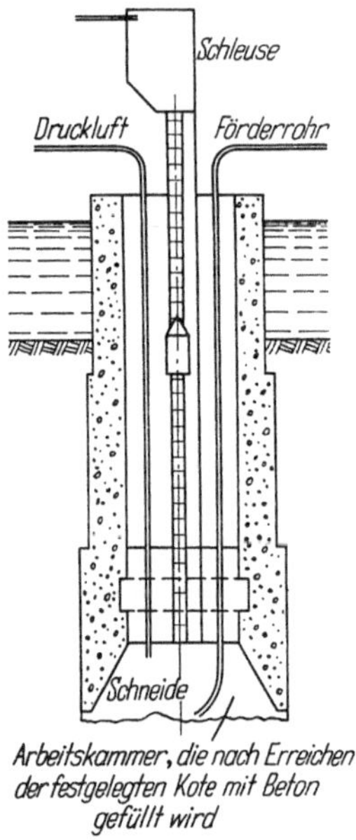

Abb. 17.7. Schnitt durch einen Druckluftsenkkasten

blick kleiner als das Gewicht des Senkkastens und gestattet das Absenken infolge der Schwerkraft, Abb. 17.7.

17.1.3 Hydraulischer Grundbruch. Bei der Ausführung von Fangedämmen stößt man auf ein sehr wichtiges Problem: das Bestimmen des Abstandes $\overline{BB'} = h_3$, d.h. der *Sicherheitshöhe*, Abb. 17.8, der die Unterseite der Spund-

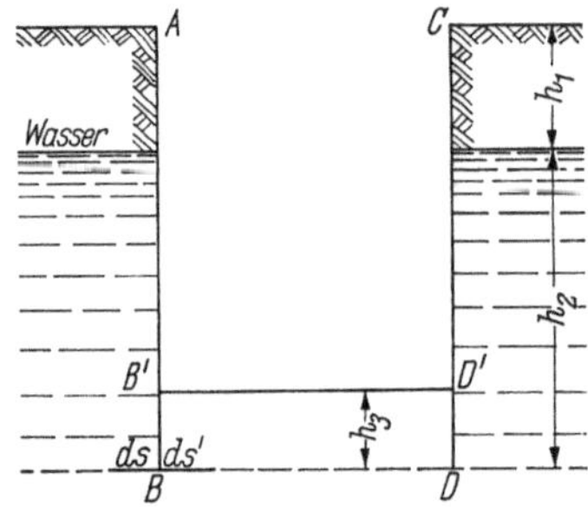

Abb. 17.8. Sicherheitshöhe h_3 bei einem Fangedamm zum Vermeiden eines hydraulischen Grundbruchs

wand von der Baugrubensohle trennen muß, damit durch die Strömung des Wassers, die nach dem einseitigen Abpumpen des Wassers in der Baugrube bis zur Baugrubensohle entsteht, keine Hebung der Baugrubensohle eintritt.

Dieses zweidimensionale Grenzgleichgewichtsproblem soll getrennt für rollige und bindige Böden behandelt werden.

17.1.3.1 Rolliger Boden. Es sei die die Unterseito der Spundwand begrenzende, waagrechte, durch B und D gehende Ebene betrachtet, Abb. 17.8, und der Druck p gesucht, der außerhalb von $\overline{BD}$ infolge der äußeren Bodenlast und des Wassers auf ein Flächenelement ds dieser Ebene wirkt.

Weiter seien mit h_1 bzw. h_2 die Abstände des Wasserspiegels von der freien Oberfläche bzw. von der unteren, durch $\overline{BD}$ gehenden Ebene und mit n der Porenanteil je Einheit des betrachteten Bodenvolumens bezeichnet; die Reinwichte des Bodens werde mit 2,7 Mp/m³ angenommen. Der Druck p infolge des Bodengewichts und des Wassers setzt sich aus drei Teilen zusammen:

$$p = h_1 (1 - n)\, 2{,}7 + h_2 (1 - n)\, 1{,}7 + h_2 \,.$$

— Das erste Glied dieser Gleichung gibt den Druck an, der in Höhe des äußeren Wasserspiegels durch den trockenen Boden ausgeübt wird.

— Das zweite Glied ist die Differenz aus dem Druck $h_2 (1 - n)\, 2{,}7$, den eine trockene Bodenschicht mit der Dicke h_2 ausüben würde, und dem Auftrieb $h_2 (1 - n) \cdot 1$, den die Schicht erleidet, da sie unter Wasser steht.

— Das dritte Glied ergibt sich aus dem Wasserdruck.

Ausgehend von p wird nun der kleinste Druck p' gesucht, der von unten nach oben auf ein Element ds' der Ebene BD innerhalb der Baugrube wirkt.

Auf dieses Element ds' wirken von unten nach oben:

— der Druck p_1, der dem äußeren, durch die Bodenmasse erzeugten Druck das Gleichgewicht hält,

— der Strömungsdruck p_2 des Wassers.

Bei zahlreichen Fangedämmen, die in großen Flüssen angelegt werden und bei denen außerhalb der Umschließung Schichten großer Durchlässigkeit anstehen, während innerhalb davon die Baugrube im Bereich sehr viel weniger durchlässiger Feinsande liegt, ist der Druckhöhenverlust der Strömung gänzlich auf die innere Zone der Baugrube konzentriert; es wird dann $p_2 = h_2$ (die Wichte des Wassers wird mit eins angenommen), und es ergibt sich nach (16.4.2.1) und (16.5.1.1):

$$p_1 s_2 = h_1 (1 - n)\, 2{,}7 + h_2 (1 - n)\, 1{,}7\,,$$

da der günstigste Grenzgleichgewichtszustand hinsichtlich des Aushubs der Baugrube innerhalb der Spundwände der ist, welcher die kleinste Reaktion unter ds' abgibt.

Anderseits wirkt auf ds' von oben nach unten:

— der Druck infolge des Bodengewichts im Inneren des Fangedammes, d. h. $h_3 (1 - n)\, 1{,}7$.

Das Gleichgewicht für das Element ds' folgt aus der Gleichheit der Drücke:

$$h_2 + \frac{1}{s_2} [h_1 (1 - n)\, 2{,}7 + h_2 (1 - n)\, 1{,}7] = h_3 (1 - n)\, 1{,}7\,.$$

Beispiel:

Die numerische Anwendung ergibt sich unmittelbar. Als Beispiel sei ein häufig vorkommender Fall genommen:

$$\varrho = 37°, \quad \tan \varrho = 0{,}75, \quad s_2 = 42{,}92, \quad n = 0{,}4;$$

$$2{,}02 h_3 = h_2 \left(1 + \frac{0{,}6 \cdot 1{,}7}{42{,}92}\right) + h_1 \frac{0{,}6 \cdot 2{,}7}{42{,}92} = 1{,}024 h_2 + 0{,}038 h_2\,,$$

$$\text{d. h. etwa} \quad h_3 = \frac{h_2}{2} + \frac{h_1}{53}\,.$$

Wie bereits erwähnt wurde der Fall betrachtet, daß die Druckhöhenverluste der Strömung zwischen dem äußeren Wasserspiegel und dem Niveau BD der Unterseite der Spundwand vernachlässigbar sind;

diese Druckhöhenverluste entstehen durch Absenken des Wasserspiegels im Innern der Spundwandumschließung durch Abpumpen. Es wurde mithin angenommen, daß in der Ebene BD der Druck des äußeren Wasserspiegels herrscht.

Die dargestellte Bedingung ist noch zu optimistisch, wenn zwischen $\overline{BD}$ und $\overline{B'D'}$ eine sehr wenig durchlässige, dünne Schicht liegt, durch die praktisch der gesamte Druckhöhenverlust auf einer Höhe kleiner als h_3 eintritt.

In diesem Fall bestimmt das Gleichgewicht dieser Schicht mit der Höhe $h < h_3$ die Stabilitätsbedingungen, und man wird häufig darauf geführt, unterhalb dieser Schicht auszupumpen: Man durchfährt sie durch Schächte oder Bohrlöcher und senkt so den Wasserspiegel innerhalb der Umschließung unterhalb dieser sehr wenig durchlässigen Schicht.

Vor jeglicher Arbeit dieser Art ist es nötig, die Kennwerte der geologischen Schichten zu bestimmen: Durchlässigkeitskoeffizient, Wichte, Winkel der inneren Reibung, Dicke der Schicht und deren relative Lage zu den anderen Schichten, außerdem während der Arbeiten vorherzusehende Wasserhorizonte, da sich die tief liegenden Wasserhorizonte bisweilen als artesisch erweisen.

Wenn sämtliche Kennwerte und insbesondere der Durchlässigkeitskoeffizient der verschiedenen Schichten bekannt sind, gestattet die Gleichgewichtsberechnung eine schrittweise Annäherung an den Wert h_3.

Der Gradient der Wasserströmung reagiert auf die festen Bestandteile wie im Falle des Schwimmsandphänomens (4.2.7).

In homogenem Sand fällt der Durchlässigkeitskoeffizient aus den Gleichungen heraus, und die Sicherheitshöhe h_3 ist beachtlich kleiner als im hier betrachteten Fall.

17.1.3.2 Bindiger Boden. Das Theorem der korrespondierenden Zustände ergibt die Lösung durch Transformieren der obigen Gleichung (17.1.3.1), die sich nun so schreibt:

$$h_2 + \frac{H + h_1 (1 - n)\, 2{,}7 + h_2 (1 - n)\, 1{,}7}{s_2} = H + h_3 (1 - n)\, 1{,}7\,,$$

mit c als der Kohäsion und $H = c \cot \varrho$.

Beispiel:

Für Tonschichten mittlerer mechanischer Eigenschaften sei

$$\varrho = 10°, \quad n = 0{,}4, \quad H = 10\,\mathrm{Mp/m^2};$$

daraus wird $s_2 = 2{,}47$,

$$H + 2{,}02\, h_3 = h_2\left(1 + \frac{1{,}02}{2{,}47}\right) + \frac{H}{2{,}47} + h_1 \frac{1{,}62}{2{,}47}$$

und damit

$$h_3 = 0{,}7 h_2 + 0{,}33 h_1 - 2{,}95 .$$

Man erkennt, daß h_3 für solche Werte von $(h_1 + h_2)$ null oder kleiner als null werden kann, die kleiner als ein zwischen 4,2 und 9 m gelegener Wert sind.

Es wird $h_3 \leqq 0$ für $h_1 \leqq 9$ m und $h_2 = 0$ oder
für $h_1 = 0$ und $h_2 \leqq 4{,}2$ m.

Außerdem ist die erforderliche Sicherheitshöhe h_3 bei homogenen bindigen Böden wie bei den homogenen rolligen Böden kleiner, als in der obigen Formel angegeben wurde.

17.2 Berechnung der Tragfähigkeit von Tiefgründungen

Die Berechnung der Tragfähigkeit von Tiefgründungen ist eines der schwierigsten Kapitel der Bodenmechanik. Sehr viele Theorien haben nur eine unzureichende experimentelle Grundlage.

Aus diesem Grund soll im folgenden der experimentelle Aspekt dieses Problems sehr eingehend behandelt werden.

17.2.1 Allgemeine Betrachtungen

17.2.1.1 Rollige Böden. Der Beitrag der Fundamentbreite zur Tragfähigkeit $\gamma\, r_h\, s_1$ ist hier im allgemeinen gegenüber dem der Gründungstiefe $\gamma\, h\, s_2\, s_2'$ oder des Spitzenwiderstands $\gamma\, h\, N_q$ vernachlässigbar.

Außer diesem erlangt nun noch ein dritter Beitrag zur Tragfähigkeit Bedeutung, der *Beitrag der seitlichen Reibung* oder (z. B. bei Pfählen) der *Mantelreibung*. Er wurde bei den Flachgründungen vernachlässigt; bei den Tiefgründungen geht das nicht mehr.

Sein theoretischer Wert läßt sich leicht aus der Erdwiderstandtheorie bestimmen. Nach (16.5.1) lautet in der Tiefe z die Normalkomponente der Erdwiderstandspannung: $\gamma\, z\, \sigma_{0°,0°,\alpha}$, mit $\sigma_{0°,0°,\alpha}$ als der Normalkomponente der Erdwiderstandspannung b für $\gamma = 1$ Mp/m^2 und im Abstand eins von der freien Oberfläche (Erdwiderstandbeiwert), die den Tabellen [*15.1*] für $\omega = 0°$, $\beta = 0°$ und den Winkel α zu entnehmen ist.

Wenn U den Umfang der Gründung bezeichnet, beträgt zwischen den Koten z und $z - dz$ die Tangentialkomponente der aus der Normalkomponente der Erdwiderstandspannung $\gamma\, z\, \sigma_{0°,0°,\alpha}$ für ein Flächenelement $U\, dz$ ermittelten Kraft: $U\, dz \times \gamma\, z\, \sigma_{0°,0°,\alpha} \tan\alpha$. Für die gesamte seitliche Oberfläche oder Mantelfläche der Tiefgründung wird diese Tangentialkomponente, d. h. die *seitliche Reibungskraft* oder *Mantelreibungskraft:*

$$\frac{1}{2}\gamma\, h^2\, U\, \sigma_{0°,0°,\alpha} \tan\alpha .$$

Dieser Ausdruck gilt — wie weiter unten gezeigt wird — nur für verhältnismäßig *kurze, in dichte Böden gerammte Pfähle.*

Auf die Fläche F des Querschnitts bezogen entspricht diese Kraft einem Grenzdruck

$$p_{\max} = \frac{1}{2}\gamma\, h^2 \frac{U}{F}\, \sigma_{0^\circ, 0^\circ, \alpha} \tan\alpha$$

oder, mit dem mittleren Halbmesser

$$\frac{F}{U} = r_h$$

und dem Tragfähigkeitbeiwert

$$\sigma_{0^\circ, 0^\circ, \alpha} \tan\alpha = s_3(\varrho, \alpha),$$

$$p_{\max} = \frac{1}{2}\gamma\, \frac{h^2}{r_h}\, s_3(\varrho, \alpha)\,.$$

Dies ist der *Beitrag der seitlichen Reibung oder Mantelreibung* zur Tragfähigkeit der Gründung.

Die beiden Fragen, die sich im Hinblick auf $s_3(\varrho, \alpha)$ stellen, lauten folgendermaßen:

— Sind die lotrechten Verschiebungen der Tiefgründung ausreichend, um den gesamten Erdwiderstand oder auch nur einen Teil desselben zu wecken?

— Ist die seitliche Reibung genügend groß, so daß man $\alpha = -\varrho$ annehmen kann?

Bezüglich der ersten Frage scheint es zweckmäßig zu sein, einen grundsätzlichen Unterschied zwischen den *Bohrpfählen* und den *Rammpfählen* zu machen. Bei den Bohrpfählen ersetzt man ein etwa gleich großes Bodenvolumen durch das Volumen des Pfahlbaustoffs; bei den Rammpfählen wird ein Bodenvolumen, das etwa so groß ist wie das Volumen des Pfahlbaustoffs in den den Pfahl umgebenden Boden verdrängt. Bei den Bohrpfählen ist es a priori klar, daß der die seitliche Reibung erzeugende Erdwiderstand zumindest zu Beginn der Lasteintragung nicht geweckt werden kann. Nach Erdwiderstandversuchen ist bekannt, daß die zum Wecken des Erdwiderstands mit Hilfe einer Wand erforderlichen Verschiebungen keineswegs vernachlässigt werden dürfen, selbst dann nicht, wenn sie senkrecht zu der Wand gerichtet sind. Die lotrechte Verschiebung eines vollkommen zylindrischen Pfahls hat zweifellos aufgrund des Bewegungssinnes das Bestreben, den Erdwiderstand unter dem Winkel $\alpha = -\varrho$, d. h. den größten Erdwiderstand, zu wecken; aber die Verschiebungen verlaufen parallel zu den Erzeugenden des Schaftes und sind nicht zu dem Boden hin gerichtet, dessen Erdwiderstand geweckt werden soll.

In den Versuchen von Tschebotarioff und Johnson [*15.18*], Abb. 17.9, über die in (15.10.3.2) bereits berichtet wurde, drückte man die bewegliche Wand, die den Erdwiderstand wecken sollte, mit Pressen lotrecht von oben nach unten, um so den Erdwiderstand unter dem Winkel $\alpha = -\varrho$ zu mobilisieren, während sie gleichzeitig waagrecht von

Pressen beansprucht wurde, die eine waagrechte Verschiebung hervorriefen.

Bei einer waagrechten Verschiebung von 0,5% des 0,60 m hoch hinter der Wand anstehenden Sandes, d. h. 3 mm, betrug die Normalkomponente $\sigma(\alpha)$ der Erdwiderstandspannung b (Erdwiderstandbeiwert): $\sigma(\alpha) = 3{,}6$, während der entsprechende Wert zum Wecken des gesamten Erdwiderstands — dies entspricht $\alpha = -\varrho$ — ungefähr $\sigma(\alpha) = 12$ ist. Dieser Wert wurde tatsächlich auch erreicht, jedoch erst nach einer waagrechten Verschiebung von 5% der Sandhöhe, d. h. 30 mm.

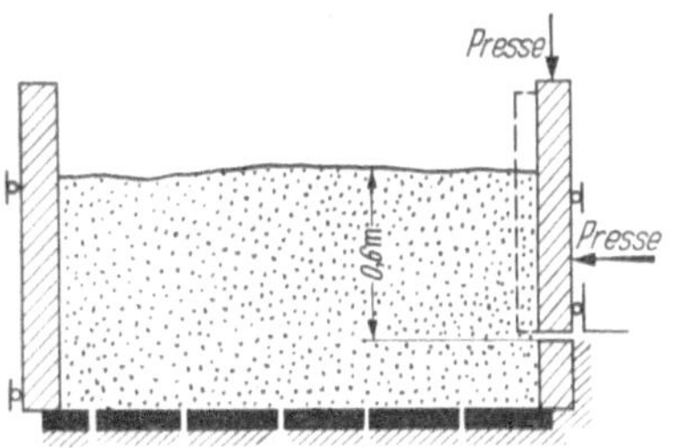

Abb. 17.9. Versuch von TSCHEBOTARIOFF und JOHNSON zur experimentellen Kontrolle des Erdwiderstands. (Nach TSCHEBOTARIOFF und JOHNSON [*15.18*])

Diese experimentellen Ergebnisse zeigen klar, daß man nicht mit den Tragfähigkeitbeiwerten $s_3(\varrho, \alpha)$ für $\alpha = -\varrho$ arbeiten kann.

Bei Bohrpfählen stellt sich nach dem Entfernen der Verrohrung der Ruhedruck im Boden progressiv ein. Die seitliche Reibung (Mantelreibung) bliebe jedoch klein, wenn nicht infolge der Setzung des Pfahls und der damit hervorgerufenen Bodenverdrängung unter der Spitze eine von unten nach oben fortschreitende Verdichtung um den Pfahlschaft herum eintreten würde, s. Abb. 17.20.

Bei den Rammpfählen wird die seitliche Reibung wegen der seitlichen Verdrängung des Bodens größer sein als bei den Bohrpfählen.

Der Grad der Mobilisierung des Erdwiderstands hängt in beiden Fällen von der Steifezahl E_s des anstehenden Bodens ab. Bei einem *sehr langen Rammpfahl* beträgt das seitlich verdrängte Volumen πr^2 je lfd. m. Es wird sich im Bereich eines hohlzylindrischen Körpers mit den Halbmessern r_0 und r und gleicher Höhe wie der des Pfahls verteilen. Außerhalb davon herrscht weiterhin der waagrechte, radial gerichtete Ruhedruck $\lambda_0 \gamma h$; im Inneren des Hohlzylinders ist die Reaktion auf den Pfahlschaft um so größer, je größer die Steifezahl E_s des Bodens vor dem Rammen war. In Abb. 17.10 sind die Spannungsellipsen für die Innen- und Außenwand des Hohlzylinders dargestellt. An der Außenwand des Zylinders, auf der zylindrischen Oberfläche mit dem Halbmesser r_0, hat das Spannungs-

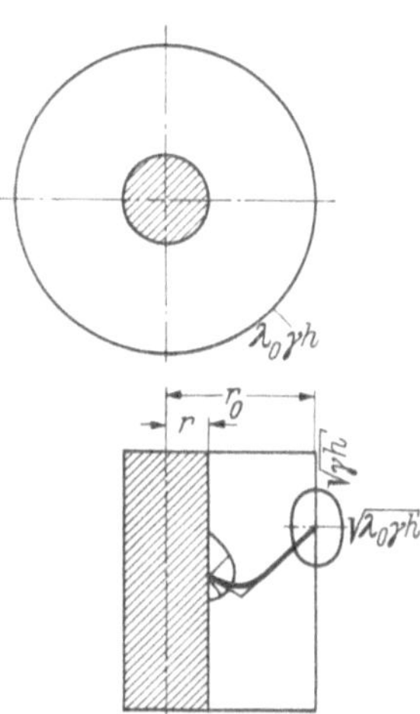

Abb. 17.10. Spannungsverhältnis in der Umgebung von Pfählen in dichten Böden

ellipsoid die lotrechte große Achse $\sqrt{\gamma\, h}$ und die waagrechten kleinen Halbachsen $\sqrt{\lambda_0\, \gamma\, h}$. An der Innenwand, auf der zylindrischen Oberfläche mit dem Halbmesser r, liegt Grenzgleichgewicht vor.

Der Pfahlschaft verschiebt sich nun nicht waagrecht, um den Erdwiderstand zu wecken, sondern — im Gegenteil — der Boden verschiebt sich gewissermaßen zur Wand hin.

Da aber dann diese virtuelle Verschiebung von der Tiefe fast unabhängig ist, kommt man somit für einen sehr langen Pfahl in homogenem Boden zu der Annahme, daß die Tangentialkomponente der Erdwiderstandspannung (seitliche Reibungsspannung) nach dieser Hypothese von der Tiefe unabhängig ist.

Die beiden Grenzzustände der seitlichen Reibung bei Tiefgründungen sind also:

— mit dem Quadrat der Tiefe zunehmende seitliche Reibungskraft entsprechend der oben hergeleiteten Formel $\frac{1}{2}\, \gamma\, h^2\, U\, s_3\, (\varrho, \alpha)$, d. h. *seitliche Reibung mit parabolischem Charakter*, für die verhältnismäßig kurzen, in dichte Böden gerammten Pfähle,

— linear mit der Tiefe zunehmende seitliche Reibungskraft, d. h. *seitliche Reibung mit linearem Charakter*, für sehr lange, in lockeren Böden ausgeführte Pfähle.

17.2.1.2 Bindige Böden. Die in (17.2.1.1) genannten Grenzzustände der seitlichen Reibung sind gleichfalls für bindige Böden gültig, die einen Reibungswinkel $\varrho \neq 0$ haben.

Bei Reibungswinkeln $\varrho = 0$ nimmt man an, daß die seitliche Reibungskraft durch den Ausdruck $\beta\, c\, U\, h$ gegeben ist; dabei bezeichnet der Reduktionsbeiwert $\beta < 1$ eine Größe, die die Verspannung des Bodens berücksichtigt, d. h. schließlich die Kohäsion selbst (s. 17.2.2.1.2).

17.2.2 Versuchsergebnisse. Gestattet es der Versuch, einen Unterschied zwischen den beiden obigen Konzeptionen vom parabolischen und linearem Charakter der seitlichen Reibung zu erkennen, und zwar im Falle der rolligen Böden und der bindigen Böden mit und ohne Reibungswinkel?

17.2.2.1 Einsatz von Drucksonden in situ. Die Anwendung von Drucksonden in situ bringt keine definitive Antwort auf diese Frage.

Diese Geräte bestehen aus einer mit einer Spitze versehenen Stange, die in einem Rohr von gleichem äußeren Durchmesser wie die Spitze gleitet; so ist es möglich, die seitliche Reibungskraft und den Spitzenwiderstand getrennt zu messen. Die Prüfung einer Reihe von Sondierungsdiagrammen scheint zu ergeben, daß die seitliche Reibungskraft in geringen Tiefen zunächst mit dem Quadrat der Tiefe zunimmt und daß sie dann ziemlich schnell nur noch linear mit der Tiefe wächst.

17.2.2.1.1 Ergebnisse für Sande und Kiese. Homogene rollige Böden sind selten; in situ trennen sie im allgemeinen Schichten bindigen Bodens voneinander. In diesem Fall bewegt sich der durch die Pfahlspitze seitlich verdrängte rollige Boden nicht nur zum Schaft hin zurück (Selbstumschnürungseffekt), Abb. 17.20, sondern auch zu den oberen oder unteren Schichten des bindigen Bodens. Eine solche Bewegung wirkt sich nachteilig für das Wecken des Erdwiderstands aus. Als Ergebnis davon beobachtet man eine seitliche Reibung mit linearem Charakter zum mindesten zu Beginn des Durchfahrens der von einer weichen Schicht überlagerten Sand- oder Kiesbank.

Ein solcher Fall trat bei einer in Valenciennes (Wohnblock 1) eingesetzten Drucksonde, Abb. 17.11, ein:

Beim Durchfahren der 3,0 m dicken Kiesbank, die zwei Schichten bindigen Bodens trennt, erhöhte sich der Spitzenwiderstand im Gegensatz zur seitlichen Reibungskraft erheblich: Die Sonde rief seitlich wie auch oberhalb und unterhalb der Kiesbank eine Verdrängung des Bodens hervor.

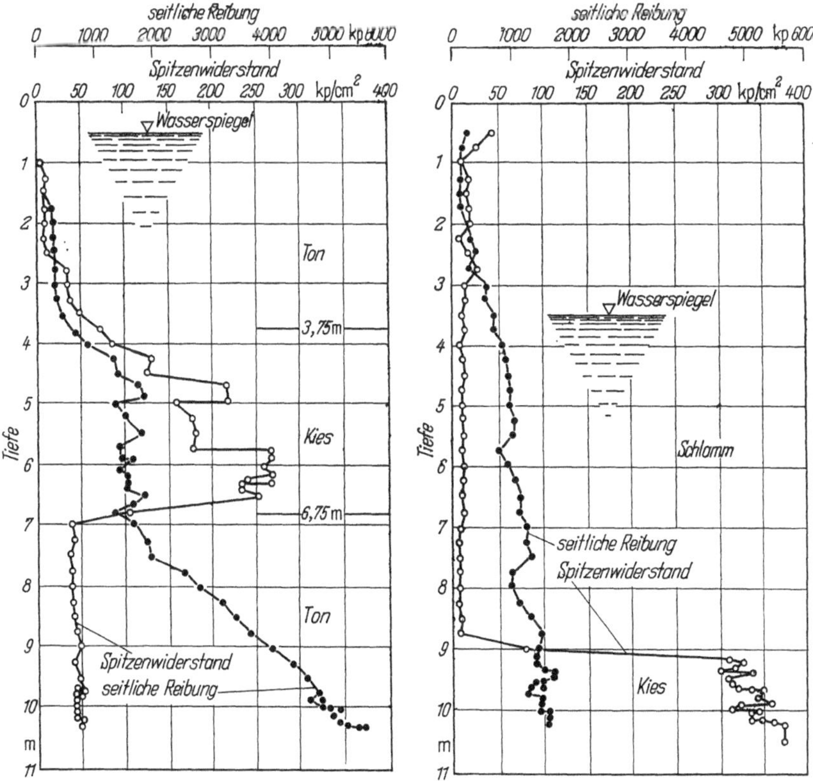

Abb. 17.11. Mit der Meurisse-Drucksonde erhaltenes Sondierungsdiagramm. Valenciennes (Wohnblock 1). Oberfläche der Sondenspitze: 15 cm², Umfang der Sondenspitze an deren Basis: 13,8 cm

Abb. 17.12. Mit der Meurisse-Drucksonde erhaltenes Sondierungsdiagramm. Rouen (Docks et Entrepôts). Oberfläche der Sondenspitze: 15 cm², Umfang der Sondenspitze an deren Basis: 13,8 cm

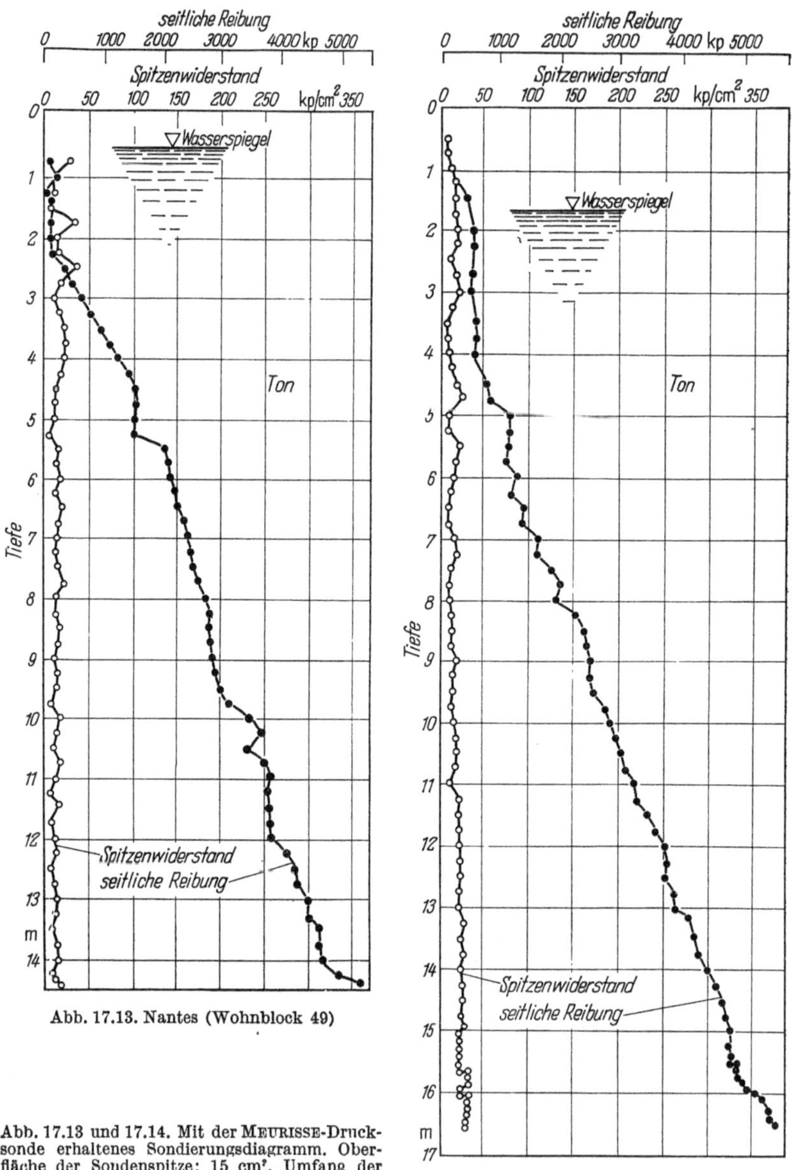

Abb. 17.13. Nantes (Wohnblock 49)

Abb. 17.13 und 17.14. Mit der MEURISSE-Drucksonde erhaltenes Sondierungsdiagramm. Oberfläche der Sondenspitze: 15 cm², Umfang der Sondenspitze an deren Basis: 13,8 cm

Abb. 17.14. Tourcoing (rue de l'Union)

Das gleiche galt auch für die Drucksondierung, die in den Docks et Entrepôts von Rouen angestellt wurde, Abb. 17.12. Das Gelände besteht aus einer 9 m dicken Schlammschicht über einer Kiesschicht, ein sehr charakteristisches Beispiel für die gefährliche Doppelschicht. Beim Eindringen der Sonde in die Kiesschicht erhöhte sich der Spitzenwiderstand im Gegensatz zur seitlichen Reibungskraft erheblich. Diese veränderte sich kaum, bedingt durch die Druckentlastung, die durch die Spitzenwirkung entstand.

Aus dem Studium der Drucksondierungsdiagramme für rollige Böden ergibt sich folgende wichtige Tatsache: Nimmt man eine mit dem Quadrat der Tiefe wachsende seitliche Reibungskraft an, so ist der mittels s_3 aus der seitlichen Reibungskraft abgeleitete ϱ-Wert kleiner als der ϱ-Wert, den man mittels $s_2\, s_2'$ aus dem Spitzenwiderstand ableitet. Damit ist der Beweis erbracht, daß der Erdwiderstand nur partiell bezüglich seiner Tangentialkomponente (seitliche Reibung) geweckt wird oder daß der Spitzenwiderstand größer als nach der Formel $\gamma\, h\, s_2\, s_2'$ ist, da er auf Kosten der seitlichen Reibung zunimmt.

Die Laboratoriumsversuche mit Drucksonden (s. 17.2.2.2) werden die zweite Annahme bestätigen.

17.2.2.1.2 **Ergebnisse für die Tone.** Mächtige, ziemlich homogene Tonformationen trifft man häufiger als Sandformationen an.

Drei charakteristische Drucksondierungsdiagramme sind in Abb. 17.13 bis 17.15 dargestellt. Sie zeigen alle drei eine linear mit der Tiefe zunehmende seitliche Reibungskraft und einen konstanten oder geringfügig zunehmenden Spitzenwiderstand.

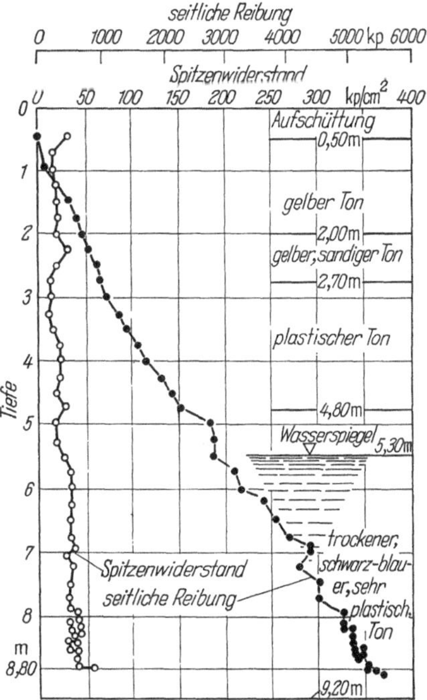

Abb. 17.15. Mit der MEURISSE-Drucksonde erhaltenes Sondierungsdiagramm. Douai (Schleuse von Dorignies). Oberfläche der Sondenspitze: 15 cm², Umfang der Sondenspitze an deren Basis: 13,8 cm

Der Spitzenwiderstand ist nach (16.4.2.1) gleich der Kohäsion c, multipliziert mit dem Tragfähigkeitbeiwert N_c, während die seitliche Reibungskraft, dividiert durch die Mantelfläche der Sonde, nach (17.2.1.2) gleich der Kohäsion c ist, multipliziert mit dem Reduktionsbeiwert $\beta < 1$. Die erwähnten Abb. 17.13 bis 17.15 ermöglichen es, das Verhältnis N_c/β zu bestimmen.

Nach dem in Nantes aufgenommenen Sondierungsdiagramm, Abb. 17.13, erhält man einen Spitzenwiderstand von 130 Mp/m², und das

Verhältnis aus seitlicher Reibungskraft zur Mantelfläche beträgt 2,6 Mp je m². Damit ergibt sich:

$$130 \text{ Mp/m}^2 = N_c\, c,$$
$$2{,}6 \text{ Mp/m}^2 = \beta\, c,$$

und daraus:

$$\frac{N_c}{\beta} = 50\,.$$

Für Tourcoing, Abb. 17.14, findet man:

$$200 \text{ Mp/m}^2 = N_c\, c,$$
$$2{,}83 \text{ Mp/m}^2 = \beta\, c,$$

und damit:

$$\frac{N_c}{\beta} = 71\,.$$

Für Douai, Abb. 17.15, wird:

$$280 \text{ Mp/m}^2 = N_c\, c,$$
$$5{,}5 \text{ Mp/m}^2 = \beta\, c,$$

und daher:

$$\frac{N_c}{\beta} = 51\,.$$

N_c nimmt – wie in (16.5.2) gezeigt – mit der Tiefe zu, und zwar bis zu einem Wert von $N_c = 9$ für ein dreidimensionales Gründungssystem.

Trägt man diesen Wert in die obigen drei Verhältnisse N_c/β ein, so lassen sich daraus die zugehörigen β-Werte herleiten, Tab. 17.1. Jedes der Sondierungsdiagramme liefert außerdem auch die c-Werte, wie Tab. 17.1 erkennen läßt.

Tabelle 17.1. *Reduktionsbeiwert β und Kohäsion c unter der Annahme eines Tragfähigkeitbeiwerts $N_c = 9$*

	Nantes	Tourcoing	Douai
β	0,18	0,13	0,18
c..........Mp/m²	14,5	22,2	31,1

Bjerrum [*17.2*] zeigte auf eindringliche Weise das völlige, allerdings nur vorübergehende Fehlen jeglicher seitlicher Reibung bei Pfählen, die in flüssige und sehr störungsempfindliche Tone gerammt wurden. Nach dem Rammen der Pfähle durch flüssige Tone hindurch war die Tragfähigkeit angenähert null: es war vielfach sogar erforderlich, die Pfähle nach Beendigung des Rammvorgangs zu belasten, um ein Aufsteigen nach oben zu vermeiden, das eine Folge des durch den verflüssigten Ton ausgeübten Unterdrucks (Auftrieb) ist. Dennoch erreichte die Tragfähigkeit einige Wochen später Werte von über 20 Mp für Pfähle von 0,15 bis 0,20 m Durchmesser bei Gründungstiefen von 10 m bis 30 m.

SKAVEN-HAUG [*17.3*] sammelte die Ergebnisse zahlreicher Belastungsversuche mit Pfählen, Abb. 17.16, die in diese Tone gerammt waren; die Belastungen wurden vorgenommen, nachdem eine genügende Zeitspanne zwischen dem Rammen und dem Versuch verstrichen war. SKAVEN-HAUG fand einen sehr nahe bei eins liegenden Wert für den Quotienten aus der um den Spitzenwiderstand (übrigens vernachlässigbar) verminderten Traglast (beide als Kraftgrößen ausgedrückt), d. h. der seitlichen Reibungskraft, und dem Produkt aus der Mantelfläche, multipliziert mit der mittleren Scherfestigkeit des ungestörten Tons (Mittelwert: 0,98 für 24 Versuche). Mit anderen Worten: Der Mittelwert der auf die Mantelfläche des Pfahls bezogenen Traglast ist annähernd gleich der Kohäsion des ungestörten Tons. Die Sensibilität dieser Tone schwankt zwischen 5 und 100.

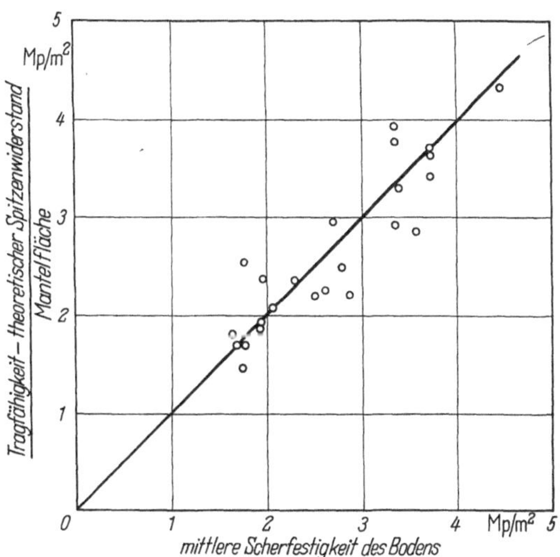

Abb. 17.16. Auf die Mantelfläche bezogene seitliche Reibungskraft von in norwegischen Tonen gerammten Pfählen in Abhängigkeit von der mittleren Scherfestigkeit (Kohäsion) des Tons. (Nach SKAVEN-HAUG [*17.3*])

Die aus den erwähnten Versuchen (CAQUOT, BJERRUM, SKAVEN-HAUG) resultierenden β-Werte sind in Abhängigkeit von den Werten der mittleren nichtdränierten Kohäsion c_u in Abb. 17.17 zusammengefaßt. In der Abbildung sind weitere β- und c-Werte eingetragen. Diese wurden aus Traglastversuchen mit Pfählen erhalten, die in Londoner Ton gelagert waren [*17.4*]. Die diesbezüglichen Ergebnisse streuen mehr, weil der betreffende Ton nicht ständig mit einem Winkel der inneren Reibung $\varrho = 0$ reagiert: Auf der Sohle von Schächten angestellte Plattendruckversuche ergaben Tragfähigkeitbeiwerte N_c zwischen 9 und 16.

Der Mittelwert des Reduktionsbeiwerts β für die dargestellte Kurve, Abb. 17.17, beträgt:

$$\beta = \frac{100 + c^2}{100 + 7c^2},$$

mit c als der Kohäsion in Mp/m².

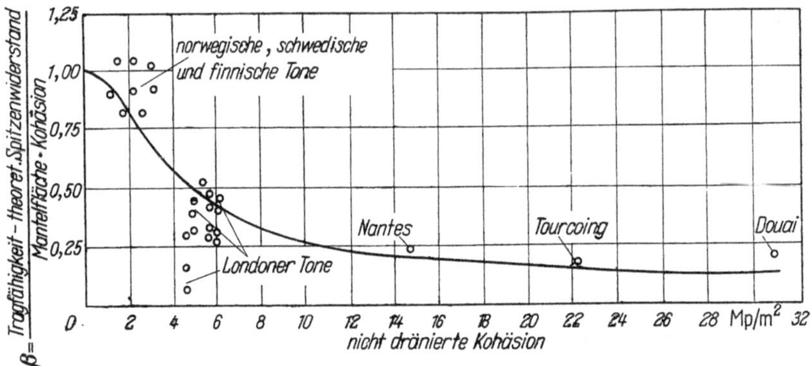

Abb. 17.17. Reduktionsbeiwert β in Abhängigkeit von der mittleren nichtdränierten Kohäsion c_u

Man stellt nach Prüfung sämtlicher Versuche fest, daß β mit der Steifheit des Tons abnimmt. Dies mag paradox erscheinen, ist jedoch völlig normal, wenn man bedenkt, daß die weniger bindigen Tone bei gleicher Fließzahl $k_f = \frac{w - w_a}{w_f - w_a}$ die größte dreiaxiale Zugfestigkeit H haben. Der Reduktionsbeiwert β nimmt mit der Zeit zu, da der Ton die Kohäsion langsam wiedererlangt, die er in der Gleitfläche (zylindrische Fläche, in der der Pfahl gleitet) durch Störung verloren hatte.

17.2.2.2 Einsatz von Drucksonden im Laboratorium — Theorie aufgrund des Einsatzes. Die genauere Versuchstechnik im Laboratorium mit genau definierten Böden wird zur Klärung der noch offen stehenden Fragen beitragen.

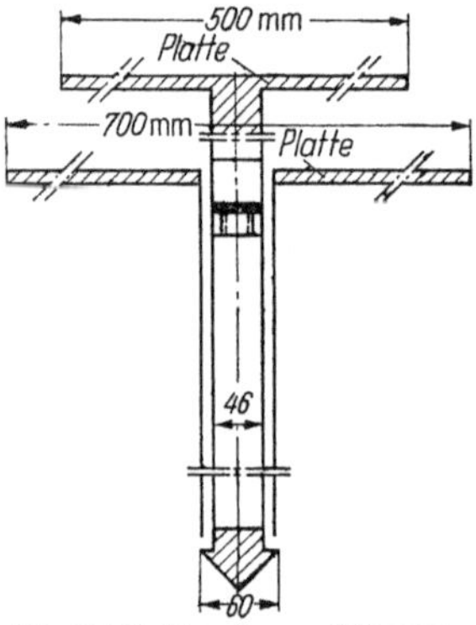

Abb. 17.18. Eine der von KÉRISEL für die Versuche in Orléans benutzten Drucksonden. (Nach KÉRISEL [*17.5*])

Außer von den in situ eingesetzten Drucksonden werden die Versuchsdaten zur Beurteilung der Tragfähigkeit der Tiefgründungen von den im Laboratorium benutzten Drucksonden geliefert.

Die meisten Ergebnisse, über die berichtet wird, beziehen sich auf einen rolligen Boden.

Die Drucksonden, die einer der beiden Verfasser benutzte [*17.5*], trugen so zwei Platten, daß unabhängig voneinander das innere Rohr und mit ihm die Spitze oder das äußere Rohr belastet und damit — ebenfalls getrennt voneinander — der Spitzenwiderstand und die seitliche Reibung gemessen werden konnten, Abb. 17.18.

Der Durchmesser des äußeren Rohres der drei benutzten Sonden betrug jeweils 27, 42,5 und 60 mm. Der Behälter, in dem sich der Boden befand, bei dem sie eingesetzt wurden, hatte einen Durchmesser von

2,50 m und eine Höhe von 3,0 m. In seiner tiefsten Stellung befand sich die Spitze der größten Sonde in einer Entfernung von 21 d von der Wand und 25 d vom Behälterboden (d Durchmesser des äußeren Rohres der Drucksonde, d. h. hier 60 mm). Der Behälter war mit Nemours-Sand gefüllt, dessen Reibungsverhalten mit dem Rotationsschergerät untersucht wurde (s. 10.1.3).

Wenn die seitliche Reibungskraft mit dem Quadrat der Tiefe zunimmt, läßt sich die gesamte Traglast P_{max} für die Drucksonde in der Form angeben:

$$\frac{P_{max}}{F} = \gamma\, h\, N_q + \frac{1}{2}\gamma\,\frac{h^2}{r_h}\, s_3 .$$

Der Beitrag $\gamma\, r_h\, s_1$ zur Tragfähigkeit ist dabei vernachlässigbar; die Tragfähigkeitbeiwerte N_q[1] und s_3 sind Funktionen von ϱ (s. 16.5.1 und 17.2.1.1). Für $h = 0$ wird $N_q = s_2\, s_2'$.

Wenn man mit d den Durchmesser des äußeren Rohres bezeichnet, so wird:

$$F = \pi\,\frac{d^2}{4},$$

und mit

$$r_h = \frac{F}{U} = \frac{d}{4}$$

daher in dimensionsloser Schreibweise:

$$\frac{P_{max}}{F\,\gamma\, h} = N_q + \frac{s_3}{2}\left(\frac{h}{d/4}\right).$$

Der Ausdruck $\frac{P_{max}}{F\gamma h}$ gibt das Verhältnis zwischen dem auf die Sonde im Höchstfall ausübbaren Druck P_{max}/F (Grenzbodenpressung) und jenem Druck an, der ursprünglich in einer waagrechten Ebene in der Tiefe h herrschte.

Wenn man $\frac{P_{max}}{F\gamma h}$ und $\frac{h}{d/4}$ in kartesischen Koordinaten aufträgt, wird die obige Formel durch eine Gerade dargestellt, die eine experimentelle Bestimmung der Tragfähigkeitbeiwerte N_q und s_3 gestattet, Abb. 17.19.

Abb. 17.19 zeigt die Ergebnisse der Drucksondierungsversuche für die drei Durchmesser: 27, 42,5 und 60 mm des äußeren Sondenrohres. Die Belastung wurde durch Gewichtstücke erzielt, die man unmittelbar auf die Platte legte.

Für den Sand mit der Wichte $\gamma = 1{,}65\ \mathrm{Mp/m^3}$ sind die drei ersten Versuche in Abb. 17.19a eingetragen.

[1] N_q ist der aus der räumlichen Tragwirkung resultierende Tragfähigkeitbeiwert; s. a. Fußnote zu (16.5.1.1). (Anm. des Übersetzers).

In drei weiteren Versuchen arbeitete man mit einem Sand von der Wichte $\gamma = 1{,}45$ Mp/m³. Diese Wichte ließ sich durch Vermeiden jeglichen Setzens beim Einfüllen des Sandes erzielen. Es ist dann allerdings schwieriger, ein homogenes Volumen zu erhalten; außerdem sind die örtlichen Abweichungen vom Mittelwert der Wichte bedeutender als in der ersten Versuchsreihe.

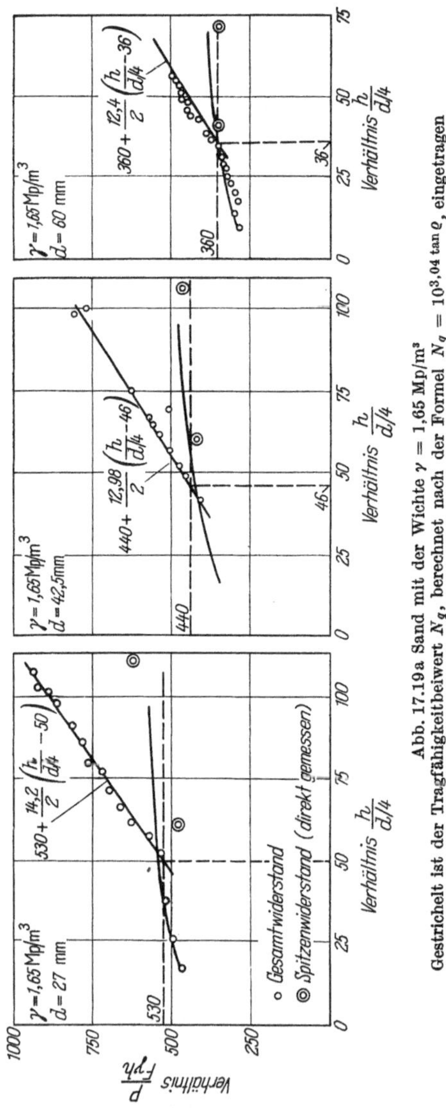

Abb. 17.19a Sand mit der Wichte $\gamma = 1{,}65$ Mp/m³. Gestrichelt ist der Tragfähigkeitbeiwert N_q, berechnet nach der Formel $N_q = 10^{3{,}04 \tan \varrho}$, eingetragen

Das Ergebnis dieser drei Versuche ist in Abb. 17.19b dargestellt.

Schließlich wurde der Spitzenwiderstand für sich allein mit Sand von $\gamma = 1{,}65$ Mp/m³ Wichte für verschiedene Tiefen bestimmt; die entsprechenden Punkte wurden jeweils auf den drei, den einzelnen Durchmessern entsprechenden Abbildungen eingetragen, Abb. 17.19a.

Aus diesen Versuchen folgt zunächst, daß beim Eindringen eines zylindrischen Körpers in den Boden ein Spitzenwiderstand geweckt wird, der zu Beginn des Eindringens der einzige Widerstand ist; im weiteren Verlauf des Versuches nimmt der Widerstand von einem bestimmten Wert $\frac{h}{d/4}$ proportional mit dem Quadrat der Tiefe zu, entsprechend dem Ausdruck $\frac{1}{2} \gamma \frac{h^2}{r_h} s_3$ für den Beitrag der seitlichen Reibung zur Tragfähigkeit und entsprechend der Darstellung der Diagramme, Abb. 17.19a und b.

Es tritt somit Folgendes ein: Das Eindringen der Spitze des zylindrischen Körpers bewirkt ein seitliches Verdrängen des Bodens, der sich

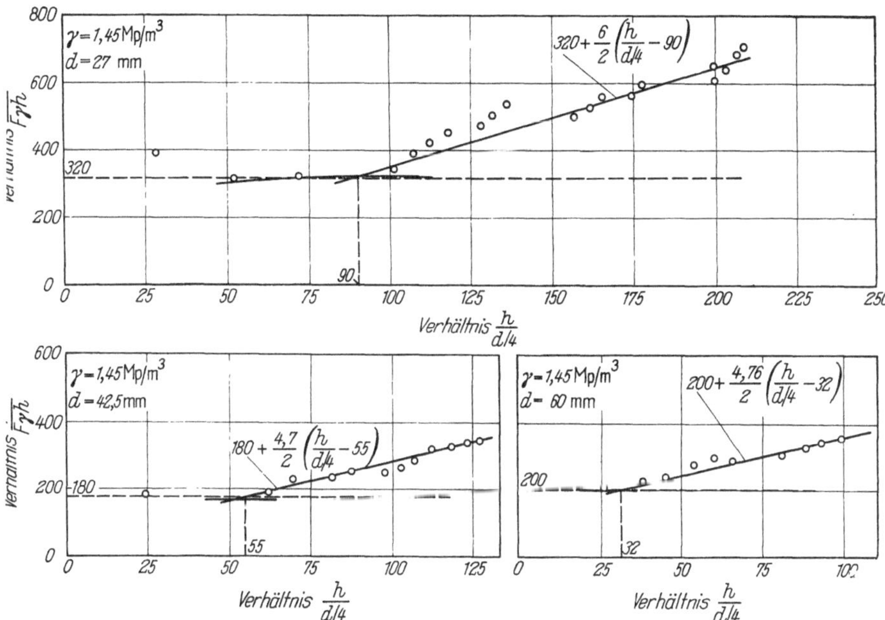

Abb. 17.19b Sand mit der Wichte $\gamma = 1{,}45$ Mp/m³
Gestrichelt ist der Tragfähigkeitbeiwert N_q, berechnet nach der Formel $N_q = 10^{3{,}04 \tan \varrho}$, eingetragen

Abb. 17.19. a u. b Ergebnisse der von KÉRISEL in Orléans angestellten Drucksondierungsversuche. (Nach KÉRISEL [*17.5*])

damit von der zylindrischen Wand ablöst und so die Reibung auf einer bestimmten Höhe ausschaltet [*17.6*].

In Abb. 17.20 ist gezeigt, wie der Boden verdrängt wird. Um den Eckpunkt A der Gründungsbasis bilden sich zahlreiche Gleitflächen, durch die sich der Boden in einem bestimmten Bereich ringsum von dem zylindrischen Gründungskörper löst. Diese Gleitflächen treffen auf den zylindrischen Körper erst in einem bestimmten Abstand oberhalb des Punktes A, der sich aus den Versuchsdaten im voraus angeben läßt.

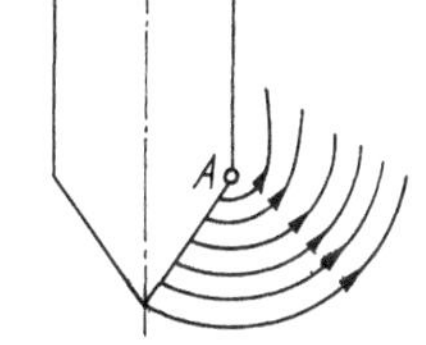

Abb. 17.20. Verdrängung des Bodens im Bereich der Pfahlspitze

Durch die seitliche Verdrängung des Bodens und dessen Rückkehr zum zylindrischen Körper wird dieser zusätzlich auf Druck beansprucht. Es handelt sich hier um den in (16.5.1.1) und (16.5.1.2) bereits erwähnten *Selbstumschnürungseffekt* (franz. autofrettage).

17.2.3 Tragfähigkeit von Tiefgründungen in rolligen Böden

17.2.3.1 Spitzenwiderstand. SKEMPTON, YASSIN und GIBSON gaben in [*17.7*, Abb. 3] ihres Berichtes über die Theorie der Tragfähigkeit von Pfählen als Ergebnis der zur Ermittlung der Größe des Spitzenwiderstands angestellten Laboratoriumsversuche einen experimentellen Zusammenhang zwischen dem Tragfähigkeitbeiwert N_q und dem Reibungswinkel ϱ (Abszisse: ϱ, Ordinate: N_q), aufgrund dessen die Verfasser des vorliegenden Werkes eine Formel für den funktionellen Zusammenhang zwischen dem Tragfähigkeitbeiwert N_q und dem Reibungswinkel ϱ aufstellten.

Die Schwierigkeit, solche Versuche anzustellen, ist bekannt, denn sehr kleine Abweichungen der Trockenrohwichte der Sande von ihrem Mittelwert haben aufgrund des Exponentialcharakters der Funktion $N_q = f(\varrho)$ eine große Streuung der Ergebnisse zur Folge. Da aber zahlreiche Versuche ausgeführt wurden und die Abweichungen rein zufällig und ohne systematische Fehler waren, kommt dem Mittelwert eine große Bedeutung zu, und die erwähnte Abb. 3 ihres Berichtes gestattet es, die für die Abhängigkeit des Tragfähigkeitbeiwerts N_q vom Reibungswinkel ϱ repräsentative Kurve festzulegen.

Ordnet man die Versuche nach den drei Werten 34°, 38° und 43° des Winkels ϱ der inneren Reibung, für die eine große Anzahl von Versuchsdaten vorliegen. die im Imperial College [*17.8*], in der Building Research Station [*17.9*] und durch einen der Verfasser [*17.5*] in Orléans ermittelt wurden, so ergeben sich für den Tragfähigkeitbeiwert N_q die Werte der Tab. 17.2.

Anderseits muß die Bedingung erfüllt sein: $N_q = 1$ für $\varrho = 0$. Aus dem Vergleich der Versuchswerte, Tab. 17.2, mit Werten, die sich aus

Tabelle 17.2. *Tragfähigkeitbeiwert* $N_q = p_{max}/\gamma\, h$ *infolge Spitzenwiderstands für Tiefgründungen in Abhängigkeit vom Reibungswinkel* ϱ, *ermittelt aufgrund des Berichtes von Skempton, Yassin, Gibson* [*17.7*] *und der Versuche von Kérisel* [*17.5*]

ϱ	N_q
34°	110
38°	270
42°	540

Tabelle 17.3. *Tragfähigkeitbeiwert* $N_q = p_{max}/\gamma\, h$ *infolge Spitzenwiderstands für Tiefgründungen in Abhängigkeit vom Reibungswinkel* ϱ, *berechnet nach der Formel* $N_q = 10^{3,04 \tan\varrho}$

ϱ	N_q
34°	119
38°	246
42°	542

anderen Beobachtungen [*17.10* bis *17.14*] herleiten lassen, wird für N_q der Ausdruck $10^{3,04 \tan\varrho}$ angenommen: Dieser liefert für N_q geringfügig größere Werte als der Ausdruck $e^{2\pi \tan\varrho}$ und gilt im Falle eines rotationssymmetrischen Körpers.

Mit der Formel $N_q = 10^{3,04 \tan\varrho}$ erhält man für den Tragfähigkeitbeiwert N_q die in Tab. 17.3 zusammengestellten Werte.

Die Werte, Tab. 17.3, sind gute Mittelwerte der experimentell ermittelten Punkte.

In Abb. 17.19a und b wurden die nach dieser Formel berechneten Werte des Spitzenwiderstands für jedes der sechs Diagramme gestrichelt dargestellt. Andere von MEYERHOF ausgeführte Versuche ergeben etwas größere Werte als diese Formel.

Der Tragfähigkeitbeiwert N_q bildet sich erst nach einer erheblichen Eindringung in die tragende Schicht aus. Wenn diese von einem Schichtsystem überlagert ist, das auf sie den Druck $p = \Sigma \gamma h$ ausübt, so ist die Grenzbodenpressung der Gründung zunächst an der Oberfläche der tragenden Schicht kaum größer als $ps_2 s_2'$. Diese Grenzbodenpressung nimmt jedoch sehr rasch zu und erreicht den Wert $p N_q$, sobald die Eindringtiefe der Gründung in der tragenden Schicht etwa den Wert $h_0 = N_q^{2/3} l$ oder $N_q^{2/3} \frac{d}{4}$ (l im Falle eines Streifenfundamentes, d im Falle eines Fundamentes von der Form eines rotationssymmetrischen Körpers) erreicht hat. Die Zunahme von $s_2 s_2'$ auf N_q verläuft so schnell, daß in halber Tiefe h_0 bereits mehr als Dreiviertel der Differenz zwischen N_q und $s_2 s_2'$ erreicht ist, d. h. also: In $h_0/2$ wird bereits $p_{\max} > s_2 s_2' + 0{,}75 (N_q - s_2 s_2')$.

Die Extremalwerte des Tragfähigkeitbeiwerts N_q in Abhängigkeit vom Reibungswinkel ϱ sind in Tab. 17.4 zusammengestellt.

Tabelle 17.4. *Maximal- und Minimalwerte des Tragfähigkeitbeiwerts $N_q = p_{\max}/\gamma h$ infolge Spitzenwiderstands bei Tiefgründungen in Abhängigkeit vom Reibungswinkel ϱ*

$$\min N_q = s_2 s_2' = \tan^2\left(\frac{\pi}{4} + \frac{\varrho}{2}\right) e^{\pi \tan\varrho\,(1 + 0{,}32 \tan^2\varrho)}; \text{ vgl. Tab.16.4}$$

$$\max N_q = 10^{3{,}04 \tan\varrho} = e^{2{,}228\pi \tan\varrho}; \text{ vgl. Tab.17.3}$$

ϱ	min N_q	max N_q
10°	2,50	3,436
15°	4,03	6,225
20°	6,67	12,78
25°	11,41	26,16
30°	20,37	56,95
35°	38,5	134,5
40°	78,6	355,5
45°	178	1096
50°	464	4197

17.2.3.2 Seitliche Reibung. Der Wert der seitlichen Reibung infolge eines unter dem Winkel $\alpha = -\varrho$ wirkenden Erdwiderstands wurde theoretisch für den ebenen Fall berechnet und die entsprechende Größe durch den Tragfähigkeitbeiwert s_3 dargestellt.

Nach der in (17.2.2.2) abgeleiteten Gleichung $\frac{P_{\max}}{F \gamma h} = N_q + \frac{s_3}{2}\left(\frac{h}{d/4}\right)$ beträgt die Steigung der geradlinigen Kurvenabschnitte der Abb. 17.19a und b, die die Größe der seitlichen Reibung angibt, $\frac{s_3}{2}$.

Der so experimentell ermittelte Tragfähigkeitbeiwert s_3 für die seitliche Reibung führt rückwärtsrechnend zum gleichen Reibungswinkel ϱ wie der experimentell ermittelte Tragfähigkeitbeiwert N_q für den Spitzenwiderstand beim Sand mit der Wichte 1,65 Mp/m³; jedoch wirkt die seitliche Reibung erst oberhalb des Bereiches mit der Höhe h_0 (s. 17.2.3.1), und die Höhe, die man für die seitliche Reibung ansetzen kann, beträgt danach nur $h - h_0 = h - N_q^{2/3} \frac{d}{4}$. Diese Korrektur ist wichtig, da die seitliche Reibungskraft proportional mit dem Quadrat der Tiefe zunimmt.

Der aus dem Spitzenwiderstand errechnete Reibungswinkel ϱ ist in dem locker gelagerten Sand mit der Wichte 1,45 Mp/m³ wesentlich größer als der aus der seitlichen Reibung erhaltene Reibungswinkel.

Dies stimmt mit allen Beobachtungen überein: Einerseits vergrößert die Gründung durch Verdichten des Bodens unterhalb ihrer Basis den Winkel der inneren Reibung dieses Bodens, anderseits haben Böden mit kleinem Reibungswinkel einen großen Porenanteil, so daß sich bei ihnen wegen der erforderlichen größeren Verformungen schwieriger der die seitliche Reibung erzeugende Erdwiderstand wecken läßt.

17.2.3.3 In Rechnung zu stellende seitliche Reibung. Wenn auch der Tragfähigkeitbeiwert s_3 die seitliche Reibung richtig für den Fall wieder-

Tabelle 17.5. *Tragfähigkeitbeiwert* $s_3 = p_{\max} \Big/ \frac{1}{2} \gamma \frac{h^2}{r_h}$ *infolge seitlicher Reibung bei Tiefgründungen in Abhängigkeit vom Reibungswinkel* ϱ *für die Neigungen* $\alpha = -\varrho$ *und* $\alpha = -\frac{2}{3}\varrho$ *der Erdwiderstandspannungen*

Tragfähigkeitbeiwert s_{31} gilt für die Erdwiderstandspannungen unter dem Winkel $\alpha = -\varrho$
Tragfähigkeitbeiwert s_{32} gilt für die Erdwiderstandspannungen unter dem Winkel $\alpha = -\frac{2}{3}\varrho$

ϱ	s_{31}	s_{32}
10°	0,285	0,186
15°	0,567	0,364
20°	1,03	0,641
25°	1,81	1,100
30°	3,21	1,88
35°	5,85	3,27
40°	11,3	5,90
45°	23,7	11,4
50°	57	24,2
55°	167	60,5
60°	677	192

gibt, daß im Boden der Erdwiderstand gerade geweckt wird oder schon geweckt ist, so wird es oft anders, wenn sich dieser Boden seitlich verschieben oder — wie bei tonigen Sanden und bei Tonen — durch Abfluß des Porenwassers entspannen (lockerer werden) kann.

Außerdem ist der Winkel ψ der äußeren Reibung kleiner als der Winkel ϱ der inneren Reibung. Es wird deshalb vorgeschlagen, bei der Berechnung des Beitrags der seitlichen Reibung zur Tragfähigkeit nur den Erdwiderstand unter dem Neigungswinkel $\alpha = -\frac{2}{3}\varrho$ heranzuziehen.

Die seitliche Reibung hängt wesentlich von seitlichen Einflüssen ab, die durch Baugruben oder die Wirkung des Wassers verändert werden können. Während der Spitzenwiderstand unbeeinflußbar ist, wird der seitliche Widerstand des Bodens also von äußeren Erscheinungen verändert, und man muß sehr vorsichtig sein, wenn man ihn in Rechnung stellt.

Tab. 17.5 enthält die nach den Erdwiderstandtabellen der Verfasser [*15.1*] berechneten Werte des Tragfähigkeitbeiwerts s_3, und zwar für eine Neigung $\alpha = -\varrho$ und eine Neigung $\alpha = -\frac{2}{3}\varrho$ der Erdwiderstandspannung.

17.2.4 Tragfähigkeit von Tiefgründungen in bindigen Böden

17.2.4.1 Spitzenwiderstand. Es sei zunächst ein rein bindiger Boden betrachtet, für den $\varrho = 0$ gesetzt werden kann, bevor der Porenwasserüberdruck abgebaut ist. Der Spitzenwiderstand infolge von Kohäsion c läßt sich nach dem Theorem der korrespondierenden Zustände ableiten; man erhält:

$$\frac{P_{\max}}{F} = \frac{c}{\tan\varrho}(N_q - 1),$$

mit $P_{\max}$ als Traglast, F als Sohlfläche der Gründung und c als Kohäsion. Der Ausdruck $\frac{N_q - 1}{\tan\varrho}$ ergibt an der Grenze für $\varrho \to 0$:

$$\frac{N_q - 1}{\tan\varrho} = \frac{1 + 3{,}04 \cdot 2{,}30259 \tan\varrho + \ldots - 1}{\tan\varrho} = 7{,}00\,.$$

Damit wird:

— für einen völlig reibungslosen Ton ($\varrho = 0$): $N_c = \frac{N_q - 1}{\tan\varrho} = 7{,}00.$

Für bindige Böden mit verhältnismäßig kleinem Reibungswinkel ϱ läßt sich der Tragfähigkeitbeiwert N_c direkt aus der eingangs angegebenen Formel bestimmen. Man erhält:

— für einen Ton mit außergewöhnlich kleinem Reibungswinkel ($\varrho = 2°$): $N_c = \frac{N_q - 1}{\tan\varrho} = 7{,}93\,,$

— für einen Ton mit sehr kleinem Reibungswinkel ($\varrho = 5°$): $N_c = \frac{N_q - 1}{\tan\varrho} = 9{,}66\,,$

— für einen Ton mit kleinem Reibungswinkel ($\varrho = 10°$): $N_c = \frac{N_q - 1}{\tan\varrho} = 13{,}82\,.$

Für bindige Böden mit $\varrho \neq 0$ addiert sich zu diesem Ergebnis der mit der Tiefe proportionale Ausdruck $\gamma\, h\, N_q$, in dem der Tragfähigkeitbeiwert N_q (s. Tab. 17.4) bereits für rollige Böden bestimmt wurde.

Man erhält:

— für einen Ton mit außergewöhnlich kleinem Reibungswinkel ($\varrho = 2°$): $N_q = 1{,}277$,

— für einen Ton mit sehr kleinem Reibungswinkel ($\varrho = 5°$): $N_q = 1{,}845$,

— für einen Ton mit kleinem Reibungswinkel ($\varrho = 10°$): $N_q = 3{,}436$.

Der Spitzenwiderstand dieser Böden wird durch den Druck gekennzeichnet sein, den ihr Querschnitt aufnehmen kann:

$$p_{\max} = c\, N_c + \gamma\, h\, N_q.$$

Es ergibt sich also:

— für einen reibungslosen Ton ($\varrho = 0°$): $p_{\max} = 7{,}00\, c$,

— für einen Ton mit außergewöhnlich kleinem Reibungswinkel ($\varrho = 2°$): $p_{\max} = 7{,}93\, c + 1{,}277\, \gamma h$,

— für einen Ton mit sehr kleinem Reibungswinkel ($\varrho = 5°$): $p_{\max} = 9{,}66 c + 1{,}845 \gamma h$,

— für einen Ton mit kleinem Reibungswinkel ($\varrho = 10°$): $p_{\max} = 13{,}82 c + 3{,}436 \gamma h$.

Beispiel:

Für ein Fundament, das in einem Ton mit einem Winkel der inneren Reibung von nur $\varrho = 2°$ gegründet ist, findet man bei 10 m Gründungstiefe mit $\gamma = 1{,}8$ Mp/m³ und $c = 10$ Mp/m²:

$$p_{\max} = 79{,}3 \text{ Mp/m}^2 + 1{,}277 \cdot 1{,}8 \cdot 10 \text{ Mp/m}^2 = 79{,}3 \text{ Mp/m}^2 + 23{,}0 \text{ Mp je m}^2 = 102{,}3 \text{ Mp/m}^2 = 10{,}23\, c.$$

17.2.4.2 Seitliche Reibung. Bindige Böden sind im wesentlichen die Tone, die eine beachtliche seitliche Reibung hervorrufen könnten, wenn der Erdwiderstand wirksam würde, denn die Tangentialspannung (seitliche Reibungsspannung) ist in diesem Falle gleich der Kohäsion, erhöht um die Tangentialkomponente der Erdwiderstandspannung.

Aber jeglicher Überdruck ruft ein Fließen des Porenwassers und eine Volumenverringerung hervor, und dadurch schwächt sich die seitliche Reibung erheblich ab.

Es ist somit aufgrund der Erfahrung angebracht, für die Tangentialspannung $\tau_{\max}$ an der seitlichen Wand eines in einem Ton mit dem Reibungswinkel $\varrho = 0$ gegründeten Fundamentes (seitliche Reibungsspannung) die mit dem Reduktionsbeiwert β der Kurve, Abb. 17.17, multiplizierte Kohäsion c anzunehmen:

$$\tau_{\max} = c\,\frac{100\,c^2}{100 + 7c^2},$$

mit c als Kohäsion in Mp/m².

Die Spannung $\tau_{\max}$ geht mit der Zeit gegen c.

Diese Formel gilt für reibungslose Tone ($\varrho = 0$).

Für Tone mit einem Reibungswinkel $\varrho \neq 0$ läßt sich das Theorem der korrespondierenden Zusätze zur Bestimmung der Tangentialspannung heranziehen. Nach ihm bewirkt das Eintragen der Spannung H auf der freien Oberfläche eine unter dem Winkel $-\varrho$ geneigte Spannung auf der seitlichen Wand der Gründung (s. 15.9.4) von der Größe

$$H \tan\left(\frac{\pi}{4} + \frac{\varrho}{2}\right) e^{2\left(\frac{\pi}{4} + \frac{\varrho}{2}\right)\tan\varrho},$$

deren Tangentialkomponente

$$\tau_{\max} = H \sin\varrho \tan\left(\frac{\pi}{4} + \frac{\varrho}{2}\right) e^{\left(\frac{\pi}{2} + \varrho\right)\tan\varrho}$$

oder auch

$$\tau_{\max} = c\,(1 + \sin\varrho)\, e^{\left(\frac{\pi}{2} + \varrho\right)\tan\varrho}$$

lautet und die mit $c\,s_4$ bezeichnet werden soll. Dies ist der *zusätzliche Beitrag der seitlichen Reibung oder Mantelreibung* zur Tragfähigkeit im Falle bindiger Böden. Dieser Ausdruck $\tau_{\max} = c\,s_4$ ist zur Berechnung der seitlichen Reibungskraft zum obenstehenden Ausdruck $\tau_{\max} = c\,\frac{100\,c^2}{100 + 7c^2}$ zu addieren und dann mit der Fläche der seitlichen Wand der Gründung zu multiplizieren[1]. Die Funktion s_4 ist in Tab. 17.6 dargestellt.

Tabelle 17.6. *Tragfähigkeitbeiwert $s_4 = \tau_{\max}/c$ infolge zusätzlicher seitlicher Reibung bei Tiefgründungen im Falle von bindigen Böden mit Kohäsion und innerer Reibung in Abhängigkeit vom Reibungswinkel ϱ*

ϱ	s_4
10°	1,60
15°	2,06
20°	2,70
25°	3,62
30°	5,01
35°	7,27
40°	10,36
45°	17,97
50°	32,3

[1] Hinzu kommt noch der Beitrag der seitlichen Reibung gemäß $\frac{1}{2}\gamma\,h^2\,U\,s_3$ (s. 17.2.1.1) (Anm. des Übersetzers).

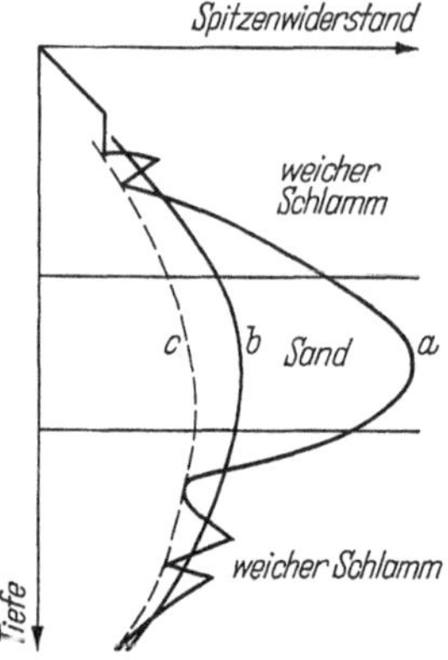

Abb. 17.21. Abhängigkeit des Spitzenwiderstands vom Sondendurchmesser beim Durchfahren einer zwischen zwei weichen Schichten gelagerten Sandschicht. *a* kleine Sonde, *b* große Sonde, *c* Hüllkurve der Minimalwerte des Spitzenwiderstands. (Nach GEUZE [*17.15*])

17.2.5 Spitzenwiderstand in einer Schicht begrenzter Dicke. Wenn eine tragfähige Schicht über einer Schicht begrenzter Tragfähigkeit liegt, nimmt der Spitzenwiderstand rasch ab, sobald sich die Pfahlspitze der unteren Schicht nähert. Damit man die für eine Schicht unbegrenzter Dicke gültigen Formeln anwenden kann, ist unter der Pfahlspitze noch eine Mindestdicke von

$$3\,h_0 = 3\,N_q^{\frac{2}{3}}\,\frac{d}{4}$$

erforderlich (s. 17.2.3.2). Man beobachtet auch, daß der Spitzenwiderstand zunimmt, bevor die Spitze in die tragfähige Schicht eindringt und daß er darin weiter zunimmt, solange die Einbindetiefe der Spitze kleiner als h_0 ist, wie bei der in Abb. 17.21 dargestellten Sandschicht zwischen zwei weichen Schlammschichten [*17.15*].

17.3 Setzung eines Pfahls

Theoretisch läßt sich die Setzung w eines Pfahls durch Anwenden der Formeln ermitteln, die in (6.6) entwickelt wurden; jedoch gelten diese Formeln streng nur für den elastisch-isotropen Halbraum, der durch einen Pfahl belastet ist, welcher sich in einem Hüllrohr befindet, wie z. B. bei der Drucksonde, Abb. 17.18, und so keine seitliche Reibung erhält. Auf diese Weise wird tatsächlich jeder Druck p auf die Spitze übertragen.

Im allgemeinen Fall entsteht allerdings eine seitliche Reibung, und die Reaktion des Bodens äußert sich nicht ausschließlich unter der Spitze. Die Pfähle sind jedoch vielfach in einer tragfähigen Schicht gegründet, die von einer Schicht ungenügender Tragfähigkeit überlagert ist. Daher ist die zur Berücksichtigung des Setzungseinflusses der seitlichen Reibung einzuführende Korrektur unbedeutend, da die seitliche Reibung in dem oberen Teil der Doppelschicht klein ist.

Die in (6.6) angegebenen Formeln liefern eine erste Näherung; da aber die Setzung infolge der vom Schaft auf den Boden ausgeübten Kräfte nicht bekannt ist, ergeben sie nur einen zu großen Wert.

Es wäre daher von großem Interesse, Nachprüfungen durch Versuche vorzunehmen, besonders im Falle der Überlagerung heterogener Schichten.

Die an Pfählen in situ durchgeführten Belastungsversuche liefern a posteriori direkte Kontrollen, die ausgezeichnet sind, wenn sie einwandfrei ausgewertet werden. Sie haben jedoch den Nachteil, kostspielig zu sein, da erhebliche Auflasten aufgebracht werden müssen.

Um den Selbstkostenpreis dieser Versuche zu verringern, arbeiten die Schweden nach [*17.16*] mit vier *bereits bestehenden Pfählen*, um den Druckversuch an einem fünften Pfahl vorzunehmen; die vier ersten Pfähle werden dabei auf Zug beansprucht. Dieses Verfahren erfordert eine Grundrißanordnung der vier umgebenden Pfähle, die sich nicht immer verwirklichen läßt. Außerdem können durch den Zug in der Nähe der vier bestehenden Pfähle Beanspruchungen in den Boden eingeleitet werden, die die Belastungsprobe stören.

Das wirtschaftlichste Verfahren für Belastungsversuche bietet sich bei *Unterfangungen* an; hier kann man mit der Presse das gesamte Gewicht oder auch nur einen Teil des Gewichtes des Überbaus als Belastung heranziehen. Dieses Verfahren ist unter Pfeilern möglich, die auf mehreren Pfählen gegründet sind, wenn bei einer bestimmten Anzahl der Pfähle zu diesem Zwecke genügend Platz zwischen Pfahlkopf und Pfeilerunterkante zum Einbau der Pressen gelassen wurde.

Aber die beiden vorstehenden Fälle sind Sonderfälle; der Versuch bleibt im allgemeinen aufwendig. Welches auch das Verfahren sei, eine schwierige Frage ist die der Auswertung.

Ein Pfahl werde durch eine statische Last in den Boden getrieben. Trägt man auf der Ordinate das Verhältnis h/R (h Eindringtiefe, R Halbmesser des Pfahls) und auf der Abszisse das Verhältnis p/E_s (p Druck, E_s Steifezahl des Bodens) auf, Abb. 17.22, wobei der Druck als das Verhältnis aus aufgebrachter Kraft zum Pfahlquerschnitt definiert ist, so erhält man eine Kurve in der Art der Kurve ABC, die je nach der Beschaffenheit des Bodens unterschiedlich ist. Wenn man aber nach einer erreichten Tiefe die Kraft auf null zurückgehen läßt und den Pfahl dann wieder belastet, um so ein erneutes Eindringen hervorzurufen, so erhält man — selbst bei den Tonen — den Linienzug $DEFG$, der sich der Kurve ABC anschmiegt.

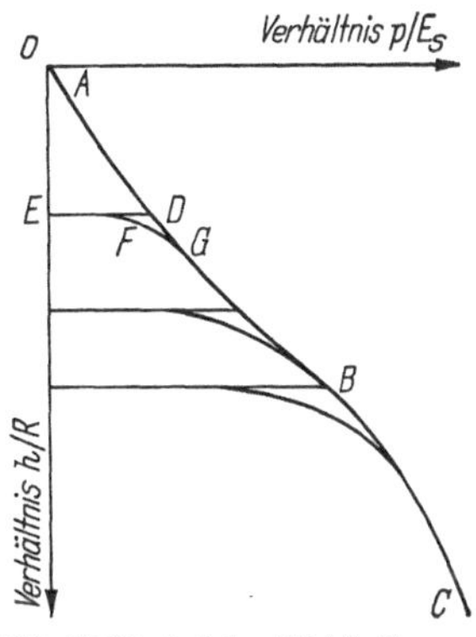

Abb. 17.22. Auf den Pfahlhalbmesser R bezogene Eindringtiefe h in Abhängigkeit vom dem auf die Steifezahl E_s bezogenen Druck p für einen statisch belasteten Pfahl

Die Kurve zwischen E und G bestimmt man während eines Belastungsversuches. Man weiß im allgemeinen nicht — außer im Falle zahlreicher vorhergegangener Versuche —, welches die Form der Kurve ABC ist, so daß sich der Anschlußpunkt G schwierig bestimmen läßt.

Die Setzung eines Pfahls ist weder von der Zeit noch von aufeinanderfolgenden Belastungen unabhängig: Sie nimmt im Verlauf der

Jahre merklich zu, und zwar einerseits mit dem Logarithmus der Zeit, anderseits mit dem Logarithmus der Anzahl der Belastungen. Die Proportionalitätskoeffizienten, die sich aus diesen beiden funktionalen Zusammenhängen ergeben (Setzung/Logarithmus der Zeit, Setzung/Logarithmus der Anzahl der Belastungen), sind in jedem Falle die für das Setzungsverhalten eines Pfahls wesentlichen und zu beachtenden Größen.

17.4 Pfahlgruppen

Bei den Pfahlgruppen sind — wie bei anderen Gründungen — zwei sehr unterschiedliche Probleme zu untersuchen: Die Setzung und die Grenzbelastung.

17.4.1 Setzung einer Pfahlgruppe. Wenn die Pfähle in einem Abstand voneinander angeordnet sind, der kleiner als die Breite der von der Pfahlspitze ausgehenden *Druckzwiebeln* für 20% des Spitzendrucks ist, so überlagern sich die Einflüsse der Druckzwiebeln. Der durch die Zusammendrückung bereits sehr verdichtete Boden im Innern der ersten Druckzwiebel ist dem Einfluß der zweiten unterworfen. Im Sand entsteht eine Druckentlastung mit Abnahme der Dichte bis zur kritischen Dichte.

Wenn man anderseits in einem weichen Boden einen schlanken Modellpfahl belastet und die Druckzwiebel wegen des seitlichen Widerstands des Versuchsbehälters keine Möglichkeit der seitlichen Ausdehnung hat, entsteht eine Art Durchstanzen am unteren Teil, wie in Abb. 17.23 gezeigt [*17.17*].

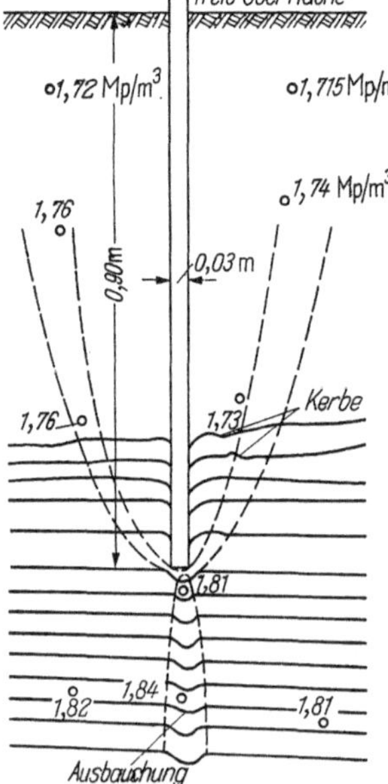

Abb. 17.23. Durchstanzeffekt bei einem schlanken Modellpfahl. (Nach KÉRISEL [*17.17*])

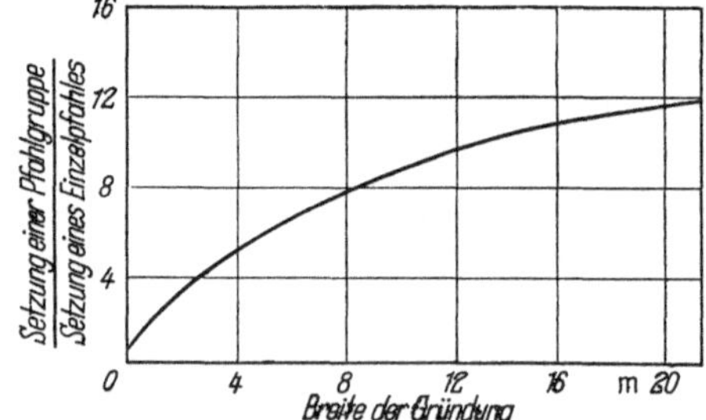

Abb. 17.24. Verhältnis aus der Setzung einer Pfahlgruppe zur Setzung eines Einzelpfahls in Abhängigkeit von der Breite der Pfahlgruppe, d. h. der Anzahl der Pfähle. (Nach SKEMPTON [*17.7*])

In Abb. 17.24 sind die Ergebnisse der Versuche von FEAGIN [*17.18*] und VARGAS [*17.19*] zusammengefaßt, die von SKEMPTON [*17.7*] analysiert wurden. Die Pfahlgruppen bestanden aus rechtwinklig zueinander angeordneten Pfahlreihen, innerhalb deren die Pfähle stets gleiche Abstände hatten. Bei konstant gehaltener Anzahl der Pfähle in den Pfahlreihen der einen Richtung, d. h. konstanter Länge der Pfahlgruppe, variierte man gleichzeitig die Anzahl der Pfähle in den Pfahlreihen der anderen Richtung, d. h. die Breite der Pfahlgruppe. Es zeigte sich, daß das Verhältnis der Setzung einer Pfahlgruppe von n Pfählen zur Setzung eines Einzelpfahls — die Belastung des Einzelpfahls ist gleich der Gesamtbelastung der Pfahlgruppe, dividiert durch die Anzahl n der Pfähle — mit der Anzahl n der Pfähle, und zwar angenähert mit der Quadratwurzel von n, wächst.

17.4.2 Tragfähigkeit einer Pfahlgruppe. Wenn die Belastung eines jeden einzelnen, isoliert betrachteten Pfahls der Gruppe durch die Vorgabe einer Höchstsetzung feststeht, kann man sich fragen, welches der Sicherheitsfaktor der Pfahlgruppe ist, mit dem man rechnen kann. Es ist in dieser Hinsicht durchaus nicht selbstverständlich, daß man, wenn z. B. in vorstehendem Fall, Abb. 17.24, 2 mm Setzung für einen Einzelpfahl einem Sicherheitsfaktor $\nu = 3$ entsprechen, den gleichen Sicherheitsfaktor $\nu = 3$ für die gesamte Pfahlgruppe erhält, wenn man als Höchstsetzung $2\sqrt{n}$ (in mm) für diese zuläßt.

Der Sicherheitsfaktor der gesamten Gruppe läßt sich nur aufgrund einer besonderen Untersuchung ermitteln.

Cambefort [*17.20*] führte Versuche aus, die in dieser Beziehung interessante Hinweise ergaben. Er arbeitete mit Stahlstäben von 2,50 m Länge und 3,35 bis 5 cm Durchmesser, die auf ihrer gesamten Länge in einen tonigen Boden eingebracht wurden, wobei der Ton über einem Kiesboden lagerte. Cambefort führte seine Stäbe nacheinander ein und vermerkte die Traglast für jeden von ihnen. Diese Traglast wächst für die aufeinanderfolgenden Stäbe, zum mindesten bei den ersten, wegen der Verdichtung des Bodens. Cambefort verglich die Summe dieser nacheinander bestimmten Traglasten der Einzelstäbe mit der Tragfähigkeit der Stabgruppe (Pfahlgruppe).

Aus seinen Versuchen folgt, daß in einem rolligen Boden die Tragfähigkeit der Pfahlgruppe größer als die Summe der Traglasten der einzeln belasteten Pfähle der Gruppe ist, und zwar um so mehr, je mehr sich der Abstand der Pfähle dem 3,5fachen Pfahldurchmesser nähert.

Für Pfähle, die in einer Tonschicht lagern, kann es anders sein. Obwohl der Spitzenwiderstand durch Verdichten geringfügig zunimmt, kann der Scherwiderstand auf der Mantelfläche eines die Pfahlgruppe umhüllenden Zylinders wegen des Verhältnisses der Mantelfläche des Zylinders zur Summe der Mantelflächen der einzelnen Pfähle wesentlich kleiner als die Summe der Scherwiderstände eines jeden Pfahls sein.

Die Versuche von Schlitt [*17.21*] ließen weitere Schlüsse hinsichtlich der Tragfähigkeit von Pfahlgruppen zu.

Die dargestellten Betrachtungen gestatten es, eine Vorstellung von der Tragfähigkeit von Pfahlgruppen und von der Größe der Tragfähigkeit zu bekommen.

Die Tragfähigkeit der Pfahlgruppe ist danach gleich der eines *virtuellen Pfahls*, dessen Aufstandfläche und Mantelfläche gleich denen des umhüllenden Zylinders sind.

Der Widerstand der Aufstandfläche (Spitzenwiderstand) scheint nach dieser Annahme zu reichlich bemessen zu sein, da die Aufstandfläche des Zylinders im allgemeinen gleich der mehr als zehnfachen Summe der Pfahl-Aufstandflächen ist, während man wegen der Verminderung der auf den Durchmesser des virtuellen Pfahls bezogenen Eindringung nur eine Abnahme von N_q auf mehr als $s_2\, s_2'$ hat.

Hingegen kann der Scherwiderstand in der Mantelfläche des Zylinders (seitliche Reibungskraft) kleiner als die Summe der Scherwiderstände der Pfähle sein.

Die Setzung ist am Umfang des die Pfahlgruppe umhüllenden Zylinders am größten; dies belastet die äußeren Pfähle mehr als die inneren. Unter diesen Bedingungen wird die Tragfähigkeit einer Pfahlgruppe durch die Traglast des virtuellen Pfahls bestimmt, der durch den umhüllenden Zylinder festgelegt ist. Die Tragfähigkeit setzt sich aus den folgenden Anteilen zusammen: Aus dem Spitzenwiderstand mit dem Tragfähigkeitbeiwert $s_2\, s_2'$ und dem Scherwiderstand, der auf der gesamten Mantelfläche durch Kohäsion und Reibung gewährleistet ist. Die Berechnung ist angenähert und liefert insgesamt zu kleine Werte. Die inneren Pfähle verbessern die Dichte des Bodens und übertragen ihren Anteil am Spitzenwiderstand direkt. Sie sind also besonders bei Sanden nützlich.

Die Pfahlgruppe beansprucht die tragende Schicht erheblich auf Durchstanzen. Es ist zu überprüfen, ob die auf die Pfahlgruppe eingeprägte Gesamtlast kleiner als die Summe der folgenden beiden Widerstände bleibt:

– Widerstand der unter der Pfahlgruppe anstehenden Schicht (Spitzenwiderstand des virtuellen Pfahls) sowie

– Scherwiderstand jeder möglichen Bruchfläche der tragenden Schicht außerhalb des durch die Pfahlgruppe belasteten Bereichs (seitliche Reibungskraft des virtuellen Pfahls).

17.5 Knicken der Pfähle

Es liegen keine Beispiele für das Knicken von Pfählen vor. Bjerrum [*17.2*] berichtete über den Fall von Pfählen aus H-Profilen und selbst von dünnen Stahlstäben, die als Pfähle dienten, die durch eine 30 bis 50 m dicke weiche Tonschicht bis auf den Fels gerammt wurden. Diese Pfähle wurden dennoch mit 800 kp/cm² belastet, und wenn sie lotrecht gerammt wurden, stellte man fest, daß sie in dem sehr weichen Ton keine Knickerscheinungen zeigten.

Es ist leicht einzusehen, warum es kein Knicken geben kann: Diese Erscheinung tritt ein, wenn die neutrale Faser des Pfahls die Form einer Sinuslinie annimmt, deren Amplitude wächst. Der Boden um den Pfahl herum widersetzt sich der Ausbildung dieser Amplitude mit einem zunehmenden Erdwiderstand.

17.6 Rammformeln

TERZAGHI schrieb, daß das Schicksal des Ingenieurs, der sich den Rammformeln anvertraut, mit dem Schicksal eines Menschen zu vergleichen ist, der mit Geldautomaten spielt.

Diese Meinung scheint pessimistisch zu sein. Zweifellos haben die Rammformeln einen unterschiedlichen Wert, und es ist wichtig, eine gültige Formel anzuwenden. Die im folgenden geschilderten Rammversuche im Laboratorium mit Sonden sind in dieser Beziehung sehr aufschlußreich. Sie wurden mit den Sonden vorgenommen, die als Drucksonden zum Untersuchen der Traglast eines Einzelpfahls dienten, s. Abb. 17.18 [*17.5*]. Ein Rammbär, der auf dem inneren Rohr der Sonde gleitet, schlägt auf die mit dem äußeren Rohr verbundene Platte auf und erzeugt eine Arbeit, die gleich dem Gewicht des Bären ist, multipliziert mit der Fallhöhe, Abb. 17.25. Dieser Rammbär bewirkt eine Eindringung der Sondenspitze in den Boden von h_1 auf h_2.

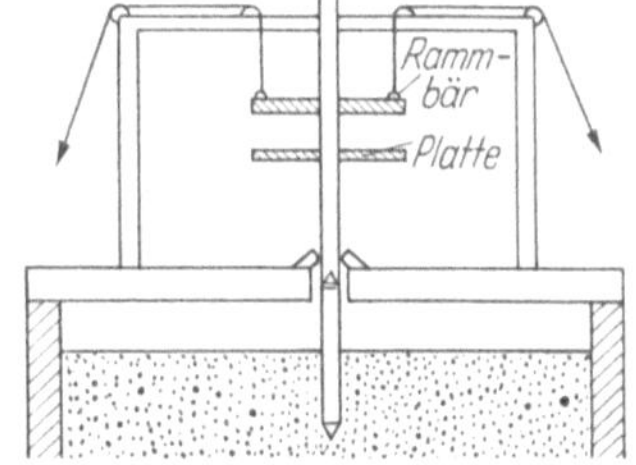

Abb. 17.25. Vorrichtung zur Überprüfung der Rammformeln. (Nach KÉRISEL [*17.5*])

Die Nutzarbeit beträgt:

$$A_n = \int_{h_1}^{h_2} P\,dh\,.$$

Die genannten Versuche gestatten es, mit der Kenntnis der Größe P in Abhängigkeit von h die Nutzarbeit zu berechnen.

Man erhält

$$A_n = F\gamma\frac{d}{4}\int_{h_1}^{h_2}\left[N_q\frac{h}{\frac{d}{4}} + \frac{1}{2}s_3\left(\frac{h}{\frac{d}{4}}\right)^2\right]dh$$

oder

$$A_n = F\gamma\left(\frac{d}{4}\right)^2\left[\frac{N_q}{2}\left(\frac{h}{\frac{d}{4}}\right)^2 + \frac{s_3}{6}\left(\frac{h}{\frac{d}{4}}\right)^3\right]_{h_1}^{h_2};$$

in diesem Ausdruck sind N_q und s_3 bekannt.

Wenn man die Nutzarbeit A_n mit der verfügbaren Arbeit A_d des Rammbären in Beziehung setzt, die gleich dem Produkt aus Fallhöhe und Bärgewicht ist, so ergibt sich der *Wirkungsgrad des Rammvorgangs.*

Man stellt fest, daß der Wirkungsgrad mit der Fallhöhe zunimmt, was übrigens nur für einen hinreichend widerstandsfähigen Pfahl und unter der Annahme gilt, daß ein Zurückspringen des Rammbären ausgeschlossen ist.

Die Versuche zeigen so, daß die *Holländische Rammformel*, die im allgemeinen angewandt wird, sich am wenigsten von der Wirklichkeit entfernt, und zwar dann, wenn die elastische Verkürzung sehr klein ist.

Die Formel lautet bekanntlich:

$$P_{\max} = \frac{M\,h}{e}\,\frac{1}{1+\frac{Q}{M}}\,\frac{1}{\nu};$$

darin gelten die Bezeichnungen:

$P_{\max}$ Tragfähigkeit des Pfahls,
Q Pfahlgewicht,
e Eindringtiefe des Pfahls,
M Gewicht des Rammbären,
h Fallhöhe des Rammbären,
ν Sicherheitsfaktor.

Von ν abgesehen bringt die Formel zum Ausdruck, daß die Nutzarbeit A_n gleich der verfügbaren Arbeit $A_d = M\,h$ ist, multipliziert mit dem Wirkungsgrad $\frac{1}{1+(Q/M)}$. Tatsächlich wissen die Rammspezialisten, daß man stets von einer bestimmten Eindringtiefe ab die Fallhöhe h auf eine Fallhöhe $h_1 < h$ ermäßigen kann, bei der die Eindringtiefe zu null wird. Dann ist die durch den Fall des Rammbären erzeugte Energie gleich der Summe der durch elastische Verformungen und andere Nebenerscheinungen eingetretenen Verluste. Daher ergibt sich dio Notwendigkeit, in den Nenner der obigen Rammformel zusätzlich zur Eindringtiefe des Pfahls ein Glied e_1 so einzufügen, daß $P\,e_1$ gleich $M\,h_1$ ist.

Die berichtigte Holländische Rammformel, die die Amerikaner *Engineering-News-Record-Formel* nennen, entspricht dieser Forderung:

$$P_{\max} = \frac{M\,h}{e+e_1}\,\frac{1}{1+\frac{Q}{M}}\,\frac{1}{\nu}.$$

Beim Rammen ohne Schlaghaube sei diese Formel empfohlen[1].

[1] Die Ermittlung der Traglast von Rammpfählen aus Rammformeln ist in Deutschland nach DIN 1054 (Gründungen. Zulässige Belastung des Baugrundes), Ziff. 5.35 nur bei nichtbindigen Böden und auch nur dann nach Zulassung durch die Baupolizeibehörde gestattet (Anm. des Übersetzers).

Der Wert e_1 macht sich bei Versuchen mit kleinen Modellpfählen nur wenig bemerkbar, weil die Pfähle starr sind; er ist jedoch bei Rammungen von Pfählen in natürlicher Größe wesentlich.

Der Wert e_1 läßt sich mit einem auf dem Pfahl angebrachten Stift bestimmen, der auf einem waagrecht bewegtem Blatt Papier die lotrechte Bewegung des Pfahls aufzeichnet. Man erhält dann ein Diagramm in der Art, wie es in Abb. 17.26 dargestellt ist. Dieses gestattet es, die elastische Verkürzung direkt abzulesen. Man nimmt für e_1 die Hälfte der elastischen Verkürzung, was gleichbedeutend mit der Annahme ist, daß die Kraft P auf einem Weg Arbeit leistet, der von null bis zum Höchstwert linear mit der Zeit wächst.

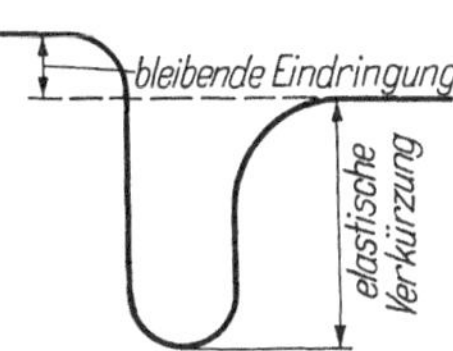

Abb. 17.26. Elastische Verkürzung des Pfahls und bleibende Eindringung in den Boden in Abhängigkeit von der Zeit während des Rammvorgangs

Die Rammarbeiten können unter dem Schutz einer Schlaghaube vorgenommen werden, um den Pfahlkopf zu schonen. Jedoch muß man die Rammschläge zur Prüfung der Anwendbarkeit der Formel stets ohne Schlaghaube ausführen, wenn man nicht ernsthafte Fehler bei der Berechnung von P_{max} begehen will.

17.7 Anwendung auf die Erkundung der Bodenverhältnisse

17.7.1 Drucksondierungen. Es wurde bereits erwähnt (17.2.2) welcher Art die Sondierungen waren, die in Holland, Belgien und Frankreich eine große Verbreitung fanden.

Die Drucksonden sind im allgemeinen auf Anhänger montiert, die von einer Zugmaschine gezogen werden. Die Anhänger sind beschwert oder am Boden befestigt, damit sie die Reaktion des Bodens auf die Sonde aufnehmen können. Die Durchmesser des äußeren Sondenrohrs sind in der Größenordnung von 4 bis 5 cm, und die benutzten Vorrichtungen ermöglichen es, Drücke bis zu mehreren Hundert kp/cm² auszuüben und zu messen.

Obwohl felsige Trümmer oder eine ausgedehnte Geröllschicht bezüglich der Registrierung die gleiche Wirkung hervorrufen wie eine dünne Sand- oder Kiesschicht, so sind doch insgesamt die Ergebnisse dieser direkten Untersuchungen, die bei Bedarf durch Rammsondierungen mit Eisenbahnschienen ergänzt werden, sehr oft wertvoller als die der Laboratoriumsversuche.

Eine Sonde ist nicht allein durch ihren Spitzenquerschnitt $\frac{\pi d^2}{4}$ sondern auch durch dessen Verjüngung nach oben gekennzeichnet, s. Abb. 17.28. Früher hatte die Sondenspitze die in Abb. 17.27 gezeigte Gestalt: Nichts war vorgesehen, um zu verhindern, daß der Boden in den

Raum zwischen dem Mantelrohr und dem an der Spitze befestigten Stab dringt, was den Spitzenwiderstand abminderte.

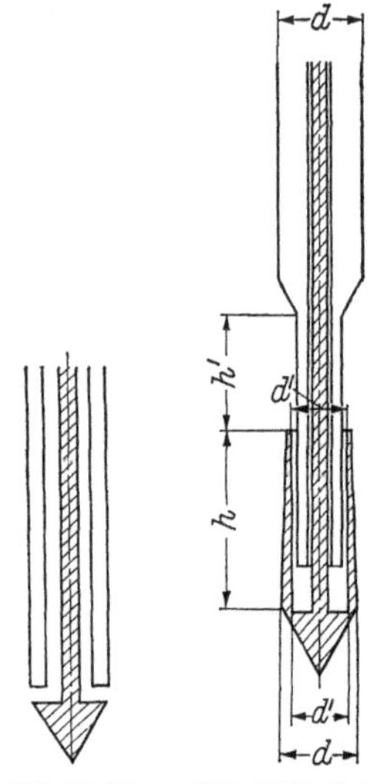

Abb. 17.27 Einfache Drucksonde

Abb. 17.28. Spitze der modernen Druck- oder Rammsonden

Daher ist heute der untere Teil des Mantelrohrs in eine kegelstumpfförmige Hülle eingelassen, die nach oben verjüngt und an ihrem unteren Rand fest mit der Sondenspitze verbunden ist, Abb. 17.28.

Dieses System vermeidet in großen Tiefen das Eindringen des Bodens in die Sonde; es mißt jedoch eine Spannung, die sich um so mehr vom Spitzenwiderstand unterscheidet, je größer h ist. Wenn sich die Durchmesser d und d' allzu sehr unterscheiden, bewirkt die Verjüngung nach oben, je weiter die Sonde in den Boden eindringt, ein Ablösen der Schichten, so daß die seitliche Reibung auf der Höhe h' vermindert wird.

17.7.2 Vergleich der Ergebnisse aus Drucksondierungsversuchen mit denen aus Versuchen zum Bestimmen der Traglast von Pfählen. VAN DER VEEN [*17.22*], GOLDER [*17.23*], BUISSON [*17.24*] und VERDEYEN [*17.25*] verglichen die Traglasten P_{Pf} der Pfähle, die nach statischen Versuchen ermittelt wurden, mit den Traglasten P_S, die sich aus Drucksondierungsversuchen ergaben, indem sie den gemessenen Spitzenwiderstand der Sonde (Kraft) mit dem Verhältnis aus Pfahl- zu Sondenquerschnitt multiplizierten und hierzu die mit der Sonde gemessene seitliche Reibungskraft, multipliziert mit dem Verhältnis aus den Mantelflächen des Pfahls und der Sonde, addierten.

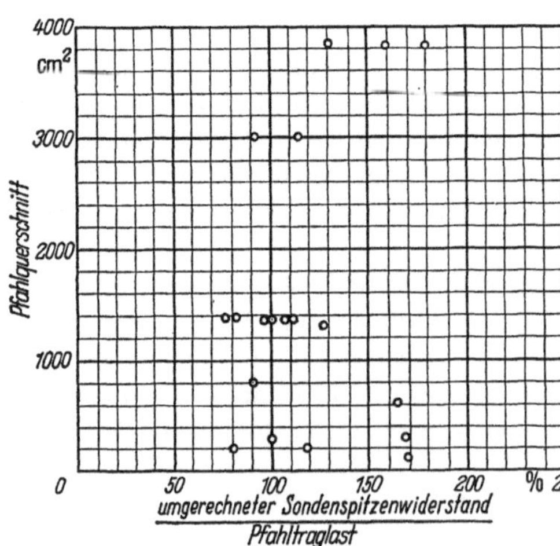

Abb. 17.29. Verhältnis aus dem auf den Pfahlquerschnitt umgerechneten Sondenspitzenwiderstand (Kraft) zur Pfahltraglast in Abhängigkeit vom Pfahlquerschnitt. (Nach VAN DER VEEN [*17.22*])

Die von BUISSON gefundenen Ergebnisse enthält Tab. 17.7. Sie zeigt, daß die Verhältnisse P_{Pf}/P_S sämtlich größer als eins sind.

Die von VAN DER VEEN zusammengestellte Abb. 17.29 faßt die Ver-

Tabelle 17.7. *Vergleich der Tragfähigkeiten aus statischen Pfahlversuchen und Drucksondierungsversuchen.* (Nach BUISSON [17.24])

Beschaffenheit des Bodens an der Spitze des Pfahls bzw. der Sonde	Pfahlversuch					Drucksondierungsversuch[5]			Traglastverhältnis $\frac{P_{Pf}}{P_s}$
	Länge m	Durchmess. cm	Querschnitt cm²	Umfang cm	Traglast P_{Pf} Mp	Spitzenwiderstand Mp	seitliche Reibungskraft Mp	Traglast P_s Mp	
sehr feiner gelber Ton	16,00[1]	45	2550[4]	141,5	170	127,5	35,9	163	1,04
sandiger schwarzer Ton	14,60[1]	50	1960	157	165	79	60,5	140	1,18
fester grau-blauer Ton	19,80[2]	45 × 45	2025	180	400	81	184	265	1,51
fester schwarzer Ton	18,50[2]	40 × 40	1600	160	400	59,3	127	186	2,15
fester schwarzer Ton	17,00[1]	35	960	110	150	31,7	78,3	110	1,36
grauer Ton	8,50[1]	35	960	110	45	28,5	15,0	43,5	1,04
blauer Kiesel, 30 bis 150 mm, mit Sand gemischt	14,50[3]	45	1590	—	85	63	—	63	1,35
Quarzsand, leicht tonig, wenig bindig	10,50[2]	acht-eckig	1330	130	224 bis 280	135	56	191	1,17 bis 1,46

[1] Rammung und Herstellung am Ort

[2] Fertigpfahl

[3] Bohrpfahl

[4] verbreiterter Fuß

[5] Die hier eingetragenen Werte ergeben sich aus den mit den Drucksonden erhaltenen Ergebnissen durch Umrechnen auf die geometrischen Größen des jeweils zu vergleichenden Pfahls

gleiche zusammen, die in den Niederlanden zwischen den mit Drucksonden gemessenen Spitzenwiderständen (Drücken) und den auf den Querschnitt bezogenen Traglasten von Pfählen angestellt wurden.

VAN DER VEEN nahm wie BUISSON als Spitzenwiderstand der Sonde die Drücke an, die sich im Sondierungsdiagramm, s. z. B. Abb. 17.21, aus der Hüllkurve der Minimalwerte ergeben.

Auf der Ordinate, Abb. 17.29, sind die Pfahlquerschnitte aufgetragen, auf der Abszisse das Verhältnis in % des Sondenspitzenwiderstands (Kraft), multipliziert mit dem Querschnittverhältnis, zur Pfahltraglast.

Man erkennt, daß die meisten Ergebnisse zwischen 75 und 175% liegen. Dies bedeutet, daß der aus der Hüllkurve der Minimalwerte des Sondierungsdiagramms, Abb. 17.21, abgeleitete Spitzenwiderstand (Kraft), dividiert durch 1,75, gleich oder kleiner als die Tragfähigkeit des Pfahls ist. Sobald die Sonde in Schichten eindringt, deren Korngrößen gegenüber ihrem Durchmesser nicht vernachlässigbar sind (Kiesbänke), können die Ergebnisse zu hoch liegen, wenn man nicht die relative Verkleinerung des Sondendurchmessers gegenüber der Größe des Korns in Rechnung stellt.

17.7.3 Rammsondierungen mit Probenentnahmestutzen. In den USA, wo Arbeitskräfte teuer sind, benutzt man die Sonde wenig. Zum Er-

Tabelle 17.8. *Beziehung zwischen der Schlagzahl beim Rammen von Probenentnahmestutzen und den Bodeneigenschaften*

Verfasser		TERZAGHI, PECK	Code New-York	Code New-England
äußerer Durchmesser des Stutzens	mm	50	62,5	75
Gewicht des Rammbären	kp	63	135	135
Fallhöhe	cm	75	45	45
Schlagzahl[1] für Sand und Schluff folgender Dichte:				
sehr wenig dicht		4	< 15	< 8
wenig dicht		4 bis 10	< 15	8 bis 16
mitteldicht		10 bis 30	15 bis 50	16 bis 35
sehr dicht		30 bis 50	15 bis 50	35 bis 100
besonders dicht		> 50	> 50	> 110
Schlagzahl[1] für Tone folgender Konsistenz[2]:				
sehr weich		< 2	0 bis 2	< 8
weich		2 bis 4	3 bis 10	8 bis 16
mittelweich		4 bis 8	3 bis 10	16 bis 55
steif		8 bis 15	10 bis 30	16 bis 55
sehr steif		15 bis 30	10 bis 30	55 bis 110
hart		30	> 30	55 bis 110

[1] Anzahl der Schläge für ein Eindringen von 30 cm
[2] Einteilung nach der Größe der nichtdränierten Kohäsion gemäß Tab. 11.1

kunden des Bodens schlägt man dort lieber Entnahmestutzen ein, um auf diese Weise sowohl Bodenproben entnehmen, als auch in geringem Maße den Widerstand des Bodens beim Rammen erkennen zu können. Man verwendet offene Stutzen oder offene Stutzen mit Kolben[1]. Tabellen, die den Zusammenhang zwischen den Rammergebnissen dieser Entnahmestutzen und den Bodeneigenschaften herstellen, wurden veröffentlicht [*17.26*; *17.27*]. Sie zeigen, wie zu erwarten war, eine beachtliche Streuung. Der Versuch ist tatsächlich wegen der mehr oder weniger ausgeprägten Verdichtung der Bodenteilchen im Entnahmestutzen nicht so genau wie der Sondierungsversuch. Bei den Tonen insbesondere muß man die zwischen den Rammergebnissen des Entnahmestutzens und der Dichte oder der Konsistenz des Bodens aufgezeigten Beziehungen mit großer Vorsicht betrachten. Für Sande und wenig tonige Böden liefert das Verfahren interessante Ergebnisse.

Tab. 17.8 bringt einige Zusammenhänge, die zwischen den Rammversuchen mit dem Entnahmestutzen und den Bodeneigenschaften bestehen. In der Tabelle wurde die Anzahl der Schläge (Schlagzahl) angegeben, die für ein Eindringen von 30 cm nötig ist.

17.7.4 Rammsondierungen mit Eisenbahnschienen oder Versuchspfählen. Das Sondieren mit der Eisenstange bis auf den Grund der Baugrube und das Rammen mit der Eisenbahnschiene sind besonders in sandigen oder sandig-tonigen Böden von Bedeutung.

Unter einer Schicht mit einer Dicke in der Größenordnung von 1,0 m, die für den Straßenbauer sehr interessant ist, läßt sich das Gelände rasch mit einem Pfahl (Rammsonde) von dem Typ der Abb. 17.30 untersuchen. Dieser gestattet ein Rammen von Hand mit direktem Kontakt Stahl auf Stahl (ohne Schlaghaube) ohne jeglichen Impulsverlust, wie beim Rammen von Pfählen ohne Schlaghaube. Für die Stellen, an denen vollständige experimentelle Untersuchungen durchgeführt wurden, legt man eine Liste an, in der die Zusammenhänge zwischen den durch diese Untersuchungen gefundenen Festigkeitseigenschaften des Bodens und der Anzahl der Schläge eingetragen werden, die erforderlich ist, um den Pfahl in die verschiedenen Tiefen zu rammen. Man kann so schnell den gesamten Bereich zwischen den Stellen erforschen, für die vollständige experimentelle Untersuchungsergebnisse vorliegen.

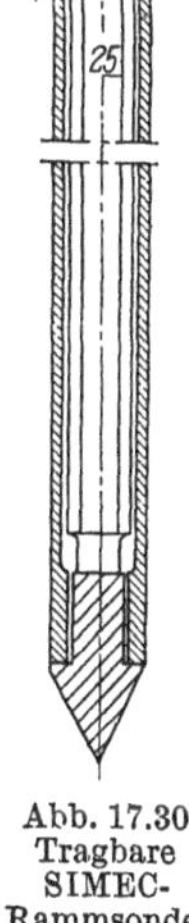

Abb. 17.30 Tragbare SIMEC-Rammsonde

[1] Dieser Versuch heißt in den USA „Standard Penetration Test".

18 Exzentrisch beanspruchte Gründungen

18.1 Allgemeines

Das Problem der durch ein äußeres Moment beanspruchten Gründung ist sehr häufig anzutreffen: Die Gründung steht in diesem Falle unter der Wirkung eines Systems von Kräften, die nicht zu einer durch den Schwerpunkt der Aufstandfläche der Gründung gehenden Resultierenden zusammengefaßt werden können.

Dies gilt im allgemeinen für Pfeiler und Widerlager, da diese nicht nur lotrechten, sondern auch waagrechten Kräften, insbesondere durch Bremswirkung und Wind, unterworfen sind.

Dies gilt gleichfalls für Stützmauern, da diese außer den Erddrücken durch die abgestützte Bodenmasse auch Beanspruchungen durch veränderliche Lasten aufzunehmen haben.

Schließlich trifft dies auch für die Gründungen elektrischer Freileitungsmaste zu; das Moment erreicht hier beim Bruch der Leitung seinen Maximalwert.

Im folgenden sollen nacheinander die Flachgründungen und die Pfähle untersucht werden.

18.2 Flachgründungen

18.2.1 Lösung mit Hilfe des Kerns des Querschnitts. Bei dieser früher häufig angewandten Rechenmethode vernachlässigt man die Reaktionen an den Seitenwänden des Fundamentes und nimmt an, daß die Bodenpressungen linear verteilt sind.

In der Gründungssohle hat das aus den äußeren Kräften und dem Gewicht des Gründungskörpers gebildete Kräftesystem eine Resultierende, die durch eine waagrechte Kraft H in der Gründungssohle und durch die lotrechte, durch einen Punkt C gehende Kraft P dargestellt werden kann. Das Moment in bezug auf die Mitte der Aufstandfläche ist gleich dem Produkt $P \cdot \overline{OC} = P\,e$, Abb. 18.1.

Die angenommene Verteilung der Bodenpressungen gleicht der Spannungsverteilung in den Querschnitten prismatischer Körper; damit

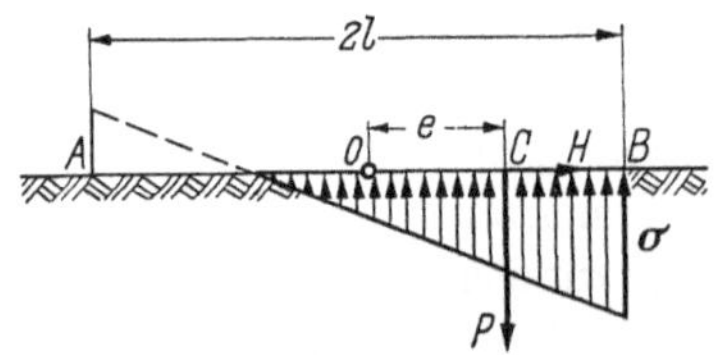

Abb. 18.1. Häufig getroffene Annahme hinsichtlich der Verteilung der Bodenpressungen in der Sohlfläche eines Fundamentes für den Fall, daß die Resultierende der auf das Fundament wirkenden äußeren lotrechten Kräfte außerhalb des Kerns liegt

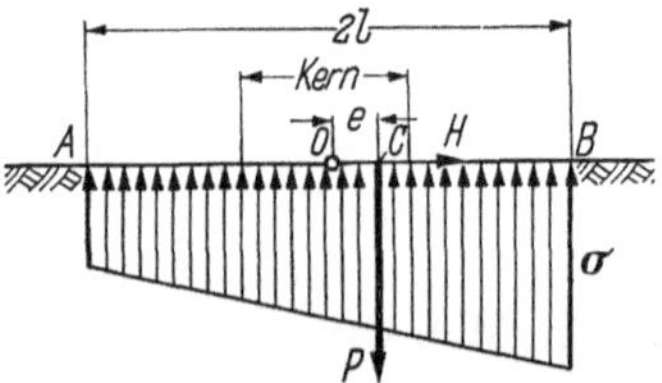

Abb. 18.2. Häufig getroffene Annahme hinsichtlich der Verteilung der Bodenpressungen in der Sohlfläche eines Fundamentes für den Fall, daß die Resultierende der auf das Fundament wirkenden äußeren lotrechten Kräfte innerhalb des Kerns liegt

nur Druckspannungen vorhanden sind, fordert man, daß die äußere Kraft innerhalb des Kerns der Aufstandfläche wirken muß, Abb. 18.2.

Diese Vorstellung ist vom theoretischen Standpunkt unrichtig, und zwar sowohl nach der Elastizitätslehre als auch nach der Plastizitätslehre.

Direkte Versuche wurden von FABER angestellt [*16.6*].

Für ein starres Fundament, das auf der Oberfläche eines rolligen Bodens aufliegt, ist die Verteilung der Bodenpressungen bei fehlendem Moment parabolisch, s. Abb. 16.20. Belastet man zusätzlich die Oberfläche des Bodens außerhalb der Gründung, so ergibt sich — wie FABER zeigte — eine Verteilung von der Form, wie sie in *a*, Abb. 18.3, dargestellt ist.

Wenn sich nun die Gründung infolge einer Kippbeanspruchung um ein momentanes Drehzentrum, z. B. *A*, dreht, so entsteht eine Konzentration der Bodenpressungen in der Umgebung des Drehzentrums. Die Verteilung der Bodenpressungen läßt sich schließlich durch die gestrichelte Linie *b*, Abb. 18.3, angeben. Die Erdwiderstandspannungen in der Gründungssohle haben dann Tangentialkomponenten, deren algebraische Summe die äußere waagrechte Kraft *H* aufnehmen kann.

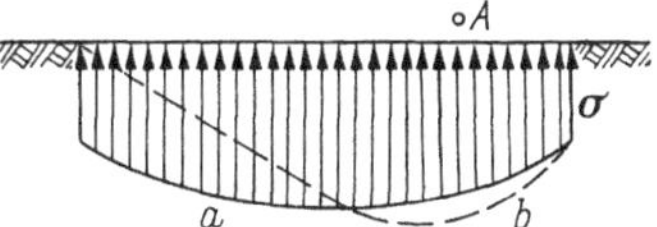

Abb. 18.3. Verteilung der Bodenpressungen unter einem starren, auf der Oberfläche eines rolligen Bodens gegründeten Fundamentes bei seitlichen Auflasten. *a* mittige Belastung, *b* außermittige Belastung (Drehzentrum in *A*)

18.2.2 Berücksichtigung der seitlichen Beanspruchung. Wenn die Gründung im Boden eingebettet ist, müssen die Reaktionen des Bodens an den Seitenwänden zusammen mit den Reaktionen in der Sohle der Gründung berücksichtigt werden.

In Frankreich benutzte man im allgemeinen die folgende Methode zur Berechnung der Mastgründungen, die sich auf Annahmen stützt, die — wie gezeigt wird — offensichtlich weit von der Wirklichkeit entfernt sind.

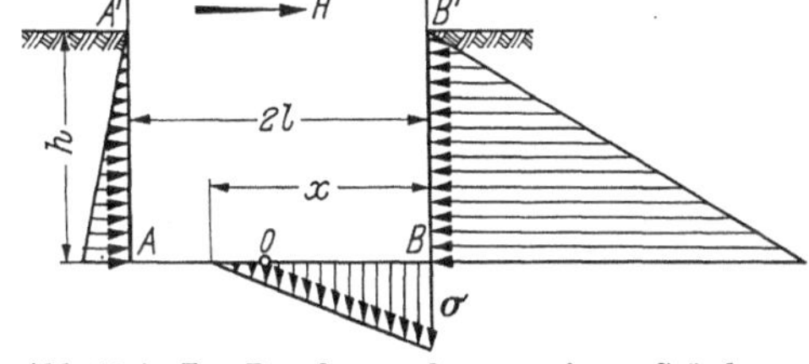

Abb. 18.4. Zur Berechnung des von einem Gründungskörper aufnehmbaren Kippmomentes vielfach zugrunde gelegte Spannungsverteilung

Man nimmt an, daß die Gründung, Abb. 18.4, an ihren beiden lotrechten Seiten (senkrecht zu *H*) durch einen Erdwiderstand nach RANKINE $\frac{1}{2}\,\gamma\,h^2\,\lambda_p$ längs $\overline{BB'}$, entgegengesetzt von H, und einen Erddruck $\frac{1}{2}\,\gamma\,h^2\,\lambda_a$ längs $\overline{AA'}$, in Richtung H, beansprucht wird und daß in der Gründungssohle eine dreieckförmige Spannungsverteilung herrscht, die an der belasteten Kante durch eine Spannung σ gekennzeichnet ist.

Das Kippmoment in bezug auf O lautet dann, wenn mit b die Breite der rechteckigen Sohlfläche des Fundamentes (senkrecht zur Bildebene) bezeichnet wird,

— für die Bodenreaktionen in der Gründungssohle:

$$M'_R = P\left(1 - \frac{x}{3}\right) = P\left(l - \frac{2}{3}\,\frac{P}{\sigma b}\right),$$

— für die seitlichen Bodenreaktionen:

$$M''_R = b\,\frac{h}{3}\left(\frac{1}{2}\gamma h^2 \lambda_p - \frac{1}{2}\gamma h^2 \lambda_a\right),$$

d. h.

$$M_R = M'_R + M''_R = P\left(l - \frac{2}{3}\,\frac{P}{\sigma b}\right) + \frac{\gamma h^3 b}{6}(\lambda_p - \lambda_a) = u\,Pl + v\,\gamma\, b\, h^3,$$

mit den Momentenbeiwerten

$$u = \left(1 - \frac{2}{3}\,\frac{P}{\sigma b l}\right)$$

und

$$v = \frac{1}{6}(\lambda_p - \lambda_a).$$

Die technische Kommission des Syndicat Professionnel des Producteurs et Distributeurs d'Énergie Électrique befürwortete diese Formel und schlug für das Produkt $v\,\gamma$, das die Dimension einer Wichte hat, die Werte der Tab. 18.1 vor. Diese Werte sind das Ergebnis von Beobachtungen über das Verhalten von Masten. Leider enthalten diese Beobachtungen nur wenige Messungen hinsichtlich der mechanischen Eigenschaften der entsprechenden Böden. Man gleicht die Unzulänglichkeit der Formeln — mangels vorliegender Messungen der mechanischen Eigenschaften des Bodens — durch die Wahl von rein experimentellen Beiwerten aus.

Tabelle 18.1. *Experimentell ermittelter Koeffizient $v\,\gamma$ zur Berechunng des Kippmomentes exzentrisch beanspruchte Gründungen*

Bodenart	$v\gamma$ Mp/m³
Ton großer Kohäsion	3,30
Ton mittlerer Kohäsion	2,00
feuchter Ton	0,96
Grobsand	0,67
Feinsand	0,28

Wie aus Tab. 18.1 zu erkennen ist, gelten die größten empfohlenen Koeffizienten für Tone; sie sind wesentlich größer als die entsprechenden Koeffizienten für Sande.

Daraus geht hervor, daß der Beiwert v nicht gleich $\frac{1}{6}(\lambda_p - \lambda_a)$ ist. Wenn dies so wäre, würde man nach der aus v errechneten Differenz $\lambda_p - \lambda_a$ die ϱ-Werte in Tab. 18.2 erhalten.

Tab. 18.2 liefert unzulässige Werte für die Differenz $\lambda_p - \lambda_a$, was auf eine bestimmte, nicht explizit ausgedrückte Kohäsion schließen läßt.

Tabelle 18.2. *Werte für den Reibungswinkel ϱ, die sich aus dem Koeffizienten $v\,\gamma$ der Tab. 18.1 ableiten lassen*

Bodenart	$v\gamma$ Mp/m³	Rohwichte Mp/m³	v	$\lambda_p - \lambda_a$	ϱ
Ton großer Kohäsion	3,30	2,00	1,65	9,9	55°
Ton mittlerer Kohäsion	2,00	1,9	1,05	6,3	47°
feuchter Ton	0,96	1,8	0,53	3,2	34°
Grobsand	0,67	1,7	0,40	2,4	28°
Feinsand	0,28	1,6	0,175	1,05	12°

Die obige Formel zur Berechnung des Kippmomentes ist bei weitem nicht die einzige. Auf diesem Gebiet gibt es im Ausland wie in Frankreich viel mehr Formeln als gültige Versuche. Die meisten anderen Formeln gehen, wenn sie auf theoretische Betrachtungen gestützt sind, von einem Erdwiderstand auf der gesamten gedrückten Seite oder auch nur auf einem Teil dieser Seite aus, mit oder ohne Annahme eines Erddrucks auf der anderen Seite und mit oder ohne Annahme einer Reibung auf den parallel zu H liegenden Seiten. Sie führen meistens auf die gleiche Form $M_R = u\,P\,l + v\,\gamma\,b\,h^3$ mit sehr unterschiedlichen Beiwerten u und v.

Es ist also unter diesen Umständen nicht verwunderlich, daß Fayoux [*18.1*] am Beispiel eines lotrecht mit 10 Mp belasteten Blockfundamentes von quadratischem Querschnitt 2,0 m×2,0 m zeigen konnte, daß acht in Frankreich und in anderen Ländern bekannte Formeln bei einer Gründungstiefe von 3 m Kippmomente zwischen 25 und 180 Mpm ergaben.

Die Versuche, die zur Kontrolle dieser Formeln zur Verfügung stehen, lassen im allgemeinen nicht die mechanischen Eigenschaften des Bodens erkennen und können infolgedessen nicht zur Unterstützung der Theorie herangezogen werden.

Dennoch führten die sehr zahlreichen und sehr sorgfältig vorgenommenen Versuche der französischen Staatsbahn S.N.C.F.[1] unter der Leitung von A. Lazard [*18.2*], die anläßlich der Errichtung von Freileitungsmasten im Zuge der Elektrifizierung neuer französischer Eisenbahnstrecken angestellt wurden, zu einer bemerkenswerten Feststellung: Sie zeigten, daß das Kippmoment im Bereich der von der S.N.C.F. verwendeten Fundamentabmessungen und bei den entsprechenden Gründungstiefen von der Natur des Bodens angenähert unabhängig ist, da dessen mechanische Eigenschaften in diesen Zonen der Bodenoberfläche wenig veränderlich sind.

[1] Société Nationale des Chemins de Fer Français (Anm. d. Übersetzers).

Die Verhältnisse $\frac{h}{2l}$, Abb. 18.5, variierten bei diesen Versuchen von 1,70 bis 2,14 für quaderförmige Gründungskörper, deren Höhe h zwischen 1,50 m bis 2,10 m lag. Für zylindrische Gründungskörper mit kreisförmigem Querschnitt betrug der Durchmesser im allgemeinen 0,75 m, und die Höhe lag zwischen 1,50 m und 2,25 m, d. h. das Verhältnis Höhe/Durchmesser variierte zwischen 2,00 und 3,00.

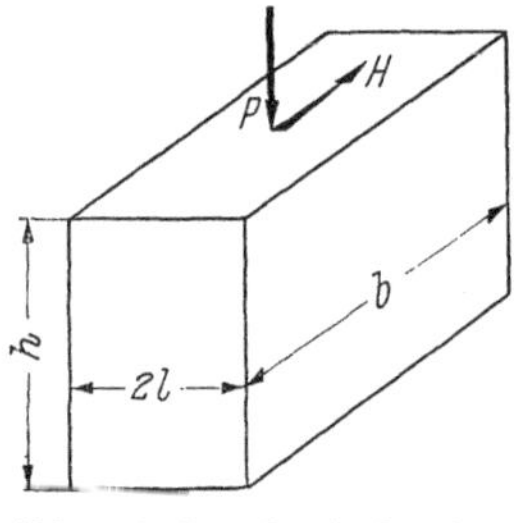

Abb. 18.5. Quaderförmiger Gründungskörper der französischen Staatsbahn S.N.C.F. Abmessungen $1{,}70 < h/2l < 2{,}14$. (Nach LAZARD [*18.2*])

A. LAZARD fand, daß unter diesen Bedingungen die Ergebnisse von 150 Kippversuchen der S.N.C.F. nicht weit von den Ergebnissen entfernt waren, die man mit einer empirischen, von RAMELOT [*18.3*] nach Modellversuchen in verkleinertem Maßstab mit Sand ermittelten Formel erhält. Der ziemlich verwickelte Ausdruck von RAMELOT nimmt für den Fall $2l = b$ (waagrechter quadratischer Querschnitt mit der Kantenlänge b) und für rolligen Boden die Form

$$M_R = 0{,}4\,P b + 1{,}6\gamma\, b\, h^3$$

an Der Beiwert $u = 0{,}4$ entspricht einer lotrechten Resultierenden, die geringfügig außerhalb des Querschnittkerns liegt, und der Beiwert $v = 1{,}6$ gilt für Tone, die beim Vergleich mit den Werten der Tab. 18.2 als Tone mittlerer bis großer Kohäsion anzusehen sind.

Die In-situ-Nachprüfungen RAMELOTS an Gründungskörpern von Masten in bindigen Böden mit Verhältnissen Höhe/Breite in der Größenordnung von 1,00 und Breiten in der Größenordnung von 2 m führten diesen jedoch dazu, in der obigen Formel ein die Kohäsion berücksichtigendes Korrekturglied aufzunehmen, das sich auf einen Ausdruck von der Form $c\, b\, h^2$ zurückführen läßt. So erhält man schließlich

$$M_R = 0{,}4\,P b + 1{,}6\gamma\, b\, h^3 + c\, b\, h^2$$

für bindige Böden mit — gemäß seinen Angaben — folgenden Werten für die Kohäsion:

- $c = 200$ p/cm² für Böden, die sich mit der Schaufel bearbeiten lassen,
- $c = 700$ p/cm² für Böden, bei denen man zum Spaten greift, ohne jedoch die Kreuzhacke zu Hilfe nehmen zu müssen und
- $c = 1200$ p/cm²

  für Böden, die nur mit der Kreuzhacke bearbeitet werden können.

Die in die Formel RAMELOTS einzuführende Größe h ist eine reduzierte Tiefe; sie ist gleich der Gesamttiefe, vermindert um die Dicke einer

Schicht, die LAZARD mort-terrain (Überlagerung) nennt, d. h. zum Beispiel die kultivierte oder gefrorene Schicht.

Die Ergebnisse der 150 Kippversuche der S.N.C.F. deckten sich ziemlich gut mit den Werten, die die Formel RAMELOTS mit der zur Berücksichtigung der Überlagerung angebrachten Korrektur und ohne das Kohäsionsglied $c\,b\,h^2$ liefert (28% mit weniger als ± 10% Fehler, 32% mit über ± 25% Fehler). Mit Berücksichtigung der Überlagerungskorrektur deckt sich die Formel von RAMELOT auch, ohne Kohäsionsglied, angenähert mit der Formel des Syndicat des Producteurs et Distributeurs d'Énergie de France, und zwar im Falle eines Tons, dessen Eigenschaften zwischen denen eines Tons mittlerer Kohäsion und denen eines Tons großer Kohäsion liegen.

Dies bedeutet, daß man am Rande der Schienenwege der S.N.C.F. und sehr häufig auch anderswo Tonböden mittlerer Kohäsion antrifft, die bis auf 1 bis 2 m Tiefe ziemlich ähnliche Reibungs- und Kohäsionseigenschaften haben. Der Beiwort $v = 1{,}6$ trägt also diesen Oberflächeneigenschaften Rechnung.

Die für Feinsand bzw. Grobsand vom Syndicat des Producteurs et Distributeurs d'Énergie de France empfohlenen Koeffizienten 0,28 bzw. 0,67, Tab. 18.1, stehen mit einigen von BÜRKLIN [*18.4*] für kohäsionslose Böden angeführten Ergebnissen im Zusammenhang.

Anderseits wurden die oben erwähnten In-situ-Nachprüfungen RAMELOTS in sehr bindigen Böden angestellt und würden Koeffizienten von 2,6, 5,8 und 7,1 (statt 0,96, 2,00 und 3,30, Tab. 18.1) ergeben, wenn nicht die Korrektur für die Kohäsion angebracht würde.

Vom praktischen Standpunkt aus wird man also die vom Syndicat angegebene empirische Formel für das Kippmoment eines Gründungskörpers in der vereinfachten Form

$$M_R = \boldsymbol{u}\,P\,l + \boldsymbol{v}\,\gamma\,b\,h^3$$

anwenden können, wenn für $\boldsymbol{u}$ der Wert 0,4 und für $\boldsymbol{v}$ die Werte der Tab. 18.1 eingesetzt werden; dabei sind die in der Tabelle angeführten Werte für die Tone großer Kohäsion ganz besonders niedrig (große Sicherheit).

18.2.3 Versuch einer Theorie. Grundlage einer jeden exakten Theorie ist die Kenntnis des augenblicklichen Drehzentrums.

Keiner der vorstehenden Versuche gibt aber die Lage dieses Drehpunkts an. Die Association Suisse des Électriciens veranlaßte im Jahre 1923 [*18.5*] Versuche an Gründungskörpern, die in einer tonig-sandigen Auffüllung gegründet waren, deren Rohwichte feucht 1,96 Mp/m³ und trocken 1,65 Mp/m³ betrug.

Die Fundamente hatten quadratischen Querschnitt 1,35 m×1,35 m; die Gründungstiefen schwankten zwischen 1 m und 2,50 m. Eine zweite

Versuchsserie wurde mit denselben Gründungskörpern, jedoch in 2 m Tiefe und in Böden unterschiedlicher Beschaffenheit, vorgenommen.

Die Versuche zeigten, daß das Drehzentrum der Fundamente je nach der Natur des Bodens und dem aufgebrachten Kräftesystem zwischen dem Schwerpunkt S des Fundamentes und der belasteten Kante lag und daß sich dieser Punkt im allgemeinen in C befand, d. h. in einer Höhe $h/3$ über der Sohlfläche und im Abstand $l/2$ von der gedrückten Seite, Abb. 18.6.

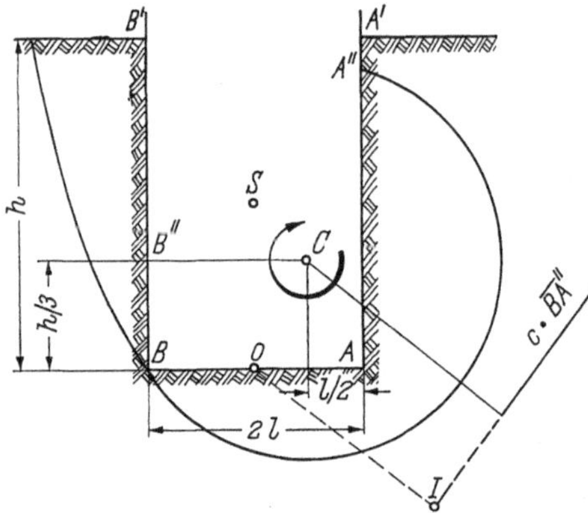

Abb. 18.6. Wahrscheinliche Drehbewegung eines Gründungskörpers bei Kippbeanspruchung

Der Boden scheint also durch seine Kohäsion und Reibung auf der ganzen Länge eines Kreisbogens mit dem Mittelpunkt in C und dem Halbmesser $\overline{CB}$ einen Widerstand aufzubringen. Dieser Kreisbogen schneidet die Seite $\overline{AA'}$ des Fundamentes in A''; $\overline{A'A''}$ gibt die Dicke der Überlagerung (s. 18.2.2) an.

Die Kohäsionskräfte haben eine parallel zu $\overline{BA''}$ verlaufende Resultierende, die gleich $\overline{BA''} \times c$ ist und deren Moment in bezug auf O $\overline{OI} \times \overline{BA''} \times c$ beträgt.

Auf der Seite BB' des Fundamentes oberhalb des Punktes B'' ($\overline{BB''} = h/3$) entsteht durch die Drehung um C eine Entlastung des Bodens. Es liegt also ein Erddruckgleichgewicht vor, jedoch mit negativem Wandreibungswinkel, während $\overline{BB''}$ noch auf Erdwiderstand beansprucht ist.

18.2.4 Praktische Folgerungen für Brückenwiderlager. Die Berechnung von Gründungskörpern, die durch ein Moment beansprucht werden, ist unter Berücksichtigung der Erddruck- und Erdwiderstandtabellen und der Festigkeit der Gründungen vorzunehmen.

Bei Kunstbauwerken ist das Gelände Gegenstand wiederholter Sondierungen und Messungen der mechanischen Bodeneigenschaften, so daß die empirischen Formeln, wie die in (18.2.2), hier nicht herangezogen werden. Man wird nachprüfen müssen, ob der Sicherheitsfaktor in allen Fällen und für alle Gleichgewichtsgleichungen eingehalten ist.

Bei solchen Bauwerken läßt sich jegliche nennenswerte Verschiebung der Gründungskörper bei ihrer Belastung vermeiden, wenn durch vorheriges Verdichten des Bodens das Ausbilden der nötigen Spannungen sichergestellt ist.

Sicherheit und Wirtschaftlichkeit sind das Ergebnis.

Es ist auf alle Fälle nicht daran zu zweifeln, daß man mit einem bestimmten Erdwiderstand rechnen kann. Der maximal mögliche Erdwiderstand ergibt sich aus den Erdwiderstandtabellen, z. B. [*15.1*]. Damit er wirksam wird, sind jedoch — besonders bei locker gelagerten Böden — für das Bauwerk zu große Verformungen des Bodens erforderlich. Im Falle des Verankerungskörpers einer Hängebrücke muß man die Lage des zwischen dem Fundament und dem Fluß liegenden Geländes in Rechnung stellen. Hier wird der Erdwiderstand außerdem durch die Abhebwirkung des Kabels abgemindert, da infolge dieser Abhebwirkung ein Erdwiderstand unter dem Winkel $\alpha = +\varrho$ entsteht (s. 15.8.3.1).

18.3 Pfähle

18.3.1 Maximales Kippmoment eines Einzelpfahls. WILLIAMS [*18.6*] stellte Versuche an, um das Moment zu bestimmen, das ein Pfahl einer Kippwirkung entgegensetzt. Er erkannte, daß das augenblickliche Drehzentrum zu Beginn des Versuches in der unteren Hälfte (wie bei den Flachgründungen, s. Abb. 18.6) liegt, daß es aber steigt, und oberhalb der Bodenoberfläche zu liegen kommt, sobald der Grenzwiderstand erreicht ist. Es ist also hier nicht möglich, die Theorien bezüglich der dreieckförmigen Verteilung der Spannungen anzuwenden.

Die Versuche wurden in einem Medium vorgenommen, das aus einer Mischung von Sand und Gips bestand. Nach dem Bruch war es auf diese Weise möglich, durch Wasserzusatz einen Abguß der durch das Kippen entstandenen Gleitflächen zu erhalten, Abb. 18.7.

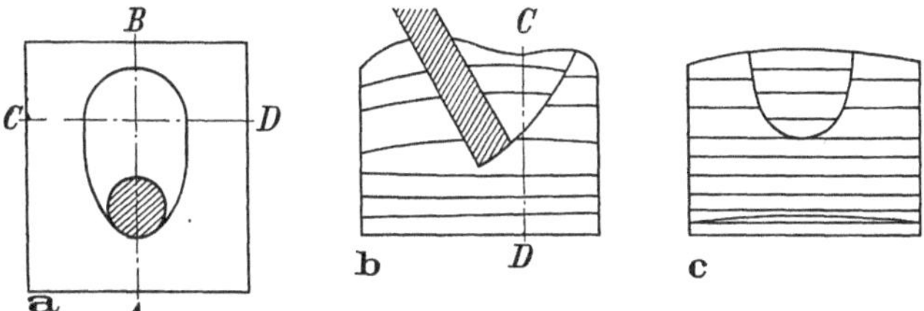

Abb. 18.7a—c. Modellversuche zum Kippen eines Pfahls. (Nach WILLIAMS [*18.6*])

Auf der Seite, nach der der Pfahl gekippt wird, zeigen lotrechte Schnitte nur kleine Verformungen, die durch das Stanzen des sich neigenden Pfahls hervorgerufen wurden, während sie auf der entgegengesetzten Seite Parabeln erkennen lassen, Abb. 18.7c, die Schnittlinien des angehobenen Körpers sind; dieser hat angenähert die in Abb. 18.8 gezeigte Form: Es ist ein umgekehrter Kegel, dessen Basis (oben) einen Durchmesser hat, der gleich der Einspanntiefe ist. Er ist durch Ebenen begrenzt, die durch die Pfahlachse gehen und miteinander einen Winkel von 60° bilden.

Die Versuche von WILLIAMS haben quantitativ nur ein beschränktes Interesse, weil die Biegefestigkeit des Pfahls, selbst wenn das dem Kippen widerstehende Moment logarithmisch mit der Tiefe zunimmt — wie es der genannte Verfasser durch eine Extrapolation herleitete —, rasch erreicht ist, und dann die Auslenkung dieses Pfahls schon erheblich wird.

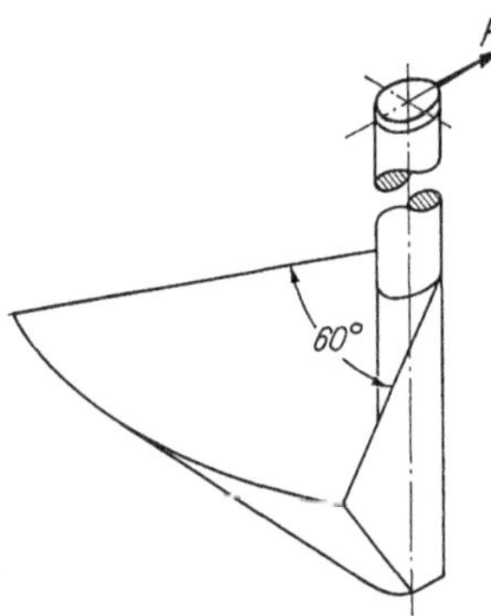

Abb. 18.8. Vom Pfahl während des Kippens aus der Sand-Gips-Masse herausgerissener Körper (Nach WILLIAMS [*18.6*])

18.3.2 Pfahlgruppen. Die obige Darstellung läßt erkennen, warum ein Pfahl als ein Stab anzusehen ist, den man nur in seiner Längsachse beanspruchen sollte. Nach den mitgeteilten Ergebnissen (18.3.1) ist es empfehlenswert, einen Pfahl nicht waagrecht zu belasten. Wenn dennoch waagrechte Lasten aufzunehmen sind, müssen besondere Vorrichtungen geschaffen werden, so z. B. Gründungsplatten, die in der Lage sind, die waagrechte Pfahllast durch Reibung in den Boden zu leiten, Ankerwände oder Ankerplatten. Man wird auch vielfach geneigte Pfähle heranziehen können.

Die Berechnung der Spannungen in einem jeden Pfahl einer Pfahlgruppe, die eine mit beliebigen Kräften belastete Platte trägt, ist möglich; das augenblickliche Drehzentrum wird dabei durch die Pfähle bestimmt, die als Stäbe angesehen werden, die nur Kräfte in Achsenrichtung übertragen können. Das System der äußeren Kräfte besteht aus der waagrechten Komponente H, der lotrechten Komponente V und dem Moment M in bezug auf den Schwerpunkt dor Plattenunterseite, Abb. 18.9.

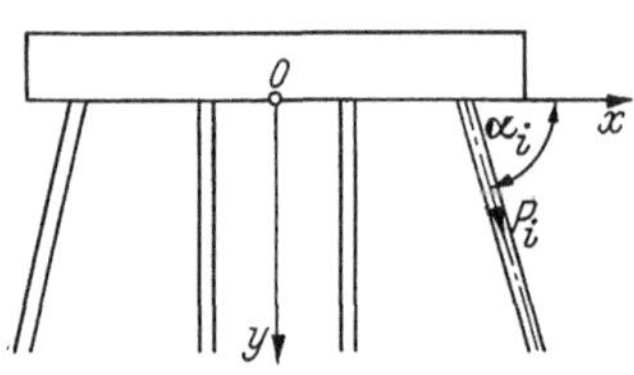

Abb. 18.9. Auf vier Pfählen statisch unbestimmt gelagerte Gründungsplatte

Die Gründung ist infolge dieses Systems einer Translation mit den Komponenten u und v und einer Rotation ω um das augenblickliche Drehzentrum mit den Koordinaten x_0 und y_0 unterworfen. Die Verschiebung eines jeden Pfahlkopfes mit der Abszisse x_i in bezug auf O beträgt also:

$$d x_i = u - \omega\,(-y_0)\,,$$
$$d y_i = v + \omega\,(x_i - x_0)\,.$$

Wenn man annimmt, daß das augenblickliche Drehzentrum mit dem Punkt O zusammenfällt, vereinfachen sich diese beiden Gleichungen zu:

$$d x_i = u\,,$$
$$d y_i = v + \omega\, x_i\,.$$

Setzt man weiter voraus, daß die Pfähle nur in Richtung ihrer Achse Kräfte übertragen und bezeichnet man mit α_i den Winkel, den der Pfahl i mit der Waagrechten bildet, so beträgt die Verkürzung des Pfahlkopfes in Achsenrichtung:

$$d h_i = d x_i \cos \alpha_i + d y_i \sin \alpha_i .$$

Der Boden unterhalb des Pfahls i erfährt eine elastische Verformung nach der Formel

$$d h_i = s C_f \frac{p_i R}{E} ;$$

in der Formel bedeuten:

R Pfahlhalbmesser, der für alle Pfähle gleich groß angenommen wird,
C_f Formzahl nach der Formel von BOUSSINESQ (s. 6.4),
s Setzungsbeiwert nach der Theorie von MINDLIN (s. 6.6),
$p_i = P_i/F$,
mit P_i als der Traglast des Pfahls in Achsenrichtung und F als dem Pfahlquerschnitt.

Hieraus folgt als Traglast des Pfahls:

$$P_i = \frac{E F}{s C_f R} d h_i ,$$

mit den Komponenten

$$P_i \cos \alpha_i ,$$

$$P_i \sin \alpha_i .$$

Schreibt man

$$\sum P_i \cos \alpha_i = H ,$$

$$\sum P_i \sin \alpha_i = V ,$$

$$\sum x_i (P_i \sin \alpha_i) = M ,$$

so gestatten diese drei Gleichungen, die Größen u, v und ω zu bestimmen.

J. COURBON [*18.7*] wies darauf hin, daß die Determinante dieses Gleichungssystems symmetrisch ist.

18.3.3 Durch Rammungenauigkeiten verursachtes Moment. Die von einem Überbau ausgeübten Kräfte werden durch Platten auf die Pfahlgruppen übertragen.

Wenn weniger als drei Pfähle unter einer einzelnen Stütze vorgesehen sind, entsteht durch den Einbau des Pfahls an einer anderen als der exakt vorgesehenen Stelle eine Exzentrizität der Kraft, die ein Biegungsmoment im Pfahl hervorruft. Es ist daher wünschenswert, bei einem Bauwerk die Lasten so zu konzentrieren, daß drei Pfähle verwendet werden können.

Aus den gleichen Erwägungen ist das Gründen einer Mauer auf einer einfachen Pfahlreihe ebenfalls keine gute Konstruktion. Man ordnet die Pfähle besser paarweise oder zu fünf (Anordnung wie die Fünf auf dem Würfel) an.

19 Dünne, unbegrenzt ausgedehnte Platten, die auf dem Boden aufliegen und durch lotrechte Lasten beansprucht sind

19.1 Allgemeines

Dieses Kapitel ist den dünnen, auf dem Boden aufliegenden Platten gewidmet. Das zu behandelnde Problem besteht im Bestimmen der Spannungen in der Platte, wenn diese durch eine lotrechte Last beansprucht ist.

Es wird im folgenden angenommen, daß die Platte in ihrer waagrechten Ausdehnung unbegrenzt und auf einer Kreisfläche gleichförmig belastet ist und daß sie auf einem den Halbraum ausfüllenden, homogenen, isotropen Boden ruht.

Diese Annahmen bedeuten eine erhebliche Vereinfachung gegenüber dem in der Praxis üblichen Fall der durch Fugen begrenzten Platten, z. B. des Betonstraßenbaus, die über eine verdichtete Zwischenschicht, den *Unterbau*, auf einem gewachsenen, heterogenen Boden, dem *Untergrund*, liegen. Aber so wie es gestellt ist, vermittelt das Problem eine Vorstellung zumindest von den Beanspruchungen im Mittelpunkt dieser Platten, und es bleibt trotz der Vereinfachungen noch außerordentlich komplex.

Das einzige Problem, das mit dem vorliegenden eine bestimmte Analogie haben könnte, ist das der starren, kreisförmig begrenzten Platte, für die Boussinesq zeigte, daß bei ihr unter der Wirkung einer Last unendlich große Bodenpressungen an den Rändern entstehen, wenn der Boden als ein elastisch-isotropes Medium anzusehen ist.

Im vorliegenden Fall aber ist die Platte unbegrenzt, und die Bodenpressungen unter der Platte sind auf eine bestimmte Zone lokalisiert, die nur einen Teil dieser unbegrenzten Platte einnimmt.

19.2 Schwierigkeiten der Untersuchung

Die Schwierigkeiten sind physikalischer und mathematischer Natur. Die Mathematik erlaubt das Behandeln des Problems nur mit Hilfe eines mechanischen Modells für den Boden, bei dem die Verformungen mit den auf den Boden wirkenden Spannungen verknüpft sind: Nach den sehr zahlreichen Veröffentlichungen über diesen Gegenstand scheinen nicht die mathematischen Hilfsmittel, sondern eine genaue Untersuchung des mechanischen Verhaltens zu fehlen.

19.3 Die beiden mathematischen Methoden

Die beiden gegenwärtig bekannten Methoden sind die von WESTERGAARD und von BURMISTER.

19.3.1 Methode Westergaard

19.3.1.1 Grundlagen der Methode Westergaard. WESTERGAARD veröffentlichte diese Methode im Jahre 1926 [*19.1*]. Er setzte eine dünne

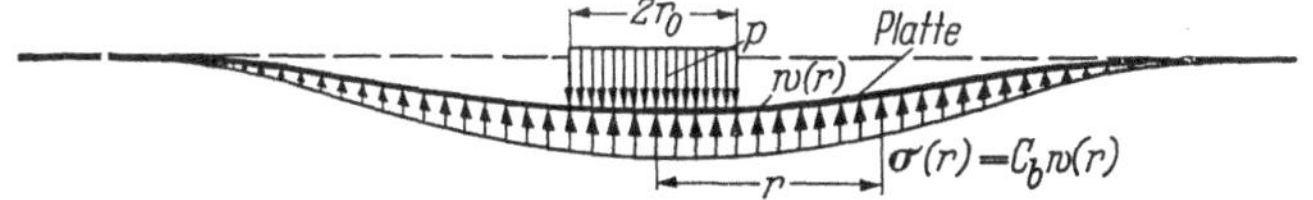

Abb. 19.1. Verteilung der Bodenpressungen nach der Hypothese von WESTERGAARD

Platte voraus, Abb. 19.1, auf die die Gleichung von LAGRANGE anwendbar ist. Daher gilt:

$$\triangle^2 w = \frac{\sigma}{D} \qquad (1),$$

mit

w als lotrechter Verformung der Mittelfläche der Platte in einem Punkt mit dem Halbmesser r gegenüber dem Mittelpunkt der gleichförmig belasteten Kreisfläche,

σ als der mit r veränderlichen Bodenpressung und

D als Steifigkeit der Platte von der Dicke h.

Die Steifigkeit der Platte ist durch die Gleichung gegeben:

$$D = \frac{E\,h^3}{12\,(1-\mu^2)},$$

mit

E als Elastizitätsmodul des Plattenbaustoffs,

μ als Querdehnzahl des Plattenbaustoffs.

Die zweite Gleichung, die WESTERGAARD anschrieb, um das Problem mathematisch zu lösen, lautete:

$$\sigma(r) = -C_b\,w(r) \qquad (2),$$

mit

C_b als der Bettungszahl (s. 6.9.1).

Diese Gleichung bringt zum Ausdruck, daß die Bodenpressung proportional der Verformung ist.

Man deutet diese Hypothese auch so, daß man sagt, die Platte schwimme auf einer Flüssigkeit mit der Wichte C_b. Dabei liegt die Größe von C_b unter normalen Umständen ungefähr zwischen 1 und 30 kp/cm³, d. h. die Wichte dieser Flüssigkeit wäre 1000 bis 30000 mal größer als die Wichte des Wassers.

Die Elimination von σ aus Gl. (1) und Gl. (2) führt auf eine Differentialgleichung für $w(r)$, deren Lösung sich mit BESSELschen Funktionen angeben läßt.

Eine abgebrochene Reihenentwicklung ergibt für das Biegungsmoment:

$$M = \frac{P(1+\mu)}{4\pi}\left[-\ln\frac{r_0}{R} + \ln 2 + 0{,}5 - C_E + \frac{\pi}{32}\left(\frac{r_0}{R}\right)^2\right];$$

in der Gleichung bedeuten:

M Biegungsmoment im Mittelpunkt der belasteten Platte,
r_0 Halbmesser der gleichförmig belasteten Kreisfläche oder *Lasthalbmesser*,
C_E EULERsche Konstante ($C_E = 0{,}5772$),
P Gesamtlast aus der auf der Kreisfläche vom Halbmesser r_0 gleichmäßig verteilten Last p, d. h. $P = \pi r_0^2 p$,
R *Steifigkeitshalbmesser*.

Für den Steifigkeitshalbmesser gilt

$$R = \sqrt[4]{\frac{E h^3}{12(1-\mu^2) C_b}}.$$

In den Ausdruck für M geht also nur das Verhältnis r_0/R, d. h. das Verhältnis aus dem Lasthalbmesser zum Steifigkeitshalbmesser, ein [*19.2*].

19.3.1.2 Kritik zur Methode Westergaard. Zur Anwendung dieser Methode sei Folgendes bemerkt:

— WESTERGAARD setzt als tragende Platte eine dünne Platte voraus; er nimmt also an, daß der Halbmesser r_0 der Kreislast gegenüber der Dicke der Platte verhältnismäßig groß ist. Dies ist aber in den üblichen Anwendungsbeispielen nicht der Fall. Ein mit 10 Mp belastetes Rad, dessen Reifen auf 5 kp/cm² aufgepumpt ist, hat eine Kontaktfläche von $\frac{10}{50}\,\text{m}^2 = 0{,}20\,\text{m}^2$ (Vernachlässigung der Steifigkeit des Reifenwerkstoffs). Dies entspricht einem Lasthalbmesser von 25 cm, der in derselben Größenordnung wie die Plattendicke liegt. WESTERGAARD nahm daher eine Korrektur seiner Methode vor. Er schlug vor, einen *fiktiven Lasthalbmesser* r_0 einzuführen, wenn der wirkliche zu klein ist. Wird r_0 kleiner als 0,65 h, so setzt man an seine Stelle:

$$h\left[0{,}325 + 0{,}77\left(\frac{r_0}{h}\right)^2\right].$$

— Die zweite kritische Bemerkung bezieht sich auf den C_b-Wert, den man in die Rechnung einführen muß.

In (6) wurde gezeigt, daß der Plattendruckversuch mit der starren Platte von 0,75 m das exakte Ermitteln von C_b nicht zuläßt, da die Platte im Boden einen elastisch-plastischen Zustand mit einer Bodenverdrängung am Rand hervorruft. Diese Verdrängung ist nun am Rand der gleichförmig belasteten Kreisfläche unterhalb der unbegrenzt ausgedehnten Platte wegen deren Scherfestigkeit nicht möglich. Man muß also damit rechnen, daß der aus dem Plattendruckversuch hergeleitete C_b-Wert kleiner als jener C_b-Wert ist, der sich unter jedem Punkt der unbegrenzt ausgedehnten Platte aus dem Quotienten σ/w ergibt.

— Die ernsthafteste Kritik gilt jedoch dem willkürlich angenommenen Durchmesser der starren Platte, die zur Messung von C_b benutzt werden soll.

Wie bereits erwähnt ist nämlich C_b umgekehrt proportional dem Plattendurchmesser. Man kommt also zu dem Schluß, daß das Ergebnis des Versuchs von der verwendeten Platte abhängt.

Trotz so schwerwiegender Kritik wurde die Methode WESTERGAARD häufig angewandt: Einige amerikanische Dienststellen, die mit ihr arbeiten, finden, daß die an belasteten Platten gemessenen und die mit Hilfe der Gleichung von WESTERGAARD — nach einer Bestimmung des C_b-Wertes durch den Plattendruckversuch — berechneten Biegepfeile gut übereinstimmen. Diese Übereinstimmung ist um so erstaunlicher, als der Plattendruckversuch auf dem gewachsenen Boden vorgenommen wird, während die Platte auf einer zwischen ihr und dem gewachsenen Boden befindlichen Zwischenschicht, dem Unterbau, liegt.

Man muß also beachten, daß die Methode viel empirischer als mathematisch ist, daß sie sich aber in einigen Fällen der Praxis gut eignet.

19.3.2 Methode Burmister

19.3.2.1 Grundlagen der Methode Burmister. Im Jahre 1943 schlug BURMISTER [*19.3*] eine Methode vor, die das Gleichgewicht zweier übereinander liegender elastischer Körper berücksichtigt, und zwar eines Körpers (Platte) endlicher Dicke mit den Größen E_1, μ_1 und eines Körpers (Boden) unbegrenzter Dicke mit den Größen E_2, μ_2, Abb. 19.2.

BURMISTER fordert, daß die Verformungen in der Trennfläche der beiden Körper gleich groß sein müssen.

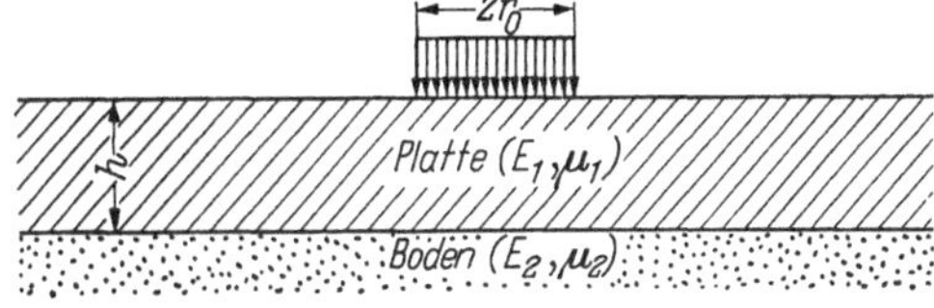

Abb. 19.2. Hypothese von BURMISTER: Zusammenwirken von zwei elastischen Körpern (Platte, Boden)

Durch die Berechnungen werden biharmonische Funktionen eingeführt. Sie sind sehr langwierig.

Ein angenähertes Ergebnis wurde von PELTIER [*19.4*] und GEUFFROY [*19.5*] angegeben. Diese setzten eine dünne Platte voraus, die auf dem Boden gleiten kann (d. h. ohne die Möglichkeit, in der Trennfläche Schubspannungen zu übertragen).

Der Ausdruck für das Biegungsmoment lautet in diesem Falle:

$$M = \frac{P(1+\mu_1)}{4\pi}\left(-\ln Z + 0{,}62 + 0{,}15 Z^2\right),$$

mit

$$Z = \frac{r_0}{h}\sqrt[3]{6\,\frac{E_2}{E_1}\,\frac{1-\mu_1^2}{1-\mu_2^2}}\,.$$

19.3.2.2 Kritik zur Methode von Burmister. Die Methode von BURMISTER ist für den Theoretiker befriedigender als die Methode von WESTERGAARD; das Problem besteht in der Bestimmung des Elastizitätsmoduls E des Bodens.

Auch hier ist es noch üblich, auf einen Plattendruckversuch zurückzugreifen und E nach der Formel von BOUSSINESQ für eine starre Platte zu berechnen.

Dieses Vorgehen ist nicht zu empfehlen, da — wie erwähnt — durch den elastisch-plastischen Charakter des Versuches der Wert von E abgemindert wird.

Dies beweisen die Versuche, die von BURMISTER selbst (vor 1943) und von VAN DER VEEN [*19.6*] ausgeführt wurden (s. 19.3.2.4).

19.3.2.3 Versuche von Burmister. Diese Versuche wurden an einer Betonstraße angestellt. BURMISTER nahm nacheinander Belastungsversuche auf dem Untergrund (gewachsener Boden), auf dem Unterbau (Zwischenschicht) und auf der Fahrbahnplatte vor.

Es seien die elastischen Eigenschaften des Betons der Fahrbahnplatte E_1, μ_1, die des Unterbaus E_2, μ_2 und die des Untergrunds E_3, μ_3.

Auf dem Untergrund ergab der Plattendruckversuch:

$$E_3 = 26{,}7 \text{ kp/cm}^2.$$

Aus dem auf dem Unterbau vorgenommenen Plattendruckversuch leitete BURMISTER nach seiner Theorie die folgenden Elastizitätsmoduln her:

$$E_2 = 1139 \text{ kp/cm}^2,$$
$$E_3 = 45{,}7 \text{ kp/cm}^2.$$

Schließlich ermittelte er aus dem auf der Fahrbahnplatte angestellten Versuch:

$$E_2 = 1687{,}3 \text{ kp/cm}^2,$$
$$E_3 = 105{,}4 \text{ kp/cm}^2.$$

Es folgt daraus, daß der Elastizitätsmodul des gewachsenen Bodens erheblich wächst, je nach dem, ob man ihn direkt oder über eine Zwischenschicht und eine Platte mißt.

19.3.2.4 Versuche von Van der Veen. Beim Messen der Durchbiegungen einer auf einer Sandunterlage gegründeten belasteten Platte auf dem Flugplatz Schiphol stelle VAN DER VEEN fest [*19.6*], daß die Formeln von BURMISTER und WESTERGAARD identische Ergebnisse liefern, vorausgesetzt, daß man

$$C_b = 1{,}55 \text{ kp/cm}^3$$
$$E = 515 \text{ kp/cm}^2$$

wählt. Hieraus folgt zunächst, daß der Elastizitätsmodul dieses Sandes dem eines verdichteten Sandes mit guten mechanischen Eigenschaften entspricht, so wie man ihn im Kompressionsgerät mißt, und daß es — wenn der Elastizitätsmodul dieses Sandes richtig ist — zum korrekten Anwenden der Theorie von WESTERGAARD angebracht wäre, den Plattendruckversuch mit einer Platte von 4,30 m statt 0,75 m Durchmesser anzustellen.

19.4 Schlußfolgerungen

Keine der gegenwärtig gebräuchlichen Methoden ist befriedigend. Zum Anwenden der Methode WESTERGAARD wie der Methode BURMISTER braucht man — wenn man den Plattendruckversuch zum Bestimmen des Elastizitätsmoduls heranzieht — zumindest um die Platte herum aufsetzbare Ringe zum Erzeugen einer seitlichen Auflast.

Was die Theorie von WESTERGAARD betrifft, so bleibt der willkürliche Charakter des Plattendurchmessers im Plattendruckversuch dennoch immer zweifelhaft. Für die Theorie von BURMISTER wäre es zweckmäßig, zum Messen von E auf Laboratoriumsversuche, und zwar auf den Kompressionsversuch und den Dreiaxialversuch, zurückzugreifen.

DANTU [*19.7*] entwickelte eine optische Versuchsmethode zum Messen von Krümmungen infolge der Biegungsmomente an einem kleinen Modell. Dieses bestand aus einer quadratischen Platte, die auf einer elastischen Bettung aus Kork gelagert und in ihrem Mittelpunkt durch eine Kraft P belastet war. Die von DANTU gefundenen Ergebnisse lassen sich in Abhängigkeit von der Größe Z (s. 19.3.2.1) durch die Kurven, Abb. 19.3, darstellen.

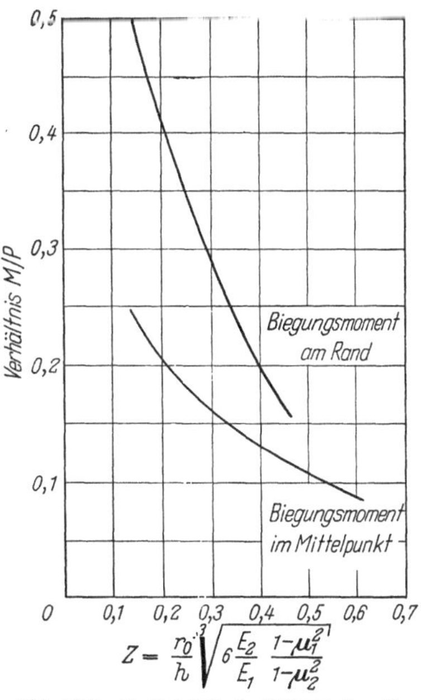

Abb. 19.3. Als Ergebnis der DANTUschen Versuche erhaltene Kurven: Auf die mittig wirkende Kraft P bezogene Biegungsmomente M am Rand und im Mittelpunkt einer quadratischen Platte in Abhängigkeit von der dimensionslosen Größe Z. (Nach DANTU [*19.7*])

Die eine dieser Kurven zeigt den Verlauf des Biegungsmomentes M im Mittelpunkt der Platte, die andere, in der Mitte einer Quadratseite. Auf der Abszisse ist Z aufgetragen, auf der Ordinate das Verhältnis M/P (M in Mpm/m und P in Mp).

Es wird vorgeschlagen, diese Kurven anzuwenden. Man wird feststellen, daß die Biegungsmomente am Rand wesentlich größer als in der Mitte sind.

Selbstverständlich gehorchen die Elastizitätswerte des Korks nicht genau den gleichen Gesetzen wie die der Böden. Man darf jedoch annehmen, daß — wegen der stets vorgenommenen vorherigen Verdichtung — im Boden unter den Platten Proportionalität zwischen Spannung und Verformung besteht. Es geht vor allem darum, den entscheidenden Meßfehler zu vermeiden, der sich aus dem elastisch-plastischen Versuch ergibt.

Der Modul E_2 des Bodens wird aus Kompressionsversuchen hergeleitet; man erzeugt dabei im voraus die Überkonsolidierungsspannungen, die in situ durch das Verdichten des Bodens entstehen.

Beispiel:

$$E_2 = 500 \text{ kp/cm}^2,$$
$$E_1 = 200\,000 \text{ kp/cm}^2,$$
$$r_0 = 0{,}25 \text{ m},$$
$$h = 0{,}25 \text{ m},$$
$$\mu_1 = \mu_2.$$

Damit ergibt sich:

$$Z = \sqrt[3]{\frac{3\,000}{200\,000}} = 0{,}246\,.$$

Aus Abb. 19.3 liest man für $Z = 0{,}246$ ein Biegungsmoment in der Mitte von 0,175 P, am Rand von 0,34 P ab.

Wäre $E_2 = 100 \text{ kp/cm}^2$ (statt 500 kp/cm^2), so stiege das Biegungsmoment in der Mitte von 0,175 P auf 0,215 P. Für $E_2 = 1000 \text{ kp/cm}^2$ hingegen würde es 0,16 P betragen. Diese Zahlen gestatten es, eine Vorstellung von dem Problem zu bekommen: Man sieht an diesem Beispiel, daß das Biegungsmoment nicht in weiten Grenzen schwankt.

In Orly [*19.8*] waren die von Becker und Lorin beobachteten Biegungsmomente kleiner als jene, die Abb. 19.3 liefert. Dies erklärt sich daraus, daß die Platten für Startbahnen gegenüber dem Lasthalbmesser eine verhältnismäßig größere Dicke haben, als die Platten im Versuch von Dantu. Auf jeden Fall gibt die von Dantu vorgeschlagene Kurve einen ersten interessanten Näherungswert, der auf der sicheren Seite liegt.

20 Schächte, Tunnel, Silos

20.1 Zwei Grenzgleichgewichtszustände in der Umgebung eines Schachtes

Wenn man in einem Boden ein zylindrisches Loch mit lotrechter Achse anlegt, so wird die auf einem Flächenelement ds wirkende Radialspannung σ_r null, Abb. 20.1. Die Tangentialspannung σ_Θ auf einem in der Meridianebene gelegenen Flächenelement ds' nimmt zu, während die lotrechte Spannung $\sigma = \gamma z$, die auf einem waagrechten Flächenelement ds'' wirkt, in der gleichen Tiefe z unterhalb der Oberfläche konstant bleibt.

Man erhält einen durch eine *maximale Tangentialspannung*

$$\sigma_\Theta = \lambda_p \, \sigma_r$$

gekennzeichneten Grenzgleichgewichtszustand (franz. équilibre serré).

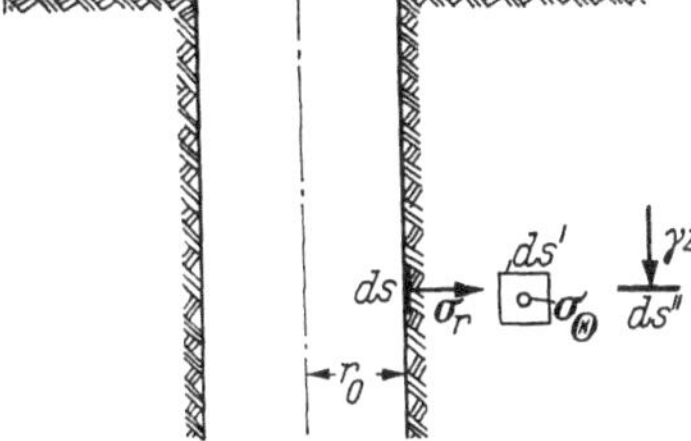

Abb. 20.1. Definition der Spannungen σ_r, σ_Θ, σ_z in der Umgebung eines Schachtes

Bringt man im Loch längs der freien Wand eine Gummihülle an und bläst diese auf, so wirkt auf die Wand ein zunehmender Druck, der den vor dem Aushub herrschenden Druck $\lambda_0 \gamma z$ erreichen und schließlich überschreiten wird. Es ergibt sich im Grenzfall ein durch eine *minimale Tangentialspannung*

$$\sigma_\Theta = \lambda_a \, \sigma_r$$

gekennzeichneter Grenzgleichgewichtszustand (franz. équilibre distendu). Diesen Zustand ruft z. B. eine Explosion in einem unbegrenzten Medium hervor; er entsteht auch infolge einer Spitzenbelastung an einer Pfahlspitze.

20.2 Verteilung der Spannungen in der Umgebung eines Schachtes im Falle eines elastischen Gleichgewichtszustands

Vor dem Bohren sind die Spannungen σ_r und σ_Θ gleich $\lambda_0 \gamma z$, während σ_z gleich γz ist (λ_0 Ruhedruckbeiwert; seine Größe liegt zwischen λ_a und λ_p). Man kann also den im Inneren des zukünftigen Schachtes gelegenen Boden durch eine Flüssigkeit mit der Wichte $\lambda_0 \gamma$ ersetzen, ohne die Verteilung der Spannungen σ_r und σ_Θ zu verändern. Die Spannung in einem beliebigen Punkt des den zukünftigen Schacht umgebenden Mediums kann mithin als das Ergebnis einer Superposition von zwei Lastfällen aufgefaßt werden, und zwar einer Belastung infolge des Bodengewichts und einer Belastung infolge der Flüssigkeit mit der Wichte $\lambda_0 \gamma$. Das Anlegen des Schachtes hat die gleiche Wirkung wie die Entnahme der Flüssigkeit mit der Wichte $\lambda_0 \gamma$.

Die Formeln von Lamé (1852) geben die Spannungen in dickwandigen Zylindern an, die durch einen Innendruck $\lambda_0 \gamma$ belastet sind. Sie gestatten es, in einem Punkt mit den Koordinaten r und z die Spannungen zu berechnen, die der Druck $\lambda_0 \gamma$ hervorruft:

$$\sigma_z = 0 \, ,$$
$$\sigma_r = \lambda_0 \gamma \, z \frac{r_0^2}{r^2} \, ,$$

$$\sigma_\Theta = -\lambda_0 \gamma z \frac{r_0^2}{r^2},$$
$$\tau_{rz} = 0,$$

mit r_0 als dem Schachthalbmesser.

Nach dem Ausheben des Schachtes sind die Spannungen gleich der Differenz aus den Spannungen infolge des Bodengewichts und den obigen für den Innendruck $\lambda_0 \gamma$ berechneten Spannungen, d. h. also:

$$\sigma_z = \gamma z,$$
$$\sigma_r = \lambda_0 \gamma z \left(1 - \frac{r_0^2}{r^2}\right),$$
$$\sigma_\Theta = \lambda_0 \gamma z \left(1 + \frac{r_0^2}{r^2}\right),$$
$$\tau_{rz} = 0.$$

Es folgt daraus, daß für $r = r_0$, d. h. an der Schachtwand, $\sigma_r = 0$ ist, während $\sigma_\Theta = 2\,\lambda_0\,\gamma\,z$ (doppelter Anfangswert) wird. Die Verteilung der Spannungen ist in Abb. 20.2 eingetragen.

Diese für den elastischen Bereich gültige Verteilung der Spannungen ist jedoch nur für Felsgestein möglich. Sie kann es für Stoffe ohne Kohäsion nicht sein, da das Verhältnis σ_Θ/σ_r oder σ_z/σ_r an der Wand unendlich würde, wohingegen sein Grenzwert in Wirklichkeit $\lambda_p = \tan^2\left(\frac{\pi}{4} + \frac{\varrho}{2}\right)$ ist (s. 20.1).

Es entstehen also Rutschungen und Einbrüche, so daß man den Schacht auskleiden muß. Um den Schacht herum besteht dann eine

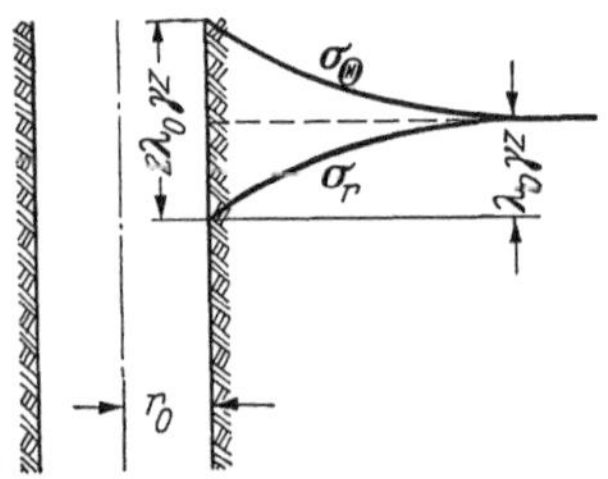

Abb. 20.2. Verlauf der Radialspannungen σ_r und Tangentialspannungen σ_Θ in der Umgebung eines Schachtes

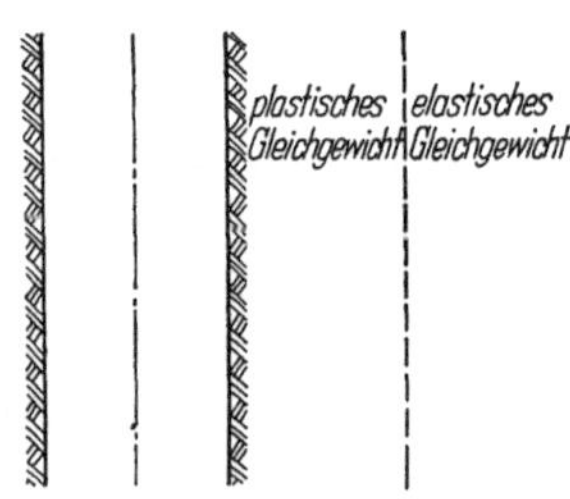

Abb. 20.3. Nebeneinanderbestehen von zwei Gleichgewichtszuständen in der Umgebung eines Schachtes

kreiszylindrische Zone plastischen Gleichgewichts, die den Schacht von dem im elastischen Gleichgewicht befindlichen umgebenden Medium trennt, Abb. 20.3.

20.3 Tunnel

Die wissenschaftliche Ermittlung der Gewölbedicke eines Tunnels hat seit Vauban kaum Fortschritte erzielt. Vauban schrieb in seinem „Traité de la défense des places“ aus dem Jahre 1706: „Ich will hier nicht von den Wachthäusern, Kasernen, Pulvermagazinen und Arsenalen sprechen — jedermann kennt sie —, sondern von den Stollen, von denen man an einem Kriegsplatz nicht genug haben kann. Ihre Lage ist überall richtig, insbesondere unter den Kavalieren, den mächtigen Traversen, den Batteriestellungen an der Spitze der Basteien, unter den Flanken und den Kurtinen.

Die Erfahrung lehrte uns, daß sie sehr gut einer Bombe standhalten, wie groß diese auch sei, wenn sie in Form eines Kreisbogens gewölbt sind und das Gewölbe gut ausgeführt ist, und zwar drei bis vier Fuß dick an den Seiten und mit fünf, sechs, sieben bis acht Fuß Erde darüber. Die Gewölbe für diesen Zweck können beliebig lang, sie dürfen jedoch niemals breiter als 18 bis 20 Fuß zwischen den Wänden sein".

Es war eine glückliche Zeit, in der sich die Konstrukteure nicht um den Fortschritt der Bomben kümmerten.

Die Gewölbedicke wurde so lange Zeit empirisch bestimmt.

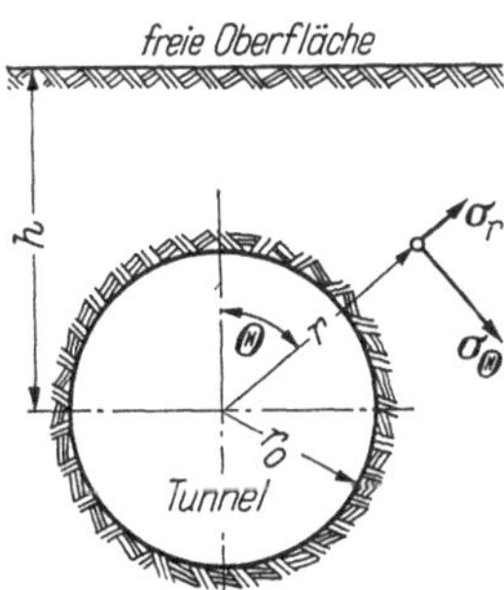

Abb. 20.4. Definition der Spannungen σ_r und σ_Θ in der Umgebung eines Tunnels

Im folgenden gelten die Bezeichnungen, Abb. 20.4:

h lotrechter Abstand der waagrechten, freien Oberfläche von der Tunnelachse,
r_o Tunnelhalbmesser,
γ Wichte des Bodens,
σ_r Radialspannung, σ_Θ Tangentialspannung } in einem Punkt mit dem Polarkoordinaten r, Θ bezüglich des Tunnelmittelpunkts.

20.3.1 Elastisches Gleichgewicht. MINDLIN [20.1] gab im Jahre 1939 für den elastischen Bereich die Berechnung der Spannungen in der Umgebung eines Tunnels in den drei Fällen an:

$\lambda_0 = 1$ Medium in hydrostatischem Gleichgewicht,

$\lambda_0 = \frac{\mu}{1-\mu}$ keine seitliche Verformung und

$\lambda_0 = 0$.

Die von ihm erhaltenen Ausdrücke sind ziemlich verwickelt. Für den Fall $\lambda_0 = 1$, der insbesondere einer großen Überdeckung entspricht, kann man eine Näherungslösung durch eine ähnliche Betrachtung wie zuvor erhalten (20.2).

In diesem Falle sind vor dem Tunnelaushub die Spannungen σ_r, σ_Θ und σ_z gleich dem Produkt $\gamma\, z$. Die Spannungen nach dem Aushub erhält man — wie oben — indem man die Spannungen abzieht, die eine Flüssigkeit mit der Wichte $\gamma\, h$ erzeugen würde; dies ergibt:

$$\sigma_r = \gamma\, h\left(1 - \frac{r_0^2}{r^2}\right),$$

$$\sigma_\Theta = \gamma\, h\left(1 + \frac{r_0^2}{r^2}\right).$$

An der Tunnelwand ($r = r_0$) ist also im elastischen Gleichgewichtszustand σ_r null und σ_Θ doppelt so groß wie vor dem Aushub, Abb. 20.5.

Dieser Zustand kann nur für Felsgestein möglich sein. Er ist bei Sanden ohne Auskleidung des Tunnelquerschnitts unmöglich. Bei den Tonen bildet sich eine Zone plastischen Gleichgewichts um die Tunnelwand herum.

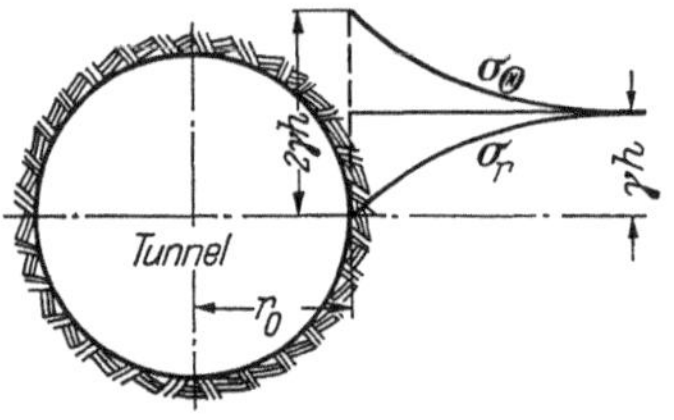

Abb. 20.5. Verlauf der Radialspannungen σ_r und Tangentialspannungen σ_Θ in der Umgebung eines Tunnels

20.3.2 Plastisches Gleichgewicht für einen rolligen Boden. Es sei ein Tunnel betrachtet, dessen Achse parallel zur Oberfläche verläuft, mit O als Spur in der Bildebene.

Um den Tunnel herum bilden sich Gewölbe aus; es sollen die Spannungen σ_r und σ_Θ für den Fall berechnet werden, daß diese Spannungen Hauptspannungen sind, d. h. daß die Hauptspannungslinien Kreise mit dem Mittelpunkt in O sind, Abb. 20.6.

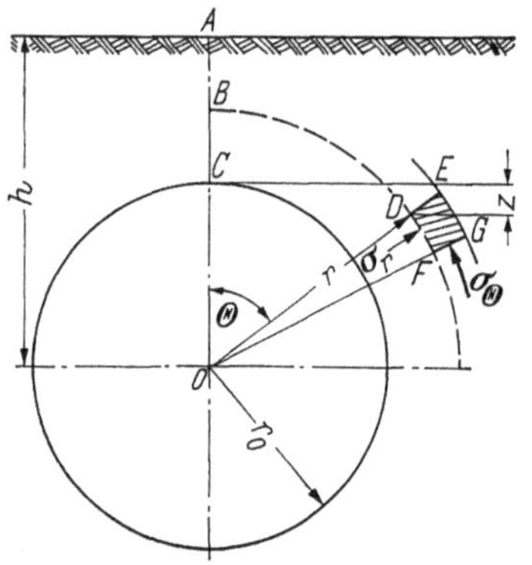

Abb. 20.6. Auf ein Volumenelement des Bodens wirkende Spannungen in der Umgebung eines Tunnels

Zunächst sei das Gleichgewicht des Volumenelementes mit der Grundfläche *DEGF* und der Höhe eins senkrecht zur Bildebene untersucht.

Auf die Fläche *DE* wirkt die elastische Kraft $\sigma_\Theta\, dr$, und auf die Fläche *DF* wirkt $\sigma_r\, r\, d\Theta$. Anderseits beträgt das Gewicht des Volumenelementes $dr\, r \cdot d\Theta\, \gamma$.

Die Projektion dieser Kräfte auf den Halbmesser ergibt:

$$\sigma_\Theta\, dr\, d\Theta - d\Theta\, d(r\sigma_r) - dr\, r\, d\Theta\, \gamma \cos\Theta = 0;$$

dies läßt sich in der Form schreiben:

$$\sigma_\Theta - \frac{d}{dr}(r\,\sigma_r) - \gamma\, r \cos\Theta = 0 \qquad (1).$$

Bei Projektion auf den Kreisumfang erhält man:

$$dr\, d\sigma_\Theta - dr\, r\, d\Theta\, \gamma \sin\Theta = 0$$

oder

$$d\sigma_\Theta = -\gamma\, r\, d(\cos\Theta)\,.$$

Dies bedeutet, daß längs einer Hauptspannungslinie mit dem Halbmesser r die Beziehung gilt:

$$\sigma_\Theta(r, \Theta) = \sigma_\Theta(r, 0) + \gamma\, r\,(1 - \cos\Theta)$$

oder

$$\sigma_\Theta(r,\Theta) = \sigma_\Theta(r,0) + \gamma z \qquad (2),$$

mit z als dem lotrechten Abstand zwischen Punkt C und dem Schwerpunkt des Volumenelementes mit der Grundfläche $DEGF$. In B gilt:

$$\sigma_\Theta(r,0) = \lambda_p\,\sigma_r(r,0) \qquad (3).$$

Trägt man Gl. (3) in Gl. (1) ein, so folgt:

$$\lambda_p\,\sigma_r(r,0) - \frac{d}{dr}[r\,\sigma_r(r,0)] - \gamma r = 0\,,$$

d. h.

$$r\frac{d\sigma_r}{dr} - (\lambda_p - 1)\,\sigma_r + \gamma r = 0\,.$$

Die allgemeine Lösung dieser Gleichung lautet:

$$\sigma_r(r,0) = \frac{\gamma r}{\lambda_p - 2} + a\,\gamma\,r^{\lambda_p - 1} \qquad (4).$$

Die Konstante a ergibt sich aus der Bedingung, daß $\sigma_r(r,0)$ im Punkt A der Oberfläche null ist; dies liefert:

$$\sigma_r(r,0) = \frac{\gamma h}{\lambda_p - 2}\left[\frac{r}{h} - \left(\frac{r}{h}\right)^{\lambda_p - 1}\right] \qquad (5).$$

Da nach Gl. (3)

$$\sigma_\Theta(r,0) = \lambda_p\,\sigma_r(r,0)$$

ist, so ergibt sich:

$$\sigma_\Theta(r,0) = \lambda_p\frac{\gamma h}{\lambda_p - 2}\left[\frac{r}{h} - \left(\frac{r}{h}\right)^{\lambda_p - 1}\right] \qquad (6).$$

Wird r in Gl. (5) und Gl. (6) durch r_0 ersetzt, so findet man den Wert der Spannungen σ_r und σ_Θ im Tunnelscheitel.

Da

$$\sigma_r(r,\Theta) = \sigma_r(r,0) + \gamma r(1 - \cos\Theta)$$

ist, liefert Gl. (5) für die Spannung σ_r im Punkt D:

$$\sigma_r(r,\Theta) = \gamma r(1 - \cos\Theta) + \frac{\gamma h}{\lambda_p - 2}\left[\frac{r}{h} - \left(\frac{r}{h}\right)^{\lambda_p - 1}\right].$$

Diese Beziehung ergibt sich auch mit der Differentialgleichung, Gl. (1):

$$\sigma_\Theta - \frac{d}{dr}(r\,\sigma_r) - \gamma r\cos\Theta = 0\,.$$

Daraus wird:

$$\frac{d}{dr}(r\,\sigma_r) = \gamma r(1 - 2\cos\Theta) + \lambda_p\frac{\gamma h}{\lambda_p - 2}\left[\frac{r}{h} - \left(\frac{r}{h}\right)^{\lambda_p - 1}\right].$$

Aus dieser Gleichung läßt sich herleiten:

$$r\,\sigma_r = \gamma\,\frac{r^2}{2}\,(1 - 2\cos\Theta) + \gamma\,\frac{\lambda_p h^2}{\lambda_p - 2}\left[\frac{1}{2}\left(\frac{r}{h}\right)^2 - \frac{1}{\lambda_p}\left(\frac{r}{h}\right)^{\lambda_p}\right],$$

und damit ist wieder

$$\sigma_r(r,\Theta) = \gamma\,r\,(1 - \cos\Theta) + \frac{\gamma\,h}{\lambda_p - 2}\left[\frac{r}{h} - \left(\frac{r}{h}\right)^{\lambda_p - 1}\right],$$

$$\sigma_r(r,\Theta) = \sigma_r(r,0) + \gamma\,z\,.$$

Man erhält also schließlich für den Punkt D:

$$\sigma_\Theta(r,\Theta) = \sigma_\Theta(r,0) + \gamma\,z\,,$$

$$\sigma_r(r,\Theta) = \sigma_r(r,0) + \gamma\,z\,.$$

Da $\gamma\,z$ stets positiv ist, wird das Verhältnis $\sigma_\Theta(r,\Theta)/\sigma_r(r,\Theta)$ kleiner als $\lambda_p = \sigma_\Theta(r,0)/\sigma_r(r,0)$.

Ein Grenzgleichgewicht mit $\sigma_\Theta(r,0)/\sigma_r(r,0) = \lambda_p$ stellt sich also nur auf $\overline{CA}$ ein, d. h. für alle Punkte, die auf der Lotrechten durch den Tunnelscheitel liegen.

20.3.3 Plastisches Gleichgewicht für einen bindigen Boden. Um vom rolligen zum bindigen Boden überzugehen, genügt es nach dem Theorem der korrespondierenden Zustände (9.4), in A, Abb. 20.6, eine gleichförmig verteilte Druckspannung von der Größe der hydrostatischen oder dreiaxialen Zugfestigkeit $H = c\cot\varrho$ anzubringen und sie in C abzuziehen. Die Druckspannung H läßt sich in A berücksichtigen, wenn man die Konstante a der in (20.3.2) hergeleiteten Differentialgleichung, Gl. (4), aus der Randbedingung für die Oberfläche $\sigma_r(h,0) = H$ bestimmt.

Dies gibt in C:

$$\sigma_r(r_0,0) = \frac{\gamma\,h}{\lambda_p - 2}\left[\frac{r_0}{h} - \left(\frac{r_0}{h}\right)^{\lambda_p - 1}\right] - H\left[1 - \left(\frac{r_0}{h}\right)^{\lambda_p - 1}\right] \qquad (7).$$

Im Falle $\varrho = 0$ nimmt das zweite Glied dieses Ausdrucks eine unbestimmte Form an; der wirkliche Wert wird:

$$-\frac{c}{\varrho}\left[1 - 1 - 2\varrho\cdot 2{,}3\log\frac{r_0}{h}\right] = 4{,}6\,c\log\frac{r_0}{h}\,\cdot$$

Schließlich erhält man:

$$\sigma_r(r_0,0) = \gamma\,r_0\left(\frac{h}{r_0} - 1\right) - 4{,}6\,c\log\frac{h}{r_0} \qquad (8);$$

$\sigma_\Theta(r_0,0)$ hat den gleichen Wert.

Die gleichen Formeln gelten für den Fall, daß der Tunnel unter Innendruck steht; die Werte für σ_Θ und σ_r lassen sich dabei aus den vorstehenden Formeln ableiten, indem man λ_p durch λ_a ersetzt.

20.3.4 Anwendungen

20.3.4.1 In trockenem Sand angelegte Tunnel. Es werden die folgenden Kennwerte angenommen:

$$\gamma = 1{,}8\,\text{Mp/m}^3\,, \quad \tan\varrho = 0{,}75\,, \quad \lambda_a = \frac{1}{4}\,, \quad \lambda_p = 4\,.$$

Nach Einsetzen dieser Werte in Gl. (5), (20.3.2) ergibt sich im Tunnelscheitel eine Radialspannung (Druck):

$$\sigma_r\,(r_0, 0) = 0{,}9\,h\left[\frac{r_0}{h} - \left(\frac{r_0}{h}\right)^3\right] \quad \text{in Mp/m}^2\,.$$

Die obere Grenze für σ_r $(r_0, 0)$ beträgt also $0{,}9\,r_0$; sie ist von h unabhängig.

Ein Eisenbahntunnel z. B. habe einen äußeren Halbmesser $r_0 = 5{,}0$ m. Die Radialspannung (Druck) σ_r im Scheitel ist danach kleiner als $0{,}9 \cdot 5{,}0$ Mp/m² = 4,5 Mp/m². Bei einer zulässigen Druckspannung der Mauerwerkauskleidung von 20 kp/cm², d. h. 200 Mp/m², beträgt die erforderliche Gewölbedicke unter Zugrundelegen der für ein dünnwandiges Rohr gültigen Formel:

$$\frac{r_0 \cdot \sigma_r}{\sigma_{\text{zul.}}} = \frac{5{,}0 \cdot 4{,}5}{200}\,\text{m} = 0{,}11\,\text{m}\,.$$

Die in der Praxis üblichen Dicken der Mauerwerkauskleidung sind mithin bei in trockenen Sanden angelegten Tunneln stets zu groß.

20.3.4.2 In feuchtem Sand angelegte Tunnel. Die Radialspannung (Druck) im Tunnelscheitel setzt sich folgendermaßen zusammen:

— Druck infolge des Sandes, dessen Wichte bei Annahme der Wichte des vorangegangenen Beispiels (20.3.4.1) unter Berücksichtigung des Auftriebs — mit $\gamma_s = 2{,}7$ Mp/m³ — $\gamma_a = 1{,}8\,\dfrac{2{,}7 - 1}{2{,}7}$ Mp/m³ = 1,1 Mp/m³ beträgt,

— Druck p infolge des Wassers.

Im Tunnelscheitel beträgt also die Radialspannung (Druck):

$$\sigma_r\,(r_0, 0) = \frac{1{,}1\,h}{2}\left[\frac{r_0}{h} - \left(\frac{r_0}{h}\right)^3\right] + p\,, \text{ in Mp/m}^2\,,$$

und damit gilt:

$$\sigma_r < 0{,}55\,r_0 + p\,.$$

Für einen Eisenbahntunnel z. B. mit einem äußeren Halbmesser $r_0 = 5{,}0$ m, 10 m unter dem Wasserspiegel, gilt:

$$\sigma_r < 2{,}75\,\text{Mp/m}^2 + 10\,\text{Mp/m}^2\,,$$

$$\sigma_r < 12{,}75\,\text{Mp/m}^2\,.$$

Die für Mauerwerk erforderliche Gewölbedicke beträgt bei einer zulässigen Druckspannung der Mauerwerkauskleidung von 20 kp/cm², d. h. 200 Mp/m², und unter Zugrundelegen der für ein dünnwandiges Rohr gültigen Formel: $\frac{5{,}0 \cdot 12{,}75}{200}\,\mathrm{m} = 0{,}32\,\mathrm{m}$.

20.3.4.3 In Tonboden angelegte Tunnel. Der Ton habe folgende Kennwerte:

$$c = 2\,\mathrm{Mp/m^2}\,,\ \varrho = 10°\ (\tan\varrho = 0{,}176)\,,\ \gamma = 2\,\mathrm{Mp/m^3},$$

$$\lambda_p = 1{,}42\,,\qquad H = c\cot\varrho = 11{,}36\,\mathrm{Mp/m^2}\,.$$

Aus der allgemeinen Formel, Gl. (7), leitet man als Radialspannung (Druck) im Tunnelscheitel her:

$$\sigma_r(r_0, 0) = 3{,}45\,h\left[\left(\frac{r_0}{h}\right)^{0{,}42} - \frac{r_0}{h}\right] - 11{,}36\left[1 - \left(\frac{r_0}{h}\right)^{0{,}42}\right].$$

Dieser Ausdruck läßt sich in der Form schreiben:

$$\sigma_r(r_0, 0) = \boldsymbol{p}\,h - \boldsymbol{q}\,;$$

die beiden Größen $\boldsymbol{p}$ und $\boldsymbol{q}$ hängen dabei nur von r_0/h ab, Tab. 20.1.

Für einen Eisenbahntunnel von $r_0 = 5$ m gelten die in Tab. 20.2 zusammengestellten Werte.

Einen Vergleich der Werte, Tab. 20.2, mit $\gamma\,h$ enthält Tab. 20.3.

Tabelle 20.1. *Koeffizienten $\boldsymbol{p}$ und $\boldsymbol{q}$ zur Berechnung der Radialspannung $\sigma_r(r_0, 0)$ im Tunnelscheitel in Abhängigkeit vom Verhältnis r_0/h im Sonderfall $c = 2$ Mp/m², $\varrho = 10°$ und $\gamma = 2$ Mp/m³*

r_0/h		1	0,50	0,25	0,10
$\boldsymbol{p}$	Mp/m³	0	0,86	1,07	0,97
$\boldsymbol{q}$	Mp/m²	0	2,84	5	7,03

Tabelle 20.2. *Berechnung der Radialspannung σ_r (5,0) im Tunnelscheitel in Abhängigkeit von h im Sonderfall $r_0 = 5$ m, $c = 2$ Mp/m², $\varrho = 10°$ und $\gamma = 2$ Mp/m³*

h	m	5	10	20	50
r_0/h		1	0,50	0,25	0,10
$\boldsymbol{p}\,h$	Mp/m²	0	8,60	21,40	48,50
$\sigma_r = \boldsymbol{p}\,h - \boldsymbol{q}$	Mp/m²	0	5,76	16,40	41,47

Tabelle 20.3. *Verhältnis der nach Tab. 20.2 ermittelten Radialspannung σ_r (5,0) im Tunnelscheitel zum Produkt $\gamma\,h$ im Sonderfall $r_0 = 5$ m, $c = 2$ Mp/m², $\varrho = 10°$ und $\gamma = 2$ Mp/m³*

h	m	5	10	20	50
σ_r	Mp/m²	0	5,76	16,40	41,47
$\gamma\,h$	Mp/m²	10	20	40	100
$\sigma_r/\gamma\,h$		0	0,288	0,41	0,41

Bei einer Auskleidung mit Mauerwerk und einer zulässigen Druckspannung desselben von 20 kp/cm², d. h. 200 Mp/m², würde sich unter Zugrundelegen der für ein dünnwandiges Rohr gültigen Formel für 10 m Tiefe eine Dicke der Auskleidung von

$$\frac{5{,}0 \cdot 5{,}76}{200}\,\mathrm{m} = 0{,}14\,\mathrm{m}$$

ergeben. Die entsprechenden Werte betragen für 20 m Tiefe: 0,41 m und für 50 m Tiefe: 1,04 m. Man ist also gezwungen, von einer bestimmten Tiefe ab gußeiserne Auskleidungen zu verwenden.

20.3.5 Gültigkeit des betrachteten plastischen Gleichgewichts. Bisher wurden die Randbedingungen für die Oberfläche zur Bestimmung der Konstante der Gl. (4), (20.3.2), herangezogen. Man erhält so *einen* plastischen Gleichgewichtszustand. Es entstehen andere plastische Gleichgewichtszustände, insbesondere wenn h/r_0 zunimmt. Die Oberflächenbedingung hat dann weniger Bedeutung. In diesem Fall bildet sich um den Tunnel herum — wie bereits erwähnt — eine Ringzone plastischen Gleichgewichts, die sich zwischen die Tunnelöffnung und das im elastischen Gleichgewicht befindliche Medium legt. Die diesen Gleichgewichtszuständen entsprechenden Spannungen σ_r und σ_Θ sind kleiner als die nach obigen Formeln gegebenen Spannungen, da sich in dem oben betrachteten plastischen Gleichgewichtszustand allein der Bereich zwischen dem Tunnelscheitel C und der Oberfläche A im plastischen Zustand befindet (alle anderen Punkte befinden sich nicht im Zustand des Grenzgleichgewichts).

Die oben angegebenen Werte sind also als Maximalwerte anzusehen. Sie setzen aber voraus, daß sich das Medium weder entspannen noch in seinen mechanischen Eigenschaften verändern kann. Wenn insbesondere ein Tunnel in einem Tonboden angelegt wird, der eine bestimmte Kohäsion hat, so wird dieser Ton bei Luftzutritt Wasser absorbieren. Wenn dann die Auskleidung nicht in unmittelbarem Kontakt mit der Wand hergestellt wird, versucht der Ton, unter Aufnahme von Wasser durch Quellen in den Zustand $\varrho = 0$, $c \neq 0$ überzugehen, und die Spannungen σ_r und σ_Θ werden dann gegenüber den durch die obigen Formeln gegebenen Spannungen zunehmen. Sie werden um so mehr zunehmen, je größer die dreiaxiale Zugfestigkeit H des Tons ist und je mehr sich außerdem der freigelegte Ton in einer gesättigten Atmosphäre oder im Kontakt mit einer Auskleidung, wie z. B. Beton befindet, der dem Ton ein Sättigen mit Wasser ermöglicht.

20.3.6 Überprüfung der Theorie durch den Versuch. Es gibt wenige experimentelle Kontrollen.

Bei den Kontrollen von Housel [*20.2*] sind die physikalischen Kennwerte des Mediums schlecht definiert und die Geräte zum Messen der

Radialspannungen (Drücke) σ_r mit Vorsicht zu betrachten. Es wird festgestellt, daß die Drücke σ_r mit der Zeit zunehmen; dies beweist sehr wahrscheinlich, daß die Auskleidung zu Beginn des Tunnelbaus keinen unmittelbaren Kontakt mit dem anstehenden Erdreich hatte.

Interessante Versuche sind in England seit Jahren im Gange [*20.3*]. Sie werden an einem Abwasser-Sammelrohr von 2,70 m Durchmesser vorgenommen, das sich in 27 m Tiefe im Londoner Ton befindet. Die Tangentialspannungen σ_Θ mißt man mit schwingenden Saiten, die in den Auskleidungs-Segmenten eingebaut sind. Die mit den Saiten registrierten Werte lassen auf einen Druck im Tunnelscheitel (Radialspannung) σ_r in der Größenordnung von 60% des Druckes $\gamma\, h$ schließen, der dem Gewicht der Erdschicht über dem Tunnel entspricht, d. h., mit $\gamma = 2$ Mp/m³, einen Druck von $\sigma_r = 0{,}6 \cdot 2 \cdot 27$ Mp/m² $= 32{,}4$ Mp/m².

Wenn sich der Londoner Ton wie ein Boden mit dem Winkel der inneren Reibung $\varrho = 0$ verhalten würde, müßte nach Gl. (8), (20.3.3) gelten:

$$\sigma_r\,(r_0, 0) = \gamma\, r_0 \left(\frac{h}{r_0} - 1\right) - 4{,}6\, c \log \frac{h}{r_0}\,,$$

$$32{,}4\ \mathrm{Mp/m^2} = 2 \cdot 1{,}35 \cdot 19\ \mathrm{Mp/m^2} - 4{,}6\, c \log 20\ \mathrm{Mp/m^2}\,,$$

$$c = \frac{18{,}8}{6}\ \mathrm{Mp/m^2} = 3{,}1\ \mathrm{Mp/m^2}\,.$$

Die Kohäsion des Londoner Tons schwankt jedoch zwischen 30 Mp/m² und 3 Mp/m², je nachdem, ob dieser rissige Ton gerade dem Boden entnommen wird oder ob er sich infolge Lagerns an feuchter Luft durch Wasserabsorption sättigen kann.

Die Auskleidung wurde durch Segmente vorgenommen, die man unter dem Druck von Pressen anbrachte. Nach einer Druckentlastung des Bodens, die sich nach dem Ausbruch ergab und einen Gleichgewichtszustand mit maximaler Tangentialspannung σ_Θ (s. 20.1) zur Folge hatte, entstand also durch den Druck der Pressen ein Gleichgewichtszustand mit minimaler Tangentialspannung σ_Θ. Was man mißt, ist der zwischen den Segmenten auszuübende Druck, um einen bestimmten Gleichgewichtszustand dieser Art (mit minimaler Tangentialspannung) aufrechtzuerhalten.

20.3.7 Tunnel in Fels. Bei Tunneln, die in Fels angelegt werden, hängen die auf die Tunnelwände wirkenden Spannungen weitgehend vom Spannungszustand ab, der vor dem Tunnelbau herrschte. Terzaghi und Richart [*20.4*] zeigten nach theoretischen Untersuchungen, daß das Verhältnis $\sigma_\Theta/\gamma\, h$ im Scheitel eines kreisförmigen Tunnels in Abhängigkeit vom Ruhedruckbeiwert λ_0, dem Verhältnis der waagrechten Spannungen zu den lotrechten Spannungen vor dem Anlegen des Tunnels, die in Tab. 20.4 gezeigten Werte annimmt.

Tabelle 20.4. *Verhältnis der Tangentialspannung* $\sigma_\Theta (r_0, 0)$ *im Tunnelscheitel zum Produkt* γh *in Abhängigkeit vom Ruhedruckbeiwert* γ_0 *bei einem in Fels angelegten Tunnel.* (Nach TERZAGHI und RICHART [*20.4*])

λ_0	0,25	0,5	1,0	2,0
$\sigma_\Theta (r_0, 0)/\gamma h$	−0,25	+0,5	+2,0	+5,0

Für $\lambda_0 = 1$ ergibt sich ein Verhältnis von 2, das man auch nach der Theorie von LAMÉ erhält. Man sieht aber, daß dieses Verhältnis unter Umständen auf −0,25 (Fels lockerer Struktur) zurückgehen oder auf 5,00 (Fels, der tektonischen Kräften unterworfen war) steigen kann.

Es muß also zunächst der Ruhezustand des Felsen bekannt sein, d. h. der Ruhedruckbeiwert λ_0.

Um diesen Ruhezustand zu kennen, werden oftmals zwei Schlitze, Abb. 20.7, angebracht und die Vergrößerung des Abstands $\overline{AB}$ zwischen zwei vorher einbetonierten Marken gemessen, die durch das Verschwinden der Spannungen infolge der angebrachten Schlitze entsteht. Da der Elastizitätsmodul des Felsen im Laboratorium gemessen wurde, läßt sich aus diesem direkten Versuch der Wert der vor dem Versuch wirkenden Spannungen ableiten. Zur Kontrolle kann man in den beiden angelegten Schlitzen mit Flachpressen so lange die Spannung steigern, bis die Angabe der Meßuhr die gleiche wie vor dem Anbringen der Schlitze ist. Diese Spannung herrschte dann vorher [*20.5* u. *20.6*].

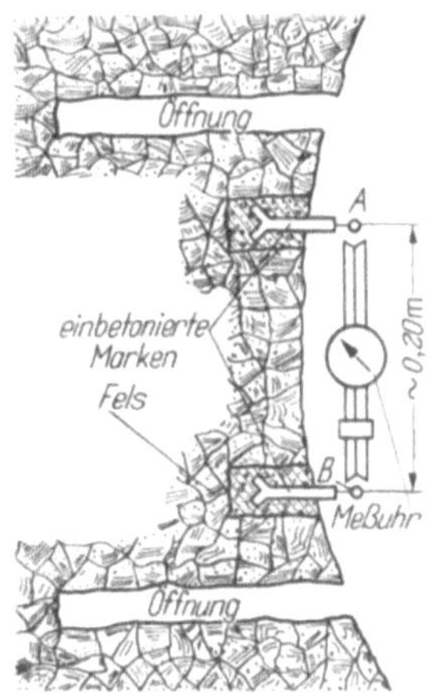

Abb. 20.7. Vorrichtung zum Messen des Spannungszustands in Fels

Wenn so die Spannungen in lotrechter und waagrechter Richtung gemessen sind, kann man den Wert von λ_0 berechnen. TINCELIN [*20.7*] zeigte anhand dieser Messungen, daß die Theorie von TERZAGHI und RICHART eine gute Näherung liefert.

Der Einfluß des Tunnelbohrens auf den Gleichgewichtszustand eines Felsmassivs hängt also von der Natur des Felsen und den vor dem Bohren herrschenden Spannungen ab.

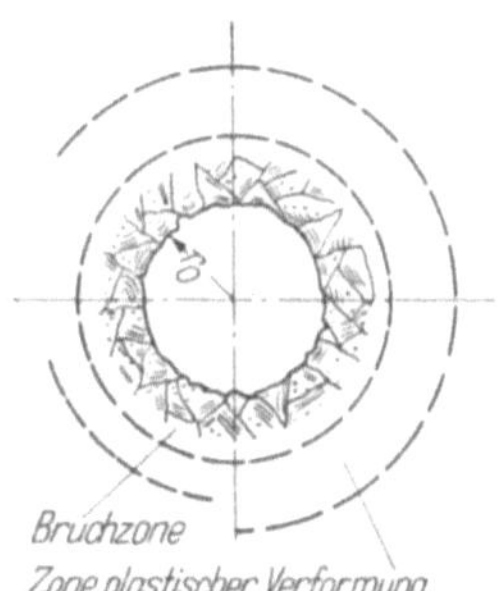

Abb. 20.8. Nebeneinanderbestehen verschiedener Zonen des Grenzgleichgewichts in der Umgebung eines Tunnels

Wenn der Ruhedruckbeiwert λ_0 größer als eins ist, läßt sich mit Hilfe der seismischen Erkundung eine brüchige und gerissene Zone rund um die Tunnelöffnung herum feststellen, Abb. 20.8. Im Falle des Isère-Arc-Tunnels erreichte diese Zone eine Dicke von 4 m. Im allgemeinen erreicht sie bei Tunneln mittlerer Überdeckung (bis 20 m) niemals 1 m, und bisweilen beträgt sie nur rd. 0,10 m.

20.3.8 Befestigung des Ausbruchquerschnitts der Tunnel. Das Auskleiden hat zum Ziel, den Ausbruch der gerissenen Zone aus dem Felsmassiv — ähnlich wie bei den Böden das Herausbrechen der gerissenen Zone aus der Bodenmasse — zu verhindern.

Wenn es sich um große Drücke handelt, ist es angebracht, den Fels so weit wie möglich an den Beanspruchungen zu beteiligen. Zu diesem Zwecke nimmt man Injektionen auf mechanischem Wege oder durch Quellzemente vor.

20.4 Silos

Die in Frankreich angestellten Versuche, insbesondere die von Reimbert [*20.8*], ermöglichen es, das Problem der Bestimmung der an den Silowänden auftretenden Normalspannungen (Wanddrücke) abzuklären.

20.4.1 Unendlich ausgedehnte Silos. Zunächst wird der zwischen zwei lotrechten parallelen Wänden im Abstand $2\,l$ unendlich ausgedehnte Silo untersucht.

Der Versuch zeigt, daß die Spannungen auf derselben Vertikalen bei großer Tiefe rasch einem konstanten Wert zustreben.

Es seien zwei infinitesimal benachbarte zylindrische Flächen mit den — in der Bildebene — parabelförmigen Spuren ABC und $A'B'C'$ in den Tiefen h_∞ und $h_\infty + dh$ unterhalb der Oberfläche der eingelagerten Substanz betrachtet, Abb. 20.9; die Tangenten an die Parabeln ABC und $A'B'C'$ sind in jedem Punkt zur lotrechten Richtung konjugiert.

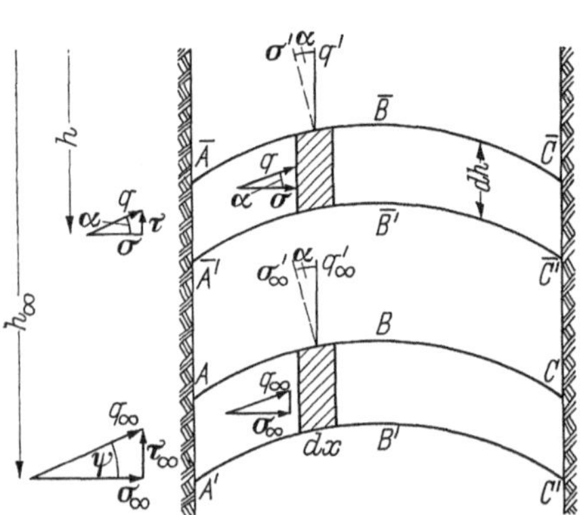

Abb. 20.9. Auf ein Volumenelement des in einem Silo befindlichen Füllguts wirkende Spannungen in zwei Tiefenlagen (h und h_∞)

Diese Flächen schließen ein Volumenelement ein, das bei der Tiefe eins senkrecht zur Bildebene die Größe $2\,l\,dh$ hat. Wenn mit γ die Wichte der eingelagerten Substanz bezeichnet wird, so steht die entsprechende lotrechte Kraft $2\,\gamma\,l\,dh$ mit den Reaktionen $2\,\tau_\infty\,dh$ der beiden Wände im Gleichgewicht; die auf den beiden Flächen mit den Spuren ABC und $A'B'C'$ wirkenden Kräfte sind gleich groß, wenn h unendlich groß ist. Es ergibt sich also:

$$2\gamma l\, dh = 2\tau_\infty\, dh\,,$$

$$\tau_\infty = \gamma\, l\,,$$

mit τ_∞ als Tangentialspannung an der Wand für $h = \infty$.

Nennt man σ_∞ die Normalspannung (Wanddruck) an der Wand für $h = \infty$ und ψ den Winkel der äußeren Reibung zwischen der Substanz und der Wand, so wird

$$\tau_\infty = \sigma_\infty \tan\psi = \gamma\, l\,.$$

Es wurde bereits gezeigt, daß sich der Winkel der inneren Reibung ϱ aufgrund der gegenseitigen Verzahnung der Körner innerhalb der Substanz vom Reibungswinkel ψ zwischen der Substanz und einer stetigen Wand unterscheidet (10.4).

Für das von den beiden Flächen — mit den Spuren ABC und $A'B'C'$ in der Bildebene und der Tiefe eins senkrecht dazu — gebildete gewölbeartige Volumenelement, das sich von der einen Wand zur anderen spannt, sind die auf die Waagrechte projizierten Gewichte konstant, und das Gleichgewicht zwischen den beiden Wänden ist durch ein für diese gleichförmige Belastung erhaltenes Seileck gekennzeichnet. Mithin sind die zur lotrechten Richtung konjugierten Flächen parabolisch, und die Spannung in allen Punkten dieser Flächen ist lotrecht.

In dem Gewölbe, das von den zwischen den beiden Flächen ABC und $A'B'C'$ eingelagerten Stoffen gebildet wird, ist aus Gleichgewichtsgründen die Normalspannung σ_∞ auf allen Schnitten parallel zu den beiden Wänden gleich groß; hingegen ist die Tangentialspannung τ_∞ veränderlich.

Da die Spannung q_∞ auf einem solchen lotrechten Schnitt die gleiche Richtung wie die zum Schnitt gehörende Tangente an die Fläche ABC hat, so beträgt — wenn mit σ_∞ die Normalkomponente der Spannung q_∞ bezeichnet wird — die Tangentialkomponente $\sigma_\infty \tan\alpha$; dabei ist α der Winkel, den die entsprechende Normale der Fläche ABC mit der Lotrechten bildet.

Bezeichnet man mit σ'_∞ die Normalkomponente der Spannung q'_∞ auf einem Flächenelement der Fläche ABC, so beträgt andererseits die Tangentialkomponente dieser Spannung $\sigma'_\infty \tan\alpha$.

Da die Spannung q'_∞ und die auf dem lotrechten Schnitt wirkende Spannung q_∞ konjugiert sind, wird das Grenzgleichgewicht für $\sigma'_\infty = \lambda_{a,\alpha}\, \sigma_\infty$ oder $\sigma'_\infty = \lambda_{p,\alpha}\, \sigma_\infty$ erreicht sein (s. 15.1.1), je nachdem, ob es sich um ein Erddruck- oder ein Erdwiderstandgleichgewicht handelt; es wird in erster Linie für ein möglichst großes α erreicht, d. h. für die Wand, wo $\alpha = \psi$ ist.

Es sei nun ein Volumenelement nicht mehr im Unendlichen, sondern in einer beliebigen Tiefe h betrachtet; dieses Element mit der Tiefe eins senkrecht zur Bildebene wird aus zwei im lotrechten Abstand dh

voneinander befindlichen Flächen mit den Spuren $\overline{A}\overline{B}\overline{C}$ und $\overline{A'}\overline{B'}\overline{C'}$ herausgeschnitten.

Wenn in diesem Falle alle Spannungen aus dem System $h = h_\infty$ durch Abminderung der dort wirkenden Spannungen im gleichen Verhältnis hervorgehen, wird das Gleichgewicht in jedem Schnitt bestehen bleiben.

Die Spannung q' auf der Fläche $\overline{A}\overline{B}\overline{C}$ wird dadurch gekennzeichnet sein, daß $q'/\cos\alpha$ (Verteilung von q' auf die Waagrechte) in allen Punkten einen konstanten Wert hat; die Spannung q' ist dabei lotrecht, und α bezeichnet den Winkel, den die Normale der Fläche im betrachteten Punkt mit der Lotrechten bildet.

Die nach oben gerichtete lotrechte Kraft an der Wand beträgt bei der Tiefe eins senkrecht zur Bildebene $2\,\tau\,dh$; die entsprechenden lotrechten Kräfte auf den beiden Flächen mit den Spuren $\overline{A}\overline{B}\overline{C}$ und $\overline{A'}\overline{B'}\overline{C'}$ haben als nach oben gerichtete Resultierende:

$$2\,l\,dh\,\frac{d}{dh}\left(\frac{q'}{\cos\alpha}\right).$$

Mit dem Gewicht $2\,\gamma\,l\,dh$ des Volumenelementes lautet die Gleichung für die Summe der lotrechten Kräfte:

$$\gamma\,l = l\,\frac{d}{dh}\left(\frac{q'}{\cos\alpha}\right) + \tau\,.$$

An der Wand ist das Grenzgleichgewicht beim Füllen des Silos mit dem Wert $q' = \frac{\sigma}{\cos\psi}\,\lambda_{p,\psi}$ erreicht (ψ Neigung der Spannung gegenüber der Lotrechten auf die Wand). Außerdem gilt für h_∞ die Beziehung:

$$\gamma\,l = \sigma_\infty\,\tan\psi$$

und auf der gesamten Wand:

$$\tau = \sigma\tan\psi.$$

Diese Randbedingungen gestatten es, die obige Gleichung folgendermaßen zu schreiben:

$$(\sigma_\infty - \sigma)\tan\psi = \frac{d\sigma}{dh}\,l\,\frac{\lambda_{p,\psi}}{\cos^2\psi}\,.$$

Die Integration dieser Gleichung ergibt:

$$\sigma = \sigma_\infty\,(1 - e^{-h/c_1})\,;$$

dabei bedeutet:

$$c_1 = 2l\,\frac{\lambda_{p,\psi}}{\sin 2\psi}\,.$$

Damit ist die beim *Füllen* des Silos auf die Wand ausgeübte Normalspannung (Wanddruck) σ bekannt, d. h. der Wanddruck für den Fall, daß q' größer als q ist. Beim *Leeren* ist q' die kleinere der beiden konjugierten Spannungen; in diesem Falle ist in dem Ausdruck für c_1 die Größe $\lambda_{p,\psi}$ durch die Größe $\lambda_{a,\psi}$ zu ersetzen. An die Stelle von c_1 in obiger Gleichung für σ steht dann:

$$c_2 = 2l \frac{\lambda_{a,\psi}}{\sin 2\psi}.$$

20.4.2 Rotationssymmetrische Silos. Stellt man Punkt für Punkt die gleichen Untersuchungen wie in (20.4.1) an, so ergeben sich die gleichen Formeln wie für den unendlich ausgedehnten Silo zwischen lotrechten parallelen Wänden; es ist lediglich l durch $d/4$ (d Durchmesser des Silos) zu ersetzen.

In den beiden Fällen sind l und $d/4$ der mittlere Halbmesser r_h des Horizontalschnitts im Sinne der Hydraulik, d. h. der Quotient aus der Fläche zum Umfang.

20.4.3 Polygonal begrenzte Silos. Die Erfahrung zeigt, daß sich die Ergebnisse für die polygonal begrenzten Silos von den bisherigen wenig unterscheiden. Die oben angegebenen Formeln sind auch hier anwendbar; dabei ist für l wieder der Quotient aus der Fläche zum Umfang des Horizontalschnitts zu setzen.

20.4.4 Schmale Rechtecksilos. In einem schmalen Rechtecksilo können die Drücke auf die schmale Silowand unter Zugrundelegen eines quadratischen Silos mit gleicher Seitenlänge wie die der schmalen Silowand erhalten werden. Die mittlere Zone der langen Silowand nimmt angenähert die Drücke eines unbegrenzt langen Silos gleicher Breite auf.

20.4.5 Einfüllmechanismus. Beim Einfüllen der zu lagernden Substanz überlagern sich die Schichten und rufen infolge des Setzungsvorvorgangs eine Gleitbewegung parallel zur Wand hervor.

An der Wand bildet sich dadurch ein Erddruckgleichgewicht aus; dabei ist λ_0 gleich oder geringfügig größer als $\lambda_{a,\psi}$.

20.4.6 Mechanismus des Ausleerens. Beim Ausleeren der eingelagerten Substanz nimmt die gegenseitige Abstützwirkung der Gewölbe an Wirksamkeit ab.

Daraus ergibt sich eine sehr erhebliche Zunahme von σ, wie die Versuche von REIMBERT über die wirklichen Vorgänge in Silos natürlicher Größe bestätigten.

Zur Ermittlung der Normalspannung (Wanddruck) σ, die beim Leeren auf die Wand ausgeübt wird, ist in den vorstehenden, für das Einfüllen angestellten Rechnungen die Größe $\lambda_{a,\psi}$ durch die Größe $\lambda_{p,\psi}$ zu ersetzen.

20.4.7 Zahlenrechnung. Die numerischen Rechnungen zur Ermittlung der Beanspruchung der Silowand lassen sich in einer besonders einfachen und schnell zu behandelnden Form darstellen. Unter normalen Bedingungen kann man nach den Versuchen von REIMBERT $\tan\psi = 0{,}8 \cdot \tan\varrho$ annehmen, wenn die Wand glatt ist, und $\tan\psi = 0{,}866 \tan\varrho$, wenn die Wand rauh ist.

Im Falle der glatten Wand ergibt sich:

$$\lambda_{a,\psi} = \frac{1}{\lambda_{p,\psi}} = \frac{1 - 0{,}6 \sin\varrho}{1 + 0{,}6 \sin\varrho},$$

im Falle der rauhen Wand:

$$\lambda_{a,\psi} = \frac{1}{\lambda_{p,\psi}} = \frac{1 - 0{,}5 \sin\varrho}{1 + 0{,}5 \sin\varrho}.$$

Außerdem hat man die in Tab. 20.5 zusammengestellten Werte für die Funktion $1 - e^{-h/c}$ in Abhängigkeit von h/c.

Tabelle 20.5. *Werte der Funktion* $1 - e^{-h/c}$ *für verschiedene Verhältnisse* h/c

h Füllguthöhe, $c = 2\,l \dfrac{\lambda_{p\,(\text{bzw. }a),\,\psi}}{\sin 2\psi}$

h/c	0	0,5	1	2	3	4	5	∞
$1 - e^{-h/c}$	0	0,3935	0,6321	0,8647	0,9502	0,9817	0,9933	1

Die Diagramme für den Verlauf der Normalspannungen (Wanddrücke) σ beim Füllen und Leeren in Abhängigkeit von der Füllguthöhe h leiten sich hieraus unmittelbar ab.

Beispiel:

Für einen kreisförmigen Getreidesilo mit einem Durchmesser $d = 4$ m — damit $l = \frac{d}{4} = 1$ m —, rauher Wand, $\gamma = 0{,}8$ Mp/m³ und $\varrho = 28°$ gilt:

$$\sin\varrho = 0{,}4695\,, \quad \tan\varrho = 0{,}5317\,;$$

$$\lambda_{a,\psi} = \frac{1 - 0{,}23475}{1 + 0{,}23475} = 0{,}620\,, \quad \lambda_{p,\psi} = 1{,}613\,;$$

$$\tan\psi = 0{,}866 \tan\varrho = 0{,}4605 = \tan 24{,}7°\,;$$

$$\sin 2\psi = 0{,}7593\,,$$

$$\frac{\lambda_{p,\psi}}{\sin 2\psi} = 2{,}124, \quad \frac{\lambda_{a,\psi}}{\sin 2\psi} = 0{,}817\,;$$

$$c_1 = 2 \cdot 1 \cdot 2{,}124\,\text{m} = 4{,}248\,\text{m}\,, \quad c_2 = 2 \cdot 1 \cdot 0{,}817\,\text{m} = 1{,}634\,\text{m}\,;$$

$$\sigma_\infty = \frac{l\gamma}{\tan\psi} = \frac{0{,}8}{0{,}4605}\,\text{Mp/m}^2 = 1{,}74\,\text{Mp/m}^2\,.$$

Tab. 20.6 zeigt die Wanddrücke beim Füllen und Leeren für verschiedene Füllguthöhen.

Tabelle 20.6. *Wanddrücke σ für einen kreisförmigen Getreidesilo mit* 4 m *Durchmesser im Sonderfall* $\varrho = 28°$, $\gamma = 0{,}8$ Mp/m³, $\tan\psi = 0{,}866 \tan\varrho$ *(rauhe Wand)*

h Füllguthöhe, $c = 2\,l\,\frac{\lambda_{p\,(\text{bzw. }a),\,\psi}}{\sin 2\psi}$

h/c		0	0,5	1	2	3	4	5	∞
Füllen h	m	0	2,124	4,248	8,496	12,75	17	21,2	∞
Leeren h	m	0	0,817	1,634	3,27	4,90	6,54	8,17	∞
σ	Mp/m²	0	0,68	1,10	1,51	1,65	1,70	1,73	1,74

In einer Tiefe $h > c_1$ hat q' in der Siloachse die Größe $\sigma \tan\psi \cdot 2\,\frac{\lambda_{p,\psi}}{\sin 2\psi}$; dies ergibt in Zahlen:

$$q' = 1{,}74 \cdot 0{,}4605 \cdot 2 \cdot 2{,}124 \text{ Mp/m}^2 = 3{,}40 \text{ Mp/m}^2.$$

20.4.8 Beanspruchung des Trichters. Beim Leeren wird die Beanspruchung des Trichters sehr klein:

– Einerseits ist σ' bestrebt, seinen kleinsten Wert auf der konjugierten Fläche unmittelbar über dem Trichter anzunehmen,

– anderseits ändert sich dann die Beanspruchung des Trichters angenähert proportional mit dem waagrechten Abstand von der durch den Mittelpunkt der Trichteröffnung gehenden Lotrechten.

Die gefährlichste Beanspruchung des Trichters entsteht beim Füllen. Sie läßt sich folgendermaßen berechnen:

Die lotrechte Gesamtbeanspruchung P des Trichters setzt sich aus zwei Gliedern zusammen:

$$P = F\,q' + \gamma\,V,$$

mit F als waagrechter Querschnittfläche des Silos (Füllgutquerschnitt) und V als Volumen des Trichters bis zur konjugierten Fläche.

Die lotrechte Druckspannung auf den Trichter lautet dann:

$$q' + \gamma\,\frac{V}{F}.$$

In einem kreisrunden Silo mit dem Durchmesser d und mit einem Trichter unter 45° beträgt das Volumen V des Trichters unter der Annahme eines aus einem geraden Kegel und eines Rotationsparaboloids mit gemeinsamer Grundfläche F zusammengesetzten Körpers:

$$V \approx F\left(\frac{d}{6} + \frac{d}{8}\tan\psi\right) = \frac{F\,d}{24}\,(4 + 3\tan\psi);$$

daraus ergibt sich eine lotrechte Druckspannung von:

$$q' + \frac{\gamma\,d}{24}\,(4 + 3\tan\psi).$$

Für das gewählte Beispiel (s. 20.4.7) erhält man als Druckspannung auf den Trichter:

$$3{,}40 \text{ Mp/m}^2 + 0{,}8\,\frac{4}{24}\,(4 + 1{,}38) \text{ Mp/m}^2 = 3{,}40 \text{ Mp/m}^2 + 0{,}72 \text{ Mp/m}^2 = 4{,}12 \text{ Mp/m}^2.$$

21 Stabilität der Böschungen

Eine Böschung hat das Bestreben, sich unter dem Einfluß ihres Eigengewichts in Bewegung zu setzen. Wenn dieses Bestreben durch Scherspannungen verhindert wird, ist die Böschung stabil; andernfalls gerät sie ins Rutschen.

Die Rutschungen des Erdreichs führen wie die Frost- und die Erosionserscheinungen zu Reliefveränderungen (Veränderungen der Erdoberfläche); sie tragen zur Verbreiterung der durch Wasserläufe entstandenen Täler bei.

Die Rutschungen können aber auch ebenso bei Bauwerken eintreten, die von Menschenhand geschaffen wurden, und so ein vorher bestehendes Gleichgewicht stören.

Einige große Unfälle der Vergangenheit, insbesondere der schwere Unfall, der am 7. Oktober 1648 in Intagan (Schweden) 85 Menschen das Leben kostete, wurden bis heute bekannt. Aber das Phänomen ist zeitlich und räumlich viel weiter verbreitet: In zahlreichen Ländern lassen die Flanken der Hügel Narben erkennen, die von sehr alten Rutschungen herrühren.

Die Bedeutung dieser Erscheinungen ist für den Ingenieur groß, da sie in gleicher Weise für Erdstaudämme, Baugruben, Kaimauern, Aufschüttungen auf schlechten Böden usw. gelten.

Das vorherige Erkennen und Erklären der Rutschungen ist schwierig; ihre Häufigkeit und Größe führten die Bodenmechaniker dazu, im September 1954 eine europäische Konferenz abzuhalten, die allein der Stabilität von Erdböschungen gewidmet war.

21.1 Morphologie der Böschungsrutschungen

Die äußere Erscheinungsform dieser Rutschungen ist unterschiedlich. Sie läßt sich auf zwei Haupttypen zurückführen.

21.1.1 Rutschungen mit im allgemeinen kreisförmiger Gleitfläche. Die ersten wissenschaftlichen Beobachtungen von Rutschungen dieser Art stellte Alexandre Collin von 1833 bis 1844 [*21.1*; *21.2*] beim Bau verschiedener Staudämme, Kanäle und Eisenbahnlinien an.

In jüngerer Zeit lieferte der *Culebra-Einschnitt* (Gaillard Cut)[1] ein sehr berühmtes Beispiel für Rutschungen mit im allgemeinen kreisförmiger Gleitfläche. Die Rutschungen, die am Culebra-Einschnitt nach Beendigung der Erdarbeiten zum Bau des Panamakanals eintraten, hatten zusätzliche Erdbewegungen von 35 Millionen cbm zur Folge.

[1] Beim 13 km langen Culebra-Einschnitt (Gaillard Cut) zwischen dem Gatunstausee auf der Seite des Atlantischen Ozeans und dem Stausee von Miraflores auf der Seite des Stillen Ozeans durchschneidet der Panamakanal die bis zu 80 m hohe Wasserscheide zwischen den beiden Ozeanen (Anm. des Übersetzers).

Sie entstanden in einer Bodenformation mit dem Namen Cucaracha: Dies ist ein Boden, der stellenweise Bentoniteigenschaften hat und aus schiefrigen Tonen anisotroper Struktur mit zu Rutschungen neigenden Einschlüssen besteht, dessen Scherwiderstand um so mehr abnimmt, je weiter die Rutschungen fortschreiten [*21.3*], s. a. (11.8.5) und Abb. 11.12 und 11.13.

Ein anderes Beispiel für diese Rutschungen ist der Unfall auf der *Colline de Fourvière* in Lyon [*21.4*], bei dem im November 1930 – die Rutschungen wiederholten sich am gleichen Tage zweimal – eine Rettungsmannschaft verschüttet wurde.

Das Regenwasser eines Einzugsgebietes von 8 km² sickerte durch die durchlässigen oberen Schichten der Colline de Fourvière und gelangte auf eine Tonschicht von 10 bis 20 m Dicke, die in zwei Drittel der Höhe des Hügels ansteht. Dieses Wasser diente im Mittelalter der Versorgung der unteren Stadt. Das alte Leitungssystem kam außer Betrieb, als die Compagnie des Eaux das Kanalisationsnetz installierte. Die Auffangstollen wurden damals zum größten Teil abgedichtet, und so sickerte das Regenwasser hinter eine alluviale Wand, die wie eine Stützmauer an der Flanke der Colline de Fourvière alle waagrechten geologischen Schichten abschließt. Diese Wand geriet unter dem Druck des Wassers ins Rutschen und rief den erwähnten Unfall hervor.

Ein drittes Beispiel für Rutschungen mit im allgemeinen kreisförmiger Gleitfläche sind die *Rutschungen von Kaimauern*, bei denen die Mauer infolge zu großer Auflasten auf den Kais oder ungeschickte Baggerarbeiten an ihrem Fuß mitsamt ihrer Gründung versagt[1]. Einer der bekanntesten Unfälle dieses Typs ist die Rutschung im *Hafen von Göteborg* in Schweden, wo im Jahre 1916 eine Kaimauer von mehreren Hundert Metern Länge einstürzte.

Das Schema eines Unfalls dieses Typs sei an einem Fall erklärt, der sich im September 1950 in der Stadt *Tunis* ereignete, Abb. 21.1. Die

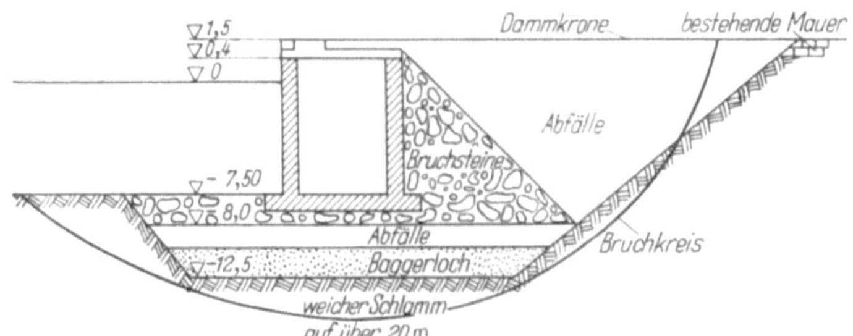

Abb. 21.1. Unfall am Suet-Kai in Tunis im Jahre 1950

[1] In Deutschland wird diese Erscheinung nach DIN 4084 (Baugrund. Geländebruchberechnungen bei Stützbauwerken) – Richtlinien *Geländebruch* genannt (Anm. des Übersetzers).

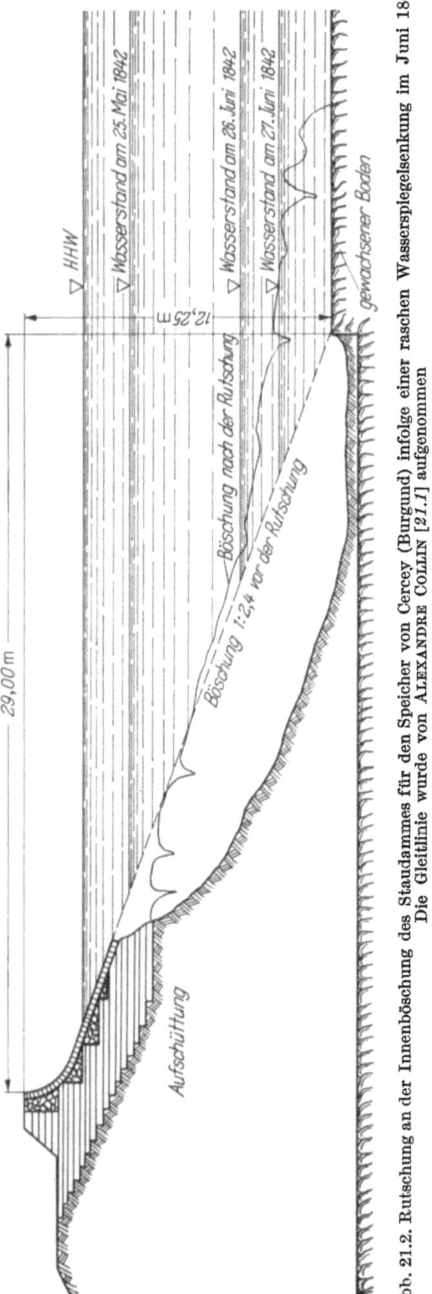

Abb. 21.2. Rutschung an der Innenböschung des Staudammes für den Speicher von Cercey (Burgund) infolge einer raschen Wasserspiegelsenkung im Juni 1842. Die Gleitlinie wurde von ALEXANDRE COLLIN [*21.1*] aufgenommen

Mauer setzte sich aus Hohlkörpern zusammen, die auf Fundamentplatten ruhten; diese selbst waren über Sande und in ein Baggerloch geworfene Abfälle auf einem undefinierbaren Schlamm gegründet. Der Bruch trat längs des in Abb. 21.1 angegebenen Kreisbogens einige Monate nach dem Bau ein [*21.5*].

Abb. 21.2 zeigt eine Rutschung, die von ALEXANDRE COLLIN an der Innenböschung des Staudammes von Cercey in Burgund aufgenommen wurde.

21.1.2 Rutschungen mit nicht ausgeprägter kreisförmiger Gleitfläche. Ganz anders verlaufen die Rutschungen, die besonders in Kanada und in Skandinavien bei Glazialtonen (eiszeitlichen Tonen) großer Sensibilität beobachtet wurden. Trotz eines nicht sehr wechselvoll gestalteten Reliefs erstrecken sie sich hier über sehr große Flächen.

In Schweden sind die Rutschungen längs des Göta-Älv (Südschweden), der bei Göteborg in das Kattegat mündet, aufgrund der geologischen Verhältnisse dieser Gegend verhältnismäßig häufig. Im Verlauf der letzten Eiszeit des Quartär nahmen Eisschichten von zwei bis dreitausend Meter Dicke auf ihrem Weg nach dem Süden alle Ablagerungen des Quartär mit und hobelten den Fels ab. Beim allmählichen

Abschmelzen lagerten die Schmelzwasser hinter den Gletschern Kiese, Sande und Tone ab; dabei setzten sich die grobkörnigeren Tone unten, die feinstkörnigen hingegen oben ab.

Infolge des Eisgewichts senkte sich die Oberfläche der Erdkruste; nach dem Schmelzen der Gletscher hob sie sich wieder. Die Hebung war dort am größten, wo die Eisschicht am dicksten war. Die Geologen schätzen, daß sie vor rd. 8000 Jahren in Nordschweden 9 cm/a betrug, gegenüber 0,75 cm/a in Stockholm. Heute noch beträgt sie in Stockholm 0,45 cm/a. Man schätzt, daß diese Bewegung, die sich mehr und mehr abschwächt, in 18000 Jahren beendet sein wird.

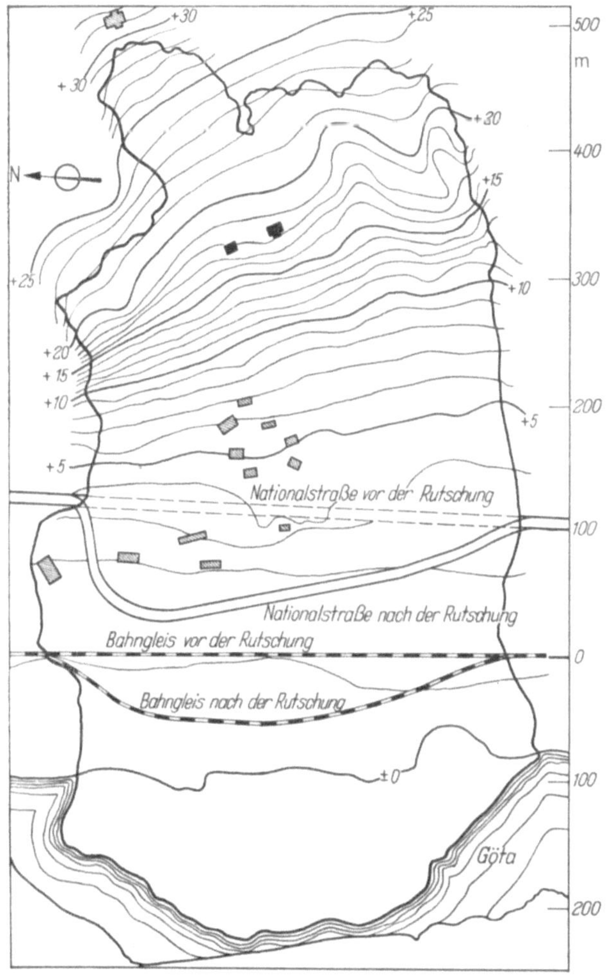

Abb. 21.3. Rutschung von Sürte am Göta-Älv (Süd-Schweden) im Jahre 1950

Die Flüsse graben ihr Bett und verändern dabei gleichzeitig das hydraulische Gefälle der seitlichen Dränung und damit die antreibenden Momente, die das Abgleiten der Uferböschungen zum Fluß hin verursachen. Diese Erscheinungen werden bei Tonen großer Sensibilität, wie den Glazialtonen, besonders gefährlich.

In dieser Beziehung ist die *Rutschung von Sürte* am Göta-Älv sehr charakteristisch [*21.6*]. Sie ereignete sich am 29. September 1950 um 8 Uhr morgens, einige Minuten, nachdem ein Zug das Gleis passiert hatte, das man auf der Abb. 21.3 erkennt. Ein Autobus, der auf der Nationalstraße fuhr, geriet in die abrutschende Zone. Diese Zone erreichte eine Länge von 350 m parallel zum Flußlauf und eine Breite von 700 m senkrecht dazu.

Die Rutschung riß 4 Mill. cbm Boden mit sich fort; ihre größte Verschiebung betrug ungefähr 100 m senkrecht zum Fluß. Die Rutschung dauerte ungefähr zwei Minuten; die Geschwindigkeit hatte also die Größenordnung von 1 m/s. Von der Rutschung waren 31 Häuser betroffen. Sie erfuhren außer der Translationsbewegung von null bis 100 m unterschiedliche Rotationsbewegungen geringerer Bedeutung, denen sie meistens aufgrund ihrer Holzkonstruktion widerstanden.

Nach der Rutschung ließ das Gelände an seiner Oberfläche Kämme aus Tonboden erkennen, die die Gestalt jener Felsreliefs aufweisen, die man aus einem Gletscher herausragen sieht, Abb. 21.4. Die Form der

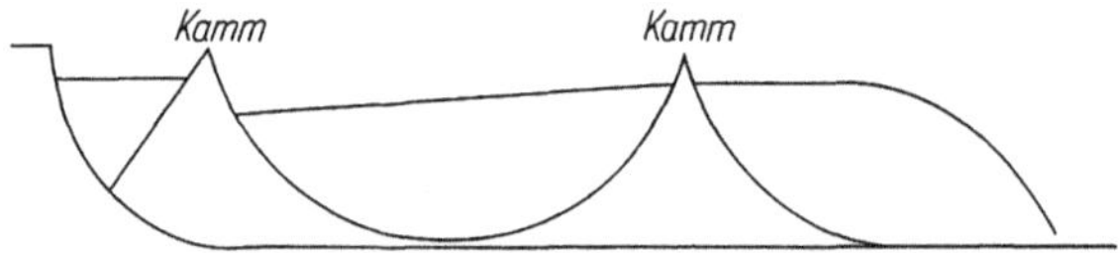

Abb. 21.4. Gleitlinienverlauf nach der Rutschung von Sürte am Göta-Älv (Süd-Schweden)

zwischen diesen Kämmen entstandenen Flächen zeigt deutlich, daß die Bewegung aus örtlichen kreisförmigen Rutschungen bestand.

Seitlich am Rand erkannte man im Gelände zwei Risse unter 45°, die durch Gleitspannungen längs der Ränder der in Bewegung geratenen Zone hervorgerufen wurden.

Die Bohrungen ergaben, daß die Tone auf der von der Rutschung betroffenen Höhe von rd. 20 m eine Kohäsion von 150 bis 200 p/cm² haben. Trotz dieser wenig veränderlichen Eigenschaft ist das Gelände jedoch heterogen und läßt durch seine fein- und grobkörnigen Schichten die Winter- und Sommerablagerungen erkennen, die durch das Schmelzen der Gletscher entstanden sind. Insbesondere unterscheidet man einige feinkörnige Schichten aus schluffigem Sand. Die über ihnen liegenden Tone haben eine außergewöhnlich große Sensibilität, die Werte bis 100 und sogar 400 erreichen kann.

War nun die Rutschung in ihrer Gesamtheit das Ergebnis von partiellen und aufeinanderfolgenden Rutschungen? Die Ausbildung der Kämme an der Geländeoberfläche scheint diese Frage sehr wahrscheinlich positiv zu beantworten. Durch welche partielle Rutschung wurde die Katastrophe aber eingeleitet? War es in Flußnähe eine Rutschung mit kreisförmiger Gleitfläche vom oben beschriebenen Typ (21.1.1), die sich jedoch im Gegensatz zu der dabei üblichen Gleitrichtung hier von vorn nach hinten entwickelte (retrogressive Rutschung), oder war es eine örtlich begrenzte Rutschung mit kreisförmiger Gleitfläche in der vom Fluß am weitesten entfernten Zone, wo das Relief wechselvoll gestaltet ist, mit einer Entwicklung in Flußrichtung?

Es ist sehr schwierig, die zweite Frage zu beantworten, selbst wenn man die Zeugen gesprochen hat.

Wo verläuft die Gleitfläche? Bei einigen Bodenproben findet man Bereiche gestörten Bodens zwischen 15 und 20 m Tiefe. In anderen Proben hingegen läßt sich nichts Ähnliches erkennen, in anderen schließlich zeigt sich eine Vielfalt von Unstetigkeiten, von denen eine jede eine neue oder alte Gleitfläche erkennen läßt.

21.2 Allgemeine Ursachen für Böschungsrutschungen

Es gibt verschiedene Ursachen: Man kann einige von ihnen nennen, die für sich allein oder zu mehreren die Rutschung hervorrufen.

Hierzu gehören folgende Ursachen:

21.2.1 Veränderung des antreibenden Momentes durch Be- oder Entlastung am Böschungskopf oder -fuß. Die Erhöhung des Momentes durch Belastung kann sich z. B. durch zusätzlich erstellte Bauten (Gebäude, Anschüttung) oder durch die Vegetation ergeben; die Entlastung resultiert z. B. aus der Vertiefung eines Flußbettes oder aus Baggerarbeiten am Fuß der Hafenkais.

21.2.2 Veränderung des Wasserhaushalts. Diese Veränderung kann als Folge von reichlichen Regenfällen eintreten, die das Volumen einer artesischen, längs der künftigen Gleitfläche lokalisierten Wasserschicht vergrößern, indem sie den Porenwasserdruck der Schicht wegen des nur schwer möglichen Abflusses erhöhen.

Die Veränderung des Wasserhaushalts kann sich gleichfalls in einem Wechsel der chemischen Zusammensetzung des Sickerwassers äußern, das dann für das Gelände schädlich wird. Ein Beispiel hierfür liefern die Rutschungen am *Staudamm von Bou-Hanifia* in Algerien. Hier verwandelte sich der Mergel infolge der Anreicherung des Porenwassers mit Metallionen, wie $\overset{+}{\text{Na}}$, $\overset{++}{\text{Ca}}$ usw., in eine schlammige Masse [*21.7*].

Die Veränderung kann umgekehrt von einer Dränung herrühren, die durch eine durchlässige Schicht hervorgerufen wird; die Dränung verändert die Eigenschaften des Untergrunds. Dies ist eine Erklärung für die in den skandinavischen Ländern beobachteten Rutschungen: Das Fließen des Wassers in den in den Glazialton eingelagerten Feinsandschichten bewirkt danach eine Dränung und damit ein Entsalzen (Verlust an NaCl) des Tons, was seine Kohäsion erheblich vermindert [*21.8*; *21.9*]. Im Laboratorium angestellte Versuche zeigten, daß die Kohäsion von c auf $c/2{,}5$ abnimmt, wenn der Gehalt an NaCl von 5 g/l auf 0,05 g/l zurückgeht. Es wurde anderseits festgestellt, daß eine sehr lange Zeit zum Entsalzen nötig ist[1].

21.2.3 Große Rutschungsempfindlichkeit der Böden, gepaart mit einer großen Sensibilität. Diese Ursache wird in (21.5) behandelt.

21.3 Maßnahmen zum Stoppen einer Böschungsrutschung

Aus den in (21.2) aufgezählten Ursachen lassen sich die hauptsächlichsten ins Auge zu fassenden Maßnahmen herleiten, die eine drohende Rutschung unterbinden können: Veränderung des Gleichgewichts durch Belastung am Fuß und Entlastung an der Krone der Böschung, Verminderung des Porenwasserdrucks durch Dränung usw.

Dieses zweite Verfahren ist unter dem Namen *Kalifornisches Verfahren* bekannt. Es besteht darin, waagrechte oder quasi waagrechte Bohrungen anzulegen, die es gestatten, nicht nur das überschüssige Wasser abzuführen, sondern auch die Strömungskräfte a, Abb. 21.5, die für die Stabilität der Böschung sehr ungünstig sind, in viel weniger ungünstige Strömungskräfte b, Abb. 21.5, umzuwandeln. Es ist zweckmäßiger, hierfür statt Sanddräns seitlich dichte Rohre zu verwenden, um das gewünschte Aufrichten der Stromlinien zu erzwingen.

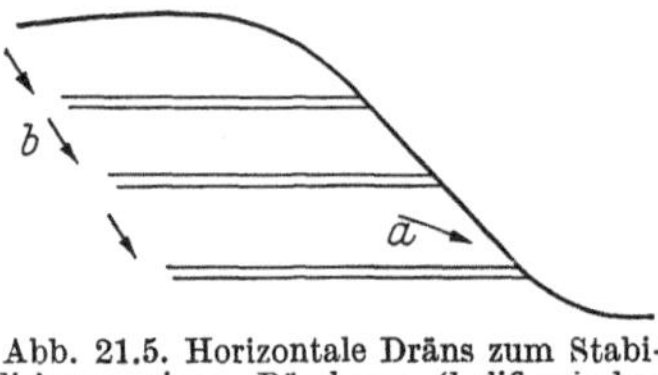

Abb. 21.5. Horizontale Dräns zum Stabilisieren einer Böschung (kalifornisches Verfahren)

21.4 Grenzdicke einer geneigten bindigen Erdmasse

Es sei eine auf einem festen Körper ruhende bindige Erdmasse gegeben, deren freie (unbelastete) Oberfläche eine Ebene AB bildet, die

[1] Über diesen Punkt gehen die Meinungen auseinander. Das mitgeteilte Ergebnis scheint a priori dem zu widersprechen, was man von den Na-Tonen weiß, die stets plastischer als andere Tone, z. B. Ca-Tone, sind. SKEMPTON und NORTHEY [21.10] berichteten, daß die Kohäsion eines ungestörten Bodens von der Dränung des Salzes unberührt bleibt. Beide erkennen übrigens an, daß es sehr schwierig ist, im Laboratorium in einer verhältnismäßig begrenzten Zeit Entsalzungen zu verwirklichen, die mit denen vergleichbar sind, die sich in der Natur abspielen. TAN, TJONG KIE [*21.11*] zeigte nach Rutschungsversuchen an salzhaltigen, dann entsalzten Glazialtonen, daß die Kohäsion tatsächlich mit der Entsalzung abnimmt, wenn der Wassergehalt bedeutend ist, und nicht umgekehrt.

mit der waagrechten Ebene den Winkel ω einschließt, Abb. 21.6. Die Erdmasse ist in allen Punkten durch ihre Rohwichte γ sowie den Reibungswinkel ϱ und die Kohäsion c, d. h. die hydrostatische oder dreiaxiale Zugfestigkeit $H = c \cot \varrho$ definiert.

Wenn der Winkel ω höchstens gleich ϱ ist, befindet sich das System in stabilem Gleichgewicht.

Wenn der Winkel ω größer als ϱ wird, erhält man diesen Gleichgewichtszustand der unendlich ausgedehnten Erdmasse nur, solange die Dicke der Erdmasse begrenzt ist.

Es sei CD die untere Grenze der Erdmasse und y_0 ihre Grenzdicke, eine Konstante nach Voraussetzung. Wenn angenommen wird, daß die

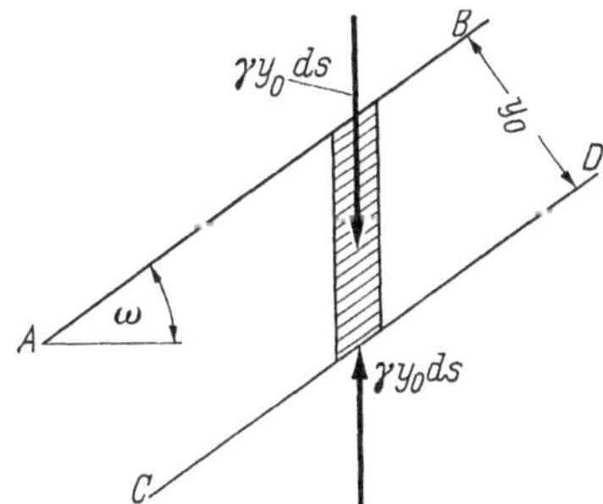

Abb. 21.6. Grenzdicke y_0 einer geneigten bindigen Erdmasse

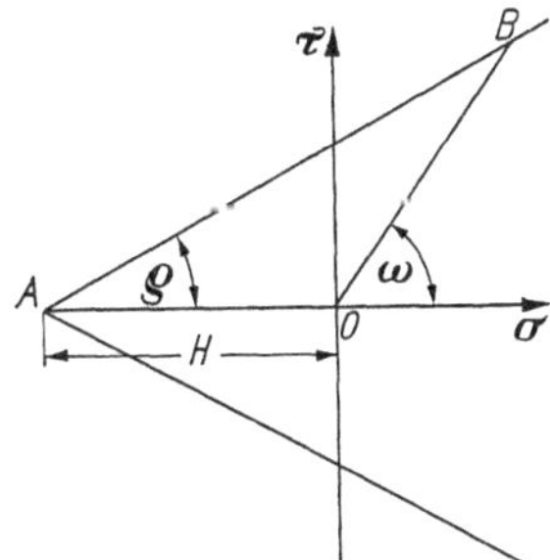

Abb. 21.7. MOHRsche Darstellung zur Bestimmung der Grenzdicke y_0 der geneigten bindigen Erdmasse, Abb. 21.6

Spannung auf der gesamten Fläche CD gleich groß ist, so verläuft ihre Richtung lotrecht und unter dem Winkel ω zur Normalen auf CD. Außerdem beträgt sie $\gamma\, y_0$, da sie mit dem Gewicht der Erdmasse im Gleichgewicht stehen muß. In der MOHRschen Darstellung, Abb. 21.7, bezeichne der Vektor $\overline{OB}$ diese Spannung. Da die Fläche CD eine Grenzfläche ist, wird der Vektor $\overline{OB}$ seinen größten Wert haben, und der Punkt B wird auf der von Punkt A aus gezogenen Hüllgeraden liegen. Im Dreieck AOB gilt:

$$\overline{OB} = \overline{OA}\, \frac{\sin \varrho}{\sin(\omega - \varrho)} .$$

Nun ist aber:

$$\overline{OB} = \gamma\, y_0 ,$$

$$\overline{OA} = H ,$$

und infolgedessen wird

$$y_0 = \frac{H}{\gamma}\, \frac{\sin \varrho}{\sin(\omega - \varrho)} = \frac{H \tan \varrho}{\gamma \cos \omega}\, \frac{1}{\tan \omega - \tan \varrho} .$$

Setzt man

$$\boldsymbol{h} = \frac{H \tan \varrho}{\gamma \cos \omega} ,$$

so folgt daraus für die Grenzdicke:

$$y_0 = \frac{h}{\tan\omega - \tan\varrho}.$$

Aus dieser Rechnung lassen sich folgende Schlüsse ziehen:

– Wenn ω höchstens gleich ϱ ist, gibt es keine Grenzdicke;

– wenn ω größer als ϱ wird, kann die sich im Gleichgewicht befindende Erdmasse an der Oberfläche unendlich ausgedehnt sein, wenn seine konstant vorausgesetzte Tiefe y die Ungleichung erfüllt:

$$y < y_0 = \frac{h}{\tan\omega - \tan\varrho};$$

– die Erdmasse hat hingegen eine begrenzte Oberfläche, wenn die Dicke y die Ungleichung erfüllt:

$$y > y_0 = \frac{h}{\tan\omega - \tan\varrho}.$$

21.4.1 Berechnungsverfahren. Im allgemeinen lassen sich mit einer Berechnung nur die Bedingungen für einen Bruch durch große Rutschungen erfassen. Es ist jedoch angebracht, sich mit den dem Bruch vorausgehenden Verformungen zu befassen.

21.5 Bedeutung der den Rutschungen vorausgehenden Verformungen

In (5.8) und (7.5) wurde gezeigt, daß ein aus einem bindigen Boden bestehender Körper infolge einer Scherspannung τ eine Verdrehung γ erfährt, sobald τ einen Schwellenwert τ_0 überschreitet. Diese Verdrehung bei konstanter Scherspannung nimmt mehr und mehr ab, ohne jedoch völlig aufzuhören. Man muß also auch bei diesen Erscheinungen eine Primärverdrehung γ_p und eine Sekundärverdrehung γ_s unterscheiden, Abb. 21.8.

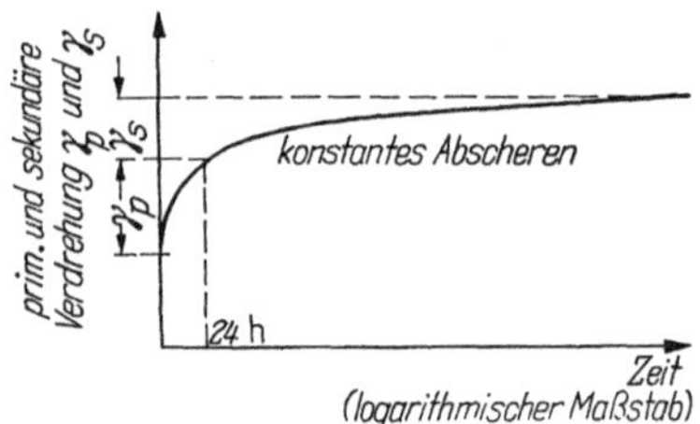

Abb. 21.8. Primäre Verdrehung γ_p und sekundäre Verdrehung γ_s eines aus einem bindigen Boden bestehenden Körpers in Abhängigkeit von der Zeit

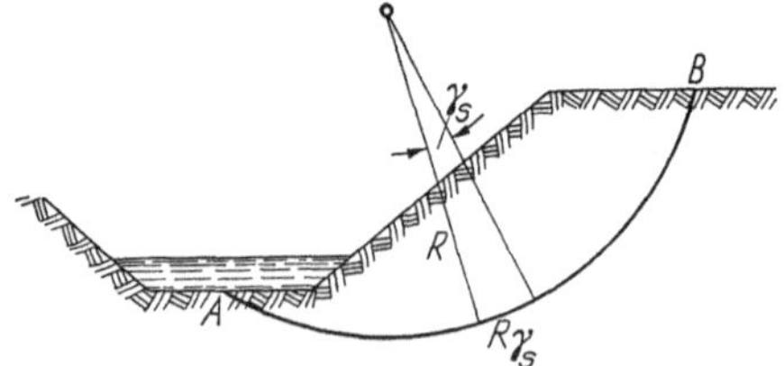

Abb. 21.9. Rutschung auf einer kreisförmigen Gleitfläche, hervorgerufen durch eine früher auf dieser Fläche eingetretenen Translation $R\gamma_s$

Wenn die Scherspannung längs einer Gleitfläche mit der Spur AB, auf der der Bruch des bindigen Bodens unter einer Uferböschung eintreten wird, Abb. 21.9, infolge Vertiefung des Flußbettes oder aus einem anderen Grunde den Wert τ_0 überschreitet, wird in den folgenden Jahren und Jahrhunderten längs AB eine Translation $R\,\gamma_s$ des bindigen Bodens eintreten. Nun verlieren aber manche Tone großer Sensibilität bei einer Verschiebung von nur einigen Zentimetern bis zu 85% ihrer Kohäsion [*21.6*].

Nicht die Sensibilität selbst des Tons ist also der Ausgangspunkt einer Rutschung, sondern die Translation $R\,\gamma_s$, die wegen der Sensibilität die Verminderung der mechanischen Eigenschaften des Tons zur Folge hat.

Dies ist die gültigste Erklärung für die in (21.1) erwähnte Rutschung von Sürte [*21.12*].

21.6 Berechnung des Grenzgleichgewichts einer Böschung

Bei den im folgenden beschriebenen Verfahren wird vorausgesetzt, daß die Gleitfläche bekannt ist.

Es wird weiterhin angenommen, daß die Erscheinungen in jeder beliebigen lotrechten Ebene parallel zur Gleitrichtung die gleichen sind; dies bedeutet, daß die Reibung an den seitlichen Rändern des Rutschkörpers vernachlässigt wird, Abb. 21.10. Diese vereinfachende Annahme führt auf ein ebenes Problem.

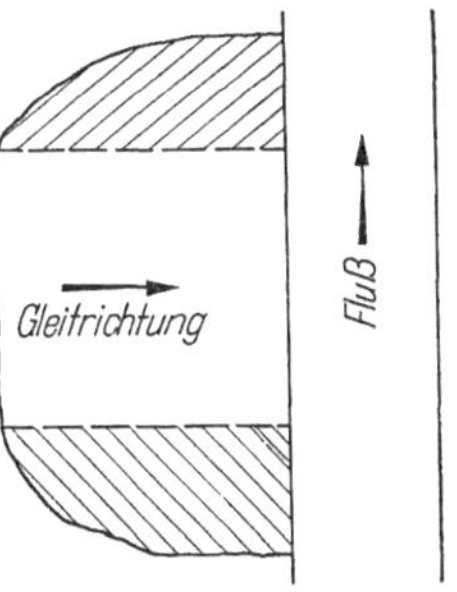

Abb. 21.10. Vereinfachende Annahme bei der Berechnung von Rutschungen

Schließlich fordert man, daß der Bruch gleichzeitig in *allen* Flächenelementen einer *stetigen* Gleitfläche eintritt.

Demgegenüber stellte FRONTARD [*21.13*] eine Theorie der Gleitflächen für den Fall auf, daß der Bruch nicht gleichzeitig in allen Flächenelementen der Gleitfläche eintritt, sondern sich progressiv von den durch die Rutschung betroffenen ersten Flächenelementen aus fortpflanzt.

Hier wird ein gleichzeitig eintretender Bruch des Gesamtsystems angenommen; es werden zwei Verfahren angegeben, die das Berechnen des Sicherheitsfaktors ν gestatten.

Die Kohäsion c und der Winkel der inneren Reibung ϱ, die den Boden kennzeichnen, sind als bekannt vorausgesetzt. Die Betrachtungen beziehen sich auf effektive Spannungen. Die Scherspannung auf einem Flächenelement der Gleitfläche beträgt im Augenblick der Rutschung:

$$\tau = c + (\sigma - p_w)\tan\varrho\,.$$

Jeden der beiden Werte c und ϱ ermittelt man aus nichtdränierten Versuchen gleichzeitig mit dem Porenwasserdruck p_w oder aus dränierten Versuchen, die so ausgeführt werden, daß der Porenwasserdruck null ist.

Vor der Rutschung sind die wirkende Kohäsion ebenso wie die wirkende Reibung kleiner als c und ϱ; sie betragen beide nur $1/\nu$ dieser

Größen, wobei ν nach Definition der Sicherheitsfaktor bedeutet. Man hat dann

$$\tau = \frac{1}{\nu}\left[c + (\sigma - p_w)\tan\varrho\right].$$

21.6.1 Heterogenes Gelände. Lamellenverfahren. Dieses Verfahren empfiehlt sich wegen seiner Langwierigkeit nur für den Fall eines heterogenen Geländes, Abb. 21.11.

Man muß zunächst eine vereinfachende Annahme über die zwischen den verschiedenen lotrechten Scheiben (Lamellen) mit der konstanten

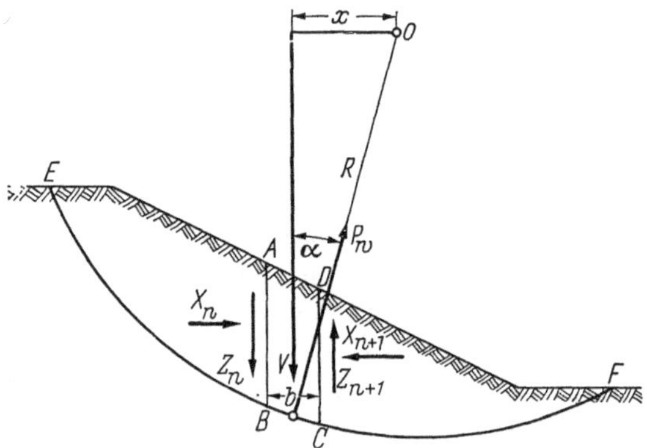

Abb. 21.11. Lamellenverfahren zur Untersuchung der Stabilität einer Böschung in einem heterogenen Gelände

Breite b wirkenden Kräfte treffen; die Scheiben sind an ihrer Unterseite durch die Gleitfläche, an ihrer Oberseite durch die freie (unbelastete) Oberfläche begrenzt.

Die Gleitlinie sei eine beliebige Kurve EF. Es soll der Sicherheitsfaktor ν gegenüber einer Rutschung bestimmt werden, wenn diese längs der bezeichneten Gleitlinie eintritt.

Bezeichnungen:

X_n, X_{n+1}	Resultierende der gesamten waagrechten Kräfte, die auf den lotrechten Schnitten n und $n+1$ wirken,
Z_n, Z_{n+1}	lotrechte Scherkräfte, die X_n und X_{n+1} zugeordnet sind,
V	Gewicht der Scheibe,
P_w	Gesamtkraft aus dem Porenwasserdruck, die an der Unterseite $\overline{BC}$ der Scheibe wirkt,
P	gesamte effektive Normalkraft, die an der Unterseite $\overline{BC}$ der Scheibe wirkt,
h	Höhe der Scheibe,
l	Länge des Gleitlinienelementes $\overline{BC}$,
α	Winkel zwischen $\overline{BC}$ und der Waagrechten,
b	waagrechte Projektion des Gleitlinienelementes $\overline{BC}$ (Breite der Scheibe),
ν	Sicherheitsfaktor.

Der Kräfteplan ist in Abb. 21.12 eingetragen. Die in $\overline{BC}$ tangential wirkenden Kräfte lauten:

$$\frac{P \tan \varrho}{\nu} + \frac{c\,l}{\nu}\,.$$

Die auf die Scheibe $ABCD$ wirkenden unbekannten Kräfte sind die Kräfte auf den Seiten $\overline{AB}$, $\overline{CD}$ und $\overline{BC}$; ν bleibt der gesamte Sicherheitsfaktor, der auf der betrachteten Gleitlinie EF zu bestimmen ist. Bei n Scheiben hat man $2\,n + n + 1$ Unbekannte. Zu ihrer Berechnung wird gefordert, daß die Scheibe $ABCD$ im Gleichgewicht ist. Dies ergibt drei Gleichungen je Scheibe, und zwar eine Momentengleichung und zwei Kräftegleichungen, d. h. insgesamt $3n$ Gleichungen. Es bleibt also noch eine Unbestimmtheit, die sich durch bestimmte Annahmen hinsichtlich der Kräfte X und Z oder — was auf das gleiche hinausläuft — hinsichtlich der Verteilung der Druckspannungen auf der von E nach F verlaufenden Gleitlinie beheben läßt.

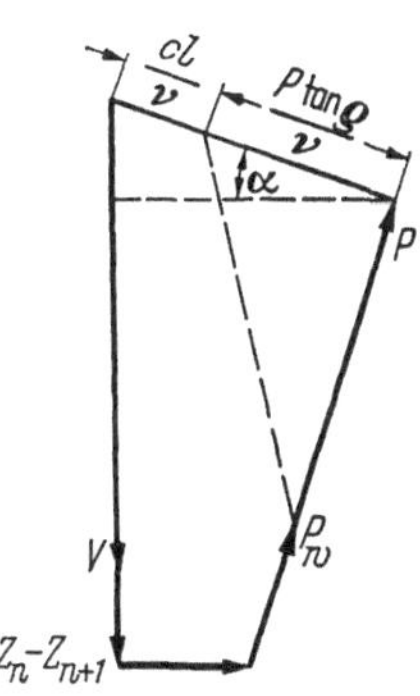

Abb. 21.12. Diagramm der auf eine Scheibe (Lamelle), Abb. 21.11, wirkenden Kräfte (Kräfteplan)

Die Momentengleichung für sämtliche Scheiben ergibt:

$$\sum V x = \frac{\Sigma\,(P \tan \varrho + c\,l)}{\nu}\,R \tag{1}$$

und damit für den Sicherheitsfaktor:

$$\nu = \frac{\Sigma\,(P \tan \varrho + c\,l)\,R}{\Sigma\,V x} \tag{2};$$

in Gl. (1) und (2) bedeuten:

x Abstand des Krümmungsmittelpunkts von der durch den Mittelpunkt von $\overline{BC}$ gelegten lotrechten Linie,

R Krümmungshalbmesser des Gleitlinienelementes $\overline{BC}$.

Es gilt:

$$x = R \sin \alpha\,.$$

Die Kräfte X und Z verschwinden paarweise und gehen nicht in diese Gesamtgleichung ein.

Die Gleichung für die Projektion der Kräfte auf die Normale zur Gleitlinie lautet für eine einzelne Scheibe $ABCD$:

$$P + P_w = [V + Z_n - Z_{n+1}] \cos \alpha - (X_n - X_{n+1}) \sin \alpha \tag{3}.$$

Setzt man diese Gleichung in Gl. (2) ein, so wird:

$$\nu = \frac{\Sigma\,[V \cos \alpha - P_w + (Z_n - Z_{n+1}) \cos \alpha - (X_n - X_{n+1}) \sin \alpha]\,R \tan \varrho + \Sigma\,c\,l\,R}{\Sigma\,V x} \tag{4}.$$

Anderseits gilt offenbar:

$$\sum (X_n - X_{n+1}) = 0 \tag{5},$$

$$\sum (Z_n - Z_{n+1}) = 0 \tag{6}.$$

Diese Ausdrücke können in Gl. (4) nur verschwinden, wenn α und ϱ konstant sind (gerade Gleitlinie und konstante Reibung).

Die von KREY [*21.14*] im Jahre 1926, TERZAGHI [*21.15*] im Jahre 1929 und MAY [*21.16*] im Jahre 1936 vorgeschlagenen Verfahren laufen darauf hinaus, den in Gl. (4) enthaltenen Ausdruck

$$\sum[(Z_n - Z_{n+1}) \cos\alpha - (X_n - X_{n+1}) \sin\alpha]\, R \tan\varrho$$

zu vernachlässigen; durch diese bequeme Annahme wird:

$$\nu = \frac{\Sigma (V \cos\alpha - P_w)\, R \tan\varrho + \Sigma c\, l\, R}{\Sigma V x} \qquad (7).$$

Man nimmt dann allgemein für P_w eine Funktion des Gewichtes V der Scheibe an, eine Funktion, die wegen der Meßunzulänglichkeiten stets ziemlich willkürlich bleibt.

Das hier dargestellte Verfahren wird für eine bestimmte Anzahl von Gleitlinien — in der Praxis kreisförmige Gleitlinien — wiederholt. Dies gestattet es, die kritischste Gleitlinie und damit den Sicherheitsfaktor für das zu errichtende Bauwerk zu finden.

Das Verfahren ergibt häufig fehlerhafte Sicherheitsfaktoren, besonders dann, wenn aufgrund der örtlichen Bedingungen sehr tiefe Gleitkreise möglich sind, längs derer sich α stark ändert.

Es ist nicht verwunderlich, daß diese Näherung unkorrekte Ergebnisse liefert, da außer der Vereinfachung bezüglich der X- und Z-Kräfte nur zwei der drei Gleichgewichtsbedingungen erfüllt werden.

Die zweite Gleichgewichtsbedingung für das Gleichgewicht der Kräfte ergibt sich aus der Projektion der Kräfte auf die Lotrechte:

$$V + Z_n - Z_{n+1} = (\mathrm{P}_w + P) \cos\alpha + \frac{1}{\nu} (P \tan\varrho + c\, l) \sin\alpha \qquad (8).$$

Diese Gleichung ist für die Berechnung von ν bequemer als Gl. (4), da sie nur den Ausdruck $Z_n - Z_{n+1}$ und nicht gleichzeitig $Z_n - Z_{n+1}$ und $X_n - X_{n+1}$ enthält; allerdings kommt ν in ihr vor.

Wenn man P aus diesem Ausdruck berechnet und in die Momentengleichung, Gl. (2), einträgt, ergibt sich:

$$P = \frac{\dfrac{V + Z_n - Z_{n+1}}{\cos\alpha} - P_w - \dfrac{c\, l}{\nu} \tan\alpha}{1 + \dfrac{\tan\varrho}{\nu} \tan\alpha} \qquad (9)$$

und damit für den Sicherheitsfaktor:

$$\nu = \frac{1}{\Sigma V R \sin\alpha} \sum \frac{c\, l\, R + \left(\dfrac{V + Z_n - Z_{n+1}}{\cos\alpha} - P_w\right) R \tan\varrho}{1 + \dfrac{\tan\alpha \tan\varrho}{\nu}} \qquad (10).$$

BISHOP [*21.17*] wies im Jahre 1954 darauf hin, daß die dritte Gleichgewichtsbedingung für das Gleichgewicht der Kräfte ein Eliminieren der Glieder mit $X_n - X_{n+1}$ ermöglicht und daß dann nur die Glieder mit $Z_n - Z_{n+1}$ übrig bleiben.

Bei Projektion der Kräfte diesmal auf die Tangente an die Gleitlinie lautet sie:

$$\frac{P\tan\varrho}{\nu} + \frac{c\,l}{\nu} = (X_n - X_{n+1})\cos\alpha + (V + Z_n - Z_{n+1})\sin\alpha\,,$$

d. h.

$$X_n - X_{n+1} = -(V + Z_n - Z_{n+1})\tan\alpha + \frac{P\tan\varrho + c\,l}{\nu\cos\alpha}\,.$$

Infolgedessen kann die Berechnung von ν mit Gl. (10) vorgenommen werden. Man muß dabei berücksichtigen, daß $Z_n - Z_{n+1}$ die doppelte Bedingung

$$\sum(Z_n - Z_{n+1}) = 0$$

und

$$\sum(V + Z_n - Z_{n+1})\tan\alpha = \sum\frac{P\tan\varrho + c\,l}{\nu\cos\alpha} \tag{11}$$

erfüllen muß.

Dieses nach Gl. (10) gegebene und gegenüber dem der Gl. (7) genauere Verfahren besteht mithin darin, ein erstes Gesetz für die Variation von Z zugrunde zu legen, das die Gleichung $\Sigma\,(Z_n - Z_{n+1}) = 0$ erfüllt, und ν nach Gl. (10) zu berechnen. Anschließend berichtigt man das gewählte Gesetz so lange, bis es auch Gl. (11) befriedigt. Dies ergibt durch schrittweise Näherung ziemlich rasch den Sicherheitsfaktor ν. Durch Benutzen von Erddruck- und Erdwiderstandtabellen lassen sich von Beginn der Rechnung an für X_n und Z_n Werte einsetzen, die mit den Eigenschaften des Bodens verträglich sind.

21.6.2 Homogenes Gelände. Analytisches Verfahren. Wenn das Gelände homogen ist, mithin gleich große Kennwerte c und ϱ in allen Punkten hat und wenn die Rutschung auf einer kreisförmigen Gleitfläche verläuft, muß man trotzdem stets eine Annahme über die Verteilung der Normalspannungen längs der Gleitfläche treffen.

Die Rechnung zeigt, daß das Ergebnis wenig von dieser Verteilung beeinflußt wird. Im folgenden wird das von einem der Verfasser, Caquot [*21.18*], im Jahre 1954 in diesem Zusammenhang vorgeschlagene analytische Verfahren behandelt. Es führt durch Lösen einer Gleichung dritten Grades sehr schnell auf den Sicherheitsfaktor ν.

Es sei ANC der angenommene Kreisbogen mit dem Mittelpunkt O und dem Halbmesser R, Abb. 21.13. Die Kräfte werden auf die y- und die x-Achse projiziert; dabei steht die x-Achse senkrecht auf der y-Achse. Mit V wird im folgenden das Gewicht des gesamten, von der betrachteten Gleitfläche begrenzten Erdkörpers bezeichnet. Die Größe P_w ist die Resultierende aller Einzelkräfte infolge der Porenwasserdrücke in jedem Flächenelement der Gleitfläche. Diese Resultierende geht durch O, welches auch immer das Gesetz für die Verteilung des Porenwasserdrucks sei, da ja jede auf einem Flächenelement wirkende Kraft normal zum Kreisbogen wirkt; P_w wird als bekannt vorausgesetzt. Unter P

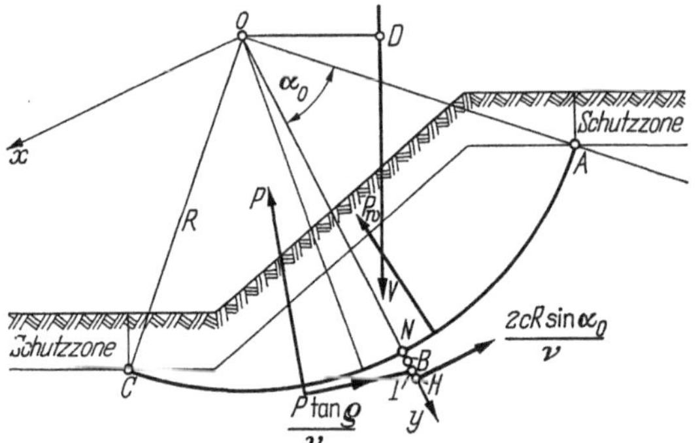

Abb. 21.13. Analytisches Verfahren zur Untersuchung der Stabilität einer Böschung in einem homogenen Gelände

wird stets die Resultierende der effektiven Normalspannungen (Korn-zu-Korn-Drücke) verstanden, die die Körner längs des Kreisbogens gegeneinander drücken. Die Kraft P geht aus dem gleichen Grund wie die Kraft P_w durch O. Die Komponenten von P in Richtung der x-Achse und y-Achse seien X_1 und Y_1; sie sind unbekannt, da sie vom Verteilungsgesetz des Korn-zu-Korn-Drucks abhängen.

Die Tangentialkräfte, die der Rutschung entgegen wirken, sind folgende:

— *Die resultierende Kraft aus der Kohäsion längs des Kreisbogens* ANC. Da die Kohäsion in allen Punkten gleich groß angenommen wird, sind die auf einem Kreisbogenelement ds wirkenden Einzelkräfte $c\,ds/\nu$ in bezug auf die y-Achse paarweise symmetrisch. Ihre Resultierende verläuft parallel zur x-Achse und ist gleich der Summe der Projektionen der Einzelkräfte auf diese Achse, in absolutem Betrag also:

$$\frac{c}{\nu}\,2\,R\sin\alpha_0\,.$$

Diese Resultierende greift in einem Punkt H auf der y-Achse an, so daß die Gleichung gilt:

$$\overline{OH}\,\frac{c}{\nu}\,2\,R\sin\alpha_0 = R\,\frac{c}{\nu}\,2\,R\,\alpha_0\,;$$

damit wird

$$\overline{OH} = R\,\frac{\alpha_0}{\sin\alpha_0}\,.$$

— *Die Resultierende der Reibungskräfte.* Verlegt man die Resultierende der Reibungskräfte in den Punkt O, so ist sie einem Kräftepaar und einer Resultierenden, senkrecht zu P und gleich $P \tan \varrho / \nu$, äquivalent, da $\tan \varrho$ das konstante Verhältnis zwischen den Tangentialspannungen und den Normalspannungen in jedem Punkt des Kreisbogens ANC ist.

Die Komponenten dieser Resultierenden in Richtung der x-Achse und y-Achse werden X_2 und Y_2 genannt.
Man hat offenbar:

$$X_2 = \frac{Y_1 \tan \varrho}{\nu}$$

und

$$Y_2 = -\frac{X_1 \tan \varrho}{\nu}.$$

Der Wert des Kräftepaares hängt, wie der der Komponenten X_2 und Y_2, vom Verteilungsgesetz des Korn-zu-Korn-Drucks längs des Bogens ANC ab.

Aber wie auch immer dieses Verteilungsgesetz lauten mag, so läßt sich auf jeden Fall sagen, daß man es durch Superposition einer geraden Funktion der Abszisse (= Kreisbogen mit dem Ursprung in N) und einer ungeraden Funktion dieser gleichen Veränderlichen erhält. Der nach einer ungeraden Funktion verteilte Korn-zu-Korn-Druck hat eine Resultierende Y_2, die mit der y-Achse zusammenfällt, also in O das Moment null hat. Um das Kräftepaar der Reibungskräfte zu erhalten, genügt es also, das Kräftepaar zu ermitteln, das dem nach einer geraden Funktion verteilten Korn-zu-Korn-Druck entspricht.

Der nach einer geraden Funktion verteilte Korn-zu-Korn-Druck ergibt wie die Kohäsion eine Resultierende X_2, die parallel zur x-Achse und durch einen bestimmten Punkt I verläuft, der nur dann mit Punkt H zusammenfällt, wenn die Druckverteilung gleichförmig ist.

Wenn die gerade Funktion in A und C null ist und sich wie die Höhe des aus dem Kreisbogen ANC und der geradlinigen Verbindung $\overline{AC}$ gebildeten Segmentes ändert, fällt I mit einem bestimmten Punkt B zusammen, so daß

$$\overline{NB} = \frac{6}{10}\,\overline{NH}$$

ist. Der genaue Wert von $\overline{OB}$ beträgt in diesen Falle:

$$\overline{OB} = R\,\frac{\sin\alpha_0 - \alpha_0 \cos\alpha_0}{\frac{\alpha_0}{2} - \frac{\sin 2\alpha_0}{4}}.$$

Wenn die gerade Funktion in A und C nicht null ist und von A bis N bzw. C bis N wächst, so verschiebt sich der Punkt I von B nach H.

Die Strecke $\overline{OI}$ wird also stets von dem obigen Wert für $\overline{OB}$ und $\overline{OH} = R \frac{\alpha_0}{\sin \alpha_0}$ eingeschlossen.

Der absolute Fehler, mit dem $\overline{OI}$ behaftet sein kann, ist mithin stets kleiner als

$$\overline{BH} = \frac{4}{10} R \left(\frac{\alpha_0}{\sin \alpha_0} - 1 \right),$$

d. h. der entsprechende relative Fehler bezüglich $\overline{OI}$ bleibt stets kleiner als

$$\frac{4}{10} \left(\frac{\alpha_0}{\sin \alpha_0} - 1 \right);$$

dieser Wert ist klein, ausgenommen bei tiefen Gleitkreisen.

Der Fehler liegt weit unter diesem Maximum, wenn man die Verteilung des Korn-zu-Korn-Drucks zweckmäßig wählt.

Schließlich hat man es mit den bekannten Kräften V, P_w, $\frac{c}{\nu} 2 R \sin \alpha_0$ zu tun, deren Projektionen auf die x-Achse und die y-Achse mit X und Y bezeichnet werden sollen. Das Moment dieser Kräfte in bezug auf O insbesondere lautet:

$$M = -V \cdot \overline{OD} + \frac{2c R^2 \alpha_0}{\nu}.$$

Es ist im übrigen leicht, in die Größen X, Y und M die Erdwiderstände E_p oder die Erddrücke E_a infolge der Schutzzonen, Abb. 21.13, einzubeziehen.

Als nicht unabhängige Unbekannte hat man X_1, Y_1, X_2, Y_2, mit

$$X_2 = \frac{Y_1 \tan \varrho}{\nu}$$

und

$$Y_2 = -\frac{X_1 \tan \varrho}{\nu}.$$

Die Momentengleichung ergibt:

$$X_2 = \frac{R}{\overline{OI}} \left(-V \frac{\overline{OD}}{R} + 2 \frac{c R \alpha_0}{\nu} \right) \qquad (12).$$

Da $\overline{OI}$ nach der angegebenen Näherung bekannt ist, folgt daraus:

$$Y_1 = \frac{\nu}{\tan \varrho} X_2 \qquad (13).$$

Die Gleichung für die Projektion der Kräfte auf die x-Achse lautet:

$$X + X_1 + X_2 = 0 \qquad (14);$$

daraus wird:

$$X_1 = -(X + X_2)$$

und

$$Y_2 = +\frac{X + X_2}{\nu} \tan \varrho \qquad (15).$$

Die Gleichung für die Projektion der Kräfte auf die y-Achse ergibt sich entsprechend zu:

$$Y + Y_1 + Y_2 = 0 \qquad (16).$$

Sie liefert wegen Gl. (13) und (15):

$$Y + \frac{\nu X_2}{\tan \varrho} + \frac{(X + X_2) \tan \varrho}{\nu} = 0 \qquad (17).$$

Da X_2 nach Gl. (12) linear von $1/\nu$ abhängt, folgt daraus, daß ν durch eine Gleichung dritten Grades in ν gegeben ist.

Gl. (12) und (17) gestatten es also, alle Probleme in einem homogenen Boden zu lösen.

21.7 Ergebnisse von Böschungsuntersuchungen für einige einfache Fälle

TAYLOR löste das gleiche Problem nach einem graphischen Verfahren [*21.19*]. Er nahm an, daß der Korn-zu-Korn-Druck in A und C, Abb. 21.13, null und dazwischen sinusförmig verteilt ist. Die Verfasser des vorliegenden Werkes wiesen nach, daß diese Verteilung angenähert dem Fall entspricht, daß der Punkt I mit dem Punkt B zusammenfällt. TAYLOR gab bei dieser Verteilung für eine unter dem Winkel β geneigte Böschung, Abb. 21.14, – unter der zusätzlichen Annahme, daß kein Porenwasserdruck herrscht – den Wert der dimensionslosen Größe $\frac{c}{\gamma h}$ an, den er *Stabilitätsfaktor* nennt (γ Rohwichte, h Höhendifferenz zwischen den die Böschung begrenzenden Horizontalebenen). Das Verhältnis $\frac{c}{\gamma h}$ läßt sich Kurventafeln in Abhängigkeit von β und ϱ entnehmen.

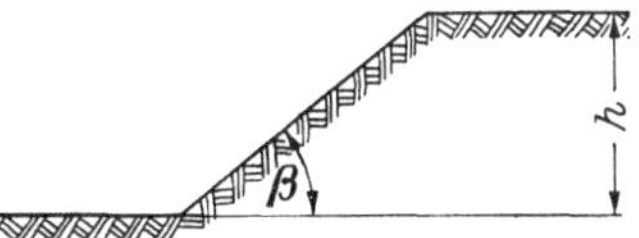

Abb. 21.14. Abmessungen der untersuchten Böschung

Die Kurventafeln von TAYLOR sind nützlich, um ein Problem zunächst überschlägig zu behandeln. Sie zeigen, daß der Gleitkreis für große β-Werte durch den Fußpunkt A, Abb. 21.15, hindurchgeht, während es für kleine Winkel β drei mögliche Fälle a, b und c gibt, Abb. 21.16, von denen der Fall c am wahrscheinlichsten wird, wenn ϱ abnimmt.

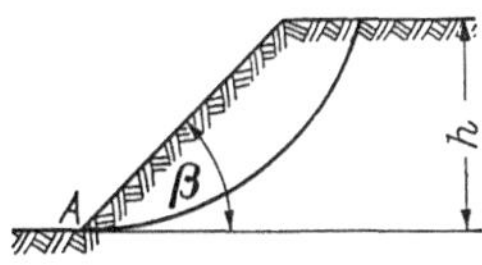

Abb. 21.15. Stark geneigte Böschung: Böschungsfußkreis

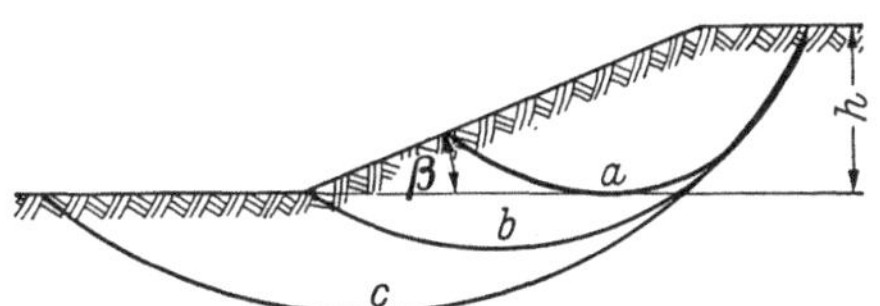

Abb. 21.16. Schwach geneigte Böschung: die drei möglichen Gleitkreise a, b und c

21.8 Sicherheit gegenüber einer Böschungsrutschung

Es wurde gezeigt, daß man einen Sicherheitsfaktor gegenüber einer sich über Jahrhunderte hinziehenden Verformung und einen Sicherheitsfaktor gegenüber einer Rutschung der gesamten Erdmasse suchen muß.

Der Sicherheitsfaktor gegenüber einer Rutschung wurde in obiger Rechnung unter der Annahme bestimmt, daß er gleichzeitig und in gleichem Maße die beiden Kennwerte c und $\tan\varrho$ des Bodens erfaßt, die als genau bekannt vorausgesetzt werden. Diese Vorstellung vom Sicherheitsfaktor wurde zum ersten Male von FELLENIUS vorgeschlagen.

Gl. (17) gestattet es, in einem $c, \tan\varrho$-Diagramm und für einen gegebenen Gleitkreis den Ort der im Grenzgleichgewicht befindlichen Punkte zu definieren: Zu diesem Zweck löst man Gl. (17), die den Zusammenhang zwischen c, $\tan\varrho$ und ν liefert, für $\nu = 1$. Es ergibt sich Kurve a, Abb. 21.17. Die Lösung der Gleichung dritten Grades, Gl. (17), unter der Annahme dieses Mal, daß c und $\tan\varrho$ bekannt und damit durch den Punkt A festgelegt sind, liefert einen bestimmten Wert für ν, der nichts anderes als das Verhältnis $\overline{OA}/\overline{OA'}$ ist.

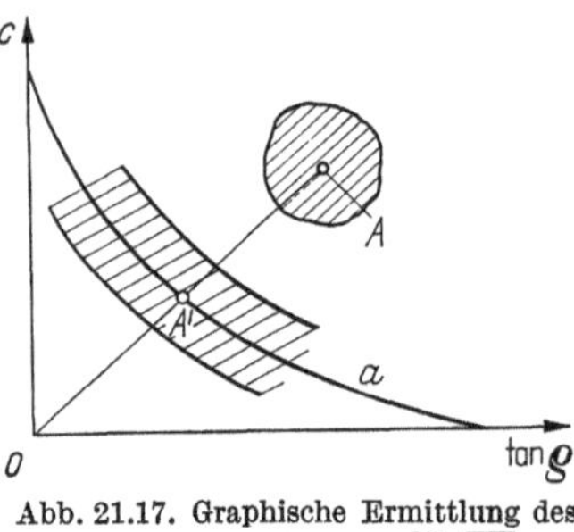

Abb. 21.17. Graphische Ermittlung des Sicherheitsfaktors: $\nu = \overline{OA}/\overline{OA'}$

Man kennt den Punkt A wegen der Meßfehler hinsichtlich c und $\tan\varrho$ nur mit einer bestimmten Wahrscheinlichkeit. Er ist mithin durch eine ihn umgebende wahrscheinliche Fläche zu ersetzen.

Außerdem muß die Kurve a selbst, Abb. 21.17, durch einen Streifen ersetzt werden, der den Fehlern Rechnung trägt, die bezüglich der Annahme der Verteilung der Korn-zu-Korn-Drücke längs des Kreisbogens ANC, Abb. 21.13, und bezüglich der Abschätzung des Porenwasserdrucks begangen wurden.

Nach LAZARD [*21.20*] ist es für den Ingenieur wichtig, im Sinne der Wahrscheinlichkeitsuntersuchungen von PROT, die wahrscheinlichen Überschneidungsmöglichkeiten dieser beiden Flächen im Hinblick auf die entsprechenden finanziellen Konsequenzen zu berechnen.

FRÖHLICH schlug eine andere Definition des Sicherheitsfaktors vor [*21.21*]. Wenn mit M das widerstehende Moment aus den Kohäsions- und Reibungskräften längs des ungünstigsten Gleitkreises bezeichnet wird, und wenn M_0 das antreibende Moment infolge der Kräfte ist, die auf die durch den Gleitkreis begrenzte Erdmasse wirken, so lautet der vorgeschlagene Sicherheitsfaktor nach FRÖHLICH:

$$\nu = \frac{M}{M_0}.$$

Eine Definition bleibt stets nur eine Definition: Sie ist konventionell. Man kann also in diesem Zusammenhang nicht sagen, daß die Definition von FRÖHLICH gegenüber der von FELLENIUS gut oder schlecht ist. Die Definition von FRÖHLICH läuft darauf hinaus, zum Aufsuchen des Grenzgleichgewichtes eine äußere Kraft ΔP, Abb. 21.18, einzuführen, deren Moment in bezug auf O gleich $M - M_0$ ist. Es folgt daraus, daß die beiden Gleichungen für die Projektion der Kräfte im Augenblick, in dem dieses Grenzgleichgewicht erreicht ist, nicht mehr erfüllt sind.

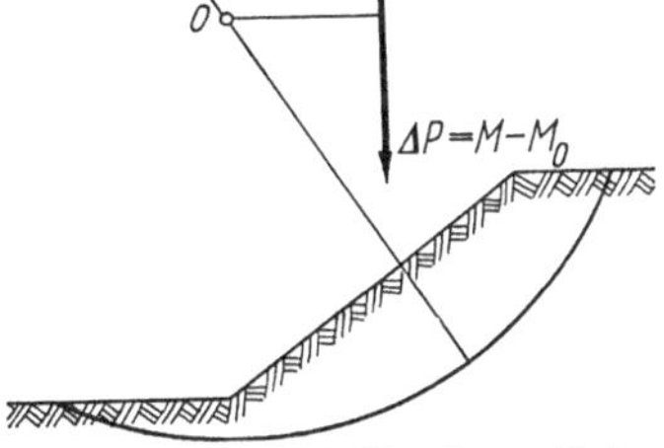

Abb. 21.18. Zur Definition des von FRÖHLICH vorgeschlagenen Sicherheitsfaktors

Aus diesem Grunde ziehen die Verfasser dieses Werkes die andere Definition vor, in der die Sicherheitsreserve proportional zu dem gemeinsamen, noch nicht geweckten Bruchteil der beiden physikalischen Parameter c und ϱ berechnet wird.

Am Schluß dieser Untersuchung über die Stabilität der Böschungen sollte man festhalten, daß die Fehler, die bei der Berechnung des Sicherheitsfaktors begangen werden, mehr von den Messungen von c, ϱ, P und besonders von P_w als von den Rechenverfahren abhängen. Dies will nicht besagen, daß man darauf verzichten sollte, eine größere Genauigkeit in der Berechnung zu erzielen: Aber wenn man z. B. systematisch den Porenwasserdruck gleich der Hälfte des von der Festsubstanz erzeugten Druckes annimmt — wie es oft gemacht wird —, so ist dies nur eine ziemlich rohe Näherung. Es ist diesbezüglich zu wünschen, daß die In-situ-Messungen eine größere Genauigkeit in der Berechnung von c, ϱ und P_w ermöglichen.

Schrifttum

[1.1] DEMOLON, A.: La dynamique des sols. Paris: Dunod 1952.

[1.2] AITCHISON, G. D.: Soil morphology and foundation engineering. Proc. Third Int. Conf. Soil Mech. Found. Engng. Zürich 1953, Bd. 1, S. 3–7.

[1.3] CAQUOT, A.: Rôle des matériaux inertes du béton. Mém. Soc. Ing. Civ. France 90 (1937).

[1.4] JOISEL, A.: Homogénéité du béton et les bétonnières. Ann. Inst. Tech. Bât. Trav. Publ. 2 (1949) Nr. 69, série MC Nr. 3.

[1.5] MILLOT, G.: Relations entre la constitution et la genèse des roches sédimentaires argileuses. Géologie Appliquée et Prospection Minière (Name der Zeitschrift wurde ab 1953 in Science de la Terre geändert) 2 (1949) Nr. 2 bis 4, S. 85 u. 117.

[1.6] WINTERMEYER, A. M.: A new soil-dispersing apparatus for mechanical analysis of soils. Public Roads 25 (1948) Nr. 5.

[1.7] BAVER, L. D.: Soil physics. New York: John Wiley & Sons 1940. S. bes. S. 26–31 u. S. 65ff.

[1.8] PELTIER, R.: Manuel du laboratoire routier. Paris: Dunod 1954.

[1.9] EMMETT, G.: Advance in colloidal science. Bd. 1, New York 1942, S. 1–36.

[1.10] BRAGG, W.: X-ray diffraction and crystal structures. Proc. Roy. Soc. A 89 (1913), 248–77.

[1.11] BRINDLEY, G.: X-ray identification and crystal structures of clay minerals. The Mineralogical Society. London 1951.

[1.12] DE LAPPARENT, J.: Formules structurales et classification des argiles. Z. Kristallogr. B 98 (1937), 253–58.

[2.1] ESCARD, J.: Adsorption de l'azote à basse température par la montmorillonite; influence de l'eau résiduelle et des cations échangeables. Trans. Int. Congr. Soil Sci. Amsterdam 1950, Bd. 3, S. 71–74.

[2.2] ALBIN JR., PEDRO: Laboratory investigation of the variable nature of the blue clay layer below Boston. Master of science thesis. Mass. Inst. Techn. Mai 1947.

[2.3] LAMBE, T. W.: How dry is a dry soil. Proc. Highw. Res. Board (1949).

[2.4] LAMBE, T. W.: Soil testing for engineers. New York: John Wiley & Sons 1951.

[2.5] AITCHISON, G. D., u. P. F. BUTLER: Gypsum block moisture meters as instruments for the measurement of tension in soil water. Austral. J. Appl. Sci. 2 (1951), 257–66.

[2.6] BOUJOUCOS, G. J.: Methods for measuring the moisture constant of soils under field conditions. Highw. Res. Board, Spec. Rep. Nr. 2 (1952): Frost action in soils, S. 64–78.

[2.7] BELCHER, D. J., T. R. CUYKENDALL u. H. S. SACK: Nuclear meters for measuring soil density and moisture in the surface layers. Techn. Developm. Rep. Nr. 161, Civ. Aeron. Adm. Washington 1952.

[2.8] LANE, D. A., B. B. TORCHINSKY u. I. W. T. SPINKS: Determination soil moisture and density by nuclear radiations. Engng. J. 36 (1953), 1–7.

[2.9] KOLBUSZEWSKI, J.: Note on factors governing the porosity of wind deposited sands. Geol. Mag. 110 (1953), 48–56.

[2.10] JENNY, H., u. R. F. REITEMEIER: Ionic exchange in relation to the stability of colloid systems. J. Phys. Chem. 39 (1935), 593–604.

[2.11] MERING, J.: Bull. Soc. Chim. France 16 (1949), 218D.

[2.12] TERZAGHI, K.: Stability of slopes of natural clay. Proc. Int. Conf. Soil Mech. Found. Engng. Cambridge 1936, Bd. 1, S. 161–65.

[2.13] SKEMPTON, A. W., u. R. D. NORTHEY: The sensitivity of clays. Géotechn. 3 (1952) Nr. 1.

[2.14] SKEMPTON, A. W.: The colloidal activity of clays. Proc. Third Int. Conf. Soil Mech. Found. Engng. Zürich 1953, Bd. 1, S. 57–61.

[2.15] WINTERKORN, H. F.: Physico-chemical properties of soils. Proc. Sec. Int. Conf. Soil Mech. Found. Engng. Rotterdam 1948, Bd. 1, S. 23–29. S. bes. S. 27.

[2.16] BONNENFANT, J. L., u. R. PELTIER: Rapport sur une mission en Afrique noire. Bureau Central d'Etudes pour les Equipements d'Outre-Mer (1950).

[2.17] DOS SANTOS, M. P. P.: A new soil constant and its application. Proc. Third Int. Conf. Soil Mech. Found. Engng. Zürich 1953, Bd. 1, S. 47–50.

[2.18] BONNENFANT, J. L.: Les applications routières des sols stabilisés. Ann. Ponts Chauss. 114 (1944) Nr. 29, 553–96; 115 (1945) Nr. 3, 37–97; Nr. 7, 173–226; Nr. 12, 287–334; Nr. 18, 393–426; Nr. 23, 473–514; Nr. 30, 628–63.

[2.19] HVEEM, F. N.: Sand-equivalent test for control of materials during construction. Proc. Highw. Res. Board. (1953), 238–50.

[3.1] KOPECKY, J.: Die physikalischen Eigenschaften des Bodens. Internationale Mitteilungen für Bodenkunde 4 (1914) Nr. 2/3, 138–80.

[3.2] HILF, J. W.: Estimating construction pore pressure in rolled earth dams. Proc. Sec. Int. Conf. Soil Mech. Found. Engng. Rotterdam 1948, Bd. 3, S. 234–40.

[4.1] DARCY, H.: Les fontaines publiques de la ville de Dijon. Exposition et application des principes à suivre et des formules à employer dans les questions d'adduction d'eau. Paris: Dalmont 1856.

[4.2] MATSUO, S., Y. HONMACHI u. K. AKAI: A field determination of permeability. Proc. Third Int. Conf. Soil Mech. Found. Engng. Zürich 1953, Bd. 1, S. 268 bis 71.

[4.3] DUPUIT, J.: Etudes théoriques et pratiques sur le mouvement des eaux à travers les terrains perméables. Paris 1863.

[4.4] SICHARDT, W.: Das Fassungsvermögen von Rohrbrunnen und seine Bedeutung für die Grundwasserabsenkung, insbesondere für größere Absenkungstiefen. Berlin: Springer 1928.

[4.5] U. S. WATERWAYS Experiment Station: Investigation of filter requirements for underdrains (revised). Techn. Memo. Nr. 183–1 (1941).

[4.6] DROUHIN, G., F. DERVIEUX u. M. GAUTIER: Existence et formation de canalicules dans certains sols argileux. Proc. Third Int. Conf. Soil Mech. Found. Engng. Zürich 1953, Bd. 1, S. 225–31.

[4.7] BOUASSE, H.: Capillarité. Paris: Delagrave 1924. S. bes. S. 182.

[4.8] CRONEY, D., J. D. COLEMAN u. P. M. BRIDGE: The suction of the moisture held in soils and other porous materials. Road Res. Techn. Papers Nr. 24. Road Res. Lab. London 1952.

[4.9] DEMOLON, A.: La dynamique des sols. Paris: Dunod 1952.

[4.10] MAC LEAN, D. J., u. M. D. ARMSTRONG: The design of road foundations. Proc. Third Int. Conf. Soil Mech. Found. Engng. Zürich 1953, Bd. 2, S. 118–21.

[4.11] SLICHTER, C. S.: Theoretical investigations of the motion of ground waters. U. S. Geol. Survey 19th Ann. Rep. 2 (1897/98), 295–384.

[4.12] SAVOYA, HABIB: Thèse de doctorat, Université de Paris 1949.

[4.13] Building Research Station. London 1926.

[4.14] KOZENY: Mouvement capillaire de l'eau dans les sols. Wien 1927.

[4.15] PELTIER, R.: Contribution à l'élaboration d'une théorie capillaire du gel des sols routiers. Proc. Third Int. Conf. Soil Mech. Found. Engng. Zürich 1953, Bd. 2, S. 128–32.

[4.16] Highway Research Board: Spec. Rep. Nr. 1 (1952): Frost action; a review of the litterature from 1765 to 1951, Publication 211.

[4.17] Centre Scientifique et Technique du Bâtiment, Nr. 6, fasc. 65 (1949).

[4.18] HABIB, P., u. T. A. SOEIRO: Foundation of building and dams, bearing capacity, settlements observations, regional subsidences. Proc. Third Int. Conf. Soil Mech. Found. Engng. Zürich 1953, Bd. 3, S. 155/56.

[4.19] RENGMARK, F., u. R. ERIKSSON: An investigation into vapour transport in soil. Proc. Third Int. Conf. Soil Mech. Found. Engng. Zürich 1953, Bd. 1, S. 184/85.

[4.20] GESLIN, H.: The rate of freezing in soil and its dependence on the thickness of the snow layer. Compt. Rend. Acad. Sci. 224 (1947) Nr. 3, 124/25.

[4.21] STEFANESCO, S., u. C. SCHLUMBERGER: Sur la distribution électrique potentielle d'une prise de terre ponctuelle dans un terrain à couches homogènes et isotropes. J. Phys. Rad. 1 (1930) Serie 7 Nr. 4, 132–40.

[4.22] ENDELL, K., u. U. HOFFMANN: Electrochemical hardening of clay soils. Proc. Int. Conf. Soil Mech. Found. Engng. Cambridge 1936, Bd. 1, S. 273–75.

[4.23] CASAGRANDE, L.: Die elektrochemische Bodenverfestigung. Bautechn. 17 (1939), 228–30..

[4.24] WINTERKORN, H. F.: Physico-chemical properties of soils. Proc. Sec. Int. Conf. Soil Mech. Found. Engng. Rotterdam 1948, Bd. 1, S. 23–29. S. bes. S. 27.

[4.25] CASAGRANDE, L.: Elektroosmosis in soils. Géotechn. 1 (1949) Nr. 3, 159–77.

[4.26] SHUKLA, K. P.: Electro-chemical treatment of clays. Proc. Third Int. Conf. Soil Mech. Found. Engng. Zürich 1953, Bd. 1, S. 199/200.

[5.1] TSCHEBOTARIOFF, G. P., u. J. D. WELCH: Effect of boundary conditions on lateral earth pressures. Proc. Sec. Int. Conf. Soil Mech. Found. Engng. Rotterdam 1948, Bd. 3, S. 308–13.

[5.2] HABIB, P., u. A. PUYO: Evaluation des contraintes transversales pendant la consolidation. Proc. Third Int. Conf. Soil Mech. Found. Engng. Zürich 1953, Bd. 1, S. 32–34.

[5.3] HABIB, P., u. R. MARCHAND: Détermination du module d'élasticité des roches en place. Ann. Inst. Tech. Bât. Trav. Publ. 3 (1950) Nr. 6, série SF Nr. 3, 27–35.

[5.4] DELARUE, J., u. M. V. MARIOTTI: Quelques problèmes de mécanique des sols au Maroc. Ann. Inst. Tech. Bât. Trav. Publ. 3 (1950) Nr. 6, série SF Nr. 3, 37–50.

[5.5] MAMILLAN, M.: Dix ans de recherches sur les pierres de taille. Ann. Inst. Tech. Bât. Trav. Publ. 7 (1954), série M Nr. 11, 193.

[5.6] TAYLOR, D. W.: Research on consolidation of clays. Dept. Civ. Sanit. Engng. Mass. Inst. Techn. Serie 82 (1942).

[5.7] PECK, R. B., u. W. M. REED: Engineering properties of Chicago subsoils. Univ. of Ill. Eng. Exp. Stat. Bull. Nr. 423 (1954).

[5.8] SKEMPTON, A. W.: Notes on the compressibility of clays. Quart. J. Geol. Soc. Lond. Bd. C (1944), 119–35.

[5.9] TERZAGHI, K., u. R. PECK: Soil mechanics in engineering practice. New York: John Wiley & Sons 1948.

[5.10] VARGAS, M.: Some engineering properties of residual clay soils occurring in Southern Brasil. Proc. Third Int. Conf. Soil Mech. Found. Engng. Zürich 1953, Bd. 1, S. 67–71.

[5.11] SMITH, C. K., u. J. F. REDLINGER: Soil properties of Fort Union clay-shale. Proc. Third Int. Conf. Soil Mech. Found. Engng. Zürich 1953, Bd. 1, S. 62 bis 66.

[5.12] BISHOP, A. W.: Summarised proceedings of a conference on stress analysis. Brit. J. Appl. Phys. (1950).

[5.13] DELARUE, J., M. V. MARIOTTI u. R. L. BERTHIER: Caractéristiques mécaniques des argiles préconsolidées marocaines. Proc. Third Int. Conf. Soil Mech. Found. Engng. Zürich 1953, Bd. 1, S. 351–57.

[5.14] ENSLIN, O.: Über einen Apparat zur Messung der Flüssigkeitsaufnahme von quellbaren und porösen Stoffen und zur Charakterisierung der Benetzbarkeit. Chem. Fabrik 6 (1933) Nr. 13, 147/48.

[5.15] PICHLER, E.: The expansion of soils due to the presence of clay minerals as determined by the adsorption test. Proc. Third Int. Conf. Soil Mech. Found. Engng. Zürich 1953, Bd. 1, S. 43–46.

[5.16] SALAS, J. A., u. J. M. SERRATOSA: Compressibility of clay. Proc. Third Int. Conf. Soil Mech. Found. Engng. Zürich 1953, Bd. 1, S. 192–98.

[5.17] GEUZE, E. C. W. A., u. TAN, TJONG KIE: The mechanical behaviour of clays. Proc. Sec. Int. Congr. Rheology 1953, S. 247.

[6.1] BOUSSINESQ, J.: Application des potentiels à l'étude de l'équilibre et du mouvement des solides élastiques. Paris: Gauthier-Villars 1885.

[6.2] SCHLEICHER, F.: Zur Theorie des Baugrundes. Bauing. 7 (1926), 931–35 u. 949–52.

[6.3] TIMOSHENKO, S.: Theory of elasticity. New York: Mc Graw-Hill 1934. S. bes. S. 338.

[6.4] NEWMARK, N. M.: Influence charts for computation of stresses in elastic foundations. Univ. Illinois Bull. 40 (1942) Nr. 12.

[6.5] MINDLIN, R. D.: Contributions au problème d'élasticité d'un solide indéfini limité par un plan. Compt. Rend. Acad. Sci. 201 (1935), 536/37.
A preliminary statement of the Galerkin vectors; force at a point in the interior of a semi-indefinite solid. Physics 7 (1936) Nr. 5, 195–202.

[6.6] THOMSON, W. (Lord Kelvin): Natural philosophy. London 1867.

[6.7] FOX, E. N.: The mean elastic settlement of a uniformly loaded area at depth below the ground surface. Proc. Sec. Int. Conf. Soil Mech. Found. Engng. Rotterdam 1948, Bd. 1, S. 129–32.

[6.8] KÖGLER, F., u. A. SCHEIDIG: Druckverteilung im Baugrund. Bautechn. 5 (1927), 418–21, 445–47; 6 (1928), 205–09, 229–32; 7 (1929), 268–72, 828–30.

[6.9] PLANTEMA, G.: Soil pressure measurements during loading tests on a runway. Proc. Third Int. Conf. Soil Mech. Found. Engng. Zürich 1953, Bd. 1, S. 289–98.

[6.10] VAN DER VEEN, C.: Loading tests on concrete slabs at Schiphol airport. Proc. Third Int. Conf. Soil Mech. Engng. Zürich 1953, Bd. 2, S. 133–42.

[7.1] MANDEL, J.: Consolidation des sols. Réunion du 7 décembre 1950 du Comité Français de Mécanique des Sols.

[7.2] TERZAGHI, K.: Die Berechnung der Durchlässigkeitsziffer des Tones aus dem Verlauf der hydrodynamischen Spannungserscheinungen. Sitzgsb. Akad. Wiss. Wien Abt. IIa 132 (1923), 125–38.

[7.3] PORTER, O. J.: Studies of fill construction over mud flats including a description of experimental construction using vertical sand drains to hasten stabilization. Proc. Int. Conf. Soil Mech. Found. Engng. Cambridge 1936, Bd. 1, S. 229–35.

[7.4] GEUZE, E. C. W. A., u. TAN, TJONG KIE: The mechanical behaviour of clays. Proc. Sec. Int. Congr. Rheology 1953, S. 247.

[8.1] MAMILLAN, M.: Dix ans de recherches sur les pierres de taille. Ann. Inst. Tech. Bât. Trav. Publ. 17 (1954) Februar.

[8.2] BORN, W. T.: Geophysics 6 (1940), 132.

[8.3] ANDREWS, J., u. W. CROCKETT: Large hammers and their foundations. Structual Engng. (1945) Oktober, 453–92.

[8.4] EASTWOOD, W.: The factors which affect the natural frequency of vibration of foundations and the effect of vibrations on the bearing power of foundations on sand. Proc. Third Int. Conf. Soil Mech. Found. Engng. Zürich 1953, Bd. 1, S. 118-22.

[8.5] LORENZ, H.: Neue Ergebnisse der dynamischen Baugrunduntersuchung. Z. VDI 78 (1934) Nr. 12, 379–85.

[9.1] MOHR, O.: Ueber die Darstellung des Spannungszustandes und des Deformationszustandes eines Körperelementes und über die Anwendung derselben in der Festigkeitslehre. Der Civilingenieur XXVIII (1882), 113–56.

[9.2] CAQUOT, A.: Idées actuelles sur la résistance des matériaux. Génie Civ. (1930) November, 189.

[9.3] CAQUOT, A.: Conférence à l'Académie de Lincei. Rom 1953.

[9.4] CAQUOT, A.: Équilibre des massifs à frottement interne. Paris: Gauthier-Villars 1934.

[9.5] Bulletin des palplanches. Dezember 1938, S. 3.

[9.6] KÖTTER, F.: Die Bestimmung des Druckes an gekrümmten Gleitflächen. Sitzungsber. Kgl. Preuß. Akad. Wiss. Berlin (1903) Nr. 11.

[9.7] BONNEAU, M.: Étude de la fondation rectiligne et de la fondation circulaire. Ann. Ponts Chauss. 108 (1938) Nr. 19, 497-553.

[9.8] HANSEN, J. BRINCH: Earth pressure calculation. Danish Techn. Press. Kopenhagen 1953.

[10.1] ROSCOË, K. H.: An apparatus for the application of simple shear to soil samples. Proc. Third Int. Conf. Soil Mech. Found. Engng. Zürich 1953, Bd. 1, S. 186–91.

[10.2] LANGER, C.: Etude de laboratoire sur la résistance au cisaillement des argiles. Ann. Inst. Tech. Bât. Trav. Publ. 2 (1937) Nr. 6, 28-31.

[10.3] HVORSLEV, J.: Über die Festigkeitseigenschaften gestörter bindiger Böden. Ingeniørvidenskabelige Skrift A (1937) Nr. 5.

[10.4] HABIB, P.: Influence de la variation de la contrainte principale moyenne sur la résistance au cisaillement des sols. Proc. Third Int. Conf. Soil Mech. Found. Engng. Zürich 1953, Bd. 1, S. 131–36.

[10.5] KÉRISEL, J.: Contribution à l'étude du frottement dans les milieux pulvérulents. Thèse de doctorat en Sorbonne. Paris 1934.

[10.6] KÉRISEL, J.: L'hystérésis dans les milieux pulvérulents. Ann Ponts. Chauss. 108 (1938) Nr. 23, 617-26.

[10.7] NOELL, O. A.: Triaxial shear equipment for gravelly soils. Proc. Third Int. Conf. Soil Mech. Found. Engng. Zürich 1953, Bd. 1, S. 165–69.

[*10.8*] Waterways Experiment Station: Triaxial shear research and pressure distribution studies on soils. Progress report. Soil mechanics finding survey. Vicksburg (Miss.) April 1947.

[*10.9*] Skempton, A. W., u. A. W. Bishop: The measurement of the shear strength of soils. Géotechn. 2 (1950) Nr. 2, 90–116.

[*10.10*] Taylor, D. W.: Fundamentals of soil mechanics. New York: John Wiley & Sons 1948. S. bes. S. 367.

[*10.11*] Bishop, A. W., u. A. K. Gamal Eldin: The effect of stress history on the relation between angle of friction and porosity in sand. Proc. Third Int. Conf. Soil Mech. Found. Engng. Zürich 1953, Bd. 1, S. 100–105.

[*10.12*] Reynolds: The dilatancy of media composed of rigid particles in contact. Philos. Mag. (1885) Dezember.

[*10.13*] Nash, K. L.: The shearing resistance of a fine closely graded sand. Proc. Third Int. Conf. Soil Mech. Found. Engng. Zürich 1953, Bd. 1, S. 160–64.

[*10.14*] Taylor, D. W.: A comparison of results of direct shear and cylindrical compression tests. Proc. Amer. Soc. Test. Mat. 39 (1939), 1058–70.

[*10.15*] Chen, Liang-Sheng: An investigation of stress-strain and strength characteristics of cohesionless soils by triaxial compression tests. Doctor of science thesis. Harvard University 1944 u. Proc. Sec. Int. Conf. Soil Mech. Found. Engng. Rotterdam 1948, Bd. 5, S. 35–43.

[*10.16*] Bishop, A. W.: A large shear box for testing sands and gravels. Proc. Sec. Int. Conf. Soil Mech. Found. Engng. Rotterdam 1948, Bd. 1, S. 207–11.

[*10.17*] Meyerhof, G. G.: An investigation of the bearing capacity of shallow footings on dry sand. Proc. Sec. Int. Conf. Soil Mech. Found. Engng. Rotterdam 1948, Bd. 1, S. 237–43.

[*10.18*] Kjellmann, W., u. B. Jakobson: Some relations between stress and strain in coarse-grained cohesionless materials. Proc. Roy. Swed. Geotechn. Inst. Stockholm (1955).

[*10.19*] Caquot, A.: Équilibre des massifs à frottement interne. Paris: Gauthier-Villars 1934.

[*10.20*] Hafiz, M. A. A.: Strength characteristics of sands and gravels in direct shear. Ph. D. thesis 1950.

[*10.21*] Bishop, A. W.: Letter to Géotechnique. März (1954), 45.

[*10.22*] Boussinesq, J.: Complément à de précédentes notes sur la poussée des terres. Ann. Ponts Chauss. (1884) 6e série tome 7 Nr. 26, 443-81.

[*10.23*] Habib, P.: La résistance au cisaillement des sols. Thèse de doctorat Université de Paris 1952 u. Ann. Inst. Tech. Bât. Trav. Publ. 6 (1953), série SF Nr. 12, 1–40.

[*11.1*] Carlson, L. (Name in der Folgezeit in Cadling abgeändert): Determination in situ of the shear strength of undisturbed clay by means of a rotating auger. Proc. Sec. Int. Conf. Soil Mech. Found. Engng. Rotterdam 1948, Bd. 1, S. 265–70.

[*11.2*] Evans, I., u. G. G. Sherrat: A simple and convenient instrument for measuring the shearing resistance of clay soils. J. Sci. Instrum. Phys. Ind. 25 (1948) Nr. 12, 411–14.

[*11.3*] Cadling, L., u. St. Odenstad: The vane bohrer. Proc. Roy. Swed. Geotechn. Inst. Stockholm (1950) Nr. 2.

[*11.4*] Hansen, J. Brinch: Vane tests in a Norwegian quick-clay. Géotechn. 2 (1950) Nr. 1, 58–63.

[*11.5*] Skempton, A. W., u. D. J. Henkel: The post-glacial clays of the Thames estuary at Tilbury and Shellhaven. Proc. Third Int. Conf. Soil Mech. Found. Engng. Zürich 1953, Bd. 1, S. 302–08.

[*11.6*] Bjerrum, L.: Geotechnical properties of Norwegian marine clays. Norwegian Geotechnical Institute (1954) Nr. 4.

[*11.7*] Royal Swedish Geotechnical Institute. Information sheet Nr. 4 (1954) Juli.

[*11.8*] Casagrande, A., u. S. D. Wilson: Final report to U. S. Waterways Experiment Station on investigation of effect of longtime loading on the strength of clays and shales at constant water content. Harvard University 1949.

[*11.9*] Casagrande, A., u. S. D. Wilson: Effect of rate of loading on the strength of clays and shales at constant water content, Géotechn. 2 (1951) Nr. 3.

[*11.10*] Peck, R. B., u. W. M. Reed: Engineering properties of Chicago subsoils. Univ. of Ill. Eng. Exp. Stat. Bull. Nr. 423 (1954).

[*11.11*] Discussion on measurement of shear strength of soils. Géotechn. 2 (1950) Nr. 2, 113.

[*11.12*] Henkel, D. J., u. G. D. Gilbert: The effect of the rubber membrane on the measured triaxial-compression strength of clay samples. Géotechn. 3 (1952), 1–20.

[*11.13*] Gibson, R. E., u. D. J. Henkel: Influence of duration of tests at constant rate of strain on measured drained strength. Géotechn. 4 (1954), 6–15.

[*11.14*] Hvorslev, J.: Über die Festigkeitseigenschaften gestörter bindiger Böden. Ingeniørvidenskabelige Skrift A (1937) Nr. 5.

[*11.15*] Bjerrum, L.: Fundamental considerations on the strength of soils. Géotechn. 2 (1951) Nr. 3.

[*11.16*] Hansen, J. Brinch, u. R. E. Gibson: Undrained shear strengths of anisotropically consolidated clays. Géotechn. 1 (1949) Nr. 3, 189–204.

[*11.17*] Skempton, A. W.: A study of the immediate triaxial test on cohesive soils. Proc. Sec. Int. Conf. Soil Mech. Found. Engng. Rotterdam 1948, Bd. 1, S. 192–96.

[*11.18*] Golder, H. Q., u. A. W. Skempton: The angle of shearing resistance in cohesive soils for tests at a constant water content. Proc. Sec. Int. Conf. Soil. Mech. Found. Engng. Rotterdam 1948, Bd. 1, S. 185–92.

[*11.19*] Kyvellos, G.: Étude de la courbe intrinsèque des sols compactés et non saturés. Thèse de doctorat Université de Paris 1955 u. Ann. Inst. Tech. Bât. Trav. Publ. 9 (1956) Nr. 101, série SF Nr. 22, 385.

[*11.20*] Skempton, A. W.: The colloidal activity of clays. Proc. Third Int. Conf. Soil Mech. Found. Engng. Zürich 1953, Bd. 1, S. 57–61.

Weiteres Schrifttum zu 11. Schervorgang in bindigen Böden

[*11.21*] Tschebotarioff, G. P., u. J. R. Bayliss: The determination of the shearing strength of varved clays and of their sensitivity to remoulding. Proc. Sec. Int. Conf. Soil Mech. Found. Engng. Rotterdam 1948, Bd. 1, S. 203–07.

[*11.22*] Schaerer, Ch., W. Schaad u. R. Haefeli: Contribution to the shearing theory. Proc. Sec. Int. Conf. Soil Mech. Found. Engng. Rotterdam 1948, Bd. 5, S. 12–19.

[*12.1*] Hvorslev, J.: Subsurface exploration and sampling of soils. Report on the joint research project of the Amer. Soc. Civ. Engrs. Harvard-University 1949.

[*12.2*] Skempton, A. W.: The colloidal activity of clays. Proc. Third Int. Conf. Soil Mech. Found. Engng. Zürich 1953, Bd. 1, S. 57–61.

[12.3] BJERRUM, L.: Geotechnical properties of Norwegian marine clays. Géotechn. 4 (1954) Nr. 2, 49–69.

[12.4] BISHOP, A. W.: A new sampling tool for use in cohesionless sands below ground water level. Géotechn. 1 (1948) Nr. 2, 125.

[12.5] NIXON, I. K.: Some investigations on granular soils with particular reference to the compressed-air sand sampler. Géotechn. 4 (1954), 16–31.

[13.1] Earth manual: Bureau of Reclamation. Soils identification and classification. Januar 1953.

[13.2] Électricité de France (É.D.F.). Laboratoire Régional des Alpes. Système unifié de classification des sols d'après Casagrande, avec tableaux correspondant établis par É.D.F. pour le chantier de Serre-Ponçon, 1955.

[14.1] KEIL, K. F.: The hydraton-method, a new process of stabilizing soils by inorganic agents. Proc. Third Int. Conf. Soil Mech. Found. Engng. Zürich 1953, Bd. 1, S. 147–51.

[14.2] PROCTOR, R. R.: The design and construction of rolled earth dams. Engng. News-Rec. (1933), 245–48, 266–89, 348–51, 372–76.

[14.3] LEWIS, W. A.: The compaction of soils for earthworks and the performance of plant. Proc. Third Int. Conf. Soil Mech. Found. Engng. Zürich 1953, Bd. 1, S. 258–62.

[14.4] PLANTEMA, G.: Serrage des sols. Influence de la fréquence et de la vitesse de divers compacteurs. Rapport hors série présenté au Congrès de Zürich 1952.

[14.5] MACLEAN, D. J., u. K. E. CLARE: Investigation of some problems in soil stabilization. Proc. Third Int. Conf. Soil Mech. Found. Engng. Zürich 1953, Bd. 1, S. 263–67.

[14.6] CLARE, K. E.: The waterproofing of soil by resinous materials. J. Soc. Chem. Ind. 68 (1949), 69–76.

[14.7] LAMBE, T. W.: The effects of polymers on soil properties. Proc. Third Int. Conf. Soil Mech. Found. Engng. Zürich 1953, Bd. 1, S. 253–57.

[14.8] MOREAU: Notice sur une nouvelle manière de construire en mauvais terrain. Mém. Officier Génie 11 (1832).

[14.9] PORTER, O. J.: Studies of fill construction over mud flats including a description of experimental construction using vertical sand drains to hasten stabilization. Proc. Int. Conf. Soil Mech. Found. Engng. Cambridge 1936, Bd. 1, S. 229–35.

[14.10] STANTON, T. E.: Vertical sand drains as a means of foundation consolidation and accelerating settlement of embankments over marsh land. Proc. Sec. Int. Conf. Soil. Mech. Found. Engng. Rotterdam 1948, Bd. 5, S. 273–79.

[14.11] KJELLMANN, W.: Consolidation of clay soil by means of atmospheric pressure. Proc. Conf. Soil Stabilization. Mass. Inst. Techn. Univ. Cambridge 1952, S. 258.

[14.12] KJELLMANN, W.: Accelerating consolidation of fine-grained soils by means of card-board wicks. Proc. Sec. Int. Conf. Soil Mech. Found. Engng. Rotterdam 1948, Bd. 2, S. 302–05.

[14.13] SCHAAD, W., u. R. HAEFELI: Elektrokinetische Erscheinungen und ihre Anwendung in der Bodenmechanik. Schweiz. Bauztg. 65 (1947) Nr. 16–18.

Weiteres Schrifttum zu 14. Bodenverbesserung

[14.14] SOWERS, G. F., u. C. M. KENNEDY: Soil density and stability. Effect of repeated load application on soil compaction efficiency. Proc. Highw. Res. Board. 33 (1954) Januar.

[*15.1*] Caquot, A., u. J. Kérisel: Tables de poussée et butée et de force portante des fondations. Paris: Gauthier-Villars 1948 u. Tables for the calculation of passive pressure, active pressure and bearing capacity of foundations. Translated from french by Maurice A. Bec; revised translation by Chief Scientific Advisers Division, Ministry of Work, London. Paris: Gauthier-Villars 1948.

[*15.2*] Coulomb, C. A.: Essai sur une application des règles de maximis et minimis à quelques problèmes de statique, relatifs à l'architecture. Mém. Acad. Roy. Sci. Paris 1776, tome VII du Recueil des ouvrages présentés par les savants étrangers.

[*15.3*] Poncelet, V.: Mémoire sur la stabilité des revêtements et de leurs fondations. Mém. Officier Génie 13 (1840).

[*15.4*] Rankine, W. J. M.: On the stability of loose earth. Proc. Roy. Soc. London 147 (1857). Französische Übersetzung von A. Flamand in Ann. Ponts Chauss. (1874) 5e série tome 8 Nr. 7, 131-87

[*15.5*] Lévy, M.: Mémoire à l'Académie des Sciences daté du 3 juin 1867, reproduit le 21 juin 1869.

[*15.6*] Considère, A. G.: Poussée des terres. Ann. Ponts Chauss. (1870) 4e série 10e année Nr. 256, 547-94.

[*15.7*] Boussinesq, J.: Épaisseur minimum d'un mur de soutènement. Ann. Ponts Chauss. (1882) 6e série tome 3 Nr. 29, 625-43; note sur la poussée horizontale d'une masse de sable, à propos des expériences de Darwin. Ann. Ponts Chauss. (1883) 6e série tome 6, notes, 494-524; complément à de précédentes notes sur la poussée des terres. Ann. Ponts Chauss. (1884) 6e série tome 7 Nr. 26, 443–81.

[*15.8*] Résal, J.: La poussée des terres. Paris: Béranger 1903 und 1910.

[*15.9*] Ravizé, H.: Poussée des terres. Paris: Dunod 1945.

[*15.10*] Courtaigne, O.: Communication personelle (1955).

[*15.11*] Caquot, A.: Action sur un massif, limité à un plan, d'une charge distribuée sur une droite de ce plan. Ann. Ponts Chauss. 118 (1948) Nr. 4, 83-86.

[*15.12*] Gadroy: Mémoire de 1746 relaté par Mayniel dans son „Traité expérimental et analytique de la poussée des terres". Paris 1808.

[*15.13*] Gauthey: Expériences de 1784 et 1785 relatées par Mayniel dans son „Traité expérimental et analytique de la poussée des terres". Paris 1808.

[*15.14*] Terzaghi, K.: Large retaining wall tests. Engng. News Rec. 112 (1934), 136–40, 259–62, 316–18, 403–06, 503–08.

[*15.15*] Tschebotarioff, G. P.: Large scale model earth pressure tests on flexible bulkheads. Final Report: Princeton Univ. (1949) u. Proc. Amer. Soc. Civ. Engrs. (1948) Januar.

[*15.16*] Franzius, O.: Versuche mit passivem Erddruck. Bauing. 5 (1924) Nr. 10, 314–20.

[*15.17*] Streck, A.: 23 Jahre Baugrundforschung in der Hannoverschen Versuchsanstalt für Grundbau und Wasserbau (Franzius-Institut). Ges. Förd. Hann. Versuchsanst. f. Grundb. u. Wasserbau T. H. Hannover 1950.

[*15.18*] Tschebotarioff, G. P., u. E. G. Johnson: The éffects of restraining boundaries on the passive resistance of sand. Report submitted to the office of naval research. Dept. Navy (1953) Washington D. C. u. Dept. Civ. Engng. Princeton Univ. (1953), S. 7 u. 111.

[*15.19*] Rowe, P. W.: Anchored sheet-pile-walls. Proc. Inst. Civ. Engrs. 1 (1952), 27.

[*15.20*] Terzaghi, K.: Anchored bulkheads. Proc. Amer. Soc. Civ. Engrs. 79 (1953) September.

[*16.1*] Lundgren, H., u. K. Mortensen: Determination by the theory of plasticity of the bearing capacity of continuous footings on sands. Proc. Third Int. Conf. Soil Mech. Found. Engng. Zürich 1953, Bd. 1, S. 409–12.

[*16.2*] Tcheng, Y.: Pouvoir portant d'un solide composé de deux couches plastiques différentes. Thèse de doctorat en Sorbonne. Paris 1956.

[*16.3*] Terzaghi, K.: Mécanique théorique des sols. Traduction de l'anglais. Paris: Dunod 1951.

[*16.4*] Fellenius, W.: Erdstatische Berechnungen mit Reibung und Kohäsion unter Annahme kreiszylindrischer Gleitflächen. Berlin: Wilhelm Ernst & Sohn 1927.

[*16.5*] Skempton, A. W.: The bearing capacity of clays. Proc. Build. Res. Congr. London 1951, S. 180–89.

[*16.6*] Faber, O.: Pressure distribution under bases and stability of foundations. Struct. Eng. (1933).

[*17.1*] Chellis, R. D.: Pile foundations. New York: McGraw-Hill 1951.

[*17.2*] Bjerrum, L.: Les pieux de fondation en Norvège. Ann. Inst. Tech. Bât. Trav. Publ. 6 (1953), série SF Nr. 13, 375/76.

[*17.3*] Skaven-Haug, Sv.: Svaevende paelevearkers baereevne og staalpeler til fjell. Geotecknik, Foredrag fra Kursus Dansk Ingeniørforening, Kopenhagen 2/6 (1946).

[*17.4*] Rodin, S., u. J. Tomlinson: Recherches sur le frottement latéral des pieux forés et battus dans l'argile. Ann. Inst. Tech. Bât. Trav. Publ. 6 (1953), série SF Nr. 13, 343–52.

[*17.5*] Kérisel, J.: La force portante des pieux. Ann. Ponts Chauss. 109 (1939) Nr. 21, 579-633.

[*17.6*] L'Herminier, R.: Remarques sur le poinçonnement continu des sables et graviers. Ann. Inst. Tech. Bât. Trav. Publ. 6 (1953), série SF Nr. 13, 377–86.

[*17.7*] Skempton, A. W., A. A. Yassin u. R. E. Gibson: Théorie de la force portante des pieux dans le sable. Ann. Inst. Tech. Bât. Trav. Publ. 6 (1953), série SF Nr. 13, 285–90.

[*17.8*] Bishop, A. W.: Model studies on the bearing capacity of piles. Ph. D. thesis von Yassin, Imperial College London 1953.

[*17.9*] Meyerhof, G. G.: The bearing capacity of sand. Ph. D. thesis Faculty of Engng. University London 1950.

[*17.10*] Florentin, J., G. L'Hériteau u. M. Farhi: Essais sur modèles réduits de pieux. Sci. et Ind., Trav. (1948), 340.

[*17.11*] Habib, P.: Essais de charge portante de pieux en modèle réduit. Ann. Inst. Tech. Bât. Trav. Publ. 6 (1953) Nr. 63/64, série SF Nr. 13, 361–66.

[*17.12*] Zweck, H.: Mesures sur modèles réduits du frottement latéral et de la résistance de pointe des pieux. Ann. Inst. Tech. Bât. Trav. Publ. 6 (1953), série SF Nr. 13, 367–71.

[*17.13*] Kérisel, J.: Déformations et contraintes au voisinage des pieux. Communication à la Société Internationale Belge de Mécanique des Sols, publiée par l'Association Belge pour l'Étude, l'Essai et l'Emploi des Matériaux (A. B. E. M.). Brüssel (1953).

[*17.14*] Kérisel, J.: Contribution à l'étude du frottement dans les milieux pulvérulents et application à l'étude des fondations. Thèse de doctorat en Sorbonne. Paris: Gauthier-Villars 1935.

[*17.15*] Geuze, E. C. W. A.: Résultats d'essais de pénétration en profondeur et de mise en charge de pieux-modèles. Ann. Inst. Tech. Bât. Trav. Publ. 6 (1953), série SF Nr. 13, 313–19.

[17.16] KJELLMANN, W., u. Y. LILJEDAHL: Device and procedure for loading tests on piles. Roy. Swed. Geotechn. Inst. Proc. Nr. 3. Stockholm 1951.

[17.17] CAQUOT, A., u. J. KÉRISEL: Courbes de glissement du sol sous la pointe des pieux. Ann. Inst. Tech. Bât. Trav. Publ. 6 (1953), série SF Nr. 13, 341/42.

[17.18] FEAGIN, L. B.: Performance of pile foundations of navigation locks and dams on the upper Mississipi River. Proc. Sec. Int. Conf. Soil Mech. Found. Engng. Rotterdam 1948, Bd. 4, S. 98–106.

[17.19] VARGAS, M.: Building settlement observations in São Paulo. Proc. Sec. Int. Conf. Soil Mech. Found. Engng. Rotterdam 1948, Bd. 4, S. 13–21.

[17.20] CAMBEFORT, H.: La force portante des groupes de pieux. Proc. Third Int. Conf. Soil Mech. Found. Engng. Zürich 1953, Bd. 2, S. 22–28.

[17.21] SCHLITT, H. G.: Group pile loads in plastic soils. Proc. Highw. Res. Board 31 (1953), 62–81.

[17.22] VAN DER VEEN, C.: The bearing capacity of a pile. Proc. Third Int. Conf. Soil Mech. Found. Engng. Zürich 1953, Bd. 2, S. 84–90.

[17.23] GOLDER, H. Q.: Some loading tests to failure on piles. Proc. Third Int. Conf. Soil Mech. Found. Engng. Zürich 1953, Bd. 2, S. 41–46.

[17.24] BUISSON, M.: Les éssais de pénétration et leur utilisation. Bulletin de la Conférence Générale du Commerce et de l'Industrie de Tunisie Nr. 56/58 (1954).

[17.25] VERDEYEN, J.: Étude des fondations sur pieux au moyen de l'appareil de pénétration en profondeur. Circul. Inst. Tech. Bât. Trav. Publ. (1946) série D 15.

[17.26] TROW: Deep sounding methods for evaluating the bearing capacity of foundations on soils. Fifth Canadian Soil Mechanics Conf. Technical Memorandum Nr. 23 (1952), 19–33. National Council of Canada, Ottawa.

[17.27] HVORSLEV, M. J.: Subsurface exploration and sampling of soils. Report on the joint research project of the Amer. Soc. Civ. Engrs. Harvard University 1949.

[18.1] FAYOUX, P.: Fondations des pylônes des lignes électriques à très haute tension. Bull. Soc. Franç. Electr. (1952) März.

[18.2] LAZARD, A.: Moment limite de renversement de fondations cylindriques et parallélépipédiques isolées. Ann. Inst. Tech. Bât. Trav. Publ. 8 (1955), série SF Nr. 16, 81–110.

[18.3] RAMELOT, C.: Comptes rendus de recherches. Institut pour l'Encouragement de la Recherche Scientifique dans l'Industrie et l'Agriculture. Brüssel 1950 Februar.

[18.4] BÜRKLIN: Neues Verfahren zur Berechnung von Blockfundamenten für Starkstrom-Freileitungen. Elektrotechn. Z. 61 (1940) Nr. 50, 1143-47.

[18.5] SULZBERGER: Bericht über die Erprobung der Fundamente von Freileitungstragwerken in Gösgen. Bull. Ass. Suisse des Electriciens (1924) Nr. 5 u. 7.

[18.6] WILLIAMS, T. E.: Rupture du sol dans le renversement des poteaux. Engineering 1/2 (1952).

[18.7] COURBON, J.: Application de la résistance des matériaux au calcul des ponts. Paris: Dunod 1950.

[19.1] WESTERGAARD, H. M.: Stresses in concrete pavements computed by theoretical analysis. Publ. Roads 7 (1926), 25–35.

[19.2] DE L'HORTET, R.: Plaque circulaire sur un sol compressible. Ann. Techn. de l'Aviation Civ. (1948).

[*19.3*] Burmister, D. M.: The theory of stresses and displacements in layered systems and applications to the design of airport runways. Proc. Highw. Res. Board 23 (1943), 126–44.

[*19.4*] Peltier, R.: Calcul des revêtements rigides pour routes et aérodromes. Rev. Gén. Routes Aérodromes 22 (1953) Nr. 249, 25–43.

[*19.5*] Geuffroy, G.: Considérations théoriques sur le calcul des chaussées en béton. Rev. Gén. Routes Aérodromes (1955) Nr. 276, Januar.

[*19.6*] Van der Veen, C.: Loading tests on concrete slabs at Schiphol airport. Proc. Third Int. Conf. Soil Mech. Found. Engng. Zürich 1953, Bd. 2, S. 133–42.

[*19.7*] Dantu, P.: Étude expérimentale des plaques par une méthode optique. Ann. Ponts Chauss. 122 (1952) Nr. 15, 271-344.

[*19.8*] Becker, E., u. R. Lorin: Essais de chargement de la piste No. 2 de l'Aéroport d'Orly. Rev. Trav. (1955) Juni.

[*20.1*] Mindlin, R.: Stress distribution around a tunnel. Trans. Amer. Soc. Civ. Engrs. 104 (1939), 1714–18.

[*20.2*] Housel, W. S.: Earth pressure on tunnels. Trans. Amer. Soc. Civ. Engrs. 108 (1943), 1037–58.

[*20.3*] Cooling, L. F., u. W. H. Ward: Measurement of loads and strains in earth supporting structures. Proc. Third Int. Conf. Soil Mech. Found. Engng. Zürich 1953, Bd. 2, S. 162–66.

[*20.4*] Terzaghi, K., u. F. E. Richart: Stresses in rock about cavities. Géotechn. 3 (1952) Nr. 2, 57.

[*20.5*] Habib, P., u. R. Marchand: Mesures des pressions de terrains par l'essa de vérin plat. Ann. Inst. Tech. Bât. Trav. Publ. 5 (1952) Nr. 5, série SF Nr. 10, 965–90.

[*20.6*] Mayer, A.: Essais en place de terrains rocheux et mise en compression de revêtements de galeries. Proc. Third Int. Conf. Soil Mech. Found. Engng. Zürich 1953, Bd. 2, S. 185–87.

[*20.7*] Tincelin, E.: Mesures des pressions dans les mines de fer de l'Est. Ann. Inst. Tech. Bât. Trav. Publ. 5 (1952) Nr. 5, série SF Nr. 10.

[*20.8*] Reimbert: Recherches nouvelles sur les efforts exercés par les matières pulvérulentes ensilées. Circul. Inst. Tech. Bât. Trav. Publ. (1943) Nr. 76, série I Nr. 11, u. Trav. (1954) November, 780–84.

[*21.1*] Collin, A.: Recherches expérimentales sur les glissements spontanés de terrains argileux, accompagnées de considérations sur quelques principes de mécanique terrestre. Paris: Carilian-Gœury 1846.

[*21.2*] Skempton, A. W.: Alexandre Collin (1808–1890). Pioneer in soils mechanics. Trans. Newcomen Soc. London 25 (1945/46) u. (1946/47).

[*21.3*] Wilson V. Binger: Analytical studies of Panama canal slides. Proc. Sec. Int. Conf. Soil Mech. Found. Engng. Rotterdam 1948, Bd. 2, S. 54–60.

[*21.4*] Chalumeau, C.: Les travaux de drainage et consolidation de la colline de Fourvière. Technica (1937) März.

[*21.5*] Beau, F., u. B. Pétigny: Construction de nouveaux quais au port de Tunis. Ann. Ponts Chauss. 124 (1954) Nr. 26, 413-64.

[*21.6*] Jakobson, B.: The landslide at Sürte on the Götha river. Proc. Eur. Conf. Stockholm (1954) Nr. 5.

[*21.7*] Dreyfuss, G.: Influence de la qualité chimique des eaux sur la stabilité des pentes. Proc. Eur. Conf. Stockholm 1954, Bd. 3, S. 127.

[*21.8*] ROSENQUIST, I.: Considerations on the sensitivity of Norwegian quick-clays. Géotechn. 3 (1953) Nr. 5, 195–200.

[*21.9*] BJERRUM, L.: Geotechnical properties of Norwegian marine clays. Géotechn. 4 (1954) Nr. 2, 49–69.

[*21.10*] SKEMPTON, A. W., u. R. D. NORTHEY: The sensitivity of clays. Géotechn. 3 (1952) Nr. 1, 30.

[*21.11*] GEUZE, E. C. W. A., u. TAN, TJONG KIE: The mechanical behaviour of clays. Proc. Sec. Int. Congr. Rheology 1953, S. 247.

[*21.12*] KÉRISEL, J.: Intervention dans les discussions de la Conférence de Stockholm. Proc. Eur. Conf. Stockholm 1954, Bd. 3, S. 101.

[*21.13*] FRONTARD, J.: Lignes de glissement et hauteur dangereuse d'un massif de terre limité par un talus plan. Proc. Eur. Conf. Stockholm 1954, Bd. 1, S. 34.

[*21.14*] KREY, H.: Erddruck, Erdwiderstand und Tragfähigkeit des Baugrundes. Berlin: Wilhelm Ernst & Sohn 1926.

[*21.15*] TERZAGHI, K.: The mechanics of shear failures on clay slopes and the creeps of retaining walls. Public Roads 10 (1929), 177.

[*21.16*] MAY, D. R., u. J. H. BRAHTZ: Proposed methods of calculating the stability of earth dams. Trans. Sec. Congr. Large Dams Washington 1936, Bd. 4, S. 539–74.

[*21.17*] BISHOP, A. W.: The use of the slip circle in the stability analysis of slopes. Proc. Eur. Conf. Stockholm 1954, Bd. 1, S. 1–13.

[*21.18*] CAQUOT, A.: Méthode exacte pour le calcul de la rupture d'un massif par glissement cylindrique. Proc. Eur. Conf. Stockholm 1954, Bd. 1, S. 28.

[*21.19*] TAYLOR, D. W.: Fundamentals of soil mechanics. New York: John Wiley & Sons 1948. S. bes. S. 367.

[*21.20*] LAZARD, A.: Intervention dans les discussions de la Conf. Stockholm. Proc. Eur. Conf. Stockholm 1954, Bd. 3, S. 27.

[*21.21*] FRÖHLICH, O. K.: General theory of stability of slopes. Proc. Eur. Conf. Stockholm 1954, Bd. 1, S. 40–56.

Namenverzeichnis

Sachverzeichnis